贝叶斯数据分析
（第2版）

[美] 约翰·K.克鲁施克（John K. Kruschke）著

王芳 译

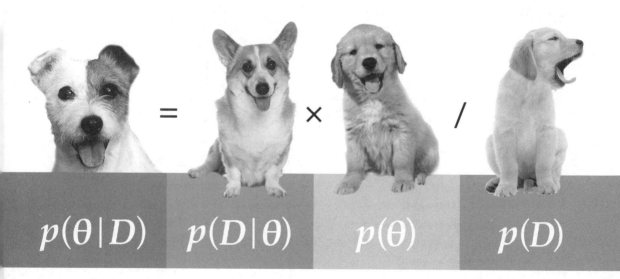

$$p(\theta|D) \qquad p(D|\theta) \qquad p(\theta) \qquad p(D)$$

人民邮电出版社
北 京

图书在版编目（CIP）数据

贝叶斯数据分析：第2版 /（美）约翰·K. 克鲁施克
(John K. Kruschke) 著；王芳译. -- 北京：人民邮电
出版社，2024.1
ISBN 978-7-115-63058-2

Ⅰ. ①贝… Ⅱ. ①约… ②王… Ⅲ. ①贝叶斯统计量
Ⅳ. ①O212.8

中国国家版本馆CIP数据核字(2023)第203962号

内 容 提 要

本书展示了如何使用真实的数据进行贝叶斯数据分析。作者从概率与程序设计的基本概念出发，逐步
带你进阶，帮助你最终掌握在实际的贝叶斯数据分析中常用的高级模型。本书分为三大部分，共有 25 章。
第一部分介绍基础知识，内容包括贝叶斯推断的基本思想、模型、概率及 R 语言编程。第二部分涵盖了现
代贝叶斯数据分析的所有关键思想。第三部分介绍如何在实际数据上应用贝叶斯方法。

本书适合对贝叶斯数据分析感兴趣的读者阅读。

◆ 著　　　[美] 约翰·K. 克鲁施克（John K. Kruschke）

　　译　　　　王　芳

　　责任编辑　谢婷婷

　　责任印制　胡　南

◆ 人民邮电出版社出版发行　　北京市丰台区成寿寺路11号

　　邮编　100164　电子邮件　315@ptpress.com.cn

　　网址　https://www.ptpress.com.cn

　　三河市君旺印务有限公司印刷

◆ 开本：800×1000　1/16

　　印张：34.5　　　　　　　　　2024年1月第1版

　　字数：902千字　　　　　　　2024年1月河北第1次印刷

　　著作权合同登记号　图字：01-2019-4990号

定价：199.80元

读者服务热线：(010)84084456-6009　印装质量热线：(010)81055316

反盗版热线：(010)81055315

广告经营许可证：京东市监广字 20170147 号

版 权 声 明

北京市版权局著作权合同登记号：图字：01-2019-4990

ELSEVIER

This translation of *Doing Bayesian Data Analysis: A Tutorial with R, JAGS, and Stan, Second Edition* by John K. Kruschke was undertaken by POSTS & TELECOM PRESS and is published by arrangement with Elsevier Inc.

Doing Bayesian Data Analysis: A Tutorial with R, JAGS, and Stan, Second Edition by John K. Kruschke 由人民邮电出版社有限公司进行翻译，并根据人民邮电出版社有限公司与 Elsevier Inc. 的协议约定出版。

《贝叶斯数据分析（第 2 版）》（王芳 译）

ISBN: 978-7-115-63058-2

Copyright © 2015, 2011 by Elsevier Inc.

注　意

谨以此书献给我的母亲 Marilyn A. Kruschke，

并以此纪念我的父亲 Earl R. Kruschke。

二老出色地向我示范并教授了如何进行合理的推理。

我的父亲把他的第一本书献给了他的孩子们。

秉承家风，我也把此书献给我的孩子们：

Claire A. Kruschke 和 Loren D. Kruschke。

目 录

第三部分 广义线性模型

第 1 章

内容概览

> 亲爱的，我在寻找真爱，
> 穿过这浓雾是如此艰苦。
> 请指出通往你内心之路，
> 我会重整旗鼓加快速度。[①]

1.1 你真的可以读懂本书

本书告诉你如何使用真实的数据（比如你自己的数据）来进行贝叶斯数据分析。本书从概率与程序设计的基本概念出发，逐渐进阶到实际数据分析中用到的高级模型。你不需要具备统计与编程的基础。本书面向的是社会科学及生物科学领域的一年级研究生或高年级本科生：在乌比岗湖长大[②]，但不是接受过核物理学家的训练又决定来学习贝叶斯数据分析的神话般的人物。（本书第 1 版出版后，真的有这样神话般的人联系了我！所以，即使你确实接受过核物理学家的训练，我同样希望你能从本书中有所收获。）

下面列出了学习本书所需具备的具体的预备知识。但首先说明一点：正如你在读本章内容时所看到的，本书每一章的开端都是一位著名诗人所写的优雅而富有见解的诗。这些是由扬抑抑韵格的[③]四

[①] *Oh honey I'm searching for love that is true,*
But driving through fog is so dang hard to do.
Please paint me a line on the road to your heart,
I'll rev up my pick up and get a clean start.
本章是本书的路线图，用来帮助你爱上贝叶斯数据分析，即使你以前与统计学有过不愉快的经历。这首诗分享了这样的理念。

[②] 美国全国公共广播电台（National Public Radio）有一个受欢迎的周播节目《草原之家伴侣》（*A Prairie Home Companion*），这个节目讲述一个名为乌比岗湖（Lake Wobegon）的小镇的虚构轶事。这些由 Garrison Keillor 编写并讲述的故事总是以同样一句话结尾："以上是乌比岗湖的新闻。乌比岗湖所有的女人都很强壮，所有的男人都很漂亮，所有的孩子都在平均水平以上。"所以，如果你在那里长大……

[③] 扬抑抑韵格的：dactylic。又称长短短韵格、长短格，是诗歌中的一种韵律步，由一个重音和两个轻音组成。不要把 dactylic 与 pterodactyl 混淆。pterodactyl 是翼手龙，一种会飞的恐龙。它不会听起来像长短短韵格的，除非它从天上掉下来并弹了两下：咚–啪–啪。

音步诗行[1]构成的四行诗[2]，俗称"乡村华尔兹"韵律。通过引用华尔兹时代不朽的人类主题，这些诗传达了每一章的概念主题。

> 如果你觉得它们并不是那么有趣，
> 如果它们令你想要回你花费的钱，
> 好吧，亲爱的，你花费的金钱实际很少，
> 因为，如果你继续阅读，将会学到很多。[3]

预备知识

数据分析中总是不可避免地要用到数学。不过，本书绝对不是一本数理统计教材，也就是说，本书的重点并不是定理证明或者数学分析[4]。但是我确实希望阅读本书的你具有一些数学分析知识，也就是微积分的基础知识。具体地说，如果你理解表达式 $\int x\mathrm{d}x = \frac{1}{2}x^2$ 的含义，你就可以继续阅读本书了。注意前面这句话是要你"理解"积分的含义，而不是要你自己来"创造"它的含义。因为数学的推导过程有助于理解，所以本书将向你呈现一系列的中间步骤。这样会使你熟悉整个旅途的过程与目的地并感到安心，而不是像被蒙住眼睛扔到后排座椅上然后在高速路上绕弯一样而感到晕车。

如果你有一些计算机编程的基础经验——虽然这种经验并不是必需的——那么你将更快地上手。计算机程序只是计算机可以执行的一系列命令而已。如果你曾经把等号输入到 Excel 电子表格的单元格中，那么你就已经写过编程命令了。如果你曾经利用 Java、C、Python、Basic 或其他任何一种计算机编程语言写过一系列的命令，那么说明你已经准备好了。我们将使用的语言是 R、JAGS 和 Stan，它们都是免费的，本书中会对其进行详细的解释。

1.2 本书内容

本书分为三大部分。第一部分介绍基础知识：贝叶斯推断的基本思想、模型、概率以及 R 语言编程。

---

① 四音步诗行：tetrameter。它是包含四个韵律步的一行诗。不要与四脚兽（quadraped）混淆，它们可以走四步，但是不能组成诗行。

② 四行诗：quatrain。如果写作"qua train"，则是把某物比作火车头的一位哲学家。

③ *If you do not find them to be all that funny,*

If they leave you wanting back all of your money,

Well, honey, some waltzing's a small price to pay, for

All the good learning you'll get if you stay.

④ 本书的第 1 版曾在这里提到："任何数理统计学家都会对这种不正经的行为感到失望，伙计。"这句话是用来搞笑的，其中的俚语"伙计"可以证明这一点。维基百科也说"伙计"通常用来非正式地称呼某人（检索日期：2014 年 2 月 2 日），同时（俚语）削弱了，也可能是暂时地削弱了，正式或严肃的言论或写作的庄重感"（检索日期：2014 年 2 月 2 日）。但是这样不庄重的文字令一些读者感到不适，所以现在只有阅读脚注的读者才能看到这句玩笑话。

第二部分涵盖了现代贝叶斯数据分析的所有关键思想，使用的是最简单的数据类型，比如同意/不同意、记住/忘记、男性/女性等二分数据。由于这些数据非常简单，内容的重点就可以集中在贝叶斯技术上。特别地，这部分深入且直观地解释了现代技术"马尔可夫链蒙特卡罗"（Markov chain Monte Carlo，MCMC）方法。因为这一部分用的是简单的数据，所以我们可以用丰富的图形细节来帮助我们直观地想象层次模型的意义。第二部分也探讨了用来计算得出特定精度的结论所需要的数据量的方法，也就是"功效分析"（power analysis）。

第三部分将在实际数据上应用贝叶斯方法。这些应用是围绕所要分析的数据类型和所采用的解释或预测数据的方法类型组织的。不同类型的方法需要不同类型的数学模型，但它们隐含的概念总是相同的。之后将列举所涵盖内容的更多细节。

请按顺序阅读本书各章，以学习基本的贝叶斯数据分析技巧。尤其是第一部分和第二部分，如果按顺序阅读，你会更容易掌握其中的知识。但如下文所述，你也可以采用更短的阅读路线。

1.2.1 你很忙。你最少要阅读哪几章

以下是本书的极简浏览列表。

- ❑ 第2章：贝叶斯推断的思想与模型参数。这一章介绍重要的概念，不要跳过。
- ❑ 第3章：R语言。你需要知道如何安装软件及与本书相关的程序扩展包。其他部分可以略过，或者之后需要时再回过头来阅读。
- ❑ 第4章：概率的基本思想。你很有可能已经了解了这一章的内容，那就略过。
- ❑ 第5章：贝叶斯法则。
- ❑ 第6章：贝叶斯法则的最简单的正式应用，本书的其余部分都有提及。
- ❑ 第7章：马尔可夫链蒙特卡罗方法。这一章介绍了使现代贝叶斯应用成为可能的计算方法。你不需要清楚所有的数学细节，但需要明白那些图片中的要点。
- ❑ 第8章：用JAGS编程语言实现MCMC。
- ❑ 第16章：两组数据的贝叶斯估计。使用上述各章的所有基本概念对两组数据进行比较。

1.2.2 你真的很忙！能阅读得再少一些吗

如果你只想了解基本概念并以最快的速度获得操作经验，并且你已经具有一些传统概率统计的知识，比如 t 检验，那么我的建议如下。首先阅读本书第2章，获得概念基础。然后阅读 Kruschke 有关两组数据的贝叶斯估计的文章（Kruschke，2013a，与传统的 t 检验类似）。基本上，这时你已经跳到了本书的第16章。这篇文章提供了帮助你获得操作经验的软件。该软件有一个版本是基于 JavaScript 的，无须安装其他软件即可在你的浏览器中使用。有关详细信息，请访问印第安纳大学伯明顿分校网站。

1.2.3 你想多读一点内容，但不要太多

在阅读完上面的极简浏览内容之后，如果你想深入了解更多的具体应用，需要阅读以下各章。

- 第 9 章：层次模型。许多实际的应用场景涉及层次结构或"多级"结构。使用贝叶斯方法时非常令人兴奋的一件事，就是它们可以毫无障碍地应用于层次模型。

- 第 13 章：从贝叶斯角度对研究进行功效分析和研究规划。这一章在第一遍读时并不重要，但重要的是请不要永远跳过它。毕竟，失败的计划就是计划的失败。

- 第 15 章：广义线性模型概述。想要知道什么类型的模型适用于你的数据，你需要了解常规模型的典型种类，其中许多模型可以归类于广义线性模型。

- 第 16~24 章中的一部分。直接跳到与你感兴趣的数据结构相关的章节（阅读完第 15 章的时候你会明白的）。

- 25.1 节，其中有关于如何报告贝叶斯数据分析结果的建议。如果你想让你的研究有一定的影响力，你就必须能够向其他人介绍你的研究。（好吧，我想可能还存在其他的说服方法，但你必须从其他地方得知了。）

1.2.4　如果你只是需要拒绝一个零假设……

传统的统计方法关注的往往是我们能否拒绝一个零假设，而不是估计它的幅度及其不确定性。有关零假设的贝叶斯观点，请阅读以下两章。

- 第 11 章：传统方法中使用 p 值进行零假设显著性检验的风险。
- 第 12 章：评估零假设值的贝叶斯方法。

1.2.5　本书中与某传统检验等同的方法在哪里

由于许多读者在阅读本书之前已经熟悉了传统的统计方法，也就是零假设显著性检验（null hypothesis significance testing，NHST），因此，本书将提供与 NHST 课本上常见的主题类似的贝叶斯方法。表 1-1 列出了标准统计学入门教科书中涵盖的各种统计检验方法，以及与它们类似的贝叶斯方法在本书中的第几章。

表 1-1 中提到的统计检验方法均被称为"广义线性模型"。已经熟悉这一术语的人，可以直接翻到表 15-3 以查看哪些章节涵盖了哪些实例。那些还不熟悉这一术语的人，请不要担心，因为第 15 章的全部内容都在介绍并解释这些思想。

表 1-1 可能使人得出一个肤浅的结论："呀，这张表格告诉我们，在所有情况中，传统统计检验方法与贝叶斯方法所做的事情都类似，所以花费时间和精力来学习贝叶斯数据分析是没有意义的。"这个结论是错误的。首先，传统的 NHST 有深层次的问题，我们会在第 11 章讨论。其次，贝叶斯数据分析提供了多种内容更丰富且信息量更大的统计推理方法，本书中的许多例子将证明这一点。

表 1-1　类似于零假设显著性检验（NHST）的贝叶斯方法

传统统计检验方法	类似的贝叶斯方法
二项检验（binomial test）	第 6~9 章、第 21 章
t 检验（t test）	第 16 章
简单线性回归（simple linear regression）	第 17 章

（续）

传统统计检验方法	类似的贝叶斯方法
多重线性回归（multiple linear regression）	第 18 章
单因素方差分析（one-way ANOVA）	第 19 章
多因素方差分析（multifactor ANOVA）	第 20 章
逻辑斯谛回归（logistic regression）	第 21 章
多分类逻辑斯谛回归（multinomial logistic regression）	第 22 章
序回归（ordinal regression）	第 23 章
卡方检验（chi-square test）、列联表（contingency table）	第 24 章
功效分析（power analysis）、规划样本量（sample size planning）	第 13 章

1.3 第 2 版中有哪些新内容

这一版中主题的基本进程与上一版相同，但是从封面到封底，本书的所有细节都有所变化。本书里的所有程序全部进行了重新编写。以下是一些较为重要的变化。

❑ JAGS 和 Stan 的程序是全新的。这些新程序比本书第 1 版中的脚本更易于使用。特别是现在有一些精简的高级脚本，可以帮助你更简便地处理自己的数据。写这些新程序的过程本身就是一项艰巨的任务。

❑ 第 2 章介绍了贝叶斯推断针对多种可能性来判断它们可信度的基本思想。我重写了这一章并进行了扩展。

❑ 关于编程语言 R（第 3 章）、JAGS（第 8 章）和 Stan（第 14 章）的三章是全新的。关于 R 的一章内容较长，包含了对数据文件与结构的解释，例如列表和数据框，还有一些工具函数。（这一章还有一首我特别喜欢的新诗。）关于 JAGS 的一章包含了对 runjags 包的解释，它是用来在并行的计算机核心上运行 JAGS 的。关于 Stan 的一章新颖地解释了哈密顿蒙特卡罗（Hamiltonian Monte Carlo）算法的概念，还解释了 Stan 和 JAGS 在程序流程上的概念差异。

❑ 关于贝叶斯法则的第 5 章内容经过了大幅修订，强调了贝叶斯法则如何在从先验到后验的过程中，在参数值之间重新分配可信度。前面各章中所有关于模型比较的内容都删掉了，这些内容在整合之后将以更精简的形式在第 10 章呈现。

❑ 关于 Metropolis 算法和 Gibbs 抽样的内容原本是独立的两章，现在被整合进关于 MCMC 方法的第 7 章。

❑ 第 7 章和第 8 章中添加了大量关于 MCMC 收敛性诊断的新内容，其中有关于自相关和有效样本量的解释，还有关于最高密度区间（highest density interval，HDI）范围估计的稳定性的解释。新的程序会展示这些诊断方法。

❑ 关于层次模型的第 9 章新增了关于收缩量这个关键概念的大量独特的材料，以及新的例子。

❑ 关于模型比较的内容在本书第 1 版中是分散在不同章节中的，现在被整合进独立的一章（第 10 章）。这一章强调了模型比较与层次建模。

❑ 关于零假设显著性检验的第 11 章也经过了全面的修订。新版中增加了介绍抽样分布概念的新内容，以及关于各种终止规则和多重检验的抽样分布的新说明。

❑ 关于零假设值评估的贝叶斯方法的第 12 章，添加了关于实际等价区域（region of practical equivalence, ROPE）的新材料、用贝叶斯因子接受零假设值的新例子，以及使用 Savage-Dickey 方法的关于贝叶斯因子的新解释。

❑ 关于统计效应与样本量的第 13 章，添加了关于序列检验的内容，并建议将估计的精度作为研究目标，而不是拒绝或接受某一特定的值。

❑ 关于广义线性模型的第 15 章经过了全面修订，将用更多更完整的表格显示预测变量类型与被预测变量类型的多种组合。

❑ 关于均值估计的第 16 章，新增了关于两组比较的大量讨论，以及效应量（effect size）的估计方法。

❑ 关于计量变量回归的第 17 章，现在包含大量使用 JAGS 和 Stan 进行稳健线性回归的例子。关于层次回归的新示例（其中包含二次趋势的示例），使用了图形来说明个体斜率与曲率估计的收缩，同时说明了加权数据的用法。

❑ 关于多重线性回归的第 18 章，新增了关于贝叶斯变量选择的一节，其中，备选预测变量概率性地进入回归模型。

❑ 关于单因素方差分析的第 19 章中，例子都是全新的，包括一个完全可行的与协方差分析类似的例子，以及一个涉及非齐性方差的新例子。

❑ 关于多因素方差分析的第 20 章中，例子都是全新的，包括一个完全可行的裂区实验设计的例子，这个设计同时包含一个被试内变量与一个被试间变量。

❑ 关于逻辑斯谛回归的第 21 章，增加了稳健逻辑斯谛回归的例子，以及名义变量的例子。

❑ 关于多重逻辑斯谛回归的第 22 章是全新的。这一章中有本书第 1 版缺少的使用广义线性模型（也就是使用名义变量）的案例。

❑ 关于顺序变量的第 23 章进行了大幅扩展。新的例子解释了单组数据与两组数据的分析，演示了将顺序变量作为计量变量进行分析的特点。

❑ 新增的 25.4 节解释了在 JAGS 中如何对缺失数据建模。

❑ 很多练习题是全新的或者经过修改的。

哦，我是不是提到过本书这一版的封面与第 1 版不同？明确一下小狗与贝叶斯法则之间的关系：后验小狗的折叠耳朵，是似然小狗的直立耳朵与先验小狗的松软耳朵折中的结果。MCMC 方法通常不计算边际概率，因此分母中的小狗因为没事可做而昏昏欲睡。我希望本书封面与封底之间的内容就像封面上的小狗一样友好且迷人。

1.4　给我反馈（请保持礼貌）

我已在本书上花费了几千小时，而且我希望把它变得更好。如果你有关于本书任何方面的建议，请给我发电子邮件：johnkruschke@gmail.com。如果你发现了无论是文字方面还是思想方面的严重错误或并无恶意的不恰当文字，请告诉我。如果你的建议可以使某些内容变得更清晰易懂，请告诉我。特别是，如果你有好的例子可以让这些内容变得更有趣或更相关，请告诉我。我对大家感兴趣的完整原始数据感兴趣，并且我希望通过致谢就能够免费使用这些数据。如果你有比我拼凑在一起的这些代码更简洁的代码，请告诉我。

自本书第 1 版出版以来，我已经收到了数百封来自读者的电子邮件。我已经回复了相当多的邮件，但我真心为我没办法回复所有邮件而感到不安，甚至有些邮件在我留意到之前就已经"消失"了。如果我没有及时回复你的邮件，可能是因为你的邮件已经被其后的大量邮件淹没了。欢迎你再发送一封邮件来督促我回应。不管怎样，如果你的电子邮件很长，或者有附件，又或者咨询的是你所尝试的复杂分析中的问题，很有可能我已经做出回应了，我对自己说："这挺有趣的，但我需要找个时间仔细思考之后再回复。"无论当时是什么时间，这个"之后"永远也不会到来。无论我能否回复，我都非常感谢大家的每一封邮件。

1.5 谢谢你们！

我要感谢在亚马逊网站、Goodreads 网站、博客和社交网站等网站上，针对本书第 1 版发表了评论及建议的众多读者。在撰写本章时，美国亚马逊网站上有 46 篇评论，英国亚马逊网站上有 6 篇，加拿大亚马逊网站上有 2 篇，中国亚马逊网站上有 1 篇。Goodreads 网站上有 4 篇评论及很多的评分。许多人在他们的博客上评论或推荐了本书。很多人在社交网站上给本书"点赞"。我非常感激你们花时间写评论，并且很高兴看到你们做出了总体上非常积极的评价。为了让本书变得更好，我付出了大量的努力进行修改，希望第 2 版能够持续地引发大家发表新的评论。

我还感谢本书第 1 版的专业评论文章的作者们，包括 Andrews（2011）、Barry（2011）、Colvin（2013）、Ding（2011）、Fellingham（2012）、Goldstein（2011）、Smithson（2011）以及 Vanpaemel 和 Tuerlinckx（2012）。对于我可能漏掉的评论人，请接受我的道歉，并请你告诉我。我认为提高贝叶斯方法在业界的知名度是很有价值的，非常感谢所有花时间和精力撰写评论的作者们。

一些人重新编写了计算机程序，扩展或改进了本书第 1 版中的相关程序。特别是两组数据的贝叶斯估计程序（"BEST"；Kruschke，2013a，参见本书第 16 章）由 Mike Meredith 在 R 中、Rasmus Bååth 在 JavaScript 中及 Andrew Straw 在 Python 中重新打包。有关他们的工作，请参见印第安纳大学伯明顿分校网站。创建层次图的系统，由 Rasmus Bååth 为 LibreOffice 和 R 创建，由 Tinu Schneider 为 LaTeX 和 TikZ 创建。你们帮助更多的读者理解贝叶斯方法，感谢你们做出的巨大努力和贡献。

许多同事组织了"贝叶斯数据分析"的研讨会或课程。每一场研讨会都有多到我无法列举姓名的人来参加，包括密歇根大学政治与社会暑期联合研究项目的 William Jacoby 和 Dieter Burrell；印第安纳大学社会科学研究中心的 William Pridemore、James Russell、James Walker 和 Jeff DeWitt；瑞士圣加仑大学实证研究方法暑期学院的 Hans-Joachim Knopf；挪威奥斯陆大学的 Hans Olav Melberg；北达科他州立大学的 Mark Nawrot 和同事们；新泽西州联邦航空管理局人为因素实验室的 Ulf Ahlstrom 和同事们；密歇根州立大学的 Tim Pleskac 和同事们；麦迪逊威斯康星大学的 John Curtin；德宝大学的 Michael Roberts 和同事们，其中有 Chester Fornari、Bryan Hanso 和 Humberto Barret；瓦萨学院的 Jan Andrews、Ming-Wen An 和同事们；塞顿霍尔大学的 Kelly Goedert 和同事们；普渡大学的 Gregory Francis 和 Zygmunt Pizlo；索非亚新保加利亚大学的 Boicho Kokinov 和同事们；心理学科学协会的 Nathalie Rothert 和工作组项目成员；认知科学学会的 Duncan Brumby 和辅导项目成员；东部心理协会的 Andrew

Delamater（感谢 James McClelland 在那里介绍我的演讲）；中西部心理协会的 William Merriman；心理学计算机学会的 Xiangen Hu 和 Michael Jones。我向那些我在无意中漏掉的人道歉。感谢你们所有人的时间和努力。希望这些研讨会和课程能对你做贝叶斯数据分析有所帮助。

很多教师在他们的课程中使用了本书，其中一些教师给我寄来了他们的经验笔记。尤其是奥伯林学院的 Jeffrey Witmer 给我发来了大量的评论。加州大学圣克鲁斯分校的 Adrian Brasoveanu 以及华盛顿大学的 Santa Cruz 和 John Miyamoto 也传达了他们的课程信息。Vanpaemel 和 Tuerlinckx（2012）的评论文章中报告了在课堂上使用本书的经验。感谢所有勇于在课程中尝试使用本书第 1 版的老师们。我希望本书第 2 版在课堂上和自学时都更加实用。

近年来，我的班级中有许多学生提出了富有见地的意见和建议，其中包括 Young Ahn、Gregory Cox、Junyi Dai、Josh de Lueew、Andrew Jahn、Arash Khodadadi 和 Torrin Liddell。感谢 Torrin Liddell 帮忙检查本书的校样。感谢 Anne Standish 为本书的博客研究并推荐了一个论坛。感谢很多人在博客和论坛上发表了经过深思熟虑的评论。感谢几位细心的读者发现了本书第 1 版中的错误。感谢 Jacob Hodes 对贝叶斯数据分析如此感兴趣，他专门参加了一次会议以便与我讨论贝叶斯数据分析。

本书第 1 版的制作历经了 6 年，其间许多同事和学生做出了启发性的评论。很多的评论来自 Luiz Pessoa、Michael Kalish、Jerome Busemeyer 和 Adam Krawitz，谢谢大家！根据 Michael Erickson、Robert Nosofsky、Geoff Iverson 和 James L. (Jay) McClelland 的精彩评论，我对特定部分进行了深入的改进。本书的多个部分间接地受益于与 Woojae Kim、Charles Liu、Eric-Jan Wagenmakers 和 Jeffrey Rouder 的交流。关于数据集的建议由 Teresa Treat 和 Michael Trosset 等人提供。令人愉快的支持性反馈来自 Michael D. Lee 和 Adele Diederich。许多同事，包括 Richard Shiffrin、Jerome Busemeyer、Peter Todd、James Townsend、Robert Nosofsky 和 Luiz Pessoa，提供了支持贝叶斯数据分析的工作环境。其他部门的同事一直非常支持将贝叶斯统计纳入课程计划，包括 Linda Smith 和 Amy Holtzworth-Munroe。很多助教提供了有益的意见，特别感谢 Noah Silbert 和 Thomas Wisdom 的出色帮助。本书在这几年的发展过程中收到了许多学生的建议，包括 Aaron Albin、Thomas Smith、Sean Matthews、Thomas Parr、Kenji Yoshida、Bryan Bergert，以及许多提出建设性问题或意见并因此帮助我调整了书中内容呈现方式的同学。

感谢 R 软件（R Core Team，2013）、RStudio（RStudio，2013）、JAGS（Plummer，2003，2012）、runjags（Denwood，2013）、BUGS（Lunn、Thomas、Best 和 Spiegelhalter，2000；A. Thomas、O'Hara、Ligges 和 Sturtz，2006）和 Stan（Stan Development Team，2012）的开发者。还要感谢排版软件 LaTeX 和 MikTeX、编辑软件 TeXmaker 和绘图应用程序 LibreOffice 的开发者。本书就是用这些软件完成的。

所有做出贡献但我无意中忘记提到的人，请接受我真诚的歉意和诚挚的感谢。

最后，深切地感谢 Rima Hanania 博士，她在我写作本书的岁月里一直是我最忠实、最受尊敬的伙伴。

## 第一部分

基础知识：模型、概率、贝叶斯法则和 R

本书的这一部分通过简单直观的例子展示了贝叶斯数据分析的基本思想，定义了概率论的思想，全面地介绍了贝叶斯法则。关于计算机语言 R 的一章解释了它的许多核心函数。

第 2 章

可信度、模型与参数

> 我只想要一个我可以相信的人，
> 不会离开我、不让我悲伤的人。
> 给我一个你将永远真实的信号，
> 我会成为你信仰与美德的典范。[①]

本章的目标是介绍贝叶斯数据分析的概念框架。贝叶斯数据分析有两个基本思想。第一，贝叶斯推断是在多种可能性间重新分配可信度。第二，我们为其分配可信度的这些可能性，是有意义的数学模型中的参数值。这两个基本思想构成了本书中每个分析的概念基础。本章给出了这些思想的简单示例。本书的其他部分仅仅是在这两个思想的具体应用中添加了数学与计算细节而已。本章还解释了所有贝叶斯数据分析共有的基本步骤。

2.1　贝叶斯推断是在多种可能性间重新分配可信度

想象我们在早晨出门，发现人行道是潮湿的，并开始思考其原因。我们思考了所有可能导致人行道被淋湿的原因，包括刚刚下过雨、附近的园艺灌溉、新的地下泉喷发、污水管爆裂、路过的行人打翻了饮料，等等。假设现在我们所知的信息仅仅是人行道有一部分是潮湿的，这时我们基于生活经验会得出这些可能性的先验可信度。比如，刚下过雨的可能性比行人打翻饮料的可能性要大。我们继续在路上走着，观察附近并有些新的发现。如果我们发现目之所及处的人行道全是潮湿的，树木与车辆也是潮湿的，那么我们就会重新分配可信度，刚刚下过雨这一原因的可信度会变得更高。这是因为其他可能的原因，例如行人打翻饮料，是不能解释这个新发现的。另外，如果我们发现只有一小片地方

[①] *I just want someone who I can believe in,*
Someone at home who will not leave me grievin'.
Show me a sign that you'll always be true,
and I'll be your model of faith and virtue.
本章介绍数学模型、参数值可信度和模型意义的思想。这首诗在日常语境中使用了"模型"（model）、"相信"（believe）和"真实"（true）三个词，并暗示（拟人化）贝叶斯方法可能是值得信赖的。（是的，从英语语法的角度看，第一行中的 who I can believe in 应该是 in whom I can believe。但我认为这首诗应该是口语化的，而且语法上正确会使整首诗变为抑扬格而不是扬抑抑格。）

是潮湿的，并且在几米外有个空的饮料瓶，那么我们就会把可信度分配给"行人打翻了饮料"这一可能性，即使它的先验可信度比较低也会如此。在多种可能性间重新分配可信度就是贝叶斯推断的本质。

贝叶斯推断的另一个例子已经被小说中的夏洛克·福尔摩斯（Sherlock Holmes）侦探塑造成了永恒的经典。福尔摩斯经常对他的助手华生医生说："我对你说过多少次了？当你排除一切不可能之后，无论剩下的可能性是多么地不可思议，它都是事实的真相。"（Doyle，1890，第6章）虽然福尔摩斯、华生或道尔并没有将这种推理描述为贝叶斯推断，但事实上它确实是。福尔摩斯侦探考虑案件背后的一系列可能原因。很多可能原因最初看起来是不可思议的，这是先前的经验，也就是先验（priori）。福尔摩斯系统地收集数据来排除一些可能原因。如果除了一个可能原因，其他的可能原因都被排除了，那么推理（贝叶斯推断）就会迫使他得出结论：最后剩下的这个可能原因是唯一可信的，尽管它最初看起来是不可思议的。

图 2-1 说明了福尔摩斯的推理过程。本例中，我们假设只有四个原因可以解释某结果，并将其分别标记为 A、B、C 和 D。图中每个备选原因对应的条形的高度代表了它们各自的可信度。["可信度"（credibility，也称置信度）与"概率"（probability）是同义词。这里我使用了日常用语"可信度"，但在后面介绍数学方程时会使用术语"概率"。]可信度的取值范围是 0 到 1。如果一个备选原因的可信度是 0，那么这个原因一定不是导致本次结果的原因。如果一个备选原因的可信度是 1，那么这个原因

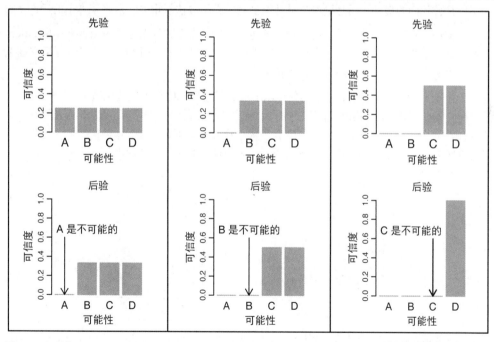

图 2-1　左上角显示了导致某结果的四个可能原因的可信度。标记为 A、B、C 和 D 的这四个原因是相互排斥的，并且涵盖了所有的可能性。这些原因在一开始时同样可信，因此所有原因的可信度都是 0.25。左下角显示了当一个原因被认定为不可能之后的可信度。所得到的后验分布成了中间列的先验分布，而这其中另一个原因又被认为是不可能的。右列的先验分布是中间列的后验分布。贝叶斯推断对可信度的重新分配推断出了剩余的可能原因

一定是导致本次结果的原因。因为我们假设这些备选原因之间是互斥的，并且涵盖了所有可能的原因，所以这些备选原因的可信度之和等于 1。

图 2-1 的左上角表示这四个备选原因的先验可信度相等，也就是全部等于 0.25。与之前潮湿人行道的例子不同的是，这里假设所有备选原因的先验可信度是相等的。而在人行道的例子中，先验知识表明：导致人行道被淋湿的备选原因中，下雨比地下泉喷发的可信度更高。这时假设我们发现了新的证据，排除了备选原因 A。比如，A 是案件中的嫌疑人，而我们刚刚得知 A 在案发时距离案发地很远。因此，我们就必须给剩下的备选原因 B、C 和 D 重新分配可信度，如图 2-1 的左下角所示。重新分配可信度之后的可信度分布被称为后验分布（posterior distribution），因为这是我们考虑到新发现之后所相信的分布。在这个后验分布中，原因 A 的可信度是 0，而备选原因 B、C 和 D 的可信度都大约是 0.33（也就是 1/3）。

这个后验分布又成为再后来的发现的先前经验。于是，图 2-1 中间列上方的先验分布是来自于左下角的后验分布。假设现在继续发现新的证据，排除了备选原因 B。我们现在必须给剩下的备选原因 C 和 D 重新分配可信度，如图 2-1 中间列的下图所示。这个后验分布又成为接下来数据收集的先验分布，如图 2-1 的右上角所示。最终，假设新的数据排除了备选原因 C，那么唯一可信的原因就是仅剩的备选原因 D，如图 2-1 的右下角所示，就像福尔摩斯侦破案件后得出的结论一样。这种可信度的重新分配不仅符合我们的直觉，而且恰恰是贝叶斯推断的数学方法规定的，这将在本书的后面解释。

与以上推理过程相互补充的另一种推理形式也是贝叶斯推断，可以称之为免责（exoneration）。假设一个案件有几个嫌疑人，这些嫌疑人相互之间没有关联并且涵盖了所有的可能性。如果有证据表明一个嫌疑人确实有罪，那么其他嫌疑人就免责了。

图 2-2 示意了这种免责。图中左半部分显示了造成某结果的四个可能的原因，分别标记为 A、B、C 和 D。我们假设所有的可能原因都是互斥的，并且涵盖了所有的原因。在案件嫌疑人的例子中，如果假设嫌疑人 A 犯了罪，这个假设的可信度就是这个嫌疑人的可疑程度。这种情况下，按照可疑程度而不是可信度来思考可能更为简单。在本例中，四名嫌疑人的先验可疑程度是相等的。因此图 2-2 左

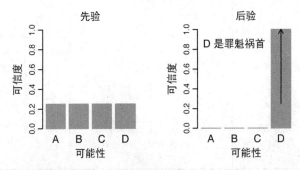

图 2-2　左半部分显示了导致某结果的四个可能原因的可信度。标记为 A、B、C 和 D 的这四个原因是相互排斥的，并且涵盖了所有的可能性。这些原因一开始也同样可信，因此所有原因的可信度都为 0.25。右半部分显示了当一个原因被确认为真正的原因之后，所有原因的新可信度。其他没被确认为真正原因的可能原因在贝叶斯推断重新分配可信度后被"免责"了（它们是真正原因的可信度为 0）

半部分中四个条形的高度都为 0.25。假设新的证据确凿地表明嫌疑人 D 是罪魁祸首。由于已知 D 与其他嫌疑人之间毫无关联，那么这时其他嫌疑人就全部免责了，如图 2-2 的右半部分所示。正如福尔摩斯推理的情形一样，这种无罪推定不仅仅是符合直觉的，而且恰恰是贝叶斯推断的数学方法规定的，这将在本书的后面解释。

数据是充满噪声的，推断是概率性的

图 2-1 和图 2-2 的例子均假设实际观察到的数据与备选原因之间具有确定性关系。比如，小说中的福尔摩斯在犯罪现场发现了一个鞋印，并完全确定了鞋子的尺寸和类型，从而完全排除或锁定了某个嫌疑人。当然，在现实生活中，数据与它们潜在的原因之间只有一定程度的关联。一名真正的侦探可能会仔细测量鞋印的大小和鞋底的细节，但这些测量结果只会缩小可能踩出这个鞋印的鞋子的范围。这些测量结果不是完美的，而鞋印也仅仅是踩出它的鞋子的一个不完美的印记。原因（鞋子）和测量结果（鞋印）之间的关系充满了随机的变化。

在科学研究中，测量充满了随机性。尽管我们已经做出了极大的努力来限制无关因素的干扰，但外来因素会"污染"测量结果。假设我们在测试一种新药，想知道它是否能降低人体血压。我们将一些人随机分配到服用该药物的实验组，将另一些人随机分配到服用安慰剂的对照组。这个分配的过程是"双盲"的，也就是说实验的参与者和管理者都不知道每个人服用的是药物还是安慰剂（因为这些信息被表示为随机代号，在收集完数据后才会被解密）。接下来的几天内，我们在固定的时间测量实验参与者的血压。正如你所能想象到的，任何一个人的血压都可能因为许多因素而产生很大变化，如运动、压力、最近吃的食物等。血压的测量本身也是一个不确定的过程，因为它取决于对加压套管下的血流声的检测。人和人之间的血压也有很大的不同。因此，最终得到的数据是非常混乱的，每组中的数据都有很大的差异，并且组之间有很多的重叠数据。甚至，在药物组中会测得许多高于安慰剂组的血压值，反之亦然。我们需要从这两组既分散又重叠的数值中，推断出两组数值之间的差异有多大，以及我们对这个差异值的确定程度。问题在于，对于药物和安慰剂之间的真实差异而言，测量结果只是一个随机的表现。

所有科学数据都包含一定程度的"噪声"。各种数据分析技术的目标都是从噪声数据中推理出其潜在趋势。与福尔摩斯不同的是，他可以通过观察完全排除一些可能的原因，我们通过收集数据却仅能逐步调整一些可能趋势的可信度。我们将在本书的后面看到许多现实的例子。贝叶斯数据分析的美妙之处就在于，用数学方法可以精确地计算出，我们应当怎样在现实的概率场景中重新分配可信度。

这里举个简化的例子来说明数据有噪声时的贝叶斯推断过程。假设有一个生产充气弹力球的制造商，共生产四种尺寸的球，直径分别为 1.0、2.0、3.0 和 4.0（以某种长度度量为单位，如分米）。这四种球分别记为 1 号球、2 号球、3 号球和 4 号球。然而，实际的制造过程是变化无常的，因为即使是同一尺寸的球，其充气程度也具有随机性。因此，制造直径为 3.0 的球时，最后获得的球的直径也可能为 1.8 或 4.2，即使它们的平均直径为 3.0。假设我们向工厂订购了三个 2 号球。我们收到这三个球并尽可能精确地测量它们的直径，发现三个球的直径分别为 1.77、2.23 和 2.70。从这些测量结果中，我们能得出什么结论：是工厂正确地给我们送了三个 2 号球，还是工厂错送了 3 号球或者 1 号球，甚至 4 号球？

图 2-3 显示了这个问题的贝叶斯答案。图中左半部分显示了四种可能的尺寸，也就是位置 1、2、3 和 4 上的条形。这四种尺寸的先验可信度相等，条形高度为 0.25。这表示工厂收到三个球的订单，但可能丢失了关于所订购球的具体尺寸的信息，因此可能送出任何尺寸的球。

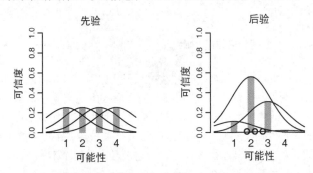

图 2-3   左半部分表示四个备选均值的先验可信度，分别位于 1、2、3 和 4 处，它们均是正态分布。叠加显示在均值上的曲线表示对应的正态分布。横轴是两种数据的标尺，一是均值（条形），二是测得的数据（由正态分布描述）。在右半部分，横轴上的圆圈代表三个实际观测到的数据值。贝叶斯推断在四个备选均值之间重新分配了可信度。结果表明，在给定数据的情况下，均值为 2 的可信度最高，均值为 3 的可信度次之，以此类推

这时，我们必须确认球的直径随机变化的形式。为了说明这一点，我们假设球的直径是以其制造尺寸为中心变化的；但根据充气量的不同，球的直径可能会更大或更小。图 2-3 中的钟形曲线表示每种球的实际直径的可能性。因此，以制造尺寸 2 为中心的钟形曲线表明，2 号球的直径通常是 2.0，但由于充气过程具有随机性，其最终大小可能大得多或小得多。图 2-3 中的横轴是两种数据的标尺，一是球的尺寸均值（条形），二是测得的直径（正态分布描述了它的概率分布）。

在图 2-3 的右半部分中，我们在横轴上用圆圈标出测得的三个直径。你可以看到这些测得的直径最接近 2 号球或 3 号球的尺寸。但正态分布显示，即使是 1 号球的制造尺寸，有时也可能造出这些直径的球。因此，直观地讲，从数据上看 2 号是最有可能的，但 3 号也是有可能的，1 号的可能性比较小，4 号的可能性是微乎其微的。这些直觉可以精确地用贝叶斯方法表示出来，如图 2-3 右半部分所示。条形的高度显示了重新分配可信度后，四种备选球的可信度。就目前的数据而言，这些球有 56% 的概率是 2 号球，有 31% 的概率是 3 号球，有 11% 的概率是 1 号球，只有 2% 的概率是 4 号球。

从充满"噪声"的单个球的直径推测潜在的球的制造尺寸，与真实世界里科学研究与应用中的数据分析是类似的。数据都是来自其数据源的充满噪声的指标。我们假设了一系列可能的潜在数据源，并根据实际数据来推断出它们的相对可信度。

再来考虑另一个例子：检验人们是否使用了某种非法药物。我们从人群中随机选出一个人，并对他进行针对该药物的血液检测。我们根据检测结果判断这个人是否使用过这种非法药物。但最关键的是，检测结果不是完美的，而是有噪声的。在检测中，得到假阳性结果与假阴性结果的概率均不为零。而且我们必须考虑到我们的先验知识：人群中只有一小部分人会使用这种药物。这时，包含所有可能性的可能性集只有两个值：使用过药物和没使用过药物。我们根据先验知识得到这种药物在人群中的流行程度，从而得出这两种可能性的先验概率。药物检测结果就是我们获得的有噪声的数据。接下来，

我们使用贝叶斯推断来为这两种可能性重新分配可信度。正如我们在本书中将会多次看到的一样，由于使用药物的先验概率很小而且数据充满噪声，因此，即使检测结果为阳性，使用药物的后验概率也经常小到令人吃惊。药物使用的检测是这样，疾病的检测也是这样，例如癌症。与我们更相关的一个实际生活中的贝叶斯推断的例子就是垃圾邮件检测。垃圾邮件自动检测程序通常使用贝叶斯推断来计算一封邮件是垃圾邮件的后验概率。

总之，贝叶斯推断的实质就是在多种可能性之间重新分配可信度。可信度分布最初体现的是关于多种可能性的先验知识，这有时是很模糊的。观测到新的数据之后，我们就会重新分配可信度。与数据一致的可能性的可信度会变高，与数据不一致的可能性的可信度会变低。贝叶斯数据分析是以逻辑一致且数字精确的方式重新分配可信度的数学方法。

2.2 可能性是描述性模型中的参数值

贝叶斯数据分析的一个关键步骤是定义可能性集合，我们将在这个集合的内部分配可信度。这不是一个简单的步骤，因为在我们最初定义的可能性集合之外，还可能存在其他可能性。（比如，潮湿的人行道可能是由于外星人大哭而造成的。）但是我们会选择一个覆盖了我们感兴趣的所有可能性的集合，最终实现这个过程。在分析完毕后，我们可以检查最可信的那个可能性能否很好地描述数据。如果描述得不好，那么我们可以考虑扩大可能性集合。这个过程被称为后验预测检验（posterior predictive check），将在本书的后面部分解释。

再来考虑前面降血压药物的例子：其中一组人服用药物，另一组人服用安慰剂。我们想知道这两组的血压趋势有多大的差异：一组人的典型血压值与另一组人的典型血压值之间的差异有多大？我们对这个差异值有多大的确定程度？差异的大小描述了数据，我们的目标是评估哪个备选描述更可信。

一般来说，数据分析是从数据的一组备选描述开始的。这些描述是描述数据趋势和数据分布的数学公式。这些公式本身包含数字，称为参数（parameter），参数值会决定这个数学形式（mathematical form）的确切形状。我们可以将参数视为生成模拟数据的数学设备上的控制旋钮。调整参数的值会改变生成的模拟数据的趋势，就像调节音乐播放器上的音量控制键会改变播放器发出的声音强度一样。

在以前的统计学或数学研究中，你可能听到过"正态分布"这个名词。这是用来描述数据的一种分布，它的图形表示看起来像钟形。我在充气弹力球的例子中提到过这一点（见图 2-3）。正态分布有两个参数，称为均值和标准差。均值是正态分布数学公式中的一个控制旋钮，它控制着这个分布的集中趋势的位置。均值有时被称为位置参数（location parameter）。标准差是正态分布数学公式中的另一个控制旋钮，它控制分布的宽度或分散程度。标准差有时被称为尺度参数（scale parameter）。正态分布的数学公式将参数值转换为表示数据值概率的特定形状的钟形。

图 2-4 显示了一些数据，并叠加显示了备选的正态分布。这些数据是以直方图的形式显示的，直方图中单个条形的高度表示有多少数据落在该条形所横跨的小范围内。该直方图看上去是单峰的，并且是左右对称的。图的左半部分还叠加显示了数据的一个备选描述，它是均值为 10、标准差为 5 的正态分布。我们所选择的这组参数值似乎很好地描述了数据。右半部分显示了参数值的另一种选择法：均值为 8，标准差为 6。虽然这个备选描述似乎是合理的，但它不如前一个描述得好。贝叶斯推断的作用是精确地计算不同备选参数值的相对可信度，并且同时考虑到它们的先验概率。

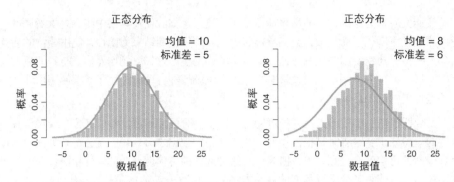

图 2-4   这两张图呈现了相同数据的直方图，但使用了不同的正态分布作为备选描述。贝叶斯数据分析
        计算不同备选参数值的相对可信度

在实际应用中，备选参数值可以是无限连续的，而不仅仅是几个离散的选项。正态分布的位置参数可以取从负无穷到正无穷的任意值。贝叶斯推断在无限连续的情况下也可以进行。

数据的数学描述需要满足两个要求。首先，数学形式中所包含的参数是有意义的，是可以被我们理解的。就像用我们不知道的语言来描述数据是徒然的一样，用我们不理解的数学形式、无法解释的参数来描述数据也是徒然的。比如，在正态分布的情况下，均值参数和标准差参数直接、有意义地描述了这个分布的位置和尺度。在本书中，我们所使用的数学描述都有着有意义的参数。贝叶斯数据分析在参数值之间重新分配可信度，是在所选模型决定的有意义的可能性空间中分配的。

其次，数学描述应当足够好地描述数据，也就是说数学形式应该"看起来"像数据。数据的趋势和模型的数学形式之间不应存在任何显著的系统性差异。判断一个明显的差异是不是系统性的，这个过程并不是确定的。在研究的早期阶段，我们可能会满足于粗略的、"差不多"的数据描述，因为相对于以前的知识来说，它捕捉到了有趣且新颖的数据趋势，也就是有意义的趋势。然而随着研究领域的成熟，我们可能需要越来越精确地描述数据。在评估多个备选的数据描述时，利用贝叶斯数据分析计算它们的相对可信度非常有用。

很重要的一点是，我们要明白，对数据的描述并不一定是对数据的因果描述。也就是说，即使均值为 10、标准差为 5 的正态分布可以很好地描述图 2-4 中的数据，这也并不能解释导致数据具有这种形式的原因。参数仅仅在帮助我们熟悉正态分布的数学形式时是"有意义的"；参数值对于真实世界中的原因来说不一定有意义。在某些应用场景中，数据是由某些自然过程生成的，数学模型则可能被认为是对这种自然过程的描述。因此参数和数学形式可以用来表示真实世界中的状态和过程。比如，在充气弹力球（图 2-3）的情景中，备选参数值在制造商处被解释为"尺寸"，而实际观察到的数据值是这个潜在的制造尺寸加上随机膨胀。但是，仅仅描述数据样本中的趋势并不需要提及这种物理状态或过程。在本书中，我们将着重使用直观的模型形式，许多领域中可以使用这些通用模型来描述数据。

2.3   贝叶斯数据分析的步骤

一般来说，贝叶斯数据分析有以下步骤。

(1) 找到与待研究问题相关的数据。数据的测量尺度是什么？我们希望预测哪些数据变量，并使用哪些数据变量进行预测？

(2) 为这些数据定义一个描述性模型。数学形式及它的参数应当具有一定的意义，并且与分析的理论目的相匹配。

(3) 指定模型中参数的先验分布。先验必须得到该研究受众的认可，如持怀疑态度的科学家。

(4) 使用贝叶斯推断在参数值之间重新分配可信度。就理论上有意义的问题解释后验分布（假设模型能够合理地描述数据，见下一步）。

(5) 检查后验预测是否能够以合理的精度模拟数据（进行"后验预测检验"）。如果不能，那么考虑一个不同的描述性模型。

也许解释这些步骤的最佳方式是介绍贝叶斯数据分析的一个具体例子。本章是介绍性的一章，因此以下内容是隐藏了许多技术细节后精简而成的。在这个例子中，假设我们对人的体重和身高之间的关系感兴趣。我们根据日常经验猜测，高个子的人往往比矮个子的人更重，但我们想知道，随着身高的增加，人们的体重到底会增加多少，以及我们对这个增幅的确定程度。具体地说，我们感兴趣的可能是根据一个人的身高预测他的体重。

第一步是找到相关数据。假设我们从感兴趣的人群中随机抽取了 57 个成年人的身高数据和体重数据。身高以英寸[①]为单位连续测量，体重以磅[②]为单位连续测量。我们希望根据身高来预测体重。数据的散点图如图 2-5 所示。

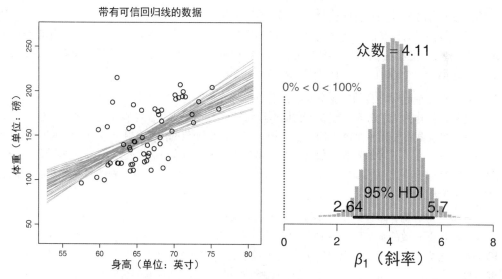

图 2-5　在左侧的散点图中，每个圆圈代表一个真实的数据值，数据上还叠加显示了由后验分布得到的一些可信的回归线。右图显示的是斜率参数（式 2.1 中的 β_1）的后验分布

---

① 1 英寸等于 2.54 厘米。——编者注

② 1 磅约等于 0.45 千克。——编者注

第二步是定义一个对我们的研究有意义的描述性模型。现在，我们只想确定体重和身高之间的基本趋势。我们认为体重可能与身高成正比——至少在成年人的体重和身高范围内是如此，这并不荒谬。因此，我们将想要预测的体重描述为：系数乘以身高再加上基线值。我们将预测体重表示为 $\hat{y}$（读作 "y 尖"），将身高表示为 x。那么，预测体重可以用数学式表示如下：

$$\hat{y} = \beta_1 x + \beta_0 \tag{2.1}$$

其中系数 β_1（希腊字母 beta）表示身高增加 1 英寸时预测体重增加多少[①]。基线值就是式 2.1 中的 β_0，其值表示身高为 0 英寸的人的体重。你可能会认为基线值应该是 0，这是先验知识，但在描述成年人的体重和身高之间的关系时，这不一定是真的，因为他们身高值的范围有限，并且远远高于 0。式 2.1 是直线的形式，其中 β_1 为斜率，β_0 为截距，这种趋势的模型通常被称为线性回归模型。

该模型尚不完整，因为我们必须描述实际体重在预测体重周围的随机变化。为简单起见，我们将使用常见的正态分布（在 4.3.2 节中详细说明），并假设实际体重 y 以正态分布的形式随机分布在预测值 $\hat{y}$ 的周围，其标准差表示为 σ（希腊字母 sigma）。这种关系用符号表示如下：

$$y \sim N(\hat{y}, \sigma) \tag{2.2}$$

其中 "~" 表示 "y 的分布是 $N(\hat{y}, \sigma)$" 或 "y 服从于 $N(\hat{y}, \sigma)$ 的分布"。式 2.2 表示 y 的取值很可能在 $\hat{y}$ 附近，而不大可能比 $\hat{y}$ 大很多或小很多。$\hat{y}$ 周围概率的降低程度是由正态分布的形状决定的，而正态分布的宽度由标准差 σ 指定。

结合式 2.1 和式 2.2 后的完整模型共有三个参数：斜率 β_1、截距 β_0 和 "噪声" 的标准差 σ。请注意，这三个参数都是有意义的。具体地说，斜率参数告诉我们，当身高增加 1 英寸时，体重会增加多少；截距参数表示基线值；标准差参数告诉我们，在预测体重周围，实际体重的变化有多大。这种线性回归模型在第 15、17 和 18 章中有详细的解释。

第三步是指定模型中参数的先验分布。我们可以将先前进行的、可公开核实的、关于目标人群的体重和身高的研究作为先验分布。或者，我们可以将社会互动中的共识经验作为一个更谨慎的先验分布。但在本例中，我将使用一个模糊的先验分布，它将在很大范围内为斜率和截距的可能值（两者都以零为中心）分配几乎相等的先验可信度。我还将给噪声（标准差）参数选择一个模糊的先验分布，它是取值从零到一个巨大值的均匀分布。这种先验分布的选择意味着我们得到的后验分布没有受到任何主观信念的影响。

第四步是解释后验分布。贝叶斯推断在参数值之间重新分配可信度，无论这些参数值是模糊的先验分布还是与数据一致的真实值。后验分布表明，对于给定的数据而言，β_0、β_1 和 σ 的组合是可信的。图 2-5 的右半部分显示了斜率参数 β_1 的后验分布（它因受限于其他两个参数而变得较为狭窄）。重要的一点是，我们必须明白图 2-5 显示的是参数值的分布而不是数据的分布。图 2-5 中的条形表示连续的备选斜率值的可信度，类似于福尔摩斯、免责和离散备选均值例子里图中（图 2-1 到图 2-3）的条形。图 2-5 中的后验分布表明，最可信的斜率值约等于 4.1，这意味着身高每增加 1 英寸，体重约

[①] 这里将证明 β_1 表示当 x 增加 1 个单位时 $\hat{y}$ 上升了多少。首先，在身高等于 x 时，预测体重是 $\hat{y}_x = \beta_1 x + \beta_0$。其次，在身高等于 $x+1$ 时，预测体重为 $\hat{y}_{x+1} = \beta_1(x+1) + \beta_0 = \beta_1 x + \beta_1 + \beta_0$。因此，预测体重的变化是 $\hat{y}_{x+1} - \hat{y}_x = \beta_1$。

增加 4.1 磅。后验分布同时显示了估计斜率时的不确定性大小，因为该分布显示了该值在所有连续数据中的相对可信度。描述不确定性程度的一种方法是，标出可能参数值的范围。具体来说，就是覆盖分布的 95% 可能值的范围。这被称为最高密度区间（highest density interval，HDI），在图 2-5 中由横轴上的黑色条标记出来。95% HDI 内部的值比其外部的值更可信（具有更高的概率"密度"），HDI 内部值的总概率为 95%。在这 57 个数据点中，95% HDI 的范围是从大约每英寸 2.6 磅的斜率到大约每英寸 5.7 磅的斜率。更多的数据会使斜率的估计值更精确，这意味着 HDI 将更窄。

图 2-5 还显示了后验分布中斜率为零的位置。有个可能的关于身高和体重关系的假设是：斜率等于零。我们从图中看到，零不是斜率的可能取值，因此我们认为斜率等于零的假设是不合理的，从而决定"拒绝"它。然而这种关于零的状态的离散决策与贝叶斯数据分析本身是不同的，后者提供了完整的后验分布。

许多读者以前可能了解过零假设显著性检验（null hypothesis significance testing，NHST），它涉及摘要统计值（如 t 值）的抽样分布（sampling distribution），并从中计算 p 值。（如果你不知道这些术语，不用担心，我们将在第 11 章中讨论 NHST。）重要的是，要知道图 2-5 中的后验分布不是抽样分布，也与 p 值无关。

另一种理解后验分布的实用方法是在数据的散点图中绘制可信度高的回归线。图 2-5 的左半部分显示了从后验分布随机获得的一些可信的回归线。每一条代表 $\hat{y} = \beta_1 x + \beta_0$ 的线都绘制出了 β_1 和 β_0 的一种可靠的组合。图中的很多条线代表了一系列以数据集为基础的可信可能性，而不是只绘制一条"最佳"线。

第五步是检查这个模型及其最可信参数值是否能够很好地模拟数据。这被称为"后验预测检验"。在检查模型所预测的数据与实际数据之间是否有系统的、有意义的偏差时，并没有唯一的方法，因为系统偏差的定义方式有无数种。一种方法是在画出实际数据的同时，画出模型预测出的有代表性的数据。我们取出参数 β_1、β_0 和 σ 的可信取值，将其代入式 2.1 和式 2.2，并以选定的 x 值（身高）随机生成模拟的 y 值（体重）。我们对许多这样的参数组合这样做，以创建该模型中有代表性的数据的分布。模拟结果如图 2-6 所示。竖线表示预测出的体重值，也就是 95% 可信的预测体重值的范围。每条线中间的点表示预测体重的均值。从图上看来，预测数据似乎可以很好地描述实际数据。实际数据似乎没有系统地偏离模型预测的趋势或范围。

如果实际数据确实系统地偏离了预测数据，那么我们可以考虑换一种描述性模型。比如，实际数据可能呈现出非线性的趋势。在这种情况下，我们可以扩展模型，加入非线性趋势。在贝叶斯软件中这样做很简单，而且对非线性趋势的参数进行估计也很简单。我们还可以检查数据的分布特征。如果利用正态分布来预测数据时似乎有许多离群值，那么我们可以改用重尾分布（heavy-tailed distribution）预测数据，在贝叶斯软件中这样做同样是很简单的。

我们已经在一个非常实际的例子中看到了贝叶斯数据分析的五个步骤。本书解释了很多类似的分析，针对的是许多不同的应用场景，以及不同种类的描述性模型。关于两组比较的贝叶斯数据分析的简短但详细的介绍，以及关于经典 t 检验结果的危险性的解释，见 Kruschke（2013a）的文章。关于将贝叶斯数据分析应用于多重线性回归的介绍，请参阅 Kruschke、Aguinis 和 Joo（2012）的文章。关于后验预测检验的观点，请参阅 Kruschke（2013b）的文章和本书 17.5.1 节。

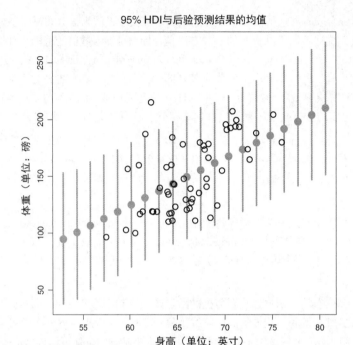

图 2-6　本图显示了图 2-5 中的数据，并叠加显示了特定身高的后验预测体重。每条竖线表示 95%可信的预测体重值的范围，每条线中间的点表示预测体重的均值

不需要参数模型的数据分析

如上所述，贝叶斯数据分析的基础是有意义的、参数化的描述性模型。有没有哪些情况不能使用或不需要这种模型呢？

在非参数模型的情况中看起来不使用参数化的模型。但是，这些模型的命名让人感到迷惑，因为它们实际上有参数；事实上，它们可能有无限多的参数。举个简单的例子，假设我们要描述狗的体重。我们从所有品种的狗中随机选了许多狗，并测量其体重。这些体重值可能并不符合单模型的分布，而是不同品种的狗具有不同的体重亚群。但是一些品种的狗可能的体重分布非常接近，而另一些狗不能被归为某个特定的品种。而且当我们收集越来越多的狗的数据时，我们可能会遇到新亚群的成员，而以前的分类中并不包含这个新亚群。因此，我们不确定应该在描述性模型中添加多少个集群。取代以上方法，我们可以根据数据推断不同亚群的相对可信度。由于每个亚群都有自己的参数（如位置参数和尺度参数），我们可以推断出整个模型的参数量，并且这个数量可以随着数据的增多而增长。还有许多其他类型的无限参数化模型。有关贝叶斯非参数模型的教程，请参见 Gershman 和 Blei（2012）；有关最近的评论，请参见 Muller 和 Mitra（2013）；有关教科书应用，请参见 Gelman 等（2013）。我不会在本书中介绍贝叶斯非参数模型。

许多情况起初看上去不存在适用的参数化模型。比如，假设一个人的疾病诊断检测结果是阳性，需要计算出他患某种罕见疾病的概率。但贝叶斯数据分析确实是适用于这种情况的，虽然这时的参数是离散状态的而不是连续分布的。在疾病诊断的情景中，参数是个体的潜在健康状态，可以取两个可能值中的一个，即"患病"或"未患病"。贝叶斯数据分析根据观察到的检测结果，在这两个可能值之间重新分配可信度。这与图 2-1 中福尔摩斯所考虑的离散可能性类似，只是检测结果产生的是概率信息，而不是证据确凿的信息。我们将在第 5 章中对这种情况进行精确的贝叶斯计算（具体见表 5-4）。

最后，在某些情况下，分析人员可能不喜欢固定使用某个参数化模型，甚至是非常灵活的无限参数化模型。如果是这样，那么确实不能应用贝叶斯方法。然而这种情况很少见，因为数学模型是非常有用的工具。不使用模型而试图从数据中进行推断的一个例子是源于 NHST 的一种方法，称为重抽样（resampling）或自举法（bootstrapping）。这种方法计算 p 值并做出决策，但 p 值具有基本的逻辑问题，这将在第 11 章中讨论。在描述数据特征的不确定性时，这些方法的能力也非常有限，而贝叶斯方法把不确定性放在优先且核心的位置。

2.4 练习

你可以在本书配套网站上找到更多练习。

练习 2.1 目的：让你积极地控制概率的数学模型。 假设我们有一个在棋盘游戏中使用的四面骰子。在这个四面骰子上，每个面都是等边三角形。我们抛出这个骰子，它会一面朝下地落下，看起来像是金字塔。这些面被编号为 1 到 4，朝下的面的编号（用点数来表示）被刻在另外三面的下边缘上。现在将底面（朝下的面）的编号表示为 x，请考虑以下三个数学模型，它们都描述了 x 的概率。模型 A：$p(x) = 1/4$。模型 B：$p(x) = x/10$。模型 C：$p(x) = 12/(25x)$。对于每个模型，求出每个 x 的 $p(x)$ 值。用文字描述每个模型代表了什么样的偏差（或没有偏差）。

练习 2.2 目的：让你积极地思考数据如何导致可信度发生变化。 假设我们拥有练习 2.1 中介绍的四面骰子，及其概率的三个备选模型。假设一开始我们不确定这个骰子是什么样的。一方面，骰子可能是均匀的，每一面落在地上的概率是相同的。另一方面，骰子可能是有偏的，有较多圆点的面更可能朝下落地（因为圆点是通过在骰子中嵌入较重的宝石而形成的，因此有更多圆点的面更可能落在底部）。再一方面，骰子可能是有偏的，有较多圆点的面更不可能朝下落地（因为也许点是用弹力橡胶做的，或者点在表面是凸起的）。因此，最初，我们对这三个模型的信念可以描述为 $p(A) = p(B) = p(C) = 1/3$。现在我们抛骰子 100 次，得到如下结果：底面为 1 的次数是 25，底面为 2 的次数是 25，底面为 3 的次数是 25，底面为 4 的次数也是 25。这些数据是否改变了我们对模型的看法？哪个模型现在看起来最有可能？假设我们抛 100 次骰子，得到如下结果：底面为 1 的次数是 48，底面为 2 的次数是 24，底面为 3 的次数是 16，底面为 4 的次数是 12。现在哪个模型看起来最有可能？

第3章

R 语言

> 亲爱的笛卡儿，你说，"我思故我在"。
> 从不确定性中，你获得了存在。
> 现在你走了，我们说，"再见"。
> 毫无疑问，勒内，我们思考，故我们在啊！[①]

在本书中，你将学习如何应用贝叶斯数据分析。除了最简单的模型，使用任何数学模型都意味着使用计算机。因为应用贝叶斯数据分析时，计算机的结果非常重要，所以使用 R 语言的例子将被整合进最简单的"玩具"问题中，这样 R 就不会成为学习障碍。

本章中的内容阅读起来相当枯燥，因为它相当于 R 语言中基本命令的列表（尽管是一个精心构建的列表）和示例。在一边读前几页一边打瞌睡后，你可能会想跳到下一章，我不会责怪你的。但本章中的大部分内容非常重要，而且所有内容最终都会很有用。所以你应该至少略读一下所有内容，这样你在以后的主题中再看到它们时就知道该返回哪里查找了。

以下是本章的几个要点。

- ❑ **软件安装**。3.1 节描述了如何安装 R 语言，以及如何安装名为 RStudio 的 R 语言编辑器。3.2 节描述了如何安装本书中的一些程序。
- ❑ **数据格式**。3.5.1 节描述了如何将数据文件读入 R。为了理解结果的格式，你需要理解 3.4.4 节中的数据框结构，这又要求你理解 list（列表）、matrix（矩阵）以及 factor（因子）结构（这就是为什么在讲解数据框结构之前要先解释这些结构）。

---

① *You said, dear Descartes, that* "*je pense, donc je suis,*"
Deriving existence from uncertainty.
Now, you are gone, and we say, "*au revoir,*"
Doubtless we think, René, therefore we are R.
本章介绍 R 语言。这首诗给我们提供了使用 R 的动力，最后一句的结尾是"啊"，这里取谐音可以得到"R"。更多背景知识：法国哲学家和数学家勒内·笛卡儿（René Descartes，1596—1650）想知道他可以如何确认任何一件事。他唯一能确定的事就是他对不确定性的想法，因此，他作为思想家，必须是存在的。在这首诗中，这个想法被表达为"我思故我在"。换成复数后，这句话变成"我们思考，故我们在啊"。

❑ **运行程序**。3.7.2 节解释了如何在 R 中运行程序，并指出了非常重要的一点：将 R 的工作目录设置为程序所在的文件夹。

R 语言是进行贝叶斯统计的极佳工具，原因有很多。首先，它是免费的！你可以从互联网上获取它，并能很容易地将它安装在你的计算机上。其次，它已经是进行贝叶斯统计的流行语言，所以有很多资源可利用。再次，它是一种功能强大并且简单通用的语言，因此你可以在很多应用场景中使用它。也可以从其他编程环境中访问我们依赖的贝叶斯 MCMC 包，但我们将使用 R。

如果你想了解有关 R 语言历史的内容，请访问 R 的官方网站，其中还有大量关于 R 语言的文档。

3.1 获取软件

下载并安装 R 很容易，但是这个过程中有很多可选的细节，而安装过程中最困难的部分则是找出哪些细节不适用于你。

R 的基本安装很容易。打开 R 的官方网站，找到 The Comprehensive R Archive Network 页面。（如果网站打不开，请在搜索引擎中搜索"R 语言"。在将任何内容下载到你的计算机之前，请确保该网站是安全的。）该网页顶部有一个标题为"下载并安装 R"（Download and Install R）的部分，后面有三个链接，分别针对 Linux、macOS 和 Windows。这三者指的是计算机上使用的操作系统的类型。请下载与你的计算机操作系统相匹配的版本。如果你点击了"Windows"，下一页会显示多个链接。你只需要点击"基本"（base），就可以下载最新版本的 R。每个操作系统都有一些独特的后续选项，你必须自己摸索并进行安装。但请记住，几个世纪前，许多人乘坐没有任何电子导航设备的小木船横渡了不同的海洋，因此你一定可以在安装 R 的过程中自己摸索。[①]

查看 RStudio

R 语言自带了适用于一般应用场景的基本用户界面。但在更大的应用场景中，基本的 R 用户界面会变得笨拙，于是我们需要安装一个更复杂、适用于 R 语言的文本编辑器。有许多有用的编辑器可供使用，其中许多是免费的，而且在不断地更新。在撰写本书时，我推荐 RStudio，你可以从其官方网站下载。（如果网站打不开，请在搜索引擎中搜索"RStudio"。在将任何内容下载到你的计算机之前，请确保该网站是安全的。）你只需打开该网站，找到下载链接，并获取适合你的计算机操作系统的版本。

调用 R 的方法有多种，一种是直接启动 R。在 Windows 中，你可以双击 R 的图标，或者从"开始"菜单的程序列表中点击 R。第二种方法是通过你喜欢的 R 编辑器来调用 R。比如，打开 RStudio，它会自动与 R 交互。调用 R 的第三种方法，也是达到我们目标的最佳方法，是将文件名中有".R"扩展名的文件与 RStudio 关联起来。然后，当文件打开时，你的计算机将自动调用 RStudio 并在 RStudio 中打开该文件。稍后将提供这样做的例子。

---

① 当然，许多人在横渡海洋时失败了，但那是另一码事啦！

3.2　使用 R 的一个简单的例子

无论你使用的是基本的 R 用户界面还是 RStudio 等编辑器，主窗口都是命令行界面。这个窗口一直在留意你的每一个奇思妙想（好吧，每一个可以在 R 中表达的奇思妙想）。你所要做的就是输入你的愿望，R 将以命令（command）的形式执行它。在 R 中，命令行的标记是类似大于号的命令提示符 ">"。如果我们想知道 2+3 等于多少，可以将其输入 R。R 将在随后显示的一行中，以文本形式提供答案，如下所示：

```
> 2+3
[1] 5
```

同样，上面的 ">" 符号表示 R 语言的命令提示符，在这里我们输入了 "2+3"。上面的第二行，"[1] 5" 显示的是 R 的回复。当然，答案是 5，但这一行以 "[1]" 开头，表示答案的第一个分量是 5。正如我们稍后将看到的，R 中的变量通常是包含多个分量的结构，因此它可以告诉用户正在显示哪个分量。

在本书中，编程命令是用一种独特的字体排版的，比如 "like this"，以便区别于其他英文单词并界定其范围。

程序（program），也称为脚本（script），只是 R 执行的一系列命令。比如，你可以先输入 x=2，然后输入 x+x 作为第二个命令，R 将回复 4。这是因为 R 假设当你输入 x+x 时，你实际上想得到的是数值 x 和数值 x 之和，而不是形如 2*x 的代数式变形。我们可以将这个命令列表以简单文本文件的形式保存为一个程序或脚本。然后我们可以运行这个程序，R 将按顺序执行列表中的每一个命令。在 R 中，运行脚本被称为 "source"（溯源）脚本，因为你将离开命令行，去溯源脚本中的命令。要执行一个名为 MyProgram.R 的文件中所存储的程序，可以在 R 的命令行中输入 "source("MyProgram.R")"，或者单击 R 或 RStudio 菜单中的 "source" 按钮。下一节中的示例将有助于阐释以上操作。

为了借助一个简单的示例来阐释 R 可以做什么，让我们绘制一个二次函数的图形：$y = x^2$。图上看起来很平滑的曲线实际上是一组由线段连接起来的点。但点之间的这些线段非常短，以至于图形看起来像一条平滑的曲线。我们必须告诉 R 所有这些密集的点的具体位置在哪里。

每个点都是由其 x 坐标和 y 坐标决定的，因此我们必须为 R 提供 x 值的列表及对应 y 值的列表。我们随意选择一组 x 值：从 –2 到 2 间隔为 0.1 的所有数值。我们使用 R 内置的序列（sequence）函数来生成一个数值列表作为 x 的取值：x = seq (from = -2,to = 2,by = 0.1)。在 R 内部，变量 x 现在是一个有 41 个值的列表：–2.0, –1.9, –1.8, …, 2.0。这种有序的数值列表在 R 中称为 "向量"（vector）。稍后我们将更详细地讨论向量和其他数据结构。

接下来，我们利用 R 创建相应的 y 值。输入 y=x^2。R 把 "^" 解释为：把其后的数值提升为指数。在 R 内部，变量 y 现在是一个有 41 个值的向量：4.0, 3.61, 3.24, …, 4.0。

最后，告诉 R 绘制 x 和 y 对应的点，并把这些点用线段连接起来。方便的是，R 有一个称为 plot（绘图）的内置函数，我们通过输入 plot(x, y, type="l") 来调用这个函数。代码中，type="l"（这是字母 "l" 而不是数字 "1"）要求 R 仅绘制点之间的连接线，不绘制任何符号来标记点。如果我们省略命令的这个部分，则 R 会默认只绘制点，不绘制连接线。生成的图如图 3-1 所示，生成该图形的完整 R 代码如下所示。

```
> x = seq( from = -2 , to = 2 , by = 0.1 )      # 指定 x 值为从 -2 到 2，间隔为 0.1
> y = x^2                                         # 指定相应的 y 值
> plot( x , y , col="skyblue" , type="l" )       # 把 x,y 的点用天蓝色的线连接起来
```

上面命令中的每一行都包含注释，以向人类读者解释这行是用来做什么的。R 中的注释以 "#" 符号开头，称为井号[①]。每行中注释符号之后的任何内容都会被 R 忽略。

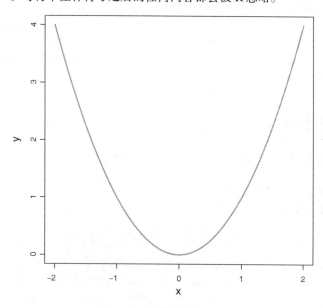

图 3-1　R 绘制的简单图形

获取本书中使用的程序

上面的程序被保存为一个文件，文件名是 SimpleGraph.R，存储在随书文件包[②]中。有关本书所使用程序的最新版本，请参阅本书配套网站。（网站地址偶尔会变化。若想快速找到本书配套网站，请搜索 "Doing Bayesian Data Analysis"。在将任何内容下载到你的计算机之前，请确保该网站是安全的。）具体来说，找到包含本书所有程序的压缩文件的链接。将压缩文件保存在你通常用来保存数据文件和文档的方便位置。（不要将文件保存在受保护的区域，如 Windows 操作系统中的 Programs 文件夹。）请务必"解压缩"整个文件，或从压缩文件夹"提取所有"程序。

打开程序的最简单的方法是将文件与 RStudio 关联，然后打开该文件。在 Windows 操作系统中，找到文件 SimpleGraph.R 后，单击鼠标右键并选择"打开方式"，然后选择 RStudio。请务必选中复选框"始终使用 RStudio 打开此类型的文件"。之后，该文件将会在 RStudio 编辑器中打开，并可以根据需求运行和编辑。

---

① 这个字体使井号看起来有些像"非"，但它确实是"#"。
② 请访问图灵社区，下载随书文件包：ituring.cn/book/1995。——编者注

直接打开程序并让它自动调用 RStudio 的好处之一是，RStudio 会自动把工作路径（working directory）设置为程序所在的文件夹。如果先打开 RStudio 并随后加载该程序，是不会自动设置工作路径的。工作路径是 R 优先查找辅助程序的位置，也是 R 保存输出文件的位置。如果直接启动 RStudio，而不是通过程序文件启动，则工作路径将是默认的通用文件夹。那么 R 将不知道在哪里可以找到本书中所使用的辅助程序。稍后将解释有关设置工作路径的详细信息。

本书附带的程序中，有个程序的文件名是 ExamplesOfR.R。该文件包含了本章中的大多数示例（除了 SimpleGraph.R）。我建议你在读到这些例子的时候，在 R 中打开它并尝试运行一下，或者直接在命令行中输入示例中的命令。

3.3　R 中的基本命令和运算符

本章的其余部分将介绍 R 语言的一些重要特性。网上还有许多其他资源，包括介绍手册。请在 R 官方网站上进行搜索。

3.3.1　在 R 中获取帮助

绘图函数 plot 有很多可设置的详细信息，例如坐标轴的范围和标签、字体大小，等等。你可以通过在 R 中获取帮助以了解这些详细信息。在 R 中输入命令 ?plot 就可以获取这些信息。它会告诉你另一个命令 par，它控制所有的绘图参数。要了解它，输入 ?par。通常，使用 R 内置的帮助文档确实很有帮助。如果你想获取一个列出了各种在线文档的列表，请输入包括空圆括号的 help.start()，在线文档中很大一部分是用可读的散文而不是电报列表编写的。help.start() 显示的手册列表中包含了我们强烈建议使用的 *An Introduction to R*。另一种查找 R 相关帮助的有用方法是通过互联网搜索。在你喜爱的搜索引擎中，输入你需要了解的 R 术语。

双问号也非常有用，它是 help.search 函数的缩写，它将搜索整个帮助数据库以查找包含指定单词或短语的条目。输入 ?plot 会返回解释绘图函数的单个帮助页，输入 ??plot 则会返回包含关键词 "plot" 的几十个函数帮助页的列表。（要获取更多详细信息，可以在 R 的命令提示符处输入 ?"?" 和 ?"??"。）

强烈推荐一个总结了基本 R 命令的资源。你可以在网上搜索短语 "R reference card"（R 参考卡）。

大部分时间，你将根据你的实际需要来了解 R 函数，通常这意味着你将寻找你想要做的事情的示例并模仿它。（该示例也有可能使你意识到，存在比示例中的方法更好的方法！）因此，本书中的大多数示例包含完整的 R 代码。希望这些例子在你需要时对你有所帮助。

如果你已经熟悉编程语言 Matlab 或 Python，那么可以在网上找到它们在 R 中的同义词命令。

3.3.2　算术和逻辑运算符

四则运算的四个运算符在 R 中被记为 +、-、* 和 /。幂运算符是 ^。多个运算符连续出现时，幂运算优先于乘法运算和除法运算，后者又优先于加法运算和减法运算。除此以外，R 会从左到右地按顺序处理它们。请确保你理解以下每个示例中 R 返回的输出结果。

```
> 1+2*3^2      # 先计算幂，再相乘，最后相加
[1] 19
> (1+2)*3^2    # 在相乘之前，括号强制先进行相加
[1] 27
> (1+2*3)^2    # 先计算括号内的表达式，再计算幂
[1] 49
> ((1+2)*3)^2  # 嵌套括号
[1] 81
```

一般来说，在你的计算中明确地标出括号会是个好主意，这可以确保计算操作按预期顺序执行。要获取有关运算符优先级的详细信息，请在 R 中输入?Syntax。

R 还能够处理 TRUE（真）和 FALSE（假）的逻辑值，以及非"!"、与"&"、或"|"的逻辑计算。"非"的优先级最高，然后是"与"，最后是"或"。

```
> !TRUE                  # 非
[1] FALSE
> TRUE & FALSE           # 与
[1] FALSE
> TRUE | FALSE           # 或
[1] TRUE
> TRUE | TRUE & FALSE    # "与"比"或"的优先级更高
[1] TRUE
> ( TRUE | TRUE ) & FALSE # 括号使"或"的优先级变高了
[1] FALSE
```

3.3.3　赋值、关系运算符和等值判断

我们可以为有名称的变量赋值。比如，命令 x = 1 告诉 R 将数值 1 分配给名为 x 的变量。这个赋值命令有个同义语法，看起来像一个箭头：x <- 1。最初，R 只能通过箭头状符号来赋值。但近年来，在其他编程语言用户的普遍要求之下，R 现在也允许使用等号赋值。本书通常用等号来赋值。

纯粹主义者会避免使用单等号进行赋值，因为它与数学中等号的含义混淆。具体地说，x = x + 1 在 R 中是完全有效的，尽管在普通数学中 $x = x + 1$ 是没有意义的（因为它意味着 0 = 1，这在普通算术中是错误的）。在 R 中，x = x + 1 表示在 x 的当前值上加 1，并将结果分配给名为 x 的变量。x 的新值替换了 x 的旧值。比如，请考虑以下一系列的 R 命令。

```
> x = 2      # 将 x 赋值为 2
> x = x + 1  # 在 x 的值上加 1，并重新赋值给 x
> x          # 显示 x 的新值
[1] 3
```

在实践中，这种把 R 命令误解为数学相等语句的情况是很少的甚至是不存在的。此外，在函数参数和列表结构的定义中，R 进行与赋值类似的操作时也会使用等号（随后将解释）。因此，我不会阻止大家使用单等号进行赋值。

但是，请注意，不要将赋值运算符"="与等值判断符（在 R 中用双等号表示）混淆。双等号的等值判断符将判断两个值是否相等，并返回 TRUE 或 FALSE。

```
> x = 2      # 将名为 x 的变量赋值为 2
> x          # 查看 x 的取值
```

```
[1] 2
> x == 2      # 判断 x 的取值是否等于 2
[1] TRUE
```

也有不相等关系的关系运算符。

```
> x != 3      # 判断 x 的取值是否不等于 3
[1] TRUE
> x < 3       # 判断 x 的取值是否小于 3
[1] TRUE
> x > 3       # 判断 x 的取值是否大于 3
[1] FALSE
```

如果你使用运算符 <- 进行赋值，而不是=，请务必保证没有意外地在中间插入空格：表达式 x <- 3 将数值 3 分配给 x，但表达式 x< - 3 检验 x 是否小于-3 并返回 TRUE 或 FALSE（或者如果 x 不存在，则显示错误消息）。

上面用来进行等值判断的双等号是脆弱的。由于计算机内存中表示数字的精度有限，因此可能会产生意外的结果。比如，在大多数计算机中，0.5 - 0.3 的值不等于 0.3 - 0.1 的值，即使在数学上它们是相等的。因此，R 的另一个函数 all.equal 将在计算机上用最高精度进行等值判断。

```
> x = 0.5 - 0.3
> y = 0.3 - 0.1
> x == y          # 虽然在数学上是相等的，但在有限的精度下得到 FALSE
[1] FALSE
> all.equal(x,y)  # 用最高精度进行等值判断
[1] TRUE
```

因此，在进行等值判断时使用 all.equal 而不用==是安全的做法，尤其是对非逻辑值或非整数值而言。

3.4　变量类型

R 中所有的对象（object）都是属于某一类（class，即类别）的，类决定了对象的结构和内容的类型。可以通过某些函数来识别对象的类，以便函数以不同的方式处理不同类的对象。比如，对象可以是 matrix（矩阵）、array（数组）、list（列表）、factor（因子）、data.frame（数据框）等不同的类。summary（摘要）函数检测它的输入参数所属的类，并以不同的方式来概括因子类和向量类。稍后会介绍摘要函数。本节将介绍几个重要的对象类。

3.4.1　向量

向量（vector）只是一个由相同类型的元素组成的有序列表。从技术上讲，向量不是 R 中的类，但向量是基本的数据结构。向量可以是数值的有序列表：< 2.718, 3.14, 1.414 >；也可以是字符的有序列表：< "now", "is", "the", "time" >；或逻辑值的有序列表：< TRUE, FALSE, FALSE, TRUE >。"有序"是指，R 知道列表中某个位置的元素是什么，而不是元素本身以某种方式增大或减小并形成向量。比如，R 知道向量 < 2.718, 3.14, 1.414 > 的第三个元素是 1.414，因为元素是有序的。

1. 组合函数

组合（combine）函数 c（是的，单个字母 "c"）可以创建向量。实际上，组合函数可以将不同类型的数据结构组合起来，但我们此时只考虑其组合多个元素并创建向量的功能。比如，c(2.718 , 3.14 , 1.414)将三个数合并为一个向量。然后，我们可以通过命令 x = c (2.718, 3.14, 1.414)将该向量赋值给名为 x 的变量。

2. 逐个分量的向量操作

R 的向量操作默认是对分量逐个进行的。具体地说，如果 x 和 y 是两个长度相同的向量，则 x*y 是由相应分量的乘积组成的向量。

```
> c(1,2,3) * c(7,6,5)
[1] 7 12 15
```

R 会自动将标量操作应用于向量的所有元素。

```
> 2 * c(1,2,3)
[1] 2 4 6
> 2 + c(1,2,3)
[1] 3 4 5
```

3. 冒号运算符和序列函数

冒号运算符 ":" 可以创建整数序列。比如，4:7 创建向量 < 4, 5, 6, 7 >。组合函数和冒号运算符在 R 编程中使用得非常频繁。冒号运算优先于基本算术运算，但次于幂运算。仔细考虑以下示例的输出：

```
> 2+3:6        # 冒号运算优先于基本算术运算
[1] 5 6 7 8
> (2+3):6       # 括号改变了默认的优先级
[1] 5 6
> 1:3^2        # 幂运算优先于冒号运算
[1] 1 2 3 4 5 6 7 8 9
> (1:3)^2       # 括号改变了默认的优先级
[1] 1 4 9
```

通常来说，请明确地使用括号以确保计算过程是按照你预期的顺序进行的。

序列函数 seq 在创建由常规数值序列组成的向量时非常方便。在其基本形式中，用户指定数值序列的初始值、结束值和连续值之间的增量，如下所示：

```
> seq( from=0 , to=3 , by=0.5 )           # 没有指定长度
[1] 0.0 0.5 1.0 1.5 2.0 2.5 3.0
```

如果增量不能被初始值和结束值之间的差整除，则序列最大不会超过结束值。

```
> seq( from=0 , to=3 , by=0.5001 )          # 不会超过结束值
[1] 0.0000 0.5001 1.0002 1.5003 2.0004 2.5005
```

seq 函数是智能的，它将推断用户省略的任何值。此函数可能非常有用，假设我们想要一定长度的序列，而不关心确切的终点或增量。请思考以下示例。

```
> seq( from=0 , by=0.5 , length.out=7 )   # 没有指定结束值
[1] 0.0 0.5 1.0 1.5 2.0 2.5 3.0
> seq( from=0 , to=3 , length.out=7 )     # 没有指定增量
```

```
[1] 0.0 0.5 1.0 1.5 2.0 2.5 3.0
> seq( to=3 , by=0.5 , length.out=7 )        # 没有指定初始值
[1] 0.0 0.5 1.0 1.5 2.0 2.5 3.0
```

4. 复制函数

复制函数 rep 在创建向量时也非常有用。下面是一些示例。

```
> ABC = c("A","B","C")  # 定义一个用于复制的向量
> rep( ABC, 2 )
[1] "A" "B" "C" "A" "B" "C"
> rep( ABC, times=2 )
[1] "A" "B" "C" "A" "B" "C"
> rep( ABC, times=c(4,2,1) )
[1] "A" "A" "A" "A" "B" "B" "C"
> rep( ABC, each=2 )
[1] "A" "A" "B" "B" "C" "C"
> rep( ABC, each=2, length.out=10)
 [1] "A" "A" "B" "B" "C" "C" "A" "A" "B" "B"
> rep( ABC, each=2, times=3)
 [1] "A" "A" "B" "B" "C" "C" "A" "A" "B" "B" "C" "C" "A" "A" "B" "B" "C" "C"
```

请注意，从上面可以看到，rep 函数在第一个必选参数（要复制的结构）之后有三个可选参数。当只输入一个整数时（如上面的第二行所示），rep 假定这个数是复制整个结构的次数 times。根据 R 帮助文档，"通常只指定一个附加参数，但如果其他两个参数中任何一个指定了 each，则首先执行 each 的复制，然后再执行 times 或 length.out"。如果你打算首先复制每个分量，请明确地使用 each 参数，或以向量形式使用 times 参数。

下面是一个示例，用于测试你对 rep 函数的理解：

```
> rep( ABC, each=2, times=c(1,2,3,1,2,3) )
 [1] "A" "A" "A" "B" "B" "B" "B" "C" "C" "C" "C" "C"
```

首先执行的是 each=2 参数，从而（在内部）创建了向量 c("A","A","B","B","C","C")，它有六个分量。之后，执行了 times=c(1,2,3,1,2,3)参数，该参数先创建了第一个 "A" 的一个副本，紧接着是第二个 "A" 的两个副本，然后是第一个 "B" 的三个副本，以此类推。换句话说，以下嵌套的 rep 函数能够产生相同的结果。

```
> rep( rep( ABC, each=2 ) , times=c(1,2,3,1,2,3) )
 [1] "A" "A" "A" "B" "B" "B" "B" "C" "C" "C" "C" "C"
```

5. 获取向量的元素

本节的方法将会经常用到。在 R 中，我们可以通过引用向量中元素的位置来获取这个元素的取值。引用元素有三种方法：按数字位置、按逻辑包含和按名称。这三种方法都使用向量名称后的方括号来引用其元素的位置，如下所示：x[...]。不同方法的差异在于方括号内的部分。

我们可以按元素的数字位置来引用元素。假设我们定义了一个向量 x=c(2.718 , 3.14 , 1.414 , 47405)。我们可以在向量名称后的方括号内，通过引用元素的顺序位置来获取向量的元素。因此，x[c(2,4)]返回第二个和第四个元素，也就是向量 < 3.14, 47405 >。获取元素的另一种方法是告诉 R 不要包含哪个位置，具体做法是使用负号。如果想得到除第一个和第三个元素之外的所有元素，则可以输入 x[c(-1,-3)]。

　　访问向量元素的另一种方法是利用一系列的真/假逻辑值，这些逻辑值指定是否返回相应的元素。比如，x[c(FALSE,TRUE,FALSE,TRUE)]也返回向量 < 3.14, 47405 >。

　　向量的元素也可以（选择性地）具有名称。比如，我们可以使用命令来为向量 x 的元素命名：names(x)=c("e" , "pi" , "sqrt2" , "zipcode")。请注意，这些名称是在引号中的。然后，在方括号中指定它们的名称。比如，x[c("pi","zipcode")]返回向量 < 3.14, 47405 > 和这些分量的名称。

　　概括和总结一下。下面是获取向量元素的不同方法。

```
> x = c( 2.718 , 3.14 , 1.414 , 47405 )           # 定义向量
> names(x) = c( "e" , "pi" , "sqrt2" , "zipcode" ) # 对分量命名
> x[c(2,4)]                        # 包含哪些索引
      pi    zipcode
    3.14   47405.00
> x[c(-1,-3)]                      # 排除哪些索引
      pi    zipcode
    3.14   47405.00
> x[c(FALSE,TRUE,FALSE,TRUE)]  # 是否包含各个位置
      pi    zipcode
    3.14   47405.00
> x[c("pi","zipcode")]             # 包含哪些名称
      pi    zipcode
    3.14   47405.00
```

3.4.2　因子

　　因子（factor）是 R 中的一种向量类型，其中的元素是分类值，这些分类值同样可以是有序的。这些值在内部被存储为整数及其水平的标记。解释因子的最佳方法是使用例子。

　　假设我们有关于五个人的社会经济地位的数据，被编码为"低"（low）、"中"（medium）或"高"（high）。下面是名为 x 的向量中的数据。

```
> x = c( "high" , "medium" , "low" , "high" , "medium" )
```

　　在大型数据集中，直接保存"low""medium"或"high"会显得有些冗长，因此将它们重新编码为分类索引会非常有用，比如，"1"表示"低"，"2"表示"中"，"3"表示"高"。数据将变成一个索引向量，向量的元素是这些索引值，同时包含将索引值翻译为其名称的解释表。这样的结构被称为"因子"。在 R 中，factor 函数将向量 x 转换为因子。

```
> xf = factor( x )
```

　　要查看因子 xf 是什么，可以在 R 的命令行中输入"xf"，并查看 R 返回的内容。

```
> xf
[1] high medium low high medium
Levels: high low medium
```

　　请注意，R 从向量中提取了"水平"（level），并在因子的内容之后列出了它们。factor 函数读取向量 x 的内容，并记录哪些不同的元素，称它们为因子的水平。默认情况下，它按字母顺序对所有水平进行排序。然后，根据以字母顺序排序后的整数索引，它对向量内容进行重新编码。因此，原始元素"high"变为整数"1"，因为这三个水平按字母顺序排列时"high"排在第一。你可以将因子

的实际内容视为水平的整数索引,其中包含将每个整数解码为水平名称的解释表。要直接查看水平的整数索引,可以要求 R 将因子显示为数值向量。

```
> as.numeric(xf)
[1] 1 3 2 1 3
```

因子命令 factor 提取向量的水平并默认将其按照字母顺序排序。不巧的是,字母顺序取决于当地的语言习俗(比如,大写字母可能放在小写字母之前或之后),而这个应用场景中最有意义的顺序可能不是字母顺序。如果想要为这些水平指定某个特定的顺序,可以在 factor 函数中添加其他参数,如下所示:

```
> xfo = factor( x , levels=c("low","medium","high") , ordered=TRUE )
> xfo
[1] high   medium low   high   medium
Levels: low < medium < high
```

请注意,水平之间标注了小于号,以表示它们已被排序。而且,当我们查看因子内部的整数索引时,会发现它们是按我们所需的顺序进行编码的,因此第一个元素“high”被编码为整数 3,而不是 1。

```
> as.numeric(xfo)
[1] 3 2 1 3 2
```

在创建因子时,最好明确地指定其水平及顺序。

有时,我们想对已创建的因子水平进行重新排序。这种情况是很有可能发生的,比如,在数据文件中读取时使用的是默认设置,但随后想重新对水平排序以使其更有意义。要重新排序,只需再次使用 factor 函数,同时明确地指出所需的水平和顺序。比如,我们用与之前相同的方式创建了因子 xf:

```
> x = c( "high" , "medium" , "low" , "high" , "medium" )
> xf = factor( x )  # 结果是按照默认顺序排列的
> xf
[1] high   medium low   high   medium
Levels: high low medium
> as.numeric(xf)
[1] 1 3 2 1 3
```

但现在,我们对现有因子 xf 重新应用 factor 函数,以对水平重新进行排序:

```
> xf = factor( xf , levels=c("low","medium","high") , ordered=TRUE )
> xf
[1] high   medium low   high   medium
Levels: low < medium < high
> as.numeric(xf)
[1] 3 2 1 3 2
```

请注意,重新明确地对水平进行排序之后,也更改了向量中元素的整数编码。它确实应该这样做。在实践中最好明确地指定水平的顺序。

我们可能想重新标记因子水平。比如,向量 x 使用的元素名称为“低”(low)、“中”(medium)和“高”(high)。factor 函数的 levels 参数必须准确地引用数据的水平名称。但对于生成的输出,可以重新命名这些水平,改为对应用场景更有意义的任何内容,如“底层社会经济地位”(Bottom SES)、“中层社会经济地位”(Middle SES)和“高层社会经济地位”(Top SES)。我们使用 labels 参数在 R 中对原有水平重新进行标记:

```
> xfol = factor( x , levels=c("low","medium","high") , ordered=TRUE ,
                 labels=c("Bottom SES","Middle SES","Top SES") )
> xfol
[1] Top SES    Middle SES Bottom SES Top SES    Middle SES
Levels: Bottom SES < Middle SES < Top SES
```

请注意，原始数据的水平名称（低、中、高）在因子中不再有意义。请务必注意，重新标记水平不会更改水平的顺序或整数编码。如果我们指定 labels=c("Right", "Left", "UpsideDown")，那么整数将保持不变，但其标签将不再有意义。

R 从文件中读取数据时经常会用到因子。因子对于 R 中的某些函数非常有用。但是，如果你没意识到变量被 R 存储为因子而不是向量，那么因子可能会令人困惑。如果因子中水平的默认排序不直观，则它也会令人困惑。

3.4.3 矩阵和数组

矩阵只是相同类型的值组成的二维列表。可以使用 matrix 函数在 R 中创建矩阵。第一个参数指定了填充进矩阵的有序内容。其他参数指定矩阵的大小、矩阵的填充顺序，以及（可选）维度（dimension）、行（row）和列（column）的名称。（名称被指定为 list 类型，我们将在 3.4.4 节中解释列表类对象。）请注意以下示例中的注释：

```
> matrix( 1:6 , ncol=3 )    # 内容是 1:6, 把这个有序内容按列填充进矩阵
     [,1] [,2] [,3]
[1,]   1    3    5
[2,]   2    4    6
> matrix( 1:6 , nrow=2 )    # 或者你可以指定行数
     [,1] [,2] [,3]
[1,]   1    3    5
[2,]   2    4    6
> matrix( 1:6 , nrow=2 , byrow=TRUE )   # 把有序内容按行填充, 不再按列填充
     [,1] [,2] [,3]
[1,]   1    2    3
[2,]   4    5    6
> matrix( 1:6 , nrow=2 ,                # 添加维度、行和列的名称
+         dimnames=list( TheRowDimName=c("Row1Name","Row2Name") ,
+                        TheColDimName=c("Col1Name","Col2Name", "Col3Name") ) )
              TheColDimName
TheRowDimName Col1Name Col2Name Col3Name
     Row1Name        1        3        5
     Row2Name        2        4        6
```

在上面的最后一个示例中，某些命令行开头的"+"符号只是 R 的一个显示方法，用来表示这些行是以上同一个命令的延续，而不是新命令。输入命令时不需要输入加号，就像在命令的开头不需要输入大于号一样。

与向量一样，我们可以通过矩阵分量的索引或名称来访问它。下面显示了访问矩阵 x 的第二行第三列的元素的两种方法：

```
> x = matrix( 1:6 , nrow=2 ,
+             dimnames=list( TheRowDimName=c("Row1Name","Row2Name") ,
+                            TheColDimName=c("Col1Name","Col2Name", "Col3Name") ) )
> x[2,3]                             # 使用数值索引
[1] 6
```

```
> x["Row2Name","Col3Name"]  # 使用行和列的名称
[1] 6
```

正如你现在可能猜出的那样，索引的排列是有顺序的。第一个索引是行号，第二个索引是列号。

可以通过指定矩阵的整个范围或不指定其范围来访问矩阵的整行或整列。

```
> x[2,1:3]    # 指定包含哪些列
Col1Name Col2Name Col3Name
       2        4        6
> x[2,]       # 留空列号以包含所有列
Col1Name Col2Name Col3Name
       2        4        6
> x[,3]       # 第 3 列的整行，以向量形式返回
Row1Name Row2Name
       5        6
```

指定矩阵的行或列时，请注意要加入逗号。如果你对行或列使用数值索引，并意外地没有加入逗号，R 不会有任何抱怨，而是会把矩阵当作一维的有序内容，并返回该位置的元素。请考虑以下示例：

```
> x[2,]       # 第二行，以向量形式返回
Col1Name Col2Name Col3Name
       2        4        6
> x[,2]       # 第二列，以向量形式返回
Row1Name Row2Name
       3        4
> x[2]        # 没有逗号，返回有序内容的第二个元素
[1] 2
```

请注意，在上面的最后一个示例中，当没有逗号时，R 会返回矩阵内容中的第二个元素。尽管以这种不使用行号和列号的方式引用矩阵的元素是完全有效的，但通常应当避免使用，除非可以提高某些特定应用的效率。

数组是多维矩阵的扩展形式。实际上我们并不需要单独的矩阵函数 matrix，因为它只是数组函数 array 的二维情况。在 array 函数中，第一个参数指定将被填充进数组的有序内容，第二个参数指定每个维度的大小，第三个可选参数指定维度的名称和维度的水平。（名称被指定为 list 类型，我们将在 3.4.4 节中解释列表类对象。）请务必知道，数组函数的填充顺序是：先增加第一个索引（行），然后增加第二个索引（列），再增加第三个索引（层），以此类推。与矩阵函数不同，没有一个内置方法能够以不同的维度顺序将内容填充到数组中。

下面是三维数组的示例。我把第三个维度称为"层"。请注意，要填充的有序内容是整数 1 到 24，它们进入数组的顺序是，先增加行，然后增加列，最后增加层。

```
> a = array( 1:24 , dim=c(3,4,2) ,  # 3 行，4 列，2 层
+            dimnames = list( RowDimName = c("R1","R2","R3") ,     # 行名称
+                             ColDimName = c("C1","C2","C3","C4") , # 列名称
+                             LayDimName = c("L1","L2") ) )         # 层名称
> a
, , LayDimName = L1
          ColDimName
RowDimName C1 C2 C3 C4
        R1  1  4  7 10
        R2  2  5  8 11
        R3  3  6  9 12
, , LayDimName = L2
```

```
           ColDimName
RowDimName C1 C2 C3 C4
        R1 13 16 19 22
        R2 14 17 20 23
        R3 15 18 21 24
> a["R3",,"L2"]  # 以向量形式，返回第 3 行 R3、第 2 层 L2 的所有列的值
C1 C2 C3 C4
15 18 21 24
> a["R3","C4",]  # 以向量形式，返回第 3 行 R3、第 4 列 C4 的所有层的值
L1 L2
12 24
```

3.4.4 列表和数据框

列表结构 list 是一个通用型的向量，其中的分量可以是有不同名称的、不同类型的数据。在前面的示例中，列表结构被用于在 matrix 函数和 array 函数中指定维度的名称。下面是一个列表的示例，其中第一个分量是名为 "a" 的整数向量，第二个分量是名为 "b" 的整数矩阵，第三个分量是名为 "c" 的字符串。

```
> MyList = list( "a"=1:3 , "b"=matrix(1:6,nrow=2) , "c"="Hello, world." )
> MyList
$a
[1] 1 2 3

$b
     [,1] [,2] [,3]
[1,]    1    3    5
[2,]    2    4    6

$c
[1] "Hello, world."
```

可以在列表名称后面添加 "$" 和分量的名称，来引用列表中有名称的分量。请考虑以下示例：

```
> MyList$a        # 列表中名称为 "a" 的分量内容
[1] 1 2 3

> MyList$a[2]     # 列表中名称为 "a" 的分量的第二个元素
[1] 2
```

也可以在方括号内使用数值索引来获取列表的内容。但是，在引用有名称的分量时还是有一些差异。我们可以把元素 i 放在单方括号内，从而从列表中获取元素 i 及其名称。我们可以把 i 放在双方括号内，以获取元素 i 的内容。

```
> MyList[[1]]     # 列表中第一个分量的内容
[1] 1 2 3
> MyList[[1]][2]  # 列表中第一个分量的第二个元素
[1] 2
> MyList[1]       # 列表中第一个分量的名称及其内容
$a
[1] 1 2 3
> MyList[1][2]    # 在这个例子中没有意义
$<NA>
NULL
```

数据框（data frame）与矩阵非常相似，只是它的这些列具有相同的长度。但是，每列可以是不同

类型的数据。特别地，列可以是因子。数据框实际上是一种 list，你可以将它的每个分量想象成矩阵的一个有名称的列，而且不同列可能有不同的数据类型。可以像访问列表或矩阵一样访问数据框的分量。请考虑以下示例：

```
> d = data.frame( Integers=1:3 , NumberNames=c("one","two","three") )
> d
  Integers NumberNames
1        1         one
2        2         two
3        3       three
```

在显示数据框 d 时，最左侧的数字列显示的是 data.frame 函数默认提供的行名称。不要将这些行名称与列的内容混淆。

访问数据框元素的方法与访问列表一样，即使用名称、单方括号或双方括号：

```
> d$NumberNames    # 注意，这是一个因子
[1] one   two   three
Levels: one three two

> d[[2]]           # 它的第二个分量
[1] one   two   three
Levels: one three two

> d[2]             # d 的第二个分量及它的名称
  NumberNames
1         one
2         two
3       three
```

也可以像访问矩阵一样访问数据框的元素，使用行和列的索引：

```
> d[,2]            # 可以像访问矩阵一样访问数据框的元素
[1] one   two   three
Levels: one three two
> d[2,]            # 可以像访问矩阵一样访问数据框的元素
  Integers NumberNames
2        2         two
```

数据框非常重要，因为它们是常用函数 read.table 读取数据并加载到 R 时使用的默认格式，我们接下来将探讨它。

3.5　加载和保存数据

本书使用的数据是按照惯例来排列的，其中数据文件的每一行代表一个测量实例，该实例可能是调查中的一个人，或是响应时间实验中的一个试次。每行都包含要解释或预测的关键测量值，并且还包含该实例的解释变量或预测变量的值。以下示例将进一步说明。

3.5.1　函数 read.csv 和 read.table

考虑一个小样本中的人：我们记录了他们的性别和头发的颜色，并要求他们随便提供一个 1 到 10 的数字。我们还记录了每个人的名字，以及他们将被分配到两组中的哪一组。这类数据通常会被保存

为 CSV（comma separated values，逗号分隔值）格式的计算机文件。在 CSV 格式的文件中，每一列是一种测量值，每一行是一个人（或项目）。第一行指定这些列的名称，每一行中使用逗号来分隔各列的信息。下面是一个示例：

```
Hair,Gender,Number,Name,Group
black,M,2,Alex,1
brown,F,4,Betty,1
blond,F,3,Carla,1
black,F,7,Diane,2
black,M,1,Edward,2
red,M,7,Frank,2
brown,F,10,Gabrielle,2
```

CSV 文件特别有用，因为它是几乎任何计算机系统都可以读取的通用文本文件。CSV 文件的缺点是，会占用大量的内存空间，但如今计算机内存不仅便宜，而且容量很大。

使用 read.csv 函数可以将 CSV 文件轻松加载到 R 中。假设上述数据保存在名为 HGN.csv 的文件中。这时可以把数据加载到被我命名为 HGNdf 的变量中，如下所示：

```
> HGNdf = read.csv( "HGN.csv" )
```

生成的变量 HGNdf 是数据框。因此，HGNdf 的列是向量或因子，每一列的名称是 CSV 文件中第一行的单词，所有列的长度均等于 CSV 文件中数据的行数。

请注意，如果一列中含有任何字符（非数字）元素，它将被转换为因子（回想 3.4.2 节中有关因子的描述）。比如，"头发"（Hair）这一列是一个因子：

```
> HGNdf$Hair
[1] black brown blond black black red brown
Levels: black blond brown red

> as.numeric(HGNdf$Hair)
[1] 1 3 2 1 1 4 3
```

默认情况下，因子的水平是按字母顺序排列的。我们可能希望对水平重新排序，以使它们的顺序更有意义。比如，我们可能希望将头发颜色按从最亮到最暗重新排序。我们可以在加载数据后执行此操作，如下所示：

```
> HGNdf$Hair = factor( HGNdf$Hair , levels=c("red","blond","brown", "black"))
>
> HGNdf$Hair
[1] black brown blond black black red brown
Levels: red blond brown black
>
> as.numeric(HGNdf$Hair)
[1] 4 3 2 4 4 1 3
```

有时，我们可能不希望将具有字符元素的列视为因子。"名字"（Name）这一列被 read.csv 视为一个因子，因为它有字符：

```
> HGNdf$Name
[1] Alex Betty Carla Diane Edward Frank Gabrielle
Levels: Alex Betty Carla Diane Edward Frank Gabrielle
```

由于名字在本例中永远不会重复，因此列中的因子水平与元素一样多，于是将其创建为因子可能没有什么用。要将因子转换为普通向量，请使用函数 as.vector，如下所示：

```
> HGNdf$Name = as.vector( HGNdf$Name )
> HGNdf$Name
[1] "Alex" "Betty" "Carla" "Diane" "Edward" "Frank" "Gabrielle"
```

有时，整数列可能被 read.csv 读取为数值向量，而你打算将其视为索引水平以便对数据进行分组。换句话说，你希望将列视为因子，而不是数值向量。"分组"（Group）这一列就是这样的：

```
> HGNdf$Group
[1] 1 1 1 2 2 2 2
```

请注意，"分组"一列没有与其相关联的水平。我们可以很容易地将这一列转换为因子。

```
> HGNdf$Group = factor( HGNdf$Group )
> HGNdf$Group
[1] 1 1 1 2 2 2 2
Levels: 1 2
```

read.csv 函数是更通用的 read.table 函数的特例。你可以在 R 的命令提示符处输入?read.table 以了解它的详细信息。比如，你可以关闭将字符列转换为因子的默认操作。

3.5.2   在 R 中存储数据

在大多数实际研究情况中，我们从 R 以外的一些测量设备或调查中获得数据。然后，使用 read.csv 等函数将收集的数据加载到 R 中，如上所述。但是，有时我们希望在 R 中将已转换的数据保存下来。

保存数据的一种方法是使用 write.csv 函数：

```
write.csv( HGNdf , file="HGN.csv" , row.names=FALSE , quote=FALSE )
```

以上命令将数据框 HGNdf 保存为名为 HGN.csv 的文件，但其中不包括行名，也没有将所有字符元素放在双引号中（默认情况下，write.csv 会这样做）。请注意，生成的文件会丢失有关因子水平的所有信息，因为它只是一个没有摘要信息的原始文本文件。

如果要保存数据框，并且保留所有因子信息，可以使用 save 命令。生成的文件采用特殊的 R 格式，而不是通用型文本。这种文件的标准扩展名为 ".Rdata"，如下所示：

```
save( HGNdf , file="HGN.Rdata" )
```

将数据框 HGNdf 保存为名为 HGN.Rdata 的文件，其中将包含所有因子信息及数据框的名称（HGNdf）。如果你需要将多个变量全部保存在单个 Rdata 文件中，只需要把它们以逗号分隔并指定为 save 命令的第一个参数。所有变量及其名称都会被保存。

要重新获取 Rdata 文件中的数据，请使用 load 函数：

```
> load( "HGN.Rdata" )
```

运行 load 函数后，用户不会明确地看到 R 内部状态的任何改变。但实际上，R 已经将变量加载到其工作内存中了。如果要查看 R 活动内存中的所有对象，请输入：

```
> objects()
[1] "HGNdf"
```

对象函数 objects 的输出显示，HGNdf 已经在 R 的内存中，这种情况下是因为 R 从文件 HGN.Rdata 加载了该变量。在编辑器 RStudio 中，查看 R 内存中所有对象的便捷方法是查看工作空间窗口（Workspace window，通常位于右上角或 RStudio 的显示屏）。工作空间窗口所显示的所有对象是按类型组织的。

3.6　一些工具函数

函数是一个处理过程：它接受一些输入，称为参数（argument），并产生一些输出，称为值（value）。本节将概括介绍 R 中的一些有用的工具函数。

summary 函数检测提供给它的参数的类型或类（class），并返回适合该类对象的摘要信息。如果我们构造一个由数值组成的向量，则 summary 会提供最小值及中位数等，如下所示：

```
> x = c( rep(1,100) , rep(2,200) , rep(3,300) )
> summary(x)
   Min. 1st Qu.  Median    Mean 3rd Qu.    Max.
  1.000   2.000   2.500   2.333   3.000   3.000
```

但是，如果我们将向量转换为因子，则 summary 函数会提供包含每个水平的频率的表格：

```
> xf = factor(x)
> summary(xf)
  1   2   3
100 200 300
```

如果将数据框放入 summary 函数中，它会为每一列提供适合该列信息类的摘要。

检查数据对象的其他工具函数有 head、tail 和 str。head 函数返回其参数中变量的前几个分量。str 函数返回其参数的结构的紧凑显示。可在 R 中输入?head 等以了解更多信息。

聚合函数 aggregate 在根据因子特征汇总数据时非常有用。为了说明这一点，回想 3.5.1 节的"头发–性别–数字"数据，其中每个人随机提供了 1 至 10 的一个数字。数据被读取到名为 HGNdf 的数据框中，而名为 Group 的这一列被转换为因子。假设我们想知道每种头发颜色中每个性别选择的数字的中位数。aggregate 函数可以提供答案。第一个参数用"x="指定，是我们想汇总的数据。"by="参数是用于对数据进行分组的因子的列表。"FUN="参数是想应用于数据组的函数：

```
> aggregate( x=HGNdf$Number , by=list(HGNdf$Gender,HGNdf$Hair) , FUN=median )
  Group.1 Group.2   x
1       M     red 7.0
2       F   blond 3.0
3       F   brown 7.0
4       F   black 7.0
5       M   black 1.5
```

请注意，输出中列的名称是与原始变量名称无关的默认值。如果我们想要更有意义的输出，必须明确地给这个变量命名：

```
> aggregate( x=list(Number=HGNdf$Number) ,
+          by=list(Gender=HGNdf$Gender,Hair=HGNdf$Hair) , FUN=median )
  Gender  Hair Number
1      M   red    7.0
2      F blond    3.0
```

```
3       F brown    7.0
4       F black    7.0
5       M black    1.5
```

或者，我们可以在输入参数时使用公式（formula）格式。在公式格式中，第一个参数是一个公式，它使用数据框中的列名称来表示我们想聚合的内容。比如，要指定按 Hair 和 Gender 聚合 Number，我们将使用公式 "Number ~ Gender + Hair"。但是，我们还必须告诉函数我们指的是什么数据框，这是通过 data 参数完成的。

```
> aggregate( Number ~ Gender + Hair , data=HGNdf , FUN=median )
  Gender  Hair Number
1      M   red    7.0
2      F blond    3.0
3      F brown    7.0
4      F black    7.0
5      M black    1.5
```

很多能够将数据框作为参数的 R 函数支持使用公式格式。aggregate 函数还有其他几个参数，它还可用于汇总时间序列。当然，你可以输入?aggregate 以了解更多信息。

aggregate 函数还可用于计算不同因子水平出现的次数，或因子水平组合出现的次数。假设我们想知道每个性别的每种头发颜色出现多少次。我们可以在 aggregate 函数中应用 sum 函数来聚合性别和发色因子。但是，我们要把什么加起来呢？我们想求每个组合的行数，因此我们创建新的一列，取值全部为 1，以使每行明确地包含计数 1。

```
> aggregate( x=list(Count=rep(1,NROW(HGNdf))) ,          # 一列数字 1
+            by=list(Gender=HGNdf$Gender,Hair=HGNdf$Hair) , FUN=sum )
  Gender  Hair Count
1      M   red     1
2      F blond     1
3      F brown     2
4      F black     1
5      M black     2
```

上面的数据显示，有 1 名男性有红色头发，1 名女性有金色头发，2 名女性有棕色头发，等等。请注意，这里不显示计数为零的组合，例如红色头发的女性。

生成计数表的另一种方法是使用 table 函数。下面是关于该函数的示例：

```
> table(list(Gender=HGNdf$Gender,Hair=HGNdf$Hair))
        Hair
Gender red blond brown black
     F   0     1     2     1
     M   1     0     0     2
```

上面显示了性别的所有水平与头发颜色的所有水平交叉的表，明确地将没有出现的组合计数为零。这种输出形式对人类的理解是有用的。但是，由于每行有多个数据值，因此它不符合本书中使用的数据文件常用格式，后者假定每行只有一次测量的"事件"。而 aggregate 函数在上一段中生成的结果格式是符合数据文件常用格式的。

如果想在指定维度间折叠数组，并对折叠维度中的数据应用某个函数，那么可以使用应用函数 apply。比如，从 3.4.3 节调取名为 a 的三维数组：

```
> a
, , LayDimName = L1

          ColDimName
RowDimName C1 C2 C3 C4
        R1  1  4  7 10
        R2  2  5  8 11
        R3  3  6  9 12

, , LayDimName = L2

          ColDimName
RowDimName C1 C2 C3 C4
        R1 13 16 19 22
        R2 14 17 20 23
        R3 15 18 21 24
```

假设我们想折叠行，并得到列和层中所有值的和。这意味着我们希望保留第二个和第三个维度，同时跨其他维度折叠。合适的命令是：

```
> apply( a , MARGIN=c(2,3) , FUN=sum )

          LayDimName
ColDimName L1 L2
        C1  6 42
        C2 15 51
        C3 24 60
        C4 33 69
```

请注意，参数"MARGIN="指定的是要保留的未折叠的维度。如果维度是有名称的，则可以按名称指定要保留的维度，而不是索引编号。

reshape2 工具包中的融合命令 melt 对于重新排列数据非常有用，它可以使每行只有一个数值。要使用该工具包，必须首先将它安装在计算机上：

```
install.packages("reshape2")
```

你只需安装一次包，然后就再也不用安装了。但是，对于任何新的 R 会话窗口，必须重新将工具包加载到 R 的工作内存中，如下所示：

```
library(reshape2)
```

这时，R 就可以使用 reshape2 包中定义的各种命令了。为了使用 melt 命令，首先调取之前定义的数组 a：

```
> a
, , LayDimName = L1
          ColDimName
RowDimName C1 C2 C3 C4
        R1  1  4  7 10
        R2  2  5  8 11
        R3  3  6  9 12

, , LayDimName = L2
          ColDimName
RowDimName C1 C2 C3 C4
        R1 13 16 19 22
```

```
R2 14 17 20 23
R3 15 18 21 24
```

请注意，这个数组是三维的，在 24 个单元格的每一个中都有一个数值。我们希望重新排列数据，使得每行只有一个数值，它所在的行还指定了该数值在原数组中的水平。这将由 melt 命令完成：

```
> am = melt(a)
> am
   RowDimName ColDimName LayDimName value
1          R1         C1         L1     1
2          R2         C1         L1     2
3          R3         C1         L1     3
4          R1         C2         L1     4
5          R2         C2         L1     5
6          R3         C2         L1     6
7          R1         C3         L1     7
8          R2         C3         L1     8
9          R3         C3         L1     9
10         R1         C4         L1    10
11         R2         C4         L1    11
12         R3         C4         L1    12
13         R1         C1         L2    13
14         R2         C1         L2    14
15         R3         C1         L2    15
16         R1         C2         L2    16
17         R2         C2         L2    17
18         R3         C2         L2    18
19         R1         C3         L2    19
20         R2         C3         L2    20
21         R3         C3         L2    21
22         R1         C4         L2    22
23         R2         C4         L2    23
24         R3         C4         L2    24
```

请注意，数组 a 中的值（1～24）现在被排列为每行一个，列的名称为 "value"。melt 的结果是一个数据框，原有的水平变成了因子。你可以在 Wickham（2007）的文章中了解 reshape2 工具包中的更多函数。

3.7　在 R 中编程

你可以选择不把所有命令一行一行地输进命令行，而是将它们输入到文本文件中，再让 R 执行该文件。这个文件被称为程序或脚本。我们之前在 3.2 节的程序 SimpleGraph.R 中已经看到了一个这样的示例。

RStudio 是开发 R 程序的好环境。如果你已经把文件扩展名为 ".R" 的文件与 RStudio 关联，那么打开该文件时，将默认在 RStudio 的编辑窗口中打开。要新建一个程序，可以在 RStudio 中使用下拉菜单项 "文件（File）→新建（New）→R 脚本（R Script）"。这时将打开一个空白编辑窗口，你可以在其中输入你的程序。

新手程序员请注意以下几点。

❑ 请确保将程序保存在你将来还能再次找到的文件夹中，并使用一个在几周后依然可以轻易识别的文件名对它进行命名。

- 每当你做出有效的更改时，请务必保存程序。
- 如果你要进行重大的更改，那么请保存当前可以工作的版本。请用新的文件名来命名修改版本，再开始修改。这样，当你的修改版本不能工作时，你仍然可以依赖可以工作的旧版本。
- 在代码中放入大量注释，以便你在几个月后再回来看程序时仍然能够明白你现在做的是什么。要在程序中加入注释，只需输入"#"字符，该字符后同一行中的所有内容都会被 R 忽略。但是，注释中仍然存在风险：如果更改了程序代码而没有更改相应的注释，那么注释将会过时并让人迷惑。这是我自己在编程时经常遇到的问题，我希望我为本书写的程序中没有太多过时的注释。

3.7.1　R 中变量的名称

你应该用有意义的名称来给变量命名，以便读者可以轻松地理解编程命令。如果你将变量命名得很隐秘，那么当你几周后再回来看程序却已经不再明白你的程序在做什么时，你会后悔自己做了这个糟糕的决定。

你可以使用长度合理的描述性名称。然而，如果名称太长，输入和阅读程序的过程就会变得笨拙。比如，假设你现在要对程序中关键的最终输出进行命名。你可以把它命名为 tempfoo，但那不是很有意义，甚至会导致你以为这个变量不重要。你也可以将它命名为 theCrucialFinalOutputThatWillChange TheWorldForever（将永远地改变世界的关键最终输出结果），但是当你在程序中反复输入和阅读它时，你的负担会越来越重。因此，你最好用类似 finalOutput（最终输出）的名称给它命名，这很有意义而且不太长。

程序员通常使用一种叫作驼峰命名法的命名约定。这种方法将多个单词不加空格地连接起来作为变量名。假设你要给 final output（最终输出）这个变量命名。你不能使用包含空格的名称，因为 R（和大多数其他语言）将空格解释为变量间的分隔符。避免使用空格的一种方法是使用连接符号（如下划线或点）连接单词，像这样：final_output 或 final.output。许多程序员确实使用并推荐这些命名约定。但是，下划线符号会在某些显示屏中变得难以阅读，而点号会被某些编程语言（包括 R 的一些应用场景）解释为引用结构变量的子成分或类，这可能会使熟悉点的那种用法的人们（或计算机）混淆。因此，我们可以简单地去掉空格，使用首字母大写的连续单词：finalOutput。第一个单词的首字母通常不大写，但有些人对首字母大写的变量名有不同的用法。R 语言是区分大小写的：变量 myVar 与变量 myvar 是不同的！

我会尝试在本书的所有程序中使用驼峰命名法。我可能偶尔错失了这种美好的"双驼峰"，而让其他的命名法溜了进来：蛇形命名法（finaloutput）、鹅颈命名法（final_output）或蚂蚁命名法（final.output）。如果你看到这些低级的命名形式，请悄悄地忽略它们。你知道，当创建自己的程序时，你会使用高度进化的驼峰命名法。

3.7.2　运行程序

运行程序很容易，但具体的操作方法将取决于你与 R 的交互方式。

重要提示：首先设置工作路径。许多程序从另一个计算机文件读取数据，或将数据保存为另一个文件。程序需要知道在哪里可以找到或放置这些文件。默认位置可能与你的工作无关并引发错误。因此，你必须确保 R 知道在哪个路径中（也称为文件夹内）获取并保存数据。这个位置被称为工作路径。通常，你希望工作路径是当前程序所在的文件夹。在 R 的基本命令窗口中，你可以通过选择"文件→更改文件路径"（File → Change dir）来设置工作路径。在 RStudio 中，你可以通过选择菜单中的"会话→设置工作路径"（Session → Set Working Directory）来设置工作路径。（菜单结构偶尔会随着 R 和 RStudio 的版本更新而发生变化。）在 RStudio 中，为了确保工作路径的设置是正确的，请查看右下角的窗口并单击"文件"（Files）选项卡。然后单击"文件"选项卡右侧的圆形箭头以刷新文件列表。检查它显示的是否是你所要的工作路径中的项目。如果它没有你需要的工作路径中的内容，请使用文件列表顶部的文件夹导航链接查找所需的文件夹，然后单击"更多"（More）选项卡来设置工作路径。

如前所述，要将 R 的工作路径设置为你的程序所在的文件夹，最简单的方法是通过程序启动 RStudio，而不是在打开程序之前先启动 RStudio。在 R 和 RStudio 都关闭的情况下，打开所需的".R"程序文件，比如，在 Windows 中双击文件图标。如果".R"类型的文件尚未与任何应用程序关联，那么你的计算机将询问你使用什么应用程序来打开该文件。选择应用程序 RStudio，然后选择让计算机始终对该类型的文件使用 RStudio 选项。RStudio 启动后会在其编辑窗口中打开".R"文件。更重要的是，R 的工作路径是该程序所在的文件夹。

要运行整个程序，我们需要让 R 从交互式命令行以外的其他源中获取命令。我们在交互式命令提示符处使用 source 命令，以使它接受来自另一个源的所有命令。比如，要运行 3.2 节中的 SimpleGraph.R 程序，我们只需输入 source("SimpleGraph.R")。只有当文件 SimpleGraph.R 位于 R 的当前工作路径中时，这个命令才能够正常工作。

通常，你会在编辑窗口里打开的程序中进行工作。如果以".R"为扩展名的文件与 RStudio 已经关联，那么当你打开这个文件时，它会自动地在 RStudio 的编辑窗口中打开。或者，你可以从 RStudio 的菜单中浏览并打开程序："文件→打开文件"（File → Open File）。请务必正确地设置工作路径（见上文）。

程序在编辑窗口中打开后，通过编辑器上的菜单按钮，我们可以很容易地运行全部或部分程序。在 RStudio 中，编辑窗口的右上角有标记为"运行"（Run）和"溯源"（Source）的按钮。点击"运行"按钮将运行当前光标所在的行，或者运行已选中的多行。同时，命令窗口中会显示所运行的命令。点击"溯源"按钮将运行整个程序，而不是在命令窗口中显示这些命令。

请注意，source 函数与 load 函数不同。source 函数读取所引用的文本文件，就好像它是 R 要执行的命令的脚本一样。这些命令可能会创建新的变量，但它们是以命令的形式被读取的。load 函数希望读取 Rdata 格式的文件（不是文本文件），并指定变量及它的值。

3.7.3　编写一个函数

函数可以接受的输入值被称为"参数"（argument），函数将对它们做一些事情。通常，R 中的函数是以如下形式的代码定义的：

```
functionName = function( arguments ) { commands }
```

花括号内的命令可以扩展到多行代码。调用函数时，它将在圆括号中获取参数的值，并在花括号中的命令中使用它们。想要使用函数时，你可以这样命令 R：

```
functionName( arguments=argumentValues )
```

作为一个简单的示例，请考虑以下定义：

```
asqplusb = function( a , b=1 ) {
  c = a^2 + b
  return( c )
}
```

这个函数的名称是 asqplusb。它计算 a 值的平方并加上 b 值。然后，函数把计算结果作为输出值返回。下面是一个示例：

```
> asqplusb( a=3 , b=2 )
[1] 11
```

在调用函数时，有明显标签的参数可以按任意顺序排列：

```
> asqplusb( b=2 , a=3 )
[1] 11
```

但是，没有明显标签的参数必须按照函数定义中所使用的顺序进行排列。请注意，以下两次函数调用给出的结果不同：

```
> asqplusb( 3 , 2 )
[1] 11
> asqplusb( 2 , 3 )
[1] 7
```

函数定义可以给参数 b 指定默认值 1，只要在参数列表中指定 b=1 即可。这意味着，如果调用函数时没有明确地提供 b 的值，那么函数将使用默认值。然而，由于参数 a 没有默认值，因此我们必须在调用函数时指定它的值。请考虑以下示例：

```
> asqplusb( a=2 )   # b 的值被设置为默认值
[1] 5
> asqplusb( b=1 )   # 错误: a 没有默认值
Error in a^2 : 'a' is missing
> asqplusb( 2 )     # 输入的参数值被赋值给第一个参数
[1] 5
```

在上面的最后一个例子中，调用函数时只提供了一个没有标记的参数。R 将该值分配给定义中的第一个参数，无论该参数是否有默认值。

3.7.4　条件与循环

在许多情况下，我们希望在满足特定条件时才执行命令。在一些特殊情况下，我们希望将命令执行一定的次数。R 语言可以使用条件语句和循环语句进行编程以满足这些需求。

基本的条件语句是 if-else 结构。最好的解释方式是使用示例。假设我们输入一个值 x，并希望 R 在 $x \leqslant 3$ 时回复 "small"（小），在 $x > 3$ 时回复 "big"（大）。我们可以输入：

```
if ( x <= 3 ) {    # 如果 x 小于或等于 3
  show("small")    # 显示单词: "small"
} else {           # 其他情况
  show("big")      # 显示单词: "big"
}                  # else 子句结束
```

如果我们在执行上述语句之前告诉 R：x=5，那么命令窗口中将出现"big"一词，也就是 R 的回复。

请注意上面的 if-else 结构中跨越多行的花括号。具体地说，包含 else 的一行以右花括号开始，它告诉 R：else 这个子句是 if 语句的延续。以 else 开头的行会导致错误。

```
> if ( x <= 3 ) { show("small") }
> else { show("big") }
Error: unexpected 'else' in "else"
```

有多种方法可以让 R 重复执行一组命令。最基本的是 for 循环。我们给 R 指定一个向量，让 R 一次一个元素地取值，并对每个取值都执行一组命令。下面是一个示例：

```
> for ( countDown in 5:1 ) {
+    show(countDown)
+ }

[1] 5
[1] 4
[1] 3
[1] 2
[1] 1
```

请注意，countDown 依次取向量 5:1 中的每个值作为索引值，并执行命令 show(countDown)，该命令的作用是显示其参数的内容。向量中的元素不必是数字。比如，它们可以是字符串。

```
> for ( note in c("do","re","mi") ) {
+    show(note)
+ }

[1] "do"
[1] "re"
[1] "mi"
```

本书后面使用的程序中，将有许多条件语句和循环语句的示例。R 具有同时构造循环和条件的其他方法（如 while），以及中断循环的方法（如 break）。输入 ?Control 以阅读关于它们的内容。

3.7.5　测量处理时间

无论是要预测一个长流程的完成时间，还是要评估程序中效率低下的部分，了解 R 中一个流程的处理时间都是非常有用的。测量流程处理时间的一种简单方法是使用 proc.time 函数。该函数返回计算机系统的当前时间。要测量流程的持续时间，你可以在流程开始和结束处使用两次 proc.time，并计算两个时间之差。下面是一个示例：

```
startTime = proc.time()
y = vector(mode="numeric",length=1.0E6)
for ( i in 1:1.0E6 ) { y[i] = log(i) }
stopTime = proc.time()
elapsedTime = stopTime - startTime
show(elapsedTime)
   user system elapsed
   3.17   0.02   3.20
```

换句话说，从 1 到 1 000 000 依次地计算每个整数的对数并将结果存储在向量中，R 一共花了 3.17 秒（在我的计算机上）。让我们用向量形式代替循环语句来进行相同的计算，看看需要多长时间：

```
startTime = proc.time()
y = log(1:1.0E6)
stopTime = proc.time()
elapsedTime = stopTime - startTime
show(elapsedTime)
   user  system elapsed
   0.09    0.01    0.11
```

你可以看到，向量操作只花了循环过程所需时间的 3% 左右！通常，for 循环比向量计算更慢。

3.7.6　调试

本书包括几十个程序，可以不经修改就用于实际的研究，你需要做的只是加载数据。本书的另一个重要目标是让你能够修改程序并应用于不同的数据结构和模型。为此，你需要能够在修改程序的时候调试程序。"调试"（debug）是指查找、诊断并更正程序中的错误。

为了避免产生错误，下面是一些提示。

❏ 创建新程序时，使用新的文件名。不要用文件名相同的新程序覆盖已存在的可以工作的程序。

❏ 创建 for 循环时，请避免使用单个字母（如"i"或"j"）作为 for 循环的索引名。这样的单一字母极容易引起混淆、混用和误解。取而代之，你可以使用有明确意义的名称作为每个指标的索引。比如，使用 rowIdx 作为行索引，而不仅仅是 i；使用 colIdx 作为列索引，而不仅仅是 j。

❏ 明确地使用括号以确保运算符按预期的顺序计算。特别是，当使用冒号运算符定义 for 循环中的索引范围时，请注意运算符的优先级。假设向量 theVector 有 N 个分量，并且你希望显示除最后两个分量外的所有分量。命令 for (vIdx in 1:N-2) { show(theVector[vIdx]) }不会做你想要的事！正确的做法是用圆括号将 N-2 括起来。

❏ 使用空格以使你的代码更易于被人类阅读。一些 R 程序员喜欢压缩空格，因为这会使代码更加紧凑。但根据我的经验，无空格的代码可能非常难以阅读并且更容易出错。

❏ 使用缩进来对程序的各部分进行有意义的分组。特别是，使用 RStudio 的自动缩进和括号匹配来帮助你追踪所嵌入的循环和函数。在 RStudio 中，选择程序或程序的一个部分，然后按 Ctrl-I（或菜单中的 Code → Reindent Lines，即"代码→缩进行"）以查看有合适缩进的嵌入部分。

R 中常见错误的列表可能还有很长很长。比如，进行等值判断时很容易错误地使用单等号" = "而不是双等号"=="（或 all.equal 函数）。如果要检查一组向量的所有分量中的最大值或最小值，很容易错误地使用 min 函数而不是 pmin 函数。我们之前没有讨论过 pmin 函数，5.5 节将介绍它。如果有两个数据框碰巧有一些名称相同的列，而你对它们相继使用了 attach 函数，则后面的 attach 中的变量将屏蔽前面的变量。（我们之前没有讨论过 attach 函数，但你应该知道如何获取帮助。）无论用哪种语言进行编程，遇到许多错误都是很正常的。但不要畏惧，因为正如一位不知姓名的智者曾经说过的："如果我们可以从错误中吸取教训，我们难道不应该尽可能地多犯错误吗？"

当你遇到错误时，可以参考以下有关如何诊断并修复问题的提示。

❏ R 显示的错误消息有时可能很神秘，但通常非常有助于确认错误发生的位置及导致错误的原因。当出现错误消息时，不要忽略它所说的内容。请务必阅读错误消息并检查它是否有道理。

- 找到代码中出现错误的第一处。一次一行或一次一小块地按顺序运行代码，直到遇到第一个错误。修复此错误之后，后续问题可能也会被修复。

- 当你发现特定代码行导致了错误，并且该行涉及内置函数的复杂嵌套时，请从内到外地检查这些嵌套函数。为此，使用光标选择最内部的变量或函数并运行它。然后逐步向外运行。4.5 节提供了执行此操作的示例。

- 如果你定义了一个曾经可以工作但现在又神秘地无法工作的新函数，那么请确保它不依赖于函数外部的变量。比如，假设你在命令行中指定了 N=30 而没有将其放入程序中。然后，你在程序中定义了一个函数：addN = function(x) { x+N }。在你启动一个没有定义过 N 的新 R 会话之前，该函数将毫无怨言地工作。通常，如果一个变量没有被明确地定义为函数的参数，那么在函数中使用它时要非常小心。

当你在处理涉及函数嵌套调用的复杂程序时，上述的简单建议可能远远不够。R 有几个专门用于交互式调试的高级工具，其中包括函数 debug、browser 和 traceback。对这些函数进行详尽的解释需要用一大章的篇幅，所需的示例将比我们在 R 的简短介绍后所能处理的例子要复杂得多。因此，请在发现你需要这些函数时再更详细地研究它们。RStudio 也有用于高级调试的编辑工具，你可以在 RStudio 的网页上找到它们。

3.8　绘制图形：打开和保存

在 R 中创建和保存图形非常简单。遗憾的是，不同计算机操作系统上的图形设备不同，因此打开显示窗口和保存图形的 R 命令在不同的操作系统上可能有所不同。我编写了用于打开图形窗口并保存其内容的简单函数，以保证我们在 Windows、macOS 和 Linux 操作系统上能够以相同的方式使用这些函数。这些函数是 openGraph 和 saveGraph，它们的定义都在文件 DBDA2E-utilities.R 中。下面是它们的使用示例：

```
source("DBDA2E-utilities.R")          # 读取 openGraph 函数和 saveGraph 函数的定义
openGraph( width=3 , height=4 )       # 打开图形窗口
plot( x=1:4 , y=c(1,3,2,4), type="o" )  # 在图形窗口中绘制图形
saveGraph( file="temp" , type="pdf" )  # 将当前图形保存为"temp.pdf"
```

请注意，上面的第一行溯源了程序 DBDA2E-utilities.R，也就是保存这些函数的定义的文件。如果该程序不在当前工作路径中，那么 R 会不知道在何处查找该程序，于是 R 将返回一个错误。因此，请确保该程序位于当前的工作路径中。saveGraph 命令把图形保存在当前工作路径中，因此请确认所设置的工作路径是合适的。

openGraph 函数的输入参数是 width（宽度）和 height（高度），如上面的示例所示。如果未指定宽度和高度，则默认使用 7×7 的窗口。saveGraph 函数的输入参数是 file（文件）和 type（类型）。file 应当仅指定文件名的根部分，因为 saveGraph 函数将自动把 type 添加为文件扩展名。saveGraph 函数允许采用以下格式：pdf、eps（encapsulated PostScript，被封装的 PostScript 语言格式）、jpg、jpeg（与 jpg 相同）和 png。你可以多次执行 saveGraph 命令并以不同格式保存同一图形。

4.5 节提供了在 plot 命令中使用其他参数的示例。该节中的示例还展示了一些方法，用来在绘图上叠加线条和注释。

3.9 小结

本章只介绍了 R 中最基本的思想和函数。值得再次强调的是，R Reference Card 中提供了非常棒的关于基础 R 函数的摘要。人们还针对 R 精心设计并开发了很多针对不同应用场景的工具包。我可以在这里列出各种 Web 资源，但除了 R 和 RStudio 的主要网站，其他网站也在不断发展和变化。因此，请在网上搜索最新的工具包和文档。关于 R 及其具体应用的图书也有很多。

3.10 练习

你可以在本书配套网站上找到更多练习。

练习 3.1 目的：真正地应用贝叶斯统计，以及做接下来的练习。 在你的计算机上安装 R。（如果这不是练习，我不知道它是什么。）

练习 3.2 目的：使你能够记录并传达你的分析结果。 打开程序 ExamplesOfR.R。在程序最后，请注意生成简单图形的部分。你的工作是保存图形，以便将来可以把它插入到文档中，就像你在报告真实的数据分析结果时会做的那样。请用与你的文字处理软件兼容的格式保存图形。在你的文档中加入所保存的文件，并用文字解释你所做的事情。（请注意，对于某些文字处理系统，你也可以直接在 R 的图形窗口中复制图形，并将它粘贴到文档的窗口里。但是这种方法的问题在于，你没有数据分析中生成图形的其他记录。我们希望将图形单独保存，以便将来可以合并到各种报表中。）

练习 3.3 目的：了解 R 中命令的语法细节。 调整程序 SimpleGraph.R，让它在区间 $x \in [-3, 3]$ 内绘制三次函数（$y = x^3$）的曲线。以你选择的文件格式保存图形。在你的文档中，加入你的代码并对其进行合理的注释，再加入生成的图形。

第 4 章

概率是什么

> 哦亲爱的，你每天都在变化，
> 我感到精神错乱，迷惑不解。
> 我已学会忍受你的狂喜和咆哮。
> 我能应对你的刻薄，不是多变。[①]

我们对各种可能性的不确定程度是模糊的，推断统计技术能为其提供精确的计量值。不确定性是用概率来衡量的，因此，我们必须明白概率的特性，然后才能对概率做出推断。本章介绍概率的基本思想。如果本章内容对你来说太简略了，Albert 和 Rossman（2001，第 227 ~ 320 页）针对本章主题写了一本非常棒的入门书。

4.1 所有可能事件的集合

假设我要抛一枚硬币。它有多大的可能性会正面朝上，又有多大的可能性会反面朝上？[②]硬币立住的可能性有多大？注意，当我们考虑每一种结果的可能性时，我们的脑海中已经列出了所有可能的结果。硬币立住不是可能的结果之一。还要注意的是，抛一次硬币只能产生一种结果；抛一次硬币不能同时出现正面朝上和反面朝上两种结果，这两种结果是互斥的。

每当我们问一种结果的可能性有多大时，我们的脑海里已经有了一个可能结果的集合。这个集合包含了所有可能的结果，而且所有的结果都是互斥的。这个集合被称为样本空间（sample space）。样本空间是由我们观察世界时的测量操作决定的。在本书的所有应用场景中，我们理所当然地认为，进行测量的操作有着良好的定义。比如，在抛硬币时，我们理所当然地认为，对于抛出硬币并接住它，

---

① *Oh darlin' you change from one day to the next,*
I'm feelin' deranged and just plain ol' perplexed.
I've learned to put up with your raves and your rants:
The mean I can handle but not variance.
本章讨论概率分布的思想。这些思想包括分布的均值（mean）和方差（variance）的技术定义。这首诗使用了这两个单词在口语中的意义：mean 在口语中是刻薄的意思，variance 意味着变化。

② 许多由政府铸造的硬币上铸有一个重要人物的头像。这一面被称为正面，在很多地方被通俗地称为"头"（head）。反面经常被通俗地称为"尾"（tail），是"头"的自然对立面，尽管反面很少有尾巴的图案。

存在一种具有明确定义的方式。这样我们就可以准确地决定硬币是否已经停止运动并稳定下来，从而可以宣布一种结果或另一种结果。[①]再举一个例子，在测量一个人的身高时，我们理所当然地认为，存在一种具有明确定义的方式，把一个人与直尺摆在一起，并准确地决定读数是否已经足够稳定，以便可以宣布某个数值是这个人的身高。机械般的操作过程、数学的形式化以及测量的哲学研究，针对每项内容都可以写一本书。在此，我们不做深入探讨。

考虑一下抛硬币时正面朝上的可能性。如果硬币是公平的，那么它应该在大约 50% 的抛掷中正面朝上。如果硬币（或它的抛出机制）有偏差，那么它会在大于或小于 50% 的抛掷中正面朝上。我们可以用参数标签 θ（希腊字母 theta）来表示正面朝上的可能性。比如，当 $\theta = 0.5$（读作"西塔等于零点五"）时，硬币是公平的。

我们还可以考虑我们对"硬币是公平的"这个信念的确定程度（degree of belief）。我们可能知道这枚硬币是由政府铸造的，因此我们对"硬币是公平的"这个信念有较高的确定程度。或者，我们可能知道硬币是由"巅峰魔术与新奇事物"公司铸造的，因此我们对"硬币是有偏差的"这个信念有较高的确定程度。对于参数的确定程度可以表示为 $p(\theta)$。如果硬币是由政府铸造的，那么我们可能会坚信硬币是公平的。比如，我们可能会相信 $p(\theta = 0.5) = 0.99$，读作"西塔等于零点五的可能性是百分之九十九"。如果硬币是由"巅峰魔术与新奇事物"公司铸造的，那么我们可能会坚信硬币是有偏差的。比如，我们可能认为 $p(\theta = 0.5) = 0.01$，而且 $p(\theta = 0.9) = 0.99$。

无论是正面朝上或反面朝上的"可能性"，还是关于偏差的"确定程度"，针对的都是样本空间。抛出的硬币的样本空间仅包括两种可能的结果：正面朝上和反面朝上。硬币的偏差的样本空间是一个连续体，由所有可能的值组成：$\theta = 0.0$、$\theta = 0.01$、$\theta = 0.02$、$\theta = 0.03$，以及介于它们之间的所有值，直到 $\theta = 1.0$。抛硬币时，我们是从正面或反面的空间中抽取样本。当我们从一袋硬币中随机取出一枚硬币时，其中不同的硬币可能有不同的偏差，这时我们是从可能的偏差空间中抽取样本。

抛硬币：你为什么应当关心它

对于高风险的游戏来说，硬币的公平性可能是非常重要的。但是在生活中，我们并不经常抛硬币，也不关心它的结果。既然如此，为什么还要费心研究抛硬币的统计数据呢？

这是因为，抛硬币是我们关心的无数现实生活事件的一个替代品。对于特定类型的心脏手术，我们可以将患者的预后分为能否存活一年以上，我们可能想知道患者存活一年以上的可能性是多少。对于一种特定类型的药物，我们可以将结果分为头痛与否，我们可能想知道患头痛症的可能性。对于调查问卷，结果可能是同意或不同意，我们想知道每种回答出现的可能性。对于有两个候选人的选举，结果是候选人 A 或候选人 B，在选举之前，我们想通过民意调查来估计候选人 A 获胜的可能性。或者，你在研究算术能力，所用的方法是测量人在多题项考试中的正确率，而每个题项的结果是正确或错误。又或者，你正在研究特定认知过程中不同人群的大脑偏侧化，在这种情况下，每个人的结果是右侧化或左侧化，而你正在估计该人群的左侧化比例。

---

① 事实上，有人认为，抛出的硬币总是有 50% 的概率正面朝上，只有旋转硬币的正面概率和反面概率才能不相等（Gelman 和 Nolan，2002）。如果抛出或旋转的区别对你很重要，那么每当书中提到抛硬币时，请你在脑中用"旋转"代替"抛出"。关于抛硬币概率的实践和理论研究，请参阅 Diaconis、Holmes 和 Montgomery（2007）。

每当我们讨论抛硬币的问题时，它可能无法深深地吸引你。但请记住，我们可能正在谈论你真正感兴趣的领域。这些硬币只是类似应用领域的通用象征。

4.2　概率：脑海以外与脑海之内

有时我们讨论在我们"脑海以外"的真实世界中存在的概率。抛硬币得到正面朝上就是这样一种结果：我们可以通过观察抛多次硬币的结果来估计硬币正面朝上的概率。

但有时我们讨论的内容并不存在于"脑海以外"的真实世界，我们讨论的仅仅是我们"脑海之内"的可能信念。我们对硬币公平性的信念就是这样的一个例子，它存在于我们的脑海中。硬币可能有内在的物理偏差，但现在我指的是我们对这个偏差的信念（belief）。我们的信念是一个包含所有互斥可能性的空间。我们从信念中随机抽取样本，就像从一袋硬币中随机抽取样本一样，这样的说法可能很奇怪。然而，正如我们将看到的，脑海以外的概率和脑海之内的信念，在本质上具有相同的数学性质。

4.2.1　脑海以外：长期相对频率

对于脑海以外的事件，我们可以直观地将概率看作每个可能结果的长期相对频率。举个例子，如果我说一枚公平硬币正面朝上的概率是 0.5，那么我的意思是，如果我们抛很多次硬币，大约 50% 的次数会正面朝上。从长远来看，在抛很多很多次硬币之后，正面朝上的相对频率将非常接近 0.5。

我们可以用两种方法来确定长期相对频率。第一种方法是从空间中多次实际抽样并计算每个事件发生的次数来逼近它。第二种方法是通过数学推导。下面依次探讨这两种方法。

1. 长期相对频率的近似值

假设我们想知道抛一枚公平硬币时，正面朝上的长期相对频率。很明显，我们应该在任何长时间的多次抛掷中得到大约 50% 的正面。但让我们假设这个结果不是那么明显：我们只知道，当我们抽样时，有一个潜在的过程会生成 "H"（正面）或 "T"（反面）。这个过程的参数被记作 θ，其值是 $\theta = 0.5$。如果这是我们所知道的全部，那么，通过重复地从该过程中抽样，我们可以近似估计 "H" 的长期概率。我们从过程中采得 N 个样本，同时记录出现 "H" 的次数，并用相对频率作为 H 概率的近似值。

对过程进行手动抽样（如抛硬币）烦琐且耗时。取而代之，我们可以让计算机更快地进行重复抽样（希望计算机不会像我们一样感到乏味）。图 4-1 显示了计算机模拟多次抛掷一枚公平硬币的结果。R 语言内置了伪随机数生成器，我们将经常使用它。[①]在第一次抛掷时，计算机随机生成正面或反面，然后计算到目前为止的正面比例。如果第一次是正面，那么正面的比例是 1/1 = 1.0。如果第一次是反面，那么正面的比例是 0/1 = 0.0。接着，计算机第二次随机生成正面或反面，并计算到目前为止的正面比例。如果到目前为止的序列是 HH，那么正面的比例是 2/2 = 1.0。如果到目前为止的序列是 HT 或 TH，那么正面的比例是 1/2 = 0.5。如果到目前为止的序列是 TT，那么正面的比例是 0/2 = 0.0。随后，计算机第三次随机生成正面或反面，并计算到目前为止的正面比例。以此类推，进行多次模拟抛掷。

---

① 伪随机数生成器（pseudo-random number generator，PRNG）实际上不是随机的，而是确定的。但是它生成的序列的特性模仿了随机过程的性质。本书使用的方法在很大程度上依赖于 PRNG 的质量，这实际上是一个活跃而深入的研究领域（例如，Deng 和 Lin，2000；Gentle，2003）。

图 4-1 显示了随着序列不断持续，正面比例动态变化的情况。

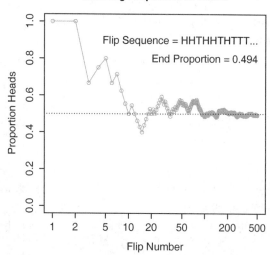

图 4-1 抛硬币时正面朝上的动态比例。横轴是用对数比例绘制的，这样你既可以看到前几次抛掷的详
细信息，也可以看到多次抛掷后的长期趋势。4.5 节给出了生成此图的 R 代码[①]

注意，在图 4-1 中，序列末尾的正面比例接近 0.5，但并不是精确地等于 0.5。这种差异提醒我们，
这种长期模拟仍然只是一个有限的随机样本，我们无法保证事件的相对频率能够完全匹配事件的真实
潜在概率。这就是我们用长期相对频率来近似（approximate）概率的原因。

2. 获得长期相对频率

有时，当场景在数学上足够简单时，我们可以得到长期相对频率的精确值。公平硬币的例子就是
这样一个简单的场景。硬币的样本空间包括两种可能的结果，即正面和反面。根据公平假设，我们知
道每种结果的可能性是一样的。因此，正面的长期相对频率应当正好为二取一，即 1/2，反面的长期
相对频率也应当正好为 1/2。

这种计算方法可以很容易地扩展到其他的简单场景。比如，考虑一个标准的六面骰子。抛掷它有
六种可能的结果，即 1 点、2 点、……、6 点。如果我们假设这个骰子是公平的，那么每种结果的长期
相对频率应该正好是 1/6。

假设我们在六面骰子的六个面上标记一些不同的点数。比如，假设我们在一个面上标记 1 个点，
在另外两个面上标记 2 个点，在其余三个面上标记 3 个点。我们仍然假设这六个面的可能性是一样的，
则得到 1 个点的长期相对频率为 1/6，得到 2 个点的长期相对频率为 2/6，得到 3 个点的长期相对频率
为 3/6。

[①] 图中的英文文本由代码直接生成。这里保留了英文文本，未翻译成中文。——编者注

4.2.2 脑海之内：主观信念

你在多大程度上相信美国政府铸造的硬币是公平的？如果你认为硬币可能并非"完全公平"，那么你在多大程度上相信正面朝上的概率 $\theta = 0.51$？或者 $\theta = 0.49$？如果你考虑的是一种古老的、不对称的、不平衡的硬币，你是否相信正面朝上的概率天生就是 $\theta = 0.5$？在魔法商店买一枚硬币会怎么样？我们这里讨论的并不是硬币正面朝上的真实内在的可能性，而是我们对每个可能概率的信念的确定程度。

为了明确我们的主观信念，必须明确我们对每个可能结果的确定程度。我们很难确定这些模糊的直觉信念。本节将探讨一种"校准"主观信念的方法，以及如何用数学方法描述你对信念的确定程度。

1. 根据偏好校准主观信念

考虑一个可能影响到旅客的简单问题：你是否认为明年元旦会有一场暴风雪，一场猛烈到足以使印第安纳波利斯附近的州际公路全部关闭的暴风雪？回答这个问题时，你的任务是给出一个介于 0 和 1 之间且可以精确地反映出你的信念概率的数。得出这样一个数的一种方法是利用有明确概率的其他事件来校准你的信念。

请考虑一个弹珠袋实验，我们将用它来进行对比。我们在一个袋子里放了 10 颗弹珠：5 颗红色，5 颗白色。我们摇动袋子，然后随机取出一颗弹珠。当然，拿到红色弹珠的概率是 5/10 = 0.5。我们将用这袋弹珠作为对比，来考虑印第安纳波利斯在元旦这天的降雪情况。

考虑你可以选择的以下两种打赌方案。

- A：如果明年元旦印第安纳波利斯有使交通中断的暴风雪，那么你将得到 100 美元。
- B：如果你从一个有 5 颗红色弹珠和 5 颗白色弹珠的弹珠袋中抽到一颗红色弹珠，那么你将得到 100 美元。

你更喜欢哪种打赌方案？如果你更喜欢 B，那就意味着你认为印第安纳波利斯有使交通中断的暴风雪的可能性不到一半。所以至少现在你知道你对暴风雪发生概率的主观信念小于 0.5。

我们可以通过继续考虑其他比较方案来缩小你对信念的确定程度的范围。考虑以下两种打赌方案。

- A：如果明年元旦印第安纳波利斯有使交通中断的暴风雪，那么你将得到 100 美元。
- C：如果你从一个有 1 颗红色弹珠和 9 颗白色弹珠的弹珠袋中抽到一颗红色弹珠，那么你将得到 100 美元。

你更喜欢哪种打赌方案？如果你现在更喜欢 A，那就意味着你认为在元旦那天印第安纳波利斯有超过 10% 的概率会发生使交通中断的暴风雪。综合起来，这两个用于对比的打赌方案告诉你，你的主观概率介于 0.1 和 0.5 之间。我们可以继续考虑你对其他备选打赌方案的偏好，以更准确地校准你的主观信念。

2. 用数学方法描述主观信念

当一个样本空间中存在多个可能的结果时，试图校准你对每个可能结果的主观信念可能会花费太多的精力。取而代之，你可以用一个数学函数来概括你的信念。

比如，你可能认为美国女性的平均身高为 5′4″（5.4 英尺①，约 164.6 厘米），但你对高于或低于这个数值的平均身高持开放的态度。如果对平均身高 4′1″、4′2″、4′3″一直到 6′2″、6′3″和 6′4″等数值，都去确认信念程度，这将是乏味的而且可能是根本无法做到的。取而代之，你可以用一条钟形曲线来描述你的信念程度。这条钟形曲线在 5′4″处最高，并在最可能身高值的上下对称地下降。你可以改变曲线的宽度和中心，直到它看起来最符合你的主观信念。在本书的后面，我们将讨论像这样的函数的精确数学方程，但现在的重点仅仅是理解以下想法：定义曲线的数学函数可以用来描述我们对信念的确定程度。

4.2.3 概率为可能性分配数值

一般来说，不管是在我们脑海以外还是在我们脑海之内，概率都只是给一组相互排斥的可能性分配数值的一种方式。这些被称为"概率"（probability）的数值只需要具有三个特性（Kolmogorov, 1956）。

(1) 概率值必须为非负值（零或正值）。

(2) 整个样本空间中所有事件的概率之和必须为 1.0（可能性空间中的某个事件必须发生，否则该空间没有包含所有的可能性）。

(3) 对于任何两个相互排斥的事件，"一个事件或另一个事件"发生的概率是它们各自发生的概率之和。比如，一个公平的六面骰子出现 3 点或 4 点的概率是 1/6+1/6=2/6。

任何被赋予事件的数值，只要具有以上三个特性，就具有我们将在下面讨论的概率的所有特性。因此，一个概率，无论是世界上某种结果的长期相对频率，还是一个主观信念的大小，它在数学上的表现都是一样的。

4.3 概率分布

概率分布（distribution）就是一个列表：它列出了所有可能的结果及这些结果的概率。对于硬币，它的概率分布是很简单的：我们列出两种结果（正面朝上和反面朝上）及其各自的概率（θ 和 $1-\theta$）。然而，对于其他结果的集合，概率分布可能更复杂。考虑随机选择的人的身高，其身高有一定的概率为 60.2″，还有一定的概率为 68.9″，等等，每个可能的身高都会有一定的概率。当结果是像身高一样的连续值时，概率的概念会有一些微妙之处，我们稍后将会看到。

4.3.1 离散分布：概率质量

当样本空间由离散的结果组成时，我们可以讨论每个不同结果的概率。比如，抛一枚硬币的样本空间有两个离散的结果，我们讨论了正面朝上或反面朝上的概率。六面骰子的样本空间有六个离散的结果，我们讨论了 1 点、2 点等的概率。

对于连续结果的空间，我们可以将空间离散化（discretize）成一组相互排斥并包含所有可能结果的有限个"箱子"。比如，虽然人的身高是一个连续的尺度，但我们可以将这个尺度划分为有限个区

① 1 英尺等于 30.48 厘米。——编者注

间，如 < 51″、51″到 53″、53″到 55″、55″到 57″、……、> 83″。然后我们可以讨论一个随机选择的人的身高落入这些区间的概率。假设我们随机选择 10 000 人，非常精确地测量其身高。图 4-2 显示了这 10 000 个测量值的散点图，同时用垂直虚线标记出了区间。具体地说，测量值落在 63″到 65″这个区间内的次数是 1473，这意味着身高值落在该区间的（近似）概率是 1473/10 000 = 0.1473。

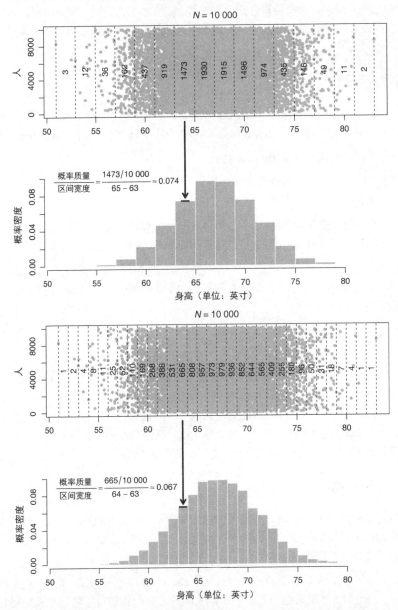

图 4-2   计算概率密度的例子。在上下两张图中，每张图的上半部分均显示随机选择的 10 000 个人的身高数据的散点图，下半部分将散点图转换为所选"箱子"的概率密度

离散结果的概率，比如在连续尺度上落入区间的概率，被称为概率质量。粗略地说，"质量"一词是指物体中的物质数量。当这个物质是概率，物体是尺度上的区间时，质量是落在该区间内的结果的比例。注意，所有区间的概率质量之和必须为 1。

4.3.2 连续分布：与密度的约会①

如果你仔细考虑一个连续的结果空间，就会意识到，讨论一个特定值在这个连续体上的概率，而不是一个区间在连续体上的概率，是有问题的。比如，一个随机选择的人的身高（单位为英寸）精确地等于 67.214 139 08…的概率基本上为零，对于任何你愿意想到的精确值都是如此。然而，我们可以讨论区间的概率质量，就像我们在上面的例子中所做的那样。使用区间的问题在于，它们的宽度和范围是人为规定的，而且宽的区间是不太精确的。因此，我们要做的事情是使区间无限狭窄。我们不再讨论每个无穷小区间内的无穷小概率质量，而是讨论概率质量与区间宽度的比值。这个比值叫作概率密度。

粗略地说，密度是占据单位空间的物质的数量。因为我们用物质的质量来衡量物质的数量，所以密度就是质量除以它所占的空间。注意，一个小的质量可以有一个很高的密度：金属铅的密度超过每立方厘米 11 克，因为每毫克铅只占据约 0.000 088 立方厘米的空间。重要的是，我们可以将空间中某个点的密度想象为：当所考虑的空间缩小至围绕该点的无穷小区域时，质量与空间的比例。

图 4-2 显示了这种想法的例子。如前所述，图中上半部分显示了随机选择的 10 000 个人的身高（单位为英寸）的散点图，区间宽度为 2.0。为了计算 63″到 65″这个区间的平均概率密度，我们用区间的概率质量除以区间的宽度。概率质量（估计值）为 1473/10 000 = 0.1473，区间宽度为 2.0 个单位（65–63），因此这个区间的平均概率密度为 0.074（四舍五入）。为了在较窄的区间内获得更精确的密度，请考虑图 4-2 的下半部分。63″到 64″区间的概率质量（估计值）为 665/10 000，因此该区间的平均概率密度为(665/10 000)/(64–63)≈0.067。我们可以继续缩小区间的宽度并计算密度。

图 4-2 中的示例说明了在非无穷小区间中近似估计无限样本的概率密度的过程。但是要计算无穷小区间的概率密度，我们必须设想一个在所测尺度上连续分布的无限总体。即使是一个无穷小区间，也可能有着一个非零（尽管是无穷小）的概率质量，这样我们就能得到尺度上这一点的概率密度。我们很快就会看到这个想法的数学例子。

图 4-3 显示了另一个例子，强调概率密度可以大于 1，即使概率质量不能超过 1。图 4-3 的上半部分以英寸为单位显示了 10 000 扇随机选择的门的高度，这些门的制造高度为 7 英尺（84 英寸）。由于制造过程是有规律的，因此门高度的随机变化很小。从图中可以看出，尺度的范围很小，只有 83.6″到 84.4″。因此，所有概率质量都集中在一个很小的范围内。84 英寸附近的概率密度超过 1.0。比如，在 83.9097″到 83.9355″的区间内，概率质量为 730/10 000 = 0.073。但是这个质量集中在宽度只有 83.9355–83.9097 = 0.0258 的区间上，因此，区间内的平均概率密度为 0.073/0.0258≈2.829。概率密度大于 1.0 并不神秘，它仅仅意味着，较测量尺度而言，概率质量高度地集中。

---

① "人类事件中有一个神秘的循环。对几代人而言，我们给予得太多。对另几代人而言，我们期望得太多。这一代的美国人与命运有个约会。"——富兰克林·罗斯福，1936 年。命运（destiny）与密度（density）的英文是形近词。罗斯福语中的"与命运有个约会"变成了我们"与密度有个约会"。——译者注

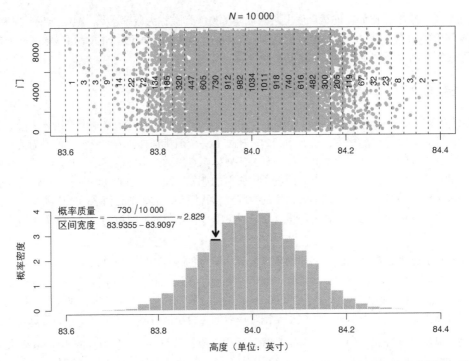

图 4-3　概率密度大于 1.0 的例子。在这里，所有的概率质量集中在测量尺度上的一个小范围内，因此尺度某些值处的概率密度可能很高（在这个例子中，我们可以想象这些点指的是工业制造出的门而不是人，因此上半部分的纵轴应该标记为"门"而不是"人"）

1. 概率密度函数的特性

一般来说，对于任何分割成区间的连续值，所有区间的概率质量之和必须为 1。这是因为根据测量的定义，测量尺度上的某个值必定发生。我们可以把这个事实写成一个等式，但我们需要先定义一些符号。连续变量表示为 x。x 所在区间的宽度表示为 Δx（符号"Δ"是希腊字母，即大写的 delta）。用 i 作为区间的索引，用 $[x_i, x_i + \Delta x]$ 表示 x_i 和 $x_i + \Delta x$ 之间的区间。第 i 个区间的概率质量表示为 $p([x_i, x_i + \Delta x])$。那么这些概率质量之和必须为 1，可以表示成如下形式：

$$\sum_i p([x_i, x_i + \Delta x]) = 1 \tag{4.1}$$

现在回想一下概率密度的定义：它是概率质量与区间宽度的比值。我们将式 4.1 重写为所有区间的概率密度的式子，只要除以并乘以 Δx 即可，如下所示：

$$\sum_i \Delta x \frac{p([x_i, x_i + \Delta x])}{\Delta x} = 1 \tag{4.2}$$

在极限中，当区间宽度变为无穷小时，我们将 x 周围的区间宽度表示为 $\mathrm{d}x$，而不是 Δx。同时，我们将 x 周围无穷小区间的概率密度表示为 $p(x)$。概率密度 $p(x)$ 不能与 $p([x_i, x_i + \Delta x])$ 相混淆，后者是区间的概率质量。这样一来，式 4.2 中的求和就变成了一个积分：

$$\sum_{\underset{i}{\overset{}{}}} \underbrace{\frac{\Delta x}{\mathrm{d}x} \frac{p([x_i, x_i + \Delta x])}{\Delta x}}_{p(x)} = 1 \quad \text{即,} \quad \int \mathrm{d}x\, p(x) = 1 \tag{4.3}$$

在本书中,积分的写法是将 $\mathrm{d}x$ 这一项写在积分符号的旁边,如式 4.3 所示,而不是写在整个表达式的最右端。虽然这种写法不是最传统的表示法,但它既不是错误的,也不是本书独创的。将 $\mathrm{d}x$ 放在积分符号的旁边,可以更容易地看到它是对哪个变量积分,而不必在积分符号上加下标。如果遇到有多变量函数的积分,这种做法尤其有用。将 $\mathrm{d}x$ 放在积分符号旁边也保持了项目的分组形式,这样在改写离散的求和与积分时,可以直接把 $\sum_x$ 变为 $\int \mathrm{d}x$,不必将 $\mathrm{d}x$ 移到表达式的末尾。

重申一下,在式 4.3 中,$p(x)$ 是围绕 x 的无穷小区间的概率密度。概率质量与概率密度都将被表示为 $p(x)$,通常,我们根据上下文来判断具体指的是哪个。如果 x 是六面骰子某一面的值,$p(x)$ 则是概率质量。如果 x 是身高的精确值,则 $p(x)$ 是概率密度。然而,在使用过程中可能会出现例外。如果 x 是指身高,但测量尺度被离散化为区间,那么 $p(x)$ 实际上是指 x 落的区间的概率质量。最终,你将不得不留意上下文并容忍它的歧义。

2. 正态概率密度函数

任何只有非负值且积分为 1(满足式 4.3)的函数都可以被构造为概率密度函数。最著名的概率密度函数可能就是正态分布了,它也被称为高斯分布。正态分布曲线的图形是众所周知的钟形,如图 4-4 所示。

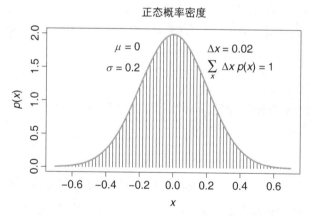

图 4-4 一个正态概率密度函数,它被分割成像梳子齿一样狭窄的区间。可以用所有区间的宽度乘以高度的总和来近似估计它的积分

正态概率密度的数学式有两个参数:μ(希腊字母 mu)被称为分布的均值(mean),σ(希腊字母 sigma)被称为标准差(standard deviation)。μ 值控制钟形的中心在 x 轴上的位置,因此被称为位置参数(location parameter);σ 值控制钟形的宽度,因此被称为尺度参数(scale parameter)。如 2.2 节所述,我们可以将参数视为控制旋钮,用它们来操纵分布的位置和尺度。正态概率密度的数学式如下所示。

$$p(x) = \frac{1}{\sigma\sqrt{2\pi}}\exp\left(-\frac{1}{2}\left[\frac{x-\mu}{\sigma}\right]^2\right) \tag{4.4}$$

图 4-4 显示了一个正态分布，它的 μ 值和 σ 值如图所示。注意，当标准差 σ 很小时，最高的概率密度可以大于 1.0。换句话说，当标准差很小时，大量的概率质量被压缩到一个小区间内，因此该区间的概率密度很高。

图 4-4 还说明了正态曲线下的面积实际上是 1。x 轴被切割成像梳子齿一样密集的小区间，宽度记为 Δx。正如式 4.2 所示，将所有小区间的概率质量相加，可以近似地得到正态概率密度的积分。从图 4-4 中的文本可以看出，这些区间面积的总和实际上是 1。只有四舍五入的误差，以及将分布尾部的极端值排除在外，才能使这个总和不能精确地等于 1。

4.3.3　分布的均值和方差

当有一个以概率 $p(x)$ 产生的数值（不仅仅是分类值）x 时，我们会想：如果重复地对 x 的值进行抽样，那么从长远来看，它的均值是多少？假设我们有一个公平的六面骰子，那么从长远来看，它的 6 个值分别会在 1/6 的次数中出现，所以骰子的长期均值为 (1/6)×1 + (1/6)×2 + (1/6)×3 + (1/6)×4 + (1/6)×5 + (1/6)×6 = 3.5。再举一个例子，如果我们玩老虎机，赢 100 美元的概率是 0.001，赢 5 美元的概率是 0.14，其他情况下我们输 1 美元，那么从长远来看，我们的收益是 0.001×100 美元 + 0.14×5 美元 + 0.859×(−1 美元) = −0.059 美元。换句话说，从长远来看，我们每拉一次老虎机这个"强盗"的"胳膊"就会损失约 6 美分。请注意我们在这些计算中所做的：我们用每个可能结果的发生概率，对所有这些可能结果进行了加权。这个过程定义了概率分布的均值，也被称为期望值（expected value），它被表示为 $E[x]$：

$$E[x] = \sum_x p(x)x \tag{4.5}$$

式 4.5 适用于 x 取离散数值的情况，因此 $p(x)$ 表示概率质量。如果 x 的取值是连续的，则 $p(x)$ 表示概率密度，该求和变成了无穷小区间上的积分：

$$E[x] = \int \mathrm{d}x\, p(x)x \tag{4.6}$$

无论 x 是离散的还是连续的，其概念意义都是相同的：$E[x]$ 是 x 取值的长期均值。

直观地说，分布的均值通常位于分布的中间。比如，正态分布的均值就是其参数 μ 的值。换句话说就是 $E[x] = \mu$。这一事实的一个具体例子如图 4-4 所示，从中可以看到大部分的分布集中在 $x = \mu$ 上；μ 的确切值请参见图中的文本。

下面是一个用式 4.6 计算连续分布的均值的例子。考虑在区间 $x \in [0, 1]$ 上定义的概率密度函数 $p(x) = 6x(1-x)$。这确实是一个概率密度函数：它是一条倒过来的抛物线，从 $x = 0$ 开始，在 $x = 0.5$ 时达到峰值，然后在 $x = 1$ 时再次下降到基线。因为它是对称分布，所以直觉告诉我们均值应该在它的中点，$x = 0.5$。让我们检查一下它是否正确：

$$E[x] = \int \mathrm{d}x \, p(x) x$$
$$= \int_0^1 \mathrm{d}x \, 6x(1-x)x$$
$$= 6 \int_0^1 \mathrm{d}x (x^2 - x^3)$$
$$= 6 \left[\frac{1}{3} x^3 - \frac{1}{4} x^4 \right]_0^1 \tag{4.7}$$
$$= 6 \left[\left(\frac{1}{3} 1^3 - \frac{1}{4} 1^4 \right) - \left(\frac{1}{3} 0^3 - \frac{1}{4} 0^4 \right) \right]$$
$$= 0.5$$

在本书中，我们将很少计算微积分，式 4.7 是我们所用到的最高级的积分。如果你的微积分知识已经"生锈"了，不要担心，你只需继续阅读并理解概念即可。

概率分布的方差（variance）是一个表示分布远离其均值程度的数。关于 x 离均值有多远，有许多可以想象的定义。但特定术语"方差"定义的基础是 x 与均值之差的平方。方差的定义就是 x 与均值的均方偏差（mean squared deviation，MSD）：

$$\text{var}_x = \int \mathrm{d}x \, p(x)(x - E[x])^2 \tag{4.8}$$

请注意，式 4.8 和均值公式（式 4.6）基本上是一样的，只是我们积分的不再是 x 概率加权的 x，而是 x 概率加权的 $(x - E[x])^2$。换句话说，方差就是 $(x - E[x])^2$ 的均值。对于离散分布，式 4.8 中的积分变成和，类似于式 4.5 和式 4.6 之间的关系。方差的平方根，有时也称为均方根偏差（root mean squared deviation，RMSD），一般被称为分布的标准差（standard deviation）。

正态分布的方差是其参数 σ 的平方。因此，对于正态分布，$\text{var}_x = \sigma^2$。换句话说，正态分布的标准差就是参数 σ 的值。在正态分布中，约 34% 的分布落在 μ 和 $\mu + \sigma$ 之间（见练习 4.5）。看一看图 4-4，找出 μ 和 $\mu + \sigma$ 在 x 轴上的位置（图中用文本显示了 μ 和 σ 的值），以直观地感受一下标准差离均值有多远。但是，请注意不要过度泛化到其他形状的分布：非正态分布的均值和第一标准差之间的区域可能大有不同。

概率分布可以指测量值或参数值的概率。概率可以解释为一个值可以从生成过程中抽样多少，也可以解释为该值相对于其他值的可信度有多大。当 $p(\theta)$ 表示 θ 的可信度，而不是抽样得到 θ 值的概率时，$p(\theta)$ 的均值可以被认为是能代表典型可信度的 θ 值。θ 的标准差是对分布宽度的测量，也可以看作对备选值的不确定性的测量。如果标准差很小，那么我们会非常地相信与均值接近的 θ 值。如果标准差很大，那么我们会不太确定该相信哪个 θ 值。用标准差来表示不确定性的这个观念将经常出现。一个相关的对分布宽度的测量方法是最高密度区间，将在之后讨论。

均值使方差最小化

另一种概念强调从方差的定义开始，进而推导出均值的定义，而不是从均值的定义开始，进而得到方差的定义。在这种概念下，目标是为概率分布的集中趋势（central tendency）定义一个值。如果一个值与该分布的最可能的值非常接近，则该值可以代表该分布的集中趋势。因此，我们将分布的集中趋势定义为满足以下条件的任意 M 值：它与 x 的所有其他值之间的长期期望距离最小。但是，我们应该如何定义两个值之间的 "距离"？定义距离的一种方法是两个值的差值的平方：x 和 M 之间的距离是 $(x-M)^2$。这个定义的一个优点是 x 到 M 的距离与 M 到 x 的距离相同，因为 $(x-M)^2=(M-x)^2$。但是这个定义最主要的优点是，它使很多后续的代数计算变得更容易处理（这里将不再赘述）。因此，集中趋势是使得 $(x-M)^2$ 的期望值最小的 M 值。于是，我们需要计算出使 $\int \mathrm{d}x p(x)(x-M)^2$ 最小的 M 值。它是不是看起来很眼熟？它实际上是式 4.8 中分布的方差的定义，但这里是以 M 的函数的形式出现的。这里有一个关键点：使得 $\int \mathrm{d}x p(x)(x-M)^2$ 最小化的 M 值实际上是 $E[x]$。换句话说，分布的均值是使期望的平方偏差最小化的值。这种情况下，均值是分布的集中趋势。

另外，如果 M 和 x 之间的距离被定义为 $|x-M|$，那么，使得该距离的期望最小化的值被称为分布的中位数（median）。也可以使用类似的方式定义分布的众数（mode），只需要将所有匹配值之间的距离定义为 0，同时将所有不匹配值之间的距离定义为 1。

4.3.4 最高密度区间

我们将经常使用的概括分布的另一种方法是最高密度区间（highest density interval，HDI）[1]。HDI 指出分布中的哪些点最可信，哪些点覆盖了分布的大部分。因此，HDI 指定一个区间来概括分布，这个区间覆盖了分布的绝大部分（例如 95%），而且区间内的每个点都比区间外的任何点具有更高的可信度。

图 4-5 显示了一些 HDI 的示例，其中上图显示的是均值为 0 且标准差为 1 的正态分布。因为这个正态分布在 0 附近是对称的，所以 95% HDI 是从-1.96 到 1.96 的区间。95% HDI 范围之内，曲线下区域（灰色阴影部分）的面积为 0.95。此外，区间内任何 x 的概率密度都比区间外任何 x 的概率密度更高。

图 4-5 中间的图显示了倾斜分布的 95% HDI。根据定义，95% HDI 范围之内的曲线下区域（图中用灰色阴影表示）的面积为 0.95，且区间内任何 x 的概率密度都比区间外任何 x 的概率密度更高。重要的是，左尾部（小于 HDI 左边界的部分）的面积比右尾部（大于 HDI 右边界的部分）的面积要大。换句话说，HDI 分割出的 HDI 外的两个尾部区域不一定是相等的。（对于以前遇到过等尾可信区间的人，可以直接查看图 12-2 以了解 HDI 与等尾可信区间的区别。）

图 4-5 的下图显示了一个奇特的双峰概率密度函数。在许多实际应用中，不会出现这样的多峰分布，但此示例有助于理解 HDI 的定义。在这种情况下，HDI 被分成两个子区间，两个峰各有一个子区间。然而，HDI 定义的特征与之前相同：95% HDI 范围内，曲线下区域（图中的灰色阴影部分）的总面积为 0.95，且区间内任何 x 的概率密度都比区间外任何 x 的概率密度更高。

---

[1] 一些作者把 HDI 称为 HDR，HDR 代表最高密度区域（highest density region），因为一个区域可以指多个维度，而一个区间则仅能指一个维度。因为我们几乎总是一次仅考虑一个参数的 HDI，所以我将使用 "HDI" 来避免混淆。有些作者把 HDI 称为 HPD，HPD 代表最高概率密度（highest probability density），但我不喜欢用它，因为写 "HPD interval" 比写 "HDI" 需要更多的空间。有些作者把 HDI 称为 HPD，而这个 HPD 代表最高后验密度（highest posterior density），但我也不喜欢使用它，因为先验分布也有 HDI。

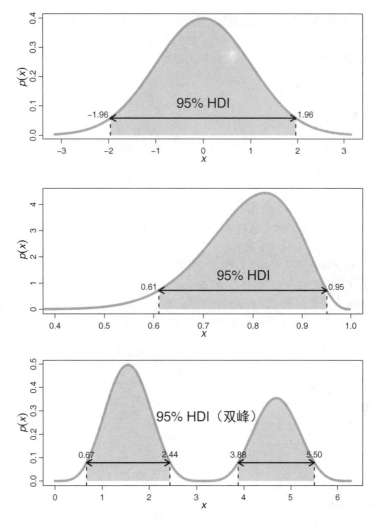

图 4-5　95% HDI（最高密度区间）的示例。对于每个示例，区间内任何 x 的概率密度都比区间外任何 x 的概率密度更高。区间内点的总质量为 95%。95%的区域用阴影标出（包括水平箭头下方的部分）。水平箭头表示 95% HDI 的宽度，其末端标出了四舍五入后的 x 值。水平箭头的高度表示 95% HDI 内所有 x 均超过的最小概率密度值

　　HDI 的形式化定义只是这两个核心特征的数学表达式。95% HDI 包括所有满足以下条件的 x：x 的概率密度比某个 W 的概率密度更高，同时所有这些 x 的概率密度的积分是 95%。形式化的写法是：95% HDI 是所有满足 $p(x) > W$ 的 x 值，其中 W 满足条件：$\int_{x:p(x)>W} \mathrm{d}x\, p(x) = 0.95$。

　　当分布是指某数值的可信度时，HDI 的宽度是测量信念不确定程度的另一种方法。如果 HDI 宽，那么该信念是不确定的。如果 HDI 窄，那么该信念是比较确定的。正如第 13 章将详细讨论的那样，有时研究的目标是获得这样的数据：对特定的参数值具有较高的确定程度。所需的确定程度可以由

95% HDI 的宽度来衡量。假设 μ 表示药物降低血压的程度，研究人员可能希望得到一个近似值：其 95% HDI 的宽度不大于血压表上的 5 个单位。另一个例子：在民意调查中，候选人 A 相对于候选人 B 的选民支持程度记为 θ，那么研究人员可能希望得到这样一个近似值：其 95% HDI 的宽度不大于 10 个百分点。

4.4　双向分布

在许多情况下，我们对两种结果的组合感兴趣。抽取到一张 Q 而且是红桃花色的扑克牌的概率是多少？遇到头发是红色而且眼睛是绿色的人的概率是多少？当玩一个同时涉及骰子和转盘的棋盘游戏时，我们有一定信心认为骰子和转盘都是公平的。

作为研究这些想法的一个具体例子，请考虑表 4-1。它显示了人们眼睛颜色和头发颜色的各种组合的概率。这些数据来自一个简单的样本（Snee，1974），并不能代表任何更广泛的人群。表 4-1 考虑了四种可能的眼睛颜色（排列成不同的行）和四种可能的头发颜色（排列成不同的列）。每个主单元格中的数值指的是该眼睛颜色和该头发颜色的特定组合的联合概率（joint probability）。比如，左上角的单元格表示棕色眼睛和黑色头发的联合概率为 0.11（11%）。注意，并非所有眼睛颜色和头发颜色组合的可能性都相等。比如，蓝色眼睛和黑色头发的联合概率只有 0.03（3%）。我们把眼睛颜色 e 和头发颜色 h 的联合概率表示为 $p(e, h)$。联合概率的符号是对称的：$p(e, h) = p(h, e)$。

表 4-1　头发颜色与眼睛颜色的各种组合的概率

眼睛颜色	头发颜色				边际概率
	黑色	深褐色	红色	金色	
棕色	0.11	0.20	0.04	0.01	0.37
蓝色	0.03	0.14	0.03	0.16	0.36
淡褐色	0.03	0.09	0.02	0.02	0.16
绿色	0.01	0.05	0.02	0.03	0.11
边际概率	0.18	0.48	0.12	0.21	1.0

由于原始数据的舍入误差，某些行或列的和可能与显示的边际概率不完全一致。数据改编自（Snee，1974）。

我们可能对眼睛颜色的总体概率感兴趣。这些概率显示在表格的最后一列，它们被称为边际概率（marginal probability，也称边缘概率）。对每行中的联合概率求和就可以很容易地算得边际概率。比如，绿色眼睛的边际概率（不管头发颜色如何）为 0.11。由于对原始数据四舍五入时有误差，因此表中所示的边际概率值并不完全等于联合概率的和。眼睛颜色 e 的边际概率表示为 $p(e)$，它是通过对头发颜色的联合概率求和算得的：$p(e) = \sum_h p(e, h)$。

当然，我们也可以考虑各种头发颜色的边际概率。表 4-1 的最后一行显示了头发颜色的边际概率。比如，黑色头发的边际概率（不管眼睛颜色如何）为 0.18。边际概率是通过对每列中的联合概率求和来计算的。因此，$p(h) = \sum_e p(e, h)$。

一般来说，考虑一个行变量 r 和一个列变量 c。如果行变量是连续的而不是离散的，那么 $p(r, c)$ 是一个概率密度；计算边际概率之和的过程将变成一个积分，即 $p(r) = \int \mathrm{d}c\, p(r, c)$，其中得到的边际分布 $p(r)$ 也是一个概率密度函数。这个求和过程被称为 c 的边际化（marginalizing）或将变量 c 积出（integrating out）。当然，我们也可以将 r 边际化来计算概率 $p(c)$：$p(c) = \int \mathrm{d}r\, p(r, c)$。

4.4.1 条件概率

我们常常想知道在已知一种结果为真的时候，另一种结果发生的概率。假设我从表 4-1 中提到的人群中随机选择一个人。这时我告诉你这个人有一双蓝眼睛。根据该信息，这个人有金色头发（或任何其他特定的头发颜色）的概率是多少？计算答案的过程很符合直觉：我们从表 4-1 的蓝色眼睛一行可以看出，蓝色眼睛人群的总数（边际）为 0.36，同时总人群中 0.16 的人同时有蓝色眼睛和金色头发。因此，在这 0.36 的眼睛是蓝色的人中，同时头发为金色的人的比例是 0.16/0.36。换句话说，在蓝色眼睛的人中，约 44% 有金色头发。我们还注意到，在蓝色眼睛的人中，0.03/0.36≈8% 有黑色头发。表 4-2 显示了对每种头发颜色的计算结果。

表 4-2 条件概率的例子

眼睛颜色	头发颜色				边际概率
	黑色	深褐色	红色	金色	
蓝色	0.03/0.36 ≈ 0.08	0.14/0.36 ≈ 0.39	0.03/0.36 ≈ 0.08	0.16/0.36 ≈ 0.44	0.36/0.36 = 1.0

在表 4-1 所示的蓝色眼睛的人中，头发颜色 h 的比例是多少？每个单元格显示的是 $p(h|\text{蓝眼}) = p(\text{蓝眼}, h)/p(\text{蓝眼})$ 四舍五入至小数点后两位的数值。

头发颜色的概率代表了每种可能的头发颜色的可信度。从表 4-1 的边际分布可以看出，总人群中金色头发的总概率为 0.21。但当我们得知这个群体中的一个人有蓝色眼睛时，他同时具有金色头发的可信度就会增加到 0.44，如表 4-2 所示。这种在可能的头发颜色之间重新分配可信度的过程就是贝叶斯推断。但这已经超越了我们现在的进度，第 5 章中将详细解释贝叶斯推断的基本数学内容。

条件概率的这种直观的计算可以用简单的形式表达式来表示。我们把头发颜色和眼睛颜色的条件概率表示为"$p(h|e)$"，读作"给定 e 时 h 的概率"。然后将上面直观的计算过程写作 $p(h|e) = p(e, h) / p(e)$。这个式子就是条件概率的定义。回想一下，边际概率只是单元概率的总和，因此以上定义也可以写作 $p(h|e) = p(e, h) / p(e) = p(e, h) / \sum_h p(e, h)$。这个式子可能有些混乱，因为分子中的 h 是头发颜色的一个特定值，但分母中的 h 是一个变量，用以表示所有可能的头发颜色。为了消除 h 的两种含义带来的歧义，可以将上式写成 $p(h|e) = p(e, h) / p(e) = p(e, h) / \sum_{h^*} p(e, h^*)$，其中 h^* 表示所有可能的头发颜色。

条件概率的定义可以使用更通用的变量名来表达，r 表示排成行的任意属性，c 表示排成列的任意属性。这时，对于取离散值的属性，条件概率的定义为：

$$p(c \mid r) = \frac{p(r, c)}{\sum_{c^*} p(r, c^*)} = \frac{p(r, c)}{p(r)} \tag{4.9}$$

当列的属性是连续数据时，求和就变成了积分：

$$p(c \mid r) = \frac{p(r, c)}{\int \mathrm{d}c\, p(r, c)} = \frac{p(r, c)}{p(r)} \tag{4.10}$$

当然，与上面不同的是，我们也可以条件化另一个变量。也就是说，我们可以考虑 $p(r \mid c)$ 而不是 $p(c \mid r)$。必须认识到，一般来说，$p(r \mid c)$ 不等于 $p(c \mid r)$。比如，已知下雨时地面潮湿的概率，不同于已知地面潮湿时下雨的概率。第 5 章将详细讨论 $p(r \mid c)$ 和 $p(c \mid r)$ 之间的关系。

同样重要的是要认识到，条件概率中没有时间顺序。当我们说"给定 y 时 x 的概率"时，并不意味着 y 已经发生而 x 还没有发生。我们的意思仅仅是，我们将概率的计算限制在所有可能结果的一个特定子集上。对 $p(x \mid y)$ 的一个更好的解释是，"在所有出现 y 值的联合结果中，有这么多的比例的结果同时出现 x 值"。比如，我们可以给定第二天早上有云，讨论前一天晚上下雨的条件概率。这仅仅是指在所有有云的早晨中，前一天晚上下雨的情况所占的比例。

4.4.2 属性的独立性

假设我有一个六面骰子和一枚硬币。假设它们都是公平的。我抛硬币并得到正面朝上。给定硬币的这个结果，正在滚动的六面骰子将出现 3 的概率是多少？在回答这个问题时，你可能会想："硬币对骰子没有影响，所以不管抛硬币的结果如何，骰子出现 3 的概率都是 1/6。"如果你是这么想的，那么说明你假设滚动的骰子和硬币是相互独立的。

一般来说，当 y 的值对 x 的值没有影响时，我们知道给定 y 时 x 的概率就是 x 的一般概率。形式化地写出来，这个思想可以表示为：对 x 和 y 的所有值，均有 $p(x \mid y) = p(x)$。让我们考虑一下这意味着什么。根据条件概率的定义，在式 4.9 或式 4.10 中，我们知道 $p(x \mid y) = p(x, y) / p(y)$。结合这些式子，我们得出结论：对 x 和 y 的所有值，均有 $p(x) = p(x, y) / p(y)$。在两边乘以 $p(y)$ 之后，我们得出结论：对 x 和 y 的所有值，均有 $p(x, y) = p(x)p(y)$。这一结论反过来也成立：当对 x 和 y 的所有值，均有 $p(x, y) = p(x)p(y)$ 时，那么对 x 和 y 的所有值，均有 $p(x \mid y) = p(x)$。因此，这两个条件中的任何一个都是我们对两个属性相互独立的数学定义。重申一下，说属性 x 和 y 是相互独立的，意味着：对 x 和 y 的所有值，均有 $p(x \mid y) = p(x)$。这在数学上等同于：对 x 和 y 的所有值，均有 $p(x, y) = p(x)p(y)$。

考虑表 4-1 中眼睛颜色和头发颜色的例子。这两个属性是否独立？根据日常经验，我们知道答案应该是否定的，但我们将用数学方法来证明。为了反驳其独立性，我们需要某眼睛颜色 e 和某头发颜色 h，它们的 $p(h \mid e) \neq p(h)$，或者 $p(e, h) \neq p(e)p(h)$。我们已经遇到过这样的情况，即蓝色眼睛和金色头发。表 4-1 显示金发的边际概率为 $p(金发) = 0.21$，而表 4-2 显示给定蓝色眼睛时金发的条件概率为 $p(金发 \mid 蓝眼) = 0.44$。因此，$p(金发 \mid 蓝眼) \neq p(金发)$。我们也可以通过另一种方式证明它们不独立：它们的边际概率相乘不等于联合概率：$p(蓝眼)p(金发) = 0.36 \times 0.21 \approx 0.08 \neq 0.16 = p(蓝眼, 金发)$。

作为两个属性确实独立的简单示例，请考虑标准牌组中扑克牌的花色和点数。一共有 4 种花色（方块、红桃、梅花和黑桃），每种花色有 13 种点数（A, 2, …, 10, J, Q, K），共 52 张牌。考虑随机抽取的一张牌。它是红桃的概率是多少？（答案：13/52 = 1/4。）假设我看到了它的牌面而没有让你看到，我告诉你它是 Q。现在它是红桃的概率是多少？（答案：1/4。）一般来说，告诉你该扑克牌的点数不会改变其花色的可能性，因此点数和花色是独立的。我们也可以通过将二者的边际概率相乘来验证这一点：点数和花色的每一个组合都有 1/52 的机会被抽到（在一个相当混乱的牌堆中）。注意，1/52 正是任何一种花色的边际概率（1/4）与任何一个点数的边际概率（1/13）的乘积。

　　在其他应用场景中，当我们使用一个以上的参数来描述信念并构建数学描述时，就会提到独立性。我们将对信念中的一个参数创建一个数学描述，并对信念中的另外一个参数创建另外一个数学描述。然后，为了描述我们对不同参数组合的看法，我们通常假设它们是相互独立的，并简单地将它们的可信度相乘来获得其联合可信度。

4.5　附录：图 4-1 的 R 代码

　　图 4-1 是由脚本 RunningProportion.R 生成的。要运行它，只需在 R 的命令行中输入 source ("RunningProportion.R")即可（假设你的工作路径包含该文件）。由于伪随机数生成器的作用，每次运行你都会得到不同的结果。如果要将伪随机数生成器设置为某个特定的启动状态，请使用 set.seed 命令。图 4-1 中的示例是通过输入 set.seed(47405)后再输入 source("RunningProportion.R") 创建的。

　　如果要控制图形窗口的大小并在随后保存图形，那么你可以加载本书附带的工具程序中的图形函数。下面是用来打开和保存独立图形窗口的一系列命令。

```
source("DBDA2E-utilities.R") # 加载 openGraph、saveGraph 等函数的定义
set.seed(47405)              # 可选语句，为了得到特定的伪随机机数
openGraph(width=6, height=6)
source("RunningProportion.R")
saveGraph(file="RunningProportionExample", type="jpg")
```

　　前面两段解释了如何使用脚本 RunningProportion.R，如果你想了解它的内部机制，可以在 RStudio 的编辑窗口中打开它。你将看到的命令脚本如下所示。

```
N = 500        # 指定抛掷的次数，记为 N
pHeads = 0.5   # 指定得到正面的潜在概率
# 生成 N 次抛掷的一个随机本本（正面=1，反面=0）：
flipSequence = sample( x=c(0,1), prob=c(1-pHeads,pHeads), size=N, replace=TRUE)
# 计算动态的正面比例：
r = cumsum( flipSequence )  # 累加和：每一步中的正面数量
n = 1:N                     # 每一步中的抛掷次数
runProp = r / n             # 每一步中的正面比例
# 绘制动态比例图：
plot( n , runProp , type="o" , log="x" , col="skyblue" ,
      xlim=c(1,N) , ylim=c(0.0,1.0) , cex.axis=1.5 ,
      xlab="Flip Number" , ylab="Proportion Heads" , cex.lab=1.5 ,
      main="Running Proportion of Heads" , cex.main=1.5 )
# 绘制一条水平虚线作为参考：
abline( h=pHeads , lty="dotted" )
# 在抛掷序列的开始显示以下内容：
flipLetters = paste( c("T","H")[flipSequence[1:10]+1] , collapse="" )
displayString = paste0( "Flip Sequence = " , flipLetters , "..." )
text( N , .9 , displayString , adj=c(1,0.5) , cex=1.3 )
# 在抛掷序列的末尾显示相对频率：
text( N , .8 , paste("End Proportion =",runProp[N]) , adj=c(1,0.5) , cex=1.3 )
```

前两行命令仅仅指定了硬币的模拟抛掷次数和得到正面的潜在概率。第 4 行引入了一个在 R 的标准版中预先定义好的新函数，即 sample（样本）函数。它从用户指定的参数 x 的元素集中伪随机地抽取样本。在本例中，参数 x 是包含一个 0（零，反面）和一个 1（壹，正面）的向量。参数 prob 指定对 x 的每个元素进行抽样时的概率。你可以在 R 的命令行中输入?sample 来阅读有关 sample 函数的更多信息。

上面的第 6 行使用了累积和函数 cumsum，这是 R 中预先定义好的。你可以在 R 的命令行中输入?cumsum 以阅读有关 cumsum 函数的更多信息。该函数在向量的每个分量处计算从头累加至该分量处的和。比如，cumsum(c(1,1,0,0,1))生成向量 1 2 2 2 3。

当你阅读上面的 R 代码的其余行时，可以在 R 中单独运行每一行以查看它的作用。比如，要查看变量 runProp 的内容，只需在 R 的命令行中输入?runProp。你可以在 R 的命令行中输入?plot 来阅读有关 plot 函数的更多信息。

定义变量 flipLetters 的这一行可能看起来有些神秘。每当你在 R 中遇到类似这样的复杂命令时，一个很好的策略是：从内到外依次执行这些命令（如 3.7.6 节中诊断程序错误的有关内容所述）。尝试在 R 中输入这些命令（或者在 RStudio 中选择文本并单击"运行"）。

```
                flipSequence[1:10]
                flipSequence[1:10]+1
        c("T","H")[flipSequence[1:10]+1]
paste( c("T","H")[flipSequence[1:10]+1] , collapse="" )
```

4.6　练习

你可以在本书配套网站上找到更多练习。

练习 4.1　目的：通过处理计算条件概率的具体例子，获得在 R 中使用 apply 函数的经验。表 4-1 中的眼睛颜色和头发颜色的数据被存储在 R 中名为 HairEyeColor 的数组中。这个数组是男性和女性的眼睛颜色和头发颜色的频率。在 R 中运行以下代码：

```
show( HairEyeColor ) # 显示数据
EyeHairFreq = apply( HairEyeColor, c("Eye","Hair"), sum ) # 在不同性别间相加
EyeHairProp = EyeHairFreq / sum( EyeHairFreq )             # 表 4-1 的联合概率
show( round( EyeHairProp , 2 ) )
HairFreq = apply( HairEyeColor , c("Hair") , sum )         # 在不同的性别及眼睛颜色间相加
HairProp = HairFreq / sum( HairFreq )                      # 表 4-1 的边际概率
show( round( HairProp , 2 ) )
EyeFreq = apply( HairEyeColor , c("Eye") , sum )           # 在不同的性别及头发颜色间相加
EyeProp = EyeFreq / sum( EyeFreq )                         # 表 4-1 的边际概率
show( round( EyeProp , 2 ) )
EyeHairProp["Blue",] / EyeProp["Blue"]                     # 表 4-2 的条件概率
```

在你的报告中，加入上面的每一行及其结果。解释每一行的函数（比已有的注释更详细一些）。扩展上述命令，计算给定棕色眼睛时头发颜色的概率，以及给定棕色头发时眼睛颜色的概率。

练习 4.2　目的：获得一些在 R 中生成随机数的经验。修改 4.5 节 RunningProportion.R 中抛硬币的程序，以模拟 $p(H)=0.8$ 的有偏差硬币。更改绘图中参考线的高度，使它与 $p(H)$ 匹配。对你的代码进行注释。提示：阅读 sample 函数的帮助文档。

练习 4.3   目的：提供一个类似于 4.2.1 节中逻辑的示例，供你进行计算。试计算从洗好的皮诺奇牌组中抽到 10 的确切概率。（皮诺奇牌组共有 48 张牌。点数一共有 6 种：9、10、J、Q、K、A。在红桃、方块、梅花和黑桃这四种标准的花色中，每一种花色都有两张点数相同的牌。）

(A) 获得 10 的概率是多少？

(B) 获得 10 或者 J 的概率是多少？

练习 4.4   目的：通过一个简单的概率密度函数，使你获得 R 和微积分的实践经验，并再次强调密度函数的值可以大于 1。考虑一个在其四周刻有 [0, 1] 的刻度的转盘。假设转盘以某种方式倾斜、磁化或弯曲，导致其有偏差，其概率密度函数为 [0, 1] 区间上的 $p(x) = 6x(1-x)$。

(A) 调整程序 IntegralOfDensity.R，绘制该密度函数并估计其积分。对你的代码进行注释。注意 x 的取值范围是 [0, 1]。提示：可以去掉关于 meanval 和 sdval 的前几行，因为这些参数值只属于正态分布。然后设置 xlow=0 和 xhigh=1，并将 dx 设置为某个很小的值。

(B) 用微积分推导出其精确的积分值。提示：参见示例，即式 4.7。

(C) 该函数是否满足式 4.3？

(D) 从图上看，$p(x)$ 的最大值是多少？

练习 4.5   目的：让你用正态分布曲线来描述信念。同时，知道 μ 和 σ 之间的正态曲线下的面积会很方便。

(A) 改编程序 IntegralOfDensity.R 以（近似地）确定正态曲线下从 $x = \mu - \sigma$ 到 $x = \mu + \sigma$ 的概率质量。对你的代码进行注释。提示：只需适当更改 xlow 和 xhigh，并更改 text 的位置以使 area 仍显示在图中。

(B) 现在使用正态曲线来描述以下信念。假设你认为女性的身高值呈正态分布：以 162 厘米为中心，大约三分之二的女性身高在 147 厘米和 177 厘米之间。参数 μ 和 σ 应该分别取什么值？

练习 4.6   目的：认识到式 4.9 可以求解联合概率，并利用它进行工作。这对于引申出贝叶斯定理至关重要。调查显示了学龄孩子们最爱的食物。在全部样本中，一年级学生占 20%，六年级学生占 20%，十一年级学生占 60%。下表显示了每个年级的受访者中，三种食物被选为最爱食物的比例：

	冰激凌	水果	薯条
一年级	0.3	0.6	0.1
六年级	0.6	0.3	0.1
十一年级	0.3	0.1	0.6

根据这些信息，建立年级和最爱食物的联合概率表。另外，还要说明年级和最爱食物是否独立，以及你给出这个答案的原因。提示：已知 $p(\text{年级})$ 和 $p(\text{食物}|\text{年级})$。你需要计算 $p(\text{年级, 食物})$。

第 5 章

贝叶斯法则

在各个方面我都永远爱你。
（我会边缘化你的所有缺点。）
但如果你能变得更加像我，
今天起我会无条件地爱你。[①]

你所在地区的典型一天中，有云的可能性有多大？假设有人告诉你当前正在下雨，那么现在有云的可能性有多大？注意，这两个概率并不相等，因为我们可以确定 p(有云) < p(有云|下雨)。相反，假设有人告诉你外面的人都戴着太阳镜，那么很可能 p(有云) > p(有云|太阳镜)。请注意我们在这个天气的例子中是如何推理的。在最开始，我们先对天气的两种可能状态（有云或晴朗）分配了先验可信度。然后我们考虑了其他一些数据，也就是正在下雨或人们戴着太阳镜。以新的数据为基础，这时我们对天气的两种可能状态重新分配了可信度。当数据显示下雨时，有云变得比开始时更可信。当数据显示人们戴着太阳镜时，有云变得比开始时更不可信。贝叶斯法则仅仅是可信度的先验分配与可信度的后验再分配之间的数学关系。

5.1 贝叶斯法则概览

托马斯·贝叶斯（Thomas Bayes，1702—1761）是英国数学家和长老会牧师。他最著名的定理是在他去世后的 1763 年发表的，这在很大程度上归功于他的朋友理查德·普莱斯（Richard Price，1723—1791）的大量编辑工作。这个简单的法则对统计推断有着巨大的影响，因此，只要贝叶斯的名字仍与这个法则联系在一起，我们就会继续在各种教科书中看到他的名字[②]。但贝叶斯本人可能没有

[①] *I'll love you forever in every respect,*

（*I'll marginalize all your glaring defects.*）

But if you could change some to be more like me,

I'd love you today unconditionally.

本章是关于贝叶斯法则的。贝叶斯法则说明了在考虑数据时，边缘概率（也称边际概率）与条件概率之间的关系。诗中使用了"边缘"和（无）"条件"这两个词的口语意义。这首诗还颠倒了有条件和无条件的意义：诗中说有条件的爱 p(爱|变化)大于边缘的爱 p(爱)，但讽刺地说，满足条件会带来无条件的爱。

[②] 本书的第 1 版拜谒过贝叶斯的墓地，我有照片为证。

完全意识到这些影响，许多历史学家认为我们应该以皮埃尔–西蒙·拉普拉斯（Pierre-Simon Laplace，1749—1827）的名字命名这些分析方法。拉普拉斯是贝叶斯的继任者，他独立地重新发现了这些方法并对它们进行了扩展（例如，Dale，1999；McGrayne，2011）。

统计学的另一个分支叫作频率主义，它不使用贝叶斯法则进行推理和决策。第 11 章描述了频率主义方法的各个方面及其风险。这种方法常与另外一个来自英格兰的著名人物联系在一起，他比贝叶斯晚了约 200 年，名叫罗纳德·费希尔（Ronald Fisher，1890—1962）。他的名字，或者至少是他姓氏的第一个字母，已经成为永恒：F 比例（F-ratio）是频率分析中最常用的一种方法[1]。令人感到有趣并安心的是，在 21 世纪的今天，20 世纪中占绝对优势的费希尔方法正在被起源于 18 世纪的贝叶斯方法所取代（如 Lindley，1975；McGrayne，2011）[2]。

5.1.1 从条件概率的定义得出贝叶斯法则

回想一下，在 4.4.1 节的式 4.9 中，条件概率的直观定义是：

$$p(c \mid r) = \frac{p(r, c)}{p(r)} \tag{5.1}$$

换句话说，定义只是说，给定 r 时 c 的概率等于它们一起发生的概率与仅发生 r 的概率的比值。

现在我们做一些非常简单的代数运算。首先，将式 5.1 的两边乘以 $p(r)$，得到：

$$p(c \mid r)p(r) = p(r, c) \tag{5.2}$$

其次，注意我们可以从定义 $p(r \mid c) = p(r, c) / p(c)$ 开始，进行类似的运算：

$$p(r \mid c)p(c) = p(r, c) \tag{5.3}$$

式 5.2 和式 5.3 是不同的表达式，它们都等于 $p(r, c)$，因此我们知道这两个表达式相等：

$$p(c \mid r)p(r) = p(r \mid c)p(c) \tag{5.4}$$

在式 5.4 的两边除以 $p(r)$ 得到：

$$p(c \mid r) = \frac{p(r \mid c)p(c)}{p(r)} \tag{5.5}$$

但我们还没有完成，因为我们可以将分母重写为 $p(r \mid c)$ 的形式，就像我们在 4.4.1 节的式 4.9 中所做的那样。因此：

$$p(c \mid r) = \frac{p(r \mid c)p(c)}{\sum_{c^*} p(r \mid c^*)p(c^*)} \tag{5.6}$$

在式 5.6 中，分子中的 c 是一个特定的固定值，而分母中的 c^* 是取遍所有可能值的变量。式 5.5 和式 5.6 被称为贝叶斯法则（Bayes' rule）。这种简单的关系是贝叶斯推断的核心。式 5.6 的形式可能看起来并

---

[1] 但费希尔并不提倡当代社会科学进行的零假设显著性检验；见 Gigerenzer、Krauss 和 Vitouch（2004）。

[2] 本书的第 1 版拜谒过费希尔的墓地，我有照片为证。

不是很友好，但我们很快就会看到它以强大的方式应用于数据分析。同时，我们将建立更多关于贝叶斯法则的直觉。

5.1.2　从双向离散表得出贝叶斯法则

考虑表 5-1，它显示了行属性和列属性的联合概率以及它们的边际概率。根据式 5.3 中条件概率的定义，每个单元格中的联合概率 $p(r, c)$ 可以表示为它的等价形式 $p(r|c)p(c)$。根据式 4.9 和式 5.6，边际概率 $p(r)$ 可以表示为它的等价形式 $\sum_{c^*} p(r|c^*)p(c^*)$。注意贝叶斯法则的分子是联合概率 $p(r, c)$，分母是边际概率 $p(r)$。从表 5-1 中可以看到，当我们关注特定的 r 值时，贝叶斯法则让我们不再关注边际分布 $p(c)$，而是集中于条件分布 $p(c|r)$。总之，关键思想是将一个行变量作为已知条件，对其他变量进行条件化时，相当于我们把注意力集中在已知值为真的这一行上，并对该行的概率进行标准化。标准化的方法是，在该行的各个概率上除以该行的总概率。这种在空间上重新分配注意的行为，用代数表示时，就是贝叶斯法则。

表 5-1　贝叶斯法则的空间特点

行	列			边际概率
	...	c	...	
r	...	$p(r, c) = p(r|c)p(c)$	...	$p(r) = \sum_{c^*} p(r|c^*)p(c^*)$
边际概率		$p(c)$		

将特定的 r 值作为条件进行条件化时，条件概率 $p(c|r)$ 是联合概率 $p(r, c)$ 除以边际概率 $p(r)$。当代数式变形为表中所示的形式时，就是贝叶斯法则。从空间上来看，当我们关注特定的 r 值时，贝叶斯法则让我们不再关注边际分布 $p(c)$，而是关注条件分布 $p(c|r)$。

第 4 章提供了从边际概率到条件概率的具体例子。现在让我们再看一遍这个关于眼睛颜色和头发颜色的主题。表 5-2 显示了眼睛颜色和头发颜色的各种组合的联合概率和边际概率。在不知道一个人眼睛颜色的情况下，我们对头发颜色的看法都是用头发颜色的边际概率来表示的，也就是表 5-2 最后一行的数值。然而，如果我们得知随机选择的这个人的眼睛是蓝色的，那么我们就知道他来自表中的"蓝色"行，我们就可以将注意力集中在这一行上。我们这时可以计算给定眼睛颜色时头发颜色的条件概率，如表 5-3 所示。请注意，不知道眼睛颜色时的关于头发颜色的"先验"（边际）信念，已经变成了知道眼睛颜色后关于头发颜色的"后验"（有条件的）信念。比如，在不知道眼睛颜色的情况下，人群中金色头发的概率为 0.21；但当我们得知眼睛是蓝色的之后，金发的概率变为 0.44。

表 5-2　头发颜色与眼睛颜色的所有组合在总人群中的比例

眼睛颜色	头发颜色				边际概率
	黑色	深褐色	红色	金色	
棕色	0.11	0.20	0.04	0.01	0.37
蓝色	0.03	0.14	0.03	0.16	0.36

（续）

眼睛颜色	头发颜色				边际概率
	黑色	深褐色	红色	金色	
淡褐色	0.03	0.09	0.02	0.02	0.16
绿色	0.01	0.05	0.02	0.03	0.11
边际概率	0.18	0.48	0.12	0.21	1.0

由于原始数据的舍入误差，表中显示的某些边际概率可能并不等于该行或该列的总和。数据改编自（Snee，1974）。这张表是表 4-1 的副本，为方便起见而再次放在这里。

表 5-3　条件概率的示例

眼睛颜色	头发颜色				边际概率
	黑色	深褐色	红色	金色	
蓝色	$0.03/0.36 \approx 0.08$	$0.14/0.36 \approx 0.39$	$0.03/0.36 \approx 0.08$	$0.16/0.36 \approx 0.44$	$0.36/0.36 = 1.0$

在表 5-2 所示的蓝色眼睛的人中，头发颜色 h 的比例是多少？每个单元格显示的是 $p(h|蓝眼) = p(蓝眼, h)/p(蓝眼)$ 四舍五入至小数点后两位的数值。这张表是表 4-2 的副本，为方便起见而再次放在这里。

这个涉及眼睛颜色和头发颜色的示例展示了给定行值（眼睛颜色）的信息后，对各种列值（头发颜色）的可信度进行重新分配的过程。该示例直接使用了表示为数值的联合概率 $p(r, c)$。与之不同的是，贝叶斯法则会用 $p(r|c)p(c)$ 来替代联合概率，如式 5.6 和表 5-1 所示的那样。下个示例提供了一个具体的情景，其中我们会自然地使用 $p(r|c)p(c)$ 来表示联合概率。

假设我们在诊断一种罕见的疾病。假设一般人群中的患病率仅有千分之一。我们将实际患病或未患病的情况作为一个参数，记为 θ，并将未患病记为 $\theta = \odot$，患病记为 $\theta = \otimes$。因此，该病的基本患病率表示为 $p(\theta = \otimes) = 0.001$。这是我们关于"随机选择的人患有这种疾病"的先验信念。

假设这种疾病有一个检测方法，命中率为 99%。这意味着如果一个人患有这种疾病，那么 99% 的检测结果会是阳性。我们用 $T = +$ 表示阳性结果，用 $T = -$ 表示阴性结果。观察到的检测结果就是数据，我们将用它来修改我们对潜在疾病参数值的信念。命中率可以表示为 $p(T = +|\theta = \otimes) = 0.99$。进一步假设这个检测的虚警率为 5%。这意味着在未患病的检测中，5% 的检测结果错误地显示成了患病。我们将虚警率表示为 $p(T = +|\theta = \odot) = 0.05$。

假设我们从人群中随机选择一个人进行疾病检测，结果是阳性。这个人患病的后验概率是多少？用数学语言来表达，我们问的是：$p(\theta = \otimes|T = +)$ 是多少？在利用贝叶斯法则确定答案之前，请先根据直觉猜测一个答案，让我们看看你的直觉是否符合贝叶斯答案。大多数人的直觉是：患此病的概率接近检测的命中率（在本例中为 99%）。

表 5-4 显示了如何将疾病诊断的过程概念化为贝叶斯法则的实例。疾病的基本概率显示在表的最后一行。因为患病的背景概率是 $p(\theta = \otimes) = 0.001$，所以未患病的概率是与其互补的，也就是 $p(\theta = \odot) = 1 - 0.001 = 0.999$。在没有任何检测结果时，这种较低的边际概率是我们关于一个人患有此疾病的先验信念。

表 5-4 还显示了检测结果和疾病状态的联合概率，也就是命中率、虚警率和基本概率。比如，在左上角的单元格中，阳性检测和患病的联合概率为 $p(T=+,\theta=\otimes)=p(T=+|\theta=\otimes)p(\theta=\otimes)=0.99\times0.001$。换句话说，阳性检测与患病的联合概率是检测的命中率与疾病基本概率的乘积。因此，在这个应用场景中，用 $p(行|列)p(列)$ 来表示联合概率是很自然的。

表 5-4   检测结果和疾病状态的联合概率及边际概率

检测结果	疾病状态		边际概率
	$\theta=\otimes$（患病）	$\theta=\odot$（未患病）	
$T=+$	$p(+|\otimes)p(\otimes)=0.99\times0.001$	$p(+|\odot)p(\odot)=0.05\times(1-0.001)$	$\sum_\theta p(+|\theta)p(\theta)$
$T=-$	$p(-|\otimes)p(\otimes)=(1-0.99)\times0.001$	$p(-|\odot)p(\odot)=(1-0.05)\times(1-0.001)$	$\sum_\theta p(-|\theta)p(\theta)$
边际概率	$p(\otimes)=0.001$	$p(\odot)=1-0.001$	1.0

这个例子中，疾病的基本概率是 0.001，如表的最后一行所示。检测的命中率为 0.99，虚警率为 0.05，如 $T=+$ 这一行所示。对于一个实际的检测结果而言，我们将注意力放在表中与该结果对应的行上，并通过贝叶斯法则计算疾病状态的条件概率。

假设我们随机选择一个人并进行诊断检测，结果为阳性。为了确定患病的概率，我们应该将注意力集中在标记为 $T=+$ 的这一行上，并通过贝叶斯法则计算 $p(\theta|T=+)$ 的条件概率。具体来看，我们发现：

$$p(\theta=\otimes|T=+)=\frac{p(T=+|\theta=\otimes)p(\theta=\otimes)}{\sum_\theta p(T=+|\theta)p(\theta)}$$

$$=\frac{0.99\times0.001}{0.99\times0.001+0.05\times(1-0.001)}$$

$$\approx0.019$$

没错，即使是有着 99% 命中率的检测的阳性结果，患病的后验概率也只有 1.9%。这个很低的概率是较低的疾病先验概率和不可忽略的虚警率的结果。解释结果时需要注意，我们假设这个人是从人群中随机选出的，没有其他症状促使他来接受检测。如果有其他症状暗示这个人患有这种疾病，那么我们必须把这些症状考虑在内。

总结疾病诊断的例子：我们从表 5-4 最后一行所示的两种疾病状态（患病或未患病）的先验可信度开始。我们使用了某检测方法进行诊断。已知该检测方法的命中率和虚警率，也就是这两种疾病状态被诊断为阳性结果的条件概率。当观察到特定的检测结果时，我们将注意力集中在表 5-4 中与该结果对应的一行上，并通过贝叶斯法则计算该行中疾病状态的条件概率。这些条件概率是疾病状态的后验概率。条件概率就是在给定检测结果之后，在不同的疾病状态间重新分配的可信度。

5.2   应用于参数和数据

使得贝叶斯法则如此有用的关键是：用行变量表示数据值的同时，用列变量表示参数值。选定了模型的结构和参数值时，数据的模型指定了特定数据值的概率。模型还会指定各种参数值的概率。换句话说，模型指定了：

$$p(数据值|参数值)$$

以及

先验概率 p(参数值)

我们将使用贝叶斯法则把它转化为我们真正想要知道的：给定数据时，我们应该对不同的参数值给予多大的信心。

p(参数值 | 数据值)

再来加深一下理解：考虑将贝叶斯法则应用于双向表中的数据和参数，如表 5-5 所示。表 5-5 的列对应的是参数的特定值，表 5-5 的行对应的是数据的特定值。表中的每个单元格表示的是参数值 θ 和数据值 D 的特定组合的联合概率，表示为 $p(D, \theta)$，并且我们知道它可以代数变形为 $p(D|\theta)p(\theta)$。参数值的先验概率是边际分布 $p(\theta)$，表示在表 5-5 的最后一行。表 5-5 仅仅是对行和列重新命名后的表 5-1。

表 5-5　将贝叶斯法则应用于数据和参数

数据	模型参数			边际概率
	...	θ 值	...	
⋮ 数据值 D ⋮	...	$p(D, \theta) = p(D|\theta)p(\theta)$	...	$p(D) = \sum_{\theta^*} p(D|\theta^*)p(\theta^*)$ ⋮
边际概率	...	$p(\theta)$	...	

将行值 D 条件化时，条件概率 $p(\theta|D)$ 等于单元格的概率 $p(D, \theta)$ 除以边际概率 $p(D)$。当这些概率代数变形为表中的形式时，就是贝叶斯法则。此表仅仅是对行和列重新命名后的表 5-1。

当观察到一个特定的数据值 D 时，我们将注意力集中在表 5-5 中对应于数据值 D 的一行上。用这一行的联合概率除以边际概率 $p(D)$，就可以得到 θ 的后验分布。换句话说，利用观测到的数据值对该行进行条件化，就可以得到 θ 的后验分布。这个做法就利用了贝叶斯法则。

现在，重述前几节中思想的发展过程可能会有助于理解。具体来说，表 5-1 展示了一般形式的贝叶斯法则，使用的是通用的行名和列名。该表强调了如何把贝叶斯法则中的因素放在联合概率表中，以及贝叶斯法则如何将注意力从表的边缘转移到表中的某一行。接下来，表 5-4 展示了一个实例，其中列是疾病状态（患病或未患病），行是观察到的数据（检测结果为阳性或阴性）。该表强调了表 5-1 中一般形式的一个具体情况。在疾病诊断中，我们从表 5-4 中患病的边际概率开始；紧接着，检测结果将我们的注意力转移到表中的某一行；然后，重新分配两种疾病状态的可信度。最终，我们将表 5-1 重新表示为表 5-5：假设表中的行是数据值，列是参数值。贝叶斯法则把我们的注意力从参数值的先验、边际分布转移至特定数据行中的参数值的后验、条件分布。我们将在本书的其余部分使用表 5-5 中的形式。我们很快就会看到更多的例子。

贝叶斯法则的因素有特定的名称，整本书中将固定地使用这些名称，如下所示：

$$\underset{\text{后验}}{p(\theta|D)} = \underset{\text{似然}}{p(D|\theta)} \ \underset{\text{先验}}{p(\theta)} / \underset{\text{证据}}{p(D)} \tag{5.7}$$

分母是：

$$p(D) = \sum_{\theta^*} p(D|\theta^*)p(\theta^*) \tag{5.8}$$

其中 θ^* 中的上标星号仅起提醒作用：分母中的 θ^* 不同于式 5.7 分子中的特定 θ 值。"先验"（prior）是不考虑数据值 D 时，θ 值的可信度 $p(\theta)$。"后验"（posterior）是考虑数据值 D 后，θ 值的可信度 $p(\theta|D)$。"似然"（likelihood）是数据来源于参数值为 θ 的模型的概率 $p(D|\theta)$。模型的"证据"（evidence）是根据模型得到的数据的总体概率 $p(D)$，可以通过对所有可能的参数值进行加权平均来确定，其中的权重是这些参数值的可信性。

贝叶斯法则的分母，在式 5.7 中被记为模型的证据（evidence），也称为边际似然（marginal likelihood）。"证据"一词很直观，比"边际似然"的音节和字符都要少，但"证据"一词也更含糊。"边际似然"特指取似然 $p(D|\theta)$ 平均值的操作：在所有的 θ 值之间，以 θ 的先验概率为权重。在本书中，我将交替使用"证据"和"边际似然"这两个术语。

至此，我们仅在变量为离散值的情况下给出了贝叶斯法则。贝叶斯法则同样适用于连续变量，但概率质量变成概率密度，求和变成积分。对于连续变量，贝叶斯法则的唯一变化在于，式 5.8 中的边际似然从求和变为积分：

$$p(D) = \int \mathrm{d}\theta^* \, p(D|\theta^*) p(\theta^*) \tag{5.9}$$

其中 θ^* 中的上标星号仅起提醒作用：分母中的 θ^* 不同于式 5.7 分子中的特定 θ 值。在本书后面的实际应用中，我们最常运用的贝叶斯法则就是这种连续变量的版本。[1]

数据顺序不变性

式 5.7 中的贝叶斯法则把我们的先验信念 $p(\theta)$ 更新为考虑到数据值 D 的后验信念 $p(\theta|D)$。现在假设我们又观察到更多的数据，我们将其表示为 D'。然后我们可以再次更新信念，从 $p(\theta|D)$ 变为 $p(\theta|D', D)$。这里有一个问题：我们的最终信念是否与这两次更新的顺序有关，即先用 D 再用 D'，或者是先用 D' 再用 D？

答案是：看情况！具体地说，它取决于定义似然 $p(D|\theta)$ 的函数模型。在许多模型中，数据的概率 $p(D|\theta)$ 不会受到其他数据的影响。也就是说，联合概率 $p(D, D'|\theta)$ 等于 $p(D|\theta)p(D'|\theta)$。换句话说，在这种模型中，数据的概率是相互独立的（回想一下 4.4.2 节中"相互独立"的定义）。在这种情况下，更新的顺序不影响最终的后验概率。

数据顺序不变性直观地表明：如果似然函数不依赖于数据的顺序，那么后验分布应当也不依赖于数据的顺序。其实从数学上证明这一点也是很容易的。我们简单地写下贝叶斯法则，并运用独立性假设 $p(D', D|\theta) = p(D'|\theta)p(D|\theta)$：

$$p(\theta|D', D) = \frac{p(D', D|\theta)p(\theta)}{\sum_{\theta^*} p(D', D|\theta^*)p(\theta^*)} \qquad \text{贝叶斯法则}$$

$$= \frac{p(D'|\theta)p(D|\theta)p(\theta)}{\sum_{\theta^*} p(D'|\theta^*)p(D|\theta^*)p(\theta^*)} \qquad \text{独立性假设}$$

---

① 回想一下式 4.3 之后的讨论：本书中的积分写法略有不同，具体来说是将 $\mathrm{d}\theta$ 放在积分符号的旁边，而不是放在表达式的末尾。这样的布局既不是错误的，也不是本书独创的。我们还讨论了这种写法在符号与概念上的优势。

$$= \frac{p(D|\theta)p(D'|\theta)p(\theta)}{\sum_{\theta^*} p(D|\theta^*)p(D'|\theta^*)p(\theta^*)} \qquad \text{乘法的可交换性}$$

$$= p(\theta|D,D') \qquad \text{贝叶斯法则}$$

在本书的所有例子中，我们所使用的数学似然函数产生的数据都是相互独立的，并且我们假设这样的似然函数可以充分地描述数据的产生过程。另一种理解这个假设的方式如下：我们假设每个数据值都可以代表其潜在的生成过程，无论观察数据的时间如何，也无论之前或之后观察到的数据如何。

5.3 完整示例：估计硬币的偏差

我们来考虑一组示例，以理解先验分布如何与数据相互作用并生成后验分布。这些例子都涉及估计硬币的潜在偏差。回想 4.1 节的内容：我们并不需要关心硬币本身，但硬币代表了我们所关心的事情。当我们观察抛硬币时正面朝上的次数并估计它正面朝上的潜在概率时，这种练习可以代表观察选择题中正确答案的数目并估计回答正确的潜在概率，或者观察由药物治愈的头痛的数量并估计治愈的潜在概率。

当我提到硬币的"偏差"时，有时指的是它正面朝上的潜在概率。这种情况下，如果一枚硬币是公平的，那么它的"偏差"是 0.50。其他时候，我可能会使用"偏差"的口语意义表示它是不公平的，如"正面偏差"或"反面偏差"。虽然我会尽量说清楚我指的是哪种意义，但有时你将不得不依靠语境来判断，"偏差"到底表示正面朝上的概率还是表示不公平。我希望这种模棱两可不会使你对我的印象产生偏差。

回忆 2.3 节，贝叶斯数据分析的第一步是识别要描述的数据的类型。本例中，数据由"正面"和"反面"组成。我们将抛一次硬币的结果表示为 y。当结果是正面时，我们说 $y=1$；当结果是反面时，我们说 $y=0$。虽然我们为使数学表达方便而使用数值来表示结果，但要记住的是，正面和反面只是类别而已，没有计量属性。具体来说，正面不大于反面，正面和反面之间的距离也不是 1 个单位，更不意味着正面是什么而反面什么也不是。在随后的式子中，1 和 0 这两个值的作用仅仅是具有实用代数性质的标签。

贝叶斯数据分析的下一步是创建有着有意义参数的描述性模型。我们用 $p(y=1)$ 表示硬币正面朝上的潜在概率。我们想用一些有意义的参数化模型来描述这个潜在概率。我们将使用一个特别简单的模型，并直接将正面朝上的概率作为参数 θ（希腊字母 theta）的值。这个想法可以形式化地写作 $p(y=1|\theta)=\theta$，可以大声地读作："给定参数 θ 的取值时，正面朝上的概率等于 θ 的值。"注意，这个定义要求 θ 的值在 0 和 1 之间。这个模型的一个很好的特点是，θ 具有直观的意义：它的值可以直接被解释为硬币正面朝上的概率。[①]

---

① 我们也可以建立一个不同的模型来描述正面朝上的潜在概率。比如，我们可以定义 $p(y=1|\phi)=\phi/2+0.5$，其中 ϕ（希腊字母 phi）可以取 -1 和 1 之间的值。这个模型可以大声地读作："给定参数 ϕ 的取值时，正面朝上的概率是 ϕ 的值除以 2 加上 0.5。"在这个模型中，当 $\phi=0$ 时硬币是公平的，因为这时 $p(y=1|\phi=0)=0.5$。当 $\phi=-1$ 时，硬币具有绝对的反面偏差，因为这时 $p(y=1|\phi=-1)=0$。当 $\phi=1$ 时，硬币具有绝对的正面偏差，因为这时 $p(y=1|\phi=1)=1$。请注意，用参数 ϕ 表示偏差的这个做法是有意义的，但 ϕ 的值并不直接等于正面朝上的概率。

对于形式化的模型，我们需要为贝叶斯法则中的似然函数定义一个数学表达式（式 5.7）。我们已经有了正面概率的表达式，即 $p(y=1|\theta)=\theta$，但是反面概率的表达式是什么呢？思考片刻会发现，反面概率只是正面概率的剩余概率，因为正面和反面是所有可能的结果。因此，$p(y=0|\theta)=1-\theta$。我们可以将正面概率和反面概率的式子组合成一个表达式：

$$p(y|\theta)=\theta^y(1-\theta)^{(1-y)} \tag{5.10}$$

注意，当 $y=1$ 时，式 5.10 化简为 $p(y=1|\theta)=\theta$；当 $y=0$ 时，式 5.10 化简为 $p(y=0|\theta)=1-\theta$。由式 5.10 表示的概率分布称为伯努利分布，以数学家雅各布·伯努利（Jacob Bernoulli，1655—1705）的姓氏命名。[①]

另外，从式 5.10 中，我们还可以得出多次抛掷产生的一组结果的似然公式。将第 i 次抛掷的结果表示为 y_i，并将这组结果的集合表示为 $\{y_i\}$。我们假设结果之间是相互独立的，这意味着结果集的概率是单个结果的概率的乘积。因此，我们推导出结果集概率的公式：

$$
\begin{aligned}
p(\{y_i\}|\theta) &= \prod_i p(y_i|\theta) && \text{根据独立性假设}\\
&= \prod_i \theta^{y_i}(1-\theta)^{(1-y_i)} && \text{根据式 5.10}\\
&= \theta^{\sum_i y_i}(1-\theta)^{\sum_i (1-y_i)} && \text{代数变形}\\
&= \theta^{\#正}(1-\theta)^{\#反} && (5.11)
\end{aligned}
$$

式 5.11 的最后一行是以下事实的结果：$y_i=1$ 表示正面，$y_i=0$ 表示反面，因此，"$\sum_i y_i=\#正$" 是正面朝上的次数，"$\sum_i(1-y_i)=\#反$" 是反面朝上的次数。稍后，我们还将把正面次数 "$\#正$" 记为 z，抛掷次数记为 N；因此，反面次数 "$\#反$" 是 $N-z$。式 5.11 在贝叶斯法则的数学计算中是非常有用的。

我们已经在式 5.10 中定义了似然函数，下一步（回想 2.3 节的内容）是建立参数值的先验分布。现在，我们的目的仅仅是建立关于贝叶斯法则的直观想象。因此，我们将使用一个不切实际但有说明性的先验分布。为此，我们假设参数 θ 只能取几个离散值，即 $\theta=0.0$、$\theta=0.1$、$\theta=0.2$、$\theta=0.3$ 等，直到 $\theta=1$。你可以认为这意味着有一家铸币厂，该厂只生产这 11 种类型的硬币：有些硬币有 $\theta=0.0$，有些硬币有 $\theta=0.1$，有些硬币有 $\theta=0.2$，等等。先验分布表明了我们对铸币厂生产这些类型产品的看法。假设我们认为铸币厂会更多地生产 θ 接近 0.5 的公平硬币，于是我们将给远高于或远低于 $\theta=0.5$ 的硬币偏差分配较低的先验可信度。图 5-1 的上图显示了一个这样的先验分布，它有精确的表达式。这是条形图：在每个备选值 θ 处，条形的高度表示其先验概率 $p(\theta)$。你可以看到这些高度呈现出三角形的形状：三角形的顶点在 $\theta=0.5$ 处，随着 θ 值靠近两端，条形的高度越来越小，最终有 $p(\theta=0)=0$ 且 $p(\theta=1)=0$。请注意，此图与图 2-1 中的夏洛克·福尔摩斯示例、图 2-2 中的免责示例很相似，与图 2-3 中正态均值的示例更为相似，在该图中我们考虑了一组离散的备选可能性。

贝叶斯数据分析的下一步（回想 2.3 节的内容）是收集数据并应用贝叶斯法则，在可能的参数值之间重新分配可信度。假设我们抛一次硬币并观察到正面朝上。在这种情况下，数据值 D 由单次抛掷中的一个正面组成；我们将其写为 $y=1$，或者等价地写作 $z=1$ 且 $N=1$。由式 5.10 的似然函数公式，

---

① 本书的第 1 版拜谒过雅各布·伯努利的墓地，我有照片为证。

我们可以看到，对于这些数据，似然函数变成 $p(D|\theta) = \theta$。图 5-1 中间的图显示了该似然函数在备选 θ 值处的取值。比如，$\theta = 0.2$ 处条形的高度是 $p(D|\theta) = 0.2$，$\theta = 0.9$ 处条形的高度是 $p(D|\theta) = 0.9$。

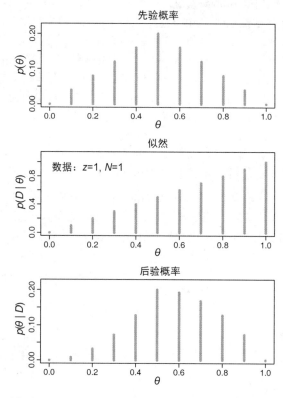

图 5-1　利用贝叶斯法则估计硬币的偏差。备选的 θ 值是离散的。对于每个 θ 值，后验分布是标准化后的先验概率乘以似然。在数据 D 中，正面次数为 z，抛掷次数为 N

图 5-1 的下图显示了后验分布。在 θ 的每一个备选值处，根据贝叶斯法则（式 5.7）计算出后验概率：θ 的似然乘以 θ 的先验概率再除以 $p(D)$。我们将浏览三幅图以考虑 $\theta = 0.2$ 的情况。下图中 $\theta = 0.2$ 的后验概率等于：中图 $\theta = 0.2$ 的似然，乘以上图 $\theta = 0.2$ 的先验概率，再除以和 $p(D) = \sum_{\theta^*} p(D|\theta^*) p(\theta^*)$。这个关系对所有 θ 值都成立。

注意，后验分布的总体轮廓与先验分布不同。因为数据是一次正面，所以较高 θ 值的可信度变得更高了。比如，在先验分布中，$p(\theta = 0.4) = p(\theta = 0.6)$，但在后验分布中，$p(\theta = 0.4) < p(\theta = 0.6)$。然而，先验分布仍然对后验分布有着显著的影响，因为后验只考虑了一次抛硬币的数据。具体来说，尽管数据显示 100% 正面朝上（在一次抛硬币中），但较大 θ 值（例如 0.9）的后验概率仍然是很低的。这显示了贝叶斯推断的一般现象：后验分布是先验分布与似然函数的折中，有时也被宽泛地描述为先验和数据的折中。在先验分布陡峭且数据量很小的情况下，折中的结果更偏向于先验分布。在先验分布平坦且数据量很大的情况下，折中的结果更偏向于似然函数（数据）。以下将解释更多关于这种折中的示例。

5.3.1 样本量对后验概率的影响

假设我们任选 1001 个数作为 θ 的备选值，从 0.000、0.001、0.002 到 1.000。图 5-1 会被密集的垂直条形填满；这些条形是并排放置的，但由于它们太过密集而看不到间隙。贝叶斯法则的应用方法和以前一样，不过这时有 1001 个 θ 的备选值，而不是只有 11 个。图 5-2 展示了两个例子，我们从前面使用过的三角形的先验分布开始，只是现在有 1001 个 θ 的备选值。图 5-2 的左侧是一个抛掷次数 $N = 4$ 的小样本，其中有 25% 的正面。图 5-2 的右侧是一个 $N = 40$ 的较大样本，其中同样有 25% 的正面。请注意，这两种情况下的似然函数的众数相同，都是 $\theta = 0.25$。这是因为当 $\theta = 0.25$ 时，似然函数（式 5.11）中 25% 正面的概率最大。现在来看看图 5-2 底部的后验分布。对于左边的小样本，后验分布的众数是 0.4，这更接近于先验分布的众数（0.5），而不是似然函数的众数。对于右边的较大样本，后验分布的众数是 0.268，更接近于似然函数的众数。在这两种情况下，后验分布的众数都在先验分布的众数与似然函数的众数之间，但后验众数更接近于样本量较大的似然的众数。

注意，在图 5-2 中，样本量更大时，后验分布的最高密度区间（HDI）的宽度更小。虽然两个样本的数据都显示正面的概率为 25%，但较大样本反映出的硬币潜在偏差的可信范围更小。一般来说，我们拥有的数据越多，对模型中参数的估计就越精确。以较大样本量为基础的估计值具有更高的精度或更大的确定性。

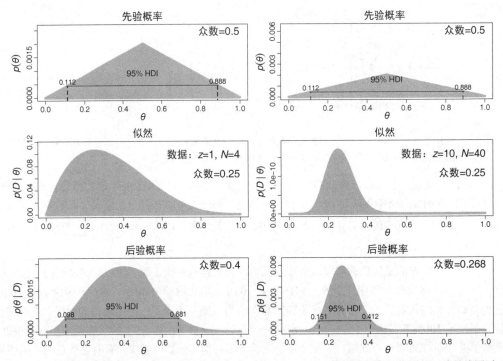

图 5-2 两列中的数据具有相同的正面比例与不同的样本量。两列中的先验概率是相同的，只是绘图时的纵轴刻度不同。先验概率的影响在较大的样本中被淹没：其后验概率的峰值更接近似然函数的峰值。还要注意，较大样本的后验 HDI 较窄

5.3.2 先验概率对后验概率的影响

图 5-3 的左侧是与图 5-2 左侧相同的小样本，但是图 5-3 中的先验分布较平。注意，尽管样本量很小，但图 5-3 中的后验分布仍然非常接近其似然函数，因为先验分布非常平坦。一般来说，当先验分布比似然函数宽时，先验分布对后验分布的影响很小。在本书中的大多数应用中，我们将使用范围较大、相对平坦的先验分布。

图 5-3 的右侧是与图 5-2 右侧相同的较大样本，但是图 5-3 中的先验分布更陡峭。在这种情况下，尽管具有较大的样本量 $N = 40$，但先验分布太陡峭了，以至于后验分布明显受到先验分布的影响。在实际应用中，这是一个合理且直观的推断，因为实际应用中的陡峭先验分布是由真正的先验知识得到的，在没有大量的相反数据时，我们不愿意背离它。

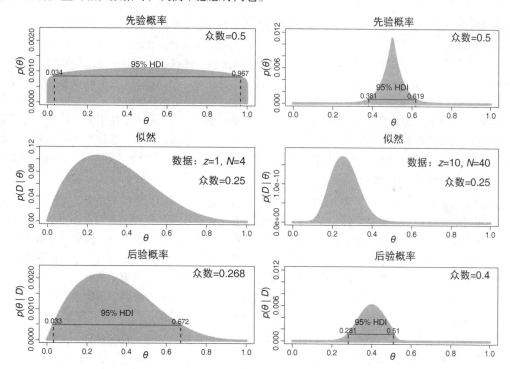

图 5-3　左侧是与图 5-2 左侧相同的小样本，但先验分布较平。右侧是与图 5-2 右侧相同的较大样本，但先验分布更陡峭

换句话说，贝叶斯推断是符合直觉的：如果一个以大量先前数据为基础、有根据的先验分布将参数值的可信度限定在一个小范围内，那么就需要大量新的相反数据才能摆脱先前的信念。但是，如果一个没什么根据的先验分布将参数值的可信度分配在宽泛的范围内，则需要相对较少的数据就可以将后验分布的峰值移向数据（尽管后验分布仍然是相对较宽且不确定的）。

这些例子使用了随意选取的先验分布来说明贝叶斯推断的机制。在实际研究中，先验分布是数据尺度上的宽泛且不确定的分布，或是受众认可的先前研究中特别指出的分布。与表 5-4 中疾病诊断的情况一样，利用有根据的先验分布是有利且合理的。存在强大的先验信息的情况下，不使用它可能是一个严重的错误。先验信念应当影响从数据中得出的理性推断，因为新数据的作用是修正我们在没有新数据时的任何信念。先验信念不是反复无常、特殊或隐蔽的，而是基于公开认可的事实或理论。在数据分析中使用的先验信念必须得到有怀疑精神的科学受众的认可。当科学家的先验信念不一致时，可以用多个先验分布进行分析，以评估先验分布变化时后验分布的稳定性。或者，可以将多个先验信念混合到一个联合先验信念中，从而在先验分布中包含先验分布的不确定性。综上所述，对于大多数应用场景来说，指定先验概率在技术上是没有问题的，尽管概念上非常重要的一点是要理解先验假设的影响。

5.4　为什么贝叶斯推断很困难

直接从贝叶斯法则得到后验分布的过程涉及式 5.8 和式 5.9 中证据（也就是边际似然）的计算。在连续参数的一般情况下，可能无法通过数学分析（analytical mathematics，也称解析数学，主要内容为微积分）的方法计算式 5.9 中的积分。历史上，积分的这一难点是通过对模型进行限制来解决的：使用相对简单的似然函数及其对应的先验分布公式。这种共轭（conjugate）先验分布对似然函数“非常友好”，可以产生能被处理的积分。本书后面将介绍几个使用这种共轭先验方法的例子，但本书强调的是现代计算机方法的灵活性。在不能使用共轭先验方法时，另一种方法是用更容易处理的其他函数作为实际函数的近似，并且证明这种近似值在典型条件下有合理的精度。这种方法的名称是“变分近似”（variational approximation）。本书没有提供任何关于变分近似的例子，请参阅 Grimmer（2011）的文章以获得概述和其他资源。

与数学分析方法不同，另一类方法涉及对积分的数值近似。当参数空间较小时，一种数值近似方法是使用网格梳或网格点覆盖空间，并通过对网格求和来计算积分。这就是我们在图 5-2 和图 5-3 中所使用的方法，其中参数 θ 的取值由细密的梳子状的数值来表示，连续参数 θ 上的积分可以由这些有代表性的离散值的和来近似。然而，这种方法对于有多个参数的模型来说是不可行的。许多实际模型中有几十个甚至几百个参数。可能性空间是一个联合参数空间，涉及参数值的所有组合。如果我们用有 1000 个值的梳子来表示每个参数，那么对于 P 个参数，则有 1000^P 个参数值的组合。甚至当 P 只是中等大小时也会产生太多的组合，即使是现代计算机也无法进行处理。

另一种近似法涉及从后验分布中对有代表性的参数值组合进行大量的随机抽样。这类算法在最近几十年不断地发展，通常被称为马尔可夫链蒙特卡罗（Markov chain Monte Carlo，MCMC）方法。这些方法之所以有用，是因为它们可以从复杂模型的后验分布中生成有代表性的参数值组合，而不必计算贝叶斯法则中的积分。正是这些 MCMC 方法的发展使得贝叶斯统计方法获得了实际的应用。本书的重点是在真实的数据分析中使用 MCMC 方法。

5.5　附录：图 5-1、图 5-2 等的 R 代码

图 5-1、图 5-2 等是用本书程序文件中的程序 BernGrid.R 创建的。文件名的意思是该程序使用伯努利似然函数和连续参数的网格近似估计硬币的偏差。程序 BernGrid.R 定义了一个名为 `BernGrid` 的函数。3.7.3 节解释了函数定义及其使用方法。`BernGrid` 函数需要用户指定三个参数，并可以接受几个

其他可选参数，该函数为这些可选参数指定了默认值。用户指定的三个参数是：参数的网格值 Theta、每个值的先验概率质量 pTheta 以及数据 Data。数据是由 0 和 1 组成的向量。在调用 BernGrid 函数之前，必须使用 source 函数将其定义读入 R。该程序还使用了在 DBDA2E-utilities.R 中定义的一些工具函数。以下是一个使用 BernGrid 的示例，假设 R 的工作路径中包含了相关程序：

```
source("DBDA2E-utilities.R")        # 加载绘图函数等函数的定义
source("BernGrid.R")                # 加载 BernGrid 函数的定义

Theta = seq( 0 , 1 , length=1001 )  # 定义用作细密网格梳的 Theta 值
pTheta = pmin( Theta , 1-Theta )    # 三角形状的 pTheta
pTheta = pTheta/sum(pTheta)         # 使 pTheta 的总和为 1
Data = c(rep(0,3),rep(1,1))         # 与 c(0,0,0,1)相同；N=4，有 25%的正面

openGraph(width=5,height=7)         # 打开绘图窗口
posterior = BernGrid(Theta, pTheta , Data , plotType="Bars" ,
                     showCentTend="Mode", showHDI=TRUE, showpD=FALSE )
saveGraph(file="BernGridExample",type="jpg")
```

上面的前两行使用 source 函数从文件中读取 R 命令。3.7.2 节解释了 source 函数。接下来一行使用 seq 函数创建了一个从 0 到 1 范围内的细密网格梳作为 θ 的取值。3.4.1 节解释了 seq 函数。

第四行使用 pmin 函数在 Theta 向量上建立一个三角形状的先验分布。本书之前没有使用过 pmin 函数。要了解它是做什么的，你可以在 R 的命令行中输入?pmin。你将发现 pmin 函数计算向量的每个分量内部的最小值，而不是所有分量间的单个最小值。比如，pmin(c(0,.25,.5,.75,1), c(1,.75,.5,.25,0))产生 c(0,.25,.5,.25,0)。注意结果中的值如何先上升再下降地形成三角形的趋势。这就是产生 pTheta 的三角形趋势的方法。

第五行使用了 sum 函数。它接受一个向量作为参数并计算其分量的和。第六行使用 rep 函数（在 3.4.1 节中解释过）创建了一个由 0 和 1 组成的向量，用来表示抛硬币的数据。

倒数第三行调用了 BernGrid 函数。它的前三个参数是先前定义的向量 Theta、pTheta 和 Data。接下来的参数是可选的。plotType 参数值可以选 "Bars"（默认值）或 "Points"。请尝试分别使用这两个参数值运行两次，以查看其效果。showCentTend 参数指定图中显示的集中趋势的计量方法，可以是 "Mode" "Mean" 或 "None"（默认值）。showHDI 参数值可以是 "TRUE" 或 "FALSE"（默认值）。HDI 的质量是由参数 HDImass 指定的，其默认值为 0.95。你将注意到，对于 θ 较稀疏的网格，通常不可能找到一组精确地覆盖了所需 HDI 质量值的网格。因此，图中将显示高于 HDI 质量的最小范围。showpD 参数指定是否显示式 5.8 中的证据值。在进入 10.1 节中模型比较的主题之前，我们都不会使用这个参数。

前面解释了如何使用 BernGrid 函数。如果你想了解它的内部机制，可以在 RStudio 的编辑窗口中打开 BernGrid.R 的函数定义。你将发现，程序的绝大部分是为了在最后生成图形，除此以外的很大部分则是为了在开始时检查用户提供的参数是否一致。该程序的贝叶斯部分仅由几行组成：

```
# 创建数据的摘要值
z = sum( Data )    # 数据中 1 的数量
N = length( Data )
# 对每个 Theta 值，计算其伯努利似然
pDataGivenTheta = Theta^z * (1-Theta)^(N-z)
```

```
# 利用贝叶斯法则计算证据及后验分布
pData = sum( pDataGivenTheta * pTheta )
pThetaGivenData = pDataGivenTheta * pTheta / pData
```

R 代码中的伯努利似然函数是式 5.11 的形式。注意，R 代码中所写的贝叶斯法则非常类似于式 5.7 和式 5.8 的形式。

5.6   练习

你可以在本书配套网站上找到更多练习。

练习 5.1   目的：重复应用贝叶斯法则，查看后验概率如何随着加入更多的数据而变化。这一练习扩展了表 5-4 的思想，所以此时，请回顾表 5-4 及关于它的讨论。假设一个与表 5-4 中一样随机选择的人在第一次检测结果为阳性之后，又进行了重复检测并得到阴性结果。在同时考虑这两种检测结果时，这个人实际患病的概率是多少？提示：对于重复检测时的先验概率，请使用表 5-4 中计算所得的后验概率。保留尽可能多的小数位，因为四舍五入会对结果产生令人意外的巨大影响。一种避免不必要的舍入的方法是用 R 进行计算。

练习 5.2   目的：通过"自然频数"和"马尔可夫"表示法，直观地感受之前的结果。

(A) 假设总体人群中共包含 100 000 个人。计算表 5-4 中每个单元格的期望人数。要计算一个单元格中人数的预期频数，只需将单元格概率乘以人口总数。为了帮助你开始，频数表中一些单元格的内容已经填充好了，如下所示。

	$\theta = \otimes$	$\theta = \odot$	
$D = +$	freq($D = +$, $\theta = \otimes$) $= p(D = +$, $\theta = \otimes)N$ $= p(D = + \mid \theta = \otimes) \, p(\theta = \otimes)N$ $= 99$	freq($D = +$, $\theta = \odot$) $= p(D = +$, $\theta = \odot)N$ $= p(D = + \mid \theta = \odot) \, p(\theta = \odot)N$ $=$	freq($D = +$) $= p(D = +)N$ $=$
$D = -$	freq($D = -$, $\theta = \otimes$) $= p(D = -$, $\theta = \otimes)N$ $= p(D = - \mid \theta = \otimes) \, p(\theta = \otimes)N$ $= 1$	freq($D = -$, $\theta = \odot$) $= p(D = -$, $\theta = \odot)N$ $= p(D = - \mid \theta = \odot) \, p(\theta = \odot)N$ $=$	freq($D = -$) $= p(D = -)N$ $=$
	freq($\theta = \otimes$) $= p(\theta = \otimes)N$ $= 100$	freq($\theta = \odot$) $= p(\theta = \odot)N$ $= 99\,900$	N $= 100\,000$

注意表中最后一行的频数。它们指出，在 100 000 人中，只有 100 人患有此疾病，99 900 人未患病。这些边际频数将先验概率 $p(\theta = \otimes) = 0.001$ 变成了实例。还要注意 $\theta = \otimes$ 一列中单元格的频数，这表明在 100 名患者中，99 人的检测结果为阳性，1 人的检测结果为阴性。这些单元格的频数将 0.99 的命中率变成了实例。在这部分练习中，你的工作是填写表格中其余单元格的频数。

(B) 仔细看看你刚刚计算好的频数。这些是真实事件的"自然频数"，而不是有点不直观的条件概率表达式（Gigerenzer 和 Hoffrage，1995）。假设一些人的检测结果呈阳性，仅根据单元格的频数，试计算患者的比例。在计算准确答案之前，首先请观察 D = + 行中的相对频数，凭直觉给出粗略的答案。你直觉中的答案与你最初阅读表 5-4 时直觉所给出的答案一样吗？可能不一样。你在这里的直觉答案可能更接近正确答案。现在请用算术方法计算出准确的答案。它应该与表 5-4 中用贝叶斯法则所得到的结果完全一样。

(C) 现在我们将考虑一种相关的表示法，它用自然频数来表示概率。这在我们积累越来越多的数据时特别有用。这种表示方法被称为"马尔可夫"表示法（Krauss、Martignon 及 Hoffrage，1999）。假设现在我们有 N = 10 000 000 的人口。我们预计其中 99.9% 的人（9 990 000 人）不会患病，只有 0.1% 的人（10 000 人）会患病。现在想想我们预期会有多少人的检测结果呈阳性。在 10 000 名患病的人中，我们预计 99%（9900 人）的检测结果呈阳性。在 9 990 000 名未患病的人中，预计有 5%（499 500 人）的检测结果呈阳性。现在考虑第一次检测结果呈阳性的每个人接受重复检测时的情况。预期他们中有多少人会在重复检测时得到阴性结果？使用下图来计算你的答案：

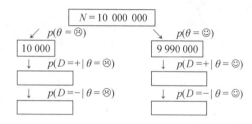

在计算空格中的频数时，请小心地使用恰当的条件概率。

(D) 使用前一部分的图来回答这个问题：在第一次检测结果呈阳性、第二次检测结果呈阴性的人群中，有多大比例的人实际上患有这种疾病？也就是说，上一部分图底部的总人数中（那些检测结果先为阳性然后为阴性的人），有多大比例的人在左边的这个分支？与你在练习 5.1 中的回答相比，结果有什么变化？

练习 5.3 目的：看一个实际的数据顺序不变性的例子。再次考虑前两个练习中的疾病诊断。

(A) 假设从人群中随机挑选的人的诊断结果呈阴性。计算这个人实际患病的概率。

(B) 然后对该人进行重复检测，第二次结果呈阳性。计算这个人实际患病的概率。与你在练习 5.1 中的回答相比，结果有什么变化？

练习 5.4 目的：利用 BernGrid，直观地感受贝叶斯更新。打开程序 BernGridExample.R。你将注意到这里有使用 BernGrid 函数的几个例子。运行这个脚本。对于每个示例，记录其 R 代码和生成的图形，并解释该示例展示了什么思想。提示：回顾图 5-2 和图 5-3，并直接查看图 6-5。这其中两个示例涉及抛一次硬币，两个示例之间的唯一区别在于其先验分布是均匀的还是仅包含两个极端选项。这两个例子是为了表明：当先前经验很模糊时，单个数据值的影响很小；但当先前经验只包含截然不同的两种可能结果时，则单个数据值可能有很大的影响。

## 第二部分

二项概率推断的基本原理

在接下来的几章中，我们将介绍贝叶斯数据分析的所有基本概念和方法，并将其应用于最简单的数据类型。数据很简单，所以我们可以将重点放在贝叶斯方法上，更清晰、更有效地理解这些概念。本部分介绍的方法将在后面部分中应用于更复杂的数据结构。

第6章

用精确的数学分析方法推断二项概率

我鼓起勇气去邀请她跳舞，
喝足酒才使我迈出这一步。
她对我说再见，我坐倒在地上，
先前经验太少，后面接受测试。[①]

　　本章通过一个例子演示如何在不使用任何近似法的情况下，使用纯粹的数学分析方法进行贝叶斯推断。最终，我们在复杂的应用中并不会使用纯粹的数学分析方法。但本章很重要，原因有两个。首先，本章中相对简单的数学计算很好地揭示了连续参数的贝叶斯推断的基本概念。简单的式子展示了，可信度的连续分配随着数据的累积而系统地变化。这些例子为后续的近似方法提供了重要的概念基础，因为这些例子能让你清楚地了解我们在近似估计什么。其次，随后的章节将反复用到本章中介绍的分布，特别是 Beta 分布。

　　我们将继续研究这类场景：观察到的数据包含两个名义水平，而我们想估计这两种可能结果的潜在概率。一个典型的例子是抛硬币，观察到的结果可能是正面朝上或反面朝上，我们想估计这两种结果的潜在概率。正如之前所强调的（例如，4.1 节），硬币代表着我们真正关心的真实世界中的情景，例如估计药物成功的概率、考试中正确的概率、一个人是左利手的概率、篮球运动员罚球命中的概率、婴儿是女孩的概率、心脏病患者在手术一年后仍存活的概率、一个人赞同调查中的某陈述的概率，或者装配流水线上的小部件有故障的概率，等等。虽然我们谈论的是硬币的正面和反面，但请记住，这些方法可以应用到现实世界的许多其他有趣的场景中。

　　在这类场景中，我们要求每个数据项的可能性空间只包含两个相互排斥的值。这两个值之间没有顺序或计量关系，它们只是名义变量。因为有两个名义值，所以我们将这类数据称为 "二分"（dichotomous）、"两水平名义"（nominal with two levels）或 "二项"（binomial）。我们还假设每次观测

---

① *I built up my courage to ask her to dance,*
By drinking too much before taking the chance.
I fell on my butt when she said see ya later;
Less priors might make my posterior beta.

本章的内容是：在伯努利似然函数中使用 Beta 分布作为先验分布，会产生同为 Beta 分布的后验分布。这首诗描述了另外一种得到后验 Beta 的方法：臀部（posterior）接受 Beta 测试。

到的数据都与其他数据相互独立。一般情况下，我们还假设随着时间的推移，潜在的概率保持恒定。抛硬币就是这种情况的典型例子：有两种可能的结果（正面朝上或反面朝上），我们假设不同的抛次之间是相互独立的，并且正面朝上的概率是不会随着时间变化而变化的。

在贝叶斯数据分析中，开始时，我们会对硬币正面朝上的可能概率分配先验可信度。然后，我们观察一些数据，也就是抛硬币的一组结果。接下来，我们利用贝叶斯法则推导出可信度的后验分布。贝叶斯法则要求我们指定似然函数，这是 6.1 节的主题。

6.1 似然函数：伯努利分布

式 5.10 定义了伯努利分布。为方便起见，我们在这里重复一遍。单次抛硬币的结果表示为 y，可以取值为 0 或 1。参数 θ 的函数给出了每种结果的概率：

$$p(y \mid \theta) = \theta^y (1-\theta)^{(1-y)} \tag{6.1}$$

注意，式 6.1 在 $y=1$ 时变为 $p(y=1 \mid \theta) = \theta$，因此可以将参数 θ 看作抛硬币时正面朝上的潜在概率。式 6.1 就是伯努利分布（Bernoulli distribution）。对于任意固定的 θ 值，伯努利分布是 y 在其两个离散值上的概率分布。具体地说，如同所有概率分布一样，其概率之和为 1：$\sum_y p(y \mid \theta) = p(y=1 \mid \theta) + p(y=0 \mid \theta) = \theta + (1-\theta) = 1$。

从另一个角度看式 6.1，可以将 y 看作一个固定的观测值，而 θ 是变量。于是，式 6.1 将固定的 y 值的概率指定为备选 θ 值的函数。θ 的取值不同，数据 y 的概率就不同。当这样考虑时，式 6.1 是 θ 的似然函数。

注意，似然函数是连续值 θ 的函数，而伯努利分布是在 y 的两个值上的离散分布。虽然似然函数对每个 θ 值都指定了一个概率，但它不是概率分布。具体地说，它的积分不等于 1。比如，假设我们观察到 $y=1$。这时，似然函数的积分是 $\int_0^1 \mathrm{d}\theta \, \theta^y (1-\theta)^{1-y} = \int_0^1 \mathrm{d}\theta \, \theta = 1/2$，它不等于 1。

在贝叶斯推断中，通常会将函数 $p(y \mid \theta)$ 中的数据 y 看作已知的固定值，将参数 θ 看作不确定的变量。因此，$p(y \mid \theta)$ 通常被称为 θ 的似然函数；式 6.2 被称为伯努利似然函数。然而，不要忘记，这个式子也可以看作数据 y 的概率，可以称为伯努利分布；这时会将 θ 看作固定值，将 y 看作变量。

我们之前在式 5.11 中还计算了一组结果的概率表达式。同样，为方便起见，我们在这里重复一遍。将第 i 次抛掷的结果表示为 y_i，并将结果集表示为 $\{y_i\}$。我们假设结果之间是相互独立的，这意味着结果集的概率是单个结果概率的乘积。如果我们将正面的数量表示为 $z = \sum_i y_i$，并将反面的数量表示为 $N - z = \sum_i (1 - y_i)$，那么：

$$
\begin{aligned}
p(\{y_i\} \mid \theta) &= \prod_i p(y_i \mid \theta) && \text{根据独立性假设} \\
&= \prod_i \theta^{y_i} (1-\theta)^{(1-y_i)} && \text{根据式 6.1} \\
&= \theta^{\sum_i y_i} (1-\theta)^{\sum_i (1-y_i)} && \text{代数变形}
\end{aligned}
$$

$$= \theta^z(1-\theta)^{N-z} \tag{6.2}$$

该式在将贝叶斯法则应用于大数据集上时很有用。我在使用术语时会时不时地偷懒，将式 6.2 称为一组抛掷结果的伯努利似然函数，但请记住，伯努利似然函数实际上指的是式 6.1 中的一次抛掷结果[①]。

6.2　可信度的描述：Beta 分布

本章不使用任何数值近似，而使用纯数学分析的方法推导出参数值可信度的后验的数学形式。为此，我们首先需要对可信度的先验分配情况进行数学描述。也就是说，我们需要一个数学式来描述参数 θ 的每个值在区间 [0, 1] 上的先验概率。

原则上，我们可以使用区间 [0, 1] 上的任意概率密度函数。然而，当我们打算对其应用贝叶斯法则（式 5.7）时，该函数需要可以用数学方法来处理。它最好满足两个条件。首先，在贝叶斯法则的分子中，$p(y\,|\,\theta)$ 和 $p(\theta)$ 的乘积最好与 $p(\theta)$ 具有相同的函数形式。在这种情况下，可以用相同的函数形式来描述先验信念和后验信念。这种等价关系使得我们在随后加入更多数据时，得到的另一个后验分布与先验分布也具有相同的形式。因此，无论我们加入多少数据，总是得到具有相同函数形式的后验分布。其次，我们希望可以使用数学分析方法计算贝叶斯法则（式 5.9）的分母，也就是 $\int d\theta\, p(y\,|\,\theta)p(\theta)$。这种性质还取决于函数 $p(\theta)$ 的形式与函数 $p(y\,|\,\theta)$ 的形式之间的关系。当 $p(y\,|\,\theta)$ 和 $p(\theta)$ 的形式结合后，后验分布的形式与先验分布相同，则 $p(\theta)$ 称为 $p(y\,|\,\theta)$ 的共轭先验函数。请注意，先验分布仅与特定的似然函数共轭。

在目前的情况下，我们正在为 θ 寻找一个与伯努利似然函数（式 6.1）共轭的先验密度函数。如果你思考一分钟，就会注意到：如果先验分布是 $\theta^a(1-\theta)^b$ 的形式，那么当你把该伯努利似然函数与先验函数相乘时，就会得到一个相同形式的函数，即 $\theta^{(y+a)}(1-\theta)^{(1-y+b)}$。因此，为了表达对 θ 的先验信念，我们找到一个形如 $\theta^a(1-\theta)^b$ 的概率密度函数。

这种形式的概率密度函数被称为 Beta 分布（beta distribution）。形式化地讲，Beta 分布有两个参数，称为 a 和 b，概率密度函数本身的定义为：

$$
\begin{aligned}
p(\theta\,|\,a,\,b) &= \mathrm{beta}(\theta\,|\,a,\,b) \\
&= \theta^{(a-1)}(1-\theta)^{(b-1)} / B(a,\,b)
\end{aligned} \tag{6.3}
$$

其中 $B(a,\,b)$ 只是一个进行标准化的常数，用以确保 Beta 分布下方区域的积分为 1。这是所有的概率密度函数都必须满足的性质。换句话说，Beta 分布的标准化系数是 Beta 函数（beta function）。

[①] 一些读者可能熟悉二项分布 $p(z\,|\,N,\theta)=\dbinom{N}{z}\theta^z(1-\theta)^{(N-z)}$，并想知道为什么这里不使用它。原因是，在这里，我们将每一次抛硬币都看作一个不同的事件，而每次观测只有两个可能的值，$y\in\{0,1\}$。因此，将伯努利分布看作似然函数时，它有两个可能的结果。这时，一组事件的概率是单个事件概率的乘积，如式 6.2 所示。如果我们把抛 N 枚硬币看作单一的"事件"，那么这一个事件的观察结果有 $N+1$ 个可能的值，也就是 $z\in\{0,1,2,\cdots,N\}$。这时我们需要一个似然函数，在给定一个观测事件的固定值 N 时，它将提供这 $N+1$ 个可能结果的概率。在这种情况下，二项分布会给出这些值的概率。11.1.2 节将解释二项分布。

$$B(a, b) = \int_0^1 \mathrm{d}\theta\, \theta^{(a-1)} (1-\theta)^{(b-1)} \tag{6.4}$$

记住，Beta 分布（式 6.3）仅在 $\theta \in [0, 1]$ 时有定义，且 a 和 b 的值必须为正。还要注意，在 Beta 分布的定义（式 6.3）中，θ 值的指数是 $a-1$，而不是 a；$(1-\theta)$ 的指数是 $b-1$，而不是 b。

注意区分式 6.4 中的 Beta 函数 $B(a, b)$ 和式 6.3 中的 Beta 分布 $\mathrm{beta}(\theta|a, b)$。Beta 函数不是 θ 的函数，因为 θ 被"积出"，函数只涉及变量 a 和 b。在 R 语言中，$\mathrm{beta}(\theta|a, b)$ 是 `dbeta(θ,a,b)`，而 $B(a, b)$ 是 `beta(a,b)`。①

Beta 分布的示例如图 6-1 所示。图 6-1 中的每个图形绘制了给定 a 和 b 的值时，关于 θ 的函数 $p(\theta|a, b)$。注意，随着 a 变得更大（图 6-1 的列，从左到右），分布的大部分向 θ 值较高的右侧移动；但是当 b 变得更大时（图 6-1 的行，从上到下），分布的大部分向 θ 值较低的左侧移动。注意，随着 a 和 b 同时变大，Beta 分布变得更窄。变量 a 和 b 被称为 Beta 分布的形状参数，因为它们决定了分布的形状，如图 6-1 所示。虽然图 6-1 中 a 和 b 的取值主要是整数，但形状参数实际上可以取任何正实数。

指定一个 Beta 先验分布

我们想指定一个 Beta 分布来描述我们关于 θ 的先验信念。你可以把先验分布的 a 和 b 看作之前观察到的数据。在这些数据中，$n = a + b$ 次抛掷中一共有 a 次正面和 b 次反面。如果我们只知道硬币有正面和反面，除此之外没有其他任何先验知识，这等同于已经观察到了 1 次正面和 1 次反面，对应于 $a = 1$ 且 $b = 1$。在图 6-1 中可以看到，当 $a = 1$ 且 $b = 1$ 时，Beta 分布是均匀分布：θ 的所有取值都具有相同的可能性。再举一个例子，如果我们认为硬币可能是公平的，但不是很确定，那么我们可以假设之前观察到的数据为 $a = 4$ 次正面和 $b = 4$ 次反面。在图 6-1 中可以看到，当 $a = 4$ 且 $b = 4$ 时，Beta 分布在 $\theta = 0.5$ 处达到峰值，但较高或较低的 θ 值也有一定的可能性。

我们常常从两个角度来思考先验信念：集中趋势如何，以及对该集中趋势的确定程度如何。比如，考虑一般人群中左利手所占比例时，我们可以从日常经验出发，估计该概率在 10% 左右。但是如果我们对这个值不太确定，则可以等价地认为先验的样本量较小，如 $n = 10$。这意味着在先前观察到的 10 个人中，有 1 个是左利手。作为另一个例子，在考虑美国政府铸造的硬币抛出正面的概率时，我们认为它非常接近 50%；并且因为我们相当地确定，所以可以将等价的先验样本量设置为 $n = 200$。这意味着在先前观察到的 200 次抛掷中，100 次是正面朝上。我们的目标是把使用集中趋势和样本量来描述的先验信念，转换为 Beta 分布中等价的 a 值和 b 值。

---

① 鉴于实际上有 $B(a,b) = \int_0^1 \mathrm{d}\theta\, \theta^{(a-1)}(1-\theta)^{(b-1)}$，Beta 函数也可以表示为 $B(a,b) = \Gamma(a)\Gamma(b)/\Gamma(a+b)$，其中，$\Gamma$ 是伽马函数：$\Gamma = \int_0^\infty \mathrm{d}t\, t^{(a-1)}\exp(-t)$。伽马函数是阶乘函数的一种扩展形式，因为对于整数值 a，有 $\Gamma(a) = (a-1)!$。在 R 语言中，$\Gamma(a)$ 是 `gamma(a)`。很多资料是这样用伽马函数来定义 Beta 函数的。我们不会用到伽马函数。

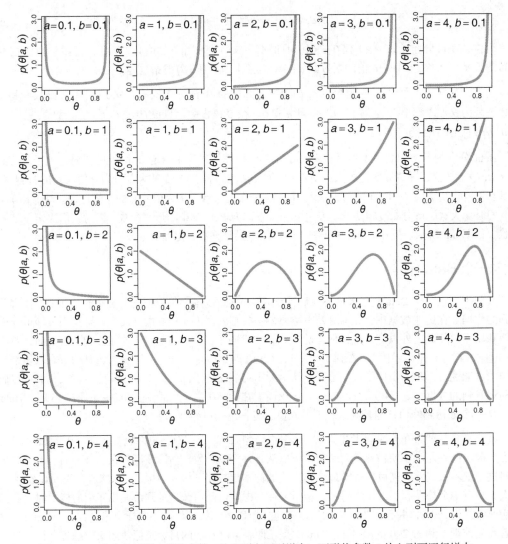

图 6-1 Beta 分布的示例。形状参数 a 从左到右逐列增大，而形状参数 b 从上到下逐行增大

为了达到这个目的，我们需要了解如何用 a 和 b 来描述 Beta 分布的集中趋势和分布情况。结果表明，beta$(\theta|a, b)$ 分布的均值是 $\mu = a/(a+b)$；当 $a>1$ 且 $b>1$ 时，众数是 $\omega = (a-1)/(a+b-2)$（μ 是希腊字母 mu，ω 是希腊字母 omega）。因此，当 $a=b$ 时，均值和众数均为 0.5。当 $a>b$ 时，均值和众数大于 0.5；当 $a<b$ 时，均值和众数小于 0.5。Beta 分布的分散程度与"集中度" $\kappa = a+b$ 有关（κ 是希腊字母 kappa）。从图 6-1 中可以看出，随着 $\kappa = a+b$ 变大，Beta 分布变得更窄、更集中。求解关于 a 和 b 的方程可以得到 a 和 b 关于均值 μ、众数 ω 和集中度 κ 的方程：

$$a = \mu\kappa \qquad 且 \qquad b = (1-\mu)\kappa \tag{6.5}$$

$$a = \omega(\kappa-2)+1 \qquad 且 \qquad b = (1-\omega)(\kappa-2)+1, \; \kappa > 2 \tag{6.6}$$

关于我们为先验分布选择的 κ 值，可以这样理解：能够使我们在新数据和 μ 的先验信念之间摇摆不定的新的硬币抛掷次数。如果只需要再抛几次硬币就可以动摇我们的信念，那么我们的先验信念应该用小一些的 κ 值来表示。如果需要抛很多次硬币才能改变我们对 μ 的先验信念，那么我们的先验信念应该用一个非常大的 κ 值来表示。假设我认为硬币是公平的，于是 $\mu = 0.5$；但是我对它不是很有信心，所以我假想我以前只看到过 $\kappa = 8$ 次抛掷结果。那么，$a = \mu\kappa = 4$ 且 $b = (1-\mu)\kappa = 4$。正如我们之前看到的，这是在 $\theta = 0.5$ 处达到峰值、在较高或较低 θ 值处的可能性较小的 Beta 分布。

众数比均值更直观，尤其是对于偏态分布而言。这是因为分布在众数的取值处最高，而我们可以轻松地在分布中看到这个最高点。在偏态分布中，均值在较长尾部的方向上远离众数。假设我们想创建一个 Beta 分布，其众数为 $\omega = 0.8$，集中度为 $\kappa = 12$。然后，根据式 6.6，我们算得相应的形状参数是 $a = 9$ 且 $b = 3$。图 6-2 下半部分显示了众数落在 $\theta = 0.8$ 处的 Beta 分布图。如果我们创建一个均值为 0.8 的 Beta 分布，会得到图 6-2 上半部分中所示的分布，可以看出众数在均值的右侧，而不是在 $\theta = 0.8$ 处。

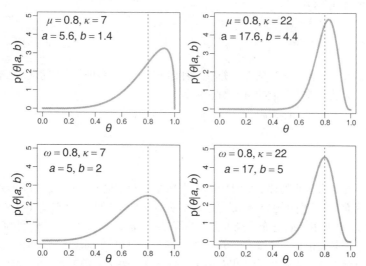

图 6-2 上半部分的 Beta 分布的均值为 $\mu = 0.8$，下半部分的众数为 $\omega = 0.8$。因为 Beta 分布通常是偏斜的，所以用它的众数而不是均值来思考会更直观。κ 较小时（左侧）的 Beta 分布比 κ 较大时更宽

另一种确定形状参数的方法是使用你想要的 Beta 分布的均值和标准差。你必须小心地使用这种方法，因为该标准差必须对 Beta 概率密度函数来说有意义。具体地说，标准差通常应该小于 0.288 67，这是均匀分布的标准差。[①]对于均值为 μ 且标准差为 σ 的 Beta 分布，其形状参数是：

$$a = \mu\left(\frac{\mu(1-\mu)}{\sigma^2} - 1\right) \quad 且 \quad b = (1-\mu)\left(\frac{\mu(1-\mu)}{\sigma^2} - 1\right) \tag{6.7}$$

---

① Beta 分布的标准差为 $\sqrt{\mu(1-\mu)/(a+b+1)}$。注意，当集中度 $\kappa = a+b$ 变大时，标准差变小。很高兴知道这个事实，但是我们在应用中不会用到它。

如果 $\mu = 0.5$ 且 $\sigma = 0.288\,67$，则式 6.7 意味着 $a = 1$ 且 $b = 1$。再举一个例子，如果 $\mu = 0.5$ 且 $\sigma = 0.1$，那么 $a = 12$ 且 $b = 12$，也就是说 beta$(\theta\,|\,12,\,12)$ 分布的标准差为 0.1。

我在 R 中创建了方便的工具函数，实现了式 6.5 到式 6.7 中的参数转换。当该文件位于当前工作路径中时，通过输入 `source("DBDA2E-utilities.R")` 可以将这些函数加载到 R 中。希望这些函数的名称可以解释它们的内容，下面是它们的使用示例。

```
> betaABfromMeanKappa( mean=0.25 , kappa=4 )
$a
[1] 1
$b
[1] 3
> betaABfromModeKappa( mode=0.25 , kappa=4 )
$a
[1] 1.5
$b
[1] 2.5
> betaABfromMeanSD( mean=0.5 , sd=0.1 )
$a
[1] 12
$b
[1] 12
```

函数将以列表类型返回有名称的多个分量。因此，如果将函数的结果赋值给变量，那么你可以通过引用分量的名称来获取单个参数的值，如下所示。

```
> betaParam = betaABfromModeKappa( mode=0.25 , kappa=4 )
> betaParam$a
[1] 1.5
> betaParam$b
[1] 2.5
```

在大多数应用中，我们将处理 $a \geqslant 1$ 且 $b \geqslant 1$ 的 Beta 分布，也就是 $\kappa \geqslant 2$。这反映了先验的认识，即硬币有正面和反面。在我们知道 $\kappa \geqslant 2$ 的情况中，使用式 6.6 的众数法来计算 Beta 分布的参数是最直观的。然而，在另一些使用 Beta 分布可能很方便的情况中，$a < 1$ 和/或 $b < 1$，或者我们不能确信 $\kappa \geqslant 2$。比如，我们可能认为某硬币是一种魔术硬币，抛掷它时几乎总是正面朝上或反面朝上，但我们不知道是哪一种。在这些情况下，我们不能使用众数来计算参数，因为它需要 $\kappa \geqslant 2$。取而代之，我们可以使用式 6.5 的均值法来计算 Beta 分布的参数。

6.3　Beta 后验分布

现在我们已经为伯努利似然函数确定了一个便利的先验分布，让我们应用贝叶斯法则，精确地计算后验分布（式 5.7）。假设我们有一组数据，包含 N 次抛掷及 z 次正面。现在将伯努利似然函数（式 6.2）和 Beta 先验分布（式 6.3）代入贝叶斯法则，得到：

$$p(\theta\,|\,z, N) = p(z, N\,|\,\theta) / p(z, N)$$

$$= \theta^z (1-\theta)^{(N-z)} \frac{\theta^{(a-1)}(1-\theta)^{(b-1)}}{B(a,\,b)} / p(z, N)$$

$$= \theta^z (1-\theta)^{(N-z)} \theta^{(a-1)}(1-\theta)^{(b-1)} / \big[B(a,\,b)\,p(z, N)\big]$$

$$= \theta^{((z+a)-1)}(1-\theta)^{((N-z+b)-1)} / \big[B(a,\ b)p(z,\ N) \big]$$

$$= \theta^{((z+a)-1)}(1-\theta)^{((N-z+b)-1)} / B(z+a,\ N-z+b) \tag{6.8}$$

上述推导过程的最后一步，即由 $B(a,b)p(z,N)$ 得到 $B(z+a,N-z+b)$，并不是通过对积分进行精细的数学分析来完成的。相反，这种转变是通过考虑分子的标准化系数（normalizer）应当是什么来实现的。分子是 $\theta^{((z+a)-1)}(1-\theta)^{((N-z+b)-1)}$，这是 beta$(\theta|z+a,N-z+b)$ 分布的分子。为了使得式 6.8 中的函数是一个概率密度函数（它必须是），分母必须是对应的 Beta 分布的标准化系数，即 $B(z+a,N-z+b)$（根据 Beta 函数的定义）。

式 6.8 告诉我们一个关键点：如果先验分布是 beta$(\theta|a,b)$，并且在 N 次抛掷中有 z 次正面，那么后验分布是 beta$(\theta|z+a,N-z+b)$。[①]更新公式的简洁性是贝叶斯推断的数学方法的优点之一。你可以参考图 6-1 来考虑这个更新公式。假设先验分布是 beta$(\theta|1,1)$，如图 6-1 的第二行和第二列所示。我们抛一次硬币，硬币正面朝上。后验分布为 beta$(\theta|2,1)$，如图 6-1 的第二行和第三列所示。假设我们再抛硬币，硬币反面朝上。后验分布现在更新为 beta$(\theta|2,2)$，如图 6-1 的第三行和第三列所示。对于任何数量的数据，此过程都将如此继续。如果初始的先验分布是 Beta 分布，那么后验分布依然是 Beta 分布。

后验是先验和似然的折中

后验分布总是先验分布和似然函数之间的折中。第 5 章（特别是 5.3 节）给出了网格近似法的例子，但是现在我们可以用数学式来说明这个折中过程。对于表示为 beta$(\theta|a,b)$ 的先验分布，θ 的先验均值是 $a/(a+b)$。假设我们在 N 次硬币抛掷中观察到 z 次正面，那么数据中的正面比例为 z/N。后验均值为 $(z+a)/[(z+a)+(N-z+b)]=(z+a)/(N+a+b)$。这时我们发现，后验均值可以代数变形为先验均值 $a/(a+b)$ 和数据比例 z/N 的加权均值，如下所示：

$$\underbrace{\frac{z+a}{N+a+b}}_{\text{后验}} = \underbrace{\frac{z}{N}}_{\text{数据}} \underbrace{\frac{N}{N+a+b}}_{\text{权重}} + \underbrace{\frac{a}{a+b}}_{\text{先验}} \underbrace{\frac{a+b}{N+a+b}}_{\text{权重}} \tag{6.9}$$

式 6.9 表明，后验均值总是介于先验均值和数据比例之间。随着 N 增大，数据比例在混合时的权重会增大。因此，我们拥有的数据越多，先验的影响就越小，并且后验均值越接近于数据比例。特别是，当 $N=a+b$ 时，混合时的权重为 0.5，这意味着先验均值和数据比例对后验的影响均等。关于如何对 a 和 b 取值以表达我们的先验信念，这个结果与前面的内容（式 6.5）相呼应：选择先验分布中的 n（等于 $a+b$）时，其数值应当代表可以使我们从先验信念转向数据比例的新数据集的大小。

图 6-3 给出了式 6.9 的一个例子。先验分布为 $a=5$ 且 $b=5$，因此先验均值为 $a/(a+b)=0.5$；数据显示 $z=1$ 且 $N=10$，因此正面比例为 $z/N=0.1$。先验均值的权重是 $(a+b)/(N+a+b)=0.5$，与数据比例的权重相同。因此，后验均值应该等于 $0.5\times0.5+0.5\times0.1=0.3$。它确实等于 0.3，如图 6-3 所示。

---

① 题外话，由于 $B(a,b)p(z,N)=B(z+a,N-z+b)$，将其变形可得到 $p(z,N)=B(z+a,N-z+b)/B(a,b)$，这将在 10.2.1 节中用到。

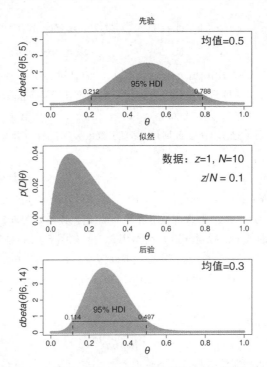

图 6-3　式 6.9 的图示，用以说明后验均值是先验均值和数据的正面比例的加权均值

6.4　示例

6.4.1　用 Beta 分布表示先验知识

假设某人有一枚硬币，我们知道它是由美国政府新铸造的、普通的、不会变化的硬币。这个人抛（或旋转）硬币 20 次，其中 17 次的结果是正面朝上，也就是说，正面的比例为 85%。你认为这枚硬币的潜在正面概率是多少？即使这 20 次抛掷的结果如此，但关于硬币的强大的先验知识表明，这次的结果是偶然事件，正面的潜在概率仍在 0.5 左右。图 6-4 的左列说明了这种推理。左上角显示了一个 Beta 先验分布，它表达了一个先验知识：这枚硬币是公平的。这个先验分布的众数 $\omega = 0.5$，有效先验样本量 $\kappa = 200$，利用式 6.6 将其转化为 Beta 分布的形状参数，得到 $a = 100$ 且 $b = 100$。在图 6-4 的左下角，可以看到后验 Beta 分布仍然主要集中在 $\theta = 0.5$ 附近。我们需要更多的数据才能摆脱这个强势的先验分布。

考虑另一种情况：我们试图估计某个职业篮球运动员罚球成功的概率。假设我们所知道的关于这个球员的一切就是他在职业联赛中打球。假设我们还知道职业球员的罚球命中率一般在 75% 左右，大多数球员的罚球命中率最低为 50% 且最高为 90% 左右。图 6-4 第一行中间的图形表达了这种先验知识，该图使用了众数 $\omega = 0.75$ 和等效先验样本量 $\kappa = 25$ 的 Beta 分布，因此先验分布的 95% HDI 宽度表达了我们关于职业联赛球员能力范围的先验知识。假设我们观察该球员罚球 20 次，发现他成功投进了 17 次。这个样本中的 85% 命中率令人印象深刻，但这是我们对该球员能力的最佳估计吗？如果我们适当地考虑一下大多数职业球员只有 75% 的命中率这一事实，就会有所保留地估计这名球员的能力。图 6-4 第三行中间的图形显示众数略小于 0.8（也就是 79.7%）。

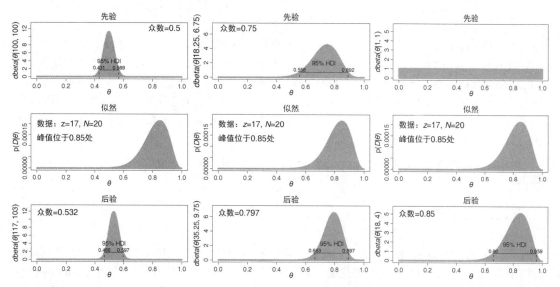

图 6-4　更新 Beta 先验分布的示例。这三列有不同的先验分布及相同的数据。6.6 节展示了绘制该图的 R 代码

最后，假设我们使用遥控机器人来研究在一个遥远星球上新发现的物质。我们注意到这种物质可以是蓝色的或绿色的，我们想估计这两种形式的潜在概率。机器人随机抽取 20 个样本，发现其中 17 个是蓝色的。图 6-4 的右列显示了这个概率的估计值，其中先验概率的知识仅仅是存在两种颜色。在这种情况下，后验分布的众数为 0.85。

6.4.2　不能用 Beta 分布表示的先验知识

使用 Beta 分布来表示先验知识的美妙之处在于，其后验分布仍然是 Beta 分布。因此，无论我们加入多少新数据，总是可以用简单的计算方法得到后验分布的精确表达式。但并不是所有的先验知识都可以用 Beta 分布来表示，因为 Beta 分布的形式是有限的，如图 6-1 所示。如果先验知识不能表示为 Beta 分布，那么我们必须使用不同的方法来得出后验。具体来说，我们可以使用 5.5 节中解释的网格近似法。本节将提供一个例子来说明使用 Beta 先验分布时的局限性。

假设我们正在估计硬币正面朝上的潜在概率，但我们知道这枚硬币是由“巅峰魔术与新奇事物”公司制造的，而该公司只生产两种类型的硬币：一种硬币的正面概率为 25%，另一种硬币的正面概率为 75%。换句话说，我们的先验知识表明 θ 的先验分布是双峰的，峰值为 $\theta = 0.25$ 和 $\theta = 0.75$。不巧的是，没有一个 Beta 分布是这种形式的。

我们可以尝试将先验知识表示为 θ 上的离散网格值。在这种情况下，不存在唯一正确的方法来做到这一点，因为先验知识不是用任何特定的数学形式表示的。但我们可以即兴发挥。比如，我们可以将先验分布表示为以 0.25 和 0.75 为峰值中心的两个三角形，如下所示：

```
Theta = seq( 0 , 1 , length=1000 )    # θ 的细密间距
# 两个三角形状的峰，以小的非零数值为基线
pTheta = c( rep(1,200),seq(1,100,length=50),seq(100,1,length=50), rep(1,200) ,
            rep(1,200),seq(1,100,length=50),seq(100,1,length=50), rep(1,200) )
pTheta = pTheta/sum(pTheta)           # 使 θ 的总概率等于 1
```

上面关于 pTheta 的表达式指定了 Theta 每个网格点处 $p(\theta)$ 的相对高度。因为 Theta 有 1000 个分量，所以 pTheta 也要有 1000 个分量。pTheta 的第一部分是 rep(1,200)，它表示把高度 1 重复 200 次。因此，pTheta 的前 200 个分量是一条水平的基线。pTheta 的下一部分是一个上升阶段：seq(1, 100, length=50)；在 50 步中从高度 1 上升到高度 100。然后，再下一个部分是一个共 50 步的下降阶段：seq(100, 1, length=50)。这使我们回到了基线上，接着再重复一次整个过程。在图 6-5 的上图中可以看到所得到的先验分布。

现在假设我们抛硬币并观察到 13 次反面和 14 次正面。我们可以使用以下命令输入数据并计算后验分布：

```
Data = c(rep(0,13),rep(1,14))
posterior = BernGrid( Theta, pTheta , Data , plotType="Bars" ,
                      showCentTend="None" , showHDI=FALSE , showpD=FALSE )
```

（别忘了，在使用 BernGrid.R 之前，我们需要先对它进行溯源。）结果如图 6-5 所示。注意后验分布有三个凸起，这显然不能用 Beta 分布来描述。这三个凸起是先验分布的两个峰值和似然分布的中间峰值之间的折中。在这种情况下，似乎先验分布和数据有所冲突：先验知识表明 θ 应该偏离 0.5，但数据表明硬币可能是公平的。假设我们收集到更多的数据，那么无论先验分布是否与数据一致，后验分布最终都会压倒先验分布。

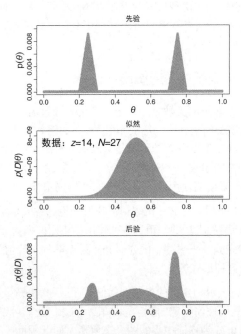

图 6-5　在本例中，先验分布不能用 Beta 分布来表示

6.5　小结

本章的重点是演示在可以用数学分析方法进行贝叶斯推断的情况下，如何仅使用数学分析方法进行贝叶斯推断，而不使用任何数值近似的方法。更具体地说，本章说明了一个似然函数与其先验分布共轭的情形，其中后验分布与先验分布的数学形式相同。这种情况特别方便，因为无论加入什么数据，我们都可以用简单而精确的数学描述来表示后验分布。

遗憾的是，这种方法存在两大局限性。第一，只有简单的似然函数才有共轭的先验分布。在我们将遇到的实际应用中，复杂模型不存在共轭先验分布，后验分布也不存在简单的形式。第二，即使存在共轭先验分布，也不是所有的先验知识都可以用共轭先验分布的数学形式来表示。因此，虽然了解如何用数学分析方法进行贝叶斯推断很有趣，也很有教育意义，但在进行复杂的应用时，我们将不得不放弃精确的数学方法。取而代之，我们将使用马尔可夫链蒙特卡罗（MCMC）方法。

本章还介绍了 Beta 分布，在本书的其余部分中，我们将经常使用它。因此，尽管不会使用数学分析方法来进行贝叶斯推断，但我们仍将使用 Beta 分布来表达复杂模型中的先验知识。

6.6　附录：图 6-4 的 R 代码

程序 BernBeta.R 定义了一个 BernBeta 函数，用于生成类似图 6-4 的图。该函数的用法与 5.5 节中解释的 BernGrid 函数类似。下面是一个关于如何使用 BernBetaExample.R 的示例。你必须将 R 的工作路径设置为包含文件 BernBeta.R 和 DBDA2E-utilities.R 的文件夹。

```
source("DBDA2E-utilities.R")    # 加载绘图函数等的定义
source("BernBeta.R")            # 加载 BernBeta 函数的定义
# 定义先验分布
t = 0.75                  # 指定先验分布的众数
n = 25                    # 指定有效的先验样本量
a = t*(n-2) + 1           # 转换为 Beta 分布的形状参数 a
b = (1-t)*(n-2) + 1       # 转换为 Beta 分布的形状参数 b
Prior = c(a,b)            # 将先验分布指定为包含两个形状参数的向量
# 定义数据
N = 20                         # 总的抛掷次数
z = 17                         # 正面朝上的次数
Data = c(rep(0,N-z),rep(1,z))  # 将 N 和 Z 转换为由 0 和 1 组成的向量
openGraph(width=5,height=7)
posterior = BernBeta( priorBetaAB=Prior, Data=Data , plotType="Bars" ,
                      showCentTend="Mode" , showHDI=TRUE , showpD=FALSE )
saveGraph(file="BernBetaExample",type="jpg")
```

上面代码的前两行使用 source 函数从文件中读取 R 程序。有关 source 函数的解释见 3.7.2 节。

接下来的代码指定了先验分布。BernBeta 函数假定先验是 Beta 分布，并且该函数要求用户提供 Beta 分布的形状参数 a 和 b，作为参数 priorBetaAB 的向量值。为该参数赋值的形式为：BernBeta(priorBetaAB=c(a,b) , ...)。因为有时直接考虑 a 和 b 的值是不直观的，所以上面的代码先指定众数 t 和有效的先验样本量 n，再通过式 6.6 将其转换为等价的形状参数 a 和 b。

再后面的代码指定了数据。BernBeta 函数所需的数据是指定为 0 和 1 的向量。该示例从指定硬币的抛掷次数和正面的数量开始，然后使用 rep 函数创建相应的数据向量。

上面代码的末尾处调用了 BernBeta 函数本身。用户必须指定参数 priorBetaAB 和 Data，其他参数则是可选的。它们的作用很像 5.5 节中所解释的 BernGrid 函数中的相应参数。特别是，你可能需要尝试 showCentTend="Mean"，它将呈现分布的均值，而不是众数。

如果要用均值而不是众数来指定先验分布，那么你必须实现式 6.5：

```
# 定义先验分布
m = 0.75          # 指定先验分布的均值
n = 25            # 指定有效的先验样本量
a = m*n           # 转换为 Beta 分布的形状参数 a
b = (1-m)*n       # 转换为 Beta 分布的形状参数 b
Prior = c(a,b)    # 将先验分布指定为包含两个形状参数的向量
```

BernBeta 函数的输出中，除了绘制的图形，还包含后验分布的形状参数 a 和 b 组成的向量。

6.7　练习

你可以在本书配套网站上找到更多练习。

练习 6.1　目的：通过多次抛硬币，让你看到每一次抛掷中先验概率的影响，并让你看到另一个证明——数据重新排序时后验概率不变。对于这个练习，使用在 6.6 节中解释的 R 函数（BernBeta，请不要忘记在调用函数之前先溯源）。请注意，每次调用该函数时都会返回后验 Beta，因此下次调用该函数时可以将其作为先验。

(A) 从先验分布 beta($\theta\,|\,4, 4$) 开始，它表示有一点点不确定一枚硬币是公平的。抛硬币一次并假设正面朝上。这时的后验分布是什么？

(B) 使用上一次抛掷的后验作为下一次抛掷的先验。假设我们再抛一次硬币，得到正面。新的后验分布是什么？（提示：如果你在第一部分中输入 post = BernBeta(c(4,4) , c(1))，那么在下一部分中可以输入 post = BernBeta(post , c(1))。）

(C) 使用刚刚的后验作为下一次抛掷的先验，抛掷硬币第三次并得到反面。新的后验分布是什么？（提示：输入 post = BernBeta(post , c(0))。）

(D) 以顺序 T、H、H（反、正、正）做相同的三次更新，而不是刚刚的顺序 H、H、T（正、正、反）。两种顺序的抛掷结果中，得到的最终后验分布是否相同？

练习 6.2　目的：重复收集数据，将 HDI 与真实世界联系起来。假设即将有场选举，而你想知道一般人群是支持候选人 A 还是支持候选人 B。报纸上有一个刚刚公布的民意调查结果，其声称在 100 个随机选择的人中，58 个人支持候选人 A 而其余的人支持候选人 B。

(A) 假设在看到报纸上的民意调查结果之前，你的先验信念是一个均匀分布。当你得知民意调查结果之后，你的信念的 95% HDI 是多少？

(B) 你想进行一项后续调查，以缩小你对人群态度的估计范围。在后续调查中，你随机选择了 100 个人，发现 57 个人支持候选人 A，其余的人支持候选人 B。假设在两次民意调查之间，人们的想法没有变化，后验分布的 95% HDI 是多少？

练习 6.3　目的：将贝叶斯方法应用于实际的数据分析。这些数据代表了真实的数据（KrasChee, 2009）。假设你正在一个简单的学习实验中训练人们执行如下任务：人们需要看着计算机屏幕，在看到"无线电"和"海洋"两个词时，按计算机键盘上的 F 键。他们重复执行了几次任务，并很好地做出了反应。然后你介绍他们学习另一个任务：每当出现"无线电"和"山川"时，按计算机键盘上的 J 键。他们反复地练习，直到掌握这两种对应关系。现在你将进行两个新的测试，以了解他们所学到的内容。在第一个测试中，你单独呈现"无线电"一词，要求他们根据之前所学的内容，做出最快的回答（按 F 键或 J 键）。在第二个测试中，你将"海洋"和"山川"一起呈现，并要求他们做出最快的回答。你总共对 50 个人进行了测试。你的数据表明，词语"无线电"单独出现时，40 人选择按 F 键，10 人选择按 J 键。词语组合"海洋"和"山川"出现时，15 人选择按 F 键，35 人选择按 J 键。在这两种刺激中，人们是否有按 F 键的倾向，或者是否有按 J 键的倾向？为了回答这个问题，请假设一个均匀的先验分布，并使用 95% HDI 来决定我们可以宣布哪些倾向是可信的。（请参阅第 12 章以了解如何声明一个参数值不可信。）

练习 6.4　目的：探索一个特别的先验分布，在此过程中了解 Beta 分布。假设我们有一枚来自魔术商店的硬币，于是我们坚信该硬币是有偏差的。抛掷它时常常会正面朝上或反面朝上，但我们不知道具体是哪种结果。将此信念表示为 Beta 分布。（提示：见图 6-1 的左上角。）现在我们抛硬币 5 次，它在 5 次中有 4 次是正面朝上。后验分布是什么？（使用 6.6 节中的 R 函数 BernBeta 以查看先验分布和后验分布的曲线图。）

练习 6.5　目的：获得预测下一个数据值的实际经验，了解先验分布对预测的影响。

(A) 假设你有一枚硬币，你知道它是由政府铸造的且没有被改造过。因此，你有一个坚定的信念：硬币是公平的。你抛该硬币 10 次，9 次得到正面。请你预测一下，第 11 次抛掷时得到正面的概率是多少。详细解释你的答案，并证明你所选择的先验分布的合理性。

(B) 现在你有一枚不同的硬币，这枚硬币是由某种奇怪的材料制成的（标有"巅峰魔术与新奇事物公司，专利申请中"）。你抛该硬币 10 次，9 次得到正面。请你预测一下，第 11 次抛掷时得到正面的概率是多少。详细解释你的答案，并证明你所选择的先验分布的合理性。（提示：使用练习 6.4 中的先验分布。）

第7章

马尔可夫链蒙特卡罗

你的后面遮遮掩掩，分布着故作忸怩。
散发诱惑，拐弯抹角，逃避解决方案。
虽然我清楚地看到你的暗示，
*但是典型的样本已让我满足。*①

　　本章介绍我们将用来在实际应用中获得贝叶斯后验分布的精确估计值的方法。这类方法被称为马尔可夫链蒙特卡罗（Markov chain Monte Carlo，MCMC）方法，其得名原因将在本章后面进行解释。正是 MCMC 的算法和软件以及高速的计算机硬件，使得我们能够在实际应用中使用贝叶斯数据分析法。这在 30 年前是不可能实现的。本章将解释 MCMC 方法的一些基本思想。复杂的软件使得 MCMC 方法的使用变得非常简单；在使用这些复杂的软件之前，理解基本思想是非常重要的。

　　在本章中，我们继续讨论在给定一组硬币抛掷结果的情况下，如何推断硬币正面朝上的潜在概率 θ。在第 6 章中，我们考虑的是分析法：指定一个与似然函数共轭的函数作为先验分布，并得到一个可以用数学分析方法解出的后验分布。在第 5 章中，我们考虑的是近似法：在跨越 θ 值范围的密集网格上指定先验分布，并使用算术方法对离散值求和，得到后验分布。

　　但在某些情况下，上述两种方法都不可用。我们已经认识到，我们关于 θ 的信念，可能无法充分地表示为 Beta 分布或任何一种能够产生可用分析法求解其后验函数的函数。网格近似法是解决这种问题的一种方法。当我们只有一个有限范围内的参数时，网格近似法很有用。但是如果我们有几个参数，该怎么办呢？尽管到目前为止，我们只处理了有单个参数的模型，但正如我们将在后面的章节中看到的，模型拥有多个参数的情况要典型得多。在这些情况下，用网格分割参数空间时所得到的点的数量是我们无法接受的。考虑一个有六个参数的模型。这时，参数空间是一个六维空间，包含所有参数值组合的联合分布。如果我们对每个参数都设置有 1000 个值的网格梳，那么这些参数的六维空

---

① *You furtive posterior: coy distribution.*
　Alluring, curvaceous, evading solution.
　Although I can see what you hint at is ample,
　I'll settle for one representative sample.
本章介绍的是从大量有代表性的样本中近似获得后验分布的方法。这些方法很重要，因为除此以外的方法都很难处理复杂的后验分布。这首诗只是说形状复杂的后验分布在躲避我们，但是我们不要求得到精确的解，我们将使用有代表性的样本进行实际分析。有些人说这首诗似乎暗示了别的意思，但我不知道他们是什么意思。

间将有 $1000^6 = 1\ 000\ 000\ 000\ 000\ 000\ 000$ 个参数值的组合，多到任何计算机都无法计算。预料到网格近似法无法处理这些情况，我们探索了一种新的方法，称为马尔可夫链蒙特卡罗，简称 MCMC。在本章中，我们将在估计单个参数的简单情形中应用 MCMC 方法。在实际研究中，你可能并不想在这种单参数模型中使用 MCMC 方法，而是想用数学分析法或网格近似法。但是在单参数的情形中学习 MCMC 是非常有用的。

本章所描述的方法假设先验分布是易于计算的函数。这仅仅意味着，如果指定 θ 的值，会很容易确定 $p(\theta)$ 的值，特别是使用计算机来确定。该方法还假设，给定任意的 D 值和 θ 值，都可以计算似然函数的值 $p(D|\theta)$。（实际上，该方法所需要的仅仅是先验和似然可以很容易地计算为一个可以进行乘法运算的常数。）换句话说，该方法不需要计算贝叶斯法则分母中困难的积分。

该方法会产生后验分布 $p(\theta|D)$ 的一个近似估计，其形式是从该分布中抽样所得的大量 θ 值。这些具有代表性的 θ 值可以用来估计后验的集中趋势、HDI 等。估计后验分布的方法是随机产生大量值，因此，使用随机事件来类比，这种方法被称为蒙特卡罗法。

7.1 用大样本近似分布

我们对复杂模型进行贝叶斯推断的基本思想就是：使用大量代表性样本来代表分布。这一思想在日常生活和科学研究中有着直观的常规应用。比如，民意调查和问卷研究就是建立在这个概念上的：我们从人群中随机选择一部分人，以估计整个人群的潜在趋势。样本量越大，估计效果越好。在目前的应用中，新的一点是：我们所抽样的"人群"是有着数学定义的分布，也就是后验概率分布。

图 7-1 中的例子显示了精确地估计数学分布时使用的一种方法：随机抽取大量有代表性的样本。图 7-1 的左上角描绘了一个精确的 Beta 分布，它可以是估算硬币正面朝上的潜在概率的后验分布。图上

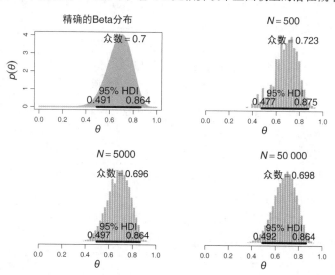

图 7-1 用来近似估计左上角的连续分布的大量代表性样本。样本量越大，估计结果越准确（这恰好是 Beta 分布 beta(θ|15,7)）

还呈现了该分布的众数和 95% HDI。这些精确值是由 Beta 分布的数学式得到的。我们可以通过随机地从分布中抽取大量有代表性的值来近似估计这些精确值。图 7-1 的右上角显示了 500 个有代表性的随机值的直方图。在只有 500 个值的情况下，直方图是不平稳且不平滑的；估计的众数和 95% HDI 都在真实值附近，但是不稳定，因为不同的随机样本（有 500 个代表性值的随机样本）会产生明显不同的估计。左下角的样本量较大，为 5000 个代表性值；右下角的样本量更大，为 50 000 个代表性值。可以看到，随着样本量变大，直方图变得更平滑，估计值变得更接近真实值（平均来说）。（计算机生成的是伪随机数，见 4.2.1 节脚注。）

7.2　Metropolis 算法的一个简单实例

我们进行贝叶斯推断的目标是得到后验分布的精确描述。一种方法是从后验分布中抽取大量具有代表性的值。这时的问题变成了：我们如何从分布中抽取大量有代表性的值？为了得到答案，让我们来咨询一位政治家。

7.2.1　根据 Metropolis 算法游走的政治家

假设一位政治家生活在一长串的岛屿上。他不断地从一个岛转移到另一个岛，以始终保持在公众的视线中。忙碌完一整天的拍照和筹款后[①]，他必须在三个选项中做出选择：（i）留在当前的岛上；（ii）移动到西边的邻岛上；（iii）移动到东边的邻岛上。他的目标是依据相对人口数量，按比例地访问所有岛屿，使得他在人口最多的岛上花费最多的时间，在人口较少的岛上花费更少的时间。不巧的是，他不知道这条岛链的总人口是多少，他甚至不知道到底一共有多少个岛。不过，他的随行顾问具备一点点收集信息的能力。当不忙着筹款的时候，他们可以问各个岛的市长，他们的岛上有多少人。并且，当政治家打算访问一个邻近的岛时，他们可以问邻岛的市长该岛上有多少人。

这位政治家有一个简单的启发式方法来决定是否前往某岛：抛一枚（公平的）硬币来决定去东边的邻岛还是西边的邻岛。如果所提议岛的人口比当前的岛多，那么他一定会去提议的岛。如果所提议岛的人口比当前的岛少，那么他有一定的概率去提议的岛，具体取决于提议岛人口相对于当前岛人口的比例。如果提议岛的人口只有当前岛的一半，那么去那里的概率只有 50%。

更具体地说，将提议岛的人口记为 $P_{提议}$，将当前岛的人口记为 $P_{当前}$。那么他移动到人口较少的岛的概率为 $p_{移动} = P_{提议} / P_{当前}$。政治家通过转动一块公平的转盘来实现这一点：该转盘的外周上标记着从 0 到 1 均匀分布的值。如果转盘指向的值介于 0 和 $p_{移动}$ 之间，他就会移动。

这种启发式方法的惊人之处在于它的有效性：从长远来看，政治家当天停留在任何一个岛上的概率都与该岛上的相对人口数量完全匹配！

[①] 也许我不该轻率地拿政治家开玩笑，因为我相信大多数民选代表确实在为他们的选区做好事，但这样的说法不如现在这个低级笑话这么有趣。

7.2.2 随机游走

让我们更仔细地考虑一下这个在岛间转移的启发式方法。假设岛链中有七个岛，相对人口数量如图 7-2 的底部所示。我们用索引值 θ 来表示这些岛，其中最左边的西岛为 $\theta = 1$，最右边的东岛为 $\theta = 7$。岛的相对人口数量线性增加，例如 $P(\theta) = \theta$。注意，大写的 P 是指岛上的相对人口数量，而不是绝对人口数量，也不是概率质量。为了使你脑海中的图像完整，你可以想象岛 1 的左边和岛 7 的右边都是无人岛。政治家可以提议移动到那些岛上去，但由于其人口为零，因此这个提议总是会被否决。

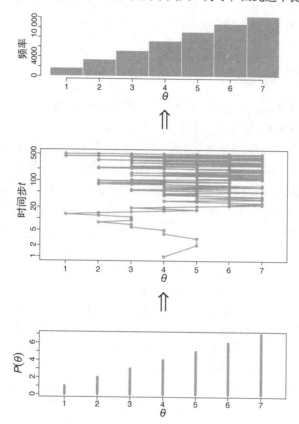

图 7-2 Metropolis 算法的简单图示。底部显示了目标分布的值。中间部分显示了一次随机游走，在每个时间步会提议向左或向右移动一个位置，并根据正文中描述的启发式方法决定是否接受提议的移动。顶部显示了这次游走中各位置的频率分布

图 7-2 的中间部分显示了这位政治家的一条可能的游走轨迹。每一天对应的时间步增加 1，显示在纵轴上。轨迹图显示，在第一天（ $t = 1$ ），政治家恰好在岛链中间的岛上，因此 $\theta_{当前} = 4$。为了决定第二天去哪里，他抛硬币决定向左还是向右移动一个位置。这时，硬币提议向右移动，因此 $\theta_{提议} = 5$。由于提议位置的相对人口大于当前位置的相对人口（ $P(5) > P(4)$ ），因此政治家接受提议的移动。轨迹显示了这次移动：当 $t = 2$ 时， $\theta = 5$ 。

考虑第二天，即 $t=2$ 且 $\theta=5$ 时。硬币提议向左移动。接受该提议的概率为：$p_{移动}=P(\theta_{提议})/P(\theta_{当前})=$ $4/5=0.8$。然后，政治家转动一块外周标记着从 0 到 1 的数的公平转盘，该转盘给出了一个大于 0.8 的值。因此，这位政治家拒绝了提议的转移，留在了当前的小岛上。轨迹表明，当 $t=3$ 时仍有 $\theta=5$。图 7-2 的中间部分显示了在岛链中的这次随机游走的前 500 步的轨迹。时间步的刻度被绘制为对数刻度，这样你既可以看到早期时间步的详细信息，也可以看到后期时间步的趋势。整个模拟中共有成千上万个时间步。

图 7-2 的顶部是一幅条形图，它显示了这次游走中每个位置的被访问频率。请注意，抽样的相对频率与图中底部的实际相对人口总数非常相似！事实上，当序列不断变长时，以这种方式生成的序列最终将收敛到与实际相对频率任意接近的近似值。

7.2.3　随机游走的一般性质

图 7-2 所示的轨迹只是启发式移动的应用中，许多位置序列中的一种。在每个时间步中，提议移动的方向是随机的；如果提议位置的相对频率小于当前位置的相对频率，那么是否接受提议的移动也是随机的。由于存在随机性，因此如果重新进行一次这个过程，那么具体的轨迹几乎肯定与之前不同。但无论具体的轨迹如何，从长远来看，访问的相对频率将无限接近目标分布。

图 7-3 显示了随着时间的变化，政治家处于每个位置的概率。在 $t=1$ 时，政治家从 $\theta=4$ 处开始游走。图 7-3 左上角标记为 $t=1$ 的图形显示了游走的初始位置，这时位于 $\theta=4$ 处的概率为 100%。

我们想知道在下一个时间步，政治家处于每个位置的概率。要确定在 $t=2$ 时政治家处于各位置的概率，请考虑移动过程中的各种可能性。这个过程从抛硬币开始：抛硬币决定向哪个方向移动。有 50% 的概率会提议向右移动，即 $\theta=5$ 处。通过检查图 7-3 右下角目标分布的相对频率，可以看到 $P(\theta=5)>P(\theta=4)$，因此，任何时间提议向右移动都会被接受。也就是说，在 $t=2$ 时，有 50% 的概率会决定移动至 $\theta=5$ 处。在图 7-3 中标记为 $t=2$ 的图形中，$\theta=5$ 处高度为 0.5 的条形代表了这个概率。在剩余 50% 的时间中，提议的移动方向是向左，即 $\theta=3$ 处。通过检查图 7-3 右下角目标分布的相对频率，可以看到 $P(\theta=3)=3$，而 $P(\theta=4)=4$，因此，只有 3/4 的向左移动的提议会被接受。也就是说，在 $t=2$ 时，位于 $\theta=3$ 处的概率为 $50\%\times3/4=0.375$。在图 7-3 中标记为 $t=2$ 的图形中，$\theta=3$ 处高度为 0.375 的条形代表了这个概率。最后，如果提议了向左移动但这个提议没有被接受，我们就停留在 $\theta=4$ 处。这种情况发生的概率只有 $50\%\times1/4=0.125$。

下一个时间步将继续重复以上过程。我不会详细讨论对于每个 θ 值的算术细节。但必须注意的是，在提出两次移动之后，即当 $t=3$ 时，政治家可以处于 $\theta=2$ 和 $\theta=6$ 之间的任何位置，但还不能处于 $\theta=1$ 或 $\theta=7$ 的位置，因为他最远能到达距离初始位置两个位置的地方。

每一个时间步都将继续以同样的方式计算到达各个位置的概率。可以看到，在早期的时间步中，概率分布看起来并不是像目标分布那样的倾斜直线。相反，概率分布在初始位置有一个凸起。如图 7-3 所示，到时间步 $t=99$ 时，已经很难再区分位置概率和目标分布，至少对这个简单分布来说是这样的。更复杂的分布则需要持续更长的时间以获得目标分布的良好近似。

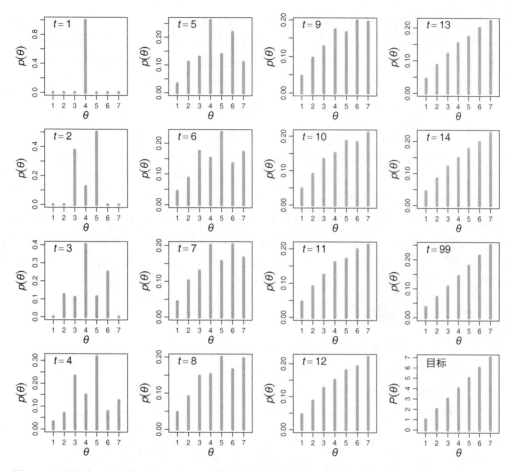

图 7-3 以时间步 t 为函数，将 Metropolis 算法简单地应用于右下角的目标分布时，当前处于位置 θ 的
概率。每个部分中的时间步均与图 7-2 所示的随机游走的时间步相对应。目标分布显示在右下角

图 7-3 显示了移动中的政治家当前位于各个 θ 值处的概率。但请记住，在任何给定的时间步，政治家只处于某个特定的位置，如图 7-2 所示。为了更接近目标分布，我们让这位政治家走很多很多步，并且同时记录他到过的地方。当我们获得了长长的记录后，通过简单地计算他访问每个 θ 值对应的位置的相对次数，我们就可以近似估计该 θ 值的目标概率。

总结一下从一个位置移动到另一个位置时所用的算法。当前位置为 $\theta_{当前}$。然后政治家提议向右或向左移动一个位置。他通过抛硬币来决定具体的移动提议，结果是 50%的正面朝上（向右移动）或50%的反面朝上（向左移动）。提议移动的备选范围和提议每一次移动的可能性被称为提议分布（proposal distribution，也称建议分布）。在本算法中，提议分布非常简单：它只有两个概率为 50%的值。

提出移动之后，政治家需要决定是否接受它。接受的决策取决于两个值的对比：目标分布中当前位置的值与目标分布中提议位置的值。具体地说，如果提议位置的目标分布大于当前位置，那么政治家肯定会接受提议的转移：如果可以的话，我们一定会去更高的地方。如果提议位置的目标分布小于当前位置，那么政治家将概率性地决定是否接受提议的转移：他移动到提议位置的概率是 $p_{移动} = P(\theta_{提议}) / P(\theta_{当前})$，其中 $P(\theta)$ 是目标分布在 θ 处的值。我们可以将这两种可能性，即提议位置的目标分布是大于还是小于当前位置，合并为单一的表达式，用来表示移动到提议位置的概率：

$$p_{移动} = \min\left(\frac{P(\theta_{提议})}{P(\theta_{当前})}, 1 \right) \tag{7.1}$$

注意，式 7.1 说明，当 $P(\theta_{提议}) > P(\theta_{当前})$ 时，$p_{移动} = 1$。还要注意，目标分布 $P(\theta)$ 不需要被标准化，这意味着它不需要像概率分布那样加和等于 1。这是因为对于我们的选择，重要的是比率，即 $P(\theta_{提议}) / P(\theta_{当前})$，而不是 $P(\theta)$ 的绝对值。政治家在岛间移动的例子使用了这个属性：目标分布是每个岛的人口，而不是一个标准化的概率。

我们已经从提议分布中抽样并提出行动方案，而且根据式 7.1 确定了接受该行动的概率，我们最后需要从区间[0,1]上的均匀分布中抽取一个值来最终决定接受或拒绝提议。如果抽样值介于 0 和 $p_{移动}$ 之间，那么我们按提议行动。否则，我们将拒绝移动，并留在当前的位置上。下一个时间步将重复这整个过程。

7.2.4 我们为什么要关心它

注意我们在随机游走过程中必须能够做到的事情。

- ❑ 我们必须能够从提议分布中生成随机值，以创建 $\theta_{提议}$。
- ❑ 我们必须能够评估任何提议位置的目标分布，以计算 $P(\theta_{提议}) / P(\theta_{当前})$。
- ❑ 我们必须能够从均匀分布中生成一个随机值，以便根据 $p_{移动}$ 接受或拒绝提议。

如果能够做到这三件事，那么我们就能够间接地做到我们不必直接做的一些事情，比如从目标分布中生成随机样本。更重要的是，我们可以从未经标准化的目标分布中生成随机样本。

当目标分布 $P(\theta)$ 与后验分布 $p(D|\theta)p(\theta)$ 成比例时，这种技术非常有用。我们只需要计算 $p(D|\theta)p(\theta)$，而无须使用 $P(\theta)$ 对它进行标准化，就可以生成后验分布的随机且具有代表性的值。这个结果非常美妙，因为该方法不用直接计算证据 $p(D)$，正如你所记得的，这是贝叶斯推断中最困难的一个部分。利用 MCMC 技术，我们可以在丰富而复杂的模型中应用贝叶斯推断。得益于 MCMC 算法与计算机软件的发展，贝叶斯推断才能够适用于复杂数据的分析；得益于廉价而迅速的计算机硬件的生产，贝叶斯推断才能够接近更广大的受众。

7.2.5 它为什么是有效的

在本节中，我将解释这个算法之所以有效的数学原理。尽管这里介绍了数学方法，但是你不需要在本书后面的数据分析应用中使用任何数学方法。这里介绍的数学方法只是为了帮助你理解 MCMC 的工作原理。正如你可以直接开车而不必从零开始制造发动机，你也可以直接应用 MCMC 方法而不必从零开始编写 Metropolis 算法。但是，了解"幕后"发生的事情有助于你解释 MCMC 应用中的结果。

为了直观地理解这个算法为什么有效，我们考虑在两个相邻的位置之间移动的概率。我们将看到相邻位置间的相对转移频率能够完美匹配目标分布的相对值。将该结果推广到所有位置时，你可以看到，从长远来看，访问每个位置的次数与其目标值是成正比的。细节如下：假设我们现在处于 θ 的位置。移动到 $\theta+1$ 的概率表示为 $p(\theta \rightarrow \theta+1)$，它等于提议该移动的概率乘以提议该移动时接受该提议的概率，即 $p(\theta \rightarrow \theta+1) = 0.5 \times \min(P(\theta+1)/P(\theta), 1)$。如果我们现在处于 $\theta+1$ 的位置，那么移动到 θ 的概率等于提议该移动的概率乘以提议该移动时接受该提议的概率，即 $p(\theta+1 \rightarrow \theta) = 0.5 \times \min(P(\theta)/P(\theta+1), 1)$。转移概率（transition probability）的比值为：

$$\frac{p(\theta \rightarrow \theta+1)}{p(\theta+1 \rightarrow \theta)} = \frac{0.5 \times \min(P(\theta+1)/P(\theta), 1)}{0.5 \times \min(P(\theta)/P(\theta+1), 1)}$$

$$= \begin{cases} \dfrac{1}{P(\theta)/P(\theta+1)} &, P(\theta+1) > P(\theta) \\[2mm] \dfrac{P(\theta+1)/P(\theta)}{1} &, P(\theta+1) < P(\theta) \end{cases} \tag{7.2}$$

$$= \frac{P(\theta+1)}{P(\theta)}$$

式 7.2 告诉我们，在相邻位置之间转移时，转移的相对频率能够完美匹配目标分布的相对值。这足以让你产生直觉：从长远来看，访问相邻位置的次数与其目标分布中的相对值是成正比的。如果相邻的位置有这种关系，那么，通过从一个位置推广到下一个，我们知道所有位置都必须有这种关系。

为了使这种直觉更加牢固，我们必须给它填入更多的细节。为此，我们将使用矩阵运算。这是本书中唯一使用了矩阵运算的地方，所以如果你对这里的细节不感兴趣，可以放心地跳到下一节（7.3 节）。你会错过对图 7-3 的数学基础的解释，这张图描绘了"目标分布是稳定的"这一关键思想：如果当前位置的概率等于目标概率，那么 Metropolis 算法将永远保持这种状态。

考虑从位置 θ 移动到其他位置的概率。在当前的简单场景中，提议分布只考虑了 $\theta+1$ 和 $\theta-1$ 两个位置。移动到 $\theta-1$ 位置的概率等于提议该位置的概率乘以提议该位置时接受该提议的概率：$0.5 \times \min(P(\theta-1)/P(\theta), 1)$。移动到 $\theta+1$ 位置的概率等于提议该位置的概率乘以提议该位置时接受该提议的概率：$0.5 \times \min(P(\theta+1)/P(\theta), 1)$。停留在 θ 位置的概率只是这两种转移概率的剩余概率：$0.5 \times [1 - \min(P(\theta-1)/P(\theta), 1)] + 0.5 \times [1 - \min(P(\theta+1)/P(\theta), 1)]$。

我们可以把这些转移概率放在矩阵中。矩阵的每一行是一个可能的当前位置，矩阵的每一列是一个备选的转移位置。下面是转移矩阵（transition matrix）T 的子矩阵，它展示了 $\theta-2$ 到 $\theta+2$ 行，$\theta-2$ 到 $\theta+2$ 列：

$$\begin{bmatrix} \ddots & p(\theta-2 \rightarrow \theta-1) & 0 & 0 & 0 \\ \ddots & p(\theta-1 \rightarrow \theta-1) & p(\theta-1 \rightarrow \theta) & 0 & 0 \\ 0 & p(\theta \rightarrow \theta-1) & p(\theta \rightarrow \theta) & p(\theta \rightarrow \theta+1) & 0 \\ 0 & 0 & p(\theta+1 \rightarrow \theta) & p(\theta+1 \rightarrow \theta+1) & \ddots \\ 0 & 0 & 0 & p(\theta+2 \rightarrow \theta+1) & \ddots \end{bmatrix}$$

等于：

$$
\begin{bmatrix}
\ddots & 0.5 \times \min\left(\dfrac{P(\theta-1)}{P(\theta-2)}, 1\right) & 0 & 0 & 0 \\[2ex]
\ddots \ \ \begin{array}{l} 0.5 \times \left[1 - \min\left(\dfrac{P(\theta-2)}{P(\theta-1)}, 1\right)\right] \\ +0.5 \times \left[1 - \min\left(\dfrac{P(\theta)}{P(\theta-1)}, 1\right)\right] \end{array} & 0.5 \times \min\left(\dfrac{P(\theta)}{P(\theta-1)}, 1\right) & 0 & 0 \\[3ex]
0 & 0.5 \times \min\left(\dfrac{P(\theta-1)}{P(\theta)}, 1\right) & \begin{array}{l} 0.5 \times \left[1 - \min\left(\dfrac{P(\theta-1)}{P(\theta)}, 1\right)\right] \\ +0.5 \times \left[1 - \min\left(\dfrac{P(\theta+1)}{P(\theta)}, 1\right)\right] \end{array} & 0.5 \times \min\left(\dfrac{P(\theta+1)}{P(\theta)}, 1\right) & 0 \\[3ex]
0 & 0 & 0.5 \times \min\left(\dfrac{P(\theta)}{P(\theta+1)}, 1\right) & \begin{array}{l} 0.5 \times \left[1 - \min\left(\dfrac{P(\theta)}{P(\theta+1)}, 1\right)\right] \\ +0.5 \times \left[1 - \min\left(\dfrac{P(\theta+2)}{P(\theta+1)}, 1\right)\right] \end{array} & \ddots \\[3ex]
0 & 0 & 0 & 0.5 \times \min\left(\dfrac{P(\theta+1)}{P(\theta+2)}, 1\right) & \ddots
\end{bmatrix} \quad (7.3)
$$

将转移概率放入矩阵的实用之处在于，无论当前在哪个位置，我们都可以使用矩阵乘法算出下一步到达这些位置的概率。这里提示一下矩阵乘法的运算方法。考虑一个矩阵 T，其第 r 行第 c 列中的值表示为 T_{rc}。我们可以在矩阵的左边乘以一个行向量 w，得到另一个行向量。乘积 wT 的第 c 个分量是 $\sum_r w_r T_{rc}$。换句话说，要计算结果的第 c 个分量，需要取出行向量 w，将它的各个分量乘以 T 的第 c 列中相应的分量，并将这些分量的乘积相加。[①]

使用式 7.3 中的转移矩阵时，我们将当前位置概率放入一个行向量中。我们将该行向量表示为 w，因为它表示我们现在的位置（where）。如果当前我们肯定在 $\theta = 4$ 处，那么 w 在 $\theta = 4$ 处的分量为 1.0，且其他地方都是 0。想要确定下个时间步的位置概率，我们只需将 w 乘以 T。下面是一个需要仔细考虑的关键示例：当 $w = [\cdots, 0, 1, 0, \cdots]$ 仅在 θ 位置取 1 时，wT 就是 T 中与 θ 对应的这一行，因为 wT 的第 c 个分量是 $\sum_r w_r T_{rc} = T_{\theta c}$。这里我将使用下标 θ 来表示与 θ 值对应的行值。

矩阵乘法在跟踪位置概率时非常有用。在每个时间步，我们只需将当前位置概率向量 w 乘以转移矩阵 T，就可以得到下个时间步的位置概率。我们不断地乘以 T，一次又一次地乘，就可以得到长期位置概率。这个过程正是生成图 7-3 中这些图的过程。

这是最重要的含义：当位置概率的向量是目标分布时，它在下个时间步仍将保持这种状态！换句话说，位置概率等于目标分布时将达到稳定状态。我们实际上可以毫不费力地证明这个结果。假设当前位置的概率是目标概率，即 $w = [\cdots, P(\theta-1), P(\theta), P(\theta+1), \cdots]/Z$，其中 $Z = \sum_\theta P(\theta)$ 是目标分布的

---

① 虽然不会在这里用到，但我们也可以在矩阵的右边乘以一个列向量，得到另一个列向量。对于列向量 v，乘积 Tv 的第 r 个元素是 $\sum_c T_{rc} v_c$。

标准化系数。考虑 wT 的 θ 分量。我们将证明，对于任意分量 θ，wT 的 θ 分量与 w 的 θ 分量相同。wT 的 θ 分量是 $\sum_r w_r T_{r\theta}$。回顾式 7.3 中的转移矩阵，你可以看到，wT 的 θ 分量是：

$$
\begin{aligned}
\sum_r w_r T_{r\theta} = {} & P(\theta-1)/Z \times 0.5 \times \min\left(\frac{P(\theta)}{P(\theta-1)},\, 1\right) \\
& + P(\theta)/Z \times \left(0.5 \times \left[1 - \min\left(\frac{P(\theta-1)}{P(\theta)},\, 1\right)\right] + 0.5 \times \left[1 - \min\left(\frac{P(\theta+1)}{P(\theta)},\, 1\right)\right]\right) \\
& + P(\theta+1)/Z \times 0.5 \times \min\left(\frac{P(\theta)}{P(\theta+1)},\, 1\right)
\end{aligned} \tag{7.4}
$$

为了简化这个等式，我们可以分别考虑四种情况。情况 1：$P(\theta) > P(\theta-1)$ 且 $P(\theta) > P(\theta+1)$。情况 2：$P(\theta) > P(\theta-1)$ 且 $P(\theta) < P(\theta+1)$。情况 3：$P(\theta) < P(\theta-1)$ 且 $P(\theta) > P(\theta+1)$。情况 4：$P(\theta) < P(\theta-1)$ 且 $P(\theta) < P(\theta+1)$。在每种情况下，式 7.4 都可以简化为 $P(\theta)/Z$。比如，考虑情况 1，当 $P(\theta) > P(\theta-1)$ 且 $P(\theta) > P(\theta+1)$ 时，式 7.4 变为：

$$
\begin{aligned}
\sum_r w_r T_{r\theta} = {} & P(\theta-1)/Z \times 0.5 \\
& + P(\theta)/Z \times \left(0.5 \times \left[1 - \left(\frac{P(\theta-1)}{P(\theta)}\right)\right] + 0.5 \times \left[1 - \left(\frac{P(\theta+1)}{P(\theta)}\right)\right]\right) \\
& + P(\theta+1)/Z \times 0.5 \\
= {} & 0.5 P(\theta-1)/Z \\
& + 0.5 P(\theta)/Z - 0.5 P(\theta)/Z \frac{P(\theta-1)}{P(\theta)} + 0.5 P(\theta)/Z - 0.5 P(\theta)/Z \frac{P(\theta+1)}{P(\theta)} \\
& + 0.5 P(\theta+1)/Z \\
= {} & P(\theta)/Z
\end{aligned}
$$

如果研究其他情况，你会发现它总是会简化为 $P(\theta)/Z$。总之，如果 θ 分量开始于 $P(\theta)/Z$，它将保持在 $P(\theta)/Z$。

我们已经证明了，在岛间移动的情景中，Metropolis 算法的目标分布是稳定的。为了证明 Metropolis 算法实现了目标分布，我们还需要证明：无论我们从哪里开始，这个过程都能使我们得到目标分布。在这里，我将满足于直觉想象：你可以看到，无论你从哪里开始，分布都会自然地扩散并探索其他位置。示例如图 7-2 和图 7-3 所示。我们有理由认为扩散会稳定在某个状态上，并且我们刚刚证明了目标分布正是这样一个稳定的状态。为了使整个证明完整，我们必须证明没有其他可能的稳定状态，目标分布实际上是吸引其他状态流的一个引力源，而不是一个到达之后即会保持稳定但实际上并不可能真正到达的状态。这个完整的证明远远超出了本书的讨论范围，如果你感兴趣，可以看看这本书：Robert 和 Casella（2004）。

7.3　更一般的 Metropolis 算法

上节描述的过程只是通用过程的一个特例，这个通用过程称为 Metropolis 算法，以著名文章

（Metropolis、Rosenbluth、Rosenbluth、Teller 和 Teller，1953）第一作者的姓氏命名。[①]在上一节中，我们考虑了这样一种简单的情况：位置是离散的，在单一维度上，并且提议的移动仅为向左或向右移动一个位置。这种简单的情况使得我们可以相对容易地（信不信由你）理解其过程及工作原理。更通用的算法适用于连续值、任意维数，以及更一般的提议分布。

　　一般方法的要点与简单方法相同。我们有个多维连续参数空间上的目标分布 $P(\theta)$，我们希望从中生成具有代表性的样本。我们必须能够计算任何备选 θ 值的 $P(\theta)$ 值。然而，我们不必将分布 $P(\theta)$ 标准化。它只要是非负的就可以了。在典型应用中，$P(\theta)$ 是 θ 上的未经标准化的后验分布，也就是说，它是似然函数和先验分布的乘积。

　　目标分布的样本值是通过在参数空间中随机游走而生成的。游走的起点可以是用户指定的任意一点。起点应该是 $P(\theta)$ 不为零的地方。每个时间步中的游走方式是：首先提议移动到参数空间中的一个新位置，然后决定是否接受该提议。提议分布可以采用多种形式，目的是使用该提议分布能够有效地探索参数空间中概率质量 $P(\theta)$ 最大的区域。当然，我们必须使用一个能够让我们快速生成随机值的提议分布。就我们的目的而言，我们将考虑提议分布为正态分布且以当前位置为分布中心的一般情况。（回顾 4.3.2 节关于正态分布的讨论。）选择正态分布时的考虑是：提议的移动通常会靠近当前位置，且提议更远位置的概率会以正态曲线的形式下降。各种计算机语言，例如 R，都有内置函数来生成服从正态分布的伪随机数。如果我们想从均值为 0 且标准差为 0.2 的正态分布中生成一个移动提议，那么可以给 R 这样的命令：`proposedJump=rnorm(1, mean=0, sd=0.2)`，其中第一个参数 1 表示我们想要一个随机值，而不是包含许多随机值的向量。

　　生成一个新位置的提议后，该算法接下来需要决定是否接受该提议。决策的规则正是式 7.1 中指出的规则。具体来说，这是通过计算比值 $p_{移动} = P(\theta_{提议}) / P(\theta_{当前})$ 来实现的。然后生成区间[0,1]上均匀分布的随机数；在 R 中，可以通过命令 `runif(1)` 实现。如果随机数介于 0 和 $p_{移动}$ 之间，则接受提议中的移动。从长远来看，不断地重复这个过程时，随机游走访问的位置将非常接近于目标分布。

7.3.1　对伯努利似然和 Beta 分布应用 Metropolis 算法

　　在政治家在岛间移动的场景中，岛代表候选参数值，相对人口数代表相对后验概率。在抛硬币的场景中，参数值 θ 连续地分布在从 0 到 1 的范围内，相对后验概率等于似然乘以先验。为了应用 Metropolis 算法，我们将参数的维度看作由无穷个岛组成的稠密岛链，并将每个小岛的（相对）人口数量看作它的（相对）后验概率密度。而且，提议移动不再仅限于相邻的岛，也可以提议移动到距离当前位置更远的岛。我们需要一个提议分布，使得我们能够访问这个连续体中的任意参数值。为此，我们将使用熟悉的正态分布（回想图 4-4）。

　　我们将把 Metropolis 算法应用到以下熟悉的场景中。我们抛硬币 N 次，观察到 z 次正面朝上。我们使用伯努利似然函数：$p(z,N|\theta) = \theta^z(1-\theta)^{N-z}$。我们从先验分布 $p(\theta) = beta(\theta|a, b)$ 开始。对于 Metropolis 算法中的移动提议，我们将使用以 0 为中心的正态分布，并将其标准差记为 σ。我们将移

[①] Nicholas Metropolis（1915—1999）是这篇文章的第一作者。但历史表明，他与算法本身的发明并没有太大关系。该算法的发明可能归功于文章的第二和第三作者 Marshall Rosenbluth 和 Arianna Rosenbluth（Gubernatis，2005）。

动提议记为 $\Delta\theta \sim \text{normal}(\mu = 0, \sigma)$，其中的符号"~"表示该值是从分布中随机抽取的（参见式 2.2）。由于平均移动为零，因此提议的移动通常接近当前位置。但提议移动也可以为正或为负，且较大幅度的可能性要低于较小幅度。将当前参数值记为 $\theta_{当前}$，将提议的参数值记为 $\theta_{提议} = \theta_{当前} + \Delta\theta$。

Metropolis 算法将进行以下操作。以 θ 的任意初始值开始（在有效范围内）。这就是当前值，记为 $\theta_{当前}$。然后进行以下操作。

(1) 随机生成一个移动提议，$\Delta\theta \sim \text{normal}(\mu = 0, \sigma)$，并将提议的参数值表示为 $\theta_{提议} = \theta_{当前} + \Delta\theta$。

(2) 如式 7.1 所示，计算移动到提议值的概率，在这里表示如下：

$$p_{移动} = \min\left(1, \frac{P(\theta_{提议})}{P(\theta_{当前})}\right) \qquad \text{Metropolis 算法的一般形式}$$

$$= \min\left(1, \frac{p(D \mid \theta_{提议})p(\theta_{提议})}{p(D \mid \theta_{当前})p(\theta_{当前})}\right) \qquad P \text{ 等于似然乘以先验}$$

$$= \min\left(1, \frac{\text{Bernoulli}(z, N \mid \theta_{提议})\text{beta}(\theta_{提议} \mid a, b)}{\text{Bernoulli}(z, N \mid \theta_{当前})\text{beta}(\theta_{当前} \mid a, b)}\right) \qquad \text{伯努利似然函数和 Beta 先验}$$

$$= \min\left(1, \frac{\theta_{提议}^z(1-\theta_{提议})^{(N-z)}\theta_{提议}^{(a-1)}(1-\theta_{提议})^{(b-1)} / B(a, b)}{\theta_{当前}^z(1-\theta_{当前})^{(N-z)}\theta_{当前}^{(a-1)}(1-\theta_{当前})^{(b-1)} / B(a, b)}\right) \qquad \text{根据式 6.2 和式 6.3}$$

如果提议参数值 $\theta_{提议}$ 恰好落在 θ 的允许范围之外，则将先验和/或似然的值设置为零，因此 $p_{移动}$ 为零。

(3) 如果从[0, 1]区间上的均匀分布抽样得到的随机值小于 $p_{移动}$，则接受提议的参数值。否则将拒绝提议的参数值，停留在当前值，并再次开始计算。

重复上述步骤，直到我们认为生成的样本已经具有足够的代表性。判断样本是否"具有足够的代表性"的过程并不简单，本章稍后将讨论这个问题。目前而言，我们的目标是理解 Metropolis 算法的机制。

图 7-4 展示了将 Metropolis 算法应用于先验分布为 beta$(\theta \mid 1, 1)$、$N = 20$ 且 $z = 14$ 的情况。图 7-4 共有三列，用于展示 Metropolis 算法的三次运行的情况：提议分布使用了三个 σ 值。在这三种情况下，θ 的初始值被随意地设置为 0.01，仅仅是为了说明情况。

图 7-4 中间列的提议分布使用了中等大小的 SD，即 $\sigma = 0.2$。这个值标记在该列最上面的标题中："Prpsl.SD = 0.2"。这意味着在该链的任何时间步中，无论 θ 值是什么，68%的移动提议都在 θ 附近 ±0.2 的范围内（因为正态分布在 −1 倍 SD 到 1 倍 SD 的概率质量约为 68%）。在这种情况下，提议被接受的次数大约是一半，如中间列中图左上角的注释所示。$N_{接受} / N_{提议} = 0.495$ 为该链中接受的提议数除以总提议数。提议分布的这个设置使得该链可以相当高效地在参数空间中移动。具体来说，你可以在中间列的下图中看到，链迅速地远离了不具代表性的初始位置 $\theta = 0.01$。同时，这条链在相对较少的步数中访问了多个有代表性的值。也就是说，这条链不是很笨重。中间列上方的直方图显示了 50 000 步后链的位置。该直方图看起来很平滑，是真实潜在后验分布的精确估计；我们知道这种情况下的后验分布是 beta$(\theta \mid 15, 7)$（参见图 7-1）。虽然这条链不是很笨重，并且产生了平滑的直方图，但它仍然不够

高效，因为每一步都与上一步的位置相连，而大约一半的步骤中根本没有发生变化。因此，这条链中没有 50 000 个可以代表后验分布且相互独立的样本。如果我们把这种笨重程度考虑在内，那么代表性样本的"有效数量"就变少了，如中间列上图的标题所示："Eff.Sz. = 11 723.9"。这是它等价的独立样本的样本量。有效样本量的技术含义将在本章的后面讨论。

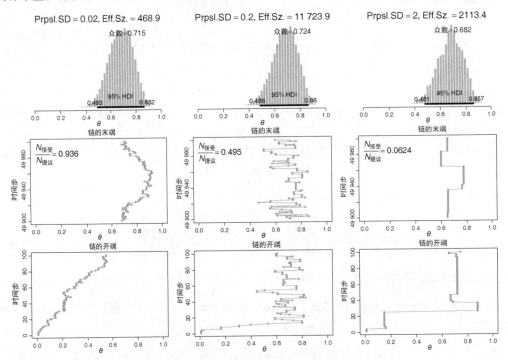

图 7-4   将 Metropolis 算法应用于伯努利似然函数，该似然函数的先验分布为 $\text{beta}(\theta\,|\,1, 1)$、$N = 20$ 且 $z = 14$。这三列中的每条链都有 50 000 个时间步，但是左列提议分布的标准差为 0.02，中间列为 0.2，右列为 2

图 7-4 的左列使用了一个相对较小的提议 SD，即 $\sigma = 0.02$，如该列上图左上角的标题所示："Prpsl.SD = 0.02"。你可以看到，因为提议的移动很小，所以该链中接连的时间步之间的移动幅度也比较小。具体地说，你可以在左列下图中看到，链要从不具代表性的初始位置 $\theta = 0.01$ 移开，需要很多步。这条链只会缓慢地探索不同的值，产生一条围绕特定值徘徊的蛇形链，从而表现得非常笨重。从长远来看，这条链终将彻底探索后验分布并产生很好的代表性值，但这就需要一条非常长的链。左列上图的标题表明，这 50 000 步的有效样本量仅为 468.9。

图 7-4 的右列使用了一个相对较大的提议 SD，即 $\sigma = 2$，如该列上图左上角的标题所示："Prpsl.SD = 2"。提议移动通常会远离后验分布的大多数值，因此提议经常被拒绝，使得该链在许多步中均保持同一个值。这个过程只是偶尔接受新值，这使它成为一条非常笨重的链。从长远来看，这条链终将彻底探索后验分布并产生很好的代表性值，但这也需要一条非常长的链。右列上图的标题表明，这 50 000 步的有效样本量仅为 2113.4。

　　无论使用图 7-4 中的哪种提议分布，Metropolis 算法最终都将生成后验分布的精确代表值，如图 7-4 第一行的直方图所示。它们的区别在于获得良好估计值的效率。为了获得良好的估计值，合适的提议分布比其他极端的提议分布需要的步数更少。在本章后面的内容中，我们将讨论一个标准，来判断链是否已经产生了足够好的估计值。但是现在，请假设我们的目标是获得 10 000 个有效的样本。图 7-4 中间列的提议分布实现了这一目标。如果使用图 7-4 左列的提议分布，我们需要将该链加长 20 倍以上，因为现在的有效样本量大约是所需样本量的 1/20。Metropolis 算法的高级实现中有一个自动进行的准备阶段，用以调整提议分布的宽度，从而使链相对高效地移动。实现这一点的一个典型的做法是调整提议分布，使接受率适中，如 0.5。自适应阶段的时间步不会用来代表后验分布。

7.3.2　Metropolis 算法总结

　　在本节中，我将再次总结 Metropolis 算法的主要思想，并明确指出政治家的岛间移动和有偏硬币的 θ 移动之间的相似性。

　　我们使用 Metropolis 算法等方法的动机是，它们可以提供后验分布的高分辨率图像，尽管在复杂模型中，我们无法明确求解贝叶斯法则中的数学积分。我们的想法是生成大量有代表性的样本来处理后验分布。样本量越大，我们的这种近似就越精确。正如我们之前强调的，这是来自后验分布的代表性可信参数值的样本；它不是对数据的重新抽样（已经有了固定的数据集）。

　　该算法的聪明之处在于，我们可以不求解贝叶斯法则中的积分，仅使用简单的提议分布及其现存的有效随机数生成器，就可以从复杂的后验分布中随机抽取出有代表性的参数值。在决定是否接受提议的参数值时，我们只需要为似然函数和先验分布定义数学方程，而这些数学方程可以轻易地从它们的定义中直接计算出来。

　　我们已经看到了 Metropolis 算法的两个实际例子：一个是图 7-2 中在岛间移动的政治家，另一个是图 7-4 中在 θ 值之间移动的有偏硬币。政治家在岛间移动的例子以最简单的形式演示了 Metropolis 算法。该应用仅涉及有限空间内的离散参数值（孤岛）、最简单的可能提议分布（向右或向左一步）和可直接算得的目标分布（岛的相对人口数量），甚至没有用到似然函数和先验分布的数学方程。形式简单的离散空间和提议分布使得我们能够探索一些转移概率的基本数学方法，从而了解 Metropolis 算法的工作原理。

　　图 7-4 在 θ 值之间移动的有偏硬币，在更实际的场景中使用了 Metropolis 算法。与有限空间内的离散参数值不同的是，本例中使用了 0 到 1 区间内连续分布的可能参数值。这就像是一串无穷多的相邻小岛。与只能向左或向右移动一步的提议分布不同，正态提议分布使得我们可以移动到这个连续体的任何地方；但它更喜欢附近的值，具体程度是由 SD 控制的。并且，在每个参数值处，目标分布不再是简单的"相对人口数量"，而是后验分布的相对密度，也就是似然函数乘以先验概率密度的计算结果。

7.4　Gibbs 抽样：估计两枚硬币的偏差

　　Metropolis 算法非常有用，但效率可能比较低。在某些情况下，其他方法可能更高效。比如，另一种非常高效的抽样方法是 Gibbs 抽样（Gibbs sampling）。Gibbs 抽样通常适用于多参数模型，因此，我们需要引入一个有多个参数的例子。我们之前举例说明了如何估计一枚硬币的偏差，这个例子的一个自然扩展就是估计两枚硬币的偏差。

在许多现实情况下，我们会观察到两个特定随机样本中的两个比例有一定的差异；但是我们想推断，对于该样本来源中的更广泛的群体来说，什么样的潜在差异是可信的。毕竟，我们观察到的抛硬币的结果只是对多种实际潜在偏差的一个充满噪声的提示。假设我们的样本中有 97 个患有某疾病的患者。我们随机抽取一组人作为实验组并让他们服用一种有疗效的药物，同时让其他人服用一种安慰剂。一周后，51 名接受药物治疗的患者中有 12 人病情好转，46 名接受安慰剂治疗的患者中有 5 人病情好转。这种药真的比安慰剂更有效吗？效果如何？换句话说，根据观察到的比例差异（12/51 与 5/46），什么样的潜在差异是真正可信的？再举一个例子，假设你想知道情绪是否影响认知能力。测试方式是让 83 个人坐下来看情绪诱导电影。你随机抽取一部分被试，让他们观看一部苦乐参半的电影：恋人们因战争分开却永远不会忘记对方。其他被试观看一部关于高中恶作剧的轻喜剧。在看完电影之后，立即对所有被试进行认知测试，其中包括一个涉及长除法的算术问题。在观看战争片的 42 人中，有 32 人正确地解决了长除法问题。在观看喜剧的 41 人中，有 27 人正确地解决了长除法问题。诱导出的情绪是否真的能够影响认知表现？换句话说，根据观察到的比例差异（32/42 与 27/41），什么样的潜在差异是真正可信的？

为了更全面、更精确地讨论这个问题，我们需要定义一些符号。为了使符号更通用，我们将讨论抛硬币得到的正面和反面，而不是两组被试的结果。我们将一组被试称为一枚硬币，一个被试的结果现在被称为一次抛硬币的结果。我们将使用的符号与之前使用的符号相同，但是会使用下标来表示我们在讨论两枚硬币中的哪一枚。因此，将硬币 j（其中 $j=1$ 或 $j=2$）的假设偏差，也就是正面朝上的概率，记为 θ_j。N_j 次抛掷中观察到的实际正面次数为 z_j，硬币 j 的第 i 次抛掷结果被记为 y_{ji}。

我们假设这两枚硬币的数据是相互独立的：一枚硬币的表现对另一枚硬币的表现没有影响。通常来说，我们会仔细设计研究方案以保证独立性假设成立。在上面疾病治疗方案的例子中，我们假设独立性成立，因为我们假设患者之间的社会互动很少。在情绪诱导实验中，我们假设独立性成立，因为实验设计保证电影结束后被试之间不会有任何互动。对于我们将要进行的所有数学分析来说，独立性假设都是至关重要的。如果在你的应用场景中，两组数据之间不独立，则不应直接使用本节讨论的方法。对于数据相互依赖的情况，可以试着使用模型来形式化地表示该依赖关系，但我们不会在这里讨论这些情况。

7.4.1　两个偏差的先验、似然和后验

我们正在考虑的情况中，有两个潜在的偏差，即 θ_1 和 θ_2，它们是两枚硬币各自的偏差。在观察了两枚硬币的一些数据之后，我们正试图确定我们应该相信什么样的偏差。回想一下，我使用术语"偏差"作为参数 θ 的名称，这并不意味着 θ 值不是 0.5。偏差的通俗意义，也就是不公平，也可能时不时地出现在本书中。因此，一枚通俗意义上"无偏差"的硬币，从技术上讲应当是"偏差为 0.5"。

为了在贝叶斯框架下估计硬币的偏差，我们必须首先描述在没有数据的情况下我们对偏差的看法。我们的先验信念是针对参数值组合的。为了指定一个先验信念，我们必须为 θ_1 和 θ_2 的每种组合指定可信度 $p(\theta_1, \theta_2)$。如果我们为 $p(\theta_1, \theta_2)$ 绘制一张图，那么它将是三维的：θ_1 和 θ_2 在两个横轴上且 $p(\theta_1, \theta_2)$ 在

纵轴上。可信度值组成了概率密度函数，因此它们在参数空间上的积分必须为 1：$\iint d\theta_1 d\theta_2 p(\theta_1, \theta_2) = 1$。

为简单起见，我们假设关于 θ_1 的信念独立于关于 θ_2 的信念。比如，假设我有一枚来自加拿大的硬币和一枚来自印度的硬币。我对加拿大硬币的偏差有一个信念，对印度硬币的偏差有另一个信念，这两个信念之间完全没有关系。4.4.2 节讨论了属性间的独立性。在数学上，独立性意味着对于 θ_1 和 θ_2 的每种组合均有 $p(\theta_1, \theta_2) = p(\theta_1)p(\theta_2)$，其中 $p(\theta_1)$ 和 $p(\theta_2)$ 是信度的边际分布。当两个参数的信念相互独立时，可以大大地简化数学运算。然而，这两个参数的信念并不需要相互独立。比如，我可能认为不同国家的硬币铸造方式很类似，因此如果加拿大硬币是有偏的（θ 值不是 0.5），那么印度硬币也应该有类似的偏差。在极端的情况下，假设我相信 θ_1 总是正好等于 θ_2，那么这两个参数值之间是完全相关的。相关性并不意味着直接的因果关系，它仅仅意味着知道一个参数值的信息之后，会限制对于另一个参数值的信念。

除了先验信念，我们还需要一些观测数据。我们假设两枚硬币的抛掷之间是相互独立的，而且不同的抛次之间也是相互独立的。这个假设的准确性取决于实际观测的方式，但是，在合理的实验设计中，我们有理由相信这个假设。请注意，不管是否假设信念之间相互独立，我们总是假设数据是相互独立的（无论是组内还是组间）。形式化地说，数据的独立性假设意味着以下内容。将硬币 1 的抛掷结果表示为 y_1，结果可以是 $y_1 = 1$（正面）或 $y_1 = 0$（反面）。同样，将硬币 2 的抛掷结果表示为 y_2。两枚硬币的数据独立性意味着来自硬币 1 的数据仅依赖于硬币 1 的偏差，而来自硬币 2 的数据仅依赖于硬币 2 的偏差。这可以表示为：$p(y_1 | \theta_1, \theta_2) = p(y_1 | \theta_1)$ 且 $p(y_2 | \theta_1, \theta_2) = p(y_2 | \theta_2)$。

我们从一枚硬币上观察到数据 D_1，在 N_1 次抛掷中有 z_1 次正面朝上；我们从另一枚硬币上观察到数据 D_2，在 N_2 次抛掷中有 z_2 次正面朝上。换句话说，$z_1 = \sum_{i=1}^{N_1} y_{1i}$，其中 y_{1i} 表示第一枚硬币的第 i 次抛掷。请注意，$z_1 \in \{0, \cdots, N_1\}$ 且 $z_2 \in \{0, \cdots, N_2\}$。我们将整个数据集记为 $D = \{z_1, N_1, z_2, N_2\}$。由于抛掷的独立性，$D$ 的概率是单次抛掷的伯努利分布函数的乘积：

$$
\begin{aligned}
p(D | \theta_1, \theta_2) &= \prod_{y_{1i} \in D_1} p(y_{1i} | \theta_1, \theta_2) \prod_{y_{2j} \in D_2} p(y_{2j} | \theta_1, \theta_2) \\
&= \prod_{y_{1i} \in D_1} \theta_1^{y_{1i}} (1 - \theta_1)^{(1 - y_{1i})} \prod_{y_{2j} \in D_2} \theta_2^{y_{2j}} (1 - \theta_2)^{(1 - y_{2j})} \\
&= \theta_1^{z_1} (1 - \theta_1)^{(N_1 - z_1)} \theta_2^{z_2} (1 - \theta_2)^{(N_2 - z_2)}
\end{aligned}
\tag{7.5}
$$

通过应用贝叶斯法则，可以得到我们关于潜在偏差的信念的后验分布，只是现在这些函数均涉及两个参数：

$$
\begin{aligned}
p(\theta_1, \theta_2 | D) &= p(D | \theta_1, \theta_2) p(\theta_1, \theta_2) / p(D) \\
&= p(D | \theta_1, \theta_2) p(\theta_1, \theta_2) \Big/ \iint d\theta_1 d\theta_2 p(D | \theta_1, \theta_2) p(\theta_1, \theta_2)
\end{aligned}
\tag{7.6}
$$

记住，正如贝叶斯法则表达式中一贯的那样，等式左边和右边分子中的 θ_j 是指 θ_j 的特定值，而分母的积分中的 θ_j 是取遍 θ_j 所有可能值的变量。

前几段中描述的是对两个偏差进行推断的一般贝叶斯框架，其中似然函数是由独立的伯努利分布组成的。我们接下来要做的是为先验分布指定一个特定的数学形式。我们将研究一个特殊情况的数学过程，其原因有两个。首先，它将允许我们探索图形化的二维参数空间，使贝叶斯法则和从后验分布抽样的过程变得直观。其次，这些数学方法将为 Gibbs 抽样的具体例子奠定基础。在本书的后面，当真正应用贝叶斯数据分析的时候，我们不会应用任何这样的数学方法。对于简单的情况，我们会使用数学方法，目的是了解这些方法的原理，这样我们就可以在复杂的实际应用中正确地解释它们的输出。

7.4.2   通过精确的数学分析方法得到后验

假设我们想用数学分析方法求出式 7.6 中贝叶斯法则的解。什么样的先验概率函数能使分析过程特别容易处理？回忆第 6 章的讨论，也许你能够猜出答案。我们在那里了解到 Beta 分布与伯努利似然函数共轭。这揭示了一种可能性：Beta 分布的乘积与伯努利函数的乘积共轭。

这个可能性确实是真的。我们将采用式 6.8 中所用到的逻辑。回想一下，Beta 分布的形式是 $\text{beta}(\theta \,|\, a, b) = \theta^{(a-1)}(1-\theta)^{(b-1)} / B(a, b)$，其中 $B(a, b)$ 是 Beta 标准化函数，其定义为 $B(a, b) = \int_0^1 \mathrm{d}\theta \; \theta^{(a-1)}(1-\theta)^{(b-1)}$。我们假设 θ_1 的先验分布是 $\text{beta}(\theta_1 \,|\, a_1, b_1)$，$\theta_2$ 的先验分布是 $\text{beta}(\theta_2 \,|\, a_2, b_2)$，于是 $p(\theta_1, \theta_2) = \text{beta}(\theta_1 \,|\, a_1, b_1) \times \text{beta}(\theta_2 \,|\, a_2, b_2)$。那么：

$$
\begin{aligned}
p(\theta_1, \theta_2 \,|\, D) &= p(D \,|\, \theta_1, \theta_2) p(\theta_1, \theta_2) / p(D) && \text{贝叶斯法则的一般形式} \\
&= \theta_1^{z_1}(1-\theta_1)^{(N_1-z_1)} \theta_2^{z_2}(1-\theta_2)^{(N_2-z_2)} p(\theta_1, \theta_2) / p(D) && \text{式 7.5 中的伯努利似然} \\
&= \frac{\theta_1^{z_1}(1-\theta_1)^{(N_1-z_1)} \theta_2^{z_2}(1-\theta_2)^{(N_2-z_2)} \theta_1^{(a_1-1)}(1-\theta_1)^{(b_1-1)} \theta_2^{(a_2-1)}(1-\theta_2)^{(b_2-1)}}{p(D)B(a_1, b_1)B(a_2, b_2)} && \text{独立的 Beta 先验} \\
&= \frac{\theta_1^{(z_1+a_1-1)}(1-\theta_1)^{(N_1-z_1+b_1-1)} \theta_2^{(z_2+a_2-1)}(1-\theta_2)^{(N_2-z_2+b_2-1)}}{p(D)B(a_1, b_1)B(a_2, b_2)}
\end{aligned}
\tag{7.7}
$$

我们知道式 7.7 的左边一定是概率密度函数，同时我们看到右边的分子是 Beta 分布的乘积，即 $\text{beta}(\theta_1 \,|\, z_1+a_1, N_1-z_1+b_1)$ 乘以 $\text{beta}(\theta_2 \,|\, z_2+a_2, N_2-z_2+b_2)$。因此，式 7.7 的分母应当是乘积中 Beta 分布相应的标准化系数。[①]

$$
p(D)B(a_1, b_1)B(a_2, b_2) = B(z_1+a_1, N_1-z_1+b_1)B(z_2+a_2, N_2-z_2+b_2)
\tag{7.8}
$$

要点重述：当先验分布是相互独立的 Beta 分布的乘积时，后验分布也是相互独立的 Beta 分布的乘积，其中每个 Beta 都服从我们在第 6 章中推导出的更新法则。显然，如果先验分布是 $\text{beta}(\theta_1 \,|\, a_1, b_1) \times \text{beta}(\theta_2 \,|\, a_2, b_2)$，数据是 $D = \{z_1, N_1, z_2, N_2\}$，那么后验分布则是 $\text{beta}(\theta_1 \,|\, z_1+a_1, N_1-z_1+b_1) \times \text{beta}(\theta_2 \,|\, z_2+a_2, N_2-z_2+b_2)$。

理解后验分布的一种方法是将其可视化。我们想要把概率密度绘制为 θ_1 和 θ_2 这两个参数的函数。一种方法是将两个参数 θ_1 和 θ_2 放置在两个横轴上，并将概率密度 $p(\theta_1, \theta_2)$ 放置在纵轴上。然后，可

[①] 对式 7.8 中的项进行重新排列，一个方便的结果是：

$$
p(D) = \frac{B(z_1+a_1, N_1-z_1+b_1)B(z_2+a_2, N_2-z_2+b_2)}{B(a_1, b_1)B(a_2, b_2)}
\tag{7.9}
$$

这类似于我们之前在式 6.8 及其脚注中找到的仅有一个参数时的结果。

以将曲面显示在图像中，就好像它是透视图中的风景一样。或者，我们可以将两个参数轴平放在绘图平面上，并用水平等高线表示概率密度，其中每一条等高线标记的是与特定值相等的所有点。下面的一个示例将描述这些图。

图 7-5 显示了式 7.6 中贝叶斯更新的图像。在这个例子中，先验分布开始于一个温和的信念，即两个偏差都在 0.5 左右。我们使用 beta($\theta | 2, 2$) 作为它们的先验分布。图 7-5 的上方显示了先验分布的透视图和等高线图。请注意，它在参数空间的中心逐渐达到峰值。这反映了先验的观点，即两个偏差都在 0.5 左右，但确定程度比较低。透视图显示了平行于 θ_1 和 θ_2 方向的先验密度函数的垂直切片。考虑平行于 θ_1 轴的切片，不同切片所在的 θ_2 值是不同的。每个切片上的密度函数的轮廓形状相同，只是

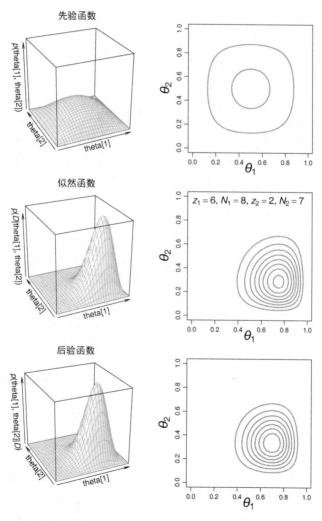

图 7-5　标记在中间行右图中的数据对相互独立的先验分布 beta($\theta | 2, 2$) 进行的贝叶斯更新。左列为曲面的透视图，右列为相同分布的等高线图

高度不同。具体来说，在 θ_2 的每一个水平上，沿着 θ_1 的切片的轮廓形状是 beta($\theta_1 | 2, 2$)，只是其总高度取决于 θ_2 的水平。当切片的轮廓形状不变时（正如这里的情况），联合分布等于相互独立的边际分布的乘积。

图 7-5 右上角的等高线图与左上角显示的是相同的分布。等高线图不再显示分布的垂直切片，而是显示水平切片。每个轮廓对应着特定高度的一个切片。等高线图很难解释，因为很难立即看出等高线的具体高度值，甚至看不出相邻的等高线是否属于不同的高度。可以用数值标记等高线，以表示其高度，但这样绘图就会变得非常混乱。因此，如果目标是快速、直观地想象分布的总体布局，那么透视图优于等高线图。如果目标是更详细地目测分布中某个峰的参数值，则可以首选等高线图。

图 7-5 的中间一行显示了特定数据（显示在右图上）的似然函数。这些图显示了 θ_1 和 θ_2 的所有可能组合的似然。注意，在与数据中正面比例相等的 θ 值处，似然最大。

得出的后验分布如图 7-5 的底部一行所示。在 θ_1、θ_2 参数空间的每个点上，后验是该点的先验和似然的乘积再除以标准化系数 $p(D)$。

总结：本节提供了双参数空间上先验函数、似然函数和后验函数的可视化显示，如图 7-5 所示。在本节中，我们强调了数学形式的使用方法，其中的先验与似然共轭。这种特殊的数学形式，包括 Beta 分布，将在接下来介绍 Gibbs 抽样的章节中再次使用，这是在本节中加入数学形式的另一个动机。然而，在进行 Gibbs 抽样之前，我们首先要研究将 Metropolis 算法应用于双参数的情况。稍后我们将看到，相比于 Metropolis 算法，Gibbs 抽样可以更高效地生成后验样本。

7.4.3　通过 Metropolis 算法得到后验

虽然已经用精确的数学分析方法解决了本例，但是我们仍将应用 Metropolis 算法以扩展我们对双参数情况中算法的理解，并对比 Metropolis 算法与 Gibbs 抽样。回想一下，Metropolis 算法是从任意点开始的、参数空间中的随机游走。在一次提议中，我们提议移动到参数空间中的一个新点；这个移动是由一个容易产生随机值的提议分布随机产生的。就我们目前的目的而言，提议分布是一个二元正态分布。你可以想象一个一维正态分布（图 4-4），再想象用一根轴垂直地穿过它的峰值，将它绕着轴旋转一圈，最终形成了一个钟形的曲面。使用二元正态提议分布意味着提议的移动通常会在当前位置附近。请注意，相对于当前位置来说，移动提议可以位于参数空间的任何方向上。[①]如果提议位置的后验比当前位置高（更密集），则提议肯定会被接受；如果提议位置的后验比当前位置低（更疏松），则提议会被概率性地接受。如果提议被拒绝，则会留在当前位置并再次计算。注意，参数空间中的每个位置都代表了参数值 $\langle \theta_1, \theta_2 \rangle$ 的一种可信的组合。

图 7-6 显示了将 Metropolis 算法应用于图 7-5 中例子的情形，这样你就可以直接将 Metropolis 算法的结果与数学分析和网格近似的结果进行比较。通过对比图 7-5 右下角的等高线图，你可以看到这些点似乎确实探索了大部分的后验分布。图 7-6 中的抽样点是通过直线连接的，这样你就可以直观地看

---

① 提议分布不必是旋转对称的二元正态分布。比如，它可以是协方差不为零的二元正态分布，因此提议移动更倾向位于对角线方向上，而不是其他方向上。提议分布甚至可能是非正态的。我们假设一个简单的对称提议分布，仅为达到说明性目的。

到随机游走的轨迹。但是后验分布的最终估计值并不关心这些随机抽样点出现的顺序，这个轨迹只与你对 Metropolis 算法的理解有关。

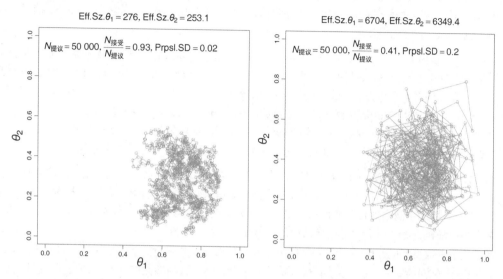

图 7-6　将 Metropolis 算法应用于图 7-5 所示的先验和似然。左侧链的提议分布较窄，右侧链的提议分布中等，如图中的注释 "Prpsl.SD" 所示。$N_{提议}$ 是提议的移动总数，$N_{接受}$ 是接受的提议数。在这其中，许多点实际上是叠加在一起的多个点：当提议被拒绝时，链会在其中停留。请注意，图顶的文字说明，链的有效样本量远小于该链的长度（$N_{提议}$）。这里只显示了 $N_{提议}$ 个时间步中的 1000 个

　　图 7-6 显示了两种结果，二者使用了不同宽度的提议分布。左图显示的结果来自相对狭窄的提议分布，其标准差仅为 0.02。你可以看到，从一步到下一步只有微小的变化。这个随机游走看起来像一根在参数空间中逐渐缠绕的笨重绳子。由于提议的移动非常小，因此提议通常会被接受。但每次移动产生的新信息相对较少，因此，如图顶部所示，链的有效样本量非常小。

　　图 7-6 中的右图显示的结果来自中等宽度的提议分布，其标准差为 0.2。从一个位置到下一个位置的移动比上一个示例远，并且较上一个示例来说，随机游走可以更有效地探索后验分布。链的有效样本量比以前大得多。但是，链的有效样本量仍然远远小于提议的移动次数，因为许多移动提议被拒绝，而且即使被接受，移动的位置往往也与前一步的位置很接近。

　　在无限随机游走的极限中，Metropolis 算法的结果能以任意精度代表潜在后验分布。图 7-6 中的左图和右图最终将收敛到与后验分布相同且高度精确的估计值。但是在有限随机游走的现实世界中，我们关心的是生成精确代表性样本的时候，算法的效率如何。我们更喜欢使用图 7-6 中右图的提议分布，因为在移动提议数量相同的情况下，它通常会比左图的提议分布产生更精确的后验估计值。

7.4.4　Gibbs 抽样

Metropolis 算法具有很强的通用性和广泛的应用性。然而该算法的一个问题是，如果要它很好地

工作，就必须根据后验分布对提议分布进行适当的调整。如果提议分布太窄或太宽，就会有很大一部分的移动提议被拒绝，轨迹将在参数空间的局部区域中停滞。即使在最高效的情况下，链的有效样本量也远小于提议的移动数。因此，我们最好能有另一种更高效的方法来生成样本。Gibbs 抽样就是这样一种方法。

Gibbs 抽样是由 Geman 和 Geman（1984）提出的，他们当时在研究计算机视觉系统如何能够从像素化的影像数据中推断出图像的特性。这种方法以物理学家 Josiah Willard Gibbs（1839—1903）的姓氏命名，他研究统计力学和热力学。Gibbs 抽样在层次模型（将在第 9 章中探讨）中特别有用。事实上，Gibbs 抽样是 Metropolis-Hastings 算法的一个特例，Metropolis-Hastings 算法是 Metropolis 算法的一种扩展形式。Gelfand 和 Smith（1990）的一篇有影响力的文章向统计界介绍了 Gibbs 抽样；Gelfand（2000）写了一篇摘要综述；在 McGrayne（2011）的书中可以找到有关 MCMC 历史的有趣细节。

与 Metropolis 算法类似，Gibbs 抽样过程是在参数空间中随机游走。随机游走的过程从任意点开始；在随机游走的每个点上，下一步的位置仅与当前位置有关，而与以前的位置无关。相对于 Metropolis 算法，Gibbs 抽样的不同之处在于如何选取每一步。在游走中的每个点上，首先会选择一个分量参数。分量参数可以随机选择，但通常是循环选取的，顺序是：θ_1, θ_2, θ_3, $\cdots$, θ_1, θ_2, θ_3, $\cdots$。不用随机而用循环的方式来选取参数的原因是，对于具有几十个甚至几百个参数的复杂模型而言，需要非常多的步数才能仅凭运气访问到每个分量参数，尽管从长远来看，访问这些参数的次数大致相同。假设选择了参数 θ_i。然后，Gibbs 抽样将直接从条件概率分布 $p(\theta_i | \{\theta_{j \neq i}\}, D)$ 中生成一个随机值，并将该随机值作为该参数的新值。新选取的 θ_i 值与没有变化的 $\theta_{j \neq i}$ 值组合，构成了随机游走的新位置。这个过程将不断重复：选择一个分量参数，并从其条件后验分布中为该参数选择一个新值。

图 7-7 说明了在双参数例子中使用该方法的过程。在第一步中，我们要为 θ_1 选择一个新值。我们将链的上一步中所有其他参数值 $\theta_{j \neq 1}$ 条件化。这个例子中的"其他参数"只有一个，即 θ_2。图 7-7 的左图显示了联合分布的一个切片，切片的位置是 θ_2 的当前值。加粗的曲线是以 θ_2 为条件的后验分布的形状，记为 $p(\theta_1 | \{\theta_{j \neq 1}\}, D)$；当前情况下就是 $p(\theta_1 | \theta_2, D)$，因为只有一个其他参数。如果条件分布的数学形式合适，那么计算机可以直接生成 θ_1 的随机值。由此产生了新的 θ_1 值，我们将继续对其进行条件化并确定下一个参数 θ_2 的条件分布，如图 7-7 的右图所示。该条件分布在形式上表示为 $p(\theta_2 | \{\theta_{j \neq 2}\}, D)$，在只有两个参数的情况下等于 $p(\theta_2 | \theta_1, D)$。如果该数学形式便于计算，那么计算机可以直接从条件分布中产生 θ_2 的随机值。然后我们继续对新的 θ_2 值进行条件化，如此重复循环下去。

Gibbs 抽样可以看作 Metropolis 算法的一个特例。在 Gibbs 抽样中，提议分布取决于参数空间中的位置和选择的分量参数。在任意一点，选择一个分量参数后，该参数的下一个值的提议分布是该参数的条件后验概率。由于提议分布反映了该参数的后验概率，因此提议总是会被接受。要严格地证明这一思想，就需要 Metropolis 算法的一种扩展形式的研究成果，称为 Metropolis-Hastings 算法（Hastings，1970）。Chib 和 Greenberg（1995）提供了这种关系的技术综述，Bolstad（2009）提供了一个易懂的数学教程。

当完整的联合后验分布 $p(\{\theta_i\} |, D)$ 不能用分析法确定也不能被直接抽样，但可以确定所有的条件分布 $p(\theta_i | \{\theta_{j \neq i}\}, D)$ 并直接进行抽样时，Gibbs 抽样尤其有用。我们暂时不会遇到这样的情况，但现在

可以用简单的情况来说明 Gibbs 抽样过程。

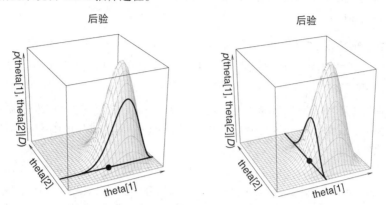

图 7-7 Gibbs 抽样中的两步。在左图中，用粗线显示了给定条件值 θ_2 时后验概率分布的一个切片，圆点显示了从该条件概率密度抽样所得的随机值 θ_1。右图显示了随机生成的 θ_2 值，其条件是上一步中所确定的 θ_1 值。粗线显示的是穿过条件值 θ_1 的后验分布的切片，圆点显示了从该条件概率密度抽样所得的随机值 θ_2

我们现在继续估计两枚硬币的偏差，即 θ_1 和 θ_2。我们假设信念的先验分布是 Beta 分布的乘积，那么后验分布仍然是 Beta 分布的乘积，如式 7.7 的结果所示。我们可以很容易地直接处理这种联合后验分布，因此并不真的需要使用 Gibbs 抽样。但是我们仍将继续对这种后验分布进行 Gibbs 抽样，以便说明该方法并将其与其他方法进行比较。

为了完成 Gibbs 抽样，我们必须确定每个参数的条件后验分布。根据条件概率的定义：

$$p(\theta_1 \mid \theta_2, D) = p(\theta_1, \theta_2 \mid D) / p(\theta_2 \mid D)$$
$$= p(\theta_1, \theta_2 \mid D) \Big/ \int d\theta_1\, p(\theta_1, \theta_2 \mid D)$$

在目前的应用中，联合后验分布是 Beta 分布的乘积，如式 7.7 所示。因此，代入上面的式子，我们得到：

$$p(\theta_1 \mid \theta_2, D) = p(\theta_1, \theta_2 \mid D) \Big/ \int d\theta_1\, p(\theta_1, \theta_2 \mid D)$$

$$= \frac{\text{beta}(\theta_1 \mid z_1 + a_1,\, N_1 - z_1 + b_1)\,\text{beta}(\theta_2 \mid z_2 + a_2,\, N_2 - z_2 + b_2)}{\int d\theta_1\, \text{beta}(\theta_1 \mid z_1 + a_1,\, N_1 - z_1 + b_1)\,\text{beta}(\theta_2 \mid z_2 + a_2,\, N_2 - z_2 + b_2)}$$

$$= \frac{\text{beta}(\theta_1 \mid z_1 + a_1,\, N_1 - z_1 + b_1)\,\text{beta}(\theta_2 \mid z_2 + a_2,\, N_2 - z_2 + b_2)}{\text{beta}(\theta_2 \mid z_2 + a_2,\, N_2 - z_2 + b_2)\int d\theta_1\, \text{beta}(\theta_1 \mid z_1 + a_1,\, N_1 - z_1 + b_1)} \quad \text{概率分布的积分必须为 1}$$

$$= \frac{\text{beta}(\theta_1 \mid z_1 + a_1,\, N_1 - z_1 + b_1)\,\text{beta}(\theta_2 \mid z_2 + a_2,\, N_2 - z_2 + b_2)}{\text{beta}(\theta_2 \mid z_2 + a_2,\, N_2 - z_2 + b_2)}$$

$$= \text{beta}(\theta_1 \mid z_1 + a_1,\, N_1 - z_1 + b_1) \tag{7.10}$$

从以上的推导中，你还可以看到另一个条件后验概率是 $p(\theta_2 \mid \theta_1, D) = \text{beta}(\theta_2 \mid z_2 + a_2, N_2 - z_2 + b_2)$。我们刚刚推导出了一个可能本已很直观的结果：因为后验是相互独立的 Beta 分布的乘积，所以 $p(\theta_1 \mid \theta_2, D) = p(\theta_1 \mid D)$ 是很合理的。然而，推导过程说明了一般情况下需要的数学分析步骤。一般来

说，后验分布并不像这个简单的例子所示的那样是相互独立的边际分布的乘积。相反，$p(\theta_i | \theta_{j \neq i}, D)$ 的公式通常涉及 $\theta_{j \neq i}$ 的值。

刚得到的条件分布如图 7-7 所示。左图显示了一个以 θ_2 为条件的切片，粗线显示了 $p(\theta_1 | \theta_2, D)$，即 $\text{beta}(\theta_1 | z_1 + a_1, N_1 - z_1 + b_1)$。右图显示了一个以 θ_1 为条件的切片，粗线显示了 $p(\theta_2 | \theta_1, D)$，即 $\text{beta}(\theta_2 | z_2 + a_2, N_2 - z_2 + b_2)$。

在成功地推导出条件后验概率分布之后，现在需要考虑我们能否直接从中进行抽样。在这种情况下，答案是："是的，我们可以。"这是因为条件概率是 Beta 分布，而我们的计算机软件预先安装了随机 Beta 值的生成器。

图 7-8 显示了将 Gibbs 抽样应用于此场景的结果，其中左图显示了每次更改一个参数的各个步骤。请注意，随机游走中的每一步都与某个参数轴平行，因为每一步都只更改一个分量参数。你还可以看到，在每个点上，游走方向都将更改为另一个参数，而不是再次返回或向同一方向继续行进。这是因为游走过程循环地选择分量参数：$\theta_1, \theta_2, \theta_1, \theta_2, \theta_1, \theta_2, \cdots$，而不是随机地选择。

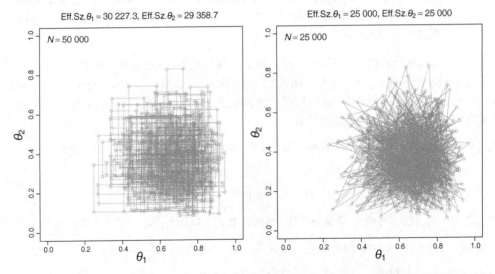

图 7-8 将 Gibbs 抽样应用于图 7-5 所示的后验分布。左图显示了每次更改一个参数的该链的所有中间步骤。右图仅显示扫描完所有（两个）参数后的点。两者都是来自后验分布的有效样本。这里只显示了 N 步中的 1000 步。请对比图 7-6 中 Metropolis 算法的结果。注意，对于相同长度的链，Gibbs 抽样的有效样本量大于 Metropolis 算法的有效样本量

图 7-8 的右图仅显示了完成一次参数循环后的步骤。它与左图中的链相同，只是未显示中间步骤。左图和右图都是后验分布的代表性样本，它们在无穷长链的极限中收敛到相同的连续分布。本书稍后使用的软件（称为 JAGS）将只记录完整的循环，而不记录中间的单参数步骤。

如果将图 7-8 中的 Gibbs 抽样结果与图 7-6 中的 Metropolis 算法结果进行比较，你将看到 Gibbs 抽样和 Metropolis 算法产生的点的下落位置看起来相似，即使产生它们的游走轨迹不相似。实际上，从无限长的时间来看，Gibbs 方法和 Metropolis 方法将收敛到相同的分布。不同的是在有限次运行中获

得所需的任意精度近似值的效率。注意，图 7-8 注释中显示的 Gibbs 抽样的有效样本量远远大于图 7-6 中显示的 Metropolis 算法的有效样本量。（图 7-8 的右图显示，此例的有效样本量与 Gibbs 抽样的完整循环数相同。通常情况下不会是这样的，此例中会这样是因为条件分布彼此独立。）

　　图 7-8 让我们直观地看到 Gibbs 抽样是如何工作的，还将帮助我们更好地理解它为什么可以工作。想象一下，我们不再改变每一步中的分量参数，而是在该分量上逗留一段时间。假设我们有一个固定值 θ_1，并且我们在许多步中不断地生成新的随机值 θ_2。用图 7-8 来说，这相当于停留在参数空间的垂直切片内，在固定值 θ_1 上排成一列。当我们继续在这个切片内抽样时，将得到该 θ_1 值的后验分布的良好代表。现在我们移动到 θ_1 的另一个取值上，并在新值处再次逗留一段时间，将填充得到后验分布的一个新的垂直切片。如果我们重复很多次这样的过程，将有许多的垂直切片，每一片都代表沿该切片的后验分布。如果我们在每一个切片中的逗留时间与该切片在后验分布中的概率成比例，则我们可以用这些垂直切片来表示后验分布。在后验分布中，并非所有的 θ_1 值都具有相等的可能性，所以我们根据 θ_1 的条件概率来访问这些垂直切片。Gibbs 抽样执行了这个过程，但是在移动到新切片前只停留了一步。

　　到目前为止，我已经强调了 Gibbs 抽样相对于 Metropolis 算法的优势：既不需要调整提议分布，也不存在被拒绝的无效提议。我还提到了 Gibbs 抽样的局限性：我们必须能够得出每个参数对其他参数的条件概率，并且能够从这些条件概率分布中生成随机样本。

　　但是 Gibbs 抽样还有一个缺点。因为它一次只更改一个参数值，所以高度相关的参数将拖慢它的进程。我们之后将遇到这样的应用，其参数值的可信组合是高度相关的，例如图 17-3 中斜率和截距参数的相关性。在这里，我只希望播下直觉的种子，以便之后生根发芽。想象两个参数的后验分布。它的形状像参数空间对角线方向上的一条狭窄的山脊；你在这条山脊上，就像在一条倾斜着通往参数轴的狭长走廊内。现在想象一下在这个后验分布中进行 Gibbs 抽样：你在走廊里，正在考虑沿着参数轴走一步。由于走廊狭窄且倾斜，因此沿参数轴走的每一步都将很快到达墙，而且每一步都必须很小。无论你走向哪个参数轴，情况都是这样的。因此，你只能一次一小步地、非常缓慢地探索这条对角线走廊的长度。如果你使用 Metropolis 算法，而你的提议分布中包含了两个参数同时变化的情况，那么你就可以直接沿着对角线方向移动，并迅速地探索走廊的长度。

7.4.5　偏差之间是否有区别

　　在此之前，我们一直关注 Gibbs 抽样（和 Metropolis 算法）的机制而没有回答这个问题：这两枚硬币的偏差有多大差异？所幸，来自联合后验分布的代表性样本给了我们一个答案。请注意，链中的每一步（来自 Gibbs 或 Metropolis）都是 θ_1 和 θ_2 的可信取值的组合。因此，在链的每一步中，可信的差异是 $\theta_1 - \theta_2$。在整条链上，我们有了可信差异值的大量代表性样本。（我们不能仅仅通过观察这些参数的边际分布来了解参数之间的差异值，见 12.1.2 节。）

　　图 7-9 显示了图 7-6 和图 7-8 的两条链所产生的 $\theta_1 - \theta_2$ 的后验分布直方图。在无限链的极限中，它们会收敛至相同的真实后验分布，但任何有限的链都只能是近似值。原则上，平均来说，有效样本量较大的链的结果应该比有效样本量较小的链的结果更准确，尽管较小的链可能比较幸运，恰好在给定的随机游走中更准确。因此，在这种情况下，Gibbs 抽样的结果可能比 Metropolis 算法的结果更准确。

图 7-9 显示，在 95% 的最可信差异值（95% HDI）中包含了差异为零的情况，所以我们不想断定它们有差异。贝叶斯后验给出了可信差异值的完整信息，表明可能存在差异。但由于数据量较小，我们的不确定程度较高。注意，决策规则是一个独立于贝叶斯法则的过程，决策规则的结果忽略了大部分的后验分布信息。关于 HDI 和决策的完整讨论，见 12.1.1 节。

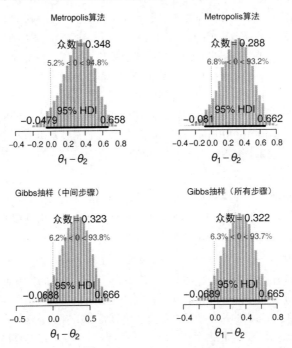

图 7-9　偏差之间的可信后验差异。上半部分来自图 7-6 中 Metropolis 算法的结果，它们使用了不同的提议标准差；下半部分来自图 7-8 中 Gibbs 抽样的结果。在无限长的链的极限中，这四个分布几乎是相同的，并且应当是相同的。对于这些有限长的链而言，有效样本量较大的链（Gibbs 抽样）平均来讲会更准确

7.4.6　术语：MCMC

生成具有代表性的随机值作为目标分布的估计，这是蒙特卡罗模拟（Monte Carlo simulation）的一个具体情况。任何从分布中随机抽取大量值的模拟都被称为蒙特卡罗模拟，这得名于蒙特卡罗这个著名的赌城的骰子、转盘和洗牌器。"蒙特卡罗"这个名称（Eckhardt, 1987）是由数学家 Stanislaw Ulam（1909—1984）和 John von Neumann（1903—1957）选取的。

Metropolis 算法和 Gibbs 抽样是蒙特卡罗过程的具体类型。它们生成随机游走，使得游走中的每一步都完全独立于当前位置之前的所有步。如果一个过程中的每一步都不依赖当前步之前的状态，那么任何这样的过程都被称为（一阶）马尔可夫过程；一系列这样的步则被称为马尔可夫链［以数学家 Andrey Markov（1856—1922）的姓氏命名］。Metropolis 算法和 Gibbs 抽样都是马尔可夫链蒙特卡罗（Markov chain Monte Carlo，MCMC）过程的实例。此外，还有很多其他实例。得益于 MCMC 算法的

发明，以及能够针对复杂模型自动建立抽样方法的软件（如 BUGS、JAGS 和 Stan）和高速而廉价的计算机，我们才能够对复杂的真实数据应用贝叶斯数据分析。

7.5 MCMC 的代表性、准确性和效率

从后验分布生成 MCMC 样本时，我们有三个主要目标。

(1) 链中的值必须是后验分布的有代表性的值。它们不应过分地受到链的任意初始值的影响，而应充分地探索后验分布的范围。

(2) 链应当具有足够的样本量，以便得到准确且稳定的估计值。特别是，如果再次执行 MCMC 分析（伪随机数生成器中使用不同的种子），集中趋势（如中位数或众数）的估计值以及 95% HDI 的范围应当没有太大的差别。

(3) 应当高效地产生链，步数要尽可能少，不要超出我们的忍耐范围和计算能力。

在实际应用中，这些目标只能或多或少地实现，而不能完全实现。原则上，MCMC 的数学算法保证了无限长的链必能得到后验分布的完美代表值。但遗憾的是，我们没有无限长的时间或无限的计算机内存。因此，我们必须检查有限 MCMC 链的质量，以判断是否存在不具代表性的值或不稳定性估计的迹象。对于中等复杂度的典型模型（如本书中的模型），MCMC 链通常表现得很好，并且对它们进行检查是一项例行工作。随着模型复杂度的增加，它们的 MCMC 链可能会有更多的问题，对它们的检查会更重要，也更具挑战性。

7.5.1 MCMC 的代表性

检查代表性时，通常会查找初始值的残留影响，以及停留在参数空间的异常区域中的孤立链。在撰写本章时，我没有找到一种普遍适用的最佳检查方法。目前的实践通常集中在两种方法上：对轨迹图进行视觉检查，以及考虑收敛性的数值描述。

第一种检查代表性的方法是对链的轨迹图进行视觉检查。将抽样所得的参数值看作随着链的步数增加而改变的函数，这个函数的图形被称为轨迹图（trace plot）。图 7-4 已经展示过轨迹图的例子，图 7-10 和图 7-11 展示了新的例子。一种更明显地展示链中不具代表性部分的方法是将两条或多条链（使用独立的伪随机数采得）叠加在一起。如果这些链全部能够代表后验分布，那么它们应当是相互重叠的。图 7-10 显示了从不同初始值开始的三条 MCMC 轨迹的早期步骤。图 7-10 的左上角显示的是轨迹图。纵轴是参数值，横轴是链中标记为"重复次数"（Iterations）的步数。轨迹显示，三条链需要几百步才能收敛到参数的相同区域。这种视觉上的评估表明，我们应该从样本中排除链的前几百步，因为它们不具有代表性。链从不具代表性的初始值移动到后验分布的典型区域的预备步骤被称为磨合期。在实际应用中，几百甚至上千步的磨合期是很常见的。图 7-11 显示了这些链的晚期步骤。具体来说，在图 7-11 左上角显示的轨迹图中，可以看到三条链相当平滑地迂回并相互重叠。如果任何一条链与其他链分离，这将是尚未达到收敛状态的一个迹象。如果任何一条链在（几乎）相同的数值附近徘徊了更长的时间，或者变化得很缓慢，也可能是收敛失败的迹象。幸运的是，本例中的这些链完全重叠。这是一个好迹象，说明样本具有代表性。但是，这些链确实迂回得较为缓慢，这是效率低下的一

个迹象（下文将进一步讨论）。重要的是要理解，在检查样本的代表性时，逻辑只有一个：如果链具有代表性，那么它们应当很好地重叠在一起。但这个逻辑反过来时不一定为真。这些链可能重叠了，但全部被困在参数空间中的同一个不具代表性的区域中。所幸，对于中等复杂度模型的有着合理初始值的链而言，这很少会成为一个问题。

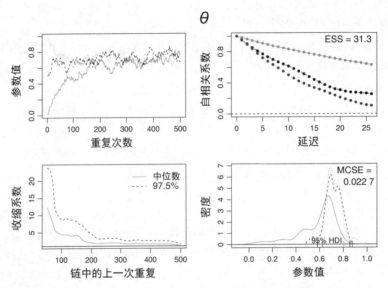

图 7-10   MCMC 诊断过程的说明。Metropolis 算法以不同的初始值生成了三条链，其中 $z = 35$ ， $N = 50$ ，提议标准差 SD = 0.02 （见图 7-4）。此处仅显示了第 1~500 步。链的晚期步骤请见图 7-11

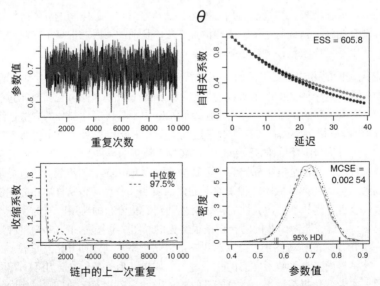

图 7-11   MCMC 诊断过程的说明。Metropolis 算法以不同的初始值生成了三条链，其中 $z = 35$ ， $N = 50$ ，提议标准差 SD = 0.02 （见图 7-4）。此处仅显示了第 500~10 000 步。链的早期步骤请见图 7-10

另一种实用的视觉表示法显示在图 7-10 和图 7-11 的右下角。这两幅图显示了每条链中抽样所得的参数值的密度图（density plot）。密度图与直方图不同，直方图显示每个直方图格中点的精确比例，而密度图在重叠的区间内平均，以生成平滑的概率密度代表值。（你可以在 R 的命令行中输入 ?density 以了解更多细节。）图 7-10 的右下角显示，在磨合期，三条链的密度图没有很好地重叠在一起。这是清晰的视觉信息，表明这些链尚未收敛。另外，图 7-11 的右下角显示，在磨合期之后，三条链的密度图确实很好地重叠在一起。这表明，但不能保证，这些链正在产生后验分布的代表值。注意，密度图还显示了每条链的 95% HDI 的估计值。当然，每条链的 HDI 范围略有不同，因为每条链都是来自后验分布的有限个随机样本。对于无限长的链来说，不同链的 HDI 范围都将收敛到相同的值。对于有限长的链来说，这些图留下了由于链的样本量有限而导致估计值发生变化的视觉印象。（下面会解释密度图中显示的 "MCSE" 的含义。）

除了在视觉上检查收敛性，还可以从数值上进行检查。一种流行的数值检验方法是考察相对于链内部的差异而言，链之间的差异有多大。这种方法的基本思想是，如果已经确定所有的链都是具有代表性的样本，那么链之间的平均差异应当与链内（步数之间）的平均差异相同。但是，如果一条或多条链是孤立链或停滞链，那么，相比于链内的差异而言，它将更多地增大链之间的差异。图 7-10 和图 7-11 的左下角显示了这种测量值的曲线图。可以看到，在磨合期（图 7-10），测量值远远地超过了 1.0。磨合期之后（图 7-11），测量值很快达到了 1.0。

这种具体的数值指标被称为 Gelman-Rubin 统计量（Gelman 和 Rubin，1992）、Brooks-Gelman-Rubin 统计量（Brooks 和 Gelman，1998）、"潜在比例折减系数"（potential scale reduction factor）或 "收缩系数"（shrink factor）。直观地说，如果链是完全收敛的，则其值为 1.0；如果存在孤立链或停滞链，则其值大于 1.0。举例来说，如果 Gelman-Rubin 统计量大于 1.1，你应当担心链可能没有充分收敛。Gelman-Rubin 统计量的确切定义涉及许多细节，而这些细节对于本书的目的来说并不重要。因此，我鼓励对其感兴趣的读者通过阅读原始文章或二级综述文章来了解更多信息，如 Gill（2009，第 478 页）或 Ntzoufras（2009，第 143 页）。图 7-10 和图 7-11 左侧的图是由 Martyn Plummer 等人创建的 coda 工具包中的函数生成的。本书的后面将介绍如何在 JAGS 系统中使用 MCMC 抽样（同样是由 Martyn Plummer 创建的），在介绍 JAGS 系统的同时会提供 coda 工具包。同时，了解 Gelman-Rubin 统计量的另一种方法是将 coda 工具包安装到 R 中。在 R 的命令行中，输入 install.packages("coda") 以安装该工具包，再输入 library(coda) 以将其加载到内存中，接着输入 ?gelman.diag 以查看该诊断方法的更多内容。

7.5.2 MCMC 的准确性

在我们确定链是来自后验分布的真正有代表性的样本之后，第二个主要目标是拥有样本量足够大的样本，以获得稳定且准确的分布估计值。样本量越大，集中趋势和 HDI 范围的估计值就越稳定且准确（平均来讲）。但是，正如我们在图 7-4 中看到的，一些链可能比其他链更笨重。笨重的链中会接连地有很多步不能提供独立的关于参数分布的信息。

因此，我们需要的是能够将链的笨重性考虑在内的链长度和准确性的测量方法。为此，我们需要一个测量笨重程度的方法。我们将使用自相关（autocorrelation）系数来衡量笨重程度，这个指标衡量的是链的当前值与前面 k 个链值之间的相关性。选择不同的 k 值会有不同的自相关系数。

图 7-12 显示了计算自相关系数的一个例子。第一行图中叠加显示了两部分数据：一条由 70 个步骤组成的 MCMC 链，以及该链向前（步数更大的方向）移动一定步数后的结果。纵轴表示参数值，横轴表示链中的步数值，此处标记为 "索引"（index）。链与叠加副本之间的步数差称为延迟（lag）。三幅图显示了三种延迟。中间一行图对比显示了原始链值（在纵轴上）和延迟链值（在横轴上）。散点图使得我们可以轻易地看到原始值和延迟值的相关性。为了帮助我们理解第一行和中间一行的对应关系，每幅散点图中都用正方形标记出了一个点，并在第一行图中将它对应的一对值用长方形框了起来。具体来说，在索引 50 左右，链的值约为 16。延迟为 10 时（索引数约为 60），链的值约为 13。第二行右图中的正方形围出了 <13, 16> 附近的点，第一行右图中的长方形围出了原始链中索引约为 50 的值。

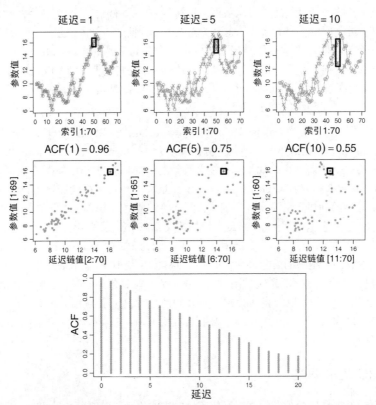

图 7-12　链的自相关系数。顶部显示了延迟链的例子。中间显示了原始链值与延迟链值的散点图，并标注了其相关性。底部显示了自相关函数（ACF）

对于我们感兴趣的任何延迟，都可以计算其自相关系数。自相关函数（autocorrelation function，ACF）是关于所有备选延迟的自相关系数的函数。在我们的应用中，我们通常对 1 到 20 的延迟数感兴趣。图 7-12 中最后一幅图显示了该链的自相关函数。由于延迟是离散的，因此，用不同高度的条形来表示每个整数延迟的自相关系数。延迟 k 处的自相关系数表示为 ACF(k)。你可以看到，三幅散点图中标出的 ACF 值，与条形图中该延迟数的高度是对应的。ACF 图显示，这条链的自相关程度很高，这意味着它在步数间缓慢地变化。换句话说，这条链相当笨重。

图 7-10 和图 7-11 的右上角也显示了 ACF。图中有多条链，每条链都有着不同的 ACF。不同于使用条形图绘制的 ACF，这些图形使用了线连接的点，因为这样更容易看到相互叠加的 ACF。你可以看到这些链是高度自相关的，因为对于很大的延迟而言，自相关系数仍然远远高于零。链中连续的步骤得到的参数值不能提供相互独立的关于后验分布的信息，因为每个步骤都与前一步骤部分地冗余。结果是，这些链需要很多步骤才能生成关于后验分布的独立信息。

我们想知道自相关链中有多少相互独立的信息。具体来说，我们可以问：能够产生相同信息、完全非自相关的链，其样本量大小是多少？一种叫作有效样本量（effective sample size，ESS）的方法（由 Radford Neal 提出；Kass、Carlin、Gelman 和 Neal，1998，第 99 页）给出了这个问题的答案，它将实际样本量除以自相关量。正式地说，将链的实际步数表示为 N。ESS 是：

$$\text{ESS} = N \left/ \left(1 + 2 \sum_{k=1}^{\infty} \text{ACF}(k) \right) \right. \tag{7.11}$$

其中 $\text{ACF}(k)$ 是延迟为 k 时，链的自相关系数。在实际计算中，当 $\text{ACF}(k) < 0.05$ 时，可以终止 ESS 定义中的无穷求和（因为通常有 $\text{ACF}(k+1) < \text{ACF}(k)$）。在 R 中，ESS 可以由 coda 工具包中的 effectiveSize 函数计算（它使用的算法与式 7.11 不同）。

在图 7-10 和图 7-11 的右上角中，显示 ACF 的同时标注了所有链的 ESS 总数。比如，图 7-11 中有三条链，每条链均为 $N = 9500$（每条链从"重复次数"500 到 10 000），总共有 28 500 步。但自相关系数很高，所以 ESS 仅为 605.8。显示 ESS 时包含了小数点后的第一位数，这仅仅是为了提醒：ESS 是一个连续的估计值，不要与实际的样本量混淆。

对于一个准确而稳定的后验分布，ESS 应该有多大？答案取决于你想处理后验分布的哪些细节。对于受密集区域强烈影响的分布特征（如单峰分布的中位数），不需要很大的 ESS。但对于受稀疏区域强烈影响的分布特征（例如 95% HDI 范围），则需要相对较大的 ESS。原因是分布中的稀疏区域在链中的抽样数相对较少，因此，需要更长的链来生成稀疏区域（例如 95% HDI 范围）的高分辨率图像。一个简单的指导原则是：为了得到 95% HDI 范围的有合理准确性和稳定度的估计值，推荐的 ESS 为 10 000。这仅仅是一个基于实际应用经验的启发式方法，不是一个硬性要求。如果你的应用中不需要太准确的 HDI 范围，那么小一些的 ESS 可能也是足够的。

为了直观地感受一下 95% HDI 范围的（不）稳定的估计值，我们将从已经精确算得真实 95% HDI 范围的分布中重复生成 MCMC 链。具体地说，标准正态分布的 95% HDI 范围近似为：−1.96 到 1.96。我们将从正态分布中重复地生成 MCMC 链，每次重复时所使用的 ESS 都为 10 000。我们将估计每个 MCMC 样本的 95% HDI。然后，我们将查看这些估计值并感受它们与已知真实值之间的偏差。

图 7-13 显示了重复 50 000 次的结果（每次重复的 ESS 均为 10 000）。图中上半部分显示了 HDI 的两个边界的估计值。可以看到，估计值的中位数 ±1.95 没有真实值 ±1.96 那么极端。HDI 范围估计值的分布的 SD 约为 0.053。参数值样本的 SD 应该为 1.0，因为它来自标准正态分布。因此，当 ESS 为 10 000 时，95% HDI 范围估计值的 SD 约为 MCMC 链 SD 的 5%。

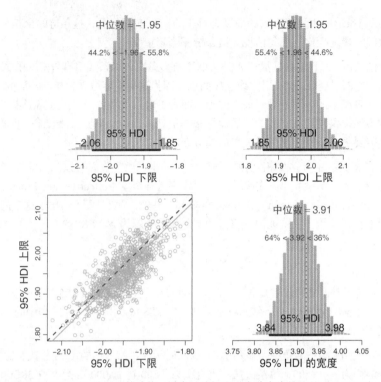

图 7-13   随机样本的 95% HDI 范围的估计值。样本是从标准正态分布中抽取的，且 ESS 为 10 000。重复
抽样会产生图中所示的估计值分布，这里共重复了 50 000 次。图中上半部分显示了 HDI 边界的
估计值，下半部分显示了 HDI 宽度的估计值。用虚线标出的值为真实值

　　HDI 的宽度被稍稍低估了，但没有 HDI 边界的边际分布所暗示的那么多。HDI 边界的估计值具
有很强的相关性，如图 7-13 左下角所示。（更多讨论见 12.1.2 节。）宽度估计值的分布如右下角所示。
可以看出，估计宽度的中位数仅略小于真实宽度。95% HDI 的真实宽度为 3.920，估计宽度的中位数
为 3.907。这表明，在这种情况下，估计宽度约为真实宽度的 99.7%。

　　分布为偏态或 ESS 较小时，HDI 估计值的 SD 会变得更大。比如，当 ESS 只有 2500 而不是 10 000
时，MC 重复抽样中的 HDI 估计值会变得更加不稳定，如图 7-14 所示。通过与图 7-13 相比可以看出，
平均来讲，ESS 较小时将产生稍差且不太稳定的 HDI 边界估计值及宽度估计值。

　　另一个测量链的有效精度的实用指标是蒙特卡罗标准误差（Monte Carlo standard error，MCSE）。
首先介绍一些背景概念和术语。考虑来自正态分布的随机样本 $x_1, \cdots, x_N$，并计算样本的均值：
$\bar{x} = \frac{1}{N}\sum_{i=1}^{N} x_i$。样本均值是生成它的正态分布的潜在均值 μ 的充满噪声的指标。如果我们重复地取出
N 个样本，则样本均值 $\bar{x}$ 有时会大于 μ，有时会小于 μ。这 N 个样本的均值在重复次数之间的标准差，
被称为样本均值的标准误差（standard error），其估计值即 $SE = SD / \sqrt{N}$，其中 SD 是样本的标准差。
因此，随着样本量的增加，标准误差减小。换句话说，样本量越大，估计潜在均值时的噪声就越小。
标准误差本身就是估计值的噪声的量化指标。将独立值的标准误差的概念推广到马尔可夫链中，只需

用 ESS 代替实际样本量即可。因此，MCSE 的一个简单公式是：

$$MCSE = SD / \sqrt{ESS} \tag{7.12}$$

其中，SD 是链的标准差，ESS 的定义如式 7.11 所示。这是 MCSE 的一个简单版本；更深入的思考请参见文章：Flegal、Haran 和 Jones（2008）。

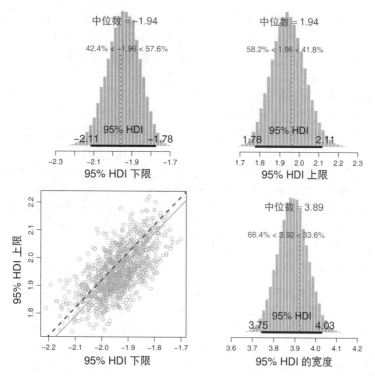

图 7-14　随机样本的 95% HDI 范围的估计值，其中样本是从标准正态分布中抽取的，ESS 仅为 2500。重复抽样会产生图中所示的估计值分布，这里共重复了 50 000 次。图中上半部分显示了 HDI 边界的估计值，下半部分显示了 HDI 宽度的估计值。用虚线标出的值为真实值

　　图 7-10 和图 7-11 的右下角显示了 MCSE 的例子。MCSE 表示在参数值的尺度下，链的样本均值的 SD 的估计值。在图 7-11 中，尽管 ESS 很小，但后验分布均值的估计值似乎是非常稳定的。

　　这里总结一下 MCMC 结果准确性和稳定性的相关内容。第一，查看轨迹图和密度图，以及 Gelman-Rubin 统计量，可以看出是否已适当地度过了磨合期。第二，这些指标也可以表明，这些链是否很好地混合在一起，是否能够代表后验分布。记住，逻辑上的诊断结果只能证明不具有代表性，不能保证一定具有代表性。测量指标 ESS 和 MCSE 显示了链的稳定性和准确性。一个启发式方法是，如果你想得到具有合理稳定性的 95% HDI 范围的估计值，那么可以将 ESS 设置为（至少）10 000。如果你想得到具有特定精度的后验均值的估计值，可以参考 MCSE，因为 MCSE 与参数的测量尺度相同。

7.5.3　MCMC 的效率

我们对 MCMC 的第三个要求是高效，不要考验我们的耐心和计算能力。在实际应用中，一些参数往往高度地自相关，因此需要非常长的链才能获得足够的 ESS 或 MCSE。（尝试）提高 MCMC 效率的途径有很多，举例如下。

- ❏ 在硬件上并行地计算链。大多数新的计算机有四个或更多的处理器，每一个处理器都可以同时并行地计算一条链。并行地计算链并不能增加每条链中每一步的信息量，但确实提高了实际时间增加一个单位时获得的信息量。runjags 工具包非常适合并行计算链，我们将在第 8 章中介绍。
- ❏ 调整抽样方法。比如，使用 Gibbs 抽样方法代替 Metropolis 抽样方法，如图 7-6 至图 7-8 中所示的 ESS 的增加。这种方法需要你了解各种抽样器，并且了解哪些类型的模型结构和子结构适合使用哪些抽样器。我们不会在本书中探讨这些细微差别，而是让复杂的软件为我们解决这个问题。一种相对高效的抽样方法是哈密顿蒙特卡罗，第 14 章介绍的 Stan 软件中内置了这种方法。
- ❏ 重新选择模型的参数。在某些情况下，模型的各种参数可以代数变形为等价的不同形式，但是 MCMC 对一种形式的计算要比另一种形式更高效。比如，两个参数 α 和 β 可以重新表示为 $\mu = (\alpha + \beta)/2$ 且 $\delta = (\alpha - \beta)/2$，因此 $\alpha = \mu + \delta$ 且 $\beta = \mu - \delta$。（这种特殊的重新参数化方法可能对 MCMC 抽样没有什么影响，但这里提到它是为了说明这个想法。）这个想法的一个应用是回归分析中的数据居中，我们将在第 17 章中介绍。我们将很少看到这种方法的其他例子，因为这种应用要求我们对特定模型的技术细节有细致入微的理解，这超出了本书的预期目的。

一种减少自相关但不能提高效率的方法是精简（thinning）链。在精简链中，计算机内存中只存储链的每 k 步中的 1 步。比如，当精简至十分之一步数时，仅会保留步骤 1、11、21、31 等。由此得到的精简链比原始完整链的自相关程度低。但是，精简链也比原始链拥有更少的信息，并且从精简链得到的估计值（平均来说）会比原始链更不稳定且更不准确（Link 和 Eaton，2012）。毕竟，原始链中的每一步都提供了一些新的信息。而且，生成精简链的步数与生成它的原始链的步数一样多，因此生成链的过程不会节省时间。使用精简链的唯一原因在于，存储完整的原始链会占用太多计算机内存，或者在后续步骤中，处理完整的原始链将占用太多的时间。

7.6　小结

在关注 MCMC 这棵树之后，让我们重新审视贝叶斯推断的森林。回想一下，贝叶斯数据分析的首要目标是确定数据的描述性模型中参数值的可信度。贝叶斯法则为参数值的后验分布提供了精确的数学方程。但精确的形式需要计算一个积分，而实际中复杂模型的积分可能难以计算。因此，我们使用 MCMC 方法来获得具有任意精度的后验分布的近似。得益于 MCMC 算法的最新发展、将它们巧妙地应用于复杂模型的软件，以及可以迅速运行它们的硬件，我们现在可以使用 MCMC 方法来分析实际的复杂模型，而这在几十年前是不可能实现的。

本章着重解释了 MCMC 的概念，并在用于解释这些概念的简单例子中应用了 MCMC 方法。（第 8 章将介绍实现 MCMC 的应用软件。）本章介绍了 Metropolis 算法的一个简单例子：一名政治家在邻近的岛间移动。在这个参数值为离散数值的情况下，我们建立了一些基本的数学直觉。然后，将一种通用形式的 Metropolis 算法应用于连续参数的估计，也就是硬币的偏差。在此基础上，引入 Gibbs 抽样，并将它应用于估计两枚硬币偏差之间的差异。Metropolis 方法和 Gibbs 方法是两种 MCMC 抽样方法。除此之外，还有很多其他本章没有讨论到的抽样方法。所有的 MCMC 方法在无限长的时间内都将收敛至后验分布的精确值，但是它们在有限长的时间内为不同模型生成代表性样本的效率不同。

7.5 节讨论了评估 MCMC 链是否有足够代表性及准确性的诊断方法和启发式方法。图 7-10 和图 7-11 展示了 MCMC 链的视觉表示与数值表示，包括轨迹图、密度图、自相关图和 Gelman-Rubin 统计图，以及两个数值指标，即 ESS 和 MCSE。

在随后的章节中，我们所使用的软件会对复杂模型自动选取 MCMC 抽样方法。我们不需要在 Metropolis 抽样方法中手动调整提议分布，也不需要推出 Gibbs 抽样方法的条件分布。我们不需要思考应当使用哪种抽样方法。但是，我们需要评估 MCMC 抽样方法的输出，并判断它是否具有足够的代表性和准确性。因此，记住本章中 MCMC 的概念及对其进行评估的细节是至关重要的。

7.7 练习

你可以在本书配套网站上找到更多练习。

练习 7.1 **目的：实践 Metropolis 算法，如图 7-4 所示。**从本书附带的文件中打开名为 BernMetrop.R 的程序。该脚本实现了图 7-4 中的 Metropolis 算法。在脚本的中间，你将发现其中一行指定了提议分布的 SD：

```
proposalSD = c(0.02,0.2,2.0)[2]
```

这一行看起来可能很奇怪，其实它只是由常量组成的一个向量，它的末尾有一个索引来指定应该使用哪个分量。这是同时指定三个选项并选择其中一个选项的一种简便方法。请你运行脚本三次，每个选项使用一次（使用[1]一次，使用[2]一次，使用[3]一次）。还有一行指定了随机数生成器的种子。请你将其注释掉，以便得到与图 7-4 所示轨迹不同的轨迹。请注意，在脚本的末尾，你可以指定图形文件的格式以保存生成的图形。在你的报告中加入这些图，并描述它们是否显示出与图 7-4 中相应的轨迹相似的表现。一定要讨论 ESS。

练习 7.2 **目的：探索图 7-12 中的自相关函数。**在脚本 BernMetrop.R 的末尾，添加以下几行：

```
openGraph(height=7,width=3.5)
layout(matrix(1:2,nrow=2))
acf( acceptedTraj , lag.max=30 , col="skyblue" , lwd=3 )
Len = length( acceptedTraj )
Lag = 10
trajHead = acceptedTraj[ 1       : (Len-Lag) ]
trajTail = acceptedTraj[ (1+Lag) :  Len      ]
plot( trajHead , trajTail , pch="." , col="skyblue" ,
      main=bquote( list( "Prpsl.SD" == .(proposalSD) ,
                         lag == .(Lag) ,
                         cor == .(round(cor(trajHead,trajTail),3)))) )
```

(A) 在每行之前添加一条注释，说明该行的作用。在你的报告中加入这些注释后的代码。

(B) 重复上个练习，并将上面的几行代码附在脚本后面。在你的报告中加入新的图形。对于每次的运行结果，检查特定延迟处的高度是否与散点图中的相关值匹配。

(C) 当提议分布的 SD = 2 时，为什么散点图的对角线上有密集的点线？（提示：看轨迹。）

练习 7.3　**目的：使用多峰先验及 Metropolis 算法，并查看链如何完成众数间的转换或卡在某众数中。**在本练习中，你将看到 Metropolis 算法在多峰分布中的使用情况。

(A) 考虑硬币偏差的一个先验分布，其中可信度最高的偏差是 0.0、0.5 和 1.0，我们将其表示为 $p(\theta) = (\cos(4\pi\theta) + 1)^2 / 1.5$。

(B) 绘制先验分布的图形。提示：theta = seq(0,1,length=501); plot(theta,(cos(4*pi* theta)+1)^2/1.5)。

(C) 在脚本 BernMetrop.R 中，找到指定先验分布的函数定义。在该函数定义中，注释掉将 Beta 密度函数指定为 pTheta 的这一行，放入有三个峰值的先验分布：

```
#pTheta = dbeta( theta , 1 , 1 )
pTheta = (cos(4*pi*theta)+1)^2/1.5
```

为了让 Metropolis 算法探索先验分布，我们给它空的数据集。在脚本中找到指定数据的行并设置为 myData=c()。让提议分布的 SD = 0.2，运行脚本。在你的报告中加入输出的图形。轨迹的直方图看起来像本练习前一部分的图形吗？

(D) 重复上一部分，但现在 myData=c(0,1,1)。在你的报告中加入输出的图形。这个后验分布有意义吗？解释原因。

(E) 重复上一部分，但现在提议分布的 SD = 0.02。在你的报告中加入输出的图形。这个后验分布有意义吗？解释为什么没有意义。哪里出了问题？如果没有从前面的部分得知这个输出不代表真正的后验，那么我们怎么能试着进行检查呢？提示：见下一部分。

(F) 重复上一部分，但现在初始位置为 0.99：trajectory[1]=0.99。结合前面的部分，这个结果告诉我们什么？

第 8 章

JAGS

那些被拒绝的提议，伤透了我的心；
我的感情不断凋零，掉进拒绝之井。
大约该你走你的路，而我走我的路；
沿各自的路走下去，终究会被接受。①

8.1 JAGS 及其与 R 的关系

JAGS 是一个为复杂的层次模型自动构建 MCMC 抽样器的系统（Plummer，2003，2012）。JAGS 的意思是"只是另一个 Gibbs 抽样器"（Just Another Gibbs Sampler），它继承自名为 BUGS 的开创性系统，而 BUGS 的意思是"使用 Gibbs 抽样的贝叶斯推断"（Bayesian inference using Gibbs sampling；Lunn、Jackson、Best、Thomas 和 Spiegelhalter，2013；Lunn 等人，2000）。1997 年，BUGS 有一个名为 WinBUGS 的纯 Windows 版本；后来，OpenBUGS 重新实现了 BUGS，它同样在 Windows 操作系统上运行得最好。JAGS 保留了 BUGS 的许多设计特性，但在不同的计算机操作系统（Windows、macOS 和 Linux/Unix 的其他变种）上有不同的抽样器和更好的可用性。

JAGS 获取用户对数据层次模型的描述，并返回后验分布的 MCMC 样本。方便的是，有包含一系列命令的工具包可以让用户在 R 中与 JAGS 传递信息。图 8-1 显示了本书将用到的工具包。具体地说，在本章中，你将学习如何在 R 中通过工具包 rjags 和 runjags 来使用 JAGS。稍后在第 14 章中，我们将研究 Stan 系统。

---

① *I'm hurtin' from all these rejected proposals;*
My feelings, like peelings, down garbage disposals.
S'pose you should go your way and I should go mine,
We'll both be accepted somewhere down the line.
本章是关于软件包 JAGS 的，JAGS 的意思是"只是另一个 Gibbs 抽样器"（Just Another Gibbs Sampler）。与 Metropolis 抽样不同，Gibbs 抽样中所有的提议转移都会被接受，但是所有的转移都是沿着与参数轴平行的方向。这四行诗把 Gibbs 抽样中的两个参数拟人化：它们所走的方向是正交的，但它们都在该方向上的某个地方被接受。

要安装 JAGS，请参见其官方网站。（也可以在搜索引擎中搜索"Just Another Gibbs Sampler"。在将任何内容下载到你的计算机上之前，请确保该网站是安全的。）在 JAGS 网页上，按照"下载"（Downloads）中的链接进行操作。在浏览链接时，请务必确认你点击的是 JAGS 及用户手册的链接。安装过程的细节会随着时间的推移而改变，而且不同计算机平台上的安装过程也不同，因此我不会在这里复述详细的安装说明。如果你遇到了问题，请在安装 JAGS 之前检查是否已经安装了 R 和 RStudio 的最新版本，然后再次尝试安装 JAGS。请注意，仅仅在计算机上保存 JAGS 的可执行安装文件并不能安装它。你必须运行可执行文件来安装 JAGS，与安装 R 和 RStudio 的过程类似。

在计算机上安装好 JAGS 之后，你需要启动 R 并在命令行中输入 `install.packages("rjags")` 及 `install.packages("runjags")`。如图 8-1 所示，这些工具包使你可以通过 R 中的命令与 JAGS 通信。

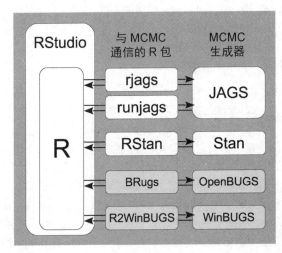

图 8-1　R 语言与其他软件工具包的关系。左边的 RStudio 是一个与 R 通信的编辑器。右边的项目是用于生成后验分布的 MCMC 样本的各种程序。中间的项目是 R 中的工具包，它们可以与 MCMC 生成器通信

8.2　一个完整的例子

我们多次探讨了如何使用贝叶斯方法来估计硬币的偏差，因为这个例子简单又清晰。5.3 节通过网格近似法解决了这个问题。然后，第 6 章说明了当先验分布为 Beta 分布时，如何用数学分析方法进行贝叶斯推断。接下来，7.3.1 节说明了如何用 Metropolis 抽样器来估计后验分布。在本节中，我们将再次用 MCMC 样本来估计后验分布，但是我们将让 JAGS 系统来决定使用哪种抽样器。我们要做的仅仅是告诉 JAGS 用什么样的数据和模型。

参数化模型由似然函数（给定参数值时指定数据概率）和先验分布（在不考虑数据的情况下，指定备选参数值的概率，即可信度）组成。在估计硬币的偏差时，似然函数是伯努利分布（回忆式 6.2）。对于 MCMC，我们必须指定一个先验分布：对于任何备选值都可以进行快速计算的先验分布。我们将

使用 Beta 概率密度函数（回忆式 6.3）。在这里，我们为这些熟悉的似然分布和先验分布引入一些新的符号。为了表明数据 y_i 来自参数为 θ 的伯努利分布，我们将其记作：

$$y_i \sim \mathrm{dbern}(\theta) \tag{8.1}$$

式 8.1 可以读作 "y_i 服从参数为 θ 的伯努利分布"。我们还应当说明，式 8.1 对所有的 i 都成立。式 8.1 仅仅是便于记忆的一种方法，用来表示数据和模型参数之间的关系。它在数学上的真正含义如式 6.2 所示。本书的其余部分将经常用到这些助记形式。为了表明先验分布是具有形状参数 A 和 B 的 Beta 概率密度函数，我们记作：

$$\theta \sim \mathrm{dbeta}(A, B) \tag{8.2}$$

式 8.2 可以读作 "θ 服从形状参数为 A 和 B 的 Beta 密度分布"。它在数学上的真正含义如式 6.3 所示，但这种助记形式是非常有用的。

图 8-2 展示了式 8.1 和式 8.2 的示意图。每个式子对应图中的一个箭头。从底部开始，我们看到有个箭头从伯努利分布的图标指向 y_i。为了减少混乱，图中没有标记横轴，但是其中隐含了信息：横轴上两个条形的位置是 $y = 0$ 处和 $y = 1$ 处。两个条形的高度表示给定参数值 θ 时 $y = 0$ 和 $y = 1$ 的概率。$y = 1$ 处条形的高度是参数 θ 的值，因为 $p(y = 1 | \theta) = \theta$。指向 y_i 的箭头旁标有符号 "$\sim$"，它的意思是 "服从……分布"，说明了 y_i 与分布之间的关系。箭头旁的标记 "i"，表示这种关系对所有的 y_i 都成立。继续向上看，我们看到从代表 Beta 分布的图标指向参数 θ 的箭头。为了减少混乱，图中没有标记横轴，但是这个图标隐含了信息：横轴上 θ 的取值范围是 0 到 1。Beta 分布的具体形状是由形状参数 A 和 B 决定的。Beta 分布的图标大致上基于 dbeta(2, 2) 分布，但该形状仅仅是为了直观地将它与其他分布（如均匀分布、正态分布和 Gamma 分布）区分开。

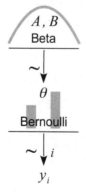

图 8-2　具有伯努利似然函数和 Beta 先验分布的数据模型。这些分布图只是用作典型形状的图标，并不代表该分布的确切形式。应该从下往上看这类图：从数据 y_i 开始，然后是似然函数和先验分布。图中的每个箭头在 JAGS 的模型定义中都有相应的代码行

像图 8-2 这样的图应该从下往上看。这是因为数据模型总是从数据开始，然后设想一个似然函数并使用有意义的参数来描述数据，最后确定参数的先验分布。刚开始时，从下往上看图可能会让你感到别扭，但我们需要遵从绘制分布图时的约定：因变量的值被绘制在底部的轴上，函数的参数显示在

底轴的上面。如果本书的书面语言也是自下而上书写的，而不是自上而下书写的，我们就不会感到有什么矛盾。[①]再次强调：在描述一个模型时，其逻辑是从数据到似然（及其参数）再到先验。如果用分布图表达内容，那么它的逻辑顺序是从下到上。如果用文本表达内容，如英语或计算机代码，那么逻辑顺序是从上到下。

图 8-2 所示的图非常有用，原因有两个。

- 有助于澄清概念，特别是在处理更复杂的模型时。这种图展示了数据和参数之间在概念上的依赖关系，并且不会让我们深陷在分布的数学细节中。虽然式 8.1 和式 8.2 完全指明了模型中变量间的关系，但图在空间上明确地将对应变量连接在一起，让我们简单直观地看到并理解变量间的依赖链。每当创建一个模型时，我都会画出它的图，以确保我真正有条理地考虑了所有细节。
- 在 JAGS 中实现模型时，这种图非常有用，因为图中的每个箭头在 JAGS 的模型定义中都有相应的代码行。我们很快将看到一个在 JAGS 中指定模型的例子。

现在，我们将通过一个完整的示例来说明如何在 R 中使用一系列的命令，为这个模型生成来自 JAGS 的 MCMC 样本。在本书附带的程序包中，文件名为 JAGS-ExampleScript.R 的脚本包含了这些命令。请你在 RStudio 中打开该脚本，并在阅读以下内容时执行相应的命令。

8.2.1　加载数据

从逻辑上讲，数据模型是从数据开始的。我们必须了解数据的基本尺度和结构，才能构思出一个描述性模型。因此，分析数据时，程序的第一部分是将数据加载到 R 中。

在实际的研究中，数据存储在由研究人员创建的计算机数据文件中。一种通用格式是 CSV 文本文件，其中的每一行都是逗号分隔的数值。这种文件的扩展名通常为.csv。你可以通过 3.5.1 节介绍的 read.csv 函数将它们读入 R。数据文件的通用格式中，每行包含一个 y 值，而该行的其他字段显示该 y 值的标识信息，或者该 y 值的协变量和预测变量。在当前的应用场景中，数据值是抛一枚硬币时得到的 1 和 0。因此，数据文件的每一行只有一个 1 或 0，每行没有其他字段，因为只有一枚硬币。

为 JAGS 打包数据时，我们将数据放到一个列表结构中，3.4.4 节介绍了列表结构。JAGS 还需要知道总共有多少个数据值，因此我们还需计算出这个总数并将其放入列表中，[②]如下所示：

```
myData = read.csv("z15N50.csv")    # 读取数据文件；结果是数据框
y = myData$y                        # y 值是 myData 中名为 y 的分量
Ntotal = length(y)                  # 计算抛掷的总次数
dataList = list(                    # 将这些信息放入列表中
  y = y ,
  Ntotal = Ntotal
)
```

[①] 书面文字和数学符号之间也有方向上的矛盾。你可能对它们很熟悉，以至于已经忘记了这种矛盾的存在。当你在书写分数时，分母及分子是从右向左排列的，而不是从左向右排列的。因此，在阅读文字时，当你遇到一个分数的最左边的数时，在你找到最右边的数并反过来查看之前，你不能确定这个分数是多少。如果你可以习惯于从右往左查看分数，那么你也可以习惯于从下往上查看层次结构图。

[②] 我们可以不在 R 中计算数据值的数量并将其传递给 JAGS，而是可以直接在 JAGS 的 data 组块中进行计算。但是本书在后面部分才会介绍 JAGS 模型定义在这方面的内容。

list 中的语法可能看起来很奇怪,因为它看起来像是在复述语句:y=y 和 Ntotal=Ntotal。但实际上等号的两边指代了不同的内容。等号左边是列表中该分量的名称,等号右边是列表中该分量的值。因此,列表中写作 y=y 的分量意味着这个分量的名称是 y,分量的值是当前存在于 R 中的变量 y 的值(它是由 0 和 1 组成的向量)。列表中写作 Ntotal=Ntotal 的分量意味着这个分量的名称是 Ntotal,分量的值是当前存在于 R 中的变量 Ntotal 的值(它是一个整数)。

R 中创建的 dataList 随后将被发送到 JAGS。这个列表将变量的名称和值告诉 JAGS。重要的是,分量的名称必须与 JAGS 模型定义中的变量名称相匹配,下一节将对此进行解释。

8.2.2 定义模型

在 JAGS 中实现模型时,图 8-2 所示的模型图非常有用,因为在 JAGS 的模型定义中,图中的每个箭头都有相应的代码行。模型定义以关键字 model 开始;接下来的所有在花括号中的内容,都是对变量之间依赖关系的文本描述。以下是图 8-2 所示的模型图在 JAGS 中的形式:

```
model {
  for ( i in 1:Ntotal ) {
    y[i] ~ dbern( theta )        # 似然函数
  }
  theta ~ dbeta( 1 , 1 )         # 先验分布
}
```

图 8-2 底部的箭头指向 y_i,在 JAGS 中表示为 y[i] ~ dbern(theta)。因为这个关系对所有的 y_i 都成立,所以将该语句放在 for 循环中。for 循环是一个简便的方法,它使 JAGS 将该语句复制给 i 的每个值,也就是 1 到 Ntotal。注意,模型定义中的变量名(y 和 Ntotal)必须与上一节中定义的 dataList 中使用的变量名相匹配。为了使 JAGS 获得模型定义中数据的具体值,变量名的这种对应关系至关重要。

在逻辑上,模型定义语句的下一行是定义先验分布,即图 8-2 所示模型图中上方的箭头。这个特殊的应用场景使用了形状参数为 $A=1$ 且 $B=1$ 的先验分布,因此 theta ~ dbeta(1 , 1)。

模型定义语句从似然到先验的逻辑顺序只为了方便人类读者阅读。JAGS 本身并不关心语句的顺序,因为 JAGS 不会将模型语句视为一个有顺序的过程并执行它。事实上,JAGS 只是读取声明依赖关系的语句,然后将它们组织在一起,看看它们能否组成连贯的结构。模型定义实际上只是表述"踝骨与胫骨相连"且"胫骨与膝骨相连"的一种方式。[1]无论你先说哪一句,都是正确的。因此,以下首先定义先验分布的模型定义,等同于上面的模型定义。

```
model {
  theta ~ dbeta( 1 , 1 )         # 先验分布
  for ( i in 1:Ntotal ) {
    y[i] ~ dbern( theta )        # 似然函数
  }
}
```

---

① 骨头连接方式的例子暗示了著名的灵魂歌曲:*Dem Bones*(又名 *Dry Bones* 或 *Dem Dry Bones*)。这首歌是由 James Weldon Johnson(1871—1938)创作的。这首歌的歌词和这里的歌词不完全一样。原版歌曲用上升的音调唱了从脚到头的连接,然后用下降的音调唱了从头到脚的连接。

虽然对 JAGS 来说，先定义先验分布不是一个逻辑问题，但是对于人类来说，这可能是一个概念问题。这是因为对于人类来说，在知道伯努利似然函数被用来描述二分数据且 `theta` 是伯努利似然函数的一个参数之前，可能很难理解 `theta` 的作用。

为了将模型定义导入 JAGS，我们需要先在 R 中以字符串的形式创建这些定义，然后将这些字符串保存到临时文本文件中，再将文本文件发送给 JAGS。以下 R 代码把字符串形式的模型定义写入被随意命名为 TEMPmodel.txt 的文件：

```
modelString = "        # 标记模型字符串开始的引号
  model {
    for ( i in 1:Ntotal ) {
      y[i] ~ dbern( theta )
    }
    theta ~ dbeta( 1 , 1 )
  }
"                        # 标记模型字符串结束的引号
writeLines( modelString , con="TEMPmodel.txt" )   # 写入文件
```

我们为 JAGS 编写的每个模型都将经历这样的过程：将模型定义捆绑为字符串，并将它保存到文件中。在不同的应用场景中，只有模型的具体定义会发生变化。

你可能已经注意到上面的 `modelString` 中有一个注释。JAGS 使用的注释语法与 R 一样。因此我们可以在 JAGS 的模型定义中加入注释。这在复杂的模型中非常有用。值得重复说明的是，模型定义不是由 R 来解释的，它们对 R 而言只是一些字符串。字符串将被发送到 JAGS，JAGS 将处理并解释这些模型定义。

8.2.3   初始化链

本节介绍如何指定 MCMC 链的初始值。JAGS 可以使用它自己的默认值自动完成这项工作。因此，第一遍读本节的时候，你不需要完全理解，但你一定要留心，以便日后复习。尽管 JAGS 可以使用默认值自动启动 MCMC 链，但如果我们能为 JAGS 提供合理的初始值，那么 MCMC 过程的效率可能会得到提高。为此，我们必须在模型中找出这样的参数值：能够合理地描述数据，并且可能处于后验分布的中间。

一般来说，一个实用的参数初始值选择是它们的最大似然估计（maximum likelihood estimate，MLE）。MLE 是使似然函数最大化的参数值，也就是说，它是使数据概率最大化的参数值。当先验信息不明确时，后验分布通常离似然函数不远，因此 MLE 是一个合理的选择。比如，回顾图 7-5 中的情况：似然函数的峰值（MLE）离后验函数的峰值不远。

结果表明，对于伯努利似然函数，MLE 是 $\theta = z/N$。换言之，使 $\theta^z(1-\theta)^{(N-z)}$ 最大化的 θ 值是 $\theta = z/N$。在图 6-3 绘制的似然函数中可以看到这一事实的一个例子。对于我们当前的应用场景而言，数据是向量 `y` 中的 0 和 1。因此 z 是和 `sum(y)`，N 是长度 `length(y)`。我们将正面比例命名为 `thetaInit`，然后将这个初始参数值保存到一个列表中。这个列表随后将被发送给 JAGS。

```
thetaInit = sum(y)/length(y)
initsList = list( theta=thetaInit )
```

在 thetaInit 中，每个分量的名称都必须与 JAGS 模型定义中的参数名称相同。因此，在上面的 list 语句中，分量名 theta 也是 JAGS 模型定义中的 theta。thetaInit 随后将被发送给 JAGS。

当存在多条链时，我们可以为每条链指定不同的或相同的初始值。rjags 工具包提供了三种初始化链的方法。第一种方法是为所有的参数指定一个初始点，让所有的链都从那里开始，如上例中所示的单个 list。第二种方法是指定一个 list 列表。它包含多个子列表，其中子列表的数量与链的数量一样多，并在每个子列表中指定特定的初始值。第三种方法是定义一个函数，调用它时会返回一组初始值。（3.7.3 节描述了 R 函数的定义。）总共有多少条链，rjags 工具包就会调用多少次该函数。下面将展示第三种方法的一个例子。

并不是所有人都认可将 MLE 作为链的初始值的这个建议。一些实践者建议在参数空间中选择非常分散的点作为不同链的初始值。这样一来，当不同的链最终收敛到一起时，可以看作磨合期结束且探索完参数空间的标志。在解释 Gelman-Rubin 统计量时，尤其推荐使用此过程。然而，根据我的经验，对于本书中使用的相对简单的模型，适当的磨合期和收敛性很少会成为问题。而且，对于一些复杂的模型，如果链的初始值是随机分散的任意点，那么在合理的有限步数中，它们可能永远不会收敛，于是一些链将永远成为孤立链（尽管 Stan 中的孤立链问题通常比 JAGS 小）。

一种折中的方法是将链的初始值设置为 MLE 附近的随机点。比如，对于每条链，从数据中重新抽样并计算重新抽样后的数据的 MLE。重新抽样后的数据往往具有大致相同的正面比例，但有时更多，有时更少。下面是一个函数的示例，每次调用该函数时，它都会以命名列表的形式返回 theta 的不同取值。

```
initsList = function() {
  resampledY = sample( y , replace=TRUE )          # 从 y 中重新抽样
  thetaInit = sum(resampledY)/length(resampledY)   # 计算比例，也就是 MLE
  thetaInit = 0.001+0.998*thetaInit                # 远离 0 和 1
  return( list( theta=thetaInit ) )                # 以命名列表的形式返回
}
```

函数体中的第三行是一种保护措施，它保证 theta 的初始值在 JAGS 中是有效的。比如，beta$(\theta | 2, 2)$ 的先验概率密度在 $\theta = 0$ 和 $\theta = 1$ 处为零，而 JAGS 在先验概率为零将终止，因此链不能在这些极端处开始。

为了演示 initsList 函数的工作方式，假设数据 y 由 75%的 1 组成：

> y = c(rep(0,25),rep(1,75))

调用 initsList 函数时，它将返回一个列表，其中包含名为 theta 的分量，其值约等于 75%。你可以在下面一系列的重复调用中看到它。

```
> initsList()
$theta
[1] 0.70958
> initsList()
$theta
[1] 0.77944
> initsList()
$theta
[1] 0.72954
```

9

8.2.4　生成链

现在，我们已经收集了数据，构建了模型定义，并选择了链的初始值。我们已经准备好真正地让 JAGS 生成后验分布的 MCMC 样本。我们将分三步来完成。第一步将所有信息输入 JAGS 并让 JAGS 为模型找出合适的抽样器。第二步是运行链并度过磨合期。最后，第三步是运行并记录 MCMC 样本，我们随后将对其进行检查。

第一步是使用 rjags 工具包中的 jags.model 函数完成的。该函数将模型定义、数据列表和初始值列表发送给 JAGS，并让 JAGS 找出合适的 MCMC 抽样器。下面是该命令的示例：

```
jagsModel = jags.model( file="TEMPmodel.txt" , data=dataList , inits=initsList ,
                        n.chains=3 , n.adapt=500 )
```

第一个参数是存储模型定义的文件的名称，该文件是在 8.2.2 节末尾创建的。data 参数指定在 8.2.1 节中创建的数据列表。inits 参数指定在 8.2.3 节中创建的初始值列表。如果希望 JAGS 为链创建自己的初始值，只需完全省略 inits 参数。接下来的两个参数指定调整（或调试）抽样器时的链数和步数。如果用户未指定这些参数，则这些参数默认为 1 条链和 1000 个自适应的步数。jags.model 函数返回一个名为 jagsModel 的对象。这个对象是一个函数列表，它用 JAGS 术语封装了模型和抽样器。我们不会深入研究 jagsModel 对象，而只是将它传递给生成 MCMC 样本的后续函数。

在运行 jags.model 函数时，JAGS 将检查模型定义、数据列表以及初始值之间是否一致、有无矛盾。如果有任何错误，JAGS 将发出错误警告。错误语句有时可能是晦涩难懂的，但它们通常包含足以使我们找出问题的信息。有时问题很简单，例如一个圆括号或花括号放错了位置。有时变量名会发生拼写错误。有时模型中有逻辑问题，或者初始值是不可能的。

在 JAGS 创建模型之后，我们要告诉它将链运行一些步数来完成磨合。我们使用来自 rjags 工具包的 update 函数来实现这一点：

```
update( jagsModel , n.iter=500 )
```

第一个参数是 jags.model 先前创建的 JAGS 对象。参数 n.iter 是要在 MCMC 链中执行的重复次数或步数。对于当前的简单应用场景，我们仅指定了较短的磨合期。update 函数不返回任何值，它只是改变了 jagsModel 对象的内部状态。更新时，它不会记录抽样得到的参数值。

度过磨合期后，我们让 JAGS 生成 MCMC 样本——将真正用作后验分布代表值的样本。参数值的链以特定格式排列，以便使用 coda 工具包中的各种函数来检查链。因此，生成 MCMC 样本的函数在 rjags 工具包中称为 coda.samples。下面是它的使用示例：

```
codaSamples = coda.samples( jagsModel , variable.names=c("theta") ,
                            n.iter=3334 )
```

与 update 函数一样，第一个参数是 jags.model 先前创建的 JAGS 对象。参数 n.iter 是每条链所执行的重复次数或步数。这里，n.iter 被设置为 3334，这将产生共计 10 002 步，因为 jags.model 函数中指定了三条链。至关重要的是，variable.names 参数指定了 MCMC 运行期间需要记录哪些参数值。JAGS 只会记录你明确告诉它记录的参数的轨迹。variable.names 参数必须是由字符串组成的向量。在目前的应用中，只有一个参数，因此参数向量只有一个元素。

coda.samples 函数的结果是一个 coda 格式的对象，这里称为 codaSamples，它包含所有链抽样得到的所有参数值。它是一个矩阵列表。列表的每个分量都对应一条链，因此在当前有三条链的示例中，该列表有三个分量。每个分量都是一个矩阵，矩阵中的行索引对应链中的步数，列索引对应每个参数。

8.2.5 诊断链

在检查 MCMC 样本时，第一个任务是检查链是否很好地混合在一起，是否能够较好地代表后验分布。图 8-3 显示了当前示例中 θ 参数的诊断信息。左上角的轨迹图中没有孤立链的迹象。右下角的密度图显示，这三条子链很好地重叠在一起；这一点的另一个证据是，左下角的收缩系数接近于 1.0。右上角的自相关图显示这个简单模型的自相关系数基本为零，有效样本量等于链的长度。

图 8-3 是由我创建的一个函数生成的，该函数又调用了 coda 工具包中的一些函数。我创建的函数名为 diagMCMC，意思是 MCMC 的诊断。该函数的定义在名为 DBDA2E-utilities.R 的脚本中。要使用该函数，必须首先将其定义加载到 R 的工作内存中：

```
source("DBDA2E-utilities.R")
```

只有当文件 DBDA2E-utilities.R 位于 R 当前的工作路径中时，source 命令才会起作用。否则，必须指定该文件所在文件夹的路径，例如 source("C:/[yourpath]/DBDA2E-utilities.R")。然后，才能调用诊断绘图函数：

```
diagMCMC( codaObject=codaSamples , parName="theta" )
```

diagMCMC 函数有两个参数。第一个参数指定由 JAGS 创建的 MCMC 链的 coda 对象。第二个参数指定要检查的参数。具有多个参数的模型需要多次调用该函数，也就是对每个参数调用一次。

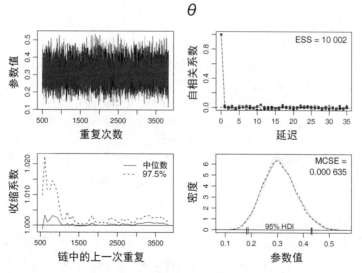

图 8-3 对 JAGS 输出结果的收敛诊断

plotPost 函数

图 8-4 显示了来自后验分布的 MCMC 样本。它与图 8-3 中的密度图非常相似，但它是以直方图的形式绘制的（并标注了不同的信息），而不是平滑的密度曲线。图 8-4 是由我创建的一个名为 plotPost 的函数绘制的，该函数的定义在 DBDA2E-utilities.R 中。图 8-4 的左图是使用以下命令创建的：

```
plotPost( codaSamples[,"theta"] , main="theta" , xlab=bquote(theta) )
```

第一个参数指定了要绘制的值，在本例中是来自 codaSamples 的名为 theta 的这一列。plotPost 函数中绘制的值可以是 coda 对象或常规向量。后面的参数只是指定了图形的标题和横轴标签。从图 8-4 的左图中可以看到，注释默认显示分布的众数估计值和 95% HDI 估计范围。在给定数据的情况下，众数代表了最可信的参数值。但遗憾的是，来自 MCMC 样本的众数估计值可能相当不稳定，因为这个估计值以平滑算法为基础，而平滑算法对 MCMC 模型中随机的起伏很敏感。

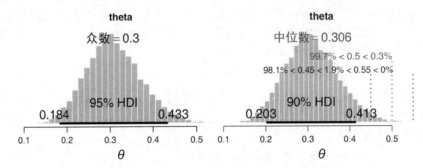

图 8-4   基于 JAGS 输出结果的后验分布，使用 plotPost 函数中的不同选项绘制了两次

图 8-4 的右图是使用以下命令创建的：

```
plotPost( codaSamples[,"theta"] , main="theta" , xlab=bquote(theta) ,
          cenTend="median" , compVal=0.5 , ROPE=c(0.45,0.55) , credMass=0.90 )
```

注意，这里还指定了四个附加参数。cenTend 参数指定将显示哪个集中趋势度量值，选项有 "mode" "median" 和 "mean"。众数是最有意义的，却不够稳定。中位数通常是最稳定的。compVal 参数指定 "比较值"。比如，我们可能想知道偏差的估计值是否与 $\theta = 0.5$ 的 "公平" 值有差异。图 8-4 中显示了这个比较值，并标注了低于或高于该比较值的 MCMC 样本的百分比。下一个参数指定了实际等价区域的范围，我们将在 12.1.1 节中深入讨论。现在，我们只需要注意到它是一个围绕着比较值的缓冲区。图中标出了它的边界值，以及分布在实际等价区域左边、内部和右边的百分比。最后，credMass 参数指定要显示的 HDI 质量。它默认为 0.95，但这里我指定了 0.90，仅仅为了说明它的用途。

plotPost 函数还有其他可选参数。参数 HDItextPlace 指定 HDI 边界的数字标签的位置。如果 HDItextPlace=0，则数字标签完全放置在 HDI 中。如果 HDItextPlace=1，则数字标签完全放置在 HDI 外部。默认值是 HDItextPlace=0.7，标签的 70% 是在 HDI 之外的。参数 showCurve 是默认为 FALSE 的逻辑值。如果 showCurve=TRUE，那么结果将显示平滑的核密度曲线，而不是直方图。

plotPost 函数还接受可以传递给 R 的绘图命令的可选图形参数。比如，绘制直方图时，plotPost 默认给每个条形加上白色边框。如果条形图恰巧很窄，那么白色的边框会遮住细条形图。因此，可以用与条形一致的颜色来绘制边框，即指定 `border="skyblue"`。再举一个例子，有时横轴的默认边界可能过于极端，因为 MCMC 链恰好有一些极端值。可以使用 `xlim` 参数指定横轴的边界，例如 `xlim=c(0,1)`。

8.3 常用分析的简化脚本

正如我在本例开头所提到的，文件 JAGS-ExampleScript.R 提供了上述分析的完整脚本。了解脚本中涉及的所有步骤对你来说是很有价值的，这样你就知道如何解释输出结果，以便将来为自己的独特应用创建脚本。但是，对于典型的常见分析场景来说，处理所有细节的过程可能是笨拙且不必要的。因此，我创建了一个简化的高级脚本的目录。

目录中的脚本有详细的文件名，但是其命名结构使得我们可以系统地处理大量的应用场景。文件命名系统的工作原理如下。首先，所有调用 JAGS 的脚本都以 "JAGS-" 开头，然后说明模型数据的性质。在数学表达式中，用模型表示的数据通常被称为 y，因此文件名中使用字母 "Y" 来表示这个变量。在本应用中，数据是二分数据（0 和 1），因此文件名以 "JAGS-Ydich-" 开头。文件名的下一部分说明预测变量的性质，有时也称为协变量或回归变量，在数学表达式中称为 x。在我们目前的应用中，只有一个被试。由于这个被试的标识符是一个名义变量（而不是计量变量），因此文件名以 "JAGS-Ydich-Xnom1subj-" 开头。最后，说明模型的性质。在当前应用中，我们使用 Beta 先验分布及伯努利似然函数，因此我们将文件名完整地写为 "JAGS-Ydich-Xnom1subj-MbernBeta.R"。对于目录中的其他脚本，文件名中 Y、X 和 M 的后面会使用不同的描述符。文件 JAGS-Ydich-Xnom1subj-MbernBeta.R 定义将要使用的函数，文件 JAGS-Ydich-Xnom1subj-MbernBeta-Example.R 包含调用这些函数的脚本。

下面是脚本 JAGS-Ydich-Xnom1subj-MbernBeta-Example.R 的要点。请仔细阅读，注意其中的注释。

```
# 加载数据
myData = read.csv("z15N50.csv")    # 必须有一个名为 y 的分量
# 加载以下函数：genMCMC、smryMCMC 和 plotMCMC
source("JAGS-Ydich-Xnom1subj-MbernBeta.R")
# 生成 MCMC 链
MCMCCoda = genMCMC( data=myData , numSavedSteps=10000 )
# 对于特定的参数值，显示链的诊断结果
diagMCMC( MCMCCoda , parName="theta" )
# 显示链的摘要统计数值
smryMCMC( MCMCCoda )
# 显示后验分布的图形信息
plotMCMC( MCMCCoda , data=y )
```

请留意脚本中的 JAGS 过程，之前它是一个内容丰富的脚本，整合了数据列表、模型定义、初始值和链的运行，在这里它已经被压缩为一个叫作 `genMCMC` 的函数。欢呼吧！使用这个脚本，你可以分析具有这种结构的任何数据。你只需在开始时读取适当的数据文件，而无须更改脚本中的任何其他内容。

只要数据文件的结构符合 `genMCMC` 函数的要求，这个高级脚本应当是无须更改就可以运行的。如果你想以某种方式修改其中的函数，那么你可能需要进行一些调试。请回顾 3.7.6 节中关于函数调试的内容。

9

8.4 示例：偏差之间的差异

在第 7 章中，我们还估计了多枚硬币（或多个被试）的偏差之间的差异。在 JAGS 中很容易实现这种情况。本节将首先说明它们在 JAGS 中的模型结构及表达式，然后展示使同类数据的类似分析都变得简单的高级脚本。

像往常一样，我们的分析过程是从数据结构开始的。在这种情况下，每个被试（或硬币）都有几个试次（或抛次），其结果是二分数据（0 或 1）。因此，数据文件中，每次测量作为一行，其中一列是结果 y，另一列是被试的标识符 s。比如，数据文件可能如下所示：

```
y,s
1,Reginald
0,Reginald
1,Reginald
1,Reginald
1,Reginald
1,Reginald
1,Reginald
0,Reginald
0,Tony
0,Tony
1,Tony
0,Tony
0,Tony
1,Tony
0,Tony
```

请注意，第一行包含了列的名称（y 和 s），且这两列是用逗号分隔的。y 下面的值都是 0 或 1。s 下面的值是被试的唯一标识符。列名称这一行必须排在前面，但之后的行可以按任意顺序排列。

程序读取 CSV 文件并将被试标识符转换为连续整数，以便它们可以用作 JAGS 中的索引。

```
myData = read.csv("z6N8z2N7.csv")
y = myData$y
s = as.numeric(myData$s)        # 将字符串转换为连续的整数
```

上面代码的结果是：一个由 0 和 1 组成的向量 y，以及一个 Reginald 被记为 1、Tony 被记为 2 的向量 s。（3.4.2 节讨论了将因子水平转换为整数的问题。）接下来，将数据打包到一个列表中，以便随后传递给 JAGS。

```
Ntotal = length(y)
Nsubj = length(unique(s))
dataList = list(
  y = y ,
  s = s ,
  Ntotal = Ntotal ,
  Nsubj = Nsubj
)
```

为了构建 JAGS 的模型定义，我们首先要绘制一幅说明变量间关系的图。数据是观察到的结果 $y_{i|s}$，其中下标指被试 s 中的结果 i。对于每个被试，我们要估计其偏差，即产生结果 1 的潜在概率，我们将其表示为 θ_s。我们将伯努利分布作为数据的模型：

$$y_{i|s} \sim \text{dbern}(\theta_s)$$

这与图 8-5 中下面的箭头相对应。每个被试的偏差程度 θ_s 是相互独立的 Beta 先验分布：

$$\theta_s \sim \text{dbeta}(A, B)$$

这与图 8-5 中上面的箭头相对应。为了使现在的例子与前面的例子保持一致，我们设置 $A = 2$ 且 $B = 2$（回想一下图 7-5、图 7-6 和图 7-8 中使用的先验分布 $\text{beta}(\theta | 2, 2)$ ）。

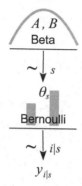

图 8-5　为多个被试 s 使用伯努利似然和 Beta 先验的模型图。注意变量和箭头上的说明。图中的每个箭头在 JAGS 的模型定义中都有相应的代码行

创建完模型图之后，我们可以在 JAGS 中将它表达出来：

```
model {
  for ( i in 1:Ntotal ) {
    y[i] ~ dbern( theta[s[i]] )     # 注意嵌套索引
  }
  for ( s in 1:Nsubj ) {
    theta[s] ~ dbeta(2,2)
  }
}
```

在上面的代码中，注意索引 i 的取值为 1 到数据值的总数，也就是数据文件中的总行数。所以你也可以把 i 看作行号。这个模型定义中的一个重要的新颖之处是，dbern 分布中使用了"嵌套索引"（nested indexing）theta[s[i]]。考虑 for 循环达到 i=12 的时候。从数据文件中，我们看到 s[12] 是 2。因此，语句中的 y[i] ~ dbern(theta[s[i]])变为 y[12] ~ dbern(theta[s[12]])，接着变为 y[12] ~ dbern(theta[2])。于是，对象 s 的数据值是由相应的 θ_s 建模得到的。

我们介绍了 JAGS 模型定义的细节，以说明在 JAGS 中表达模型是多么地容易。然后，JAGS 自己会进行 MCMC 抽样。我们不需要决定是使用 Metropolis 抽样器还是使用 Gibbs 抽样器，也不需要为 Metropolis 抽样器提供提议分布或者为 Gibbs 抽样器导出条件分布。JAGS 自己会处理。

处理这类数据结构的 JAGS 程序已经被组装成一组函数，我们可以从高级脚本调用这些函数。因此，如果你不想，可以不用处理详细的模型定义过程。这个高级脚本的结构与前一节中的示例类似。唯一改变的是脚本的文件名，它现在指定了 s 个被试 Ssubj 而不是 1 个被试 1subj。当然，数据的文件名也变了。下面是脚本 JAGS-Ydich-XnomSsubj-MbernBeta-Example.R 的要点。请仔细阅读，注意注释。

9

```
# 加载数据
myData = read.csv("z6N8z2N7.csv")    # myData 是一个数据框
# 加载以下函数：genMCMC、smryMCMC 和 plotMCMC
source("JAGS-Ydich-XnomSsubj-MbernBeta.R")
# 生成 MCMC 链
MCMCCoda = genMCMC( data=myData , numSavedSteps=10000 )
# 对于特定的参数值，显示链的诊断结果
diagMCMC( MCMCCoda , parName="theta[1]" )
# 显示链的摘要统计数值
smryMCMC( MCMCCoda , compVal=NULL , compValDiff=0.0 )
# 显示后验分布的图形信息
plotMCMC( MCMCCoda , data=myData , compVal=NULL , compValDiff=0.0 )
```

脚本的总体结构与之前针对单个被试的高级脚本相同。特别是，函数 genMCMC、smryMCMC 和 plotMCMC 的名称与前一个脚本相同，但它们是针对此数据结构而定义的。因此，在调用函数之前溯源正确的函数定义（如上所述）是至关重要的。

图 8-6 显示了 plotMCMC 函数的结果。它展示了每个参数各自的边际分布，以及参数间的差异。它还用数据的相关信息在分布上进行了标注。具体地说，大的符号 " + " 在单个边际分布的横轴上标出了 z_s / N_s 的值，在差异分布的横轴上标出了 $z_1 / N_1 - z_2 / N_2$ 的值。差异分布在 0 处还绘制了一条参考线，因此我们可以很容易地看到 0 与 HDI 的关系。

如果你将图 8-6 的右上角的图与图 7-9 的结果进行比较，可以看到 JAGS 给出的答案与我们熟悉的 Metropolis 抽样器和 Gibbs 抽样器给出的答案相同。

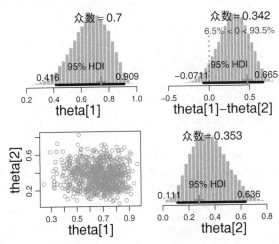

图 8-6　JAGS 产生的后验分布。将右上角的图与图 7-9 进行比较

8.5　用 JAGS 从先验分布中抽样

出于多种原因，我们可能希望在 JAGS 中检查先验分布。

❑ 我们可能希望检查内置的先验是否符合我们的预期。

■ 也许我们想象中的 beta($\theta \mid A, B$) 先验分布的样子并不是它真正的样子。

- 或者，也许我们只是想检查我们有没有犯任何编程错误。
- 又或者，我们可能需要检查 JAGS 是否正常工作。（JAGS 已经开发得很好了，我们非常相信它在正常地工作。然而，正如谚语中所说的："信任但核实。"[①]）

□ 我们可能希望检查我们没有明确指定的参数组合的隐含先验分布。比如，在估计两个偏差之间的差异时，我们用独立的先验分布 beta$(\theta | A, B)$ 分别表示这两个偏差，但我们从没考虑过对于偏差的差异来说，这意味着 $\theta_1 - \theta_2$ 的先验分布是什么样的。我们将在下面探讨这种情况。

□ 当明确指定了更高层次参数的先验分布时，我们可能希望检查层次模型里中层参数的隐含先验分布。在后面的章节中，我们将大量用到层次模型，你在 9.5 节中将看到一个这样的例子。

让 JAGS 从先验分布中生成 MCMC 很简单：我们只需要在不包含数据的情况下运行程序。这直接实现了先验分布的含义，即在没有数据的情况下，为参数值分配可信度。直观地说，根据定义，这仅仅意味着在没有新的数据时，后验分布就是先验分布。另一种将它概念化的方法是将空数据的似然函数看作一个常数。也就是说，$p(\varnothing | \theta) = k$ 是一个常数（大于零）。你可以将它想象成只是为了便于代数计算，也可以想象成真实存在的可能性：数据抽样过程碰巧没有收集到数据。请注意，无论是哪种情况，它都说明没有收集到数据的概率与参数值无关。当一个恒定的似然被代入贝叶斯法则（式5.7）时，分子和分母中的似然抵消，于是后验分布等于先验分布。

要在不包含数据的情况下运行 JAGS，我们必须删去 y 值，但必须保留模型结构中定义的所有常量，例如（空的）数据值数量和（空的）被试数量等。因此，发送给 JAGS 的数据 list 的定义程序中，我们只需要注释掉指定 y 的这一行。比如，在 JAGS-Ydich-XnomSsubj-MbernBeta.R 中，注释掉数据 y，但保留所有结构常量，如下所示：

```
dataList = list(
# y = y ,
  s = s ,
  Ntotal = Ntotal ,
  Nsubj = Nsubj
)
```

然后用通用高级脚本运行程序。请确定已保存了修改后的程序，以便高级脚本调用修改后的版本。另外，当你保存输出结果时，请确保使用了合适的文件名：标明这是先验分布的结果而不是后验分布的。

图 8-7 显示了 JAGS 在先验分布中抽样的情况。注意，单个偏差（θ_1 和 θ_2）的分布形状类似于 beta$(\theta | 2, 2)$ 分布（参见图 6-1），与我们的计划相符。最重要的是，请注意图 8-7 右上角的两个偏差之间差异的隐含先验分布。这个先验分布不是−1 到 1 范围内的均匀分布，而是表明先验分布抑制了极端的差异值。这可能是也可能不是我们想要的差异的先验分布。练习 8.4 探索了选择不同的 θ_1 值和 θ_2 值时，$\theta_1 - \theta_2$ 的隐含先验分布。

[①] 根据作家 Suzanne Massie 的网页，她向美国前总统里根传授了俄罗斯谚语 "信任但核实"（trust but verify）。这个短语在高风险的国际政治世界中经常用到，而在这里用它只是为了搞笑。相信我。

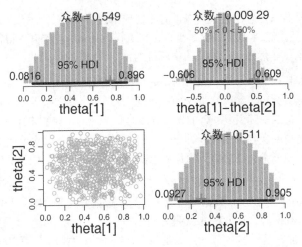

图 8-7 两个偏差之间差异的先验分布。请与图 8-6 做比较

8.6 JAGS 中可用的概率分布

JAGS 内置了大量的常用概率分布。这些分布包括 Beta 分布、Gamma 分布、正态分布、伯努利分布、二项分布以及许多其他分布。你可以在 JAGS 的用户手册中找到完整的分布列表及它们在 JAGS 中的名称。

定义新的似然函数

尽管 JAGS 已经提供了种类繁多的分布，但在某些情况下，你可能希望使用 JAGS 中没有内置的概率分布。具体地说，如何让 JAGS 使用一个它没有的似然函数？一种方法是使用名为"伯努利壹技巧"（Bernoulli ones trick）的方法或类似的"泊松零技巧"（Poisson zeros trick，Lunn 等人，2013）。

假设我们有一个有数学方程的似然函数 $p(y\,|\,参数)$。比如，正态概率密度分布有数学方程（式 4.4）。然而，假设 JAGS 没有内置这种形式的概率密度函数（probability density function, pdf）。因此，我们不能在 JAGS 中指定类似于 y[i] ~ pdf(parameters)的内容，其中"pdf"表示我们想要的概率密度函数的名称。

为了理解我们将要做什么，重点是要意识到，当 y[i]有特定取值时，或者当参数有随机生成的特定 MCMC 值时，我们从 y[i] ~ pdf(parameters)中得到的就是 pdf 的值。我们需要做的就是编写任何能够产生该结果的有效的 JAGS 代码。

这里介绍"伯努利壹技巧"。我们注意到，$\mathrm{dbern}(1\,|\,\theta)=\theta$。换句话说，如果我们在一行 JAGS 代码中写 1 ~ dbern(theta)，那么它产生的似然函数就是 theta 的值。如果我们在另一行 JAGS 代码中将 theta 的值定义为我们想要的 y[i]的似然，那么结果就是 y[i]的似然函数。因此，JAGS 模型语句：

```
spy[i] <- pdf( y[i] , parameters ) / C      # 其中pdf 是一个式子
1 ~ dbern( spy[i] )
```

将产生与 y[i] ～ pdf(parameters)相同的结果。变量名 spy[i]表示缩放后的 y_i 概率（scaled probability of y_i, spy）。

重要提示：dbern 的参数值必须介于 0 和 1 之间，因此必须对 spy[i]的值进行缩放，以使得无论随机参数值是什么，spy[i]的值始终小于 1。我们通过除以一个很大的正常数 C 来实现这一点，每个具体的应用必须自己确定这个常数。使用缩放后的似然函数而不使用正确值的似然函数的做法是没有问题的，因为 MCMC 抽样只使用当前位置和提议位置的相对后验密度，而不是绝对后验密度。

在 JAGS 中，应当在模型定义的外面定义这个元素全部为 1 的向量。一种方法是在 JAGS 的 model 组块之前使用 data 组块：

```
data {
  C <- 10000                             # 即使这个值太小了，JAGS 也不会发出警告！
  for (i in 1:N) {
    ones[i] <- 1
  }
}
model {
  for (i in 1:N) {
    spy[i] <- pdf( y[i] , parameters )/C   # 这里的 pdf 是一个函数方程
    ones[i] ~ dbern( spy[i] )
  }
  parameters ~ dprior...
}
```

作为一个具体的例子，假设 y 值是连续的计量值，我们希望将数据描述为正态分布。假设 JAGS 没有内置的 dnorm。我们可以使用上面的方法，加上式 4.4 中正态概率密度的数学方程。因此，我们将定义：

```
spy[i] <- ( exp(-0.5*((y[i]-mu)/sigma)^2)/(sigma*(2*3.1415926)^0.5))/C
```

还有一种方法。"泊松零技巧"使用了相同的方法，但利用了另一个事实：$\text{dpois}(0, \theta) = \exp(-\theta)$。因此，JAGS 语句 0 ～ dpois(-log(theta[i]))将产生 theta[i]的值。我们可以定义 theta[i] = pdf(y[i],parameters)，并将-log(theta[i])放入 dpois 分布中，以在 JAGS 中得到我们需要的似然。但是注意，-log(theta[i])必须是一个正值（以使得泊松分布有效），因此无论 y[i]和 parameters 的值是什么，似然都必须加上一个常数以确保它是正数。

最后，通过一些编程工作，可以真正地扩展 JAGS 并加入新的分布，完全不使用上面的技巧。runjags 工具包提供了一些额外的概率密度函数，并解释了扩展 JAGS 的方法（见 Denwood，2013）。Wabersich 和 Vandekerckhove（2014）解释了另一种扩展 JAGS 的方法。

8.7　在 runjags 中利用并行过程进行快速抽样

即使在 JAGS 中使用多条链，实际上仍然是在计算机的单个中央处理器（或"核心"）上按顺序计算每条链。至少，这是从 rjags 调用 JAGS 时的默认处理过程。但大多数现代计算机有多个核心。我们可以在多个核心上并行地运行所有链，而不是只使用一个核心却让其他核心处于空闲状态，从而减少所需的总时间。假设我们希望链共有 40 000 步。如果我们在四个核心上同时运行四条 10 000 步的链，那么，相比于在单个核心上接连地运行它们，大约只需要四分之一的时间。（实际上比链数的倒数要多一点：为了使链收敛并达到总步数，所有的链都必须度过磨合期。）对于我们一直在研究的简

单示例而言，MCMC 链的运行时间非常短。但对于涉及大量数据和许多参数的模型，这可以节省大量时间。

runjags 工具包（Denwood，2013）使我们可以很容易地在 JAGS 中并行运行链。这个工具包提供了许多运行 JAGS 的模式，以及各种其他工具，但这里我们只关注它在多个处理器上并行运行链的能力。有关其他函数的更多信息，请参阅 Denwood（2013）的文章和 runjags 手册。

要将 runjags 工具包安装到 R 中，请遵循安装工具包的常规过程。在 R 的命令行中，输入：

```
install.packages("runjags")
```

你只需要安装一次工具包。之后，如果你要在 R 的任何一次会话中使用 runjags 工具包中的函数，都必须通过输入以下命令来将这些函数加载到 R 的工作内存中：

```
library("runjags")
```

当 runjags 已经加载到 R 的工作内存中后，你可以在命令行中输入 ?runjags 以获得更多关于它的信息。

通过 rjags 或 runjags 运行 JAGS 的本质区别仅仅是调用 JAGS 的具体函数不同。假设我们已经在文件 model.txt 中定义了模型，其中将数据列表定义为 dataList，将初始值定义为列表或 initsList 函数。然后，假设脚本指定了链的详细信息，如下所示：

```
nChains=3
nAdaptSteps=1000
nBurninSteps=500
nUseSteps=10000      # 所使用的总步数
nThinSteps=2
```

如果通过 rjags 来调用 JAGS，那么我们可以使用以下熟悉的命令：

```
library(rjags)
jagsModel = jags.model(      file="model.txt" ,
                             data=dataList ,
                             inits=initsList ,
                             n.chains=nChains ,
                             n.adapt=nAdaptSteps )
update(                      jagsModel ,
                             n.iter=nBurninSteps )
codaSamples = coda.samples(  jagsModel ,
                             variable.names=c("theta") ,
                             n.iter=ceiling(nUseSteps*nThinSteps/nChains) ,
                             thin=nThinSteps )
```

在以上三个命令的序列中，我将参数垂直对齐，同时每行只显示一个参数，这样你就能很容易看清楚它们。要通过 runjags 调用 JAGS，相同参数值的使用方法如下所示：

```
library(runjags)
runJagsOut <- run.jags( method="parallel" ,
                        model="model.txt" ,
                        monitor=c("theta") ,
                        data=dataList ,
                        inits=initsList ,
                        n.chains=nChains ,
                        adapt=nAdaptSteps ,
                        burnin=nBurninSteps ,
```

```
                    sample=ceiling(nUseSteps/nChains) ,
                    thin=nThinSteps ,
                    summarise=FALSE ,
                    plots=FALSE )
codaSamples = as.MCMC.list( runJagsOut )
```

runjags 的一个关键优势就是以上 run.jags 函数中的第一个参数指定的 method。就是在这里，我们可以让 runjags 在多个核心上并行地运行链。method 参数有几个选项，你可以在帮助文件中了解这些选项。就我们的目的而言，主要关注的两个选项是：在常规 rjags 模式下运行的 "rjags" 和在多个核心上并行运行链的 "parallel"。

一些参数在 runjags 中的命名方法与在 rjags 中稍有不同，但是这些对应关系很容易理解，而且在 R 的命令行中（当然，也可以求助于 runjags 手册）输入?run.jags 就能获得详细的帮助信息。比如，在 rjags 的 coda.samples 命令中，指定磨合期后执行步数的参数是 n.iter，对应 runjags 中 run.jags 函数的 sample。但是由于实现时的细节不同，我们必须调整这些值。（这适用于 rjags 3～12 版本和 runjags 1.2.0～7 版本。请注意，后续版本中可能会有更改。）

run.jags 函数中有两个新参数：summarise 和 plots。summarise 参数告诉 runjags 是否计算每个参数的诊断统计信息。诊断过程需要很长的时间来进行计算，特别是对于参数多的模型和很长的链。summarise 参数的默认值为 TRUE。不过你要小心，如果不让 runjags 进行诊断，那么你需要用别的方法来诊断收敛性。

在 run.jags 返回输出后，上面的最后一行代码将 runjags 对象转换为 coda 格式。这种转换使得我们之后可以在脚本中使用面向 coda 的绘图函数。

重要提示：如果你的计算机有 K 个核心，那么通常情况下你只想并行地运行 $K-1$ 条链，因为在 JAGS 运行时，你会想为其他用途保留一个核心，例如文字处理、回复电子邮件或观看可爱小狗的视频以提高你的工作效率（Nittono、Fukushima、Yano 和 Moriya，2012）。如果你使用全部 K 个核心来运行 JAGS，那么你的计算机可能会忙于完成这些工作，以至于在完成工作之前会把你一直锁定在外面。[①]另一个重要的考虑是，JAGS 只有四个（伪）随机数生成器（RNG）。如果你同时运行四条并行链，那么 runjags（rjags 也一样）将使用不同的 RNG，这在一定程度上保证了这四条链是独立的。但是，如果运行四条以上的并行链，则需要明确地对 RNG 进行初始化，以确保可以生成不同的链。runjags 手册上有关于如何做到这一点的建议。

"好吧，"你可能会说，"这太棒了，但我怎么知道我的计算机有多少个核心呢？"一种方法是使用和 runjags 一并安装的 parallel 工具包中的 R 命令。在 R 的命令提示符后，输入 library("parallel")以加载该工具包，然后输入 detectCores()，括号中的内容为空。

8.8　扩展 JAGS 模型时的提示

通常，对一个模型进行编程需要很多步骤。请从一个简单的模型开始，然后逐步加入复杂的内容。在每一步，都要检查模型的准确性和效率。这种循序渐进的构建过程有助于从草图开始创建所需的复

---

① 如果你确实使用了计算机的所有处理器来处理数据并导致计算机锁定，使得你无法观看可爱小狗的视频，那么你仍然可以通过满足地注视本书封面上的可爱小狗来提高工作效率。

杂模型，有助于扩展先前创建的模型以满足新应用场景的需求，也有助于扩展后验预测检验结果不好的模型。解释如何扩展 JAGS 模型的最佳方法是通过示例。17.5.2 节总结了必要的步骤，例如将线性回归模型扩展为二次趋势模型。

8.9　练习

你可以在本书配套网站上找到更多练习。

练习 8.1　目的：**使用其他数据来运行高级脚本，以了解它们有多容易。** 考虑高级脚本 JAGS-Ydich-XnomSsubj-MbernBeta-Example.R。在本练习中，你将对新的数据文件使用该脚本。注意，你只需更改一行，即加载数据文件的这一行。

在 RStudio 的菜单中选择 File→New→Text file（"文件→新建→文本文件"），打开一个新的空白文件。手动输入一份新的虚拟数据，数据格式与 8.4 节所示的数据格式相同，同时使用三个被试而不是两个被试。你可以使用任何你喜欢的名字，并给每个被试分配任何你喜欢的试次数。也许一个被试有更多的 0，而另一个被试有更多的 1。给一个被试分配很多试次，而给另一个被试分配相对较少的试次。用以 ".csv" 结尾的文件名保存文件，然后在脚本的 read.csv 函数中使用该文件名。在你的报告中，加入数据文件和分析的图形输出。这些估计结果合理吗？样本量的大小对不同被试的估计有什么影响？

练习 8.2　目的：**注意 smryMCMC 函数的输出。** plotMCMC 的图形有助于理解，但缺少数字细节。运行高级脚本 JAGS-Ydich-XnomSsubj-MbernBeta-Example.R，并解释 smryMCMC 输出中的详细信息。解释参数 rope 和 ropeDiff 的作用。

练习 8.3　目的：**注意高级脚本保存的内容。** 运行高级脚本 JAGS-Ydich-XnomSsubj-MbernBeta-Example.R，注意计算机的工作路径中创建（保存）了哪些新文件。解释这些文件是什么，以及它们为什么可能在将来会有用。提示：在文件 JAGS-Ydich-XnomSsubj-MbernBeta-Example.R 中，搜索单词 "save"。

练习 8.4　目的：**探索个体参数的先验分布中隐含的差异先验分布。**

(A) 重新生成 8.5 节中的图 8-7。解释你是怎么做到的。

(B) 将单个 θ 的先验分布改为 beta$(\theta\,|\,1, 1)$，并重新生成图。描述它的各个部分并解释。

(C) 将单个 θ 的先验分布改为 beta$(\theta\,|\,0.5, 0.5)$，并再次生成图。描述它的各个部分并解释。

第 9 章

层次模型

亲爱的，在爱情方面我依赖着你。
我想 Jack Daniels 也是我的朋友。
但你把他关在女厕所里，
这意味着他的情绪也依赖着你。[①]

层次模型是包含多个参数的数学描述，其中某些参数的可信值与其他参数的值之间存在有意义的依赖关系。考虑同一个工厂铸造的几枚硬币。有正面偏差的工厂倾向于生产有正面偏差的硬币。如果我们用 ω（希腊字母 omega）表示工厂的偏差，并用 θ_s 表示硬币的偏差（下标表示不同的硬币），那么 θ_s 的可信值取决于 ω 的值。任何一枚硬币的偏差估计都依赖于工厂的偏差估计，而工厂的偏差受到所有硬币数据的影响。许多的现实问题涉及有意义的层次结构。贝叶斯建模软件使定义并分析复杂层次模型的过程变得简单。本章从最简单的层次模型开始，逐步构建更复杂的层次模型。

许多例子中的数据自然地隐含了层次描述。考虑不同防守位置的棒球运动员的击球能力。数据包括每个球员的击中次数、击打次数，以及这个球员的主要防守位置。参数 θ_s 描述了每个球员的能力，这个参数取决于另一个参数 ω，ω 描述了该位置球员的典型能力。再考虑在不同地区的不同学校里，孩子在学校食堂购买午餐的可能性。数据包括每个孩子购买午餐的天数、孩子上学的天数，以及孩子所在的学校和地区。参数 θ_s 描述了每个孩子购买午餐的概率，这个参数取决于另一个参数 ω，ω 描述了孩子们的典型午餐购买概率。在这个例子中，可以扩展该层次结构并加入一个更高的层次。在这个层次中，另一些参数描述了该地区的午餐购买概率。再来看一个例子，考虑不同城市不同医院的不同手术团队进行的心脏手术中，患者们的康复概率。在这种情况下，我们可以把每个外科团队看作一枚硬币，病人的结局是抛外科团队硬币的结果。数据包括康复患者的数量、手术的数量，以及做手术的

---

① *Oh darlin', for love, it's on you I depend.*
 Well, I s'pose Jack Daniels is also my friend.
 But you keep him locked up in the ladies' loo,
 S'pose that means his spirits depend on you too.

本章是关于层次模型的。在层次模型中，联合先验分布可以分解为一些参数依赖其他参数的项。换句话说，参数之间存在依赖链。这首诗表达了依赖和相互依赖的其他情况。文字游戏：Jack Daniels 是一个威士忌品牌，这里被表述为人。"烈性酒"（spirits）是双关词，既指酒精饮料又指人的情绪。

医院和所在城市。参数 θ_s 描述了每个团队的概率，这个参数取决于另一个参数 ω，ω 描述了该医院患者的典型恢复概率。我们可以扩展层次结构，估计不同城市的典型恢复概率。在所有这些示例中，使层次建模非常有效的是，所有个体参数的估计值将同时考虑到所有来自其他个体的数据，因为更高层次的参数与所有的个体都有关，而高层参数又反过来约束所有的个体参数。这些参数之间的结构性相互依赖为所有参数提供了更好的估计信息。

层次模型中不同层次的参数都只是在联合参数空间中共存的参数。我们只需对联合参数空间应用贝叶斯法则，就像我们在图 7-5 中估算两枚硬币的偏差时所做的那样。用参数 θ 和 ω 更正式地说，贝叶斯法则适用于联合参数空间：$p(\theta, \omega \,|\, D) \propto p(D \,|\, \theta, \omega) p(\theta, \omega)$。层次模型的特殊之处在于，右侧的项可以分解为一系列的依赖关系，如下所示：

$$
\begin{aligned}
p(\theta, \omega \,|\, D) &\propto p(D \,|\, \theta, \omega) p(\theta, \omega) \\
&= p(D \,|\, \theta) p(\theta \,|\, \omega) p(\omega)
\end{aligned}
\tag{9.1}
$$

第二行的重构意味着数据只取决于 θ 的值；也就是说，当 θ 值固定后，数据与所有其他参数值无关。此外，θ 的值取决于 ω 的值，θ 的值与所有其他参数条件都无关。任何可以被分解成依赖链的模型，如式 9.1，都是层次模型。

很多具有多个参数的模型是可以重新参数化的，这意味着可以通过重新组合参数来重新表示相同的数学结构。比如，长方形可以用它的长和宽来描述，也可以用它的面积和纵横比来描述（其中面积是长乘以宽，纵横比是长除以宽）。一个模型，在一种参数化方法下可以分解为依赖链，在另一种参数化方法下可能不能分解为简单的依赖链。因此，模型的层次结构是相对于特定参数化方法的。我们选择对当前应用更有意义且更有用的参数化方法。

参数之间的依赖关系在几个方面非常有用。首先，在给定的应用中，依赖关系是有意义的。其次，由于参数之间具有依赖关系，因此所有数据可以联合起来为所有参数估计提供信息。最后，依赖关系可以提高后验分布的蒙特卡罗抽样的效率，因为聪明的算法可以利用条件分布（回想使用条件分布的 Gibbs 抽样）。

像往常一样，我们将考虑抛硬币的场景，因为它涉及的数学相对简单，使得我们可以详细地说明概念。而且，和往常一样，请记住，抛硬币的结果可以代表真实世界里涉及二分结果的数据，如治疗疾病后的恢复或不恢复、记住或忘记研究中的某个项目、在选举中支持候选人 A 或候选人 B，等等。在本章的后面，我们将看到真实数据的应用场景，包括触摸疗法、超感官知觉和棒球击球能力。

9.1　一个铸币厂的一枚硬币

我们先来回顾在单硬币场景中的似然和先验分布。回想式 8.1，似然函数是伯努利分布，表示为：

$$
y_i \sim \text{dbern}(\theta)
\tag{9.2}
$$

先验分布是 Beta 概率密度函数，表示为（回忆式 8.2）：

$$
\theta \sim \text{dbeta}(a, b)
\tag{9.3}
$$

回忆式 6.6 中，Beta 概率密度函数的形状参数 a 和 b 可以重新表示为 Beta 分布的众数 ω 和集中度 κ：

$a = \omega(\kappa - 2) + 1$ 且 $b = (1 - \omega)(\kappa - 2) + 1$，$\omega = (a - 1) / (a + b - 2)$ 且 $\kappa = a + b$。因此，式 9.3 可以重新表示为：

$$\theta \sim \text{dbeta}(\omega(\kappa - 2) + 1, \ (1 - \omega)(\kappa - 2) + 1) \tag{9.4}$$

考虑一下式 9.4 的含义。它表明，θ 值取决于 ω 值。当 ω 为 0.25 时，θ 将接近于 0.25。κ 值决定 θ 到 ω 的距离；κ 值越大，产生的 θ 就越集中在 ω 附近。因此，κ 的大小代表了我们的 θ 对 ω 依赖程度的先验确定程度。就本例的目的而言，我们将 κ 作为常数处理，表示为 K。

现在，我们对场景进行关键的扩展，即扩展到层次模型领域。我们不再把 ω 看作由先验知识确定的常数，而是把它看作另一个需要估计的参数。由于制造工艺的原因，铸币厂的硬币偏差通常在 ω 附近。有些硬币的 θ 值随机地大于 ω，而其他硬币的 θ 值随机地小于 ω。K 越大，铸币厂制造的这些硬币的 θ 值就越一致地接近于 ω。现在假设我们抛掷这些来自某铸币厂的硬币，观察到一定数量的正面和反面。根据这些数据，我们可以估计硬币的偏差 θ，也可以估计铸币厂的倾向 ω。θ 的可信估计值（通常）接近观测到的正面比例。如果 K 较大，则 ω 的可信估计值将与 θ 接近；如果 K 较小，则不太确定。

为了推断 ω 的后验分布，我们必须提供一个先验分布。ω 的先验分布表达了我们对铸币厂的看法。为简单起见，我们假设 ω 的先验分布是 Beta 分布：

$$p(\omega) = \text{beta}(\omega \mid A_\omega, \ B_\omega) \tag{9.5}$$

其中 A_ω 和 B_ω 是常数。在这种情况下，我们认为 ω 通常接近于 $(A_\omega - 1) / (A_\omega + B_\omega - 2)$，因为这是 Beta 分布的众数。

图 9-1 总结了这个场景。图中显示了变量间的依赖结构。向下的箭头表示高层次变量如何生成低层次变量。比如，由于硬币偏差 θ 控制抛硬币的结果，因此我们从参数为 θ 的伯努利分布向数据集 y_i 画一个箭头。正如我们讨论图 8-2 时所强调的，这类图是非常有用的，原因有两个。首先，它们使模型的结构变得在视觉上清晰可见，因此我们很容易理解模型的含义。其次，它们使得用 JAGS（或 Stan）表示模型的过程变得容易，因为图中的每个箭头在 JAGS 的模型定义中都有相应的代码行。

现在让我们考虑一下如何在这种场景中应用贝叶斯法则。如果我们把这种场景简单地看作两个参数的情况，那么贝叶斯法则仅是 $p(\theta, \omega \mid y) = p(y \mid \theta, \omega) p(\theta, \omega) / p(y)$。现在的场景有两个方面比较特别。首先，似然函数不涉及 ω，因此 $p(y \mid \theta, \omega)$ 可以重写为 $p(y \mid \theta)$。其次，由于定义 $p(\theta \mid \omega) = p(\theta, \omega) / p(\omega)$，联合参数空间上的先验可以被分解为：$p(\theta, \omega) = p(\theta \mid \omega) p(\omega)$。因此，当前层次模型的贝叶斯法则有如下形式：

$$\begin{aligned} p(\theta, \omega \mid y) &= \frac{p(y \mid \theta, \omega) p(\theta, \omega)}{p(y)} \\ &= \frac{p(y \mid \theta) p(\theta \mid \omega) p(\omega)}{p(y)} \end{aligned} \tag{9.6}$$

请注意，在第二行中，分子中的三项在我们特定的示例中有特定的表达式。似然函数 $p(y \mid \theta)$ 是式 9.2 中的伯努利分布。θ 对 ω 的依赖程度 $p(\theta \mid \omega)$ 在式 9.4 中被指定为 Beta 概率密度。ω 的先验分布 $p(\omega)$ 在式 9.5 中被定义为 Beta 概率密度。图 9-1 总结了这些具体的形式。因此，式 9.6 第一行中的一般表达式由于第二行中的因式分解而获得特定的层次意义。

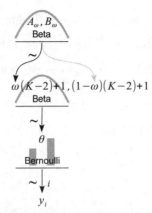

图 9-1　一枚硬币对应的层次依赖模型。箭头展示了式 9.2、式 9.4 和式 9.5 中的依赖链（在图的顶部，
　　　　指向 ω 的第二个箭头显示为灰色，而不是黑色。这仅仅是为了表明它所表示的依赖关系，与用
　　　　黑色箭头表示的依赖关系相同）

式 9.6 表达的概念很重要。一般来说，我们只是在联合参数空间上进行贝叶斯推断。但有时，如本例所示，似然和先验可以重新表示为参数之间的层次依赖链。两个原因使得这一点很重要。首先，模型的语义对我们人类的理解来说很重要，因为这些层次是有意义的。其次，有时可以非常高效地将层次模型改写并提供给 MCMC 抽样器。比如，JAGS 中的算法将寻找特定的模型子结构并应用特定的抽样器。

一个模型结构是否可以分解为层次依赖链，取决于该模型的参数化方法。在某些参数化方法下，可能自然地存在依赖关系；但在另一些参数化方法下，可能没有。在层次模型的典型应用中，构建模型概念时的首要考虑就是有意义的依赖链，而将模型视为联合参数空间上的联合分布则是次要的。

网格近似法得到的后验分布

结果表明，直接对式 9.6 进行数学分析并不能得到有简单方程的后验分布。然而，我们可以使用网格近似法来全面地描绘正在发生的事情。当参数在有限范围内延伸且数量不至于太大时，我们可以使用网格近似法得到后验分布。在目前的场景中，参数是 θ 和 ω；它们的范围都是有限的，即区间 [0, 1]。因此，我们可以使用网格近似法来处理，并且可以很容易地绘制出分布。

在图 9-2 的例子中，先验分布参数为 $A_\omega = 2$、$B_\omega = 2$ 且 $K = 100$。图 9-2 最上面一行的左图和中图显示了联合先验分布：$p(\theta, \omega) = p(\theta|\omega)p(\omega) = \mathrm{beta}(\theta|\omega(100-2)+1, (1-\omega)(100-2)+1)\mathrm{beta}(\omega|2, 2)$。中间的等高线图显示了左侧透视图的从上到下的俯视图。因为采用的是网格近似法，所以联合先验分布 $p(\theta, \omega)$ 等于每个网格点上 $p(\theta|\omega)$ 和 $p(\omega)$ 的乘积除以它们在所有网格上的总和。然后，将每个网格点的标准化概率质量转换为概率密度的估计值，方法是将每个网格的概率质量除以网格的面积。

图 9-2 最上面一行的右图显示了向侧面倾斜的 $p(\omega)$ 是先验的"边际"分布：如果你想象将联合先验在 θ 方向上折叠（也就是求和），那么产生的压花[①]就是 $p(\omega)$ 的图。$p(\omega)$ 轴上的尺度是概率密度，

---

① 保存鲜花的一种流行工艺是把花放在木板之间压平并晾干。这里用这种将三维物体压缩成二维的方法来类比概率分布边际化的过程。

而不是质量，因为在估计密度时，ω 网格梳的每个区间上的概率质量已经除以区间宽度。

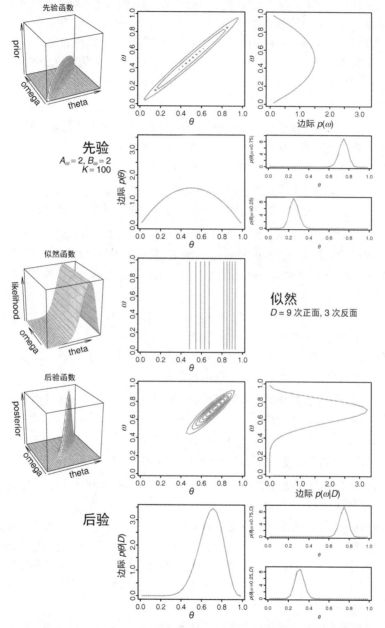

图 9-2 先验关于 ω 的确定程度很低，但是关于 θ 对 ω 的依赖性的确定程度很高。后验分布表明，数据显著地改变了 ω 的分布（见右侧的 $p(\omega)$ 图），但 θ 对 ω 的依赖程度的变化不大（见 $p(\theta|\omega)$ 的小图）。与图 9-3 相比，两图使用了相同的数据，但使用了不同的先验分布

图 9-2 的第二行显示了隐含的 θ 边际先验。它是联合分布将 ω 折叠并进行数值计算得到的。但请注意，我们没有明确地给出 θ 边际先验的方程。相反，我们仅给出了 θ 对 ω 的依赖关系。这种依赖关系如第二行的右图所示，其中绘制了两个 ω 值的 $p(\theta|\omega)$。每一幅图都是穿过特定 ω 值的联合先验的"切片"。然而，切片是重新标准化后的，因此它们是在 θ 上总和为 1.0 的概率密度。一片为 $p(\theta|\omega = 0.75)$，另一片为 $p(\theta|\omega = 0.25)$。你可以看到，在这个先验中，ω 附近的 θ 值的可信度最大。实际上，切片是 Beta 概率密度： $\text{beta}(\theta|(0.75)(100-2)+1, (1-0.75)(100-2)+1) = \text{beta}(\theta|74.5, 25.5)$ 和 $\text{beta}(\theta|(0.25)(100-2)+1, (1-0.25)(100-2)+1) = \text{beta}(\theta|25.5, 74.5)$。

图 9-2 的中间一行显示了似然函数。数据是 9 次正面和 3 次反面。似然分布是伯努利分布的乘积： $p(\{y_i\}|\theta) = \theta^9(1-\theta)^3$。我们在图中注意到，所有的等高线都与 ω 轴平行，并且与 θ 轴正交。这些平行的等高线体现了以下事实：似然函数只依赖于 θ 而不依赖于 ω。

图 9-2 第四行中后验分布的计算方法如下：在 θ、ω 空间的每个网格点处，计算联合先验和似然的乘积，再对网格点的乘积进行标准化，方法是除以参数空间中所有这些值的和。

当在特定的 ω 值处取出联合后验的一个切片，并通过除以该切片中的离散概率质量之和来对其重新标准化之后，我们将得到条件分布 $p(\theta|\omega, D)$。图 9-2 的右下角显示了两个 ω 值的条件概率。注意，在图 9-2 中，先验 $p(\theta|\omega)$ 和后验 $p(\theta|\omega, \{y_i\})$ 的图形没有太大的差别。这是因为关于 θ 对 ω 的依赖性的先验信念的不确定程度很低。

$p(\theta|\omega, \{y_i\})$ 的分布，如图 9-2 第四行的右图所示，是通过对所有 θ 值的联合后验求和来确定的。可以将这种边际分布想象为把联合后验沿着 θ 轴折叠，图 9-2 最后一行的右图中显示了所得压花的剪影。注意，先验 $p(\omega)$ 和后验 $p(\omega|\{y_i\})$ 的图有很大的差异。数据显著地影响了 ω 如何分布的信念；由于先验信息是非常不确定的，因此容易受到数据的影响。

作为一个对比示例，我们来考虑当 ω 的先验确定程度较高，而 θ 对 ω 依赖性的先验确定程度较低时会发生什么。图 9-3 说明了这种情况，其中 $A_\omega = 20$、$B_\omega = 20$ 且 $K = 6$。联合先验分布如图 9-3 第一行的左图和中图所示。ω 的边际先验显示在第一行的右图上，可以看到 $p(\omega)$ 在 $\omega = 0.5$ 处有较为陡峭的峰值。然而，条件分布 $p(\theta|\omega)$ 非常宽泛，如第二行的右图所示。

这里使用与图 9-2 相同的数据，因此两者的似然图看起来相同。再次注意，似然函数的等高线与 ω 轴平行，表明 ω 对似然性没有影响。

后验分布如图 9-3 的后两行所示。考虑 ω 的边际后验分布。请注意，与先验分布相比，它的变化相当小，因为它开始时的确定性很高。现在考虑右下角的条件后验分布。它们与先验分布有很大的差异，因为它们开始时的确定性很低，数据会对这些分布产生很大的影响。在这种情况下，数据表明 θ 依赖于 ω 的方式与我们最初猜想的完全不同。比如，当 $\omega = 0.25$ 时，条件后验函数表明 θ 的最可信值在 0.6 附近，而不是 0.25 附近。

综上所述，层次模型中的贝叶斯推断仅仅是联合参数空间上的贝叶斯推断。但是我们研究了联合分布（例如 $p(\theta, \omega)$）在其参数子集上的边际分布（例如 $p(\omega)$），和它在其他参数上的条件分布（例如 $p(\theta|\omega)$）。我们这样做主要是因为在特定模型的背景中这样的做法是有意义的。图 9-2 和图 9-3 中的示例以图形方式说明了联合分布、边际分布和条件分布。这些例子还展示了贝叶斯推断对先验分布中

最不确定的方面有最大的影响。在图 9-2 中，ω 的先验确定性很低（因为 A_ω 和 B_ω 很小），但 θ 对 ω 的依赖程度的先验确定性很高（因为 K 很大）。后验分布显示，关于 ω 的信念有很大变化，但 θ 对 ω 的依赖程度的信念变化不大。图 9-3 显示了互补情况，ω 的先验确定性较高，而 θ 对 ω 的依赖程度的先验确定性较低。

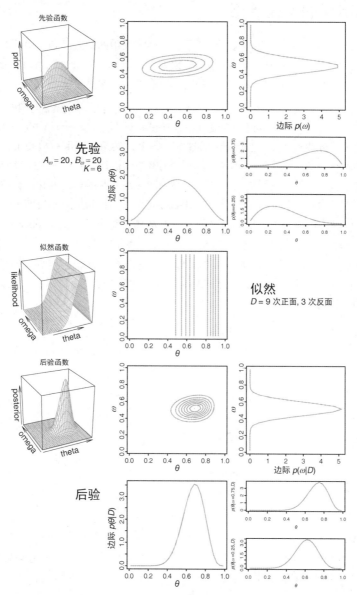

图 9-3　先验关于 ω 的确定程度很高，但是关于 θ 对 ω 的依赖性的确定程度很低。后验分布表明，数据对 ω 的分布没有太大的影响（见右侧的 $p(\omega)$ 图），但 θ 对 ω 的依赖程度有明显的改变（见 $p(\theta\,|\,\omega)$ 的小图）。与图 9-2 相比，两图使用了相同的数据，但使用了不同的先验分布

本节的目的是用一个最小的双参数模型说明层次模型的基本思想，这样一来，所有的思想都可以用图形来说明。虽然有助于理解这些思想，但这个简单的例子也是不切实际的。在随后的章节中，我们将逐步构建更复杂、更现实的模型。

9.2   一个铸币厂的多枚硬币

前一节考虑了这样一个场景：我们抛一枚硬币，并推测硬币的偏差 θ 和铸币厂的参数 ω。现在我们考虑一个有趣的扩展：收集铸币厂制造的不止一枚硬币的数据。如果每枚硬币都有自己的偏差 θ_s，那么我们为每枚硬币估计一个不同的参数值，并使用所有的数据来估计 ω。

我们在实际研究中会遇到这类情况。举个例子，考虑一种可能影响记忆的药物。研究人员把药物给了几个人，并对每个人进行记忆测试。在测试中，被试将试图记住一个单词列表。记忆每个单词的结果是记住或忘掉（二分测量）。在这个应用场景中，每个人的角色就像一枚硬币，记住一个单词的概率取决于药物引起的趋势。让我们用字母 s 来表示实验中的被试，被试 s 记住单词的概率记为 θ_s，药物引起的趋势被记为 ω。我们假设被试在平均趋势周围存在一些随机的变化。具体来说，我们将被试在 ω 周围的变化建模为 $\theta_s \sim \mathrm{dbeta}(\omega(K-2)+1, (1-\omega)(K-2)+1)$，其中 K 目前是一个固定常数。我们还假设每个被试的表现仅取决于该被试自己的 θ_s，该 θ_s 用模型表示为 $y_{i|s} \sim \mathrm{dbern}(\theta_s)$，其中下标 $i|s$ 表示被试 s 的第 i 个观测值。图 9-4 总结了该场景。它非常类似于图 9-1，但下标变化了，用于表示多个被试。请注意，模型包含两个以上的参数。如果共有 S 个被试，则需要同时估计 $S+1$ 个参数（也就是 $\theta_1, \cdots, \theta_S$ 和 ω）。如果我们的主要研究兴趣是药物的整体效应，而不是个体反应，那么我们最感兴趣的是 ω 的估计值。

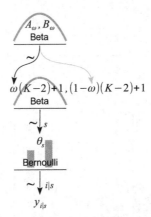

图 9-4   同一个铸币厂铸造的相互独立的多枚硬币的层次依赖模型。第 s 枚硬币的第 i 次抛掷结果 $y_{i|s}$，取决于该硬币的偏差参数 θ_s。θ_s 的值取决于铸造它的铸币厂的超参数 ω。ω 参数的先验信念为 Beta 分布，形状参数为 A_ω 和 B_ω。

9.2.1　网格近似法得到的后验分布

作为一个具体的例子，假设我们只有两个处于相同条件下的被试（来自同一个铸币厂的两枚硬币）。我们要估计两个被试的偏差 θ_1 和 θ_2，同时估计影响它们的 ω 值。图 9-5 和图 9-6 显示了两种先验分布的网格近似结果。

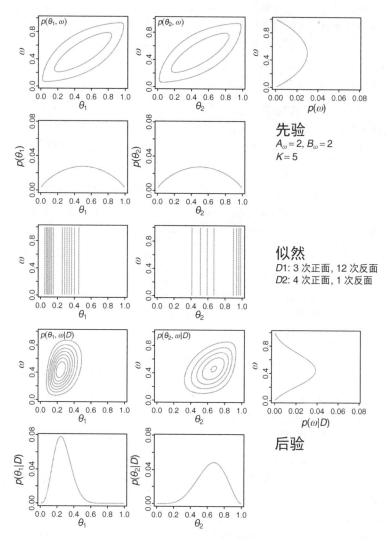

图 9-5　先验分布中 θ 对 ω 的依赖程度很小（K 很小），因此 θ_1 和 θ_2（最后一行）的后验仅受彼此数据的微弱影响。与图 9-6 相比，两图使用了相同的数据，但图 9-6 中的先验分布有更强的依赖关系

在图 9-5 所示的情况中，ω 的先验值在 $\omega = 0.5$ 上以 beta$(\omega \,|\, 2, 2)$ 分布的形式缓慢地达到峰值，即图 9-4 顶部的 $A_\omega = B_\omega = 2$。根据先验分布 $p(\theta_j \,|\, \omega) = \text{beta}(\theta_j \,|\, \omega(5-2)+1, (1-\omega)(5-2)+1)$，硬币的偏差

仅较弱地依赖于 ω，即图 9-4 中间的 $K = 5$。

完整的先验分布是 ω、θ_1 和 θ_2 三个参数的联合分布。在网格近似中，先验分布是一个三维数组，即三维空间中各个网格点的值是该点的先验概率。点 $\langle \omega, \theta_1, \theta_2 \rangle$ 的先验概率是 $p(\theta_1 | \omega) p(\theta_2 | \omega) p(\omega)$，并通过除以整个网格的总和来强制进行精确的标准化。

由于参数空间是三维的，因此分布不能轻易地显示在二维页面上。取而代之，图 9-5 显示了各种边际分布。最上面一行显示了两幅等高线图：一幅是沿 θ_2 折叠的边际分布 $p(\theta_1, \omega)$，另一幅是沿 θ_1 折叠的边际分布 $p(\theta_2, \omega)$。从这些等高线图中可以看出 θ_s 对 ω 的弱依赖。右上角显示了沿 θ_1 和 θ_2 折叠的边际先验分布 $p(\omega)$。可以看到，$p(\omega)$ 的边际分布的形状确实与 beta(2, 2) 分布相同（但是，$p(\omega)$ 轴被缩放为任意网格点上的概率质量，而不是概率密度）。

图 9-5 的第三行显示了数据的似然函数，其中包括抛第一枚硬币 15 次得到 3 次正面，抛第二枚硬币 5 次得到 4 次正面。注意，似然图的等高线与 ω 轴平行，表明似然不依赖于 ω。注意，第一枚硬币的等高线比第二枚硬币的等高线更紧密，这说明我们从第一枚硬币获得的数据更多（抛 15 次比抛 5 次更多）。

图 9-5 的后两行显示了后验分布。注意，θ_1 边际后验位于该被试的数据比例 3/15 = 0.2 附近，θ_2 边际后验位于该被试的数据比例 4/5 = 0.8 附近。θ_1 边际后验的不确定性比 θ_2 边际后验更低，如分布的宽度所示。还要注意，第四行右侧的 ω 边际后验仍然相当宽。

应该将这个结果与图 9-6 中的结果进行对比，图 9-6 使用了相同的数据和不同的先验分布。在图 9-6 中，ω 的先验有着同样的平缓峰值，但先验中 θ_s 对 ω 的依赖要强得多，$K = 75$ 而不是 $K = 5$。这种依赖关系显示在图 9-6 的前两幅图中，也就是边际 $p(\theta_s, \omega)$ 的等高线图。等高线图表明，θ_s 的分布与 ω 值密切相关，就像联合参数空间中的山脊或纺锤一样。

图 9-6 下面几行的后验分布图揭示了一些有趣的结果。由于偏差 θ_s 强烈地依赖于参数 ω，因此后验估计值被严格限制在 ω 估计值的附近。本质上，由于先验强调的是联合参数空间中相对狭窄的纺锤，因此后验被限制在纺锤内的区域中。这不仅会导致所有参数的后验有相对更集中的峰值，还会将所有估计值拉向这个重点区域。具体来说，注意 θ_2 的后验在 0.4 左右达到峰值，与硬币的数据比例 4/5 = 0.8 相去甚远！后验与被试 2 数据的这种偏离是由于另一枚硬币具有较大的样本量，因此另一枚硬币强烈地影响了 ω 的估计值，进而影响了 θ_2 的估计值。当然，被试 2 的数据也影响 ω 和 θ_1，但强度较小。

使用网格近似来确定后验的一个好处是，我们不需要推导任何积分方程。相反，我们的计算机只需要跟踪大量网格点上的先验值和似然值，并对它们求和，以确定贝叶斯公式中的分母。网格近似可以使用先验分布的数学表达式，以便在数千个网格点上确定它们的先验值。很好的一点是，我们可以使用任何（非负的）数学函数作为先验分布，而不需要知道如何对其标准化，因为它将通过网格近似来标准化。我在这个例子中选择这些先验分布（总结在图 9-4 中），仅仅是出于教学目的使用了你熟悉的函数，而不是由于任何数学限制。

图 9-5 和图 9-6 所示的网格近似法中，每个参数（ω、θ_1 和 θ_2）使用的都是 50 个点的网格梳。这意味着三维网格有 $50^3 = 125\,000$ 个点，这是 21 世纪初期的普通台式计算机均可以轻松处理的大小。有

趣的一个提醒是，图 9-5 和图 9-6 中显示的网格近似在 50 年前已经处于可计算的边缘，而在 100 年前是不可能完成的。我们可以很快地计算网格近似中的网格点的数量。如果我们扩展示例并加入第三枚硬币（参数 θ_3），那么网格将有 $50^4 = 6\,250\,000$ 个点，这已经使小型计算机不堪重负。加入第四枚硬币后，网格将有超过 3.12 亿个点。即使是对于中等大小的问题而言，网格近似法也是不可行的，我们接下来就会遇到这样的问题。

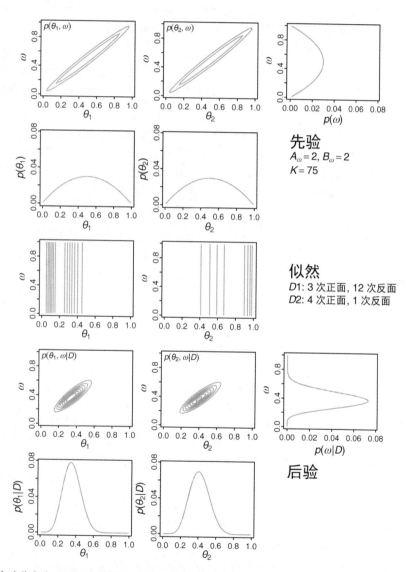

图 9-6 先验分布中 θ 对 ω 的依赖程度很大（K 很大），因此 θ_1 和 θ_2（最后一行）的后验受到彼此数据的强烈影响；θ_2 被拉向 θ_1，因为 $N_1 > N_2$。与图 9-5 相比，两图使用了相同的数据，但图 9-5 中的先验分布仅有很弱的依赖关系

9.2.2   一个实际的模型与 MCMC

我们在前一节中使用了简化的层次模型，以便能够图形化地显示参数空间上的分布，并清晰、直观地理解贝叶斯推断的工作原理。在本节中，我们将加入另一个参数和更多的被试来使模型更加真实。

在前面的例子中，我们主观上武断地固定了 θ 对 ω 的依赖程度。依赖程度由集中度或一致性参数 κ 来表示，它的取值被固定为 K。当 κ 值固定在较大值时，个体 θ_s 值保持在 ω 附近；而当 κ 值固定在较小值时，个体 θ_s 值可以远离 ω。

在实际情况中，我们无法预先知道 κ 值，而是让数据告诉我们它的可信值。直觉上来说，当来自不同硬币的数据有非常相似的正面比例时，表明 κ 值很大。但是当来自不同硬币的数据有不同的正面比例时，表明 κ 值很小。

如果我们想估计一个参数，必须有它的先验不确定性，否则我们不会试图估计它。如果我们想用贝叶斯推断来估计 κ，必须形式化地表达 κ 的先验不确定性。因此，我们扩展层次模型并加入 κ 的先验分布，如图 9-7 所示。图 9-7 中显示的模型与图 9-4 的层次模型类似，只是常数 K 现在是一个具有先验分布的参数 κ。我们不再指定单个 K 值，而是允许 κ 值有自己的分布。

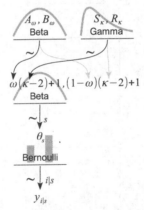

图 9-7   同一个铸币厂铸造的相互独立的多枚硬币的层次依赖模型。铸币厂的特征被参数化为众数 ω 和集中度 κ。$\kappa-2$ 值的先验分布为 Gamma 密度，其形状参数和速率参数分别为 S_κ 和 R_κ

因为 $\kappa-2$ 的值必须是非负的，所以先验分布在 $\kappa-2$ 处不能取负值。有许多这样的分布，我们必须使用一个能够充分地表达先验知识的分布。在目前的应用中，我们希望先验分布是不明确的，使得集中度参数可以在宽泛的范围内取值。一个便于实现目标的分布是 Gamma 分布（gamma distribution），因为它在传统的数理统计中很常见，在 JAGS（以及 Stan 和 BUGS）中也是可用的。我们将在多种场景中使用 Gamma 分布，就像我们一直在使用 Beta 分布一样。

Gamma 分布 $gamma(\kappa \,|\, s, r)$ 是 $\kappa \geqslant 0$ 的概率密度分布，有两个参数决定其确切形式，称为形状参

数 s 和速率参数 r[①]。图 9-8 显示了具有不同形状参数值和速率参数值的 Gamma 分布。图 9-8 中的注释标记了对应分布的均值、标准差和众数。左上角显示了一个常用的版本，其中形状和速率都设置为相等的较小值。此设置使得均值为 1，标准差相对较大，众数为 0。图 9-8 中的其他三幅图显示均值为 50，但标准差和众数不同的情况。在左下角的图中，标准差等于均值；这种情况下 Gamma 分布的形状为 1（实际上是指数分布）。在右侧的图中，标准差小于均值，你可以看到随着标准差越来越小，Gamma 分布如何变得不那么倾斜，同时众数越来越接近均值。我将使用图 9-8 右上角的典型形状，作为类似于图 9-7 的模型图中 Gamma 分布的符号，因为该形状表示分布的左边界为零，但可以取无穷大的正值。（其他分布的形状也可以看起来相似，因此图标中会标出分布的名称。）

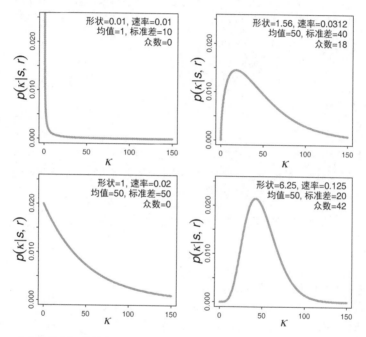

图 9-8　Gamma 分布的示例。纵轴是 $p(\kappa\,|\,s,\,r)$，其中 s 是形状，r 是速率，其具体值详见图中的注释

　　如图 9-8 所示，形状参数和速率参数的特定值与 Gamma 分布的特定视觉形状的对应关系并不直观。此外，先验信念最直观的表现是集中趋势和分布宽度。因此，我们可以从集中趋势和分布宽度的值开始，将它们转换为相应的形状和速率。结果表明，Gamma 分布的均值为 $\mu = s/r$，$s > 1$ 时的众数为 $\omega = (s-1)/r$，标准差为 $\sigma = \sqrt{s}/r$。然后，通过代数运算得出以下各式，用于根据均值和标准差计算形状和速率，或根据众数和标准差计算形状和速率：

---

① Gamma 密度的公式是 $\mathrm{gamma}(\kappa\,|\,s,\,r) = (r^s\,/\,\Gamma(s))\kappa^{s-1}\mathrm{e}^{-r\kappa}$，其中 $\Gamma(s)$ 是 Gamma 函数：$\Gamma(s) = \int_0^\infty \mathrm{d}t\; t^{s-1}\mathrm{e}^{-t}$。这些数学细节在用数学分析方法推导贝叶斯后验分布的方程时是有用的，特别是在使用共轭先验的情况下，但是我们在这里不会采用这种方法。

$$s = \frac{\mu^2}{\sigma^2} \quad \text{且} \quad r = \frac{\mu}{\sigma^2} \quad , \quad \mu > 0 \tag{9.7}$$

$$s = 1 + \omega r \quad \text{且} \quad r = \frac{\omega + \sqrt{\omega^2 + 4\sigma^2}}{2\sigma^2} \quad , \quad \omega > 0 \tag{9.8}$$

假设我们想要一个众数 $\omega = 42$、标准差 $\sigma = 20$ 的 Gamma 分布。我们根据式 9.8 计算相应的形状和速率，得到 $r = (42 + \sqrt{42^2 + 4 \times 20^2}) / (2 \times 20^2) = 0.125$ 和 $s = 1 + 42 \times 0.125 = 6.25$，如图 9-8 的右下角所示。

我在 R 中创建了方便的工具函数，实现了式 9.7 和式 9.8 中的参数转换。当文件位于当前工作路径中时，你需要通过输入 `source("DBDA2E-utilities.R")` 将该函数加载到 R 中。希望函数名可以说明它们的作用，下面是使用方法的示例：

```
> gammaShRaFromMeanSD( mean=10 , sd=100 )
$shape
[1] 0.01
$rate
[1] 0.001
> gammaShRaFromModeSD( mode=10 , sd=100 )
$shape
[1] 1.105125
$rate
[1] 0.01051249
```

函数返回的 `list` 中，每个分量都有各自的名称。因此，如果将函数的结果赋给变量，你可以通过各个参数的分量名称来获取这些参数，如下例所示：

```
> gammaParam = gammaShRaFromModeSD( mode=10 , sd=100 )
> gammaParam$shape
[1] 1.105125
> gammaParam$rate
[1] 0.01051249
```

当为先验分布设置常数时，你可能会发现这些函数很有用。如果你想在 R 中绘制 Gamma 分布图，则 `dgamma(x,shape=s,rate=r)` 可以提供 Gamma 密度函数。正如我们将在下一节中看到的那样，JAGS 按照形状参数和速率参数的顺序对 Gamma 分布进行参数化。

9.2.3 用 JAGS 实现

再看看图 9-7 中的层次结构图。图中的箭头表示变量之间的依赖关系。关键是要理解一点：在 JAGS 的模型定义中，层次结构图中的每个箭头都有相应的代码行。JAGS 的模型定义是图形的代码。以下是与图 9-7 相对应的 JAGS 模型定义：

```
model {
  for ( i in 1:Ntotal ) {
    y[i] ~ dbern( theta[s[i]] )
  }
  for ( s in 1:Nsubj ) {
    theta[s] ~ dbeta( omega*(kappa-2)+1 , (1-omega)*(kappa-2)+1 )
  }
  omega ~ dbeta( 1 , 1 )
  kappa <- kappaMinusTwo + 2
  kappaMinusTwo ~ dgamma( 0.01 , 0.01 )     # 均值=1，标准差=10（通用的模糊度）
```

```
        }
```

模型定义先表达了伯努利似然函数的箭头，其中使用了嵌套索引 theta[s[i]]，这在 8.4 节中解释过。在图 9-7 中继续往上，JAGS 中的代码 omega ~ dbeta(1,1) 表达了 ω 的先验分布的箭头，这是一个均匀分布。一般来说，ω 的先验应当是对真实先验知识的恰当描述。在本次实现中，一般应用场景将使用模糊的先验分布。

最后，$\kappa-2$ 的先验分布由 JAGS 模型定义中的两行代码实现，重复如下：

```
kappa <- kappaMinusTwo + 2
kappaMinusTwo ~ dgamma( 0.01 , 0.01 )          # 均值=1，标准差=10（通用的模糊度）
```

注意，dgamma 分布生成一个名为 kappaMinusTwo 的变量，kappa 本身是 kappaMinusTwo+2。由于 Gamma 分布的范围是零到无穷大，但 κ 必须不小于 2，因此需要这样的两行代码来实现。dgamma 分布中所选择的形状和速率使得先验能够容许很宽范围内的 κ 值，从而可以产生合理的先验 θ_s 值，如后文所示。练习 9.1 探讨了 κ 的不同先验分布。

JAGS 中的这些模型定义细节已经展示了在 JAGS 中实现层次模型是多么地容易。如果你能画出连贯的层次结构图，那么你就可以在 JAGS 中实现它。这种有用的设计使得我们可以灵活地定义有意义的描述性模型。我已经创建了使用层次模型的脚本，你不需要弄懂实现过程中的细节，如下面的示例所述。

9.2.4　示例：触摸疗法

触摸疗法是一种护理技术，从业者手动操作疾病患者的"能量场"。从业者把他的手举在患者身体上方（但不接触患者），重新排列患者的能量场以缓解拥堵并恢复平衡，让患者的身体自愈。Rosa 等人（1998）报告说，尽管几乎没有证据表明触摸疗法有效，但触摸疗法仍然在一些护理学院和医院中被广泛地教授和应用。

Rosa 等人调查了触摸疗法从业者的一个关键主张，即从业者能够感知身体的能量场。如果这是真的，那么从业者应该能够感知到他自己的哪只手旁边有另一个人的手，即使他们看不到自己的手。从业者坐下来，手伸过纸板上的切口，这使得从业者看不见实验者。在每一次测试（也就是一个试次）中，实验者都会抛硬币，并按照硬币的结果，将自己的手放在从业者的左手或右手上方几厘米处。然后从业者猜测实验者的手悬在自己的哪只手上方。每个试次的评分是正确或错误。实验者（也是这篇文章的合著者之一）当时 9 岁。

每个从业者都接受了 10 次测试。该研究中共有 21 名从业者，其中 7 人在一年左右的时间内进行了两次测试。作者将重复测试作为单独的被试进行统计，得到 28 个名义上的被试。28 名被试的正确率如图 9-9 所示。正确率的随机水平是 0.50。现在的问题是，作为整体的这组人与随机水平的差异有多大，以及每个个体与随机水平的差异有多大。图 9-7 中的层次模型非常适合这些数据，因为它在估计每个被试的潜在能力的同时，还估计了该组的典型能力和组内的一致性。此外，不同被试的正确率的分布（图 9-9）本质上是单峰的，可以用 Beta 分布来进行有意义的描述。现有 28 名被试，总共需要对 30 个参数进行估计。

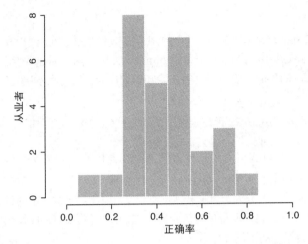

图 9-9　Rosa 等人的触摸疗法实验数据。28 位从业者的正确率的直方图

　　下面是对触摸疗法数据进行分析的脚本。该脚本的结构与之前使用的脚本类似，如 8.3 节中的描述。完整脚本的文件名是 JAGS-Ydich-XnomSsubj-MbernBetaOmegaKappa-Example.R。请阅读下面摘录的部分，注意注释。

```
# 读取数据文件
myData = read.csv("TherapeuticTouchData.csv")
# 将相关的模型函数加载到 R 的工作内存中
source("JAGS-Ydich-XnomSsubj-MbernBetaOmegaKappa.R")
# 生成 MCMC 链
MCMCCoda = genMCMC( data=myData , sName="s" , yName="y" ,
                    numSavedSteps=20000 , thinSteps=10 )
# 显示链的指定参数的诊断结果
diagMCMC( codaObject=MCMCCoda , parName="omega" )
diagMCMC( codaObject=MCMCCoda , parName="kappa" )
diagMCMC( codaObject=MCMCCoda , parName="theta[1]" )
# 获得链的摘要统计信息
smryMCMC( MCMCCoda ,
          compVal=0.5 , diffIdVec=c(1,14,28), compValDiff=0.0 )
# 显示后验分布信息
plotMCMC( MCMCCoda , data=myData , sName="s" , yName="y" , compVal=0.5 ,
          diffIdVec=c(1,14,28), compValDiff=0.0 )
```

　　数据文件必须有一列包含每个试次的结果（每行都是 0 或 1），有另一列包含得出每个结果的被试的标识符。被试标识符可以是整数或字符串。数据文件的第一行必须包含列的名称，这些列的名称将作为函数 genMCMC 和 plotMCMC 的参数 sName 和 yName。如果查看文件 TherapeuticTouchData.csv，你将看到它有两列：一列名为 "y"，由 0 和 1 组成；另一列名为 "s"，由被试标识符（如 S01、S02 等）组成。使用 read.csv 函数读取文件时，得到的结果是数据框类型的，其中有一个名为 "y" 的向量和一个名为 "s" 的因子。

　　在调用 genMCMC 函数时，你可以看到共保存了 20 000 步，且精简至十分之一步数。这些值是在没有精简过（thinSteps=1）的短期初始运行阶段后选择的；初始运行阶段显示出很强的自相关性，要使参数 ω 的有效样本量达到 10 000 就需要很长的链。为了使保存的 MCMC 样本具有合适的文件大小（小于 5 MB），我选择将 thinSteps 设置为 10，并保存 20 000 个精简后的步数。然而，这仍然需要等待 200 000 步，并丢掉一些信息。如果不考虑计算机内存，则不需要也不建议进行精简。运行脚本时，你会注意到 JAGS 生成这条长链需要一分钟的时间。9.4 节讨论了加快处理速度的方法。

调用 diagMCMC 函数生成的多幅诊断图都显示出了合理的收敛。这里没有显示它们，但是你可以自己运行脚本来查看它们。只有 kappa 参数展现出了很强的自相关性，这对控制低层参数方差的高层参数而言是很常见的。尽管如此，κ 的链重叠得很好，我们不关心它的估计值是不是非常准确。此外，我们将看到 κ 的边际后验分布范围很广，其他参数的估计值不会因为 κ 的微弱变化而受到很大影响。

调用 smryMCMC 函数得到了后验分布的数值总结。这个模型特有的一个函数参数是 diffIdVec。它指定了一个包含被试索引的向量，该函数将总结这些索引对应的被试的后验差异。比如，diffIdVec=c(1,14,28) 总结了 $\theta_1 - \theta_{14}$、$\theta_1 - \theta_{28}$ 和 $\theta_{14} - \theta_{28}$ 的后验分布。参数默认不显示任何差异，而不是显示所有差异（在该应用中，这将产生 $28(28-1)/2 = 378$ 个差异）。

最后，调用 plotMCMC 函数对后验分布进行图形化总结。它也使用了 diffIdVec 参数来指定应该显示哪些差异。结果如图 9-10 所示。后验分布揭示了几个有趣的结果，下面将进行描述。

图 9-10 的右上角显示了群组层次的众数 ω 的边际后验分布。它最可信的值小于 0.5，且 0.5 的随机水平值在 95% HDI 中，所以我们肯定不想得出结论：作为一个类别的从业者群组，探测到附近手的能量场的概率高于随机水平。（如果群组众数可信地小于 0.5，我们可能会推断：作为一个群组的从业者可以探测到实验者的手，但又系统地误解了能量场，从而给出了相反的响应。）

图 9-10 的后三行显示了所选个体 θ_s 的边际后验。为了更加方便，数据中的被试标识符是按顺序排列的：被试 1 的表现最差，被试 28 的表现最好，其他被试介于两者之间，于是，被试 14 接近群组的第 50 百分位。斜下方部分是各个参数的估计值。你可以看到，被试 1 的参数值 theta[1] 的估计峰值在 0.4 附近，尽管这个被试在 10 个试次中只有 1 次正确，也就是横轴上标记为 "+" 的 0.1。这个被试的估计值被拉得高于他的实际表现，这是因为还有 27 个被试提供了数据，而这些数据表明典型的表现要更好些。换句话说，其他 27 名被试影响了群组层次参数的估计值，同时这些群组层次参数将个体的估计值拉向群组的众数。在右下部分中可以看到同样的现象，在那里，表现最佳的被试的估计值约为 0.5，即使这个被试在 10 个试次中有 8 次正确，即在横轴上标记为 "+" 的 0.8。即使是最差被试和最好被试的 95% HDI 也包括 0.5，因此我们不能得出结论：某个被试的表现可信地不同于随机水平。

图 9-10 的后三行还显示了成对的个体估计值及其差异。比如，我们可能想知道最差和最好的被试的表现是否有很大的差异。差异 $\theta_1 - \theta_{28}$ 的边际后验给出了这个答案，显示在右列中。最可信的差异值在 -0.1 附近（这与被试表现出的正确率差异相去甚远，也就是横轴上标记为 "+" 的值），且 95% HDI 包括差异为零的情况。

总之，后验分布表明，无论是对于群组整体还是对于所有个体，最可信的值均包括随机水平。要么测试触摸疗法从业者能力的实验程序不合适，要么需要更多的数据来检验该程序所能检测到的非常微弱的效应，要么从业者实际上没有这种感知能力。注意，这些结论与我们用来分析数据的特定描述性模型有关。我们使用层次模型，因为它是一种合理的方法，可以捕捉个体差异和群组层次的趋势。该模型假设所有个体都能够代表同一个总体，因此所有个体的估计值会相互影响。

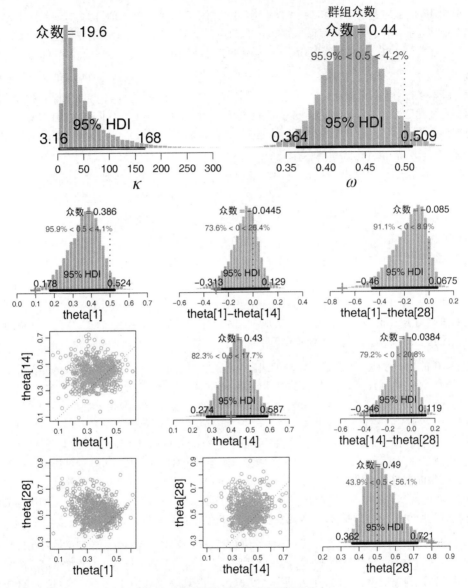

图 9-10 触摸疗法数据的边际后验分布

在层次模型中查看先验分布是非常有用的，因为有时顶层先验所隐含的中间层先验参数实际上不直观或不是我们想要的。如 8.5 节所述，让 JAGS 生成先验分布的 MCMC 样本是很容易的：在没有数据的情况下运行分析即可。

图 9-11 展示了触摸疗法数据的边际先验分布。可以看到，群组层次的众数 ω 的先验分布是均匀分布，个体层次的每个偏差 θ_s 的先验分布也是均匀分布。这很好，因为这就是我们想要的，即对任何

可能的偏差都给予同等的先验可信度。[①]

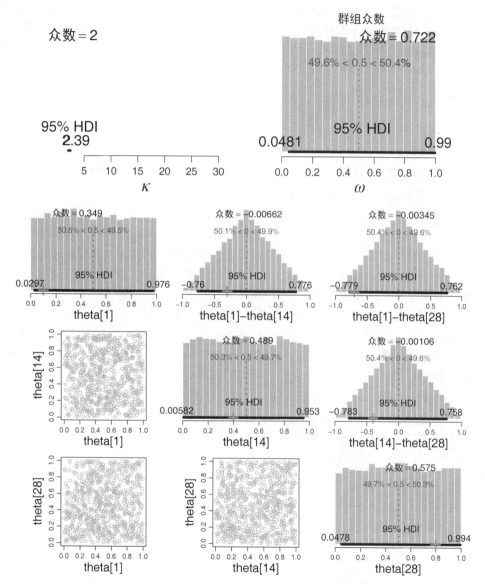

图 9-11　触摸疗法数据的边际先验分布。左上角显示的是 κ；这部分绘制得不好，因为它有一个高而窄的峰在 2 附近，有一个长而细的尾巴向最右边延伸（图中未显示）。均匀分布的估计众数应该忽略不计，因为它们只是标记出了恰巧比其他随机波纹稍高的随机波纹

[①] 本书第 1 版在提出这个模型时，模型的参数是群组均值，而不是这里的群组众数。无论是在逻辑上还是在数学上，使用群组均值都没有错，但它在单个 θ_s 值上产生了一个意外的先验分布。此版本中使用的群组众数参数化方法，将取代以前的参数化方法。

图 9-11 中还显示了个体偏差之间差异的先验值。它们是三角形分布，峰值在差异为零处。通过检查左下角的联合分布散点图，可以理解为什么会出现这种形状。这些散点图在两个维度上是均匀分布的，因此沿标记着差异为零的对角线折叠它们时，可以看到沿对角线有更多的点，并且角落处点的数量线性下降。差异的三角形先验可能不是你想象中的那样，但它是单个参数的独立均匀先验的自然结果。尽管如此，先验确实适度地支持个体之间差异为零。

9.3   层次模型中的收缩

在典型的层次模型中，相比于没有高层分布的情况，低层参数的估计值被拉得更接近。这种拉拢称为估计值的收缩（shrinkage）。我们看到了两种收缩情况，一种在图 9-10 中，另一种在图 9-6 中。在图 9-10 中，个体层次偏差的最可信值 θ_s 比个体正确率 z_s / N_s 更接近群组众数 ω。因此，估计值 θ_s 之间的变异性小于数据值 z_s / N_s 之间的变异性。

相对于数据来说，估计量变异性的这种减小，是术语"收缩"所指的一般性质。但该术语可能会产生误导，因为收缩只会减小单峰分布参数的变异性。一般来说，层次模型中的收缩导致低层参数向高层分布的众数转移。如果高层分布有多个众数，那么低层参数值会更紧密地聚集在这多个众数周围，这实际上可能会将一些低层参数的估计值分开，而不是聚在一起。本书的博客中提供了一些例子，Kruschke 和 Vanpaemel 的文章中也提供了一些例子。

收缩是层次模型结构的一个合理结果，并且（通常）是分析人员所期望的，因为收缩后的参数估计值比无层次结构的估计值受随机抽样噪声的影响更小。直观地说，收缩是因为每个低层参数的估计值受到两个来源的影响：直接依赖于低层参数的数据子集，以及低层参数依赖的高层参数。因为所有数据都会影响高层参数，所以通过这种方式，所有数据都会间接地影响低层参数的估计值。

重要的是理解收缩是层次模型结构的结果，而不是贝叶斯估计的结果。为了更好地理解层次模型中的收缩，我们将考虑图 9-7 的层次模型的最大似然估计（maximum likelihood estimate，MLE）。MLE 是使数据概率最大化的参数值集合。为了找到这些值，我们需要在给定参数值的情况下，找到数据的概率公式。对于数据 $y_{i|s}$，这个公式是：

$$
\begin{aligned}
&p(y_{i|s} \,|\, \theta_s, \omega, \kappa) \\
&= \mathrm{bern}(y_{i|s} \,|\, \theta_s)\mathrm{beta}(\theta_s \,|\, \omega(\kappa-2)+1, \,(1-\omega)(\kappa-2)+1)
\end{aligned} \tag{9.9}
$$

对于整个数据集 $\{y_{i|s}\}$，因为假设数据值之间独立，所以我们取所有数据概率的乘积：

$$
\begin{aligned}
&p(\{y_{i|s}\} \,|\, \{\theta_s\}, \omega, \kappa) \\
&= \prod_s \prod_{i|s} p(y_{i|s} \,|\, \theta_s, \omega, \kappa) \\
&= \prod_s \prod_{i|s} \mathrm{bern}(y_{i|s} \,|\, \theta_s)\mathrm{beta}(\theta_s \,|\, \omega(\kappa-2)+1, \,(1-\omega)(\kappa-2)+1)
\end{aligned} \tag{9.10}
$$

其中，$y_{i|s}$ 的值是常数，即数据中的 0 和 1。我们的目标是找到使数据概率最大化的参数值。可以看到，θ_s 既参与低层数据的概率 $\prod_{i|s} \mathrm{bern}(y_{i|s} \,|\, \theta_s)$，也参与高层群组的概率 $\mathrm{beta}(\theta_s \,|\, \omega(\kappa-2)+1, \,(1-\omega)(\kappa-2)+1)$。使低层数据概率最大化的 θ_s 值就是数据比例 z_s / N_s。使高层群组概率最大化的值是高层众数 ω。使低

层和高层的乘积最大化的 θ_s 值在数据比例 z_s / N_s 和高层众数 ω 之间。换句话说，θ_s 被拉向高层众数。

作为一个具体的示例，假设我们有 5 个人，每个人都进行了 100 个试次，成功次数分别为 30、40、50、60 和 70。对这些数据的一个很好的描述可能是：$\theta_1 = z_1 / N_1 = 30 / 100 = 0.30$，$\theta_2 = z_2 / N_2 = 40 / 100 = 0.40$，以此类推；以及几乎完全平坦的高层 Beta 分布。图 9-12 的左图显示了这个描述。给定参数值时的数据概率是根据式 9.10 算得的似然，显示在该图的最上面。虽然这种参数值的选择是合理的，但我们要问：是否存在能够增大似然的其他参数值？答案是肯定的，最大化似然的参数值显示在图 9-12 的右图中。请注意，似然（显示在该图的最上面）增大了近 20 倍。如图中箭头所强调的，MLE 中的 θ_s 值收缩到高层分布的众数。

直观地说，收缩是因为所有个体的数据都会影响高层分布，进而影响所有个体的估计值。θ_s 的估计是该个体数据 z_s / N_s 与群组层次分布之间的折中，其中，群组层次分布受到所有个体的影响。从数学上讲，这种折中可以表示为使 $\prod_{i|s} \mathrm{bern}(y_{i|s} | \theta_s)$ 和 $\mathrm{beta}(\theta_s | \omega(\kappa-2)+1, (1-\omega)(\kappa-2)+1)$ 共同最大化。第一项在 $\theta_s = z_s / N_s$ 时最大化，第二项在 $\theta_s = \omega$ 时最大化。把 θ_s 从 z_s / N_s 拉向 ω 时，第一项变小但第二项变大。MLE 在这两个因素之间寻找最佳的折中方案。

总结而言，收缩是由层次结构引起的。我们已经看到了 MLE 的收缩是如何发生的。当然，MLE 不涉及顶层参数的先验分布。当使用贝叶斯估计时，我们给顶层参数提供一个先验分布，并在整个联合参数空间上推断出完整的后验分布。给定数据的情况下，后验分布将明确地揭示可靠的参数值及其不确定性。练习 9.3 将探索图 9-12 中的贝叶斯数据分析。

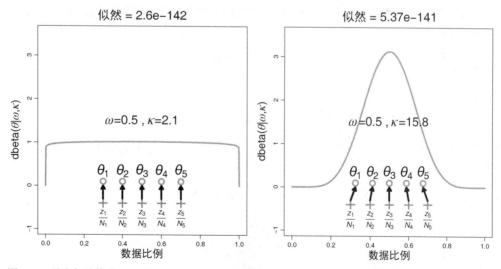

图 9-12　最大似然估计（MLE）中个体参数值的收缩。图中，每个个体的数据比例（z_s / N_s）被标记为"+"号，θ_s 的备选值被标记为圆圈，并且标出了总体 Beta 分布的众数（ω）和集中度（κ）。左图显示了我们选择的 $\theta_s = z_s / N_s$，以及几乎平坦的 Beta 分布。右图显示了收缩的 MLE。箭头突出显示了收缩过程。似然增大了近 20 倍

9.4 使 JAGS 加速

在本节中，我们考虑两种加快 JAGS 处理速度的方法。第一种方法改变 JAGS 模型定义中的似然函数。第二种方法使用 runjags 工具包在多核计算机上并行地运行链。我们将依次讨论这两种方法。

当每个被试有许多个试次时，在 JAGS 中生成链可能会非常耗时。导致速度缓慢的一个原因是模型定义（回忆 9.2.3 节）让 JAGS 计算每个试次的伯努利似然：

```
for ( i in 1:Ntotal ) {
  y[i] ~ dbern( theta[s[i]] )
}
```

尽管上面的语句看起来像 R 中按顺序运行的 for 循环，但它实际上只是让 JAGS 设置许多个伯努利关系。即使 JAGS 没有按顺序循环遍历这些副本，也会需要额外的计算时间。如果我们能让 JAGS 只计算一次 $\theta_s^{z_s}(1-\theta_s)^{N_s-z_s}$，而不是计算 N_s 次伯努利分布，那就太好了。

我们可以用二项似然函数而不是伯努利似然函数来实现这一点。二项似然函数是 $p(z_s | \theta_s, N_s) = \binom{N_s}{z_s}\theta_s^{z_s}(1-\theta_s)^{N_s-z_s}$，其中 $\binom{N_s}{z_s}$ 是一个称为二项系数的常数。稍后会与式 11.5 一起解释，现在你只需要知道它是一个常数。当二项似然被放入贝叶斯公式中时，该常数会同时出现在分子和分母中并因此抵消，没有影响。因此，我们使用 JAGS 内置的二项似然函数来"骗"它计算 $\theta_s^{z_s}(1-\theta_s)^{N_s-z_s}$。[①]

程序中的必要更改很简单且很少。首先，我们根据数据计算 z_s 和 N_s。下面的代码假设 y 是由 0 和 1 组成的向量，而 s 是由被试的整数标识符组成的向量。代码使用了聚合函数 aggregate，关于它的解释参见 3.6 节。

```
z = aggregate( y , by=list(s) , FUN=sum )$x
N = aggregate( rep(1,length(y)) , by=list(s) , FUN=sum )$x
dataList = list(
  z = z ,
  N = N ,
  Nsubj = length(unique(s))
)
```

注意，上面的 dataList 不再包含 y 或 Ntotal 的内容。发送给 JAGS 的唯一信息是 z_s、N_s 和被试总数 Nsubj。

然后，我们修改模型定义，让它使用二项分布，在 JAGS 中称为 dbin：

```
model {
  for ( s in 1:Nsubj ) {
    z[s] ~ dbin( theta[s] , N[s] )
    theta[s] ~ dbeta( omega*(kappa-2)+1 , (1-omega)*(kappa-2)+1 )
  }
}
```

---

① 请注意，我们使用二项似然只是作为计算的捷径，而不是数据收集过程中有关抽样计划的声明。假设提前固定了样本容量 N_s，并定义好单个数据收集事件的范围，则可以导出二项分布的方程。那么一个试次的结果可以取 $z_s \in \{0,1,\cdots,N_s\}$，且二项似然函数给出了每个可能结果的概率。在应用中，我们不一定假设 N_s 是固定的，而是将单个"抛掷"事件视为基本的数据收集事件。另见 6.2 节脚注。

```
    omega ~ dbeta( 1 , 1 )
    kappa <- kappaMinusTwo + 2
    kappaMinusTwo ~ dgamma( 0.01 , 0.01 )        # 均值=1，标准差=10（通用的模糊度）
}
```

上面模型定义的唯一变化是去掉了 y[i]~dbern(theta[s[i]]) 的循环，并在被试的循环中放入了新的二项似然。

上述更改已在程序中实现了，文件名是 JAGS-Ydich-XnomSsubj-MbinomBetaOmegaKappa.R。注意文件名中以-M 开头的部分之后变为了 binom 而不是 bern。还要注意，以-Y 开头的部分之后仍然是 dich，因为数据仍然是 0 和 1 的二分数据，只是出于计算目的而在内部被转换为 z 和 N。要运行二项分布版本，只需让 R 加载它：

source("JAGS-Ydich-XnomSsubj-MbinomBetaOmegaKappa.R")

对于触摸疗法实验中的少量数据，用二项分布代替伯努利分布所获得的加速很少。但是对于更大的数据集，持续时间的减少将是显而易见的。MCMC 抽样的持续时间可以使用 proc.time 函数在 R 中测量，练习 9.4 给出了一个例子。

加快 MCMC 处理速度的一个重要方法是用 runjags 工具包并行地运行它们，如 8.7 节所述。程序 JAGS-Ydich-XnomSsubj-MbinomBetaOmegaKappa.R 已设置为默认使用 runjags 的并行链。你可以在程序内部更改这些设置，然后保存程序并重新溯源它，以查看在非并行模式下运行的速度有多慢。我发现，为了获得相同的 ESS，运行三条并行链的时间大约为运行一条长链的时间的一半。练习 9.4 将促使你进行更多的尝试。

9.5　扩展层次结构：按类别划分的被试

许多数据结构需要包含多个层次的层次化描述。JAGS 等软件可以方便地实现层次模型，而贝叶斯推断可以方便地解释参数估计，即使对于复杂的非线性层次模型也是如此。这里，我们来看一种扩展的层次模型。

假设我们的数据包含来自多个类别的很多个体的许多二分数据，其中所有类别具有一个一般的总体分布（overarching distribution）。以职业棒球运动员为例，他们在一年的比赛中有很多击打球的机会而且有时会击中。运动员们有不同的防守位置（如投手、捕手和一垒手）及不同的专业技能，因此按其主要位置对运动员进行分类是有意义的。我们估计了不同位置下每个球员的击球能力及职业球员们的整体能力。你可能会想到一些来自其他领域的类似模型。

这种层次模型如图 9-13 所示。它与图 9-7 所示的层次模型相似，但是为类别层次添加了一个额外的层次，以及标记类别时所需的下标。在图 9-13 的底部，个体试次被记为 $y_{i|s,c}$，其中 s 表示被试而 c 表示类别。被试 s 在 c 类别中的潜在偏差用 $\theta_{s|c}$ 来表示。假定 c 类别中，被试的偏差服从众数为 ω_c 且集中度为 κ_c 的 Beta 分布。因此，每个类别都有自己的偏差众数 ω_c，我们假定该类别中所有个体的偏差都是从其中得出的。在图中向上看，模型假设所有类别的众数都来自一个更高层次的 Beta 分布，该分布描述了类别之间的差异。跨类别的偏差众数表示为 ω（没有下标），类别偏差的集中度表示为 κ（没有下标）。当 κ 较大时，类别偏差 ω_c 高度集中。因为我们正在估计 ω 和 κ，所以必须指定它们的

先验分布，如图 9-13 的顶部所示。

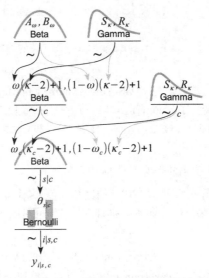

图 9-13   多个类别的铸币厂（下标索引是 c）铸造的几枚硬币（下标索引是 s）的数据的层次模型。
所有的类别具有一个总体分布

该模型有类别众数 ω_c 的总体分布，需要估计其集中趋势 ω 和集中度 κ。但是，纯粹为简单起见，该模型没有设置类别集中度 κ_c 的总体分布，也无须估计其集中趋势和集中度。换言之，κ_c 的先验假设所有的 κ_c 之间是独立的：先验常数 S_κ 和 R_κ 固定了所有的 κ_c，且 κ_c 之间不会因为这部分层次结构而相互影响。可以扩展该模型并加入这样一个总体分布，正如本书博客中的一个版本所做的那样。

鉴于数据实际上是来自单个试次的 0 和 1，我们假设数据文件包含每个被试的总体结果。数据排列为每个被试一行，每行指出了成功（或失败）的次数 $z_{s|c}$、总尝试（或抛掷）次数 $N_{s|c}$ 和被试的类别 c。每一行还可以包含每个被试的唯一标识符，以便于查询。类别可以用有意义的文本标签来表示，但是我们假设为了方便索引，程序将它们转换成了连续的整数。因此，在下面的 JAGS 代码中，我们将使用符号 c[s] 表示被试 s 的整数类别标签。

在 JAGS 中可以直接地表达出图 9-13 所示的层次模型。对于图中的每个箭头，JAGS 模型定义中都有相应的代码行：

```
model {
  for ( s in 1:Nsubj ) {
    z[s] ~ dbin( theta[s] , N[s] )
    theta[s] ~ dbeta( omega[c[s]]*(kappa[c[s]]-2)+1 ,
                      (1-omega[c[s]])*(kappa[c[s]]-2)+1 )
  }
  for ( c in 1:Ncat ) {
    omega[c] ~ dbeta( omega0*(kappa0-2)+1 ,
                      (1-omega0)*(kappa0-2)+1 )
    kappa[c] <- kappaMinusTwo[c] + 2
    kappaMinusTwo[c] ~ dgamma( 0.01 , 0.01 )    # 均值=1, 标准差=10（通用的模糊度）
  }
```

```
omega0 ~ dbeta( 1.0 , 1.0 )
kappa0 <- kappaMinusTwo0 + 2
kappaMinusTwo0 ~ dgamma( 0.01 , 0.01 )      # 均值=1, 标准差=10（通用的模糊度）
}
```

由于已经计算了每个被试的数据总数，因此似然的表达式将使用二项分布（dbin）而不是伯努利分布：没有试次的循环 i，如 9.4 节所述。请注意类别中的嵌套索引 omega[c[s]]，它使用适当类别的众数来描述个体 theta[s]。图 9-13 中的总体 ω 和 κ（无下标）的代码分别为 omega0 和 kappa0。

这个例子旨在演示在 JAGS 中指定复杂的层次模型是多么容易。如果你正在考虑一个应用并能够制作出连贯的模型图，那么你就可以在 JAGS 中实现该模型。事实上，这就是我在创建一个新 JAGS 程序时所使用的方法：我首先制作模型图，以确保我完全地理解这个描述性模型，然后从模型图底部开始逐个箭头地编写 JAGS 代码。在下一节中，我们将考虑一个特定的应用，并查看贝叶斯推断所产生的丰富信息。

示例：按位置划分的棒球击球能力

以棒球运动为例。在一年的比赛中，不同的球员有不同的击打数，而在一些击打中，球员可能确实击中了球。在美国职业棒球大联盟（American Major League Baseball）中，球员的投球速度非常快，有时速度超过每小时 90 英里（约 145 千米），击球手的击中数通常只有击打数的 23%。击中数与击打数的比值，称为每个球员的击中率（batting average）。我们可以把它看作球员在击打时击中球的潜在概率。我们想估计这个潜在概率，将它作为评估球员能力的一个指标。当对方击球时，球员必须处于场上的某个位置。不同的防守位置对应不同的专业技能，球员们应该致力于发展这些技能，而不一定是击球。具体来说，人们不会期望投手是强有力的击球手，也不会期望捕手专注于击球。大多数球员有一个主要位置，不过许多球员在不同的时间有不同的位置。为了简化本例，我们将使用单个主要位置对所有球员进行归类。

如果你和我一样，不是体育迷，也不在乎某个人用棍子击球的能力，那么就把场景转换成你真正关心的事情。将击球的机会转换为不同类别的疗法治愈疾病的机会。我们感兴趣的是估计所有疗法整体上的、每个疗法类别的和每个疗法的治愈率。或者想想学生高中毕业的机会，学校按地区分为不同的类别。我们感兴趣的是估计每个学校、每个地区和整个地区的毕业率。或者，如果这对你来说很无聊，那就继续考虑挥舞着棍子的男人们。

数据包括 2012 年美国职业棒球大联盟常规赛中的 948 名球员的记录。对于球员 s，我们有他（这是球员全部为男性的比赛联盟）的击打数 $N_{s|c}$、他的击中数 $z_{s|c}$，以及他在球场上的主要位置 c。主要位置共有 9 种可能性（如投手、捕手和一垒手）。我们在数据集中去掉了所有击打数为零的球员。从数据上看，324 名投手的击打数的中位数为 4.0，103 名捕手的击打数的中位数为 170.0，60 名右外野手的击打数的中位数为 340.5，其他 6 个位置共有 461 名球员。正如你从这些数据中可以猜到的，投手不经常击球，因为他们是以投球能力出名的，而不是击球能力。

CSV 数据文件的文件名为 BattingAverage.csv，如下所示：

```
Player,PriPos,Hits,AtBats,PlayerNumber,PriPosNumber
Fernando Abad,Pitcher,1,7,1,1
Bobby Abreu,Left Field,53,219,2,7
```

```
Tony Abreu,2nd Base,18,70,3,4
Dustin Ackley,2nd Base,137,607,4,4
Matt Adams,1st Base,21,86,5,3
...[剩余 943 行]...
```

上面的第一行是列的名称。注意，共有六列。前四列分别是球手的姓名（Player）、主要位置（PriPos）、击中数（Hits）和击打数（AtBats）。最后两列是冗余列，分别用数字记录球手姓名和主要位置。我们在分析中不会使用这两列，可以从数据文件中将其完全删除。

分析数据的脚本的步骤序列与之前的脚本相同，如下所示：

```
# 读取数据
myData = read.csv("BattingAverage.csv")
# 将相关的模型加载到 R 的工作内存中
source("JAGS-Ybinom-XnomSsubjCcat-MbinomBetaOmegaKappa.R")
# 生成 MCMC 链
MCMCCoda = genMCMC( data=myData ,
                    zName="Hits", NName="AtBats", sName="Player",
                    cName="PriPos", numSavedSteps=11000 , thinSteps=20 )
# 显示针对特定参数的链的诊断结果
for ( parName in c("omega[1]","omega0","kappa[1]","kappa0", "theta[1]") ) {
    diagMCMC( codaObject=MCMCCoda , parName=parName ,
              saveName=fileNameRoot , saveType=graphFileType )
}
# 获得链的摘要统计信息
summaryInfo = smryMCMC( MCMCCoda , compVal=NULL )
# 显示后验分布的信息
plotMCMC( MCMCCoda , data=myData ,
          zName="Hits", NName="AtBats", sName="Player", cName="PriPos",
          compVal=NULL ,
          diffCList=list( c("Pitcher","Catcher") ,
                          c("Catcher","1st Base") ) ,
          diffSList=list( c("Kyle Blanks","Bruce Chen") ,
                          c("Mike Leake","Wandy Rodriguez") ,
                          c("Andrew McCutchen","Brett Jackson") ,
                          c("ShinSoo Choo","Ichiro Suzuki") ) ,
          compValDiff=0.0 )
```

注意，函数定义文件的文件名中含有 "Ybinom"，因为数据文件将数据编码为 z 和 N；文件名还包含 "XnomSsubjCcat"，因为被试和类别标识符都用作预测变量。函数调用中有一些参数是特定于这类数据和模型形式的。具体地说，我们必须告诉函数数据框的哪些列对应变量 $z_{s|c}$、$N_{s|c}$ 和 c。比如，参数 zName="Hits" 表示 $z_{s|c}$ 的列为 Hits，参数 cName="PriPos" 表示类别标签的列名为 PriPos。

genMCMC 命令告诉 JAGS 应该用 20 精简并保存 11 000 步。这些值是在初始的短期运行阶段之后选择的，运行结果显示出相当强的自相关性。运行的目标是使如 θ_s 和 ω_c 等关键参数（以及参数的差异）的有效样本量（ESS）至少为 10 000，同时使保存的文件尽可能地小。这里的 968 个参数和 11 000 步需要 77 MB 以上的计算机内存。在 runjags 中，genMCMC 函数默认使用三条并行链，但是你可以在 genMCMC 函数内部进行修改。即使使用了三条平行链，在我那台普通的台式计算机上也需要运行大约 11 分钟（加上制作诊断图等过程的额外时间）。

脚本中的最后一个函数 plotMCMC 使用了新的参数 diffCList 和 diffSList。这两个参数接受向量的列表，这些向量指定你要比较哪些特定的类别或被试。上面的例子产生了众数差异的边际后验

图：投手类别相对于捕手类别，以及被试 Kyle Blanks 相对于 Bruce Chen，等等。以下将描述这些图。

基于给定的数据，JAGS 在 968 维参数空间中生成可信的参数值组合。我们可以用不同的方式查看结果，这取决于我们可能思考的任何问题。对于每一对球员，我们可以问他们击球能力的估计值有多大差异。对于每一对位置，我们可以问它们的典型击球能力有多大差异。（我们也可以问一些关于位置组合的问题，比如，外野手的击中率是否与内野手不同？但在这里，我们不讨论这类问题。）图 9-14 到图 9-16 显示了我们选择的说明性结果。（如 12.1.2 节将解释的，我们不能仅仅通过观察这些参数的边际分布来了解两个参数间的差异。）

图 9-14 显示了位置层次的击球能力估计值（模型中的 ω_c 参数）。显然，投手的击球能力众数低于捕手。捕手的击球能力众数略低于一垒手。由于个体层次的参数（$\theta_{s|c}$）被建模为来自特定位置的众数，因此个体的估计值收缩至特定位置的众数。

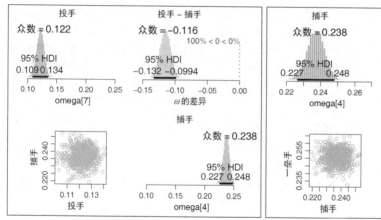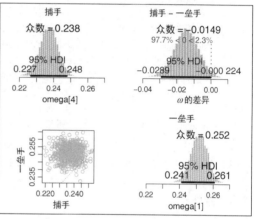

图 9-14　棒球击球数据的边际后验分布。左侧的四幅小图显示投手的击球能力远低于捕手。右侧的四幅小图显示捕手的击球能力略低于一垒手

图 9-15 显示了选定个体的能力估计值。左侧显示的是击中数相同的两名球员，但由于他们的位置不同，因此击球能力的估计值相差很大。这两名球员恰巧很少有机会击球，因此位置信息很大程度上决定了他们的能力估计值。这是有道理的，因为如果关于某些球员我们所知道的信息仅为他们的防守位置，那么我们最好的猜测将来自于这些位置其他球员的已知信息。请注意，如果我们没有将位置信息纳入层次模型，而是将所有 948 名球员放在一个总体分布下，那么这两名拥有相同击中数的球员的能力估计值将是相同的，无论他们的位置如何。

图 9-15 的右侧显示了击打数很多（且击中数也很多）的两名右外野手的能力估计值。注意，他们的 95% HDI 宽度比左图中的要小，因为这些球员有更多的数据。尽管大量的数据在个体的估计中起到重要作用，但击中率（在横轴上用"+"号标出）仍然会明显地向所有右外野手的众数（大约为 0.247）收缩。这两名球员的估计能力之间的差异几乎完全集中在零附近，95% HDI 基本上落在 −0.04 到 +0.04 的实际等价区域（region of practical equivalence，ROPE）中。

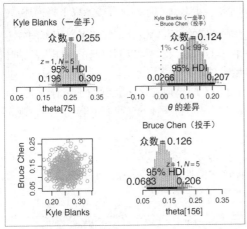
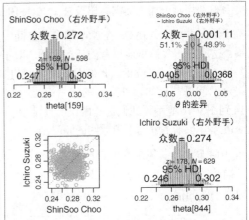

图 9-15　棒球击球数据的边际后验分布。左侧的四幅小图：有相同记录（击打 5 次且击中 1 次）但来自不
　　　　 同位置的两名球员的个体估计值。虽然击中数相同，但击球能力的估计值是截然不同的。右侧的四
　　　　 幅小图：有着大量击打数的两个右外野手的个体估计值。与左侧的图相比，它们个体表现的后验分
　　　　 布的 HDI 更窄，并且向特定位置的众数（约 0.247）略微收缩。它们差异的后验分布基本上为零，
　　　　 差异的 95% HDI 几乎包含在范围为 −0.04 到 + 0.04 的实际等价区域中（除非 MCMC 不稳定）

　　图 9-16 对比了来自相同位置但击中数截然不同的两名球员。左侧显示了击打数中等的两个投手。
尽管这两名球员的击中率差异很大，但二者能力差异的后验估计值仅略微地排除了零差异，因为收缩
量将他们的个体估计值拉向了投手的众数。右侧显示了两名中外野手，其中一人的击打数很多且击中
数也很多。由于这些个体自己的数据量很大，因此差异的后验分布在向位置数据收缩之后仍然显著地
排除了零差异。

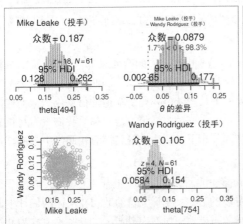
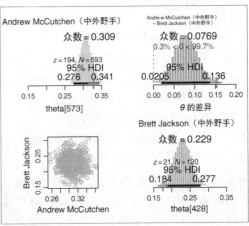

图 9-16　棒球击球数据的边际后验分布。左侧的四幅小图：击打数为 61 但击中数差异很大的两个投手。
　　　　 尽管表现存在差异，但向特定位置的众数收缩时，该差异的后验分布几乎为零。右侧的四幅小图：
　　　　 击中率差异较大且击打数较多的两名中外野手。尽管向特定位置的众数收缩了一些，但较大的数
　　　　 据量使得二者差异的后验分布显著地排除了零差异

这个应用最早出现在本书博客中，随后 Kruschke 和 Vanpaemel 又对其进行了描述。在这些报告中，模型的参数化使用了 Beta 分布的均值而不是众数，并且模型中还加入了估计 κ_c 参数的高层分布，而不是使用固定的先验分布。尽管存在这些差异，他们得出的结论却与这里类似。

对例子的总结 这个例子说明了层次建模中的许多重要概念，以下段落将重述并充实这些概念。

这个例子生动地说明了层次模型中的收缩现象。具体地说，我们看到了基于类别（主要位置）的个体能力估计值的收缩。由于每个位置有太多的球员，因此位置信息对个体的估计值有很大的影响。击打数很多（N_s 很大）的球员的个体估计值的收缩量，比击打数很少（N_s 很小）的球员的收缩量小，后者的估计值主要由位置信息决定。

为什么我们要用层次分类对数据建模？为什么不简单地把 948 名球员都归入一个叫作"大联盟"的群组，而要将大联盟分为 9 个子类别呢？答案：层次结构是一种表达方式，它表达了你认为应该如何对数据进行有意义的建模，而该模型能够描述你关心的数据的各个方面。如果我们不按位置分类，那么投手的能力估计值会更明显地被拉向所有非投手能力的众数。而且，如果我们不按位置分类，那么任何两名击中数相同的球员的能力估计值也将是相同的，不管他们的位置如何。比如，图 9-15 中的一垒手和投手的能力估计值将是相同的。但如果你认为描述数据的有意义的方面时，位置信息是相关的，你就应按位置进行分类。两个模型都不是数据的唯一"正确"描述。相反，与所有模型一样，参数估计仅在该模型结构的背景中才是对数据有意义的描述。

图 9-17 说明了层次估计的一个重要特征，我们之前没有讨论过。层次结构中某一层次的估计值的确定性（部分地）取决于该层次中有多少参数。当前应用中，整体众数（ω）来自 9 个位置参数（ω_c），但是每个位置（ω_c）均来自几十个或数百个球员（θ_s）。因此，总体层次估计值的确定性小于每个位置估计值的确定性。在图 9-17 中查看 95% HDI 的宽度时，可以看到这一点。在总体层次上，ω 的 95% HDI 宽度约为 0.09。但对于特定位置，ω_c 的 95% HDI 宽度只有 0.02 左右。数据的其他特点也会使不同层次的边际后验分布具有不同的宽度和形状，但是请注意一点：如果只有少量的类别，则总体层次的估计值通常不会很精确。当高层参数来自很多类别时，跨类别的层次结构才更加有效。

最后，我们只研究了 968 个参数的一小部分关系。如果感兴趣，你也可以研究更多参数之间的关系。在基于 p 值的传统统计检验（将在第 11 章中讨论）中，仅仅进行多重比较也是有代价的。这是因为 p 值取决于为检验计划构造的反事实的可能性空间。然而，在贝叶斯数据分析中，决策是基于后验分布的，而后验分布只取决于数据（和先验），而不取决于检验计划。关于多重比较的更多讨论见 11.4 节。

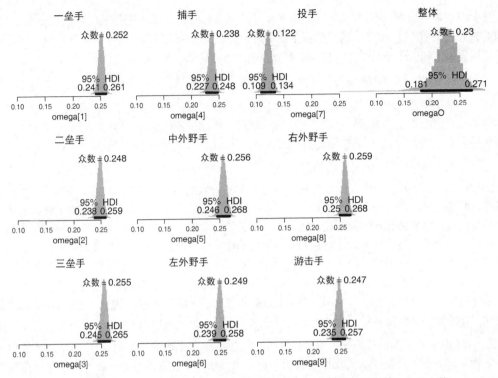

图 9-17　棒球击球数据的边际后验分布。注意，整体众数 omega0 估计值的确定性比位置众数 omega[c]
估计值的确定性低（更宽的 HDI）。这其中的一个原因是，每个位置都有几十到几百个人的数
据，但整体层次只有 9 个位置的数据

9.6　练习

你可以在本书配套网站上找到更多练习。

练习 9.1　目的：尝试 κ 的不同先验分布来探索 κ 在收缩中的作用。考虑图 9-10 中对触摸疗法数
据的分析。该分析使用了一个通用的 Gamma 分布作为 κ 的先验：均值为 1.0 且标准差为 10.0。我们假
设先验对结果的影响很小。在这里，我们将先验更改为其他模糊的分布，以测试后验的稳健性。具体
来说，我们将检查 κ 的另一个 Gamma 分布先验：众数为 1.0 且标准差为 10.0。

(A) 均值为 1.0、标准差为 10.0 的 Gamma 分布的形状参数和速率参数是什么？众数为 1.0 且标准差
为 10.0 的 Gamma 分布的形状参数和速率参数是什么？提示：使用工具函数 gammaShRaFromMeanSD
和 gammaShRaFromModeSD。

(B) 将两张 Gamma 分布图叠加绘制在一张图上，以查看它们强调的是哪个 κ 值。如果你喜欢，可
以用以下 R 代码绘制分布图：

```
openGraph(height=7,width=7)
layout(matrix(1:3,ncol=1))
k=seq(0,200,length=10001)
```

```
plot( k , dgamma(k,1.105125,0.105125) , ylab="dgamma(k)" ,
      type="l" , main="Gamma Distrib's (SD=10)" )
lines( k , dgamma(k,0.01,0.01) , col="skyblue" )
legend( "topright" , c("Mode 1","Mean 1") ,
        lty=c(1,1) , col=c("black","skyblue") , text.col=c("black", "skyblue") )
plot( k , dgamma(k,1.105125,0.105125) , ylab="dgamma(k)" ,
      type="l" , ylim=c(.07,.08) , main="Gamma Distrib's (SD=10), zoomed in" )
lines( k , dgamma(k,0.01,0.01) , col="skyblue" )
legend( "topright" , c("Mode 1","Mean 1") ,
        lty=c(1,1) , col=c("black","skyblue") , text.col=c("black", "skyblue") )
plot( k , dgamma(k,1.105125,0.105125) ,
      type="l" , ylim=c(0,8.0e-5) , main="Gamma Distrib's (SD=10), zoomed in" )
lines( k , dgamma(k,0.01,0.01) , col="skyblue" )
legend( "topright" , c("Mode 1","Mean 1") ,
        lty=c(1,1) , col=c("black","skyblue") , text.col=c("black", "skyblue") )
```

结果如图 9-18 所示。相对而言，哪个 Gamma 分布更支持在 0.1 和 75 之间的 κ 值？哪个 Gamma 分布更支持很小或大于 75 的 κ 值？

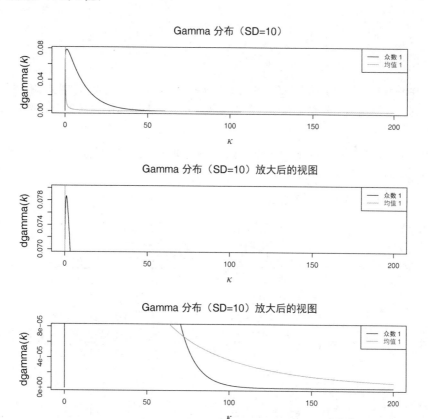

图 9-18 叠加显示的两个 Gamma 分布。用于练习 9.1

(C) 在程序 JAGS-Ydich-XnomSsubj-MbinomBetaOmegaKappa.R 中，找到模型定义中规定 kappa-MinusTwo 的先验分布的一行。使用均值为 1.0 的 Gamma 分布运行一次程序，然后使用众数为 1.0 的

Gamma 分布再运行一次程序。显示后验分布图。提示：在模型定义中，只需注释掉其中一行。

```
# kappaMinusTwo ~ dgamma( 0.01 , 0.01 )          # 均值=1，标准差=10（通用的模糊度）
kappaMinusTwo ~ dgamma( 1.105125 , 0.1051249 )   # 众数=1，标准差=10
```

在从脚本调用程序之前，请确保已经保存了程序。在脚本中，你可能需要更改用于保存图形文件的文件根目录。

(D) 当先验分布改变时，后验分布的变化是否很大？具体地说，对于哪个先验，κ 的边际后验分布的大值尾部更大？当 κ 更大时，对 θ_s 值的收缩有什么影响？

(E) 你认为哪一个先验分布比较合适？为了正确回答这个问题，你应该做下一个练习。

练习 9.2　目的：测试常数先验在更高层次上隐含的 θ_s 的先验值。为了让 JAGS 在先验中抽样，我们只需注释数据，如 8.5 节所述。在程序 JAGS-Ydich-XnomSsubj-MbinomBetaOmegaKappa.R 中，只需注释掉指定 z 的一行，如下所示：

```
dataList = list(
#   z = z ,
    N = N ,
    Nsubj = Nsubj
    )
```

保存程序，并使用上一个练习中讨论的 κ 的两个先验分布运行它。你可能需要更改用于保存图形文件的文件根目录。对于这两个先验，在你的报告中加入 θ_s 的先验分布图和 θ_s 的差，例如 theta[1]-theta[28]。见图 9-19。

(A) 解释为什么当 κ 的先验分布的众数为 1（而不是均值为 1）时，所隐含的个体 θ_s 的先验分布有着圆形的肩部（而不是均匀分布）。

(B) 你认为哪一个先验分布比较合适？

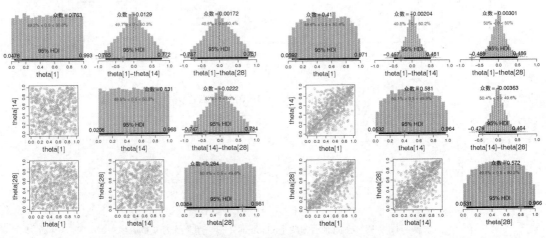

图 9-19　κ 的不同 Gamma 分布隐含的 θ_s 的先验。用于练习 9.2

练习 9.3 **目的：比较贝叶斯收缩和 MLE 收缩。**构建一个类似于图 9-12 的数据集，像分析触摸疗法数据那样，应用贝叶斯数据分析。比较贝叶斯参数估计与 MLE 估计（从图 9-12 中搜集信息）。贝叶斯数据分析提供了哪些 MLE 没有提供的内容？

练习 9.4 **目的：探索 JAGS 处理过程的持续时间。**考虑图 9-9 中的触摸疗法数据，程序 JAGS-Ydich-XnomSsubj-MbinomBetaOmegaKappa.R 分析了它。在 RStudio 中打开该程序并找到调用了 runjags 或 rjags 的部分。

(A) 将程序设置为让 runjags 使用三条并行链（如果目前不是的话）。确保在进行任何更改后保存程序。然后运行高级脚本 JAGS-Ydich-XnomSsubj-MbinomBetaOmegaKappa-Example.R。确保它在 genMCMC 之前和之后都有 proc.time，这样你就可以查看生成 MCMC 链需要多长时间。报告生成链消耗的时间，还要加入 omega 的链诊断图，其中包括它的 ESS。

(B) 将程序 JAGS-Ydich-XnomSsubj-MbinomBetaOmegaKappa.R 设置为使用 rjags（使用一条长链）。确保在进行任何更改后保存程序。然后运行高级脚本 JAGS-Ydich-XnomSsubj-MbinomBetaOmegaKappa-Example.R。确保它在 genMCMC 之前和之后都有 proc.time，这样你就可以查看生成 MCMC 链需要多长时间。报告生成链消耗的时间，还要加入 omega 的链诊断图，其中包括它的 ESS。

(C) 比较两次运行。运行的持续时间有什么差异？ESS 大致相同吗？

第 10 章

模型比较与层次建模

> 与杂志上的模特做比较的游戏，
> 我们都希望自己看起来像他们。
> 但他们只是幻想中的虚假诱惑，
> 他们全不遵从真实或尊重实际。[①]

有些情况下，同一组数据可以使用不同的模型来描述。在一个经典的例子中，数据是相对于背景恒星而言，行星和太阳在数个月内的明显位置。哪个模型能够最好地描述这些数据，地心模型还是日心模型？换句话说，我们应该如何在模型之间分配可信度？

正如第 2 章（特别是 2.1 节）所强调的，贝叶斯推断是在多种可能性之间重新分配可信度。在模型比较中，我们关注的多种可能性是指不同的模型；在给定数据的情况下，贝叶斯模型比较在多种模型之间重新分配可信度。在本章中，我们将探讨关于模型相对可信度的贝叶斯推断的例子和方法。我们将看到，贝叶斯模型比较实际上只是贝叶斯参数估计法应用于层次模型的一个例子，其中顶层参数是不同模型的索引。一个核心技术点是"模型"由其似然函数和先验分布组成，模型比较对先验分布的选择非常敏感，即使先验是模糊的也是如此。这与模型内部连续参数的估计不同。

10.1 一般形式与贝叶斯因子

在本节中，我们将以一种抽象的方式考虑模型比较。这种思考方式将为下面的示例构建框架。如果你刚开始阅读时无法理解这种抽象的处理方法，请不要绝望，因为很快就会有说明这些想法的简单示例。

回想一下我们一直使用的通用表示法，其中数据表示为 D 或 y，模型的参数表示为 θ。似然函数表示为 $p(y|\theta)$，先验分布表示为 $p(\theta)$。我们现在将扩展这些符号，以便指代不同的模型。我们将加

[①] *The magazine model comparison game,*
Leaves all of us wishing that we looked like them.
But they have mere fantasy's bogus appeal,
'Cause none obeys fact or respects what is real.
本章的内容是贝叶斯模型比较，即多个模型的相对可信度。这首诗说的是，我们把自己与杂志上的模特做对比。英文诗中的单词游戏：仔细听，你会听到诗中响起"贝叶斯因子"。要做到这一点，需要付出努力！

入一个新的索引参数 m，对于模型 1 有 $m=1$，对于模型 2 有 $m=2$，以此类推。模型 m 的似然函数表示为 $p_m(y|\theta_m, m)$，先验分布表示为 $p_m(\theta_m|m)$。请注意，参数是有下标的，因为每个模型可能涉及不同的参数。还要注意，概率密度也是有下标的，因为不同的模型可能涉及不同的分布形式。

每个模型都可以有先验概率 $p(m)$。然后我们可以把整个模型系统看作 θ_1、θ_2、$\cdots\cdots$、m 的联合参数空间。注意，联合参数空间包括索引参数 m。在这个联合参数空间中，贝叶斯法则变成：

$$p(\theta_1, \theta_2, \cdots, m \mid D) = \frac{p(D|\theta_1, \theta_2, \cdots, m)p(\theta_1, \theta_2, \cdots, m)}{\sum_m \int \mathrm{d}\theta_m\, p(D|\theta_1, \theta_2, \cdots, m)p(\theta_1, \theta_2, \cdots, m)} \tag{10.1}$$

$$= \frac{\prod_m p_m(D|\theta_m, m)p_m(\theta_m|m)p(m)}{\sum_m \int \mathrm{d}\theta_m \prod_m p_m(D|\theta_m, m)p_m(\theta_m|m)p(m)} \tag{10.2}$$

（与之前一样，分子中的变量指的是特定值，分母中的变量指的是所有可能值的积分或总和。）注意，从式 10.1 到式 10.2 发生的关键变化是：分子由联合参数空间的表达式转换为参数之间依赖关系的表达式。因此，$p(D|\theta_1, \theta_2, \cdots, m)p(\theta_1, \theta_2, \cdots, m)$ 变成 $\prod_m p_m(D|\theta_m, m)p_m(\theta_m|m)p(m)$。层次模型的特征就是将似然乘以先验分解成依赖链。

图 10-1 的层次结构图说明了这些关系。左图显示了式 10.1 所表达的所有模型的一般联合参数空间。中图显示了式 10.2 所表达的分解后的模型子空间。中图强调每个子模型都有自己的参数和分布，如虚线框所标出的，但这些子模型是在一个更高层次的索引参数下的。模型索引的先验 $p(m)$ 是备选索引值 $m=1, 2, \cdots$ 上的条形图（就像伯努利分布的图形图标包含备选值 $y=0$ 和 $y=1$ 上的条形图一样）。

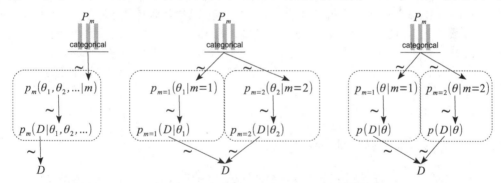

图 10-1　将模型比较看作一个层次模型。虚线框标出了要比较的子模型。左图显示了一般概念，参数 θ_m 表示联合参数空间中的所有子模型。中图显示了通常的情况，在这种情况下，每个 m 的似然和先验下降为特定 θ_m 的函数。右图显示了一种特殊的情况，即所有 m 的似然函数都是相同的，且不同 m 的先验分布的形式不同（中图和右图只显示了两个子模型，但实际上可以有许多子模型）

本次讨论的目的是表明这种情形与贝叶斯法则的任何其他应用一样，只是参数之间具有特定的依赖关系，并且有离散索引值作为高层参数。贝叶斯推断在不同的参数值之间重新分配可信度：同时分配给索引参数值及子模型的参数值。

我们还可以考虑单独对模型索引应用贝叶斯法则，即将子模型中的参数边际化。当我们想知道模型的相对可信度时，这个方法是有用的。贝叶斯法则指出，模型 m 的后验概率是[①]：

$$p(m \mid D) = \frac{p(D \mid m) p(m)}{\sum_m p(D \mid m) p(m)} \tag{10.3}$$

其中，根据定义可以知道给定模型 m 的数据概率，即该模型将所有可能参数值边际化后数据的概率：

$$p(D \mid m) = \int d\theta_m \, p_m(D \mid \theta_m, m) \, p_m(\theta_m \mid m) \tag{10.4}$$

因此，要想从模型的先验概率 $p(m)$ 得到它的后验概率 $p(m \mid D)$，我们必须乘以该模型的数据概率 $p(D \mid m)$。注意，模型数据概率 $p(D \mid m)$ 的计算方法是：将模型中参数的先验分布 $p_m(\theta_m \mid m)$ 边际化。理解贝叶斯模型比较的关键就是 $p(D \mid m)$ 中先验分布的作用。它强调，模型不仅仅是似然函数，而且包含了参数的先验分布。模型同时涉及似然和先验两方面内容的这一事实，在我们把模型索引加入似然和先验时明确地体现了出来；图 10-1 中将各个模型的似然和先验框起来的虚线也标记出了这一点。正如我们将看到的，一个结果是贝叶斯模型比较对模型内部的先验选择非常敏感，即使这些先验很模糊。

假设我们想知道两个模型的相对后验概率。我们可以将 $m = 1$ 代入式 10.3，再将 $m = 2$ 代入式 10.3，取它们的比值得到：

$$\frac{p(m=1 \mid D)}{p(m=2 \mid D)} = \underbrace{\frac{p(D \mid m=1)}{p(D \mid m=2)}}_{\text{BF}} \frac{p(m=1)}{p(m=2)} \underbrace{\frac{/\sum_m p(D \mid m) p(m)}{/\sum_m p(D \mid m) p(m)}}_{=1} \tag{10.5}$$

下方用"= 1"括起来的比值等于 1，可以从式中去掉。下方用"BF"括起来的比值是模型 1 和模型 2 的贝叶斯因子（Bayes factor）。贝叶斯因子是模型 1 和模型 2 中数据概率的比值。如式 10.4 所示，这些概率是将每个模型的参数边际化而得到的。因此，式 10.5 表示，两个模型间的所谓"后验胜率"（posterior odds）等于"先验胜率"（prior odds）乘以贝叶斯因子。贝叶斯因子表示给定数据时，先验胜率的变化程度。根据 BF 的大小做出关于模型的离散决策时的一个约定是，当 BF 超过 3.0 时，模型 $m = 1$ 有"充足"的证据；也可以等价地描述为，当 BF 小于 1/3 时，模型 $m = 2$ 有"充足"的证据（Jeffreys，1961；Kass 和 Raftery，1995；Wetzels 等人，2011）。

10.2 示例：两个铸币厂

我们将考虑一个简单的假想例子，以展示概念和机制。假设我们有一枚刻有"巅峰魔术与新奇事物公司，专利申请中"字样的硬币，而且我们知道该公司有两个铸币厂。一个铸币厂生产偏向反面的硬币，另一个铸币厂生产偏向正面的硬币。反偏铸币厂所生产硬币的偏差分布在众数 $\omega_1 = 0.25$ 附近，一致性（或集中度）为 $\kappa = 12$，因此该铸币厂所生产硬币的偏差的分布为 $\theta \sim \text{beta}(\theta \mid \omega_1(\kappa-2)+1, (1-\omega_1)(\kappa-2)+1) = \text{beta}(\theta \mid 3.5, 8.5)$。正偏铸币厂所生产硬币的偏差分布在众数 $\omega_2 = 0.75$ 附近，一致性同样为 $\kappa = 12$，因此该铸币厂所生产硬币的偏差的分布为 $\theta \sim \text{beta}(\theta \mid \omega_2(\kappa-2)+1, (1-\omega_2)(\kappa-2)+1) = \text{beta}(\theta \mid 8.5, 3.5)$。

[①] 式 10.3 直接由贝叶斯法则得到，不参考式 10.2。但如果你愿意，可以从式 10.2 开始并取它的积分 $\int d\theta_m$，最终得到式 10.3。

图 10-2 显示了这两个铸币厂的示意图。两个模型分别显示在两个虚线框中。左虚线框显示反偏模型，正如 Beta 先验分布显示的，众数为 0.25。右虚线框显示正偏模型，正如 Beta 先验分布显示的，众数为 0.75。图的顶部是索引参数 m，而我们想计算给定观察到的硬币 y_i 的抛掷数据时，$m=1$ 和 $m=2$ 的后验概率。图 10-2 是图 10-1 中右图的一个具体例子，因为两个模型的似然函数相同，只有先验分布不同。

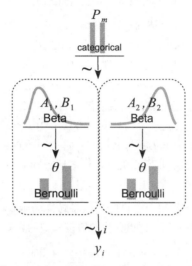

图 10-2 两个模型的层次图。模型 1 对应反偏铸币厂，模型 2 对应正偏铸币厂。本图是图 10-1 中右图的一个具体例子，因为两个模型的似然函数相同，只有先验分布不同

假设我们抛硬币 9 次，6 次得到正面。给定这些数据，硬币来自正偏铸币厂或反偏铸币厂的后验概率是多少？我们将通过数学分析、网格近似和 MCMC 三种方式来寻求答案。

10.2.1 数学分析的解法

反偏模型和正偏模型的先验分布都是 Beta 密度函数，并且都使用伯努利似然函数。这正是我们在式 6.8 中用分析法推导贝叶斯法则的模型形式。在这个等式中，我们将数据表示为 z 和 N，即 N 次抛掷中有 z 次得到正面。推导结果表明，如果我们使用先验函数 $\text{beta}(\theta|a, b)$ 开始推导，将得到后验函数 $\text{beta}(\theta|z+a, N-z+b)$。特别是，6.3 节的脚注指出，贝叶斯法则的分母，即边际似然，是：

$$p(z, N) = \frac{B(z+a, N-z+b)}{B(a, b)} \tag{10.6}$$

式 10.6 提供了 $p(D|m)$ 值的精确公式。这里有一个实现式 10.6 的 R 函数：

```
pD = function(z,N,a,b) { beta(z+a,N-z+b) / beta(a,b) }
```

该函数在参数取中等值时运行得很好，但遗憾的是，当参数太大时它会产生下溢错误。一个更稳健的版本将公式转换为对数值[1]，其中利用了以下特征：

———————————

① 此处的对数以 e 为底。——编者注

$$B(z+a, N-z+b) / B(a, b) = \exp\big(\log(B(z+a, N-z+b) / B(a, b))\big)$$
$$= \exp\big(\log(B(z+a, N-z+b)) - \log(B(a, b))\big)$$

对数形式的 Beta 函数作为 lbeta 函数内置在 R 中。因此，我们改为使用以下形式的代码：

```
pD = function(z,N,a,b) { exp( lbeta(z+a,N-z+b) - lbeta(a,b) ) }
```

让我们插入特定的先验分布和数据，以精确地计算这两个铸币厂的后验概率。首先，考虑反偏铸币厂（模型索引 $m = 1$）。对于它的先验分布，我们知道 $\omega_1 = 0.25$ 且 $\kappa = 12$，因此 $a_1 = 0.25 \times 10 + 1 = 3.5$ 且 $b_1 = (1 - 0.25) \times 10 + 1 = 8.5$。然后，根据式 10.6 得到：$p(D \mid m = 1) = p(z, N \mid m = 1) = B(z + a_1, N - z + b_1) / B(a_1, b_1) \approx 0.000\ 499$，可以用代码 pD(z=6,N=9,a=3.5,B=8.5) 在 R 中进行验证。接下来，考虑正偏铸币厂（模型索引 $m = 2$）。对于它的先验分布，我们知道 $\omega_2 = 0.75$ 且 $\kappa = 12$，因此 $a_2 = 0.75 \times 10 + 1 = 8.5$ 且 $b_2 = (1 - 0.75) \times 10 + 1 = 3.5$。然后，根据式 10.6 得到：$p(D \mid m = 2) = p(z, N \mid m = 2) = B(z + a_2, N - z + b_2) / B(a_2, b_2) \approx 0.002\ 339$。贝叶斯因子为 $p(D \mid m = 1) / p(D \mid m = 2) = 0.000\ 499 / 0.002\ 339 \approx 0.213$。换言之，如果两个铸币厂的先验胜率为 50/50，那么反偏铸币厂的后验胜率约为 0.213，也就是说正偏铸币厂的后验胜率约为 4.695（1/0.213）。

假设已经指定了先验概率，我们可以将贝叶斯因子转换为后验概率，如下所示：我们从式 10.5 开始，代入贝叶斯因子和先验概率的值。这里，我们假设模型的先验概率为 $p(m = 1) = p(m = 2) = 0.5$。

$$\frac{p(m=1 \mid D)}{p(m=2 \mid D)} = \frac{p(D \mid m=1)}{p(D \mid m=2)} \frac{p(m=1)}{p(m=2)} = \frac{0.000\ 499}{0.002\ 339} \frac{0.5}{0.5} \approx 0.213$$

$$\frac{p(m=1 \mid D)}{1 - p(m=1 \mid D)} \approx 0.213 \qquad\qquad p(m=1 \mid D) + p(m=2 \mid D) \text{ 必须等于 } 1$$

$$p(m=1 \mid D) = \frac{0.213}{1 + 0.213} \approx 17.6\% \qquad\qquad\qquad\qquad 代数变形$$

因此，$p(m = 2 \mid D) \approx 82.4\%$。（所显示的数是四舍五入后的值，百分比计算本身使用的数的精度更高。）换句话说，给定抛 9 次硬币且得到 6 次正面的数据，我们重新分配了信念，正偏的先验可信度 $p(m = 2) = 50\%$ 在后验中变为了 $p(m = 2 \mid D) \approx 82.4\%$。

练习 10.1 让你探索此场景的其他情况。具体来说，当模型预测值的差异很大时（在这种情况下，这意味着不同铸币厂的偏差之间有很大差异），只需要少量的数据就可以坚决地支持一个模型而不是另一个模型。

请注意，模型比较仅指出了模型的相对概率。它本身并不能提供硬币偏差的后验分布。在上面的计算中，我们没有推导出 $p(\theta \mid D, m)$ 的任何公式。因此，虽然我们估计了这枚硬币可能是哪个铸币厂生产的，但并没有估计硬币的偏差。

10.2.2 网格近似的解法

前一节的分析解法提供了一个精确的答案，但是在我们使用网格近似法再次得到它的过程中，可视化的参数空间将给我们更多的启示。

在当前的场景中，模型索引 m 决定了铸币厂的众数 ω_m。因此，我们可以不再考虑离散的模型索引参数 m，而是将其看作连续众数参数 ω 的先验分布所规定的两个离散值。整个模型仅有一个其他参数，即硬币偏差 θ。我们可以绘制在 ω 和 θ 参数空间上的先验分布图，如图 10-3 的前两行所示。注意，先验分布就像鱼背上的两个鳍，它们的轮廓都是 Beta 分布，一个鳍在 $\omega = 0.25$ 处，另一个鳍在 $\omega = 0.75$ 处。这两个鳍对应于图 10-2 所示的两个 Beta 分布。

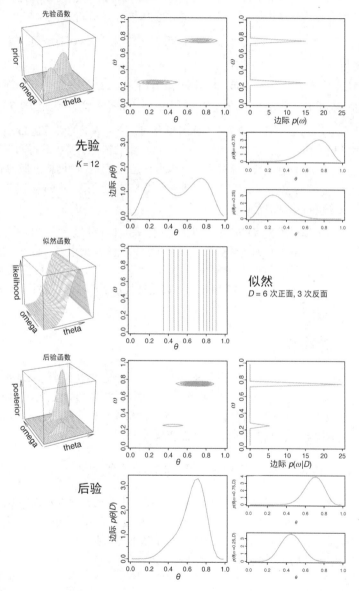

图 10-3　众数参数 ω 仅可以取两个离散值时，ω、θ 联合参数空间的表示图（在其他例子中，ω 的分布是连续的。与图 9-2 做比较）

重要的是，请注意图 10-3 的右上角，它显示了 ω 的边际先验分布。你可以看到它是两个高度相等的尖峰，这意味着先验分布中两个模型的两个备选 ω 值的概率相等。（ $p(\omega)$ 的绝对尺度无关紧要，因为它是随意选择的网格近似的概率密度。）有两个尖峰的 ω 先验表示模型索引 m 的离散先验。

图 10-3 中可视化图形的一个优点是，我们可以同时看到两个模型，并且在模型之间求平均时，可以看到 θ 的边际先验分布。具体来说，第二行的中间显示了 $p(\theta)$，我们可以看到它是双峰分布。这说明，作为一个整体的总体模型结构指出，偏差可能在 0.25 或 0.75 附近。

图 10-3 中第三行显示了似然函数，数据是抛硬币 $N = 9$ 次得到 $z = 6$ 次正面。注意，似然的水平等高线只依赖于 θ 的值，正如它们应该的那样。

图 10-3 的最后两行显示了后验分布。后验分布的计算方法是在 $\langle \theta, \omega \rangle$ 的每个网格点上用先验乘以似然，然后再进行标准化（做法与之前网格近似中的做法完全一样，例如图 9-2）。

注意第四行右侧所示的 ω 边际后验分布。你可以看到 $\omega = 0.75$ 上的尖峰比 $\omega = 0.25$ 上的尖峰高很多。事实上，目测结果表明它们的高度比约为 5：1，这与我们在上一节中算得的贝叶斯因子 4.695 基本一致。（如上所述，$p(\omega)$ 的绝对尺度无关紧要，因为它是随意选择的网格近似的概率密度。）因此，在模型比较的水平上，网格近似法的结果重复了上一节分析法的结果。ω 的两个离散值的尖峰图以可视化的方法呈现了模型的可信度。

可视化的网格近似还提供了更多的启示。具体来说，图 10-3 的最后一行显示了 ω 的所有离散值下的 θ 后验分布，以及 θ 在 ω 值间的边际分布。如果我们只关注模型索引，将看不到 θ 的结果。一种总结后验分布的方法如下：给定数据的情况下，正偏铸币厂（ $\omega = 0.75$ ）的可信度大约是反偏铸币厂（ $\omega = 0.25$ ）的 5 倍，硬币的偏差在 $\theta = 0.7$ 附近，不确定性显示在图 10-3 最后一行中间奇怪的偏峰分布中。[1]

10.3   MCMC 的解法

对于大型的复杂模型，我们无法利用数学分析法或网格近似法得到 $p(D|m)$，因此我们将用 MCMC 方法来得到后验概率的近似值。我们将考虑两种方法。第一种方法使用 MCMC 计算单个模型的 $p(D|m)$。第二种方法将多个模型组合成图 10-1 所示的层次结构，MCMC 过程将访问不同的模型索引值，访问这些值的次数与这些值的后验概率成比例。

10.3.1   用无层次的 MCMC 计算各模型的边际似然

在本节中，我们考虑如何计算单个模型 m 的 $p(D|m)$。本节的数学内容有些多，并且这种方法对于复杂模型来说用处有限。对于关注本书后半部分的应用的读者来说，本节可能没有什么直接的价值。因此，在第一遍阅读时，你可以跳过本节。但你将错过聚会上的谈资。本节介绍的方法只是众多方法中的一种，Friel 和 Wyse（2012）提供了一个综述。

---

[1] θ 的边际分布只是 ω 的每个离散值的条件后验分布的加权和。这些条件后验分布仅仅是利用式 6.8 的 Beta 更新规则算得的 Beta 分布。权重仅仅是后验概率 $p(\omega|D)$。

为了解释该方法的原理，我们首先需要明白一个基本的原理，即如何得到概率分布的近似函数：对于任意函数 $f(\theta)$，用概率分布 $p(\theta)$ 加权的该函数的积分，近似等于概率分布抽样点处的平均函数值。数学上表示为：

$$\int d\theta \, f(\theta) p(\theta) \approx \frac{1}{N} \sum_{\theta_i \sim p(\theta)}^{N} f(\theta_i) \tag{10.7}$$

为了理解这是为什么，考虑将式 10.7 中的积分离散化，使其近似等于许多小区间上的和：$\int d\theta \, f(\theta) p(\theta) \approx \sum_j \left[\Delta\theta \, p(\theta_j) \right] f(\theta_j)$，其中 θ_j 是第 j 个区间中 θ 的代表值。方括号中的 $\Delta\theta \, p(\theta_j)$ 是 θ_j 周围的小区间的概率质量。在 $p(\theta)$ 中抽样时，我们获得的 θ 值恰巧在某区间内的相对次数，可以作为该区间概率质量的估计值。将 θ 值来自第 j 个区间的次数记为 n_j，将总抽样数记为 N。对于大样本，我们注意到 $n_j / N \approx \Delta\theta \, p(\theta_j)$。于是：$\int d\theta \, f(\theta) p(\theta) \approx \sum_j \left[\Delta\theta \, p(\theta_j) \right] f(\theta_j) \approx \sum_j \left[n_j / N \right] f(\theta_j) = \frac{1}{N} \sum_j n_j f(\theta_j)$。换句话说，每次我们从第 j 个区间取出一个 θ 值，都会为该区间代表值 $f(\theta_j)$ 的求和增加一个重复次数。但实际上不需要使用区间的代表值，只需要在抽样得到的 θ 处使用 $f(\theta)$ 的值，因为采得的 θ 已经在第 j 个区间内。所以近似值变为：$\int d\theta \, f(\theta) p(\theta) \approx \frac{1}{N} \sum_j n_j f(\theta_j) \approx \frac{1}{N} \sum_{\theta_i \sim p(\theta)}^{N} f(\theta_i)$，也就是式 10.7。

为了达到比较模型的目的，我们要计算每个模型的边际似然：$p(D) = \int d\theta \, p(D|\theta) p(\theta)$，其中 $p(\theta)$ 是模型中参数的先验分布。原则上，我们可以直接应用式 10.7 得到：

$$p(D) = \int d\theta \, p(D|\theta) p(\theta)$$
$$\approx \frac{1}{N} \sum_{\theta_i \sim p(\theta)}^{N} p(D|\theta_i)$$

这意味着我们正在从先验分布中取得随机值。但在实践中，先验是非常分散的。对于几乎所有的抽样值，$p(D|\theta)$ 都接近于零。因此，为了使样本收敛到一个稳定的值，我们可能需要数量巨大的样本。

我们可以不从先验中抽取样本，而是巧妙地使用后验分布的 MCMC 样本。首先，考虑贝叶斯法则：

$$p(\theta|D) = \frac{p(D|\theta) p(\theta)}{p(D)}$$

我们可以将其重新排列为：

$$\frac{1}{p(D)} = \frac{p(\theta|D)}{p(D|\theta) p(\theta)}$$

这里有个技巧（源于 Gelfand 和 Dey，1994；总结自 Carlin 和 Louis，2009）：对于任何概率密度函数 $h(\theta)$，它的积分都为 1，数学上表示为 $\int d\theta \, h(\theta) = 1$。我们将重新排列后的贝叶斯法则乘以 1：

10

$$\frac{1}{p(D)} = \frac{p(\theta \mid D)}{p(D \mid \theta)p(\theta)}$$

$$= \frac{p(\theta \mid D)}{p(D \mid \theta)p(\theta)} \int d\theta\, h(\theta)$$

$$= \int d\theta \frac{h(\theta)}{p(D \mid \theta)p(\theta)} p(\theta \mid D) \qquad (10.8)$$

$$\approx \frac{1}{N} \sum_{\theta_i \sim p(\theta \mid D)}^{N} \frac{h(\theta_i)}{p(D \mid \theta_i)p(\theta_i)}$$

其中最后一行只是将式 10.7 应用于倒数第二行后所得的结果。现在我将揭秘把式 10.8 的第二行转换为第三行时施加的魔法。$h(\theta)$ 中的 θ 在积分范围内变化，但 $p(\theta \mid D) / p(D \mid \theta)p(\theta)$ 中的 θ 是一个特定值。因此，如果没有合理的原因，我们不能互换这两个 θ。然而，对于任何 θ 值，比例 $p(\theta \mid D) / p(D \mid \theta)p(\theta)$ 的取值都相同，因为这个比例总是等于常数 $1 / p(D)$。因此，在 $h(\theta)$ 中的 θ 值变化时，我们可以让 $p(\theta \mid D) / p(D \mid \theta)p(\theta)$ 中的 θ 值等于 $h(\theta)$ 中的 θ 值。换句话说，虽然 $p(\theta \mid D) / p(D \mid \theta)p(\theta)$ 中的 θ 最开始是一个特定的值，但它被变成了一个随 $h(\theta)$ 中 θ 变化而变化的值。这个魔术在聚会上将很有趣。

现在要做的是选定函数 $h(\theta)$。最好是 $h(\theta)$ 与 $p(D \mid \theta)p(\theta)$ 相似，这样对于不同的 θ 值，式 10.8 中的比值就不会太大或太小。如果它们的比值确实太大或太小，那么将破坏 N 增长时和的收敛性。

当似然函数为伯努利分布时，$h(\theta)$ 的一个合理的选择是 Beta 分布，而且其均值和标准差应当对应于后验样本的均值和标准差。这里的思想是：无论先验的形状如何，后验概率都应当类似于 Beta 分布，特别是对于大的数据集而言更应如此，因为随着数据量的增加，伯努利似然将压倒先验。因为我希望 $h(\theta)$ 是一个与后验分布类似的 Beta 分布，所以我将 Beta 分布的均值和标准差设置为从后验采得的 θ 值的均值和标准差。式 6.7 为 Beta 分布提供了相应的形状参数。综上所述，在近似估计 $p(D)$ 时，我们使用 Beta 分布作为式 10.8 的 $h(\theta)$，且参数 a 和 b 的值被设定为与后验分布相同的值。请注意，式 10.8 给出的是 $p(D)$ 的倒数，所以我们必须将结果颠倒才能得到 $p(D)$ 本身。

一般来说，可能没有强大的理论促使我们选择特定的 $h(\theta)$ 密度函数。没关系。我们需要的只是任何与后验分布相似的密度函数。在许多情况下，首先生成有代表性的后验样本，然后找到一个合理的"现成"密度来描述它，就可以达到这一目的。假设某参数的范围是 [0, 1]，我们可以用一个与它的后验样本有着相同均值和标准差的 Beta 密度来模拟它的后验，即使我们没有理由相信后验真的是 Beta 分布。假设某参数的范围是 [0, +∞)，我们可以用一个与它的后验样本有着相同均值和标准差的 Gamma 密度（见图 9-8）来模拟它的后验，即使我们没有理由相信后验真的是 Gamma 分布。

对于具有许多参数的复杂模型，创建一个合适的 $h(\theta)$ 可能很难，这里的 θ 是包含许多参数的向量。一种方法是模拟每个参数的边际后验分布，并将 $h(\theta)$ 取为这些模拟边际分布的乘积。该方法假定后验分布的参数之间不存在强相关性，因此边际分布的乘积能够很好地代表联合分布。如果后验分布的参数之间有很强的相关性，那么这种方法得到的和可能会使式 10.8 中 $h(\theta_i)$ 的值很大但 $p(D \mid \theta_i)p(\theta_i)$ 的值接近于零，于是它们的比值将"爆炸"。即使 $h(\theta)$ 模拟得很好，被乘项中的某些概率密度也可能变得很小，甚至超过计算机的精度。因此，这种方法可能无法处理复杂的模型。但是，在这里的简单应用中，该方法很奏效，如下一节所示。

用 JAGS 实现

我们之前已经在名为 JAGS-Ydich-Xnom1subj-MbernBeta.R 的程序中,用 JAGS 实现了伯努利 Beta 模型,如 8.2 节所述。我们将调整该程序,让它使用当前模型比较中的先验分布,然后利用它的 MCMC 输出结果,在 R 中计算式 10.8 的 $p(D)$。

在 JAGS-Ydich-Xnom1subj-MbernBeta.R 的模型部分中,将先验更改为适当的模型。比如,对于 $m=2$,它有 $\omega=0.75$ 且 $\kappa=12$,我们只需要改变 dbeta 先验中的常数,如下所示。

```
model {
  for ( i in 1:Ntotal ) {
    y[i] ~ dbern( theta )
  }
  theta ~ dbeta( 0.75*(12-2)+1 , (1-0.75)*(12-2)+1 )
}
```

一定要保存更改过的文件。你可能需要使用与原始文件不同的文件名。然后,使用以下命令生成 MCMC 后验样本:

```
source("JAGS-Ydich-Xnom1subj-MbernBeta.R")      # 或者任何其他文件名
myData = c(rep(0,9-6),rep(1,6))                 # 9 次抛掷, 得到 6 次正面
MCMCCoda = genMCMC( data=myData , numSavedSteps=10000 )
theta = as.matrix(MCMCCoda)[,"theta"]           # 将 coda 对象转换为向量
```

此处生成 MCMC 链并将其放入一个名为 theta 的向量中,然后通过在 R 中实现式 10.8 来计算 $p(D)$:

```
# 计算 MCMC 值的均值与标准差
meanTheta = mean(theta)
sdTheta = sd(theta)
# 转换为 a,b 形状参数, 用于 h(theta)函数
aPost = meanTheta * ( meanTheta*(1-meanTheta)/sdTheta^2 - 1 )
bPost = (1-meanTheta) * ( meanTheta*(1-meanTheta)/sdTheta^2 - 1 )
# 计算 1/p(D)
oneOverPD = mean( dbeta( theta , aPost , bPost ) /
                ( theta^6*(1-theta)^(9-6)
                  * dbeta( theta , 0.75*(12-2)+1 , (1-0.75)*(12-2)+1 ) ) )
PD = 1/oneOverPD
show(PD)
```

JAGS 的一次运行结果为 PD=0.002338,与数学分析的结果非常接近。重复上述步骤,但在模型定义和 oneOverPD 的方程中使用 $\omega=0.25$。JAGS 的一次运行结果为 PD=0.000499,这也非常接近数学分析计算得到的值。

10.3.2　用有层次的 MCMC 计算模型的相对概率

在本节中,我们将实现图 10-2 所示的完整层次结构,其中顶层参数是跨多个模型的索引。具体的例子是用 R 脚本 JAGS-Ydich-Xnom1subj-MbernBetaModelComp.R 实现的。(该程序是一个独立运行的脚本,不是需要被其他程序调用的函数,因为这个例子只作特殊演示之用,不太可能广泛地用于不同的数据集。)

数据以通常的方式编码,y 是由 0 和 1 组成的向量。变量 N 是总抛掷次数。图 10-2 所示的模型在 JAGS 中表示如下:

```
model {
  for ( i in 1:N ) {
    y[i] ~ dbern( theta )
  }
  theta ~ dbeta( omega[m]*(kappa-2)+1 , (1-omega[m])*(kappa-2)+1 )
  omega[1] <- .25
  omega[2] <- .75
  kappa <- 12
  m ~ dcat( mPriorProb[] )
  mPriorProb[1] <- .5
  mPriorProb[2] <- .5
}
```

在阅读以上的模型定义时，请注意我们仅定义了一次伯努利似然函数和 Beta 先验分布，即使两个模型都用到了它们。这样做只是为了写代码方便，而不是必要的。事实上，后面章节的代码版本将使用完全不同的 Beta 分布。重要的是，注意 Beta 分布中 omega[m] 的值取决于模型索引 m。模型定义中的下两行为 omega[1] 和 omega[2] 指定了具体值。在模型定义的末尾，模型索引的顶层先验是一个分类分布，在 JAGS 中表示为 dcat。dcat 分布的参数是所有类别的概率组成的向量。JAGS 不允许在参数中定义常量向量，比如 m ~ dcat(c(.5,.5))。使用如上所示的模型定义方法时，其余的 JAGS 调用都是常规的。

在评估输出结果时，一定要记住 theta 值的样本是 m=1 和 m=2 两种情况合并后的混合值。在 MCMC 链的每一步，JAGS 都提供给定数据时 θ 和 m 的联合可信的代表值。在链中的任何一步，JAGS 落在 $m=1$ 或 $m=2$ 上的概率是与每个模型的后验概率成比例的。于是，无论该步中抽样得到的是哪个 m，JAGS 都为相应的 ω_m 产生一个可信的 θ 值。如果我们绘制跨越模型索引的所有 theta 值的直方图，那么结果将类似于图 10-3 最后一行的中间部分。但是如果我们想知道每个模型中 θ 值的后验分布，则必须将链中 $m=1$ 或 $m=2$ 的步数分离。这在 R 中很简单，请查看脚本。

图 10-4 显示了 m、θ_1 和 θ_2 的先验分布和后验分布。用 JAGS 生成先验分布的方法很常规，见 8.5 节。请注意，这个先验是我们想要的：模型索引为 50 比 50 的分类分布，θ_1 和 θ_2 具有合适的正偏先验分布和反偏先验分布。图 10-4 的下图显示了后验分布，我们可以看到这里的结果与数学分析解、网格近似解以及前一节的单模型 MCMC 实现解相匹配。

具体来说，$m=1$ 的后验概率约为 18%。这意味着，在 MCMC 随机游走期间，仅有大约 18% 的步数访问了值 $m=1$。因此，θ_1 的直方图的基础是 18% 的链，而 θ_2 的直方图的基础则是与其互补的 82% 的链。如果数据非常支持一个模型而不支持另一个模型，那么在 MCMC 样本中，失败模型的代表值的数量是很少的。

使用伪先验以减弱自相关性

在这里，我们考虑前一节中指定模型的另一种方法，使用两个 Beta 分布并生成截然不同的 θ_m 值。这种方法与图 10-2 更为相符，而且也更加通用，因为如果需要的话，它允许不同的先验具有不同的函数形式。现实的复杂模型比较需要使用本节描述的技术来实现（或者结合其他一些技术，总之不会用前一节的简化方法）。

在这次实现中，模型有三个参数，即 m、θ_1 和 θ_2。在 MCMC 随机游走的每一步中，对于给定的数据，JAGS 会生成这三个参数值的可信组合。然而，在链中的任何一步，只有抽样模型索引 m 的 θ_m

才真正会被用来描述数据。如果在链的某一步，m 的抽样值为 1，则使用 θ_1 描述数据，且 θ_2 不受数据的约束，仅受其先验约束。如果在链的另一步，m 的抽样值为 2，则使用 θ_2 描述数据，且 θ_1 仅受其先验约束。

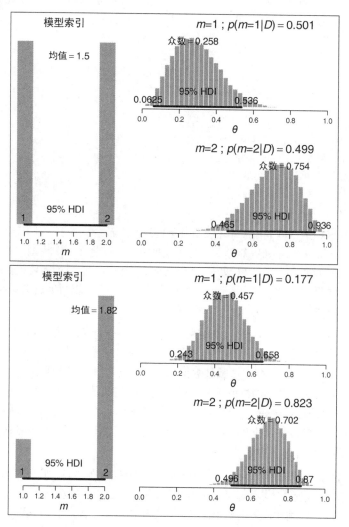

图 10-4　脚本 JAGS-Ydich-Xnom1subj-MbernBetaModelComp.R 的先验分布和后验分布。显示先验分布的上图有表示 $p(m\,|\,D)$ 的标签，但实际上数据集 D 为空。下图显示了后验分布

让我们看看 JAGS 中的这个模型结构，并弄懂它的原理。一个新的要求是，我们必须告诉 JAGS 在 $m=1$ 时使用 θ_1，而在 $m=2$ 时使用 θ_2。我们不能像在 R 中那样使用 if 语句，因为 JAGS 不是一种过程式语言。JAGS 模型定义是一种关于结构的"静态"声明，而不是一系列的脚本命令。因此，我们使用 JAGS 的 equals(,) 函数。如果参数相等，它将返回 TRUE（或 1）；如果参数不相等，则返回 FALSE（或 0）。因此，JAGS 语句

```
theta <- equals(m,1)*theta1 + equals(m,2)*theta2
```

在 m 等于 1 时，将 theta 设置为 theta1 的值；在 m 等于 2 时，将 theta 设置为 theta2 的值。

以下是 JAGS 的完整模型定义。注意，theta1 和 theta2 有不同的 dbeta 先验分布。这些先验分布的 ω 值和 κ 值与前几节的示例相同。

```
model {
  for ( i in 1:N ) {
    y[i] ~ dbern( theta )
  }
  theta <- equals(m,1)*theta1 + equals(m,2)*theta2
  theta1 ~ dbeta( omega1*(kappa1-2)+1 , (1-omega1)*(kappa1-2)+1 )
  omega1 <- .25
  kappa1 <- 12
  theta2 ~ dbeta( omega2*(kappa2-2)+1 , (1-omega2)*(kappa2-2)+1 )
  omega2 <- .75
  kappa2 <- 12
  m ~ dcat( mPriorProb[] )
  mPriorProb[1] <- .5
  mPriorProb[2] <- .5
}
```

原则上，在 JAGS 中运行以上模型时不会有任何问题。然而在实践中，对于这种类型的模型结构，模型索引链可能是高度自相关的：在转移到另一个模型之前，链将在一个模型中停留很长时间。在时间非常长的运行中，链将按照其后验概率成比例地访问每个模型，但可能需要很长时间才能使访问比例准确且稳定地表示概率。因此，我们将在 JAGS 中利用一个技巧，以帮助链更高效地在模型间转移。这种技巧使用了"伪先验"（pseudoprior, Carlin 和 Chib, 1995）。

为了使用伪先验，我们必须理解为什么链可能很难在模型间转移。如上所述，在链中的每一步，JAGS 都为所有三个参数生成值。在 $m=1$ 的各步中，使用 θ_1 描述数据，θ_2 不受数据约束且抽样自它的先验分布。在 $m=2$ 的各步中，使用 θ_2 描述数据，θ_1 不受数据约束且抽样自它的先验分布。问题是，在下一步中，JAGS 需要一个新的随机值作为 m 值，同时保持其他参数值不变。这种做法实际上是在 m 的当前值和其他值之间进行选择，但是当前 m 值的当前 θ_m 对数据是可信的，而来自先验分布的其他 m 值的其他 θ_m 作为后验值时可能并不可信。因为其他 θ_m 可能是对数据的糟糕描述，所以链很少转移到它，而是仍旧停留在当前模型上。

解决这一问题的方法是让未使用的、自由浮动的参数值保持在它们后验分布的可信范围内。回想一下，当不被用来描述数据时，参数是从其先验中随机生成的。在参数不被用来描述数据时，如果我们使用与后验类似的先验，则生成的随机值是在可信范围内的。当然，当参数确实被用来描述数据时，我们必须使用它真正的先验分布。在参数不被用来描述数据时使用的先验称为伪先验。因此，当模型索引为 $m=1$ 时，θ_1 使用其真先验，θ_2 使用其伪先验。当模型索引为 $m=2$ 时，θ_2 使用其真先验，θ_1 使用其伪先验。

为了在 JAGS 中实现伪先验，我们可以为先验常数添加索引值。我们将使用以模型为索引的众数 omega1[m]，而不是使用单个值 omega1 作为 theta1 的 Beta 先验众数。根据不同的 m，omega1[m] 取不同的值。因此，我们不再用以下方法为 theta1 指定单个先验分布：

```
theta1 ~ dbeta( omega1*(kappa1-2)+1 , (1-omega1)*(kappa1-2)+1 )
omega1 <- .25    # 真先验的值
kappa1 <- 12     # 真先验的值
```

而是用以下方法根据模型索引指定先验分布：

```
theta1 ~ dbeta( omega1[m]*(kappa1[m]-2)+1 , (1-omega1[m])* (kappa1[m]-2)+1 )
omega1[1] <- .25    # 真先验的值
omega1[2] <- .45    # 伪先验的值
kappa1[1] <- 12     # 真先验的值
kappa1[2] <- 21     # 伪先验的值
```

具体地说，omega1[1]指的是真先验的值，因为它是 m=1 时 theta1 的众数；而 omega1[2]指的是伪先验的值，因为它是 m=2 时 theta1 的众数。以上示例的重点是让你了解索引。下面的例子将解释设置伪先验常量的方法。

为了清楚地显示模型索引的自相关现象，以下示例将使用与之前示例稍有不同的数据和先验常量。数据是抛硬币 $N = 30$ 次并得到 $z = 17$ 次正面。模型 1 为 $\omega_1 = 0.10$ 且 $\kappa_1 = 20$，模型 2 为 $\omega_2 = 0.90$ 且 $\kappa_2 = 20$。因此，JAGS 模型定义中的真先验分布的定义如下：

```
model {
  for ( i in 1:N ) {
    y[i] ~ dbern( theta )
  }
  theta <- equals(m,1)*theta1 + equals(m,2)*theta2
  theta1 ~ dbeta( omega1[m]*(kappa1[m]-2)+1 , (1-omega1[m])*(kappa1[m]-2)+1 )
  omega1[1] <- .10    # 真先验的值
  omega1[2] <- .40    # 伪先验的值
  kappa1[1] <- 20     # 真先验的值
  kappa1[2] <- 50     # 伪先验的值
  theta2 ~ dbeta( omega2[m]*(kappa2[m]-2)+1 , (1-omega2[m])*(kappa2[m]-2)+1 )
  omega2[1] <- .70    # 伪先验的值
  omega2[2] <- .90    # 真先验的值
  kappa2[1] <- 50     # 伪先验的值
  kappa2[2] <- 20     # 真先验的值
  m ~ dcat( mPriorProb[] )
  mPriorProb[1] <- .5
  mPriorProb[2] <- .5
}
```

本例中完整脚本的文件名为 JAGS-Ydich-Xnom1subj-MbernBetaModelCompPseudoPrior.R。

确定伪先验的值的方法如下。

(1) 将伪先验设置为真先验，执行该分析。这是初始运行。注意参数的边际后验分布的特征。

(2) 将伪先验常量设置为后验的当前估计值，执行该分析。注意参数的边际后验分布的特征。如果伪先验分布与后验分布有很大差异，则重复此步骤。

图 10-5 显示了分析的初始运行结果，其中使用了真正的先验值作为伪先验值。MCMC 链总共有 10 000 步。图的顶部显示了模型索引的收敛诊断信息。具体地说，你可以在右上角的图中看到：链的有效样本量（ESS）非常小，在本例中小于 500。左上角的图显示，在每条链中，模型索引在一个值上徘徊了许多步，最后才转移到另一个值。

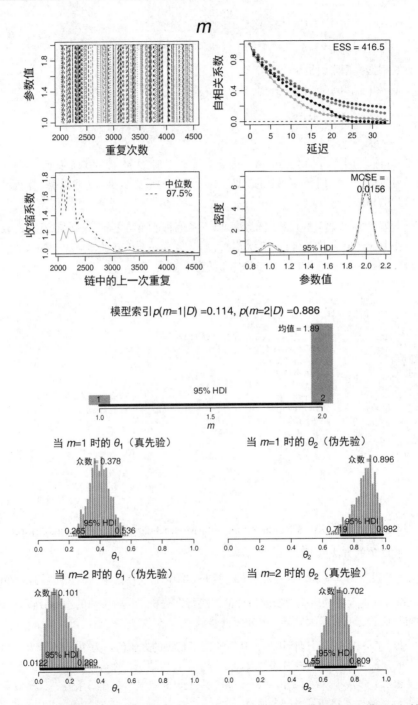

图 10-5　不使用伪先验时，也就是用真实的先验作为伪先验实现时，链几乎不在模型之间转移。
　　　　与图 10-6 进行比较

图 10-5 的最后两行显示了参数的后验分布。考虑倒数第二行中的左图，它显示了当 $m=1$ 时的 θ_1，即 θ_1 的真实后验分布。它正下方的图显示了当 $m=2$ 时的 θ_1。这些 θ_1 值不是用来描述数据的，因为它们是 JAGS 使用 θ_2 描述数据时，从先验分布中随机生成的。因此，左下角的图显示 θ_1 的先验，其众数非常接近指定的众数值 $\omega_1=0.10$。注意，$m=2$ 时 θ_1 的（先验）值，与 $m=1$ 时 θ_1 的（后验）值有较大差异。与之类似，右下角的图显示了当 $m=2$ 时 θ_2 的后验分布，它上方的图显示了当 $m=1$ 时 θ_2 的分布，这是 θ_2 的先验分布（它的众数 $\omega_2=0.90$）。再次注意，$m=1$ 时 θ_2 的（先验）值，与 $m=2$ 时 θ_2 的（后验）值有较大差异。

结合图 10-5 的最后两行，考虑 JAGS 中的 MCMC 步骤。假设某一步中 $m=2$，这意味着我们处于图 10-5 的最下面一行：θ_1 的值来自左下方的分布，θ_2 的值来自右下方的分布。现在 JAGS 使用它当前的 θ_1 值和 θ_2 值，考虑从 $m=2$ 转移到 $m=1$。不巧的是，θ_1 的值（可能）被设置为不在可信的范围内，因此 JAGS 没有动力转移到 $m=1$。类似的推理也适用于 $m=1$：θ_2 的现值（可能）不可信，因此 JAGS 不太可能转移到 $m=2$。

尽管模型索引存在显著的自相关性，但初始运行仍然提示了 θ_1 和 θ_2 的后验分布。我们将它们设置为伪先验。具体地说，θ_1 的后验众数在 0.40 附近，所以我们设置 omega1[2] <- .40；θ_2 的后验众数在 0.70 附近，所以我们设置 omega2[1]<- .70。集中度参数随着 N 增大，则可以确定 κ 值（回忆 6.3 节中伯努利 Beta 模型的更新规则）。因为先验 $\kappa=20$ 且数据 $N=30$，所以伪先验为 $\kappa=50$，在模型语句中写为 kappa1[2] <- 50 和 kappa2[1] <- 50。

图 10-6 显示的是使用了新伪先验的模型定义的运行结果。右上角显示，模型索引的链实际上没有自相关，ESS 等于链的总长度。底部两行显示 θ_1 和 θ_2 的分布。注意，伪先验与实际后验很类似。

由于本次运行中模型索引的 ESS 远高于初始运行中的 ESS，因此我们更相信本次运行中的 ESS 估计值。在第二轮运行中，也就是设置了适当的伪先验的情况下，$m=2$ 的后验概率非常接近 92%。初始运行中的估计值是 89%。虽然在当前例子中，这些估计值的差异不明显，但这个例子确实说明了关键问题。

在检验 JAGS 的输出结果时，重要的一点是要认识到 θ_m 链是真后验值和伪先验值的混合。当模型索引与参数对应时，链在这些步骤中会产生真正的后验值。下面是 R 代码的例子，脚本名称是 JAGS-Ydich-Xnom1subj-MbernBetaModelCompPseudoPrior.R，作用是提取链中相关的步骤。JAGS 的 MCMC 输出结果是名为 codaSamples 的 coda 对象。

```
# 将 coda 对象 codaSamples 转换为更容易处理的矩阵对象
mcmcMat = as.matrix( codaSamples )
# 为方便处理，提取出模型索引
m = mcmcMat [,"m"]
# 对所有模型索引，提取 theta 值
theta1M1 = mcmcMat [,"theta1"][ m == 1 ]      # 真 theta1
theta1M2 = mcmcMat [,"theta1"][ m == 2 ]      # 伪 theta1
theta2M1 = mcmcMat [,"theta2"][ m == 1 ]      # 伪 theta2
theta2M2 = mcmcMat [,"theta2"][ m == 2 ]      # 真 theta2
```

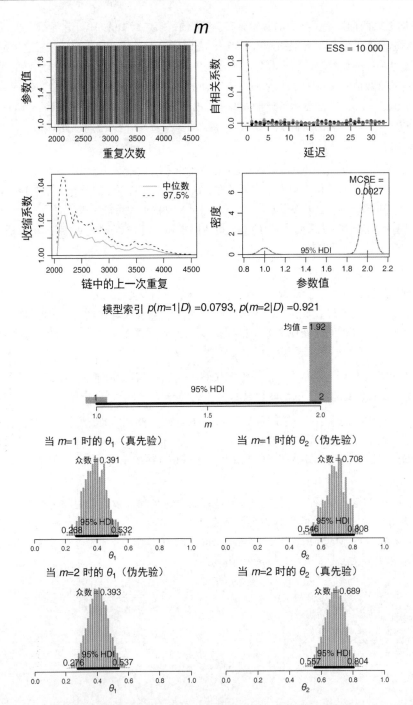

图 10-6　当使用伪先验时，也就是使用类似于后验的伪先验来实现时，链可以更好地在模型间转移。与图 10-5 进行比较

在上面的 R 代码中，mcmcMat 是一个矩阵，列的名称是 m、theta1 和 theta2，因为调用 JAGS 生成 MCMC 链时，我们监控了这些变量。向量 m 是由 1 和 2 组成的序列，它指出在每一步中使用了哪个模型。然后，mcmcMat[,"theta1"][m==1]由 theta1 中所有模型索引为 1 的行组成。这是 theta1 的真实后验值。同理，mcmcMat[,"theta2"][m==2]是 theta2 的真实后验值。

模型比较的焦点是模型索引 m 的后验概率，而不是每个模型中的参数估计。但是，假如你对每个模型中的参数感兴趣，则需要每个模型都有足够大的 MCMC 样本。在本例中，链仅在大约 8% 的步骤中访问了 $m=1$，仅产生了约 800 个代表值，而不是我们通常期望的 10 000 个。（MCMC 小样本解释了 $m=1$ 的直方图不稳定的现象。）为了增加值的数量，我们可以简单地增加链的长度，然后等待。然而，在拥有大量数据的大型模型中，增加链的长度可能会超出我们的忍耐限度。取代上述方法，我们可以通过改变模型的先验值来补偿它们的相对可信度，从而使 JAGS 平均地在模型之间抽样。从使用 50 比 50 作为先验的初始运行开始，我们注意到 $p(m=1|D) \approx 0.11$ 和 $p(m=2|D) \approx 0.89$。因此，在下一次运行中，我们将设置 mPriorProb[1] <- .89 和 mPriorProb[2]<- .11。结果表明，链访问这两个模型的频率几乎相同，因此我们可以获得所有模型的更具代表性的参数值。这也可以更好地估计模型间的相对概率，特别是当一个模型远优于另一个模型时。

但是，你可能会问，如果不使用 50 比 50 作为先验，我们如何知道 50 比 50 先验模型的后验概率？答案将由代数"魔法"揭晓。将模型的贝叶斯因子值记为 BF（它是一个常数）。从式 10.5 中，我们得知 $p(m=1|D)\,/\,p(m=2|D)=\text{BF}\cdot p(m=1)\,/\,p(m=2)$。特别是，对于 50 比 50 先验，该式可简化为 $p(m=1|D)\,/\,p(m=2|D)=\text{BF}$。因此，当先验胜率为 50/50 时，如果我们需要后验胜率，只需要知道 BF。将一般公式重新排列即得到它：$\text{BF}=[p(m=1|D)\,/\,p(m=2|D)]\cdot[p(m=2)\,/\,p(m=1)]$。

12.2.2 节给出了使用伪先验进行模型比较的另一个例子。有关超维 MCMC 中伪先验的更多信息，请参阅 Lodewyckx 等人的教程文章（2011）、Carlin 和 Chib（1995）的原创文章，以及以下作品中展示的其他实用示例：Dellaportas、Forster 和 Ntzoufras（2002），Han 和 Carlin（2001），Ntzoufras（2002）。

10.3.3　JAGS 中具有不同"噪声"分布的模型

到目前为止，所有的例子都是图 10-1 最右侧结构的例子。在这种结构中，所有模型的概率密度函数 $p(D|\theta)$ 都是相同的。这种概率分布有时被称为"噪声"分布，因为它描述了数据值在潜在趋势周围的随机变化。在更一般的应用中，不同的模型可以有不同的噪声分布。比如，一个模型可以将数据描述为对数正态分布，而另一个模型可以将数据描述为 Gamma 分布。图 10-1 的中间部分使用了不同的噪声分布，其中不同似然函数的概率函数用不同的下标表示出来：$p_1(D|\theta_1, m_1)$ 和 $p_2(D|\theta_2, m_2)$。

为了在 JAGS 中实现这种一般结构，我们希望让 JAGS 根据不同的索引值使用不同的概率密度函数。然而，我们不能使用这样的语句：y[i] ~ equals(m,1)*pdf1(param1) + equals(m,2)* pdf2(param2)。取代它的是，我们可以使用 8.6 节中的技巧。一般形式如下：

```
data {
  C <- 10000          # 即使它太小，JAGS 也不会发出警告！
  for (i in 1:N) {
    ones[i] <- 1
  }
}
```

```
model {
  for (i in 1:N) {
    spy1[i] <- pdf1( y[i] , parameters1 )/C        # 这里的 pdf1 是一个方程
    spy2[i] <- pdf2( y[i] , parameters2 )/C        # 这里的 pdf2 是一个方程
    spy[i] <- equals(m,1)*spy1[i] + equals(m,2)*spy2[i]
    ones[i] ~ dbern( spy[i] )
  }
  parameters1 ~ dprior1...
  parameters2 ~ dprior2...
  m ~ dcat( mPriorProb[] )
  mPriorProb[1] <- .5
  mPriorProb[2] <- .5
}
```

请注意，上面的每个似然函数都明确地定义出了概率密度函数的方程，这里缩写为 pdf1 或 pdf2。然后，使用 equals 结构为当前的 MCMC 步骤选择具体的概率密度值：pdf1 或 pdf2。我们需要完整地指定每一个似然函数，并且这两个似然函数的缩放必须使用相同的常数 C。然后像往常一样在 JAGS 中建立参数的先验分布，其中包括模型索引。当然，参数的先验分布应该使用伪先验，以高效地对模型索引抽样。

10.4　预测：模型平均

在模型比较的许多应用场景中，分析人员希望找出最佳模型，然后根据这个最佳模型对未来的数据进行预测。我们将这个最佳模型的索引记为 b。在这种情况下，对未来 $\hat{y}$ 的预测完全基于似然函数 $p_b(\hat{y}|\theta_b, m=b)$ 和获胜模型的后验分布 $p_b(\theta_b|D, m=b)$：

$$p(\hat{y}|D, m=b) = \int d\theta_b\, p_b(\hat{y}|\theta_b, m=b)p_b(\theta_b|D, m=b)$$

但数据的完整模型实际上是跨越了所有要比较的模型的整个层次结构，如图 10-1 所示。因此，如果层次结构真的表达了我们的先验信念，那么对未来数据的最完整预测将考虑所有模型，并用它们的后验可信度进行加权。换言之，我们对所有模型进行加权平均，权重是模型的后验概率。我们不再将获胜的模型作为条件并取条件概率，而是有：

$$p(\hat{y}|D) = \sum_m p(\hat{y}|D, m)p(m|D)$$

$$= \sum_m \int d\theta_m\, p_m(\hat{y}|\theta_m, m)p_m(\theta_m|D, m)p(m|D)$$

这叫作模型平均。

$p_b(\theta_b|D, m=b)$ 和 $\sum_m p_m(\theta_m|D, m)p(m|D)$ 之间的差异如图 10-3 的最后一行所示。回想一下，制造硬币的铸币厂有两个模型，反偏铸币厂的众数为 $\omega=0.25$，正偏铸币厂的众数为 $\omega=0.75$。图 10-3 右下角的两幅小图说明了每个模型的 θ 后验分布：$p(\theta|D, \omega=0.25)$ 和 $p(\theta|D, \omega=0.75)$。获胜的模型为 $\omega=0.75$，因此，仅以获胜模型为基础的未来数据预测值将使用 $p(\theta|D, \omega=0.75)$。但是总体模型将包括 $\omega=0.25$ 的情况，如果使用总体模型，则未来数据预测值是以完整后验为基础的，而完整后验总结了所有的 ω 值。完整的后验分布 $p(\theta|D)$ 显示在最后一行的中间。你可以看到 $p(\theta|D, \omega=0.25)$ 使左尾向左延伸了。

10.5 自然地考虑模型复杂度

贝叶斯模型比较的一个优点是它自然地抵消了模型的复杂度。复杂模型（通常）比简单模型更具优势，因为复杂模型总能找到其参数值的某些组合。与简单模型相比，复杂模型的这些参数组合可以更好地拟合数据。复杂模型中有太多的可选参数，其中总有一个选项能够比较少选项的简单模型更好地拟合数据。问题是数据会受到随机噪声的污染。我们不希望仅仅是因为能够更好地拟合噪声就总是选择更复杂的模型。如果没有某种计算模型复杂度的方法，那么数据中的噪声将导致我们更容易选择复杂模型。

贝叶斯模型比较抵消了模型的复杂度，因为每个模型都必须有其参数的先验分布，而且相对于简单模型，更复杂的模型必须在更大的参数空间中稀释它的先验分布（每个点的先验概率更低）。因此，即使一个复杂的模型有一些特定的参数值组合，且这些参数值可以很好地拟合数据，这个特定组合的先验概率也一定很小，因为先验值分布在广阔的参数空间上。

举例说明。再次考虑两个铸币厂的情况。一个铸币厂的模型很简单：它总是制造公平的硬币，它的硬币偏差的众数为 $\omega_s = 0.5$，集中度为 $\kappa_s = 1000$。这个模型很简单，因为它描述数据的选择非常有限：每枚硬币的 θ 值都必须非常接近 0.5。我称之为"必定公平"模型。另一个铸币厂的模型较为复杂：它等概率地制造出所有可能偏差的硬币。虽然它的硬币偏差的集中趋势同样是 $\omega_c = 0.5$，但它的一致性很差，也就是 $\kappa_c = 2$。这个模型很复杂，因为它有很多描述数据的选项：单枚硬币的 θ 值可以是 0 和 1 之间的任何值。我称之为"都有可能"模型。

我们在式 10.6 中看到了在这种情况下如何求贝叶斯因子，还提供了 R 中实现该式的一个方法，即 pD(z,N,a,b) 函数。对于本例，需要使用对数实现。

假设我们抛硬币 $N = 20$ 次，得到 $z = 15$ 次正面。这些数据似乎表明硬币是有偏的；事实上，"都有可能"模型确实得到了贝叶斯因子的支持：

```
> z=15 ; N=20 ; pD(z,N,a=500,b=500)/pD(z,N,a=1,b=1)
[1] 0.3229023
```

换句话说，"必定公平"模型的概率只有"都有可能"模型的概率的三分之一。"必定公平"模型由于没有足够接近数据比例的 θ 值而失败。"都有可能"模型具有与数据比例完全匹配的 θ 值。

假设我们抛硬币 $N = 20$ 次，得到 $z = 11$ 次正面。这些数据似乎与"必定公平"模型相当一致，而且它确实得到了贝叶斯因子的支持：

```
> z=11 ; N=20 ; pD(z,N,a=500,b=500)/pD(z,N,a=1,b=1)
[1] 3.337148
```

换句话说，"必定公平"模型的概率是"都有可能"模型的概率的三倍以上。这种支持简单模型的结果是怎样出现的？毕竟，"都有可能"模型具有与数据比例完全匹配的 θ 值。"都有可能"模型不应该赢吗？"都有可能"模型之所以会失败，是因为接近数据比例的 θ 值的先验概率较小，它为此付出了代价；对于"必定公平"模型而言，其接近数据比例的 θ 值的先验概率足够大，因此是可信的。也就是说，在贝叶斯模型比较中，只要数据与之一致，一个简单的模型也可以获胜，即使复杂模型的拟合度也很好。复杂模型的代价是：描述简单数据的参数值的先验概率较小。更多有关这个主题的内容，请参见 Jefferys 和 Berger（1992）的面向一般受众的文章以及 Myung 和 Pitt（1997）的认知建模应用。

嵌套模型比较的注意事项

在比较具有不同复杂度的模型时，我们经常会遇到一种特殊情况：一个模型"嵌套"在另一个模型中。考虑特定应用中的一个模型，它实现了我们可以考虑的所有有意义的参数。我们称之为全模型。我们可以考虑这些参数的各种约束条件，比如将其中一些参数设置为零，或者设置一些参数彼此相等。对于含有这样的约束条件的模型，我们称它嵌套在全模型中。请注意，全模型总是能够很好地拟合数据，拟合程度不会低于任何版本的约束模型，因为约束模型只是全模型的特殊情况。但是，如果约束模型可以很好地描述数据，则贝叶斯模型比较将更支持约束模型，因为全模型要付出代价：它在更大的参数空间中稀释了先验值。

举个例子，回想一下图 9-13 中棒球击球能力的层次模型。对于 9 个位置中的每一个，全模型都规定了截然不同的击球能力众数 ω_c。不仅如此，全模型还规定了 9 个截然不同的集中度参数。我们可以考虑受到约束的模型，例如这样的版本：所有的内野手（一垒、二垒等）被组合在一起，与所有的外野手（右外野、中外野和左外野）作对比。在这个约束模型中，我们将所有外野手的击球能力众数强行地设置为相等的值，即 $\omega_{左外野} = \omega_{中外野} = \omega_{右外野}$；对其他参数也进行类似的设置。实际上，我们将在这三个参数的位置设置同一个参数（对于其他约束，以此类推）。全模型总是能够很好地拟合数据，拟合程度不会低于任何版本的约束模型，因为约束模型的参数值组合也包含在全模型中。但全模型必须稀释点的先验分布，才能让先验分布覆盖更广阔的参数空间。约束模型的先验分布在 $\omega_{左外野} = \omega_{中外野} = \omega_{右外野}$ 的点处堆积得更高，并在不相等的组合上取零，而全模型必须把它的先验稀释给所有这些不相等的组合。如果约束模型的参数值恰好可以很好地描述数据，那么约束模型将获胜，因为这些参数值在约束模型中有更高的先验概率。

统计建模有一种趋势，即系统地检验全模型的所有可能约束条件。以棒球击球为例，我们可以检验 9 个位置的所有可能子集是不是相等，这将产生 21 147 个约束模型。[1]当然，这太多了，已经失去了检验的意义。但是，还有其他更重要的原因让我们避免仅仅因为能做到这一点就检验约束模型。主要原因是许多约束模型的先验概率基本为零，即使它们"赢得"了模型比较，你也不会想接受它们。

这一警告基本上遵循了式 10.5 中的模型比较的贝叶斯法则。如果一个模型的先验概率为零，那么它的后验概率也为零，即使贝叶斯因子支持该模型。换句话说，不要混淆贝叶斯因子和后验概率。

举个例子，假设除投手和捕手以外的 7 个位置被组合在一起的约束模型，与 9 个独立位置的全模型进行比较，约束模型获胜，因为贝叶斯因子支持约束模型。这是否意味着我们应该相信这 7 个位置（如一垒和右外野）具有完全相同的击球能力？可能不是，因为这种约束模型的先验概率实际上是零。相反，如 9.5 节所述，使用全模型进行参数估计会更有意义。参数估计将揭示，相对于估计值的不确定性而言，7 个位置之间的差异可能很小，但不同的估计值仍然保留了下来。我们将在 12.2.2 节中看

---

[1] 在本例中，约束模型的总数是 9 个位置的所有可能的划分方式的数目。集合的划分数称为它的贝尔数（Bell number），在组合学中有着大量的研究（如 Rota，1964）。

到一个示例，其中模型比较的结果支持合并某些组的约束模型，但明确的参数估计仍显示了这些组之间的差异。

10.6 对先验分布非常敏感

在贝叶斯模型比较的许多实际应用中，理论上的重点是模型的似然函数之间的差异。比如，一种理论根据围绕太阳的椭圆形轨道预测行星的运动，另一种理论则根据围绕地球的圆周期和本轮预测行星的运动。这两个模型涉及的参数有很大差异。在这类模型中，参数的先验分布形式是无关紧要的，往往是一个事后的思考。但是，在进行贝叶斯模型比较时，先验的形式是至关重要的，因为贝叶斯因子是用先验分布加权的似然函数的积分。

正如我们反复看到的，贝叶斯模型比较涉及在每个模型中将先验分布边际化。因此，模型的后验概率和贝叶斯因子对先验分布的选择非常敏感。如果先验分布恰好在似然分布的峰值处放置了大量的概率质量，那么边际似然（$p(D|m)$）将很大。但是如果先验分布恰好在似然分布的地方放置了很少的概率质量，那么边际似然就很小。贝叶斯因子对先验分布的敏感性在文献中有大量论述（如 Kass 和 Raftery，1995；Liu 和 Aitkin，2008；Vanpaemel，2010）。

在进行贝叶斯模型比较时，不同形式的模糊先验可以产生非常不同的贝叶斯因子。作为一个例子，再次考虑上一节中的"必定公平"模型与"都有可能"模型。"必定公平"模型的先验分布是 Beta 概率密度函数，形状参数为 $a = 500$ 且 $b = 500$（众数 $\omega = 0.5$ 且集中度 $\kappa = 1000$）。"都有可能"模型也被定义为 Beta 先验，其形状参数为 $a = 1$ 且 $b = 1$。假设我们的数据为 $z = 65$ 且 $N = 100$。那么贝叶斯因子是：

```
> z=65 ; N=100 ; pD(z,N,a=500,b=500)/pD(z,N,a=1,b=1)
[1] 0.125287
```

这意味着支持"都有可能"模型。但是为什么我们要为"都有可能"模型选择这些特定的形状参数值呢？只是直觉告诉我们要用均匀分布。正相反，许多数学统计学家建议使用另一种不同形式的先验分布，以便根据特定的数学标准使先验不具信息性（Lee 和 Webb，2005；Zhu 和 Lu，2004）。推荐的这个先验被称为 Haldane 先验（Haldane prior），它的形状参数非常接近于零，例如 $a = b = 0.01$。（形状参数小于 1 的 Beta 分布见图 6-1。）使用 Haldane 先验来表达"都有可能"模型，贝叶斯因子是：

```
> z=65 ; N=100 ; pD(z,N,a=500,b=500)/pD(z,N,a=0.01,b=0.01)
[1] 5.728066
```

这意味着支持"必定公平"模型。注意，我们逆转了贝叶斯因子，方法仅仅是将"模糊"的 Beta 先验 beta(θ|1, 1) 变成了另一个"模糊"的 Beta 先验 beta(θ|0.01, 0.01)。

与贝叶斯模型比较不同的是，使用现实的大量数据对模型内连续参数进行贝叶斯估计时，连续参数的后验分布在模糊先验发生变化时通常表现得比较稳定。先验分布是非常模糊还是只有一点儿模糊，这是无关紧要的（是的，我所说的"非常模糊"和"只有一点儿模糊"是模糊的，但重点是它无关紧要）。

考虑"都有可能"模型的两个版本：使用"模糊"的 Beta 先验 beta(θ|1, 1)，以及使用"模糊"

的 Beta 先验 beta(θ|0.01, 0.01)。使用 $z = 65$ 且 $N = 100$，我们可以算得 θ 的后验分布。从 beta(θ|1, 1) 先验开始会得到 beta(θ|66, 36) 后验，其 95% HDI 的范围是 0.554 到 0.738。（HDI 是使用本书附带的工具程序中的 HDIofICDF 函数计算得出的。）从 beta(θ|0.01, 0.01) 先验开始会得到 beta(θ|65.01, 35.01) 后验，其 95% HDI 的范围是 0.556 到 0.742。这些 HDI 实际上是差不多的。具体来说，无论使用哪种先验，后验分布都排除了 $\theta = 0.5$ 的情况。也就是说，"必定公平"的假设是不可信的。有关更多讨论和相关示例，请参见 Kruschke（2011a）和本书 12.2 节。

应当同等地更新不同模型的先验

我们已经证明，看似无害地改变模糊先验的模糊程度，可以显著地改变模型的边际似然，进而显著地改变与其他模型相比时的贝叶斯因子。怎样才能改善这个问题？一种有用的方法是用一小组有代表性的数据为模型的所有先验提供信息并更新先验（对所有模型都一样）。这种方法的思想是，即使是一小组数据也会压倒任何一个模糊的先验，从而产生一个新的参数分布；新的分布至少是该模型合理参数值的"大致分布"。这是在把所有的模型放在一个平等的竞争环境中进行模型比较。

更新模型的先验时，这一小组的代表性数据从何而来？它们可能来自先前的研究。它们可能是能够代表先前研究的虚构数据，只要分析的受众认可虚构数据是有效的。或者，数据可能只是当前研究中的一小部分数据。比如，可以随机地选取 10% 的数据来更新模型先验，而剩下的 90% 数据将用于计算模型比较中的贝叶斯因子。无论哪种情况，用于更新先验的数据都应该是有代表性的数据，并且数据量足够有效地压倒任何合理的模糊先验。这具体意味着什么，将取决于模型的具体细节。但下面的简单示例说明了这个想法。

回想上一节中"必定公平"模型和"都有可能"模型的比较。在 $z = 65$ 且 $N = 100$ 时，贝叶斯因子发生了显著的变化，这取决于"模糊"的"都有可能"模型使用的是 beta(θ|1, 1) 先验还是 beta(θ|0.01, 0.01) 先验。现在，让我们使用 10% 的数据更新两个模型后，再次计算贝叶斯因子。假设 10% 的子数据为 10 次抛掷和 6 次正面，那么剩余的 90% 数据为 $z = 65 - 6$ 且 $N = 100 - 10$。

假设我们从"都有可能"模型的 beta(θ|1, 1) 先验开始。我们用 10% 的子数据更新它，同时更新"必定公平"模型。因此，"都有可能"模型的先验变成了 beta(θ|1+6, 1+10−6)，"必定公平"模型的先验变成了 beta(θ|500+6, 500+10−6)。贝叶斯因子是：

```
> z=65-6 ; N=100-10 ; pD(z,N,a=500+6,b=500+10-6)/pD(z,N,a=1+6,b=1+10-6)
[1] 0.05570509
```

现在让我们从"都有可能"模型的 beta(θ|0.01, 0.01) 先验开始。使用更新后的先验的贝叶斯因子是：

```
> z=65-6 ; N=100-10 ; pD(z,N,a=500+6,b=500+10-6)/pD(z,N,a=0.01+6,b=0.01+10-6)
[1] 0.05748123
```

因此，贝叶斯因子几乎没有改变。使用少量有代表性的数据同等地更新模型的情况下，贝叶斯因子是稳定的。

利用少量的训练数据为模型比较更新先验的思想在文献中有详细的讨论，这是一个活跃的研究课题。J. O. Berger 和 Pericchi（2001）提供了一个选择性的概述，他们讨论了传统的默认先验（conventional default priors，例如 Jeffreys，1961）、"内在"贝叶斯因子（"intrinsic" Bayes factors，例如 J. O. Berger 和 Pericchi，1996），以及"分数"贝叶斯因子（"fractional" Bayes factors，例如 O'Hagan，1995，1997），等等。

10.7　练习

你可以在本书配套网站上找到更多练习。

练习 10.1　目的：说明一个事实——具有更独特预测值的模型更容易区分。考虑 10.2.1 节的场景，其中有两个铸币厂，一个是反偏，另一个是正偏。假设我们抛一枚硬币，我们知道它来自这两个铸币厂之一，但不知道具体来自哪一个铸币厂；两个铸币厂的先验概率是 50 比 50。结果显示，$N = 10$ 次抛掷中有 $z = 7$ 次正面。

(A) 如果 $\omega_1 = 0.25$、$\omega_2 = 0.75$ 且 $\kappa = 6$，那么两个铸币厂的后验概率是多少？

(B) 如果 $\omega_1 = 0.25$、$\omega_2 = 0.75$ 且 $\kappa = 202$，那么两个铸币厂的后验概率是多少？

(C) 为什么(A)和(B)中的后验概率如此不同，即使两个铸币厂的众数相同？

练习 10.2　目的：确保你真正理解图 10-4 对应的 JAGS 程序。

(A) 使用脚本 JAGS-Ydich-Xnom1subj-MbernBetaModelComp.R 重新生成图 10-4，包括先验和后验。解释你如何生成先验分布的 MCMC 样本。在你的答案中加入图形输出结果。由于 MCMC 链具有随机性，你的结果将与图 10-4 略有不同。

(B) 绘制跨越两个模型的 θ 值的直方图。它应该看起来像图 10-3 底部的中图。解释原因。

(C) 使用脚本，重复上一个练习。也就是说，将数据更改为 $N = 10$ 次抛掷中有 $z = 7$ 次正面，使用 $\kappa = 6$ 运行一次脚本，再使用 $\kappa = 202$ 运行一次脚本。MCMC 的结果与分析结果相符吗？

练习 10.3　目的：获得一些使用伪先验的实际经验。

(A) 使用脚本 JAGS-Ydich-Xnom1subj-MbernBetaModelCompPseudoPrior.R 重新生成图 10-5 和图 10-6。也就是说，将伪先验设置为真先验，运行一次脚本；然后将伪先验设置为文本中显示的值，再运行一次脚本。加入模型索引的链诊断的图形输出。由于 MCMC 链具有随机性，你的结果将与图 10-5 和图 10-6 略有不同。

(B) 将伪先验设置为宽泛的分布：omega1[2]=omega2[1]= 0.5 且 kappa1[2]=kappa2[1]=2.1。运行脚本并报告结果，包括模型索引的链诊断。讨论一下。

10

第 11 章

零假设显著性检验

我的宝贝不珍惜我做的事情，
她只去想象将要遇到的某人。
如果她想象不到更高大的人，
她才会意识到我的宝贵价值。[①]

在前面的章节中，我们已经看到了贝叶斯推断的详细介绍。现在是时候来对比贝叶斯推断和零假设显著性检验（null hypothesis significance testing，NHST）了。在 NHST 中，推理的目的是决定是否可以拒绝某个特定的参数值。比如，我们可能想知道一枚硬币是否公平，这在 NHST 中变成了另一个问题：我们是否可以拒绝"零"假设（null hypothesis），即硬币偏差为特定值 $\theta = 0.50$。

传统 NHST 的逻辑如下所述。假设硬币是公平的（$\theta = 0.50$）。然后，当我们抛硬币的时候，我们预期大约一半抛次的结果是正面朝上。如果硬币的实际正面数量远远大于或小于抛次的一半，那么我们应该拒绝"硬币是公平的"这一假设。为了使这个推理更精确，我们需要计算出所有可能结果的精确概率，接着可以用这些概率来计算得到与实际观察结果一样极端（或比实际观察结果更极端）的结果的概率。这种从零假设得到与实际结果一样极端（或比实际结果更极端）的结果的概率称为"p 值"。如果 p 值非常小，比如小于 5%，那么我们决定拒绝零假设。

注意，这种推理依赖于零假设的所有可能结果空间的定义方式，因为我们必须计算每种结果相对于所有可能结果的概率。所有可能结果空间取决于我们计划如何收集数据。比如，是不是计划恰好抛 N 次硬币？在这种情况下，可能结果空间包含恰好抛 N 次的所有可能序列。是不是计划一直抛硬币直到总共出现 z 次正面？在这种情况下，可能结果空间包含最后一次抛掷得到第 z 个正面之前的所有可能序列。是否计划在固定持续时间内一直抛硬币？在这种情况下，可能结果空间包含该固定持续时间内可能获得的 N 和 z 的所有组合。因此，p 值的一个更明确的定义是，当使用预期的抽样和检验程

序时，从假想总体中获得与实际结果一样极端或更极端的样本结果的概率。

图 11-1 说明了 p 值是如何定义的。实际结果是一个观测常数，因此表示为一个实心方块。所有可能结果的空间表示为云朵，云朵由零假设生成，而零假设具有特定的抽样计划。比如，从公平硬币的假设出发，我们期望得到 50% 的正面，但在随机抛得的样本中，我们得到的正面比例有时会更大，有时会更小。图 11-1 中，云朵中心的密度最高，表示我们从零假设中期望得到的典型结果。云朵边缘的密度较低，表示偶然获得的特殊结果。虚线表示实际结果与预期结果之间的距离。虚线以外的云的比例就是 p 值：达到或超出实际结果的可能结果的发生概率。图 11-1 的左图显示了抽样计划 A 的可能性云，它可能在 N 达到特定值时终止收集数据。请注意，p 值相对较大。图 11-1 的右图显示了抽样计划 B 的可能性云，它可能在持续时间达到特定值时终止收集数据。注意，这里的可能性云与之前不同，且 p 值相对较小。

比较图 11-1 中的两幅图，我们注意到：在不同的抽样计划中，相同的实际结果会有不同的 p 值。这与通常所说的一组数据的 p 值不同：通常的说法让我们以为同一组数据好像只能有唯一的 p 值。实际上，任何一组数据都可以有许多可能的 p 值，这完全取决于假想结果云是如何生成的。这朵云不仅取决于预期的终止规则，还取决于分析者想进行的检验，因为计划进行更多的检验会增加更多的可能性，进而会扩展可能性。

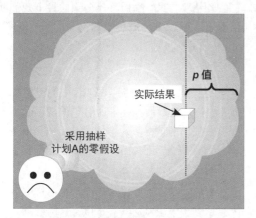 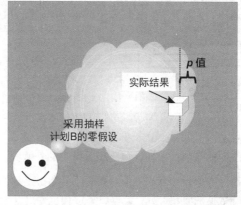

图 11-1　零假设生成了由假想结果组成的云，其中大部分结果落在云的中心，但也有些落在由方块标记的实际结果之外。p 值是与实际结果同样极端或比实际结果更极端的云的比例。左图：对于抽样计划 A，假想可能性云中超出实际结果的比例很大，因此 p 值很大。右图：对于抽样计划 B，假想可能性云中超出实际结果的比例很小，因此 p 值很小

实际观察到的数据是否取决于预期的终止规则或预期的检验？不是。只要恰当地开展了研究，就不会。好的实验（或观察性的调查研究）的一个原则就是数据与实验者的意图无关。硬币只"知道"它被抛了多少次，无论实验者在抛硬币时有什么想法。因此，我们对硬币的结论不应取决于实验者在抛硬币时的想法，也不应取决于实验者在抛硬币之前或之后的想法。

终止规则的本质缺陷在于它不应该扭曲已经获得的数据。在达到固定抛次时终止不会使数据产生偏差（假设抛硬币的过程中每一次都没有扭曲结果）。在达到固定时间时终止不会影响数据。在得到固定数量的正面（或反面）时终止确实会使数据产生偏差，因为随机得到的不具代表性的抛掷序列会

导致数据采集过早终止，后续不会再有代表性的数据弥补这一点。一般来说，在积累数据的过程中偷看它，并且在没有得到极端结果的情况下才继续收集额外的数据，确实会使数据产生偏差。这是因为随机产生的极端结果终止了数据收集过程，没有给后续数据留下弥补的机会。本章的目的是帮助你了解终止计划对 p 值的影响，其间会讨论终止计划对数据内容的影响。

本章将解释 NHST 的一些细节，为以上评论补充严谨的数学解释，并为 NHST 带来严峻的考验。你将看到 NHST 是多么忠于一个信念：实验者的隐蔽计划在针对数据进行决策时至关重要，虽然数据不应该受到实验者隐蔽计划的影响。我们还将讨论可能性云在前瞻性地规划研究和预测未来数据时的优势。

11.1　从良好的计划出发

在本节中，我们将推导在不同抽样计划下观察到的硬币抛掷结果的精确 p 值。为了使计算具体化，假设我们有一枚硬币，我们想检验它是否公平。我们请一个助手来抛硬币。助手不知道我们正在检验什么假设。我们让助手在我们看着她的情况下抛几次硬币。以下是这几次结果的序列：

$$TTHHTTHTTTTTTTTTTHTTHHTTH \tag{11.1}$$

我们观察到在 $N = 24$ 次抛掷中，有 $z = 7$ 次正面，即正面比例为 7/24。这似乎比公平假设下我们期望得到的正面数量要少。我们希望推导出零假设为真的情况下，得到 7/24 或更小的正面比例的概率。

11.1.1　p 值的定义

得到这个概率的过程可以帮助我们弄清楚我们试图得到的结果的一般形式，其中的思想如下。NHST 中的零假设从一个似然函数和特定参数值开始，其中特定参数值描述了所有单次观察的可能结果的概率。这与贝叶斯数据分析中的似然函数相同。在单枚硬币的情况下，似然函数是伯努利分布，其参数 θ 描述了在一次抛掷中获得 "正面" 结果的概率。通常 θ 的零假设值为 0.5，这与检验硬币是否公平时的参数值一样，但是零假设中的 θ 值可以取不同的值。

要从零假设中导出 p 值，我们还必须指定如何生成数据的完整样本。样本生成过程应该能够反映出实际数据的收集方式。数据收集过程也许是在样本量 N 达到预定限制时终止。也许这些数据是在固定持续时间内收集的，比如一个民意测验员在街角站 1 小时并询问随机选择的路人。在这种情况下，样本量是随机的，但有一个典型的平均样本量，其基础是单位时间内的过路人比例。而且样本生成过程还必须能够反映假想样本的其他来源，例如可能进行的其他检验。我们需要把这些假想样本包含在围绕实际观察结果的可能性云中。

总之，似然函数定义了一次观测的概率，而预期的抽样过程定义了可能样本的结果云。零假设是参数 θ 取特定值的似然函数，可能样本云由终止和检验计划定义，记为 I。由零假设产生的所有假想样本可以由一个描述性摘要统计值来概括总结，表示为 $D_{\theta, I}$。将抛一定次数的硬币看作单个样本的情况下，描述性摘要统计值是 z/N，即样本中的正面比例。现在，假想我们使用终止和检验计划 I，根据零假设生成无限多个样本。这将生成摘要统计值 $D_{\theta, I}$ 的可能性云，每个 $D_{\theta, I}$ 都具有特定的概率。可能性云的概率分布就是抽样分布：$p(D_{\theta, I} | \theta, I)$。

为了计算 p 值，我们想知道云中有多大比例与实际观测结果一样极端，或者比实际观测结果更极端。为了定义"极端"，我们必须确定 $D_{\theta,I}$ 的典型值。这个典型值通常被定义为期望值 $\mathrm{E}[D_{\theta,I}]$（回忆式 4.5 和式 4.6），也就是可能性云的中心。当一个结果离中心较远时，我们称之为"极端"。实际结果的 p 值是得到同样极端或更极端的假想结果的概率。我们可以把它表达为：

$$p\,值 = p(D_{\theta,I} \succeq D_{实际} \,|\, \theta, I) \tag{11.2}$$

其中，"$\succeq$" 在这个上下文中是指"与来自假设的预期值相比，同样极端或更极端"。大多数应用统计学入门教科书在 p 值的定义中不会提及抽样计划 I。一些明确提出抽样计划的文献可以参见 Wagenmakers（2007，在线附录 A），及其引用的其他参考文献。抛硬币时，对于样本摘要统计值为 z/N 的情况，其中的 p 值变为：

$$p(右尾) = p\big((z/N)_{\theta,I} \geq (z/N)_{实际} \,|\, \theta, I\big) \tag{11.3}$$

$$p(左尾) = p\big((z/N)_{\theta,I} \leq (z/N)_{实际} \,|\, \theta, I\big) \tag{11.4}$$

这些 p 值被称为"单尾"（one-tailed）p 值，因为它们表明：仅在一个方向上，假想结果的概率比实际结果更极端。通常，当 $(z/N)_{实际}$ 大于 $\mathrm{E}[(z/N)_{\theta,I}]$ 时，我们关心右尾；当 $(z/N)_{实际}$ 小于 $\mathrm{E}[(z/N)_{\theta,I}]$ 时，我们关心左尾。有很多种定义"双尾"（two-tailed）p 值的方式，但就我们的目的而言，我们将双尾 p 值定义为单尾 p 值的两倍。

为了计算任何特定情况下的 p 值，我们需要定义可能结果的空间。图 11-2 显示了抛硬币时所有可能结果的完整空间，也就是 z 和 N 的所有可能的组合。此图仅显示了较小的 z 值和 N 值，但实际上这两个值都可以扩展到无穷大。每个单元格表示比例 z/N。为了紧凑地显示，图 11-2 中的每个单元格包含了所有具有相同 z 和 N 的正面及反面顺序不同的序列。（比如，$z = 1$ 且 $N = 2$ 的单元格指的是序列 H、T 和 T、H。）z 和 N 的每个组合在特定零假设和抽样计划下，都有特定的发生概率。在我们的例子中，公平硬币的零假设意味着伯努利似然函数中 $\theta = 0.5$，因此期望结果应该是约为 $0.5 \times N$。对于 $z = 7$ 且 $N = 24$ 的实际结果（回想 11.1 中的抛掷序列），这意味着我们要计算落在 $(z/N)_{\theta,I}$ 小于 $7/24$ 的单元格中的概率。为此，我们必须明确终止和检验计划 I。

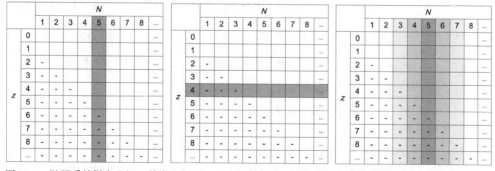

图 11-2 抛硬币的样本空间，其中，各列显示 N 的备选值，各行显示 z 的备选值。左表：计划固定 N 时的可能性空间，由阴影列（在 $N = 5$ 处）突出显示。中表：计划固定 z 时的可能性空间，由阴影行（在 $z = 4$ 处）突出显示。右表：计划固定持续时间时的可能性空间，具有不同深浅阴影的各列反映了这些样本量的概率

11.1.2　固定了 N 的计划

假设我们问助手，她为什么不再抛硬币了。她说她的幸运数字是 24，所以当完成 24 次抛掷时，她决定终止。这意味着可能结果的空间被限制在 N 固定取 N = 24 的 z 和 N 的组合中。这对应于 z、N 空间中的一列，如图 11-2 的左图所示（由于空间有限，这里显示的是 N = 5 的表格而不是 N = 24 的）。然后，计算问题变成：在结果空间的这一列中，实际比例或比预期更极端的比例的概率是多少？

当 N 固定时，得到特定数量的正面的概率是多少？二项概率分布（binomial probability distribution）给出了这个问题的答案。二项概率分布表明，在 N 次抛掷中得到 z 次正面的概率是：

$$p(z \mid N, \theta) = \binom{N}{z} \theta^z (1-\theta)^{N-z} \tag{11.5}$$

其中符号 $\binom{N}{z}$ 将在后文中定义。二项概率分布由以下逻辑导出。考虑抛 N 次硬币并得到 z 次正面的任意一个特定序列。该特定序列的概率只是单个抛次的乘积，也就是伯努利概率的乘积 $\prod_i \theta^{y_i}(1-\theta)^{1-y_i} = \theta^z(1-\theta)^{N-z}$，我们第一次看到它是在 6.1 节。但是可以有很多不同的 z 次正面的序列。我们数一数有多少。考虑将 z 次正面分配给序列中的 N 次抛掷。我们将每次抛掷想象为一个插槽。第一个正面可以插进 N 个插槽中的任何一个。第二个正面可以插进剩余的 N−1 个插槽中的任何一个。第三个正面可以插进剩余的 N−2 个插槽中的任何一个。以此类推，直到第 z 个正面可以插进剩余的 N−(z−1) 个插槽中的任何一个。将所有这些可能性相乘，意味着将 z 个正面分配给 N 次抛掷时，总共存在 N×(N−1)×⋯×(N−(z−1)) 种方法。为了代数上的便利，我们注意 N×(N−1)×⋯×(N−(z−1)) = N!/(N−z)!，其中"!"表示阶乘。在以上分配方法的计数中，我们对同一个分配方式的各种不同顺序进行了独立计数。比如，将第一个正面放在第一个槽中，将第二个正面放在第二个槽中；将第一个正面放在第二个槽中，将第二个正面放在第一个槽中。这两种分配顺序被记为不同的分配方式。这两种分配方式的差别没有什么意义，因为它们的第一个和第二个插槽中都是正面。因此，我们要消除这种重复计数，方法是除以在 z 个槽中排列 z 个正面的分配方式数量。z 个项目的排列数是 z 的阶乘 z!。综上所述，在 N 次抛掷中分配 z 次正面的分配方式数量为 N!/((N−z)!z!)，其中不重复计算相互等价的分配方式。这个因子也被称为从 N 个可能性中选择 z 个项目的方法的数量，或者简称为"N 选 z"，记为 $\binom{N}{z}$。因此，抛掷 N 次并得到 z 次正面的一般概率等于：抛掷 N 次并得到特定排列的 z 次正面的概率，乘以从 N 个备选抛次中选择 z 个插槽的方法。这个乘积就是式 11.5。

N = 24 且 θ = 0.5 时的二项概率分布图显示在图 11-3 的右图中。注意，图中包含 25 个条形，因为共有 25 个可能的比例：从 0/24、1/24、2/24 到 24/24。图 11-3 中的二项概率分布也称为抽样分布。这个术语源于这样一种观点：任何一组 N 次抛掷都是硬币表现的代表性样本。如果我们用一枚公平的硬币反复进行实验，在每次实验中都把硬币抛 N 次，那么，从长远来看，得到每种可能 z 的概率将是图 11-3 所示的分布。为了仔细描述它，我们可以称之为"可能样本结果的概率分布"，但它通常只被简称为"抽样分布"。

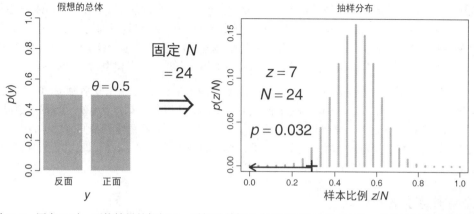

图 11-3　固定 N 时，可能结果的假想云。零假设的似然分布和参数显示在左边。抽样计划显示在中间。抽样分布和 p 值显示在右边。与图 11-4 和图 11-5 进行比较

统计术语之外的题外话：依赖于抽样分布的统计方法有时被称为频率主义（frequentist）方法。NHST 是频率主义方法的一个特殊应用。

图 11-3 是图 11-1 所示的一般结构的具体情况。图 11-3 中的左图显示了零假设：硬币两种状态的 θ 为 0.5 的概率分布。这对应于图 11-1 左下角的卡通脸，他正在思考一个特定的假设。图 11-3 中间的箭头标出了当前的抽样计划。此箭头表示从零假设生成随机样本的预期方式。这个抽样计划还对应着图 11-1 左下角的脸，他正在思考抽样计划。图 11-3 中的右图显示了可能结果的概率分布。该抽样分布对应着图 11-1 中的假想可能性云。

重要的是要理解抽样分布是数据样本的概率分布，而不是参数值的概率分布。图 11-3 右图的横轴上标有样本比例 z/N，而没有标出参数 θ。请注意，θ 是固定的某个值，这个值显示在图的左侧。

你可能还记得，我们的目标是判断：得到观测结果 $z/N = 7/24$ 的概率是否足够小，小到我们可以拒绝零假设。通过使用式 11.5 中的二项概率方程，我们精确地算出在 $N = 24$ 次抛掷中得到 $z = 7$ 次正面的概率为 2.063%。图 11-3 中显示出了这个概率：$z/N = 7/24$ 位置上（标记"＋"的地方）条形的高度。然而，我们不想仅仅确定实际观测结果的发生概率。毕竟，对于较大的 N 来说，任何特定的结果 z 几乎都是不可能发生的。如果我们把一枚硬币抛 $N = 1000$ 次，这时得到 $z = 500$ 次正面的概率只有 2.5%，即使 $z = 500$ 恰恰是假设硬币公平时我们的期望值。

因此，我们不再计算从零假设中准确地得到结果 z/N 的概率，而是计算从零假设中得到 z/N 或更极端结果的概率。考虑更极端结果的原因是：如果我们因为结果 z/N 与我们的预期相差太远而拒绝零假设，那么，任何其他更极端的结果也会促使我们拒绝零假设。因此，我们想知道，相对于期望结果而言，得到实际结果或更极端结果的概率。这个总概率被称为"p 值"（p value，也称显著性值）。我们这里定义的 p 值是"单尾"p 值，因为它只在抽样分布的一个尾中计算极端概率的总和。（这里的"尾"指的是抽样分布的末端，不是硬币的某个面。）实际应用中，为了得到双尾 p 值，可以将单尾 p 值乘以 2。我们也可以考虑抽样分布的两个尾部，因为无论结果在哪一个方向过于极端，零假设都会被拒绝。如果这个 p 值小于某个临界值，那么我们拒绝零假设。

11

双尾概率的这个临界值通常被设置为 5%。换句话说，当观察到的 z/N 或更极端结果的总概率小于 5% 时，我们将拒绝零假设。请注意，这个决策规则将导致在零假设为真的情况下，有 5% 的机会拒绝零假设，因为仅仅是出于偶然原因，零假设本身也有 5% 的机会生成这些极端值。临界概率 5% 是我们在决策过程中愿意容忍的虚假警报的比例。当考虑单尾分布时，临界概率为 5% 的一半，即 2.5%。

这是我们针对当前例子给出的结论。实际观测数据为 $z/N = 7/24$。单尾概率为 $p = 0.032$，这是由式 11.4 算得的，并显示在图 11-3 中。因为 p 值不小于 2.5%，所以我们不会拒绝 $\theta = 0.5$ 的零假设。按照 NHST 的术语，我们会说结果"没有达到显著"或"不显著"。这并不意味着我们接受零假设；关于是否拒绝特定假设的判断只是被暂时搁置了。注意，在 $\theta = 0.5$ 的假设中，我们没有算得任何确定程度。这个假设既可能是对的，也可能是错的；我们搁置了判断过程。

11.1.3　固定了 z 的计划

在上一节中，当我们问助手她为什么不再抛硬币时，她说是因为 N 是她的幸运数字。现在换一种情况。假设我们问她为什么停下来时，她说她最喜欢的数字是 7，所以当她得到 $z = 7$ 时就停下来。回想一下，式 11.1 中最后一次抛掷得到第 7 个正面的抛掷序列。在这种情况下，z 是预先固定好的，N 是随机变量。我们不再讨论 N 次抛掷中获得 z 次正面的概率，而是讨论为了获得 z 次正面需要抛 N 次的概率。如果硬币偏向正面，则得到 z 次正面的总抛掷次数相对较少；但如果硬币偏向反面，则得到 z 次正面的总抛掷次数相对较多。这意味着可能结果的空间被限制在 z 取固定值 $z = 7$ 的 z 和 N 的组合中（且第 7 次正面出现在最后一次抛掷中）。这对应于 z、N 空间的一行，如图 11-2 的中间部分所示（其中突出显示了 $z = 4$，只是为了看起来方便）。然后，计算问题变成：在结果空间的这一行中，实际比例或更极端比例的概率是多少？（实际上，样本空间对应于图 11-2 中的一行的说法并不完全准确。此样本空间中的第 z 次正面必须出现在第 N 次抛掷中，但图 11-2 中的单元格不满足此要求。更准确的描述是：样本空间是第 $z-1$ 行且它后面的一次抛掷必须是正面。）请注意，固定 z 的样本空间中的可能结果集与固定 N 的样本空间中的可能结果集有很大差异，通过比较图 11-2 的左侧和中间部分很容易看出这一点。

获得 z 次正面需要抛 N 次的概率是多少？要回答这个问题，考虑一下：我们知道第 N 次抛掷会得到第 z 次正面，因为这是抛掷终止的原因。因此，之前的 $N-1$ 次抛掷有 $z-1$ 个以随机序列出现的正面。在 $N-1$ 次抛掷中得到 $z-1$ 次正面的概率是 $\binom{N-1}{z-1}\theta^{z-1}(1-\theta)^{N-z}$。最后一次抛掷得到正面的概率是 θ。于是，获得 z 次正面需要抛 N 次的概率是：

$$
\begin{aligned}
p(N\,|\,z,\,\theta) &= \binom{N-1}{z-1}\theta^{z-1}(1-\theta)^{N-z}\cdot\theta \\
&= \binom{N-1}{z-1}\theta^{z}(1-\theta)^{N-z} \\
&= \frac{z}{N}\binom{N}{z}\theta^{z}(1-\theta)^{N-z}
\end{aligned}
\tag{11.6}
$$

（这个分布有时被称为"负二项分布"。但这个术语有时指的是其他方程，可能会混淆，所以这里不使用它。）它与二项分布一样，也是一个抽样分布，因为它描述了给定假设的固定 θ 值和计划的终止规则时，所有可能数据结果的相对概率。

图 11-4 中的右图显示了这个抽样分布的示例。分布由所有可能的 z/N 值处的条形组成。1.0 处的条形表示 $N=7$ 的概率（其中 $z/N=7/7=1.0$）。0.875 处的条形表示 $N=8$ 的概率（其中 $z/N=7/8=0.875$）。0.78 附近的条形表示 $N=9$ 的概率（其中 $z/N=7/9\approx0.78$）。当 N 接近无穷大时，左尾的条形变得无限密集且无限短。

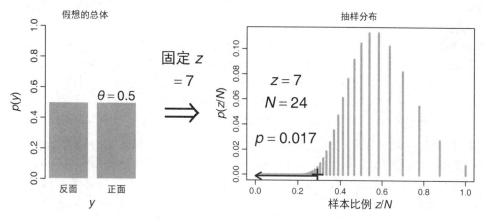

图 11-4 固定 z 时，可能结果的假想云。零假设的似然分布和参数显示在左边。抽样计划显示在中间。抽样分布和 p 值显示在右边。与图 11-3 和图 11-5 进行比较

戏剧性的结论是：图 11-4 显示 p 值为 0.017，小于 2.5%的判定阈值，因此我们拒绝零假设。[1]与图 11-3 比较时，我们发现，由于图 11-3 显示的 p 值大于 2.5%，我们没有拒绝零假设。这两种分析中的数据是相同的。仅有的改变是样本空间中的假想可能性云。如果抛硬币的人计划在 N 达到 24 时终止，那么我们不能拒绝零假设。如果抛硬币的人计划在 z 达到 7 时终止，那么我们可以拒绝零假设。这里的重点不是我们在声明显著性时应当将阈值设置在哪里（例如，5%、2.5%、1%或其他）。重点是即使数据相同，p 值也是不同的。

本节的重点是：当抽样计划不同时，p 值是不同的。然而还要说明一点：如果在正面（或反面）数量达到阈值时终止收集数据，这时的数据是有偏差的。任何由数据极端值触发的终止规则都会产生有偏差的样本，因为随机极端数据组成的偶然序列将终止数据收集过程，我们无法继续收集更具代表性的数据并消除极端数据的影响。因此，一个人可以争辩说，在阈值 z 处终止不是好的做法，因为它会使数据产生偏差；但是，这并不能改变一个事实：在阈值 z 处终止与在阈值 N 处终止会有不同的 p 值。许多实践者确实会在得到极端值时终止收集数据，13.3 节将更详细地讨论这个问题。

11

---

① 图 11-4 左尾的总概率是一个无穷和。它是它右边的有限概率的补充概率，利用这一点就可以很容易地算出它。具体为：$\sum_{n=24}^{\infty} p(n\,|\,z,\,\theta)=1-\sum_{n=z}^{n=24-1} p(n\,|\,z,\,\theta)$。

11.1.4　固定了持续时间的计划

前两节解释了在阈值 N 处终止或在阈值 z 处终止的假想抽样分布。文献中针对这些情况已有很多讨论，包括 Lindley 和 Phillips（1976）以及 J. O. Berger 和 Berry（1988）的著名文章。固定 N 的场景中的二项系数的推导归功于雅各布·伯努利。Lindley 和 Phillips（1976 第 114 页）指出，阈值 z 的场景中的二项系数的推导归功于遗传学家 J. B. S. 霍尔丹，Anscombe（1954，第 89 页）也提到了这一点。

在本节中，我们再考虑一种变化。假设当我们问助手她为什么不再抛硬币时，她回答说她终止是因为 2 分钟过去了。在这种情况下，数据收集终止不是因为达到了阈值 N，也不是因为达到了阈值 z，而是因为达到了持续时间的阈值。N 或 z 都不是固定的。Lindley 和 Phillips（1976，第 114 页）意识到这一终止规则将产生一个不同的抽样分布，但文章中说："事实上，在这个关于硬币的小实验中，我一直在抛硬币，直到我妻子说'咖啡煮好了'。我还不清楚针对这种情况该如何进行显著性检验。"在本节中，我将补充一些详细信息并进行检验。本书第 1 版中，关于这一场景的讨论是在练习 11.3 中（Kruschke，2011b，第 289 页）。关于计量数据（非二分数据）的固定持续时间的检验，见 Kruschke（2010，第 659 页）和 Kruschke（2013a，第 588 页）。

在固定时间内进行抽样时，分析这种情况的关键是，定义 z 和 N 可能产生什么样的组合。这里没有唯一"正确"的定义方法，因为在时间段内抽样会有许多不同的现实约束条件。但有一种方法是把样本量 N 看作一个随机值：如果重复进行这个实验，每次实验都持续 2 分钟，但有些时候 N 会比较大，有些时候 N 会比较小，N 的分布是什么？一个方便的方程是泊松分布。泊松分布是描述固定时间内事件发生次数的常用模型（如 Sadiku 和 Tofighi，1999）。它是从 0 到 $+\infty$ 的整数值 N 的概率分布。泊松分布有一个参数 λ，它控制泊松分布的均值（均值恰巧也是方差）。参数 λ 可以取任意非负实数，不仅限于整数。泊松分布的例子见第 24 章。根据泊松分布，如果 $\lambda = 24$，则 N 的值通常在 24 附近，但有时较大，有时较小。

图 11-2 中的右图显示了样本空间上这种分布的示意图。因为图上放不下 $N = 24$ 的情况，所以高亮显示的样本量是在 5 附近而不是在 24 附近。列的阴影表示在固定持续时间内经常有 $N = 5$，但其他列也可能发生。无论实际发生的是 N 的哪一列，该 N 值下 z 的分布都是二项分布。因此，$\langle z, N \rangle$ 组合的总体分布是加权混合后的二项分布。

图 11-5 中的右图显示了这个抽样分布的一个示例。原则上，分布在每个可能的样本比例上都有条形，包括所有 $N \geqslant 0$ 时的 0/N、1/N、2/N、……、N/N 表示。但图中仅呈现了 λ 附近的 N，因为泊松分布中远离 λ 的值基本不可能出现。换言之，图 11-5 右图所示的抽样分布是 λ 附近的多个 N 的二项分布的加权混合。（本例中选择 24 作为参数 λ 的取值，仅仅是因为它与观测数据的 N 相匹配，使条形图与图 11-3 和图 11-4 最具可比性。）

此固定持续时间终止规则下的 p 值如图 11-5 所示，为 $p = 0.024$。这个 p 值略微低于 2.5% 的拒绝阈值，可能被报告为"勉强显著"。将这个结论与之前的结论进行比较：假想固定 N 的结论为"不显著"，假想固定 z 的结论为"显著"。然而，重点不是决策标准。重点是在数据不变的情况下，改变假想样本空间将改变 p 值。

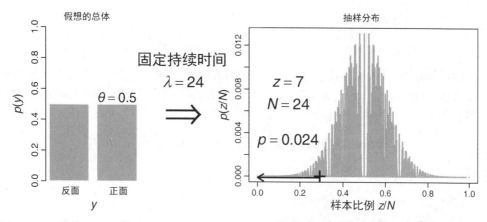

图 11-5　固定持续时间时，可能结果的假想云。零假设的似然分布和参数显示在左边。抽样计划显示在中间。抽样分布和 p 值显示在右边。样本量是从均值为 λ 的泊松分布中随机抽取的。与图 11-3 和图 11-4 进行比较

在图 11-5 的示例中，将 λ 设置为 24 仅仅是为了匹配 N 并使此示例与前面的示例最具可比性。但是，λ 的值确实应该根据现实的抽样约束条件来选择。因此，手动抛抛硬币并记录结果的话，大约需要 6 秒。那么 2 分钟内的典型抛掷次数是 $\lambda = 20$，而不是 24。$\lambda = 20$ 的抽样分布不同于 $\lambda = 24$ 的抽样分布，因此 p 值为 0.035（而不是图 11-5 中的 0.024）。现实世界中的抽样约束条件通常很复杂。比如，一些实验室仅有有限的资源（实验室席位、计算机、助手、调查员）能够用于收集数据，在任何时间段内能够进行的事件观测数都有最大数量的限制。因此，每一次实验中，N 的分布被这个最大数量截断。如果进行多次实验，则 N 的分布是截断后的分布的混合。每一个约束条件都从零假设中生成不同的假想样本的结果云，从而可能会产生不同的 p 值。另一个例子是，通过邮件进行的问卷调查中，回应人数是一个随机值，它取决于实际送达预期收件人的调查问卷的数量（有些调查问卷因地址错误或过时无法送达），以及有多少被调查者努力完成调查并将其返回。另一个例子是，在野生动物生态学等观测领域的研究中，在任何一个时段内观察到某个物种的次数都是一个随机值。

11.1.5　进行多次检验的计划

在前面的几节中，我们已经看到，当一枚硬币被抛掷 $N = 24$ 次且出现 $z = 7$ 次正面时，p 值可以是 0.032、0.017、0.024 或其他值。p 值变化的原因在于，假想可能性云依赖于具体的抽样计划。典型的 NHST 教科书从未提及 p 值依赖于抽样计划，但它们确实经常讨论 p 值依赖于检验计划。在本节中，我们将看到检验计划如何影响假想可能性云，进而影响 p 值的计算。

假设我们想检验一枚硬币是否公平，这时我们在同样的实验中又得到第二枚硬币，我们也想检验它的公平性。在现实的生物学研究中，这可能对应着：检验两种动物的雌雄幼崽比例是否与 50/50 有差异。我们希望控制总体的虚警率，因此必须考虑每枚硬币的虚警率。这时，第一枚硬币的 p 值是：这两枚硬币都可能偶然产生的、与真实比例相同或更极端的比例的概率。因此，左尾 p 值（参见式 11.4）为：

$$p\left((z_1 / N_1)_{\theta_1, I_1} \le (z_1 / N_1)_{\text{实际}} \text{ OR } (z_2 / N_2)_{\theta_2, I_2} \le (z_1 / N_1)_{\text{实际}} \mid \theta_1, \theta_2, I_1, I_2\right)$$

右尾 p 值（参见式 11.3）为：

$$p\left((z_1 / N_1)_{\theta_1, I_1} \geqslant (z_1 / N_1)_{\text{实际}} \text{ OR } (z_2 / N_2)_{\theta_2, I_2} \geqslant (z_1 / N_1)_{\text{实际}} \mid \theta_1, \theta_2, I_1, I_2\right)$$

因为以上的表示法有点儿笨拙，所以我引入了一个简写表示法，我希望它能简化写法而不是模糊写法。我将使用表达式 $\text{Extrem}\{z_1 / N_1, z_2 / N_2\}$ 来表示计算左尾时的更小的比例，或计算右尾时的更大的比例。那么左尾 p 值是：

$$p\left(\text{Extrem}\{(z_1 / N_1)_{\theta_1, I_1}, (z_2 / N_2)_{\theta_2, I_2}\} \leqslant (z_1 / N_1)_{\text{实际}} \mid \theta_1, \theta_2, I_1, I_2\right)$$

右尾 p 值是：

$$p\left(\text{Extrem}\{(z_1 / N_1)_{\theta_1, I_1}, (z_2 / N_2)_{\theta_2, I_2}\} \geqslant (z_1 / N_1)_{\text{实际}} \mid \theta_1, \theta_2, I_1, I_2\right)$$

具体地说，假设我们把两枚硬币都抛了 $N_1 = N_2 = 24$ 次，第一枚硬币正面朝上 $z_1 = 7$ 次。这与前面示例中的结果相同。假设我们计划在抛掷次数达到这些限制时终止抽样。第一枚硬币的 p 值是：假定零假设成立时，z_1 / N_1 或 z_2 / N_2 与 7/24 一样极端或比 7/24 更极端的概率。这个概率大于仅考虑单枚硬币时的概率，因为即使第一枚硬币的假想抛掷不超过 7/24，第二枚硬币的假想抛掷仍有可能超过 7/24。对于抛两枚硬币时的每个假想样本，我们需要考虑样本比例 z_1 / N_1 及 z_2 / N_2 中，相对 θ 而言更极端的那个比例。p 值是等于或超过实际比例的极端比例的发生概率。

图 11-6 显示了这种情况的数字细节。右上角显示，假定零假设为真且两枚硬币的终止计划均为固定 N 时，z_1 / N_1 或 z_2 / N_2 中更极端比例的抽样分布。可以看到 $z_1 / N_1 = 7 / 24$ 的 p 值是 $p = 0.063$。这个 p 值几乎是考虑单枚硬币时的两倍，如图 11-3 所示。两张图上硬币的实际结果是相同的，不同的是与判断结果相关的假想可能性云。[①]

注意，我们计算第一枚硬币的 p 值时，不需要知道第二枚硬币（z_2）的结果。事实上，我们根本不需要抛第二枚硬币。我们计算第一枚硬币的 p 值时，所需要的仅仅是我们计划将第二枚硬币抛掷 N_2 次。假想可能性云是由抽样计划决定的，而不是由观测到的数据决定的。

图 11-6 的下半部分显示了另一个场景，其中第二枚硬币只抛了 $N_2 = 12$ 次，而不是 24 次。在如此少的抛掷次数下，第二枚硬币很容易偶然地表现出极端的结果，即使零假设是真的。因此，第一枚硬币的 p 值比以前更大了，这里达到 $p = 0.103$，因为两枚硬币的可能结果空间现在包含了更多的极端结果。

---

① 图 11-6 和图 11-3 中的 p 值之间有直接的数学关系。对于图 11-3 中的一枚硬币的检验，我们得到了单尾的 $p = 0.031\,957\,33$（四舍五入为 0.032）。我们用这个 p 值来计算两枚独立的硬币，每枚硬币抛 24 次，其中至少有一个会达到或超过 7/24 的概率。这个概率等于 1.0 减去两枚硬币均不等于或不超过 7/24 的概率，即 $1.0 - (1.0 - 0.031\,957\,33)^2 \approx 0.062\,893\,39$。这应该与图 11-6 中两枚硬币场景的 p 值相等。它的单尾 p 值实际上是 $0.062\,893\,39$（四舍五入为 0.063）。

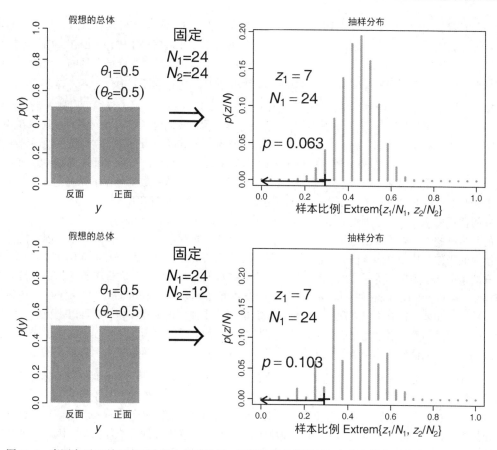

图 11-6 当固定了 N 并且有两个独立的检验时，可能结果的假想云。在上半部分，$N_2 = N_1$。在下半部分，$N_2 < N_1$。零假设的似然分布和参数显示在左边。抽样计划显示在中间。抽样分布和 p 值显示在右边。与图 11-3 比较。Extrem$\{z_1 / N_1, z_2 / N_2\}$ 是假想抽样比例中较小的那一个（对于左尾而言）

以其他数据的可能结果为基础来计算某组数据的 p 值看起来有些虚伪，但这确实是 NHST 的一个关键问题。在对多组数据进行多个检验时，有大量文献是关于如何"校正"单组数据的 p 值的。如前所述，NHST 的典型教科书至少描述了其中的一些修正方法，通常是在方差分析的背景下（它涉及多组计量数据的比较，我们将在第 19 章中看到），很少是在二分数据比例的背景下。[1]

11.1.6 深思

NHST 的捍卫者可能会争辩说，我正在为 p 值的微弱差异而斤斤计较（尽管图 11-4 中 $p = 0.017$ 到图 11-6 中 $p = 0.103$ 的变化很难让人忽略），而且在我上面给出的例子中，当样本量 N 变大时，p 值

---

① 具体地说，我不记得以前在文献中看到过类似于图 11-6 和图 11-11 的抽样分布图。

之间的差异会变小。这个论点有两个缺陷。第一，它没有否认这个问题，也没有给出 N 较小时的解决方案。第二，它低估了这个问题，因为还有许多其他的例子。在这些例子中，p 值在不同的抽样计划下差异很大，即使已经具有较大的样本量 N。具体来说，正如我们稍后将详细看到的，当研究人员仅仅计划在不同的条件或参数之间进行多重比较时，其中任何一个比较的 p 值都会大大增大。

　　NHST 的捍卫者可能会争辩说，关于终止计划的例子是不相关的，因为我们可以把 N 当作事先固定好的；对于任何一组数据而言，这样计算 p 值是行得通的。我们可以对 N 进行条件化（只考虑 z、N 结果空间中观察到 N 的那一列）的原因是，从长远来看，当零假设为真时，这种做法的虚警率将精确地等于 5%。Anscombe（1954，第 91 页）表达了这一观点："在任何实验或抽样调查中，如果观测值的数量是不确定的且并不取决于观测值本身，我们可以把观测值的数量当作事先确定好的固定值，这样的统计方法总是合理的。事实上，我们正在使用完全正确的条件概率分布。"这个论点的问题在于，它同样适用于计算 p 值时的其他终止规则。需要注意的是，Anscombe 并没有说将 N 当作事先确定好的固定值的这种处理方法是唯一的合理做法。事实上，如果我们把 z 当作计划中的固定值，或者把持续时间当作计划中的固定值，我们同样能够得到完全正确的条件概率分布：从长远来看，在零假设为真的情况下，虚警率等于 5%。单个数据集的 p 值可能有所不同，但在许多数据集中，长期虚警率为 5%。注意，Anscombe 的结论是，使用贝叶斯数据分析将避免这些问题。Anscombe（1954，第 100 页）说："如果分析方法仅以观测值的似然函数的形式来使用这些观测值，则可以避免所有的错误风险，因为似然函数（给定观测值时）是独立于抽样规则的。理性信念的经典理论提供了这样一种分析方法：根据观测值的似然函数和先验概率的分布，利用贝叶斯定理推导出其后验概率的分布。"

　　在 NHST 的背景下，解决办法是确立研究者的真实计划。这是在进行多重检验校正时明确采用的方法。分析人员确定他们到底要检验什么，并确定这些检验计划是事前还是事后的（看到数据后才被启发），然后计算适当的 p 值。对于终止规则也应该采用同样的方法：分析人员应该确定真正想要的终止规则是什么，然后计算适当的 p 值。遗憾的是，真正地确定计划可能很困难。因此，也许应该要求使用 p 值进行决策的研究人员在收集数据之前公开登记他们的终止规则和检验计划。（提前登记研究还有其他目的，比如防止选择性地加入一些数据或选择性地报告结果。目前的情况下，我的重点是将提前登记作为建立 p 值的一种方法。）但是，如果意外事件打断了数据收集过程，或者产生了额外的数据，该怎么办？如果在完成收集数据之后，发现应该进行其他检验呢？这些情况下必须调整 p 值，尽管已经提前登记过了。从根本上说，研究计划对数据的解释不重要，因为硬币出现正面的倾向并不取决于抛硬币者的计划（除非终止规则扭曲数据收集过程）。事实上，我们精心设计实验，目的就是使硬币免受实验者计划的影响。[①]

11.1.7　贝叶斯数据分析

　　数据的贝叶斯解释不依赖于数据收集者隐蔽的抽样计划和检验计划。一般来说，对于试次之间相互独立（而且不受抽样计划影响）的数据，数据集的概率只是各个结果概率的乘积。因此，对于 N 次

---

① Howson 和 Urbach（2006，第 158~159 页）发表了一项更为积极的声明："我们认为，关于实验者主观计划的信息……与该场景的任何内容都没有归纳关系，而且我们在实践中从未寻求甚至考虑过它。显著性检验和所有经典推断模型都需要它，这一事实是对整套方法的决定性否定。"

抛掷得到 $z = \sum_{i=1}^{N} y_i$ 次正面的数据，似然为 $\prod_{i=1}^{N} \theta^{y_i}(1-\theta)^{1-y_i} = \theta^{z}(1-\theta)^{N-z}$。似然函数反映了假设中影响数据的全部信息。在抛硬币的例子中，我们假设硬币的偏差 θ 是影响其结果的唯一因素，并且抛次之间是相互独立的。伯努利似然函数完全能够反映出这种假设。

　　总而言之，NHST 的分析和结论取决于实验者隐蔽的计划，因为这些计划定义了所有可能（未观测）数据空间上的概率，如图 11-1 中的假想可能性云所示。数据分析对实验者计划的依赖性与实验者的计划对观测数据没有影响的相反假设相冲突。另外，贝叶斯数据分析并不依赖于假想可能性云，而只对获得的实际数据进行操作。

11.2　先验知识

　　　　　　假设我们不是在抛硬币，而是在抛平头钉子。在社会科学的背景下，这个调查问题类似于询问被调查者是左利手还是右利手，我们知道结果肯定不是 50/50；这远不像询问被调查者是男性还是女性，我们知道这个结果接近 50/50。在我们抛钉子时，钉子可以是尖尾着地，我在这里称之为反面；钉子也可以尖尾朝上平头朝下平衡地立住，我称之为正面。只要看看钉子并回想一下我们关于钉子的经验，我们就会相信出现正面和反面的机会不相等。事实上，钉子很可能是尖尾着地。换言之，我们有一个很强的先验信念，即钉子是倾向于出现反面的。假设我们抛钉子 24 次，只有 7 次是正面。钉子"公平"吗？我们能在球赛中用它来决定由哪支球队开球吗？

11.2.1　NHST 分析

　　NHST 分析并不关心我们是在抛硬币还是抛钉子。分析过程与之前相同。正如我们在前面的章节中看到的，如果我们声明计划将钉子抛 24 次，那么 7 次正面的结果意味着，我们不会拒绝钉子是公平的这一假设（回想图 11-3，其中 $p > 2.5\%$）。让我重复一遍：我们有一枚钉子，我们坚信它是倾向于出现反面的。我们抛 24 次钉子，发现有 7 次正面。因此，我们的结论是，不能拒绝以下零假设，即抛钉子时得到正面或反面的概率为 50/50。啊哈？要知道我们讨论的是钉子。你怎么能无法拒绝这个零假设呢？

11.2.2　贝叶斯数据分析

　　贝叶斯统计学家的分析过程从表达先验知识开始。我们根据经验知道，平头钉子倾向于出现反面，所以我们在先验分布中表达这一知识。在科学背景下，先验是根据已有研究建立的，而这些研究是公众能够获得的有着良好声誉的研究。在当前涉及钉子的虚构例子中，我们用一个虚构的样本来表示先验信念：样本量为 20，其中有 95% 的反面。如果"原始先验"是 beta$(\theta | 1, 1)$，那么加入虚构样本后的先验分布则转换为 beta$(\theta | 2, 20)$。如果不怕麻烦，我们也可以在测量钉子的长度、直径、质量、刚度等物理属性之后，从有关这类物体的力学理论中推导出一个先验值。无论如何，面对科学的受众群体时，为了使分析方法具有说服力，先验也必须具有说服力。假设钉子的公认先验是 beta$(\theta | 2, 20)$，那么后验分布是 beta$(\theta | 2 + 7, 20 + 17)$，如图 11-7 的左半部分所示。后验的 95% HDI 显然不包括钉子

公平的情况。

如果我们有先验知识说明某物体是公平的，比如硬币，那么后验分布将是不同的。比如，我们用一个虚构的样本来表示先验信念：样本量为 20，其中有 50% 的反面。如果"原始先验"是 beta(θ|1, 1)，那么加入虚构样本后的先验分布转换为 beta(θ|11, 11)。后验分布为 beta(θ|11+7, 11+17)，如图 11-7 的右半部分所示。后验的 95% HDI 包括了硬币公平的情况。

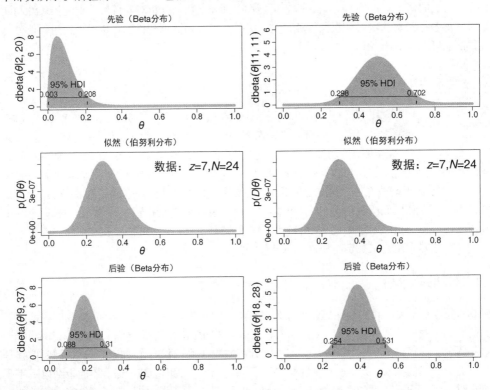

图 11-7　伯努利过程的偏差的后验 HDI，其中先验假设为强烈地偏向反面的钉子（左半部分）或公平的硬币（右半部分）

对一枚硬币和一枚钉子的不同推理是非常符合直觉的。我们对物体偏差的后验信念应当依赖于我们对物体的先验知识：与抛一枚硬币 24 次得到 7 次正面相比，抛一枚钉子 24 次得到 7 次正面时，我们应当有不同的看法。有关更多的详细信息和实际示例，请参见 Lindley 和 Phillips（1976）。尽管这里强调了先验知识的重要且合理的作用，但请记住，足够大的数据集将淹没先验分布，并且后验分布将收敛到相同的结果。

先验是公开且相关的

有些人可能会有这样的感觉：先验信念的神秘程度并不亚于实验者的抽样计划和检验计划。但是先验信念不是反复无常或特殊的。先验信念接受了公开且明确的讨论，是建立在公众可获得的先前研究基础上的。贝叶斯分析人员的个人先验知识可能与大多数人的想法不同，但如果要让分析说服受众，那么分析就必须使用受众认为合适的先验知识。贝叶斯分析人员的工作是，为自己使用的特定先验知识提供有说服力的论据。如果审稿人和编辑认为研究中的先验是站不住脚的，那么这项研究就不会被发表。也许研究者和审稿人必须同意，他们双方有不同的先验；但即使在这种情况下，先验也是论证中一个明确的部分。而且分析中应当同时使用这两个先验，以评估后验的稳定性。科学是一个累积的过程，新的研究总是在以前研究的背景下提出的。贝叶斯数据分析可以结合这一显而易见的事实。

有些人可能会想，如果贝叶斯数据分析中接受公开的先验，那么为什么 NHST 中不允许有主观的计划？这是因为数据收集者头脑中的抽样计划和检验计划只会影响未被实际观察到的可能数据云。另外，公开的先验信念不是关于没有发生的事情，而是关于数据影响后续信念的方式：先验信念是我们根据新数据行动时的起点。事实上，如 5.3.2 节中关于随机疾病或药物检验的讨论所述，不使用先验知识可能是一个错误。贝叶斯数据分析告诉我们应该如何从先验可信度出发并重新分配可信度，但并没有告诉我们应当怎样分配先验可信度。然而，随着数据量的增加，先验是明确、公开、可累积的且可以被压倒的。贝叶斯数据分析提供了一种用来计算信念变化程度且符合逻辑的方法。

11.3　CI 和 HDI

许多人已经认识到 p 值的危险性，并建议如果实践者使用置信区间（confidence interval，CI），数据分析会更好。比如，在某著名医学期刊上的一篇有影响力的论文中，Gardner 和 Altman（1986，第746 页）写道："过分强调假设检验并使用 p 值来区分显著或不显著的结果，已经使研究结果的解释过程偏离了更有用的方法，如参数估计和置信区间。"另一个例子是，Schmidt（1996，第 116 页）从一位商学院管理系教授的角度，在另一篇著名论文中写道："我的结论是，我们必须放弃统计的显著性检验。在研究生课程中，我们必须教那些……更适当的统计方法是效应量（effect size）的点估计和围绕这些点估计的置信区间……应该用点估计和置信区间取代显著性检验，我不是第一个得出这个结论的人。"Schmidt 接着列举了几位前人，他们可以追溯到 1955 年。近年来出版了许多推荐使用 CI 的图书（如 Cumming，2012）。

这些建议有着重要而令人钦佩的目标，首要目标是让人们了解参数估计的不确定性，而不是仅仅对一个零假设做出是或否的决定。在频率主义分析的背景下，CI 是追求以上目标的一种工具。遗憾的是，正如我将要解释的，频率主义的 CI 并没有很好地实现这些目标。相反，贝叶斯数据分析很好地实现了这些目标。本节给出了 CI 的定义并提供了示例。结果表明，CI 在一定程度上减轻了 p 值的问题，但由于 CI 是用 p 值来定义的，因此 CI 最终会遇到与 p 值相同的问题。贝叶斯后验分布提供了所需的信息。

11.3.1　CI 取决于计划

NHST 的主要目标是确定可以拒绝参数的零假设值。我们还可以问什么范围内的参数值不会被拒绝。这个不可拒绝的参数值的范围称为 CI。（NHST 的 CI 有不同的定义方法；这一方法在概念上是最普遍的，并且与 NHST 规则一致。）95% CI 包括所有满足以下条件的 θ 值：不会被允许 5% 虚警率的（双尾）显著性检验拒绝。

举例来说，在前一节中，我们发现，对于计划在 $N = 24$ 时终止抽样的数据采集员来说，当 $z = 7$ 且 $N = 24$ 时，他不会拒绝 $\theta = 0.5$ 的零假设。问题在于，还有其他哪些我们不会拒绝的 θ 值？图 11-8 显示了抽样分布。上半部分显示了 $\theta = 0.126$ 的情况，其中抽样分布的 p 值正好为 0.025。事实上，如果 θ 变得更小，p 值将小于 0.025，这意味着可以拒绝更小的 θ 值。图 11-8 的下半部分显示了 $\theta = 0.511$ 的情况，其中抽样分布显示 p 值正好是 0.025。如果 θ 变得更大，p 值将降到 0.025 以下，这意味着可以拒绝更大的 θ 值。总而言之，我们不会拒绝的 θ 值的范围是 $\theta \in [0.126, 0.511]$。对于计划在 $N = 24$ 时终止抽样的数据采集员来说，这是 $z = 7$ 且 $N = 24$ 时的 95% CI。练习 11.2 会让你"动手"检查它。

注意，CI 描述了 θ 值的范围，θ 值显示在图 11-8 的左侧。参数 θ 描述了假想的总体。虽然 θ 可以取 0 到 1 范围内的任何值，但它与图 11-8 右侧的样本比例 z/N 截然不同。还要注意，抽样分布是抽样比例的分布；抽样分布不是参数 θ 的分布。CI 的上下界分别是使得 $p \geq 0.025$ 的 θ 的最大值和最小值。

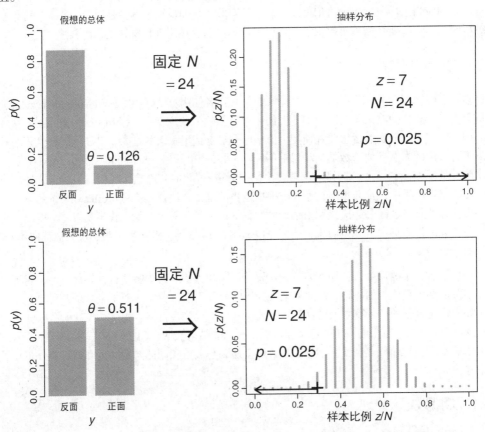

图 11-8　当实验者的计划是固定 N 时，95% CI 的范围是从 $\theta = 0.126$（上半部分）到 $\theta = 0.511$（下半部分）。与图 11-9 和图 11-10 进行比较

　　我们还可以确定实验者计划在 $z=7$ 终止时的 CI。图 11-9 显示了抽样分布。上半部分显示了 $\theta=0.126$ 的情况，其抽样分布有 $p=0.025$。实际上，如果 θ 变得更小，p 将小于 0.025，这意味着可以拒绝更小的 θ 值。图 11-9 的下半部分显示了 $\theta=0.484$ 的情况，其中抽样分布有 $p=0.025$。如果 θ 变得更大，p 将降到 0.025 以下，这意味着可以拒绝更大的 θ 值。总而言之，我们不会拒绝的 θ 值的范围是 $\theta \in [0.126, 0.484]$。对于计划在 $z=7$ 时终止抽样的数据采集员来说，这是 $z=7$ 且 $N=24$ 时的 95% CI。

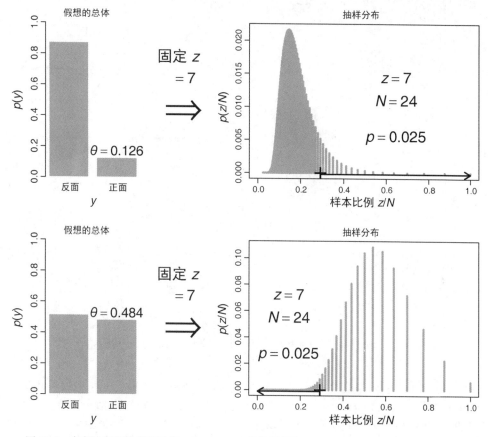

图 11-9　当实验者的计划是固定 z 时，95% CI 的范围是从 $\theta=0.126$（上半部分）到 $\theta=0.484$（下半部分）。与图 11-8 和图 11-10 进行比较

　　此外，我们还可以确定实验者计划在达到固定持续时间时终止的 CI。图 11-10 显示了抽样分布。上半部分显示了 $\theta=0.135$ 的情况，其抽样分布有 $p=0.025$。如果 θ 变得更小，p 将小于 0.025，这意味着可以拒绝更小的 θ 值。图 11-10 的下半部分显示了 $\theta=0.497$ 的情况，其中抽样分布有 $p=0.025$。如果 θ 变得更大，p 将降到 0.025 以下，这意味着可以拒绝更大的 θ 值。总而言之，我们不会拒绝的 θ 值的范围是 $\theta \in [0.135, 0.497]$。对于计划在固定持续时间内抽样的数据采集员来说，这是 $z=7$ 且 $N=24$ 时的 95% CI。

11

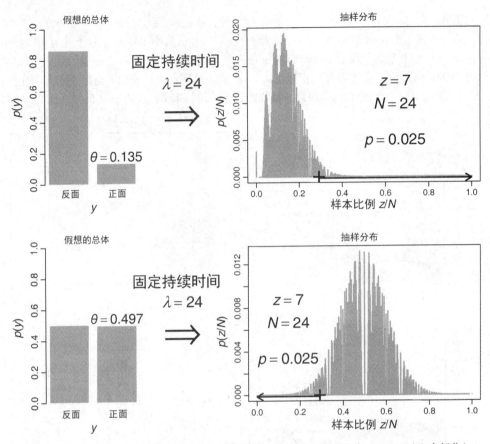

图 11-10 当实验者的计划是固定抽样持续时间时，95% CI 的范围是从 $\theta = 0.135$（上半部分）
到 $\theta = 0.497$（下半部分）。与图 11-8 和图 11-9 进行比较

最后，我们可以确定计划检验两枚硬币的实验者的 CI，两枚硬币都是在 N 达到固定值时终止。
图 11-11 显示了不同 θ 值的抽样分布。[①]上半部分显示了 $\theta = 0.110$ 的情况，其抽样分布有 $p = 0.025$。如
果 θ 变得更小，p 将小于 0.025，这意味着可以拒绝更小的 θ 值。图 11-11 的下半部分显示了 $\theta = 0.539$
的情况，其中抽样分布有 $p = 0.025$。如果 θ 变得更大，p 将降到 0.025 以下，这意味着可以拒绝更大的
θ 值。总而言之，我们不会拒绝的 θ 值的范围是 $\theta \in [0.110, 0.539]$。对于一个计划检验两枚硬币并在 N
达到固定值时终止抽样的数据采集员来说，这是 $z = 7$ 且 $N = 24$ 时的 95% CI。

---

① 图 11-11 的多重检验 CI 的通常计算方法如下。首先，两个独立检验的总虚警率为 $\alpha_{EW} = 1 - (1 - \alpha_{PT})^2$，其中 α_{PT} 是
每个检验的虚警率。因此，当 $\alpha_{EW} = 0.05$ 时，$\alpha_{PT} = 1 - (1 - \alpha_{EW})^{1/2} \approx 0.0253$。对于双尾检验，这意味着每个尾中的
$\alpha_{PT} = 0.0253/2 \approx 0.0127$。然后我们用这个尾概率来求 CI。假设 N 是固定值（类似于图 11-8），则得到的范围是
0.110 到 0.539，如图 11-11 所示。

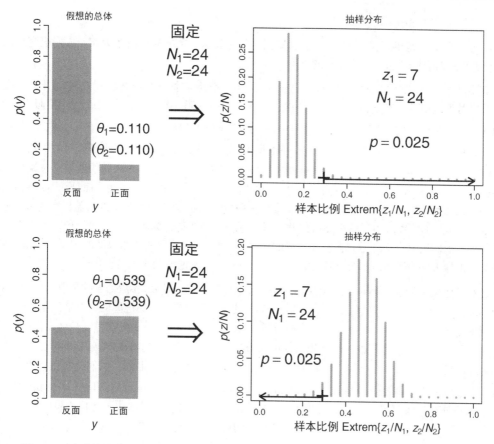

图 11-11　当实验者的计划是固定 N 且有两个检验时，95% CI 的范围是从 $\theta = 0.110$（上半部分）到 $\theta = 0.539$（下半部分）。与图 11-8 进行比较。Extrem$\{z_1/N_1, z_2/N_2\}$ 是相对于 θ 更极端的假想抽样比例

我们刚刚看到，NHST 的 CI 取决于实验者的抽样计划和检验计划。如果计划是在 $N = 24$ 时终止抽样，不会被拒绝的偏差范围是 $\theta \in [0.126, 0.511]$。但如果计划是在 $z = 7$ 时终止抽样，则不会被拒绝的偏差范围是 $\theta \in [0.126, 0.484]$。如果计划是达到固定持续时间时终止抽样，则不会被拒绝的偏差范围是 $\theta \in [0.135, 0.497]$。如果计划是检验两枚硬币且每枚硬币在达到固定的 N 时终止抽样，那么 CI 是 $\theta \in [0.110, 0.539]$。CI 取决于实验者的计划，因为计划决定了假想可能性云，而对实际观测数据的判断是以假想可能性云为基础的。对 NHST 的 CI 的解释与 NHST 本身的解释一样模糊，因为 CI 仅仅是在 θ 的每个备选值处进行的显著性检验。因为 CI 是由 p 值定义的，所以对于 p 值的每一个误解，都可能相应地造成对 CI 的误解。尽管动机有些不同，但 Abelson（1997，第 13 页）生动地阐述了一个类似的结论：“根据白痴扩散定律，每一次显著性检验的愚蠢应用都会引发相应的置信区间的愚蠢实践。”

11

CI 不是一个分布

CI 仅仅是一个范围。关于 CI 的一个常见误解是它表示 θ 值的某种概率分布。人们很容易认为，在 CI 中间的 θ 值比 CI 边界或边界外的 θ 值更可信。

有多种方法可以给 CI 叠加某种形式的分布。一种方法是将抽样分布叠加到 CI 上。比如，在估计正态分布数据均值的情况下，Cumming 和 Fidler（2009，第 18 页）指出："事实上，如果［零假设下 $M_{差异}$ 的抽样分布］是以我们［实际的］$M_{差异}$ 为中心，而不是以［抽样分布的］μ 为中心，就能给出在 CI 内外的各种值作为 μ 的实际值的相对似然。接近点估计值 $M_{差异}$ 的值是最合理的 μ 值。在我们的［置信］区间内，但更靠近某一边界的 μ 值逐渐变得更不可信。超出［置信］区间的值相对来说是不可信的……"Cumming 和 Fidler（2009）谨慎地说，"可信性"意味着相对似然性，而且 μ 不是一个变量，而是一个未知的固定值。然而，读者很容易将参数值的"可信性"解释为参数值的后验概率。将 Cumming 和 Fidler（2009）的方法用于估算硬币的偏差时，这种区别变得尤为明显。抽样分布是离散的 z/N 值上的一组条形。当这个抽样分布被转换成 θ 的 CI 时，我们得到了 θ 的一组离散的"可信"值。当然，这是非常误导人的，因为 θ（未知但固定）的值可以是 0 到 1 的连续集上的任何值。

还有其他关于展示 CI 分布信息的建议。比如，可以将 p 值绘制为参数值 θ 的函数（例如 Poole，1987；Sulliyan 和 Foster，1990）。曲线达到 2.5%时的 θ 值是 95% CI 的边界值。但请注意，这些曲线不是概率分布：它们的积分不是 1.0。这些曲线绘制了 $p(D_{\theta,I} \geq D_{实际} | \theta, I)$，其中 I 是终止和检验计划，D 是数据的描述性统计值，如 z/N。不同的终止和检验计划将产生不同的 p 曲线和不同的 CI。对比 p 曲线与贝叶斯后验分布 $p(\theta | D_{实际})$。一些理论家已经探索出标准化的 p 曲线，它们确实积分为 1，被称为置信分布（confidence distribution。例如，Schweder 和 Hjort，2002；Singh、Xie 和 Strawderman，2007）。但这些置信分布仍然对终止和检验计划敏感。在某些特定假设下，特殊情况等价于贝叶斯后验分布（Schweder 和 Hjort，2002）。见 Kruschke（2013a）的进一步讨论。

所有这些将分布强加于 CI 的方法似乎都是出于自然的贝叶斯直觉：与数据一致的参数值应该比与数据不一致的参数值更可信（受到先验可信度的影响）。如果我们局限于频率主义的方法，那么上述各种建议将是这种直觉的表达。但我们并不局限于频率主义的方法。相反，我们可以用完全的贝叶斯形式来表达我们的自然贝叶斯直觉。

11.3.2　贝叶斯 HDI

贝叶斯推断中的一个概念有些类似于 NHST 的 CI，这个概念是我们在 4.3.4 节介绍过的 HDI。95% HDI 由一些 θ 值组成，这些 θ 值至少具有最低水平的后验可信度，且所有这些 θ 值的总概率为 95%。

让我们考虑抛硬币并观察到 $z = 7$ 且 $N = 24$ 时的 HDI。假设这枚硬币看起来是可靠的，我们根据这一事实得到一个先验分布；出于说明性的目的，这里我们把它表示为分布 $beta(\theta | 11, 11)$。图 11-7 的右侧显示，95% HDI 的范围是从 $\theta = 0.254$ 到 $\theta = 0.531$。这个范围覆盖了 95%的最可信偏差值。此外，后验概率密度精确地显示了每一个偏差的可信度。具体来说，我们可以看到 $\theta = 0.5$ 在 95% HDI 内。第 12 章将讨论做出离散决策的规则。

与 NHST 的 CI 相比，HDI 至少有三个优点。第一，HDI 直接解释了 θ 值的可信度。HDI 是关于 $p(\theta\,|\,D)$ 的，这正是我们想知道的。而 NHST 的 CI 与我们想知道的内容没有直接关系：拒绝 θ 值的概率与 θ 的可信度之间没有明确的关系。第二，HDI 不依赖于实验者的终止和检验计划，因为似然函数不依赖于实验者的终止和检验计划。[①]相比之下，NHST 的 CI 告诉我们数据相对于由实验者计划产生的假想可能性的概率。第三，HDI 反映了分析者的先验信念。贝叶斯数据分析表明新数据会在多大程度上改变我们的信念。先验信念是明确且公开的。相反，NHST 的分析并不考虑先验知识。

11.4 多重比较

在许多研究场景中，需要同时对比多种实验条件或处理方法。回想一下 9.5 节中对不同防守位置球员的棒球击球能力的估计。我们研究了不同位置（图 9-14）和不同球员（图 9-15）的几种比较。对于这 9 个位置和 948 名球员，我们可以进行数百甚至数千个有意义的比较。在有多个实验条件的实验研究中，研究人员可以在不同条件和条件组合之间进行许多比较。

在条件间进行多重比较时，NHST 的一个关键目标是将整体的最大虚警率降到期望水平，例如 5%。遵守这个限制取决于要进行的比较的数量，而这又取决于实验者的计划。然而，在贝叶斯数据分析中，描述这些条件的参数只有一个后验分布。后验分布不受实验者计划的影响，我们可以从多个角度检查后验分布，但这只是出于洞察力和好奇心。接下来的两节将讨论多重比较中的频率主义方法与贝叶斯方法。

11.4.1 NHST 实验总体误差校正

当存在多个组时，将每个组与其他所有组进行比较通常是有意义的。比如，对于 9 个防守位置，我们可以进行 36 种成对比较。问题是，每次比较都会涉及决策，每个决策都可能出现虚假警报，于是多重比较的 p 值将增大。我们已经在 11.1.5 节中看到，进行多次检验的计划使 p 值增大，因为可能结果的假想云被扩大了。在 NHST 中，必须考虑到我们计划对整个实验进行的所有比较。假设我们设置了一个拒绝零假设的标准，其中每个决策的"单次比较"（per-comparison，PC）虚警率为 α_{PC}，例如 5%。我们的目标是确定进行多重比较时的总体虚警率。为了达到目的，我们要做一些代数运算。首先，假定零假设是真的，这意味着这些组是相同的；样本中如果有明显的差异，只能是出于偶然。这意味着我们在重复一个比较检验时，得到虚假警报结果的比例是 α_{PC}。因此，在重复中我们不会得到虚假警报的比例是以上结果的剩余比例 $1-\alpha_{PC}$。如果我们进行 c 次相互独立的比较检验，那么任何一个检验都没有发生虚假警报的概率是 $(1-\alpha_{PC})^c$。因此，得到至少一个虚假警报的概率是 $1-(1-\alpha_{PC})^c$。这个在实验的所有比较中获得至少一个虚假警报结果的概率，我们称之为"实验总体"（experiment-wise，EW）虚警率，记为 α_{EW}。这里的难题是：α_{EW} 大于 α_{PC}。如果 $\alpha_{PC}=0.05$ 且 $c=36$，

---

① 似然函数的定义实际上也以抽样计划为基础，即在 $N=1$ 时终止的计划。这仅仅意味着，我们必须商定执行一次观测时的操作方法，以及一次观测中所有可能产生的结果。贝叶斯方法和 NHST 方法都是建立在这个基础上的。它在贝叶斯法则的似然函数中是明确的。它在 NHST 的总体假设中也是明确的，如图 11-3 到图 11-5 中左半部分的伯努利分布所示。从这个意义上说，即使是贝叶斯数据分析，也基于执行单次测量时的终止计划。

则 $\alpha_{EW} = 1 - (1 - \alpha_{PC})^c \approx 0.84$。因此，即使零假设是真的，也就是不同组之间确实没有差异，如果我们进行 36 次相互独立的比较，也将有约 84% 的机会在至少一次比较中错误地拒绝了零假设。通常情况下，并不是所有的比较都是结构上相互独立的，所以虚警率的增大没有那么快，但是只要进行额外的比较检验，虚警率确实会增大。

将实验总体虚警率保持在 5% 以下的一种方法是降低单次比较时允许的虚警率，即在单次比较中设置更严格的拒绝零假设的标准。一种经常使用的重新设置法是 Bonferonni 校正（Bonferonni correction）：$\alpha_{PC} = \alpha_{目标EW} / c$。如果实验的虚警率目标是 0.05，并且计划进行 36 次比较，那么我们将每次比较的虚警率设置为 0.05/36。这是一个保守的修正，因为实际的实验总体虚警率通常比 $\alpha_{目标EW}$ 小得多。

挑剔的 NHST 爱好者可以选择不同的校正法（如 Maxwell 和 Delaney，2004，第 5 章）。校正系数不仅取决于多重比较之间的结构关系，还取决于分析人员是在看到数据之前计划进行的比较，还是在看到数据之后才进行的比较。如果比较是事先计划好的，则称之为事前比较（planned comparison）。如果只是在看到数据趋势后才考虑比较，则称为事后比较（post hoc comparison）。为什么要关心比较是事前还是事后的？这是因为即使零假设是真的，也就是不同组之间确实没有差异，这些组中间也总是会有最高的随机样本和最低的随机样本。如果我们不事先计划好要比较哪些组，而是要比较恰好相距最远的那两个组，那么我们很可能能将不存在真实差异的两个组声明为有差异。

就我们的目的而言，关键不在于使用哪种校正法。关键是 NHST 分析者必须做一些校正，而校正取决于分析者计划进行的比较的数量和类型。这就产生了一个问题：两位分析者可以根据相同的数据得出不同的结论，因为有太多种他们可能感兴趣的比较，以及能激发他们兴趣的比较。一位想进行多重比较且富有创造力和求知欲的分析者，可能是因为他对理论含义进行了深入思考，也可能是因为他在数据中发现了具有挑战性的意外趋势，他将因为深思熟虑而受到惩罚。进行一系列比较的代价是单次比较必须使用更严格的阈值。缺乏求知欲的分析者会使用更简单的标准以达到显著性，并获得奖励。这似乎是一种适得其反的激励机制：如果你以保护世界免受虚假警报为借口，假装思想狭隘，那么你将更有可能获得"显著"结果，并发表你的研究成果。

为了使这一点具体化，请再次考虑 9.5 节中对不同防守位置球员棒球击球能力的估计。一个基本的问题可能是内野手的击球能力与外野手的击球能力是否有差异。因此，一个缺乏求知欲的分析者可能计划将 6 个非外场位置的均值与 3 个外场位置的均值进行一次比较。一个富有求知欲或知识渊博的分析者可能计划进行更多的比较，他怀疑投手和捕手与内野手有差异，因为投手-捕手组合的技能要求不同。这位分析者可能会计划 4 种比较：外野手与非外野手，外野手与内野手，外野手与捕手-投手的均值，内野手与捕手-投手的均值。这位富有求知欲且知识渊博的分析者会受到惩罚：他声明显著性时的标准更严格。即使对于缺乏求知欲的分析者同样会进行的外野手与非外野手的比较，标准也会更严格。

假设细心的分析者在看到数据后发现，捕手的击球均值实际上与内野手差不多，因此应该在捕手和内野手之间以及捕手和投手之间进行比较。分析者应将此视为事后比较，而不是事前比较。但仔细想想，仅仅从对比赛的了解就可以清楚地看出，捕手的要求与投手大不相同，于是应该从一开始就考虑这些比较。因此，也许这些比较应该是有计划的事前比较，而不是事后比较。假设分析者在看到数据后注意到内野手和外野手没有太大的区别。因此，比较它们似乎是多余的。这个想法是事后的，因为事前已经计划了比较。但是，回顾过去，从关于比赛的背景知识中可以清楚地看出，内野手和外野手的要求实际上很相似：他们都必须接住飞球，并把球扔给内野手。因此，说到底还是应当预估到这个比较是多余的。

所有这些都让 NHST 的分析者走在自省的流沙上。所进行的比较到底是事前计划的还是事后的？分析者"有预谋"地排除了本应计划好的比较，还是他比较肤浅，又或者这种排除实际上是事后的？选择一个故事并坚持下去并不能解决这个问题，因为任何一个故事仍然假设分析者的检验计划应当影响数据解释。

11.4.2　无论你怎么看，都只需要一个贝叶斯后验

实验或观察研究的数据收集过程是经过精心设计的，以使数据免受实验者关于随后检验的计划的影响。在实验中，每一组数据都应当不受任何其他条件或者被试是否存在的影响。在适当的实验执行过程中，被试不清楚实验的目标或结构（直到实验完成）；在实验之前或之后，一个实验组中的个体不可能受到任何组或者被试是否存在的影响。此外，实验者对于其他组和样本量的计划并不影响数据。

在贝叶斯数据分析中，对数据的解释不受实验者的终止和检验计划的影响（假设这些计划不影响数据）。贝叶斯数据分析得出模型参数的后验分布。后验分布能够完全地体现数据。后验分布可以用分析者感兴趣的各种方法来检验；各种组间的比较只是从不同的角度查看后验分布。

比如，在棒球数据中，我们检查了不同位置（图 9-14）和不同球员（图 9-15）的几种比较。这些边际分布只是从不同角度对后验分布进行了总结。我们查看后验分布的角度不会影响后验分布本身。我们可以从任何其他角度来比较这些参数，而不必担心我们进行这种比较的动机，因为后验分布不受这些动机的影响，这一点与来自零假设的假想可能性云不同。

总之，贝叶斯后验分布对实验者是否比较不同组的终止和检验计划是不太敏感的。贝叶斯后验还会直接告诉我们差异大小的可信度；而 NHST 只告诉我们，在由实验者计划决定的可能性云中，该差异是否极端。

11.4.3　贝叶斯数据分析如何减少虚假警报

任何分析都无法完全避免虚假警报，因为随机抽样的数据偶尔会包含偶然产生的极端值。然而，贝叶斯数据分析避免使用 p 值作为决策标准，因为 p 值控制虚假警报的基础是分析者的计划，而不是数据。贝叶斯数据分析接受了这样一个事实，即在给定观测数据和先验知识的情况下，后验分布是我们能做出的最佳推断。

贝叶斯数据分析如何解决虚假警报问题呢？方法是将先验知识融入模型结构中。具体来说，如果我们知道不同的群组之间有一些总体的共同特征，这时，即使他们的具体情况有所不同，我们仍然可以用表达了总体共同特征的分布来描述不同群组的参数。图 9-7（触摸疗法）和图 9-13（棒球击球能力）给出了层次模型的示例。如果几个群组产生了相似的数据，这种相似性会更新总体分布，这反过来意味着任何极端群组的估计值都应当与其他群组更相似一些。换言之，正如个体估计值会向群组集

中趋势收缩一样，群组估计值也会向总体的集中趋势收缩。9.3 节大量地描述了收缩。收缩可以拉近偶然产生的极端估计值并减少虚假警报（例如，D. A. Berry 和 Hochberg，1999；Gelman，2005；Gelman、Hill 和 Yajima，2009；Lindquist 和 Gelman，2009；Meng 和 Dempster，1987）。这种收缩不是类似于 NHST 中那样的人为"校正"。收缩是在模型结构中表达先验知识的合理结果。使用 NHST 方法评估的模型中可以加入层次结构，但是贝叶斯估计可以无缝且直接地实现层次模型并进行评估。

11.5   抽样分布有什么好处

我希望已经清楚地说明，在对一组观测数据进行推断时，抽样分布（假想可能性云）不如后验分布有用。原因是抽样分布告诉我们，给定某个假设并进行计划中的实验时，可能数据的概率；而不是告诉我们，给定得到的一组数据时，可能假设的可信度。也就是说，抽样分布告诉我们给定参数值和计划时的假想结果概率 $p(D_{\theta,1}|\theta, I)$，而不是给定实际数据时的参数值概率 $p(\theta|D_{\text{实际}})$。然而，抽样分布在其他应用场景中是恰当且有用的，下面将介绍其中两种应用。

11.5.1   规划实验

到目前为止，在本书中，我们只考虑了对已经获得的数据进行分析。但研究的一个关键部分是在实际获得数据之前对研究进行规划。在规划研究时，我们有一些关于世界可能是怎样的假设，我们希望通过收集数据来验证这些假设。一般来说，我们已经对实验处理或观察情景有了一些概念，我们想规划可能需要进行多少次观察，或者我们需要进行多长时间的研究，才能以某种方式获得合理、可靠的证据。

假设我们认为一枚硬币是有偏差的，θ 在 0.60 左右，也可能高一些或低一些。硬币可能代表着一个选民群体，因此抛硬币意味着对该群体中的一个人进行民意调查，而正面结果则意味着他支持候选人 A。关于硬币偏差的猜测可能来自之前关于政治态度的调查。我们计划对人群进行一次调查，以准确地获得对候选人 A 的真正支持率的后验信念。假设我们构想了一项针对 500 人的民意调查。使用假想随机数 $\theta \approx 0.60$ 和 $N = 500$ 进行重复模拟实验，我们可以生成模拟数据，并对每一组模拟数据计算出贝叶斯后验分布。对于每一个后验分布，我们计算一些有关准确性的度量值，例如 95% HDI 的宽度。通过大量的模拟实验，我们得到了 HDI 宽度的抽样分布。根据 HDI 宽度的抽样分布，我们可以判断 $N = 500$ 是否具有足够高的精度，能够达到我们的目标。如果没有，我们就用更大的 N 进行重复模拟。一旦知道需要多大的 N 才能获得我们所要的精度，我们就可以判断这样做研究是否可行。

请注意，我们使用计划中的实验来生成可能的数据空间，以便在使用贝叶斯方法分析数据时预测可能发生的情况。对于任何一组数据（模拟的或实际的），我们认识到，数据集中的各个数据点与设计计划是无关的，并且我们将对数据集进行贝叶斯分析。在这里使用来自计划实验的可能样本的数据分布是非常合适的，因为这正是我们希望发现的假想数据分布的含义。

第 13 章将深入探讨研究设计的问题。你可能需要查看图 13-1，了解如何将可能的数据云用作规划实际数据收集的"预演"。特别要注意的是，图 13-1 顶部所示的对实际数据的贝叶斯分析，并不使用假想可能性云，并且与图 11-1 所示的 p 值的构造有很大的不同。

11.5.2 探索模型预测率（后验预测检验）

贝叶斯数据分析仅表明所考虑的各种参数值或模型的相对可信度。后验分布仅告诉我们哪些参数值相对不那么差。后验函数并不能告诉我们最好的参数值是否真的是好的。

假设我们认为一枚硬币是有严重偏差的魔术硬币，要么在 99% 的抛掷中出现正面，要么在 99% 的抛掷中出现反面；我们只是不知道它的偏差具体是哪个方向。现在我们抛硬币 40 次，结果有 30 次得到正面。结果表明，99% 正面模型的后验概率远大于 99% 反面模型。但实际的情况是，对于在 40 次抛掷中出现 30 次正面的硬币而言，99% 正面模型是一个糟糕的模型！

要评估不可信程度最低的参数值的合理性，一种方法是后验预测检验（posterior predictive check）。后验预测检验是对模拟数据特征的检查，其中模拟数据是由典型的后验参数生成的。后验预测检验的思想是：如果后验参数值真的可以很好地描述数据，那么从模型中生成的预测数据应当"看起来像"实际数据。如果预测数据的特征不能反映实际数据的特征，那么我们就需要去寻找能够产生这些特征的模型。

后验预测检验的使用方法与 NHST 方法非常相似：我们从一个假设（不可信程度最低的参数值）开始，生成模拟数据，就好像一遍又一遍地重复实现我们的实验计划。然后，我们在模拟数据空间中查看实际数据是典型的还是非典型的。如果我们更进一步，确定虚警率的临界值，并且在实际数据处于分布的极端尾部时拒绝该模型，那么我们在做的事情确实等同于 NHST 方法。一些作者确实提倡这种"贝叶斯 p 值"，但我更喜欢完全贝叶斯的后验预测检验。后验预测检验的目的是启发直观思考：以定性的方式衡量模型成功或失败，以及什么样的新模型可以更好地捕捉数据中的趋势。一旦我们发明了另一个模型，就可以使用贝叶斯方法将它与其他模型进行定量比较。有关进一步的讨论，请参见 17.5.1 节和 Kruschke（2013b）。

11.6 练习

你可以在本书配套网站上找到更多练习。

练习 11.1 **目的：计算在固定 N 和固定 z 处终止的 p 值。** 我们有一个六面骰子，我们想知道出现 6 点的概率是否公平。因此，我们正在考虑两种可能的结果：6 点或不是 6 点。如果骰子是公平的，那么 6 点的概率为 1/6。

(A) 假设我们抛 45 次骰子，计划在抛次达到这个数时终止。假设我们得到 3 次 6 点。双尾 p 值是多少？

提示：在 R 中用式 11.5 计算二项抽样分布的尾部概率。R 中内置了各种相关函数，如 factorial、choose，甚至 dbinom。[①]为了与式 11.5 保持一致，我将不使用 dbinom。尝试以下脚本：

[①] 使用 R 的 dbinom(x,size,prob) 函数可能会有帮助，其中 x 对应 z（从 0 到 N 的向量），size 对应式 11.6 中的 N（常数）。R 也有负二项函数 dnbinom(x,size,prob)。如果使用负二项密度，务必非常小心，因为参数 x 对应 $N-z$（以 0 开头的向量），参数 size 对应式 11.6 中的 z（常数）。

```
N = 45 ; z = 3 ; theta = 1/6
lowTailZ = 0:z
sum( choose(N,lowTailZ) * theta^lowTailZ * (1-theta)^(N-lowTailZ) )
```

仔细解释每一行脚本的作用。为什么它考虑的是左尾而不是右尾？解释最终结果的含义。

(B) 假设我们不是在固定的 N 处终止，而是在得到 3 个 6 点的结果时终止。总共抛了 45 次。(注意这个结果与前一部分的结果相同。)双尾 p 值是多少？

提示：使用式 11.6。试试如下代码：

```
sum( (lowTailZ/N) * choose(N,lowTailZ) * theta^lowTailZ * (1-theta) ^(N-lowTailZ) )
```

仔细解释代码的作用及其结果的含义。

练习 11.2　目的：确定 NHST 的 CI，并注意到它们取决于实验者的计划。我们继续前一个练习的场景：二分的数据结果，$N = 45$ 且 $z = 3$。

(A) 如果计划在 $N = 45$ 时终止，那么 95% CI 是多少？

提示：尝试上一个练习中 R 脚本的以下后续部分。

```
for ( theta in seq( 0.170 , 0.190 , 0.001) ) {
  show( c(
    theta ,
    2*sum( choose(N,lowTailZ) * theta^lowTailZ * (1-theta)^(N-lowTailZ) )
  ))
}

highTailZ = z:N
  for ( theta in seq( 0.005 , 0.020 , 0.001) ) {
  show( c(
    theta ,
    2*sum( choose(N,highTailZ) * theta^highTailZ * (1-theta)^(N-highTailZ) )
  ))
}
```

仔细解释代码的作用和意义。

(B) 如果计划在 $z = 3$ 时终止，那么 95% CI 是多少？CI 是否与 $N = 45$ 时终止的 CI 相同？

提示：修改前一部分的 R 脚本，以便用于在 $z = 3$ 时终止的情况，这与前一个练习的第二部分类似。

练习 11.3　目的：确定在固定持续时间内收集数据的 p 值。(关于固定持续时间样本的 NHST 的另一个例子，见 Kruschke，2010。)我们继续前面的练习场景：二分的数据结果，$N = 45$ 且 $z = 3$。假设前面练习中的骰子抛掷者由于固定时间 6 分钟结束而终止抛骰子。为简单起见，假设在 6 分钟的持续时间内，骰子抛掷者的抛次可能为 $N = 40$、$N = 41$ 或 $N = 42$，直到 $N = 50$，且这些抛次的概率相同。观察结果的 p 值是多少？它与假设固定 N 或固定 z 时的 p 值相同吗？

提示：我们需要计算每个可能的 N 的 p 值，然后根据它们的发生概率对它们进行平均。对于每个 N，左尾包含小于或等于观察结果 $z/N = 3/45$ 的比例。检查下面的 R 脚本。准确地解释它的作用并解释它的输出结果。

```
N = 45 ; z = 3 ; theta = 1/6
# 指定可能的 N 值
```

```
Nposs = 40:50
# 指定每个 N 的概率（在这里全部相等）
Nprob = rep(1,length(Nposs)) ; Nprob = Nprob/sum(Nprob)
# 对于每个可能的 N，计算 p 值，并计算加权平均后的 p 值
totalP = 0
for ( i in 1:length(Nposs) ) {
  thisN = Nposs[i]
  # 对这个 N，计算左尾中最大的 Z
  thisZ = max( (0:thisN)[ (0:thisN)/thisN <= z/N ] )
  lowTailZ = 0:thisZ
  thisP = 2*sum( choose(thisN,lowTailZ) * theta^lowTailZ * (1-theta) ^(thisN-lowTailZ) )
  totalP = totalP + Nprob[i] * thisP
  show( c( thisN , thisP ) )
}
show( totalP )
```

第 12 章

检验零假设的贝叶斯方法

他是个失败者还是真的很优秀?

只言不行只能得到糟糕的估计。

陷入困境时, 我需要重要结果。

"总比什么都没有好"不够好。[1]

假设你已经收集了一些数据, 现在你想回答以下问题: 实验效应是否不等于零? 硬币是否公平? 准确率是否高于随机水平? 两组之间是否有区别? 第 11 章讨论了使用零假设显著性检验(NHST)回答这类问题时存在的深层次问题。本章描述如何使用贝叶斯方法回答这些问题。

在抛硬币的例子中, 我们要回答的问题是, 出现正面的概率是否为特定的值。如果我们问硬币是否公平, 那么我们问的是正面概率 0.5 是否可信。在贝叶斯框架中, 可以用两种方法形式化地表达这个问题。一种方法是: 询问感兴趣的值($\theta = 0.5$)是否属于后验的最可信值。另一种方法是建立两种先验的二分式选择: 一种先验分布仅包含感兴趣的值, 另一种先验宽泛地包含所有可能值。然后通过贝叶斯模型比较来评估这两个先验的后验可信度。本章将详细探讨这两种方法。这两种方法得出的结论中的信息有所不同, 因此选择适合的方法非常重要, 而选择的依据是实际应用场景和你希望对数据提出的问题。

12.1 参数估计的方法

在本书中, 我们已经使用贝叶斯法则推导出感兴趣的参数的后验分布, 例如硬币的偏差 θ。然后, 我们可以使用后验分布来识别参数的可信值。如果零假设值远离可信值, 则我们拒绝零假设值, 将其视为不可信。但是如果所有可信值实际上等价于零假设值, 那么我们可以接受零假设值。本节将形式化地表达这个直观的决策过程。

---

[1] *Is he a loser or is he real great?*

Words without actions make bad estimates.

I need big outcomes when going gets rough, 'cause,

Better than nothing just ain't good enough.

本章介绍评估零假设值的两种贝叶斯方法, 一种是基于参数估计的方法, 另一种是基于模型比较的方法。这首诗暗示人们在现实生活中也需要估计一些事情, 而不是仅仅说"总比什么都没有好"。

12.1.1 实际等价区域

实际等价区域（region of practical equivalence，ROPE）是参数值的一个范围，我们在特定应用中认为这个范围实际上等价于零假设值。假设我们想知道一枚硬币是否公平，在足球比赛中是否可以用它决定开球的球队。那么我们想知道硬币的潜在偏差是否接近 0.5，而并不真正关心实际偏差到底是 0.473 还是 0.528，因为对于我们的应用场景来说，这些值实际上等价于 0.5。因此，偏差的 ROPE 可能是从 0.45 到 0.55。另一个例子是，假设我们在评估一种药物相对于安慰剂的疗效，只有它能将治愈的概率提高至少 5 个百分点，我们才会考虑使用这种药物。因此，治愈率之间差异的 ROPE 可以为 ±0.05。稍后将有更多关于如何设置 ROPE 的讨论。

一旦设置了 ROPE，我们将根据以下规则决定是否拒绝零假设值：

> 如果一个参数值的整个 ROPE 位于该参数后验分布的 95% 最高密度区间（HDI）之外，那么我们可以声明这个参数值不可信或拒绝该参数值。

假设我们想知道一枚硬币是否公平，我们将 ROPE 设置为 0.45 到 0.55。然后，我们抛硬币 500 次并观察到 325 次正面朝上。如果先验分布是均匀分布，则后验分布的 95% HDI 为 0.608 到 0.691，也就是完全落在了 ROPE 外面。因此，出于实际目的，我们声明拒绝零假设值 0.5。注意，当 ROPE 完全在 HDI 之外时，我们并不是拒绝 ROPE 中的所有值，而只是拒绝零假设值。

因为 ROPE 和 HDI 有几种重叠方式，所以我们可以做出不同的决定。具体来说，我们可以决定"接受"零假设值：

> 如果一个参数值的 ROPE 完全地包含了该参数后验分布的 95% HDI，则出于实际目的，我们可以声明接受这个参数值。

有了这个决策规则，只有当参数的估计值足够精确时，才能接受参数的零假设值。假设我们想知道一枚硬币是否公平，我们将 ROPE 设置为 0.45 到 0.55。然后，我们抛硬币 1000 次并观察到 490 次正面朝上。如果先验分布是均匀分布，则后验分布的 95% HDI 为 0.459 到 0.521，也就是完全包含在 ROPE 内。因此，出于实际目的，我们声明接受零假设值 0.5，因为所有最可信的值实际上都等价于零假设值。

虽然在实践中很少见，但原则上可能出现这样的情况：高度精确的 HDI 不包括零假设值，但仍然完全地落在一个宽泛的 ROPE 内。根据决策规则，我们会"接受"零假设值，尽管根据后验分布，这个零假设值的可信度较低。这种奇怪的情况突出了后验分布和决策规则之间的差异。接受零假设值的决策规则只是说，根据所选的 ROPE，最可信的值实际上等价于零假设值，而不一定说明零假设值的可信度很高。如果这种情况真的发生了，那么这可能是一个迹象，表明 ROPE 太大且构思不当或已经过时，因为可用的数据比 ROPE 精确得多。

当 HDI 和 ROPE 重叠，且 ROPE 不完全包含 HDI 时，则不满足上述两个决策规则的要求，我们将保留决策。这仅仅意味着，根据所述的决策标准，当前数据不足以让我们以某种方式做出明确的决策。后验分布提供了可信参数值的完整信息，它是与随后的决策过程无关的。如果 HDI 和 ROPE 以某些不同的方式重叠，还可以声明其他类型的决策。在这里，我们不会讨论其他类型的决策，但它们在某些实际情况下是有用的。在"等价范围"（range of equivalence）和"无差异区"（indifference zone）这些不同名称下的关于 ROPE 的进一步讨论，参见 Carlin 和 Louis（2009），Freedman、Lowe 和 Macaskill

12

（1984），Hobbs 和 Carlin（2008），以及 Spiegelhalter、Freedman 和 Parmar（1994）。

使用 ROPE 来声明实际等价性符合我们的直觉，同时从科学方法的广泛视角来看也是符合逻辑的。Serlin 和 Lapsley（1985、1993）指出，用 ROPE 来确认预测值是科学进步的必要条件，也是解决 Meehl 悖论的一种方法（如 Meehl，1967、1978、1997）。Meehl 悖论开始于一个前提：所有的理论在一定程度上都是错误的，因为对于任何现实情景来说，理论必定过分简化了现实的某些方面。理论和现实之间的差异可能很小，但一定有一些差异。因此，随着测量精度的提高（例如，收集更多数据），发现差异并驳倒理论的可能性必定是增加的。原因如下：更精确的数据应该是对理论的更具挑战性的检验。但是，零假设检验的逻辑产生了相反的结果。在零假设检验中，要"确认"一个（备选）理论所需要做的就是拒绝零假设值。因为零假设在一定程度上肯定是错误的，所以提高精度意味着拒绝零假设的概率增大，这意味着"确认"理论的概率增大。我们真正需要的是一种确认实质性理论的方法，而不是一种否定"稻草人"零假设的方法。Serlin 和 Lapsley（1985、1993）的研究表明，使用理论预测值附近的 ROPE 是可以确认理论的。关键是，随着数据精度的提高及 ROPE 的宽度减小，理论得到了更严格的检验。[①]

如何确定 ROPE 呢？在一些领域中，如医学，可以采访临床专家，他们的意见可以转化为一个合理的共识：多大的效应是有用的，或在实际应用中是重要的。Serlin 和 Lapsley（1993，第 211 页）说："不可否认的是，确定 [ROPE] 是困难的。……[ROPE 的]宽度取决于理论和现有最佳测量设备的先进性。这又取决于理论的发展水平……[因为]为了使一个人的理论能够与其他理论竞争，就需要确定该理论的预测值应该具有怎样的精度，这时，纵观这个人的研究项目或考察竞争理论的研究项目是有帮助的。"换句话说，ROPE 取决于它的实际目的。如果目的是评估药物治疗结果的等价性，那么 ROPE 取决于治疗的实际成本和收益以及测量结果的能力。如果目的是确认一个科学理论，那么 ROPE 取决于与其他理论进行区分时的需求。

根据定义，ROPE 没有唯一"正确"的范围，而是根据实际目的确定的，同时需要考虑较宽的 ROPE 对决策的影响：将更多产生接受 ROPE 值的决策，并更少产生拒绝 ROPE 值的决策。在许多情况下，ROPE 的精确范围可以是不确定的或默认的，这样该分析的受众可以在相互竞争的理论和测量设备发展的时候使用任何合适的 ROPE。当 HDI 远离 ROPE 值时，确切的 ROPE 是无关紧要的，因为任何合理的 ROPE 都会拒绝该 ROPE 值。当 HDI 非常窄并且与目标值重叠时，HDI 可能会落入任何合理的 ROPE 内，再次使确切的 ROPE 变得无关紧要。然而，当 HDI 仅中等狭窄且接近目标值时，分析结果可以报告随着 ROPE 宽度的变化，会有多少后验落在 ROPE 内。本书的博客给出了一个这样的例子。

很重要的一点是，要清楚，任何拒绝或接受零假设值的离散决策都不能完全描述我们对参数值的认识。我们对参数值的认识是用完整的后验分布来描述的。在做出二元决策时，我们只是将所有丰富的细节压缩为单一的信息。贝叶斯数据分析的更广泛的目标是传递后验分布的摘要信息，以及兴趣值在后验中的位置。报告 HDI 的范围比报告拒绝或接受决策的声明更具信息性。通过报告 HDI 和后验的其他摘要信息，不同的读者可以应用不同的 ROPE，自己决定一个参数是否实际上等价于零假设值。这个决策过程是独立于贝叶斯推断过程的。贝叶斯分析部分的目标是推导出后验分布。决策过程使用

---

① Serlin 和 Lapsley（1985、1993）称 ROPE 为"足够好的腰带"，并使用了频率主义的方法，但他们论证的逻辑仍然是有用的。

后验分布，但决策本身不使用贝叶斯法则。

在使用 MCMC 样本作为贝叶斯后验估计的应用中，重要的一点是要记住，HDI 具有不稳定性。回想图 7-13 的有关讨论：在重复运行有效样本量（ESS）为 10 000 的 MCMC 样本时，正态分布的 95% HDI 的标准差约为参数的后验标准差的 5%。因此，如果 MCMC 的 HDI 非常接近 ROPE，请谨慎解释，因为 MCMC 的随机性导致 HDI 具有不稳定性。当然，分析法推导得到的 HDI 不存在这个问题。

由于 NHST 置信区间（CI）的一些性质类似于贝叶斯的后验 HDI，因此很多人会尝试在 NHST 中使用 ROPE。NHST 中类似的决策规则是，如果 95% CI 完全落入 ROPE 内，则接受零假设。这种方法被称为 NHST 中的等价性检验（equivalence testing，例如，Rogers、Howard 和 Vessey，1993；Westlake，1976 和 1981）。虽然这种方法的思想值得称赞，但它有两个主要问题。一个问题是技术上的：很难确定 CI。以两个比例的等价性检验为目标，Dunnett 和 Gunn（1977）用一整篇文章描述了在特定案例中估计 CI 的各种方法。利用现代贝叶斯方法，可以无缝地计算任意复杂度模型的 HDI。事实上，7.4.5 节讨论了两个比例的情况，9.5 节讨论了更复杂的有数百个分组比例的情况。频率主义的等价性检验的第二个问题是根本性的：CI 实际上并不能代表最可信的参数值。在贝叶斯方法中，95% HDI 实际上包含了 95% 的最可信参数值。因此，当 95% HDI 落在 ROPE 内时，我们可以认为 95% 的可信参数值实际上等价于零假设值。但 NHST 的 95% CI 并没有直接说明参数值的可信度。关键是，即使 95% CI 落在 ROPE 内，改变终止或检验计划的同时也会改变 CI，并可能使 CI 不再落入 ROPE 内。如果计划将相互比较的两个组与其他组进行比较，则 95% CI 会变得宽得多，可能不再落入 ROPE 内。Rogers 等人（1993，第 562 页）指出，等价性检验依赖于要进行的检验的集合，而贝叶斯 HDI 不受检验计划的影响。

12.1.2 一些例子

图 9-14 的左半部分显示了投手和捕手击球能力的差异。95% HDI 的范围是 -0.132 到 -0.099 4。如果我们使用从 -0.05 到 +0.05 的 ROPE（有点儿武断），则 HDI 远远落在 ROPE 之外，于是我们拒绝零假设值，即使考虑到 HDI 的 MCMC 不稳定性。

图 9-14 的右半部分显示了捕手和一垒手击球能力的差异。95% HDI 的范围是 -0.028 9 到 0.0（基本上）。对于任何非零的 ROPE，考虑到 HDI 的 MCMC 不稳定性，我们不想声明拒绝差异为零的零假设，而是说差异只是略微不为零。后验给出了完整的信息，显示了可能存在的差异，但相对于其估计值的不确定性而言，差异很小。

图 9-15 的右半部分显示了有着大量数据的两名球员之间击球能力的差异。95% HDI 的范围是 -0.040 5 到 +0.036 8。这完全落在 -0.05 到 +0.05 的 ROPE 里（即使考虑到 MCMC 不稳定性）。因此，我们可以声明接受差异为零的零假设。这个例子还说明，获得窄的 HDI 需要大量的数据；在这种情况下，两名球员的击打数大约为 600。

本书附带的工具程序中的 plotPost 函数具有显示零假设值和 ROPE 的选项。详情见 8.2.5 节，以及图 8-4 中的示例图。具体来说，零假设值是用 compVal 参数（代表比较值）指定的，而 ROPE 是用 ROPE 参数指定的只含有两个元素的向量。图形显示了比较值两侧的后验分布的百分比，以及 ROPE 内和 HDI 两侧的后验分布的百分比。

12

1. 相关参数之间的差异

理解一个事实很重要：两个参数的边际分布并不能揭示两个参数值是否有差异。图 12-1 的左半部分显示了两个参数值的后验分布显著正相关的情况。左右两部分显示了单一参数的边际分布。这两个边际分布表明，这两个参数值之间有很多重叠。这种重叠是否意味着我们不应该相信它们有很大的差异？不！它们之间差异的直方图表明，即使考虑到 MCMC 抽样的不稳定性并使用了很小的 ROPE，零差异仍远远地落在 95% HDI 之外，即参数之间的真实差异确实大于零。图 12-1 左上角的图形显示了原因：两个参数的可信值高度相关，因此当一个参数值较大时，另一个参数值也较大。由于这种强相关性，联合分布中的点几乎都落在相等线的同一边。

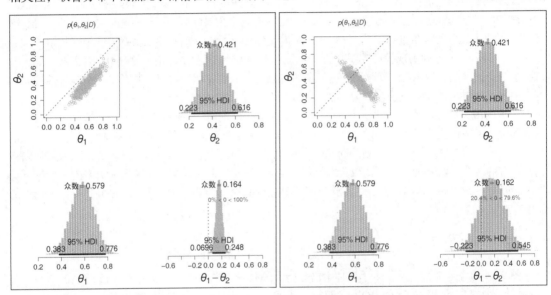

图 12-1　当参数之间呈正相关时（如左半部分所示），其差异的分布比参数之间呈负相关时更窄
（如右半部分所示）

图 12-1 的右半部分显示了一个相反的情况。这里，单个参数的边际分布与之前完全相同：比较左右两部分中的边际分布的直方图。尽管边际分布与之前相同，但右下角的图形显示，零差异在 HDI 中，即参数值的差异现在基本上为零。联合分布图显示了原因：两个参数的可信值呈负相关，当一个参数值较大时，另一个参数值较小。负相关导致联合分布与相等线相交。

总之，两个参数的边际分布并不能反映参数值之间的关系。这两个参数的联合分布可能是正相关或负相关的（甚至是非线性相关的），因此应该明确地检查参数值之间的差异。

2. 为什么用 HDI 而不是等尾区间

我主张使用 HDI 作为后验分布的可信区间的摘要信息，同时将 HDI 与 ROPE 一起用于决策规则。使用 HDI 的原因是它具有非常直观的意义：HDI 内的所有值比 HDI 外的任何值都具有更高的概率密度（可信度）。因此，HDI 包含了最可信的这些值。

其他一些作者和软件使用等尾区间（equal-tailed interval，ETI）而不是 HDI。95% ETI 的两边均包含 2.5%的分布。它指出了 2.5%和 97.5%的百分位数。使用 ETI 的一个原因是它易于计算。

在对称分布中，ETI 和 HDI 是相同的，但在倾斜分布中不是。图 12-2 显示了一个倾斜分布的例子，其中同时标出了 95% HDI 和 95% ETI。（这是 Gamma 分布，因此可以以非常精确地计算出它的 HDI 和 ETI。）注意右边用箭头标记出的区域，它位于 95% HDI 之外但位于 95% ETI 之内。左边用箭头标记出了另一个区域，它位于 95% HDI 之内但位于 95% ETI 之外。ETI 有一个奇怪的属性：左边箭头标记的区域中的参数值被 ETI 排除在外，而右边箭头标记的区域中的参数值被包含在 ETI 中，即使右侧区域的可信度比左侧区域更低。在描述分布的可信值时，我们不希望摘要统计值有这样的属性。

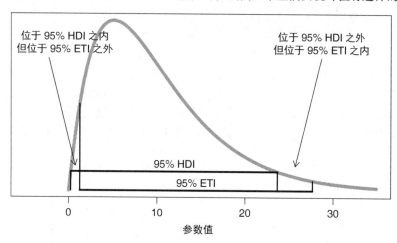

图 12-2 倾斜分布的 95% HDI 与 95% ETI 是有差异的

ETI 的奇怪属性导致使用它作为决策工具时也会很奇怪。如果零假设值和 ROPE 在右边箭头标记的区域中，则 HDI 会拒绝它，但 ETI 不会拒绝它。哪个决策更有意义？我认为 HDI 的决策更有意义，因为它是在说，超出它范围的值的可信度较低。但 ETI 的决策说，不能拒绝该范围的值，尽管它们的可信度很低。用左边箭头标记的区域会发生相反的冲突。如果零假设值和 ROPE 在该区域内重叠，则 HDI 不会拒绝它，而 ETI 将拒绝它。同样，我认为 HDI 的决策更有意义，因为这些值具有较高的可信度，即使它们处于分布的极端尾中。

使用 ETI 的支持者指出，ETI 在参数的非线性变换下是不变的。转换后的参数的 ETI 只是原始尺度的转换后的范围。HDI（一般情况下）并非如此。当在抽象模型中任意缩放参数时，或者在某些应用模型中出于各种目的对参数进行非线性变换时，此属性非常方便。但在大多数应用中，参数是有意义地定义在数据的标准尺度上的，HDI 相对于该尺度是有意义的。然而，重要的是要认识到，如果对参数的尺度进行非线性变换，那么 HDI 将相对于分布的百分位数而发生变化。

12

12.2　模型比较的方法

回想一下，我们想知道的问题是，参数的零假设值是否可信。前一节从参数估计的角度回答了这个问题。在这种方法中，我们从一个可能有一定信息的先验分布开始，检查后验分布。

在本节中，我们采取不同的方法。一些研究者倾向于从模型比较的角度表达这个问题。在问题的这种框架中，重点不是估计参数的大小，而是决定先验分布的两个假设中哪一个更可信。一个先验表达的假设是：参数值精确地等于零假设值。备选先验表达的假设是：参数可以服从某个宽泛分布并取任何值。在某些形式化中，备选先验是根据数学设计选择的一个不提供任何信息的默认分布。这种缺乏先验知识的情况通常被视为该方法的优势，而不是缺陷，因为该方法可能会消除关于先验知识的争议。然而，我们将看到，模型比较方法对于备择假设的"不提供任何信息的"先验分布非常敏感。除非两个假设都是可行的，否则模型比较并不一定有意义。

回想一下图 10-1 所示的模型比较框架，右图显示了模型比较的一个特殊情况，其中模型之间的唯一区别在于它们的先验分布。我们将使用这种特殊情况来表示零假设和备择假设之间的比较。零假设被表示为在感兴趣的参数上有着"尖峰"的先验分布，使得只有零假设值才具有非零的先验可信度。备择假设被表示为宽泛的先验，它允许广阔范围内的非零假设值作为参数值。我们之前在 10.5 节中看到过类似的例子，该例子比较了"必定公平"模型和"都有可能"模型。在这种情况下，"必定公平"模型是关于零假设的几乎为尖峰形状的先验，而"都有可能"模型是备择假设的一种形式。

12.2.1　硬币是否公平

对于零假设，先验分布是零假设值处的"尖峰"。除零假设值外的所有 θ 值的先验概率均为零。零假设的数据概率是：

$$p(z, N \mid M_{\text{null}}) = \theta_{\text{null}}^{z}(1-\theta_{\text{null}})^{(N-z)} \tag{12.1}$$

其中 M_{null} 表示零假设模型，对应零假设。对于备择假设，我们假设了一个宽泛的 Beta 分布。回想 6.3 节的脚注，对于有着 Beta 先验分布的单枚硬币而言，其边际似然为：

$$p(z, N \mid M_{\text{alt}}) = B(z + a_{\text{alt}}, N - z + b_{\text{alt}}) / B(a_{\text{alt}}, b_{\text{alt}}) \tag{12.2}$$

根据式 10.6，上式可被表示为 R 中的函数。结合式 12.2 和式 12.1，我们得到了备择假设相对于零假设的贝叶斯因子：

$$\frac{p(z, N \mid M_{\text{alt}})}{p(z, N \mid M_{\text{null}})} = \frac{B(z + a_{\text{alt}}, N - z + b_{\text{alt}}) / B(a_{\text{alt}}, b_{\text{alt}})}{\theta_{\text{null}}^{z}(1-\theta_{\text{null}})^{(N-z)}} \tag{12.3}$$

根据特定的数学标准，作为默认的备选先验的 Beta 分布应该是不提供任何信息的。从直觉来看，均匀分布可能符合这个要求，也就是 $\text{beta}(\theta \mid 1, 1)$。事实上，一些人认为，最合适的不提供任何信息的 Beta 分布是 $\text{beta}(\theta \mid \epsilon, \epsilon)$，其中 ϵ 是接近零的一个小数（例如，Lee 和 Webb，2005；Zhu 和 Lu，2004）。这被称为 Haldane 先验（如 10.6 节所述）。图 12-3 的左上角绘制了 $\epsilon = 0.01$ 的 Haldane 先验。

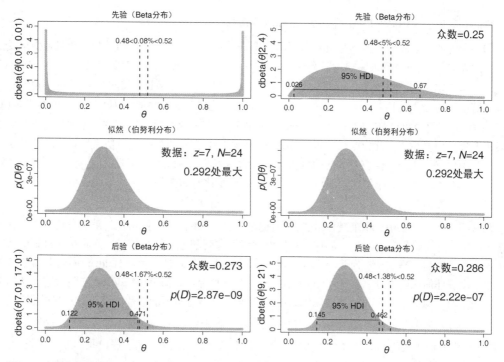

图 12-3　左半部分是 Haldane 先验，右半部分是有少量信息的先验。垂直虚线标记出了范围为 0.48 到 0.52 的 ROPE，虚线上方的注释表示 ROPE 内的分布的百分比

让我们计算式 12.3 中贝叶斯因子的值，其中的数据是我们在第 11 章中反复用到的 NHST 数据，即 $z = 7$ 且 $N = 24$。下面是备选先验的参数 a_{alt} 和 b_{alt} 取各种值时的结果：

$$\frac{p(z, N \mid M_{alt})}{p(z, N \mid M_{null})} = \begin{cases} 3.7277 & a_{alt} = 2, \, b_{alt} = 4 \\ 1.9390 & a_{alt} = b_{alt} = 1.000 \\ 0.4211 & a_{alt} = b_{alt} = 0.100 \\ 0.0481 & a_{alt} = b_{alt} = 0.010 \\ 0.0049 & a_{alt} = b_{alt} = 0.001 \end{cases} \tag{12.4}$$

稍后将讨论第一种情况，即 $a_{alt} = 2$ 且 $b_{alt} = 4$。现在，请注意，当备选先验为 $a_{alt} = b_{alt} = 1$ 的均匀分布时，贝叶斯因子（略微）支持备择假设；但当备选先验接近 Haldane 时，贝叶斯因子强烈地支持零假设。当备选先验接近 Haldane 的范围时，贝叶斯因子呈数量级变化。因此，正如我们之前所见（例如 10.6 节），贝叶斯因子对先验分布的选择非常敏感。

通过考虑图 12-3，你可以看到为什么会发生这种情况。图中左右两部分显示了两个先验，左半部分中的 Haldane 先验给与数据最一致的参数值仅分配了非常小的先验可信度。由于贝叶斯因子中使用的边际似然是先验和似然的乘积，因此 Haldane 先验的边际似然相对较小。图 12-3 左下角的图表明，边际似然为 $p(D) = 2.87 \times 10^{-9}$，零假设的数据概率为 $p(D) = \theta_{null}^{z}(1 - \theta_{null})^{(N-z)} = 5.96 \times 10^{-8}$，边际似然比零假设的数据概率小。图 12-3 的右半部分使用了一个稍有信息量的先验（在下面讨论），它在与数据最一致的参数值上有稍高的概率。因此，边际似然相对较高，为 $p(D) = 2.22 \times 10^{-7}$。

如果考虑的是后验分布而不是贝叶斯因子，我们会发现备选模型中 θ 的后验分布只轻微地受到先验分布的影响。当 $z = 7$ 且 $N = 24$ 时，对于 $a_{alt} = b_{alt} = 1$ 的均匀分布，95% HDI 为[0.1407, 0.4828]。对于 $a_{alt} = b_{alt} = 0.01$ 的接近于 Haldane 的分布，95% HDI 为[0.122, 0.471]，如图 12-3 的左下角所示。对于稍有信息量的 $a_{alt} = 2$ 且 $b_{alt} = 4$ 的先验分布，95% HDI 为[0.145, 0.462]，如图 12-3 的右下角所示。（这些 HDI 是使用 DBDA2E-utilities.R 中修改过的 HDIofICDF 函数精确算得的，不是通过 MCMC。）下限和上限仅相差约 2 个百分点。在所有情况下，95% HDI 都不包括零假设值，尽管宽泛的 ROPE 可能会与 HDI 重叠。因此，偏差参数的明确估计值有力地表明，应该拒绝零假设值，但也可能只是略微拒绝。这与贝叶斯因子的模型比较法形成鲜明对比，模型比较法拒绝或接受零假设值的具体决策取决于备选先验。

在这些贝叶斯因子中，哪个最合适？如果你想使用一个不提供任何信息的默认备选先验，那么接近于 Haldane 的先验是最合适的。从这一点出发，我们将强烈地支持零假设，而不是 Haldane 备选。虽然这在数学上是正确的，但对于一个应用场景来说是毫无意义的，因为 Haldane 备选与可信的备择假设之间没有任何相似之处。在除了 $\theta = 0$ 和 $\theta = 1$ 以外的所有 θ 值上，Haldane 先验为它们全部分配了几乎为零的先验概率。在大部分应用场景中，这样的 U 形先验不能够代表真正有意义的假设。

我在 10.6 节中建议，应当同等地更新模型的先验。在本应用中，根据定义，零假设的先验是固定的。但备选先验应当反映出有意义且可信的假设，而不是无意义的默认值。假设我们有一些先验信息，即硬币是反偏的。我们用虚构的先验数据表示此信念，即 4 次抛掷得到 1 次正面。相对于均匀分布的"原始先验"，这意味着更新后的备选先验应该是 $\text{beta}(\theta \mid 1+1, 3+1) = \text{beta}(\theta \mid 2, 4)$，如图 12-3 的右上角所示。式 12.4 中的第一种情况就是这个有意义的备选先验的贝叶斯因子，可以看出零假设被拒绝了。这与明确估计后验分布参数值时的结论一致。练习 12.1 会让你自己生成这些例子。你可以在 Kruschke（2011a）中找到更多的讨论及超感官知觉的一个例子。

贝叶斯因子可能会接受精度差的零假设

图 12-4 给出了贝叶斯因子支持零假设的两个例子。在这些情况下，数据的正面比例为 50%，这与零假设值 $\theta = 0.5$ 完全一致。图 12-4 的左列使用 Haldane 先验（$\epsilon = 0.01$），数据仅为 2 次抛掷并得到 1 次正面。贝叶斯因子是 51.0，支持零假设。但我们真的应该相信 $\theta = 0.5$ 吗？不，我认为不应该相信，因为 θ 后验分布的 95% HDI 是从 0.026 到 0.974。

图 12-4 的右列使用了均匀分布的先验。数据显示，在 14 次抛掷中有 7 次正面。得到的贝叶斯因子是 3.14，支持零假设。但我们真的应该相信 $\theta = 0.5$ 吗？不，我认为不应该，因为 θ 后验分布的 95% HDI 是 0.266 到 0.734。

因此，当数据与零假设一致时，即使只有很少量的数据，贝叶斯因子也会支持零假设。另外一个例子涉及连续数据而不是二分数据，参见 Kruschke（2013a）的附录 D。问题是，在只有少量数据时，θ 的估计值的精度很低。当 θ 的某个值的不确定性很高时，接受它似乎是不合适的，甚至是矛盾的。

当使用估计方法而不是模型比较方法时，HDI 完全落在 ROPE 中时才能接受零假设值，这通常要求精度较高。较窄的 ROPE 在接受零假设值时需要更高的精度。如果我们使用从 $\theta = 0.48$ 到 $\theta = 0.52$ 的窄 ROPE，如图 12-4 所示，那么需要 $N = 2400$ 且 $z = 1200$，才能使 95% HDI 落入 ROPE 内。我们无法回避这一不方便的统计现实：高精度需要大的样本量（以及尽可能减少噪声的测量设备）。但是当我们试图接受某个特定的 θ 值时，符合逻辑的一点是，我们必须有关于该特定值具有合理精度的估计值。

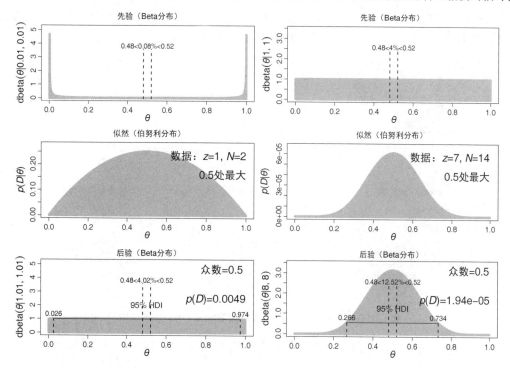

图 12-4　贝叶斯因子（模型比较）方法可能接受精度较差的零假设。左：Haldane 先验。贝叶斯因子为 51.0，支持零假设，但是 95% HDI 是 0.026 到 0.974。右：均匀分布的先验。贝叶斯因子为 3.14，支持零假设，但是 95% HDI 是 0.266 到 0.734

12.2.2　不同的组之间是否相等

在许多研究应用中，数据是从被试中收集的，而不同的被试有不同的条件、分组或类别。我们已经看到了一个棒球击球能力的例子。在这个例子中，球员按防守位置分组（图 9-14），但还有许多其他情况。一个实验中，在不同的处理条件下，被试往往是不同的。观察研究中测量的被试通常来自不同类别，如性别、地点等。研究者经常想问一个问题：不同的组之间是否相等？

作为一个具体的例子，假设我们进行了一个关于背景音乐影响记忆力的实验。作为一个简单的记忆检验，每个人试图记住 20 个单词（如"椅子""鲨鱼""收音机"等）。他们在规定的时间内查看每个单词，然后在短暂的记忆时间后，尽可能多地回忆这些单词。为简单起见，我们假设所有单词的记忆难度相同，并且可以用伯努利分布来描述每个人回忆单词的能力，即第 i 个人在第 j 个条件下的概率 θ_{ij}。个体回忆倾向 θ_{ij} 取决于每个实验条件下描述总体回忆倾向的实验条件层的参数 ω_j 和 κ_j，因为 $\theta_{ij} \sim \mathrm{dbeta}(\omega_j(\kappa_j - 2) + 1, (1 - \omega_j)(\kappa_j - 2) + 1)$。

12

这两种实验条件之间的唯一区别是在学习和回忆过程中播放的音乐类型。四组的音乐分别来自死亡金属乐队"Das Kruschke"[1]、莫扎特、巴赫和贝多芬。在四种情况下，回忆出的单词数的均值分别为 8.0、10.0、10.2 和 10.4 个。

要找出不同类型的音乐是否产生了不同的记忆能力，最直接的方法是估计实验条件层次的参数，然后检查参数估计值的后验差异。图 12-5 上半部分的直方图显示了 ω_j 参数之间差异的分布。可以看出，

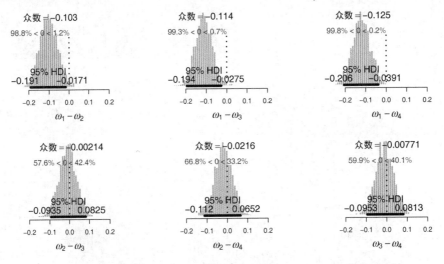

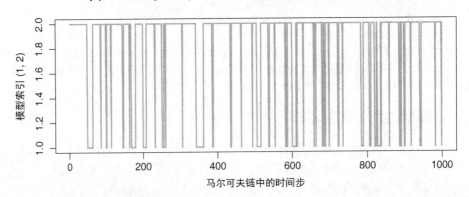

图 12-5　上半部分是不同众数模型中四个组的后验众数值 ω_j 的差异。注意，ω_1 与 ω_3、ω_1 与 ω_4 均有明显的差异，ω_1 与 ω_2 可能也有差异。直方图有些不稳定，因为 MCMC 链访问不同 ω 模型的次数相对较少。下半部分显示了模型索引的轨迹图：所有组具有共同 ω 参数的模型（"相同 ω 的 M2"）优于每个组具有独立 ω 参数的模型（"不同 ω 的 M1"）

---

① 这是一支短命的乐队，这与该乐队的风格一致。本书作者的姓氏也是 Kruschke，但是我与该乐队没有任何关系，除了在过去某一代中我们可能有共同的祖先。然而，我在十几岁的时候也曾参加过车库乐队。那支乐队并不认为他们在演奏死亡金属音乐，尽管对于逃离该地区的动物来说，这些音乐可能听起来确实是死亡金属音乐。

ω_1 与 ω_3、ω_1 与 ω_4 均有很大差异，ω_1 与 ω_2 可能也有差异。即使考虑到 MCMC 的不稳定性并使用小的 ROPE，零差异值也远远落在 95% HDI 之外。由此我们可以得出结论，Das Kruschke 产生的记忆力比古典作曲家差。

模型比较方法将以不同的方式解决这个问题。它将比较两个模型：四种条件分别具有不同 ω_j 参数的全模型，以及所有条件同时具有共同 ω_0 参数的约束模型。这两个模型具有相等的（50/50）先验概率。图 12-5 的底部显示了模型比较的结果。结果更支持单一 ω_0 的模型而不是单独的 ω_j 模型，约为 85% 比 15%。换言之，我们从模型比较中可以得出结论：这几组之间的记忆力没有差异。

我们应该相信哪种分析：如参数估计所示，条件 1 与其他条件不同，还是如模型比较所示，所有的条件都相同？仔细考虑模型比较的实际含义：在单一的共享众数和四个不同的组众数之间进行选择，结果显示单众数模型的不可信程度更低。但这并不意味着单众数模型是最好的模型。事实上，如果进行不同的模型比较，将单众数模型与另一种模型做比较，其中条件 1 有一种众数而条件 2 到条件 4 有第二种众数，则模型比较的结果将支持两种众数的模型。练习 12.2 将让你进行这种比较。

原则上，我们可以把这四个组的所有划分方式都作为模型并进行比较。对于四个组，有 15 种划分方式。原则上，我们可以对这 15 个模型中的每一个模型都分配先验概率并进行分析，然后比较这 15 个模型（Gopalan 和 Berry，1998）。根据模型的后验概率，我们可以确定哪个分法最可信，并决定它是否比其他差不多可信的分法更可信。（以下文章还描述了其他方法：D. A. Berry 和 Hochberg，1999；Mueller、Parmigiani 和 Rice，2007；Scott 和 Berger，2006。）假设我们进行了如此大规模的模型比较，发现最可信的模型划分方式是将 2 到 4 组分在一起，与 1 组分离。这是否意味着我们真的应该相信第 2、3 和 4 组之间没有差异？不一定。如果不同组的处理方法是不同的，比如目前场景中的四种音乐，那么它们的结果几乎肯定至少有一些小的差异。（事实上，模拟数据确实来自均值全部不同的组。）我们可能仍然希望估计这些微弱差异的大小，即使它们很小。一个明确的后验估计将揭示这些估计值的大小和不确定性。因此，除非我们有合理的理由认为不同组的参数可能是完全相同的，否则，估计不同组的参数将提供我们想知道的内容，无须进行模型比较。

JAGS 中的模型定义

尽管有些偏离本节的概念点，但这里仍给出图 12-5 所示结果的完整模型定义。实现过程中的细节与练习 12.2 相关，而且它们回顾了 10.3.2 节中介绍的伪先验。

数据结构为每个被试一行，被试 s 的测试次数（这里是不同的单词，即试次）表示为 nTrlOfSubj[s]，被试 s 的正确回忆次数表示为 nCorrOfSubj[s]，被试 s 的实验条件表示为 CondOfSubj[s]。模型定义首先指出，每个被试的个体能力为 theta[s]，theta[s] 又来自特定实验条件独有的 Beta 分布：

```
model {
  for ( s in 1:nSubj ) {
    nCorrOfSubj[s] ~ dbin( theta[s] , nTrlOfSubj[s] )
    theta[s] ~ dbeta( aBeta[CondOfSubj[s]] , bBeta[CondOfSubj[s]] )
  }
```

然后根据众数和集中度重新改写 Beta 分布的形状参数。模型 1 使用特定于各个条件的 omega[j]，而模型 2 对所有条件使用相同的 omega0。JAGS 函数 equals(mdlIdx,...)用于为索引 mdlIdx 选择

适当的模型:

```
for ( j in 1:nCond ) {
  # 对模型 1 使用 omega[j], 对模型 2 使用 omega0
  aBeta[j] <-         ( equals(mdlIdx,1)*omega[j]
                      + equals(mdlIdx,2)*omega0  ) * (kappa[j]-2)+1
  bBeta[j] <- ( 1 - ( equals(mdlIdx,1)*omega[j]
                      + equals(mdlIdx,2)*omega0 ) ) * (kappa[j]-2)+1
  omega[j] ~ dbeta( a[j,mdlIdx] , b[j,mdlIdx] )
}
omega0 ~ dbeta( a0[mdlIdx] , b0[mdlIdx] )
```

然后指定集中度参数的先验分布:

```
for ( j in 1:nCond ) {
  kappa[j] <- kappaMinusTwo[j] + 2
  kappaMinusTwo[j] ~ dgamma( 2.618 , 0.0809 )        # 众数为 20, 标准差为 20
}
```

注意, 在两种模型下, 甚至在单众数模型下, 这些组都有不同的集中度参数。这里出于解释目的而进行了简化。可以为各个组构建不同结构的集中度参数, 这与众数参数之间的差异类似。

最后, 为条件层次众数和集中度先验设置真先验常数和伪先验常数。(10.3.2 节讨论了伪先验。) 伪先验常数被设置为与后验类似的值。

```
# 先验与伪先验常数
aP <- 1
bP <- 1
# a0[model] 和 b0[model]
a0[1] <- 0.48*500       # 伪先验
b0[1] <- (1-0.48)*500   # 伪先验
a0[2] <- aP             # 真先验
b0[2] <- bP             # 真先验
# a[condition,model] 和 b[condition,model]
a[1,1] <- aP            # 真先验
a[2,1] <- aP            # 真先验
a[3,1] <- aP            # 真先验
a[4,1] <- aP            # 真先验
b[1,1] <- bP            # 真先验
b[2,1] <- bP            # 真先验
b[3,1] <- bP            # 真先验
b[4,1] <- bP            # 真先验
a[1,2] <- 0.40*125      # 伪先验
a[2,2] <- 0.50*125      # 伪先验
a[3,2] <- 0.51*125      # 伪先验
a[4,2] <- 0.52*125      # 伪先验
b[1,2] <- (1-0.40)*125  # 伪先验
b[2,2] <- (1-0.50)*125  # 伪先验
b[3,2] <- (1-0.51)*125  # 伪先验
b[4,2] <- (1-0.52)*125  # 伪先验
# 模型索引的先验
mdlIdx ~ dcat( modelProb[] )
modelProb[1] <- 0.5
modelProb[2] <- 0.5
}
```

上面使用的伪先验常数不是唯一正确的。其他值可能会更好地减少自相关。

12.3 参数估计与模型比较的联系

我们已经看到了使用模型比较或参数估计的贝叶斯方法来评估零假设值的几个示例。在模型比较法中，我们通过对贝叶斯因子设置阈值来进行决策。在参数估计法中，我们通过对参数设置阈值（涉及 HDI 和 ROPE）来进行决策。换句话说，这两种方法都涉及将决策规则应用于贝叶斯后验分布的某方面特征。

在模型比较的介绍中，图 10-1 强调了这两种方法之间的一个关键联系。回想一下，模型比较实际上涉及一个层次模型，其中子模型是由顶层的索引参数选取的。零假设值评估的模型比较法侧重于顶层模型索引的参数。零假设值评估的参数估计法侧重于有着有意义先验的备选模型中的参数分布。因此，这两种方法在逻辑上是一致的，可以同时应用。然而，它们关于零假设值的结论并不一定一致，因为它们以不同的方式评估零假设值，所提出的问题是在模型的不同层次上的。两个层次都不是唯一"正确"的层次，但是其中一个或另一个层次在不同的应用场景中的意义可能更大或更小。

这两种方法之间的第二个联系是，在参数估计中可以大致得出模型比较中的贝叶斯因子，方法是注意参数估计中零假设值可信度的增大程度或减小程度。考虑图 12-3 的左半部分，其中显示了使用 Haldane 先验的参数估计。左上角的图显示零假设值周围有一个相当小的 ROPE，这表示 0.08% 的先验分布落在 ROPE 中。左下角的图显示后验分布中，ROPE 的所占比例为 1.67%。这两个比例的比值（近似）等于支持零假设值的贝叶斯因子。这一事实是符合直觉的：先验赋予零假设值一定的概率，贝叶斯法则重新分配概率，零假设值的概率变得更大或更小。如果零假设值得到的概率大于它的先验概率，那么零假设是有利的；但是如果零假设值得到的概率小于它的先验概率，那么备择假设是有利的。在本例中，ROPE 中的后验概率与 ROPE 中的先验概率的比值为 $1.67 / 0.08 \approx 20.9$，将其与式 12.4 中分析法算得的贝叶斯因子进行比较：$1 / 0.048 1 \approx 20.8$。

图 12-3 的右半部分显示了另一个示例。ROPE 中后验概率与先验概率的比值 $1.38 / 5.00 \approx 0.28$，将其与式 12.4 中分析法算得的贝叶斯因子进行比较：$1 / 3.722 7 \approx 0.27$。图 12-4 提供了更多的例子。在其左半部分，ROPE 中后验概率与先验概率的比值为 $4.02 / 0.08 \approx 50$，与分析法算得的贝叶斯因子 51 几乎相等。在图 12-4 的右半部分，ROPE 中后验概率与先验概率的比值为 $12.52 / 4.00 = 3.13$，与分析法算得的贝叶斯因子 3.14 几乎相等。

将贝叶斯因子可视化为窄 ROPE 内后验概率与先验概率的比值，有助于我们直观地看到模型比较与参数估计的结论之间的明显矛盾。在图 12-3 的左半部分，ROPE 内分布的比例大幅度提高，尽管大部分后验分布落在 ROPE 外部。同样，在图 12-4 的右半部分，ROPE 内分布的比例大幅提高，但大部分的分布落在 ROPE 外部。因此，模型比较的重点是零假设值及其局部概率在从先验到后验的过程中是否有所增大。参数估计考虑了整个后验分布，包括与 ROPE 相比时参数估计的不确定性（HDI）。

利用参数估计中的零假设值来推导贝叶斯因子被称为 Savage-Dickey 方法。Wagenmakers、Lodewyckx、Kuriyal 和 Grasman（2010）的文章给出了清晰的解释，他们也为 MCMC 层次模型分析提供了一些历史参考和应用。

12

12.4 参数估计还是模型比较

如上所述，评估零假设值的两种方法（参数估计和模型比较）都不是唯一"正确"的方法，这两种方法只是以不同的方式提出了关于零假设值的问题。在典型情况下，参数估计明确地提供了参数的后验分布，而贝叶斯因子本身并没有提供信息。因此，我发现参数估计的含义更透明且信息量更大。正如我所强调的，在一个整合的层次模型中可以同时应用这两种方法。但是当它们的结论一致时，参数估计已经提供了我们通常想要的信息；当它们的结论不一致时，参数估计仍然经常可以提供更有意义的信息。

评估零假设值的模型比较法要想有意义，需要满足两个重要的条件。首先，将参数值设置为零假设值应当在理论上是有意义的。其次，必须有意义地更新备择假设。这两个条件仅仅是要求两个先验都应该是真正有意义且可行的，它们只是 10.6 节中提出的一般要求的具体例子，即两个模型的先验都应该是有意义的并同等地被更新。关于零假设的先验，如果两个组不可能完全相同，那么对于将它们描述为完全相同的零假设模型，为其分配可信度是否有意义？也许我们只需要一个近似的描述，而不需要严格意义上的描述。关于备择假设的先验，如果它不能代表一个可行的假设，那么相比于另一个模型而言，为它分配更高或更低的可信度是否有意义？检验零假设时，模型比较法的大部分努力是为了证明备选模型具有一个有理想数学特性的"自动"先验（例如，Dienes，2008、2011；Edwards、Lindman 和 Savage，1963；Gallistel，2009；Rouder、Speckman、Sun、Morey 和 Iverson，2009；Wagenmakers，2007）。但是在我看来，一个默认先验只有在它碰巧表达了一个有意义且有信息量的假设的情况下才有用。

评估零假设值的参数估计法会用到决策规则，而决策规则涉及 HDI 和 ROPE。遗憾的是，ROPE 没有自动的默认范围，决策者必须为合理的 ROPE 提供理由。在某些应用中，可以根据研究领域中常规的"小"效应量来指定 ROPE（Cohen，1988）。我们目前没有必要讨论效应量的技术定义，但第 16 章将讨论这一主题。但是，正如"小"效应量依赖于常规实践，ROPE 的设置也必须在当前理论、测量能力和实际决策目标的背景下进行。回想一下，Serlin 和 Lapsley（1985、1993）认为，研究应当做出定量预测，而不仅仅是拒绝零假设值，而且对假设的确认总是与当前相互竞争的假设和当前测量噪声的状态相关。因此，应合理地论证 ROPE，并明白随后它可能会改变。

12.5 练习

你可以在本书配套网站上找到更多练习。

练习 12.1 目的：确保你理解图 12-3 和式 12.4 中一枚硬币的贝叶斯因子，包括 Savage-Dickey 方法。 在本书附带的程序中找到文件 BernBeta.R。打开 RStudio，将该文件所在的文件夹作为 R 的工作路径。溯源该文件，使得 R 知道函数 BernBeta：

```
source("BernBeta.R")
```

现在，假设我们有一枚硬币，将它抛 24 次并得到了 7 次正面。将这些数据输入 R，方法如下所示。

```
z=7 ; N=24
```

(A) 根据有个尖峰的零假设（θ 的唯一可信值为 0.5），数据的概率是多少？提示：概率是 $\theta^z(1-\theta)^{(N-z)}$。

计算该值。

(B) 验证前一部分的结果，方法是用窄的 Beta 分布作为尖峰先验的近似。使用 BernBeta 函数，其中先验为 beta($\theta \mid 2000, 2000$)，如下所示：

```
a=2000 ; b=2000
openGraph(width=5,height=7)
BernBeta( c(a,b) , c(rep(0,N-z),rep(1,z)) , ROPE=c(0.48,0.52) ,
        plotType="Bars" , showCentTend="Mode" , showHDI=TRUE , showpD=TRUE )
```

在你的报告中加入图形结果。这个先验的 $p(D)$ 是多少？它是否非常接近本练习前一部分中为精确尖峰先验计算出的值？（应该是。）解释为什么它们不完全相等。

(C) 使用接近于 Haldane 先验的先验，展示其结果，如下所示：

```
a=0.01 ; b=0.01
openGraph(width=5,height=7)
BernBeta( c(a,b) , c(rep(0,N-z),rep(1,z)) , ROPE=c(0.48,0.52) ,
        plotType="Bars" , showCentTend="Mode" , showHDI=TRUE ,showpD=TRUE )
```

在你的报告中加入图形结果。这个先验的 $p(D)$ 是多少？使用 $p(D \mid \text{Haldane}) \, / \, p(D \mid \text{null})$，计算并报告此先验相对于尖峰先验的贝叶斯因子。

(D) 继续使用前一部分中的 Haldane 先验，用 Savage-Dickey 方法近似地计算贝叶斯因子。也就是说，计算并报告 ROPE 内后验的百分比与 ROPE 内先验的百分比的比值。

(E) 假设先验知识说明，这种场景中反面往往多于正面。展示在使用稍有信息量的先验时的结果，如下所示：

```
a=2 ; b=4
openGraph(width=5,height=7)
BernBeta( c(a,b) , c(rep(0,N-z),rep(1,z)) , ROPE=c(0.48,0.52) ,
        plotType="Bars" , showCentTend="Mode" , showHDI=TRUE , showpD=TRUE )
```

在你的报告中加入图形结果。这个先验的 $p(D)$ 是多少？使用 $p(D \mid \text{Haldane}) \, / \, p(D \mid \text{null})$，计算并报告此先验相对于尖峰先验的贝叶斯因子。

(F) 继续使用前一部分中的稍有信息量的先验，使用 Savage-Dickey 方法近似地计算贝叶斯因子。也就是说，计算并报告 ROPE 内后验的百分比与 ROPE 内先验的百分比的比值。

(G) 报告使用 Haldane 先验和稍有信息量的先验时的 95% HDI。两个 HDI 是否有很大差异？贝叶斯因子是否有很大差异？

(H) 哪种方法能够提供更多的信息：模型比较还是参数估计？为什么？在模型比较法中，哪一个先验看起来更有意义：完全不提供任何信息的 Haldane 先验还是稍有信息量的先验？为什么？

练习 12.2 目的： 使用 12.2.2 节的脚本，对组众数的不同划分方式进行模型比较。打开脚本 OneOddGroupModelComp2E.R，确保 R 的工作路径包含本书使用的各种工具程序。

(A) 这部分练习的目的是再现 12.2.2 节中呈现的结果。确保模型上的先验概率设置为 50/50：

```
modelProb[1] <- 0.5
modelProb[2] <- 0.5
```

12

运行脚本并报告结果, 包括模型索引的图表、众数和众数的差异。说明这两个模型是什么, 并说明结果支持哪个模型, 以及支持率是多少。(提示: 模型 2 为单众数模型, 它得到的支持更多。)

(B) 继续前一部分, 考虑众数差异的图表。它们意味着组间的差异是什么样的? 这个结论是否与模型比较的结论一致? 你如何调和这些结论? (提示: 模型索引和组众数是估计中同时得到的参数, 没有矛盾。不同的参数回答了不同的问题, 那么是哪些问题呢?)

(C) 在这一部分的练习中, 目标是将单众数模型与不同划分方式的组众数进行比较。我们不会让每个组都有自己不同的众数, 而是允许第一个组使用不同的众数, 但是组 2 到组 4 被约束为使用单一的众数。实现这一点的一种方法是更改模型定义的如下部分:

```
for ( j in 1:nCond ) {
  # 对模型 1 使用 omega[j], 对模型 2 使用 omega0
  aBeta[j] <-         ( equals(mdlIdx,1)*omega[j]
                     + equals(mdlIdx,2)*omega0  ) * (kappa[j]-2)+1
  bBeta[j] <- ( 1 - ( equals(mdlIdx,1)*omega[j]
                     + equals(mdlIdx,2)*omega0  ) ) * (kappa[j]-2)+1
  omega[j] ~ dbeta( a[j,mdlIdx] , b[j,mdlIdx] )
}
```

更改为以下脚本:

```
for ( j in 1:nCond ) {
  # 对模型 1 使用 omega[j], 对模型 2 使用 omega0
  aBeta[j] <-         ( equals(mdlIdx,1)*omega[j]
                     + equals(mdlIdx,2)*omega0  ) * (kappa[j]-2)+1
  bBeta[j] <- ( 1 - ( equals(mdlIdx,1)*omega[j]
                     + equals(mdlIdx,2)*omega0  ) ) * (kappa[j]-2)+1
}
for ( j in 1:2 ) {
  omega[j] ~ dbeta( a[j,mdlIdx] , b[j,mdlIdx] )
}
omega[3] <- omega[2]
omega[4] <- omega[2]
```

在你的报告中, 仔细解释以上脚本更改的作用。进行更改, 并运行脚本 (模型之间的先验概率设置为 50/50)。报告结果, 包括模型索引的图表、众数和众数差异。说明这两个模型是什么, 并说明结果支持哪个模型, 以及支持率是多少。(提示: 模型 2 为单众数模型, 结果不支持它。)

(D) 继续前一部分, 考虑众数差异的图表。它们意味着组间的差异是什么样的? 这个结论是否与模型比较的结论一致? 即使结果支持模型 1, 它真的有意义吗?

(E) 考虑到前几部分的结果, 分析群组差异的最有意义的方法是什么? (我希望你说的是参数估计, 而不是模型比较。但是你可能会给出相反的论据。) 你还能想到哪些应用场景, 模型比较的方法在其中可能更有用?

第 13 章

目标、功效与样本量

> 我要告诉她多少次我关心她,
> 她才能相信我会永远支持她?
> 好吧,既然她低估我的价值,
> 未来我将必须依靠爱的功效。[①]

研究人员收集数据是为了实现某个目标。有时,目标是表明推测出的世界的某种潜在状态是可信的;另一些时候,目标是使观察到的趋势达到一定精度。无论目标是什么,我们都只能以一定的概率实现它,而不能绝对实现,因为数据中充斥着随机噪声,这些噪声可能会掩盖世界的潜在状态。统计功效(statistical power,也称统计检验力)是指,如果一个推测出的世界潜在状态是真的,那么一项有计划的实证研究能够实现其目标的概率。研究人员不想浪费时间和资源去追求实现可能性很小的目标。换句话说,研究人员想得到功效。

13.1 想得到功效[②]

本节描述研究和数据分析的一般框架,随后将得出更精确的功效定义和计算方法。

13.1.1 目标与障碍

实验或观察研究有许多可能的目标。比如,我们可能想证明服用药物的患者的康复率高于服用安慰剂的患者的康复率。该目标涉及证明零假设值(差异为零)是不成立的。我们可能想确认一个定量理论所预测的特定效应量,比如广义相对论预测的大质量物体周围的光线曲率。该目标涉及证明一个

---

① *Just how many times must I show her I care,*
Until she believes that I'll always be there?
Well, while she denies that my value's enough,
I'll have to rely on the power of love.
"哎"的功效? 水手们知道喊口号的作用并不大。

② 关于本节的标题:除了研究人员想得到统计功效这一事实,统计功效的概念可能与 Friedrich Nietzsche(弗里德里希·尼采)的著作《权力意志》中的概念有着深刻的联系。"想得到功效"与"权力意志"的英文表达都是"The Will to Power",另见练习 13.1。

特定的值确实是站得住脚的。我们可能只想准确地测量存在的任何效应，例如在民意调查中衡量选民的态度。该目标涉及达到一定的精度。

任何研究目标都可以有很多不同的形式化表达。在本章中，我将用最高密度区间（HDI）这个术语正式地表达目标，并重点介绍以下目标。

- 目标：拒绝参数的某个零假设值。
  - 形式化表达：证明零假设值周围的 ROPE 不包括后验的 95% HDI。
- 目标：确认参数的某个预测值。
  - 形式化表达：证明预测值周围的 ROPE 包括后验的 95% HDI。
- 目标：得到具有一定精度的参数估计值。
  - 形式化表达：证明后验 95% HDI 的宽度小于指定的最大值。

这些目标还有其他数学形式化表达，我将在后面提到。本章主要讨论 HDI，因为在参数估计和精度测量中，HDI 的自然解释是有意义的。

如果知道实现目标的收益和追求目标的成本，并且知道在解释数据时犯错的代价，那么我们就可以用长期预期收益来表达研究结果。当知道成本和收益时，我们可以对当前情况进行全面的决策理论处理，同时相应地规划研究并解释数据（例如，Chaloner 和 Verdinelli，1995；Lindley，1997）。不巧的是，在我们的应用场景中，我们无法获得这些成本和收益。因此，我们只能依靠上述目标。

实现研究目标的关键障碍是随机样本只是其所来自的总体的概率性代表值。即使一枚硬币实际上是公平的，随机抽取的硬币抛掷样本也很少能正好有 50% 的正面。即使一枚硬币不公平，它也可能在 10 次抛掷中出现 5 次正面。在一个特定的随机样本中，实际上效果并不比安慰剂好的药物可能恰巧治愈了更多的病人。而在另一个特定的随机样本中，真正有效的药物可能恰巧与安慰剂的效果没有区别。因此，随机抽样是反映潜在世界真实状况的一个变化无常的指标。无论目标是证明一个推测值是可信的还是不可信的，抑或获得特定的目标精度，随机变化都是研究人员面临的一个障碍。噪声是我们的对手。

13.1.2　功效

由于随机噪声的存在，我们只能以一定的概率实现研究目标。给定世界的假设状态和抽样计划时，实现目标的可能性被称为研究计划的功效（power）。在传统的零假设显著性检验（NHST）中，功效只有一个目标（拒绝零假设），只存在一个常规的抽样方案（达到预定的样本量时终止），并且假设只对参数取单个特定值。在传统统计学中，这就是功效的定义。在本书中，这个定义被扩展了，包括了其他的目标、其他的抽样计划，以及涉及整个参数分布的假设。

研究人员不遗余力地试图提高实验或观察研究的功效。为了提高检测到效应的可能性，研究人员可以使用三种主要方法。第一种方法是，尽量减少测量噪声。如果我们试图确定一种药物的治愈率，那么我们将试图减少可能影响患者的其他随机因素，比如他们可能停止或开始服用的其他药物、饮食或休息时间的变化，等等。我们在实验室里进行实验，而不是在纷乱的现实世界中进行实验，主要就是为了减少噪声并控制其他影响因素。第二种方法是，如果可能的话，放大效应的潜在幅度。如果我们试图证明一种药物有助于治愈一种疾病，那么我们将希望给药的剂量尽可能大（假设没有不良的副作用）。遗憾的是，在非实验性的研究中，研究者没有足够的时间来操纵被研究的对象，因而第二种方法是不可用的。比如，社会学家、经济学家和天文学家通常是受到约束的，他们想观察的事件都是研究人员无法控制或操纵的。

一旦我们尽可能地减少了测量中的噪声，并放大了我们试图测量的效应，提升功效的第三种方法是增加样本量。这种方法背后的思想很简单：随着测量值越来越多，随机噪声往往会相互抵消，一般来说将仅留下潜在效应的明确特征。一般来说，随着样本量的增加，功效会提升。在大多数实验研究和许多观察研究中，可以选择增加样本量（比如，可以对更多的调研对象进行民意调查）；但在人口有限的一些领域则不可行，如某个国家的州或省之间的比较研究。在后一种情况下，我们无法创建更大的样本量，但贝叶斯推断仍然有效，而且可能是唯一有效的（Western 和 Jackman，1994）。

在本章中，我们将精确地计算功效。给定被测总体中效应的假设分布和特定的数据抽样计划，例如收集固定数量的观测值，我们计算实现特定目标的概率。功效计算在规划实验时非常有用。为了预测可能的结果，我们在实际演出前进行"彩排"。我们反复模拟可能得到的数据，并对模拟数据集进行贝叶斯分析。如果大多数的模拟数据集实现了这个目标，那么该实验计划就具有很高的功效。如果在模拟数据的分析中很少实现这个目标，那么该实验计划就很可能失败，我们必须采取措施来提高它的功效。

图 13-1 的上半部分展示了实际贝叶斯数据分析中的信息流。现实世界提供了一个样本，也就是实际观测到的数据（以实体的方块表示）。我们使用贝叶斯法则，从同样适用于持怀疑态度的受众的先验开始，推导出实际的后验分布。上半部分将作为图 13-1 下半部分的参考，下半部分展示了功效分析中的信息流。从最左边的云开始。

(1) 从参数值的假设分布中，随机生成有代表性的值。在许多情况下，假设是先前研究的或理想的数据的后验分布。特定的参数值可以作为一个代表性的描述。

(2) 从具有代表性的参数值中，使用规划的抽样方法生成数据的随机样本。生成样本的方式应当是最终在真实实验中收集实际数据的方式。比如，通常情况下，假设数据量为固定的 N。或者，可以假设将在固定持续时间 T 内收集数据；在此期间，单组数据将随机出现，平均速率是已知的 n/T。或者还可能有其他的抽样方案。

(3) 从模拟的数据样本出发，使用贝叶斯数据分析和受众认可的先验，计算后验的估计值。分析方法应当与实际数据的分析方法相同。分析方法必须能够说服预期的研究受众，其中可能包括持怀疑态度的科学家。

(4) 根据后验估计，计算是否实现了目标。目标可以是前面叙述过的任何一个，比如，可以针对多种不同的参数：在 ROPE 中排除或包含 95% HDI，或者将 95% HDI 缩小至所需宽度。

(5) 多次重复以上步骤，得到功效的近似值。图 13-1 表示出了这种重复过程：预期数据样本和预期后验均有很多层。根据定义，功效是指长期来看的目标实现率。由于我们的模拟次数是有限的，因此我们使用贝叶斯推断来建立功效的后验分布。

我们将在示例中提供这些步骤的细节。注意，如果数据抽样过程使用的是固定样本量 N，则该过

13

程的功效将被表示为 N 的函数。如果数据抽样过程使用的是固定抽样持续时间 T，则该过程的功效将被表示为 T 的函数。

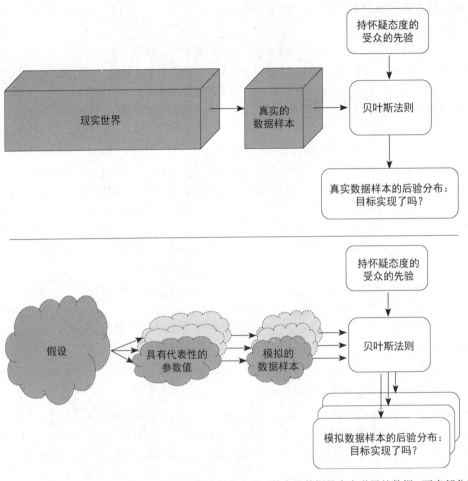

图 13-1   上半部分展示了实际贝叶斯数据分析中的信息流，其中的数据是真实世界的数据。下半部分展示了功效分析中的信息流，其中的模拟数据是根据假设参数随机生成的

13.1.3   样本量

功效通常随着样本量的增大而提升。由于收集数据的成本很高，因此我们希望知道为了达到目标功效，需要的最小样本量或最短持续抽样时间。

当样本量足够大时，估计值的精度总是能够达到目标的。这是因为数据的似然函数——可以被生动地想象为关于参数的函数——会随着样本量的增加而变得越来越窄。这种似然函数的变窄也是使数据最终压倒先验分布的原因。当我们收集到越来越多的数据时，平均来说，似然函数会变得越来越窄，因此后验函数也变得越来越窄。也就是说，有了足够大的样本量时，我们可以获得足够精确的后验分布。

然而，无论样本量有多大，可能都无法以足够高的概率实现以下目标：证明参数值与零假设值有差异。能否以高概率实现某一目标，取决于假设中的生成数据的分布（数据生成假设）。一个大样本所能做的最好的事情就是准确地反映生成数据的分布。如果生成数据的分布中有相当大的部分在零假设值附近，那么我们所能做的就是得到在零假设值附近的估计值。作为一个简单的例子，假设我们认为一枚硬币可能有偏差，并且在数据生成假设中我们对四个可能的 θ 值感兴趣，分别为 $p(\theta = 0.5) = 25\%$、$p(\theta = 0.6) = 25\%$、$p(\theta = 0.7) = 25\%$ 和 $p(\theta = 0.8) = 25\%$。由于 25% 的模拟数据是来自公平硬币的，因此即使是一个巨大的样本，排除 $\theta = 0.5$ 的情况的最大概率也仅为 75%。

因此，在为某个实验规划样本量时，至关重要的一点是决定一个现实的目标。如果有充分的理由提出一个高度确定的数据生成假设，也许是基于大量的结果，那么排除零假设值可能是一个可行的目标。如果数据生成假设有些模糊，那么更合理的目标是使得到的后验分布具有合理的精度。13.3 节将展示，在序列检验中，精度目标的扭曲程度更小。在频率主义方法中，精度目标被称为参数估计的精度（accuracy in parameter estimation，AIPE；例如，Maxwell、Kelley 和 Rausch，2008）。Kelley（2013，第 214 页）写道：

> 样本量规划的 AIPE 方法的目标是，使感兴趣参数的置信区间足够窄，其中"足够窄"必然是特定于研究背景的。以获得较窄置信区间为目标的样本量规划至少可以追溯到 Guenther（1965）和 Mace（1964）。然而，在最近的研究设计文献中，AIPE 方法起到了更重要的作用。发生这种情况的原因是效应量及置信区间越来越受到重视，以及研究人员不想得到"令人难堪地宽"的置信区间（Cohen，1994）。

如本章所述，精度目标的贝叶斯方法类似于频率主义者的 AIPE，但贝叶斯式的 HDI 在检验或抽样计划改变时，不会像频率主义的置信区间那样表现得不稳定（如 11.3.1 节所述）。

13.1.4 目标的其他表达法

在数学上还有其他方法可以表达参数估计的精度目标。比如，Joseph、Wolfson 和 du Berger（1995a、1995b）描述了使用 HDI 的另一种方法。他们考虑了一个"平均长度准则"：在重复的模拟数据中，HDI 宽度的均值不超过某个最大值 L。他们没有明确提到功效，即达到目标的概率，因为样本量的选择标准使它绝对能够实现目标。然而，这个目标本身是概率性的，因为它是一个平均值：虽然一些数据集的 HDI 宽度将小于 L，但许多其他数据集的 HDI 宽度将不会小于 L。Joseph 等人（1995a）还考虑了另一个目标，即"平均覆盖标准"。这个目标从为 HDI 指定宽度开始，要求模拟数据在 HDI 内部的概率质量的平均值超过（比如说）95%。样本量的选择标准是能够实现该目标的大样本。再次强调，他们没有明确提到功效，但这个目标仍然是概率性的：一些数据集的宽度为 L 的 HDI 内部的概率质量将大于 95%，而其他数据集的宽度为 L 的 HDI 内部的概率质量将不会大于 95%。Adcock（1997）和 De Santis（2004、2007）审查了有关精度的其他目标。本章强调的方法侧重于限制最差的精度，而不是平均精度。

精度的另一个数学表达法是分布的熵（entropy）。熵描述了分布的形式，因此较小的熵意味着较窄的分布。由宽度无限窄、密度无限大的尖峰组成的分布的熵为零。在相反的极端，均匀分布的熵最大。后验分布的高精度目标可以重新表达为后验分布的小熵目标。有关此方法的概述，请参见 Chaloner

13

和 Verdinelli（1995）。人们在对这个世界进行实验时，可能会自发地将期望熵最小化，有关介绍见 Kruschke（2008）。衡量后验分布的精度时，熵可能是比 HDI 宽度更好的指标，尤其是在多峰分布的情况下，因为此时更难确定 HDI 的宽度。我不会进一步解释熵的使用，因为我认为 HDI 宽度是比熵更直观的指标，至少对大多数研究者来说是这样。

对于排除零假设值的目标来说，还有其他的数学表达方式。具体来说，在尖峰先验和自动的备选先验的模型比较中，可以将目标表达为需要足够大的贝叶斯因子（例如 Wang 和 Gelfand，2002；Weiss，1997）。然而，我不会进一步讨论这种方法，因为对于站不住脚的先验来说，判别性的贝叶斯因子目标有着第 12 章讨论过的问题。然而，希望执行这个想法的人可以直接使用图 13-1 所示的流程图。在本章的剩余部分中，我们假设研究的目标是从可行的先验开始进行参数估计，然后用得到的后验分布评估是否实现了目标。

13.2   计算功效与样本量

作为第一个示例，我们考虑最简单的情况：来自一枚硬币的数据。也许我们正在对一个群体进行民意调查，我们想精确地估计候选人 A 或候选人 B 的支持率。也许我们想知道一种药物的治愈率是否超过 50%。我们将按照 13.1.2 节中列出的步骤，计算在不同的数据生成假设下，实现各种功效所需的精确样本量。

13.2.1   当目标是排除零假设值时

假设我们的目标是证明硬币是不公平的。换句话说，我们想证明 95% HDI 不包含 $\theta = 0.5$ 附近的 ROPE。

我们必须建立参数值的假设分布，并从中生成模拟数据。通常，创建参数分布最直观的方法是根据先验数据推断出后验分布，并使用后验分布作为数据生成假设，其中的数据可能是真实的或理想的数据。通常，获取先验数据或考虑理想化的先验数据比直接指定参数值的分布更直观。比如，基于应用领域的知识，我们可能有 2000 个真实的或理想化的抛硬币结果，其中有 65% 的正面。因此，我们将数据生成假设描述为 Beta 分布，它的众数为 0.65、集中度为 2000 抛次、先验分布为均匀"原始先验"，即 $\text{beta}(\theta \mid 0.65 \cdot (2000 - 2) + 1, (1 - 0.65) \cdot (2000 - 2) + 1)$。这种通过考虑先前的数据来创建生成数据的参数分布的方法，有时被称为等价先验样本（equivalent prior sample）方法（Winkler，1967）。

接下来，我们从假设分布中随机抽取一个具有代表性的参数值，并用该参数值生成模拟数据。我们反复这样做，并计算出 HDI 排除 $\theta = 0.5$ 附近 ROPE 的频率。这个过程是这样的：首先，从以 $\theta = 0.65$ 为中心的假设分布中，为硬币的"真实"偏差选择一个值。假设所选值为 0.638。其次，以这个值为偏差，模拟 N 次抛硬币。模拟数据中有 z 个正面和 $N-z$ 个反面。正面比例 z/N 通常在 0.638 左右，但由于抛掷过程具有随机性，因此正面比例将会更高或更低。再次，出于数据分析的目的，使用受众认可的先验，根据观察到 N 次抛掷中的 z 个正面，确定关于 θ 的后验信念。统计其 95% HDI 是否排除 $\theta = 0.5$ 的零假设值周围的 ROPE。注意，即使这些数据是由一枚偏差为 0.638 的硬币生成的，这些数据的正面比例也可能恰巧接近 0.5，因此 95% HDI 可能无法排除 $\theta = 0.5$ 附近的 ROPE。我们将多次重复这个过程，以估计实验的功效。

表 13-1 显示了在抛硬币时，95% HDI 排除 $\theta = 0.5$ 附近的 ROPE 时需要的最小样本量。作为阅读表内容的例子，假设你有一个数据生成假设：硬币的偏差非常接近 $\theta = 0.65$。为了解释表 13-1，该假设被实现为 Beta 分布，形状参数为 $0.65 \cdot (2000 - 2) + 1$ 和 $(1 - 0.65) \cdot (2000 - 2) + 1$。2000 这个值是随意选取的；如前一段所述，这就像是生成平均值 0.65 的基础是虚构的 2000 次抛掷的先前数据。该表表明，如果我们希望能够以 90% 以上的概率获得一个能实现目标的样本，也就是该样本的 95% HDI 排除了范围为 $\theta = 0.48$ 到 $\theta = 0.52$ 的 ROPE，则我们需要 $N = 150$ 的样本量。即，我们至少需要抛硬币 150 次，以便有 90% 的概率使 95% HDI 落在 ROPE 之外。

表 13-1　抛一枚硬币时，样本的 95% HDI 排除 0.48 到 0.52 的 ROPE 时，需要的最小样本量

功　　效	生成众数 ω					
	0.60	0.65	0.70	0.75	0.80	0.85
0.7	238	83	40	25	16	7
0.8	309	109	52	30	19	14
0.9	430	150	74	43	27	16

注：数据生成分布为众数取 ω 的 Beta 密度，如列标题所示；集中度 $\kappa = 2000$。受众认可的先验是一个均匀分布。

注意，在表 13-1 中，随着生成众数的增大，需要的样本量减少。这很符合直觉：当生成众数较大时，抽样的正面比例趋于更大，因此 HDI 趋于落在参数范围内的取值更大的一端。换言之，当生成众数很大时，不需要太多数据就可以使 HDI 一直落在 ROPE 之外。当生成众数仅略大于 $\theta = 0.5$ 时，则需要更大的样本才能使样本的正面比例一直高于 0.5，并且使 HDI 一直完全高于 0.5（及其 ROPE）。

还要注意，在表 13-1 中，随着目标功效的提升，需要的样本量显著增加。如果数据生成众数为 0.6，则当目标功效从 0.7 上升到 0.9 时，最小样本量从 238 上升到 430。

13.2.2　R 中的数学分析解法与实现

对于这种简单的情况，我们可以用分析法精确计算出功效，而无须使用蒙特卡罗模拟。在本节中，我们将推导相关方程，并使用 R 中的程序（不使用 MCMC）计算功效。表 13-1 和表 13-2 就是用该程序生成的。

分析法推导的关键思想是，对于这种应用，可能的数据集的数量是有限的，即 $z \in \{0, \cdots, N\}$，而且每个数据集完全决定了后验分布（因为受众认可的先验是固定的）。因此，我们要做的就是计算出每一个可能结果的概率，并对实现了预期目标的结果的概率进行求和。

生成假设数据的第一步是抽样得到一个 θ 值。该 θ 值服从数据生成先验，这里是一个 Beta 分布，我们将其表示为 $\mathrm{beta}(\theta \mid a, b)$，其中的形状参数是从指定的众数和集中度转换得到的。图 13-1 说明了从 θ 的分布中抽样的过程，被表示为从假设指向代表性参数值的箭头。接下来，我们根据二项分布生成抛硬币 N 次的结果。这在图 13-1 中被表示为从代表性参数值指向模拟数据样本的箭头。我们需要在整个假设分布中对这个过程进行积分，以确定得到 z 个正面的概率。因此，在抛 N 次的模拟样本中得到 z 个正面的概率是：

$$p(z\,|\,N) = \int_0^1 d\theta\, p(z\,|\,N,\,\theta)p(\theta)$$

$$= \int_0^1 d\theta\, \text{binomial}(z\,|\,N,\,\theta)\text{beta}(\theta\,|\,a,\,b)$$

$$= \int_0^1 d\theta \binom{N}{z} \theta^z (1-\theta)^{(N-z)} \theta^{(a-1)}(1-\theta)^{(b-1)} / B(a,\,b) \tag{13.1}$$

$$= \binom{N}{z} \int_0^1 d\theta\, \theta^{(z+a-1)}(1-\theta)^{(N-z+b-1)} / B(a,\,b)$$

$$= \binom{N}{z} B(z+a,\,N-z+b) / B(a,\,b)$$

上面推导过程的最后一行是由 Beta 函数的定义得到的，在式 6.4 中解释过。可能数据的概率有时被称为 "z 的前后验边际分布"（参见 Pham Gia 和 Turkkan，1992 年的式 5）。对于每一个可能的结果 z，我们更新先验并得到后验分布，然后评估该结果是否已经实现了目标。因为决策是由结果 z 决定的，所以决策的概率由结果的概率决定。

本书附带的程序中的 R 函数 minNforHDIpower 实现了式 13.1，但它是以对数形式实现的，以防止下溢错误。这个函数有几个参数，包括生成分布的众数和集中度，分别称为 genPriorMode 和 genPriorN。受众认可先验的众数和集中度是分别通过 audPriorMode 和 audPriorN 指定的。该函数中还可以指定最大的 HDI 宽度（HDImaxwid），或零假设值（nullVal）和 ROPE（ROPE），但不能同时指定后两者。该函数不检查 ROPE 是否完全包含 HDI，但可以对它进行扩展以执行此操作。该函数查找所需样本量的方法是：尝试较小的样本量，检查功效，再重复地增加样本量，直到找到足够的样本量。初始样本量由参数 initSampSize 指定。现在看一下函数定义，注意其中的注释。

```
minNforHDIpower = function( genPriorMode , genPriorN ,
                            HDImaxwid=NULL , nullVal=NULL ,
                            ROPE=c(max(0,nullVal-0.02),min(1,nullVal+0.02)) ,
                            desiredPower=0.8 , audPriorMode=0.5 , audPriorN=2 ,
                            HDImass=0.95 , initSampSize=20 , verbose=TRUE ) {
  # 函数开始检查参数的一致性
  if ( !xor( is.null(HDImaxwid) , is.null(nullVal) ) ) {
    stop("One and only one of HDImaxwid and nullVal must be specified.")
  }
  # 如果不存在 HDIofICDF 函数，则加载它
  if ( !exists("HDIofICDF") ) source("DBDA2E-utilities.R")
  # 将先验的众数与 N 转化为 Beta 分布的 a,b 参数
  genPriorA = genPriorMode * (genPriorN-2) + 1
  genPriorB = ( 1.0 - genPriorMode ) * (genPriorN-2) + 1
  audPriorA = audPriorMode * (audPriorN-2) + 1
  audPriorB = ( 1.0 - audPriorMode ) * (audPriorN-2) + 1
  # 初始化渐增的样本量序列
  sampleSize = initSampSize
  notPowerfulEnough = TRUE
  # 增加样本量，直到获得目标功效值
  while( notPowerfulEnough ) {
    zvec = 0:sampleSize            # 对于 N 次抛掷，所有可能的 Z 值组成的向量
    # 根据数据生成先验，计算每个 Z 值的概率
    pzvec = exp( lchoose( sampleSize , zvec )
                 + lbeta( zvec + genPriorA , sampleSize-zvec + genPriorB )
                 - lbeta( genPriorA , genPriorB ) )
```

```
# 对每个 z 值，计算后验 HDI
# hdiMat 矩阵将保存每个 z 的 HDI
hdiMat = matrix( 0 , nrow=length(zvec) , ncol=2 )
for ( zIdx in 1:length(zvec) ) {
  z = zvec[zIdx]
  hdiMat[zIdx,] = HDIofICDF( qbeta ,
                             shape1 = z + audPriorA ,
                             shape2 = sampleSize - z + audPriorB ,
                             credMass = HDImass )
}
# 计算 HDI 宽度
hdiWid = hdiMat[,2] - hdiMat[,1]
# 对 HDI 宽度符合条件的结果的概率进行加和
if ( !is.null( HDImaxwid ) ) {
  powerHDI = sum( pzvec[ hdiWid < HDImaxwid ] )
}
# 对 HDI 不包含 ROPE 的结果的概率进行加和
if ( !is.null( nullVal ) ) {
  powerHDI = sum( pzvec[ hdiMat[,1] > ROPE[2] | hdiMat[,2] < ROPE[1] ] )
}
if ( verbose ) {
  cat( " For sample size = ", sampleSize , ", power = " , powerHDI ,
       "\n" , sep="" ) ; flush.console()
}
if ( powerHDI > desiredPower ) {   # 如果达到了目标功效值
  notPowerfulEnough = FALSE         # 将标签设置为终止
} else {                            # 否则
  sampleSize = sampleSize + 1       # 增加样本量
}
}                                   # while( notPowerfulEnough )的循环结束
# 返回达到目标功效值的样本量
return( sampleSize )
} # 函数结尾
```

调用该函数的示例如下：

```
source("minNforHDIpower.R") # 在一个 R 会话中只需执行一次
sampSize = minNforHDIpower( genPriorMode=0.75, genPriorN=2000,
                            HDImaxwid=NULL, nullVal=0.5, ROPE=c (0.48,0.52),
                            desiredPower=0.8,
                            audPriorMode=0.5, audPriorN=2,
                            HDImass=0.95, initSampSize=5, verbose=TRUE )
```

在以上的函数调用中，数据生成分布的众数为 0.75，集中度为 2000，这意味着假设非常确定硬币的偏差为 0.75。目标是排除 0.5 的零假设值，使用的 ROPE 是 0.48 到 0.52。目标功效为 80%。受众先验是均匀分布。执行函数时，它将显示样本量增加时的功效，直到在 $N = 30$ 时终止（如表 13-1 所示）。

13.2.3　当目标是精度时

假设你想评估一般民众对政治候选人 A 和 B 的支持率。具体来说，你希望在估计候选人 A 的支持率是否超过 $\theta = 0.5$ 时，结果具有很高的可信度。一家知名机构在最近进行的一项民意调查中发现，在 10 名随机选取的选民中，6 人支持候选人 A，4 人支持候选人 B。如果我们在民意调查前使用均匀分布作为先验分布，那么在民意调查后我们对选民支持率的估计是分布 beta(θ|7, 5)。由于这是我们目前关于选民的最佳信息，我们可以使用分布 beta(θ|7, 5) 作为数据生成分布，以规划后续的民意调查。

13

遗憾的是，分布 beta(θ|7, 5) 的 95% HDI 是从 θ = 0.318 到 θ = 0.841，这意味着 θ = 0.5 完全在数据生成分布的内部。我们还需要调查多少人，才能使在 80% 的调查中，95% HDI 完全落在 θ = 0.5 之上？

结果是，在这种情况下，我们永远不可能得到足够大的样本量，以便在 80% 的调查中实现目标，也就是 95% HDI 落在 θ = 0.5 之上。要了解原因，请考虑我们从数据生成分布中抽取到特定 θ 值时，会发生什么情况，例如 θ = 0.4。我们使用这个 θ 值来模拟投票的随机样本。假设样本量 N 很大，这意味着 HDI 将非常窄。这个 HDI 集中在哪个 θ 值上？几乎可以肯定的是，它将集中在生成数据的 θ = 0.4 值附近。换句话说，当 N 很大时，HDI 本质上只是再现生成它的 θ 值。现在回想一下例子中的数据生成假设：分布 beta(θ|7, 5) 只有大约 72% 的 θ 值高于 0.5。因此，即使是非常大的样本量，我们也最多只能得到 72% 落在 0.5 以上的 HDI。

不过，还有一个更有用的目标。我们的目标可以是获得具有一定精度的后验估计值，而不是试图拒绝特定的 θ 值。比如，我们的目标可能是在 80% 的调查中，95% HDI 的宽度小于 0.2。这一目标意味着，无论后验分布强调的 θ 值恰巧是什么，后验分布的宽度通常都很窄，因此我们在估计中得到了合理的高精度。

表 13-2 显示了 95% HDI 最大宽度为 0.2 时需要的最小样本量。作为如何阅读表内容的例子，假设你有一个数据生成假设：硬币的偏差在 θ = 0.6 左右。为了解释表 13-2，这个假设被实现为众数为 0.6 且集中度为 10 的 Beta 分布。10 这个值是随意选取的；这就好像生成分布的基础是虚构的、仅包含 10 次抛掷的先前数据。该表表明，如果我们希望以高于 90% 的概率获得最大宽度为 0.2 的 HDI，则需要的样本量为 93。

表 13-2　抛一枚硬币且样本的 95% HDI 的最大宽度为 0.2 时，需要的最小样本量

| 功　效 | 生成众数 ω | | | | | |
	0.60	0.65	0.70	0.75	0.80	0.85
0.7	91	90	88	86	81	75
0.8	92	92	91	90	87	82
0.9	93	93	93	92	91	89

注：数据生成分布为众数取 ω 的 Beta 密度，如列标题所示；集中度 κ = 10。受众认可的先验是一个均匀分布。

请注意，在表 13-2 中，随着目标功效的提升，所需样本量仅略微增加。如果数据生成众数为 0.6，那么当目标功效从 0.7 上升到 0.9 时，最小样本量仅从 91 上升到 93。这是因为在给定的样本量下，HDI 宽度的分布的尾部较高，分流了很多的概率质量，因此 N 的微弱变化可以迅速将高尾拉过阈值，例如 0.2。随着目标 HDI 宽度的减小（未在表中显示），需要的样本量迅速增加。如果目标 HDI 宽度是 0.1 而不是 0.2，则 80% 功效所需的样本量是 378 而不再是 92。

使用上一节中定义的 R 函数，计算达到所需精度的最小样本量的示例如下：

```
source("minNforHDIpower.R")  # 在一个 R 会话中只需执行一次
sampSize = minNforHDIpower( genPriorMode=0.75, genPriorN=10,
                            HDImaxwid=0.20, nullVal=NULL, ROPE=NULL,
                            desiredPower=0.8,
                            audPriorMode=0.5, audPriorN=2,
                            HDImass=0.95, initSampSize=50, verbose=TRUE )
```

在以上的函数调用中，数据生成分布的众数为 0.75 且集中度为 10，这意味着假设不确定硬币的偏差为 0.75。目标是拥有宽度小于 0.2 的 95% HDI。目标功效为 80%。受众先验是均匀分布。执行函数时，它将显示样本量增加时的功效，直到在 $N = 90$ 时终止（如表 13-2 所示）。

13.2.4　功效的蒙特卡罗估计

前几节说明了功效和样本量的概念。在简单的情况下，功效可以通过数学推导来计算。在本节中，我们通过蒙特卡罗（MC）模拟来估计功效。这个简单案例的 R 脚本可以用作更实际的应用场景的模板。这个 R 脚本的名称为 JAGS-Ydich-Xnom1subj-MbernBeta-Power.R，这是分析来自一个被试（1subj）的二分数据（Ydich）的 JAGS 程序的名称，后缀为"Power"。在阅读下面给出的脚本时，请记住，你可以通过使用 R 中的帮助功能找到关于任何常规 R 命令的信息，如 3.3.1 节所述。

该脚本有三个主要部分。第一部分定义了一个函数，该函数对一组数据进行 JAGS 分析，并检查 MCMC 链是否实现了期望的目标。该函数接受一个名为 data 的数据向量作为输入，并为每个目标返回一个名为 goalAchieved、取值为 TRUE 或 FALSE 的列表。注意函数定义中每个命令前面的注释。

```
# 加载 genMCMC、smryMCMC 和 plotMCMC
# 这也是溯源 DBDA2E-utilities.R
source("JAGS-Ydich-Xnom1subj-MbernBeta.R")

# 为单组数据定义函数，用于评估是否实现目标
goalAchievedForSample = function( data ) {
  # 生成 MCMC 链
  mcmcCoda = genMCMC( data=data , numSavedSteps=10000 , saveName=NULL )
  # 判断是否实现目标。首先，计算 HDI
  thetaHDI = HDIofMCMC( as.matrix(mcmcCoda[,"theta"]) )
  # 定义记录结果的列表
  goalAchieved = list()
  # 目标：排除零假设值附近的 ROPE
  thetaROPE = c(0.48,0.52)
  goalAchieved = c( goalAchieved ,
                    "ExcludeROPE"=( thetaHDI[1] > thetaROPE[2]
                                  | thetaHDI[2] < thetaROPE[1] ) )
  # 目标：低于最大宽度的 HDI
  thetaHDImaxWid = 0.2
  goalAchieved = c( goalAchieved ,
                    "NarrowHDI"=( thetaHDI[2]-thetaHDI[1] < thetaHDImaxWid ) )
  # 如果你愿意，可以加入更多的目标……
  # 返回目标结果的列表
  return(goalAchieved)
}
```

上面的函数实现了图 13-1 右下方的白色长方形（而不是有阴影的云）。genMCMC 函数指定了受众先验，其定义在文件 JAGS-Ydich-Xnom1subj-MbernBeta.R 中。上面的函数（goalAchievedForSample）只是运行 JAGS 数据分析，然后检查是否实现了各种目标。在函数内部，对象 goalAchieved 的初始值是一个空列表，以便根据需要添加任意多个不同的目标。注意，当每个目标被添加到列表中时，都是有名称的（例如，"ExcludeROPE"和"NarrowHDI"）。一定要为这些目标使用不同的名称。

脚本的下一部分实现了图 13-1 左下角的阴影云。它在许多的模拟数据集里循环，而这些数据集是由参数值的假设分布生成的。genTheta 值是从假设的 Beta 分布中随机生成的参数代表值。sampleZ

13

值是基于 genTheta 参数随机生成的数据中的正面数。注意查看模拟循环中每个命令之前的注释。

```
# 指定假设参数分布的众数和集中度
omega = 0.70
kappa = 2000
# 指定每个模拟数据集的样本量
sampleN = 74
# 运行一定次数的模拟实验
nSimulatedDataSets = 1000          # 一个随意选取的很大的数
for ( simIdx in 1:nSimulatedDataSets ) {
  # 从假设参数分布中生成随机值
  genTheta = rbeta( 1 , omega*(kappa-2)+1 , (1-omega)*(kappa-2)+1 )
  # 基于参数值，生成随机数据
  sampleZ = rbinom( 1 , size=sampleN , prob=genTheta )
  # 转化为 0 和 1 组成的向量，以便传递给 JAGS 函数
  simulatedData = c(rep(1,sampleZ),rep(0,sampleN-sampleZ))
  # 对模拟数据进行贝叶斯分析
  goalAchieved = goalAchievedForSample( simulatedData )
  # 对结果进行计数
  if (!exists("goalTally")) {           # 如果 goalTally 变量不存在，则创建它
    goalTally=matrix( nrow=0 , ncol=length(goalAchieved) )
  }
  goalTally = rbind( goalTally , goalAchieved )
}
```

对象 goalTally 是一个矩阵，它将每次模拟的结果存储在连续的行中。该矩阵是在循环内部的第一次分析之后创建的，而不是在循环之前创建的，这样它就可以根据分析返回的目标数量来决定要在矩阵中放入多少列。模拟循环也可以在末尾附加两个可选行。这些行在模拟数据集的每次重复中保存当前的 goalTally 矩阵。执行此保存操作的原因是，每次重复可能需要很长时间，而运行过程可能在得到 nSimulatedDataSets 之前被中断。在目前的应用中，对每个数据集的实时分析非常快，因此不需要保存中间结果。然而，对于大型数据集的精细模型，每个模拟数据集都可能需要消耗几分钟的时间。

在分析完所有的模拟数据集之后，脚本的最后一部分将计算每个目标的成功比例，及每个比例附近的贝叶斯 HDI。下面使用的函数 HDIofICDF 的定义在文件 DBDA2E-utilities.R 中。下面每一行前面的注释解释了脚本。

```
# 对于每个目标……
for ( goalIdx in 1:NCOL(goalTally) ) {
  # 提取目标的名称以便随后显示
  goalName = colnames(goalTally)[goalIdx]
  # 计算成功的次数
  goalHits = sum(unlist(goalTally[,goalIdx]))
  # 计算尝试的次数
  goalAttempts = NROW(goalTally)
  # 计算成功的比例
  goalEst = goalHits/goalAttempts
  # 计算比例附近的 HDI
  goalEstHDI = HDIofICDF( qbeta ,
                          shape1=1+goalHits ,
                          shape2=1+goalAttempts-goalHits )
  # 显示结果
  show( paste0( goalName ,
                ": Est.Power=" , round(goalEst,3) ,
                "; Low Bound=" , round(goalEstHDI[1],3) ,
```

```
            "; High Bound=" , round(goalEstHDI[2],3) ) )
}
```

上面完整脚本的一次运行结果如下：

```
[1] "ExcludeROPE: Est.Power=0.896; Low Bound=0.876; High Bound=0.914"
[1] "NarrowHDI: Est.Power=0.38; Low Bound=0.35; High Bound=0.41"
```

在你运行脚本时，结果将有所不同，因为你将创建一组完全不同的随机数据集。上面的第一行表明排除 ROPE 的功效为 0.896，而表 13-1 显示（当 $\omega = 0.7$ 且 $\kappa = 2000$ 时）功效达到 0.9 所需的最小样本量 N 为 74。因此，对比两者可以发现分析结果与 MC 结果吻合。minNforHDIpower.R 的精确结果表明，$N = 74$ 时的功效为 0.904。

如果再次运行脚本，但是 kappa=10，sampleN=91，我们将得到：

```
[1] "ExcludeROPE: Est.Power=0.651; Low Bound=0.621; High Bound=0.68"
[1] "NarrowHDI: Est.Power=0.863; Low Bound=0.841; High Bound=0.883"
```

上面的第二行表示 HDI 宽度小于 0.2 的功效为 0.863。这与表 13-2 相吻合。表 13-2 显示，要想 HDI 的宽度小于 0.2，则需要 91 的样本量才能达到最低 0.8 的功效。事实上，minNforHDIpower.R 程序的输出结果表明准确的功效是 0.818，这意味着 MC 程序有些高估了功效。这可能是因为 MC 往往会略微地低估 HDI 宽度，如图 7-13 所示。

一般来说，这里提供的脚本可以用作计算复杂模型的功效时的模板。脚本的大部分内容将保持不变。复杂模型最具挑战性的部分是脚本第二部分中的生成模拟数据。从编程的角度来看，生成模拟数据是一项挑战，仅仅是因为弄对所有细节有些难；然而，拥有耐心和毅力将得到回报。但是复杂模型在概念上也是一个挑战，因为人们并不总是清楚如何表达参数的假设分布。下一节将提供一个示例和一个通用框架。

13.2.5　理想或真实数据的功效

回想一下 9.2.4 节中触摸疗法的例子。触摸疗法从业者接受了测试，测试检验的是他们是否有能力感觉到实验者的手在他们自己的哪一只手旁边。数据如图 9-9 所示。数据的层次模型如图 9-7 所示。模型中，参数 ω 表示该群组的能力众数，参数 θ_s 表示每个被试的个体能力，参数 κ 表示该群组内个体能力的集中度。

为了生成模拟数据以便用来计算功效，我们需要生成来自假设且有代表性的随机 ω 值和 κ 值（以及随后的 θ_s）。一种方法是明确地假设顶层常数，我们认为这个常数能够描述我们对世界的真实状态的知识。根据图 9-7，这意味着我们指定了 A_ω、B_ω、S_κ 和 R_κ 的值，它们直接反映了我们对世界的不确定的假设。这在理论上是可以做到的，尽管在实践中并不是很直观，因为我们很难指定群组众数分布的不确定程度（宽度）和群组集中度的不确定程度（宽度）。

在实践中，与直接指定顶层参数属性相比，更直观的做法通常是指定能够代表假设的、真实的或理想化的数据，其思想是从真实或理想的数据出发，然后用贝叶斯法则生成相应的参数值分布。图 13-2 展示了这个过程。在图 13-2 的左上角，现实世界或假设世界创建了一个真实或理想化的数据样本。然后应用贝叶斯法则，得到后验分布。进行功效分析时，这个后验分布被用作参数值的假设分布。指定一些真实或理想数据来代表假设的过程通常非常直观，因为它是具体的。这种方法的优点是，我们用具体且直观的数据表达假设，而贝叶斯数据分析将其转化为相应的参数分布。重要的是，我们可以利用真实或理想样本的数据量，具体地表达我们对该假设的信心。真实或理想样本的样本量越大，后验分布就越集中。因此，我们不必明确地指定参数分布的集中程度，而是让贝叶斯法则为我们做到这一点。

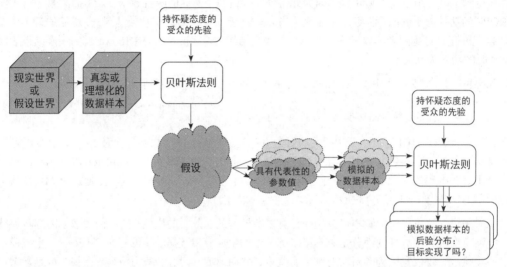

图 13-2　功效分析中的信息流，其中参数分布的假设是对真实的或理想化的先前数据进行贝叶斯分析后得到的后验分布。与图 13-1 进行比较

这种方法的另一个好处是，在贝叶斯法则的后验分布中，将自动创建适当的参数相关性，而不必明确地凭直觉指定它（或不恰当地忽略它）。本应用不涉及具有强相关性的参数，但在许多应用中确实存在相关性。比如，在估计计量数据集的标准差（范围）和正态性（峰度）时，这两个参数是相关的［参见图 16-8 中的 σ 和 ν，以及 Kruschke（2013a）］。另一个例子是，在估计线性回归中的斜率和截距时，这两个参数通常是相关的［参见图 17-3 中的 β_1 和 β_0，以及 Kruschke、Aguinis 和 Joo（2012）］。

脚本 JAGS-Ydich-XnomSsubj-MbinomBetaOmegaKappa-Power.R 提供了在 R 中执行此过程的示例。第一步只是加载模型和工具函数以供后续使用：

```
# 加载 genMCMC、smryMCMC 和 plotMCMC
# 这同时溯源了 DBDA2E-utilities.R
source("JAGS-Ydich-XnomSsubj-MbinomBetaOmegaKappa.R")
```

接下来，我们生成一些理想化的数据。假设我们相信，根据轶事经验，触摸疗法从业者作为一个群组而言，正确地感知到实验者的手的概率为 65%。假设我们同时相信不同从业者的正确率会高于或低于平均值，其标准差为 7%。这意味着表现最差的从业者将处于随机水平，最好的从业者将有大约 80% 的正确率。这一假设可以表达为下面两行：

```
# 指定理想化的假设
idealGroupMean = 0.65
idealGroupSD = 0.07
```

然后，我们将指定有多少（理想化的）数据来支持这个假设。我们拥有的数据越多，我们对这个假设就越有信心。假设我们对这个理想化的假设相当有信心，所以可以想象我们有来自 100 个从业者的数据，其中每个从业者贡献了 100 个试次。这可以表达为下面两行：

```
idealNsubj = 100            # 更多的被试 => 对假设更有信心
idealNtrlPerSubj = 100      # 更多的试次 => 对假设更有信心
```

接下来，我们生成与上述值一致的数据。

```
# 为理想化的被试生成随机的 theta 值
betaAB = betaABfromMeanSD( idealGroupMean , idealGroupSD )
theta = rbeta( idealNsubj , betaAB$a , betaAB$b )
# 转换该 theta 值，使之与理想化的均值和标准差精确地吻合
theta = ((theta-mean(theta))/sd(theta))*idealGroupSD + idealGroupMean
theta[ theta >= 0.999 ] = 0.999 # 必须介于 0 和 1 之间
theta[ theta <= 0.001 ] = 0.001 # 必须介于 0 和 1 之间
# 生成与 theta 非常接近的理想化数据
z = round( theta*idealNtrlPerSubj )
# 转化为 JAGS 函数所需的数据格式
# 设置用于保存数据的空矩阵
dataMat=matrix(0,ncol=2,nrow=0,dimnames=list(NULL,c("y","s")))
# 对于每个模拟被试
for ( sIdx in 1:idealNsubj ) {
  # 创建与之前生成的 z 值相吻合的由 0 和 1 组成的向量
  yVec = c(rep(1,z[sIdx]),rep(0,idealNtrlPerSubj-z[sIdx]))
  # 将被试数据放在矩阵的最下面一行
  dataMat = rbind( dataMat , cbind( yVec , rep(sIdx, idealNtrlPerSubj) ) )
}
# 把它转换为数据框
idealDatFrm = data.frame(dataMat)
```

我们对理想化的数据进行贝叶斯分析。我们正在尝试创建一组可用于后续功效分析且具有代表性的参数值。因此，我们希望联合参数值的每个连续步骤都有较大差异，也就是说，我们希望链的自相关系数非常小。为了在目前的模型下实现这一点，我们必须精简链。另外，由于我们不会使用后验分布来估计参数，因此不会试图以高分辨率描绘后验分布。所以，我们只需要生成后续功效分析所需的链步数。

```
# 对理想化的数据进行贝叶斯分析
mcmcCoda = genMCMC( data=idealDatFrm , saveName=NULL ,
                    numSavedSteps=2000 , thinSteps=20 )
# 为了便利，将 coda 对象转换为矩阵
mcmcMat = as.matrix(mcmcCoda)
```

上面的代码对参数 ω 和 κ（以及所有单个 θ_s）创建了后验分布。现在我们得到了一个与理想假设一致的参数值分布，但是我们刚才没有计算模型中的顶层常数。我们只是在数据中指出了理想化的趋势，并用数据量表达了我们的信心。脚本的上述部分完成了图 13-2 的左半部分，因此我们现在有了一组用于功效分析且具有代表性的参数值。代表值如图 13-3 上半部分所示。注意，ω 的假设值以理想化的数据均值为中心。仅从理想化的数据来看，不明确的一点是 ω 的不确定性应该有多高；图 13-3 中的后验分布揭示了这个答案。对于集中度参数 κ 来说，也是类似的。

13

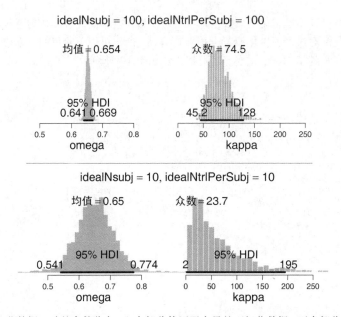

图 13-3   与理想化数据一致的参数分布。上半部分使用了大量的理想化数据，下半部分使用了少量的理想化数据

为一组数据评估目标是否实现的函数与之前的结构相同，只是具体目标发生了变化。在本例中，我们考虑在群组层次和个体层次上实现两类目标：精度和超过零假设值附近的 ROPE。在群组层次，目标是组众数 ω 的 95% HDI 落在围绕零假设值的 ROPE 之上，以及 HDI 的宽度小于 0.2。在个体层次，目标是至少有一个 θ_s 的 95% HDI 落在 ROPE 之上，且没有一个在 ROPE 之下，以及所有 θ_s 的 95% HDI 的宽度都小于 0.2。下面是指定这些目标的代码。

```
# 为单组数据定义函数，用于评估是否实现了目标
goalAchievedForSample = function( data ) {
  # 生成 MCMC 链
  mcmcCoda = genMCMC( data=data , saveName=NULL ,
                      numSavedSteps=5000 , thinSteps=2 )
  # 为了便利，将 coda 对象转换为矩阵
  mcmcMat = as.matrix(mcmcCoda)
  # 为目标定义标准
  nullROPE = c(0.48,0.52)
  HDImaxWid = 0.2
  # 计算 HDI
  HDImat = apply( mcmcMat , 2 , "HDIofMCMC" )
  show( HDImat[,1:5] )
  # 定义用于记录结果的列表
  goalAchieved = list()
  # 目标：omega 在 ROPE 之上
  goalAchieved = c( goalAchieved ,
                    "omegaAboveROPE"=unname( HDImat[1,"omega"] > nullROPE[2] ) )
  # 目标：omega 的 HDI 宽度小于最大宽度
  goalAchieved = c( goalAchieved ,
                    "omegaNarrowHDI"=unname( HDImat[2,"omega"]-HDImat[1,"omega"]
                                      < HDImaxWid ) )
  # 目标：至少有一个 theta 在 ROPE 之上，且没有在 ROPE 之下的 theta
```

```
thetaCols = grep("theta",colnames(HDImat))        # theta 的列索引
goalAchieved = c( goalAchieved ,
                    "thetasAboveROPE"= (any(HDImat[1,thetaCols] > nullROPE[2])
                                     & !any(HDImat[2,thetaCols] < nullROPE[1])))
# 目标: 所有的 HDI 宽度都小于最大宽度
goalAchieved = c( goalAchieved ,
                    "thetasNarrowHDI"= all( HDImat[2,thetaCols]
                                          - HDImat[1,thetaCols]
                                          < HDImaxWid ) )
# 如果你愿意, 可以加入更多的目标……
# 返回目标结果的列表
return(goalAchieved)
}
```

然后, 对多个模拟数据集重复调用上述函数, 这些模拟数据集都是根据参数值的假设分布创建的。重要的是, 注意我们仅使用了参数假设分布中的 ω 值和 κ 值, 而不是 θ_s 值。原因在于, θ_s 值 "粘" 在理想化被试的数据上。具体来说, θ_s 的数目是 idealNsubj, 但是我们的模拟数据可以使用更多或更少的模拟被试。要生成模拟数据, 我们必须指定模拟被试的数量和每个被试的试次数。我们将使用不同数目的被试和试次进行两次功效分析。两个示例的总试次数均为 658, 但第一个示例有 14 个被试, 每个被试 47 个试次; 第二个示例有 7 个被试, 每个被试 94 个试次。请考虑以下 R 代码, 注意注释。

```
# 指定每个模拟数据集中的样本量
Nsubj = 2*7 ; NtrlPerSubj = 47        # 总共 658 个试次
#Nsubj = 7 ; NtrlPerSubj = 2*47       # 总共 658 个试次
# 指定模拟实验的数目
nSimulatedDataSets = min(500,NROW(mcmcMat))        # 随意选取的一个较大的数
# 运行模拟实验
simCount=0
for ( simIdx in ceiling(seq(1,NROW(mcmcMat), length=nSimulatedDataSets)) ) {
  simCount=simCount+1
  cat( "\n\n==================== Simulation",simCount,"of", nSimulatedDataSets,
            "====================\n\n" )
  # 为群组分布生成随机的 omega 和 kappa
  genOmega = mcmcMat[simIdx,"omega"]
  genKappa = mcmcMat[simIdx,"kappa"]
  # 为个体生成随机的 theta
  genTheta = rbeta( Nsubj , genOmega*(genKappa-2)+1 , (1-genOmega)*(genKappa-2)+1 )
  # 基于参数值生成随机数据
  dataMat=matrix(0,ncol=2,nrow=0,dimnames=list(NULL,c("y","s")))
  for ( sIdx in 1:Nsubj ) {
    z = rbinom( 1 , size=NtrlPerSubj , prob=genTheta[sIdx] )
    yVec = c(rep(1,z),rep(0,NtrlPerSubj-z))
    dataMat = rbind( dataMat , cbind( yVec , rep(sIdx,NtrlPerSubj) ) )
  }
  # 对模拟数据进行贝叶斯分析
  goalAchieved = goalAchievedForSample( data.frame(dataMat) )
  # 对结果进行计数
  if (!exists("goalTally")) {        # 如果不存在 goalTally, 则创建它
    goalTally=matrix( nrow=0 , ncol=length(goalAchieved) )
  }
  goalTally = rbind( goalTally , goalAchieved )
}
```

脚本的下一个也是最后一个部分, 计算了重复进行模拟时达到目标的次数, 这与前一个示例完全相同, 因此这里不再显示。

我们现在考虑进行 500 次模拟实验时脚本的运行结果。以下情况中：

```
Nsubj = 2*7 ; NtrlPerSubj = 47          # 总共 658 个试次
```

结果为：

```
[1] "omegaAboveROPE: Est.Power=0.996; Low Bound=0.987; High Bound=0.999"
[1] "omegaNarrowHDI: Est.Power=0.99; Low Bound=0.978; High Bound=0.996"
[1] "thetasAboveROPE: Est.Power=1; Low Bound=0.994; High Bound=1"
[1] "thetasNarrowHDI: Est.Power=0.266; Low Bound=0.229; High Bound=0.306"
```

请注意，实现群组层次目标的功效非常高，但得到精确的个体层次估计值的概率很低。如果我们使用更少的被试数，每个被试进行更多的试次：

```
Nsubj = 7 ; NtrlPerSubj = 2*47          # 总共 658 个试次
```

则结果为：

```
[1] "omegaAboveROPE: Est.Power=0.642; Low Bound=0.599; High Bound=0.683"
[1] "omegaNarrowHDI: Est.Power=0.524; Low Bound=0.48; High Bound=0.568"
[1] "thetasAboveROPE: Est.Power=0.996; Low Bound=0.987; High Bound=0.999"
[1] "thetasNarrowHDI: Est.Power=0.906; Low Bound=0.878; High Bound=0.929"
```

请注意，现在实现群组层次目标的功效较低，但个体层次的估计值满足目标精度的概率要高得多。这个例子说明了层次模型估计的一般趋势。如果你想在个体层次上获得高精度，那么需要个体内部有大量数据。如果你希望在群组层次获得高精度，那么需要大量的个体（不一定需要每个个体都有大量的数据，但更多会更好）。

另一个重要的例子是，假设我们不那么确定这个理想化的假设，那么我们可以使用被试数更少且试次更少的理想化数据来表示这个假设，同时保持组内均值和标准差不变。

```
# 指定理想化的假设
idealGroupMean = 0.65
idealGroupSD = 0.07
idealNsubj = 10          # 不再是 100
idealNtrlPerSubj = 10    # 不再是 100
```

请注意，理想化的群组均值和群组标准差与之前相同。在表达这个不大理想的假设时，只有理想化的数据量减少了。由此产生的假设参数分布如图 13-3 的下半部分所示。注意，参数分布更加分散了，这反映出了少量理想化数据所固有的不确定性。对于功效分析，我们使用与上述例子相同的模拟样本量：

```
Nsubj = 2*7 ; NtrlPerSubj = 47          # 总共 658 个试次
```

由此得到的每个目标的功效为：

```
[1] "omegaAboveROPE: Est.Power=0.788; Low Bound=0.751; High Bound=0.822"
[1] "omegaNarrowHDI: Est.Power=0.816; Low Bound=0.781; High Bound=0.848"
[1] "thetasAboveROPE: Est.Power=0.904; Low Bound=0.876; High Bound=0.928"
[1] "thetasNarrowHDI: Est.Power=0.176; Low Bound=0.144; High Bound=0.211"
```

注意，确定程度低的假设降低了所有目标的功效，即使群组层次的均值和标准差没有变化。这种不确定的假设对结果的影响是功效分析的贝叶斯方法的一个重要特征。

NHST 中功效的经典定义假设了一个没有任何不确定性的特定参数值。经典的方法可以计算不同参数值的功效，但该方法不能考虑不同参数值的可信度差异。一个结果是，对于经典方法来说，回顾性的功效分析是非常不确定的，这使得它实际上是无用的，因为估计功效值的置信区间的两个边界值非常接近基线虚警率和100%（Gerard、Smith 和 Weerakkody，1998；Miller，2009；Nakagawa 和 Foster，2004；O'Keefe，2007；Steidl、Hayes 和 Schauber，1997；Sun、Pan 和 Wang，2011；L. Thomas，1997）。

你可以在 Kruschke（2013a）中找到另一个使用理想化数据进行功效分析的完整示例，其中比较了两组计量数据。本书的程序中包含了该文章附带的软件，该软件被称为贝叶斯估计的"BEST"。

13.3　序列检验与精度目标

在经典的功效分析中，我们假设研究的目标是拒绝零假设。对许多研究人员来说，研究的必要条件是拒绝零假设。NHST 方法在科学期刊上的制度化程度相当高，以至于很难发表一项没有显著结果（$p < 0.05$）的研究。因此，许多研究人员在收集数据时会对数据进行监测，只有当 $p < 0.05$（以当前样本量为条件）时或当他们的耐心耗尽时才会终止收集数据。在直觉上，这种做法似乎没有问题，因为检验先前收集到的数据不会影响随后收集的数据。如果我反复抛硬币，那么我检验上一次抛硬币的结果是否为 $p < 0.05$，不会影响下一次抛硬币时的正面概率。

遗憾的是，这种直觉上的相互独立只能说明整个过程的一部分。缺少的部分是，终止过程会使抽样得到的数据发生偏差，因为该过程仅在随机抽样得到极端值时才会终止。抽样终止后，就没有机会再获得来自另一个极端的数据以弥补这种偏差。事实上，正如以下将详细解释的，在 NHST 中以无限的耐心进行序列检验时，即使零假设为真，它也终究会被拒绝。换句话说，在 NHST 的序列检验中，真实的虚警率是100%，而不是5%。

此外，任何以获得极端结果为基础的终止规则都会提供过于极端的估计。无论我们使用 NHST 还是贝叶斯决策准则，如果我们只在零假设值被拒绝时终止收集数据，那么样本将倾向于远离零假设值。原因是，终止规则导致数据收集过程在出现极端意外数值时立即终止，从而切断了收集补偿性代表性值的机会。在 11.1.3 节，我们看到过一个在极端结果处终止抽样的例子。该节讨论了重复抛硬币直到获得一定数量的正面（而不是在达得一定的抛次后终止）。这一过程往往会高估获得正面的概率，因为如果碰巧连续出现几次正面并达到终止标准，则后面不再有机会收集反面抛次，并对以上偶然结果进行补偿。当然，如果是重复抛硬币直到获得一定数量的反面（而不是正面），那么这个过程往往会高估得到反面的概率。

解决这些问题的一个办法是不要把拒绝零假设值作为目标。相反，我们把精度作为目标。对于许多参数来说，精度不受参数的潜在真实值的影响，因此在达到目标精度时终止不会使估计值产生偏差。得到精度的目标似乎是出于得知真实值的渴望；或者更诗意地说，是出于对真理的热爱，而不管它说零假设值是什么。而拒绝零假设值的目标似乎更多地是出于恐惧：在无法拒绝零假设值时，害怕研究无法被发表或无法被批准。统计功效的这两种目标，也就是利用统计力量追求的这两种目标，似乎与两种核心动机一致：爱与恐惧。Mahatma Gandhi（甘地）指出："获得力量的方式有两种。一种是害怕惩罚，另一种是出于爱。以爱为基础的力量比因害怕惩罚而产生的力量更有效且更持久。"[①]

---

① 我在许多网页上看到过甘地的这段话，但我一直找不到这段话的原始来源。

本节的其余部分将展示一些示例，它们是采取不同决策标准的序列检验。我们将考虑的决策标准是根据以下指标做出的：p 值、BF、HDI、ROPE 和精度。我们将看到，根据 p 值做出的决策不仅会导致 100% 的虚警率（在有无限耐心的情况下），而且还会导致估计值比真实值更极端。两种贝叶斯方法都可以决定接受零假设，因此不会导致 100% 的错误警报，但都会产生有偏估计，因为它们在抽样得到极端值时终止。在达到目标精度时终止，会得到精确的估计。

13.3.1   序列检验的例子

图 13-4 和图 13-5 显示了抛硬币的两个序列。在图 13-4 中，硬币的真实偏差是 $\theta = 0.50$，因此正确的决定应当是接受零假设。在图 13-5 中，硬币的真实偏差为 $\theta = 0.65$，因此正确的决定应当是拒绝零假设。每张图的第一行显示了序列中的各个抛次对应的正面比例（z/N）。你可以看到，正面比例最终收敛到硬币的潜在偏差，图中的水平虚线代表了潜在偏差。

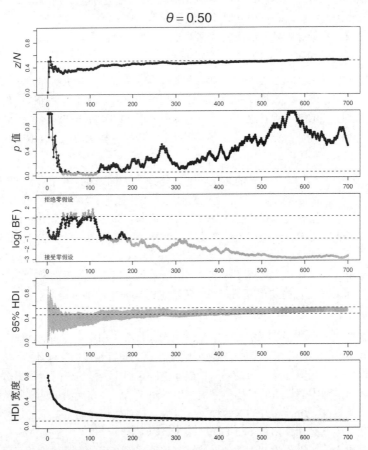

图 13-4   一系列抛次的示例，在每次抛掷时对累积数据进行检验。横坐标为 N。在这种情况下，零假设为真（$\theta = 0.50$）。这个抛掷序列中，早期恰巧有更多的反面，因此 p 值和贝叶斯因子（BF）都在早期拒绝了零假设

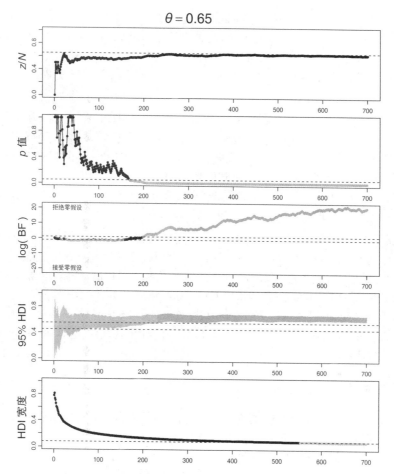

图 13-5　一系列抛次的示例，在每次抛掷时对累积数据进行检验。横坐标为 N。在这种情况下，零假设不成立（$\theta = 0.65$）。这个抛掷序列中，早期的比例恰巧在 0.5 附近，因此贝叶斯因子（BF）在早期接受了零假设

对于这两个序列，我们在每一步中计算了 N 作为条件时的（双尾）p 值。每张图中的第二幅图绘制出了 p 值。图中还在 $p = 0.05$ 处绘制了一条虚线。如果 $p < 0.05$，则拒绝零假设。在图 13-4 中可以看到，这个特定序列的早期试次中碰巧出现了很多次反面，所以，对于许多早期试次来说，$p < 0.05$。因此，零假设值被错误地拒绝。随后，p 值上升到 0.05 以上；但是，出于偶然原因，p 值最终将再次降到 0.05 以下。即使在这种情况下，零假设也为真。在图 13-5 中，你可以看到这个特定序列的早期试次恰好在 $z/N \approx 0.5$ 附近徘徊。最终 z/N 的值收敛到真实的生成值 $\theta = 0.65$，p 值降到 0.05 以下并保持不变，正确地拒绝了零假设值。

图 13-4 和图 13-5 中的第三幅图显示了每次抛硬币时的 BF。BF 是按照式 12.3 计算的。一个传统的阈值决策认为，BF > 3 或 BF < 1/3 可以构成支持一个或另一个假设的"实质性"证据（Jeffreys，1961；Kass 和 Raftery，1995；Wetzels 等人，2011）。出于视觉与数值两方面的对称性的考虑，我们取对数判

13

定规则，即 log(BF) > log 3 ≈ 1.1 或 log(BF) < log(1/3) ≈ −1.1。[①]这些决策阈值被绘制为虚线。在图 13-4 中可以看到，在早期试次中，BF 错误地拒绝了零假设值（与 p 值类似）。如果序列没有在这里终止，那么 BF 最终会发生改变并停留在接受零假设值的区域。在图 13-5 中，BF 在这个特定序列的早期试次中错误地接受了零假设值。如果序列没有终止，那么 BF 最终会发生改变并停留在拒绝零假设值的区域。

图 13-4 和图 13-5 中的第四幅图显示了每次抛硬币时的 95% HDI，假设先验为均匀分布。纵轴是 θ，在每个 N 处，后验的 95% HDI（$p(\theta|z, N)$）被绘制为垂直的线段。虚线表示范围为 0.45 到 0.55 的 ROPE，这是任意但合理的选择。你可以在图 13-4 中看到，HDI 最终落在了 ROPE 中，因此可以出于实际目的正确地接受零假设值。与 p 值和 BF 不同，在这个特定序列中，HDI 不会在早期试次中错误地拒绝零假设值。在图 13-5 中，HDI 最终完全落在 ROPE 之外，从而正确地拒绝了零假设值。与 BF 不同，HDI 不会在序列的早期接受零假设值，因为抛次太少，精度不够。

图 13-4 和图 13-5 中的第五幅图（最下面）显示了每次抛硬币时的 HDI 宽度。不存在以 HDI 宽度为标准来接受或拒绝零假设的决策规则。但有一个终止规则是，当宽度降到 ROPE 宽度的 80% 时终止。80% 的水平是随意选取的，选择它仅仅是为了在终止收集数据时，HDI 有机会完全落入 ROPE 中。因为本例中的 ROPE 是从 0.45 到 0.55，所以 HDI 的目标宽度为 0.08，并且在图中用虚线标出了这个高度。根据此终止规则，在 HDI 宽度降至 0.08 之前，将持续收集数据。这时，如果需要，可以将 HDI 与 ROPE 进行比较，并做出拒绝或接受零假设值的决定。在这两个例子中，当 HDI 达到目标精度时，它也恰好落在 ROPE 的内部或外部，并产生正确的决策。

13.3.2　序列检验的一般表现

前面的示例（图 13-4 和图 13-5）旨在说明序列检验中各种终止规则的表现。但这两个例子仅仅是针对特定序列而言的，这些序列恰好显示出 HDI-ROPE 方法的正确决策和 BF 方法的错误决策。也会有情况正好相反的其他序列。那么这时的问题是，这些方法的平均表现如何？

图 13-6 和图 13-7 中的曲线图是通过运行 1000 个随机序列得到的，这些随机序列与图 13-4 和图 13-5 中的类似。对于 1000 个序列中的每一个，模拟过程会监控序列中每个终止规则的终止位置、在该点它将做出什么决策以及该点的 z/N 值。每一个序列最多可以有 1500 个抛次。图 13-6 是零假设为真的情况，也就是 $\theta = 0.50$。图 13-7 是零假设为假的情况，此时 $\theta = 0.65$。在每张图中，最上面一行绘制了在第 N 次抛掷时做出决策的序列在 1000 个序列中所占的比例。一条曲线绘制出了终止收集并决定接受零假设值的序列的比例，另一条曲线绘制出了终止收集并决定拒绝零假设值的序列的比例，还有一条曲线绘制出了剩余的未确定序列的比例。下面几行绘制出了终止时的 1000 个 z/N 值的直方图。θ 的真实值被绘制为黑色三角形，平均 z/N 值被绘制为黑框三角形。

考虑图 13-6，其中零假设为真，$\theta = 0.50$。左上角显示了根据 p 值做出的决策。可以看到，随着 N 的增大，越来越多的序列错误地拒绝了零假设值。横轴以对数比例显示了 N，因此可以看到在 log N 增大时，错误拒绝零假设值的序列的比例线性地增加。如果允许序列的抛硬币次数超过 1500，错误拒

---

① 若无单独说明，本书中的对数都以 e 为底。——编者注

绝的比例将继续增加。这种现象被称为"抽样以得出一个既定结论"（Anscombe，1954）。

图 13-6 最上面一行的第二幅图显示了根据贝叶斯因子（BF）做出的决策。与 p 值不同，BF 的渐近虚警率远低于 100%，仅略大于 20%。BF 最终正确地接受了剩余序列的零假设值。横坐标是以对数比例显示的，因为大多数决策是在序列的早期做出的。

图 13-6 最上面一行的第三幅图显示了根据 HDI-ROPE 标准做出的决策。和 BF 一样，HDI-ROPE 的渐近虚警率也远低于 100%，在这种情况下只有不到 20%。HDI-ROPE 标准最终会接受所有剩余序列的零假设值，尽管需要很大的 N 才能达到所需的精度。如图 12-4 所强调的，HDI-ROPE 规则仅在参数估计精度较高时接受零假设值，而 BF 即使在参数估计精度较低时也可以接受零假设值。（当然，BF 本身并不提供参数的估计值。）

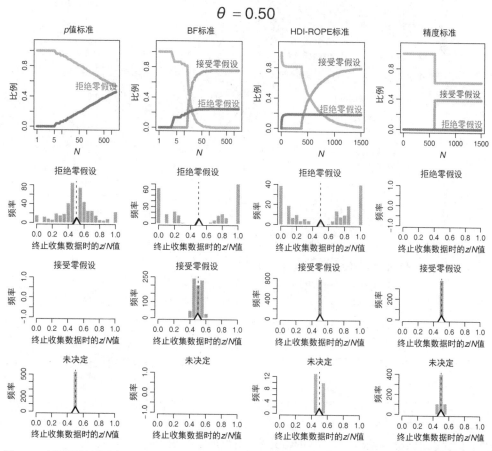

图 13-6　四列图显示了当 $\theta = 0.50$ 时四种终止规则的表现。最上面一行显示了在每次抛硬币都做出决策时，1000 个序列中做出每个决策（接受、拒绝、未决定）的比例。下面几行显示终止收集数据时的 z/N 值。黑框三角形标记出了终止时的平均 z/N 值

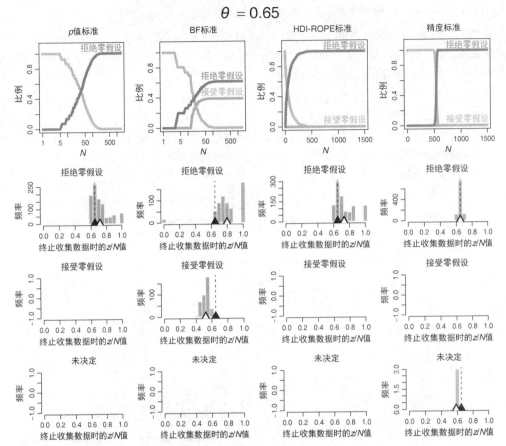

图 13-7　四列图显示了当 $\theta = 0.65$ 时四种终止规则的表现。最上面一行显示了在每次抛硬币都做出决策时，1000 个序列中做出每个决策（接受、拒绝、未决定）的比例。下面几行显示终止收集数据时的 z/N 值。黑色三角形标记出了 θ 的真实值，黑框三角形标记出了终止时的平均 z/N 值

图 13-6 最上面一行的第四幅图显示在达到目标精度时做出的决策。几乎所有的序列在达到判定标准时的 N 值都是相同的。在这一点上，大约 40% 的序列的 HDI 会落入 ROPE 内，进而接受零假设值。所有的 HDI 都不在 ROPE 之外，因为当精度较高时，估计值几乎肯定会收敛至接近正确零假设值的值。换句话说，虚警率为 0%。

图 13-6 的下面的几行显示了序列终止时的 z/N 值。从第一列中可以看到，当 $p < 0.05$ 时终止，也就是零假设值被拒绝时，样本 z/N 只能显著高于或低于真实值 $\theta = 0.5$。如果在序列达到 N 的上限 1500 时终止，也就是之前没有遇到 $p < 0.05$ 的情况并一直保持着未决定的状态，那么样本 z/N 则非常接近真实值 $\theta = 0.5$。

在图 13-6 中的第二列，当零假设被拒绝时，BF 的结果显示样本 z/N 离 $\theta = 0.5$ 很远。重要的是，当零假设被接受时，样本 z/N 也可以明显偏离 $\theta = 0.5$。在第三列，HDI-ROPE 在拒绝零假设值时显示出了类似的结果，但是在接受零假设值时给出了非常精确的估计。当然，这是有意义的，因为 HDI-ROPE

标准只接受在 ROPE 中的精确估计值。在第四列，当达到目标精度时终止，当然会获得准确的估计值。

现在考虑图 13-7，其中零假设为假，具体为 $\theta = 0.65$。最上面一行显示，除 BF 之外的所有终止规则最终都会拒绝零假设值。在这种情况下，几乎 40% 的抛次中，BF 错误地接受了零假设值。第二行显示当决策是拒绝零假设值时，只有目标精度标准不会明显地高估 θ。BF 将 θ 高估得最多。第三行显示当 BF 接受零假设值时，θ 被低估。最后一行显示了一些特殊情况：在达到目标精度而终止时，1000 个序列中只有 3 个在终止时仍是未确定的；在这种情况下，θ 被稍微低估了。

总而言之，图 13-6 和图 13-7 表明，在进行序列检验时，p 值（以 N 为条件）终究会拒绝零假设值，即使零假设为真；并且由此得到的 θ 估计值往往过于极端。如果在目标 BF 处终止，当零假设值为真时，可以防止 100% 的虚假警报；但在不为真时，也常常错误地接受零假设值。BF 还导致 θ 的估计值更为极端。使用 HDI-ROPE 标准时，如果零假设为真，可防止 100% 的虚假警报；而如果零假设为假（在本例中），不会错误地接受零假设值。HDI-ROPE 标准导致 θ 的估计值更加极端，但极端程度弱于 BF 标准。HDI-ROPE 标准所付出的代价是，它往往需要更大的样本量。如果在达到目标精度时终止，不会错误地拒绝零假设值（当它是真的时），也不会错误地接受零假设值（当它不是真的时），但在某些情况下会无法做出决定。它给出了 θ 的无偏估计，但是为了达到目标精度，需要非常大的样本量。

关键在于，如果抽样中的某个操作使样本中的数据有偏差，如终止规则，那么无论是否使用贝叶斯估计，得到的估计值都可能有偏差。以得到极端值为基础的终止规则会自动地使样本估计偏向极端值，因为一旦偶然地出现一些极端数据，抽样就会终止。以得到精度为基础的终止规则不会使样本产生偏差，除非精度的测量取决于参数值（事实上这是真的，只是对于不是非常极端的参数值来说不是很明显）。

因此，如果你想得到低错误率的无偏估计值，那么可以考虑的一种方法是抽样以达到目标精度。在达到目标精度时终止的缺点是它可能需要很大的样本量。在某些情况下，一个大样本的成本可能非常高，例如濒危生命的医学实验。对这些权衡的全面处理属于贝叶斯自适应设计（Bayesian adaptive design）和贝叶斯决策理论（Bayesian decision theory）的范畴。关于这些主题有大量的讨论，本书无法深入研究。决策理论的一个基本思想是，为每一个决策或行动分配一个效用（utility）。效用是衡量成本或收益的指标。假设一个零假设是新药与旧药的效果相同，则错误地拒绝零假设的代价是什么？错误地认为新药比旧药好的代价是什么？高估药物有效性的代价是什么？获得更多数据的成本是多少，特别是当这些数据来自等待有效治疗的病人时？相反，正确的决策、准确的估计和较少的数据收集需求有什么好处？

在结束关于序列检验的简短一节前，我们应该概括一下它与功效的关系，这是本章的主要话题。当我们用参数值的假设分布描述世界时，功效（一般定义，而不是传统定义中的功效）是我们根据指定的终止规则抽样并获得数据时，实现指定目标的概率。在功效分析中，通常假设的终止规则是获得固定的样本量。本节改变了终止规则：我们不会在样本量达到阈值 N 时终止，而是在抽样数据的摘要统计值（如 p 值、BF、HDI 或 HDI 宽度）达到阈值时（分别为 0.05、3、ROPE 的范围以及 ROPE 宽度的 80%）终止。在这些终止规则下，实现拒绝或接受零假设的目标的概率是图 13-6 和图 13-7 中的渐近决策比例。换句话说，这两张图说明了这些终止规则在序列检验中的功效。当终止规则是基于数据中的极端值而不是数据的精度时，得到的参数估计值是有偏差的。序列检验示例不同于先前的功效示例的另一点是参数值的假设分布的形状。序列检验示例使用的假设是"尖峰"形状的分布，例如没有不确定性的 $\theta = 0.50$，因此可以回答关于虚警率的问题。

13.4　讨论

13.4.1　功效与多重比较

在 NHST 中，当在所有其他检验计划的空间中考虑任何特定检验时，该检验的整体 p 值是增大的。11.1.5 节讨论过一个例子。在频率主义的功效分析中必须考虑到这一点。当有多个检验时，任何一个检验的功效都会降低。

在频率主义方法中，当目标是达到精度而不是拒绝零假设时，也必须考虑多重检验的问题。在频率主义方法中，精度可以用 CI 来衡量。我们在 11.3.1 节中看到，特别是图 11-11，CI 依赖于检验计划，因为 p 值依赖于检验计划。Pan 和 Kupper（1999）讨论了目标是达到精度（而不是拒绝零假设）时以及计划进行多重比较时的频率主义功效。

贝叶斯功效分析不受多重检验计划的影响。在贝叶斯功效分析中，决策是基于后验分布的，无论当前的数据是实际的还是模拟的，后验分布则是由当前数据决定的，而不是由其他的检验计划决定的。在贝叶斯功效分析中，实现目标的概率，即功效，只由数据生成过程（包括终止规则）决定，而不由反事实的样本云（包括其他检验）决定。

13.4.2　功效：前瞻性、回顾性和重复性

功效分析有很多类型，具体取决于参数值假设分布的来源和用于分析模拟数据的先验信息。最典型且有用的类型是前瞻性（prospective）功效分析。在前瞻性功效分析中，我们正在计划一项尚未收集到任何数据的研究。参数值的假设分布来源于理论、理想化数据或相关研究的实际数据。De Santis（2007）描述了如何结合以前的实验结果来构建数据生成分布。13.2.5 节给出了一个前瞻性功效分析的例子，说明了如何使用理想化数据创建具有代表性的假设参数值。

回顾性（retrospective）功效分析指的是我们已经在一个研究项目中收集了数据，并且希望确定我们所进行的研究的功效。在这种情况下，我们可以根据实际数据得出后验分布，将后验分布作为代表性参数值，再用于生成新的模拟数据。（这相当于后验预测检验。）换句话说，在后验 MCMC 链的每一步中，参数值将被用于生成模拟数据。然后用贝叶斯模型对模拟数据进行分析，方法与分析实际数据的方法相同，并检验模拟数据的后验分布是否达到目标。在传统的功效分析中，假设分布是尖峰分布，唯一的目标是根据 p 值拒绝零假设。众所周知，回顾性功效估计与 p 值有直接的对应关系，因此回顾性功效不能用于 p 值以外的其他推断（Gerard 等人，1998；Hoenig 和 Heisey，2001；Nakagawa 和 Foster，2004；O'Keefe，2007；Steidl 等人，1997；Sun 等人，2011；L. Thomas，1997）。然而，回顾性功效分析确实使功效明确化。并且，在本书描述的广义贝叶斯环境中，回顾性功效分析可以揭示实现其他目标的概率。

最后，假设我们已经收集了一些数据。我们想知道，如果精确地重复此实验，我们实现研究目标

的概率有多大。换句话说，如果我们只是收集一批新的数据，同时考虑到第一批数据的结果，那么我们在重复研究中实现目标的概率有多大？这就是重复（replication）能力。与回顾性功效分析一样，我们使用从第一个数据样本中得到的实际后验数据作为数据生成分布。但是对于模拟数据的分析，我们将再次使用第一个数据样本的实际后验，因为这是有着最优信息的后续实验的先验分布。MCMC 执行此分析的一种简单方法如下。使用有怀疑精神的受众认可的先验与实际数据集，生成有代表性的参数值和有代表性的模拟数据。然后，将原始数据与新的模拟数据混合，并使用扩大后的数据集对原始受众先验进行更新。该技术相当于将原始数据集的后验作为新的模拟数据的先验。在贝叶斯环境中可以很自然地计算重复性，但对于传统的 NHST 来说则是困难甚至不可能的（Miller，2009）。NHST 在处理重复概率时遇到的问题是，它没有好的方法来对数据生成器建模：它无法从初始的分析中获得后验分布。

13.4.3 功效分析要求模拟数据具有真实性

只有在模拟数据真正地模拟了实际数据时，功效分析才有用。我们从一个参数值具有不确定性的描述性模型中生成模拟数据，但我们假设该模型能够相对较好地描述实际数据。如果模型对实际数据描述得不好，那么模拟数据就不能真正地模拟实际数据，从模拟数据中推断出来的结论也就没有什么意义。因此，建议检查模拟数据是否能够准确地反映实际数据。

当模拟数据与实际数据有差异时，功效分析会产生奇怪的结果。考虑对重复概率的分析，其中模拟数据与实际数据有很大差异。然后，将新的模拟数据与原始数据组合在一起，进行重复分析。这时的组合数据是两种趋势（实际趋势和不同的模拟趋势）的混合，因此参数的估计值比仅有原始数据时变得更加不确定。只有当模拟样本量大于原始样本量时，模拟趋势才会压倒实际趋势，重复的不确定性才会再次变小。如果你在重复性功效分析中发现，参数的不确定性在初始阶段会随着模拟样本量的增加而增大，那么你遇到的情况可能是模型没有忠实地模拟实际数据。

13.4.4 规划的重要性

在收集数据之前进行功效分析是非常重要且有价值的。在实际研究中，一个有趣的理论和巧妙的实验操作往往意味着实验效应比较微弱。研究人员可能会感到震惊，因为功效分析显示：检测到这种微弱的效应需要数百名被试！但是，比起实际收集了数十个被试的数据并发现对所追求效应的估计非常不确定时的痛苦，功效分析带来的冲击不值一提。

功效分析还可以减少其他方面的研究痛苦。有时在实际研究中，进行实验或观察研究仅仅是为了客观地证实传说中存在的强烈效应。研究人员可能会尝试使用大样本量进行研究，因为相关性研究通常都会这样做。但功效分析可能会显示，在样本量小得多的情况下，也能够轻易检测到这种强烈的效应。

功效分析在向资助机构提交项目申请书时同样非常重要。基础研究中的申请书可能有着迷人的理论和聪明的研究设计，但如果预测的效应很轻微，那么申请书的审稿人是有理由怀疑其可行性的，并希望通过功效分析来消除疑虑。应用研究中的研究申请书更依赖于功效分析，因为其中的成本和收益更加直接、更加具体。比如，在临床研究（如医学、药理学、精神病学、咨询学）中，对患者进行测试的成本可能会非常高昂。因此，预测可能的样本量或抽样持续时间非常重要。

13

虽然提前规划样本量很重要，但监测数据收集过程并在必要时尽快终止研究也是很重要的，尤其是在临床应用中。一旦数据清楚地显示出积极或消极的结果，研究人员就应当终止实验。当实验性疗法具有明显的副作用时，盲目地继续使用该方法来治疗病人是不道德的；当实验性疗法有明显的疗效时，盲目地继续对病人进行安慰剂治疗同样是不道德的。关于何时终止收集数据的决策是一个备受关注的话题，被称为贝叶斯优化或自适应设计。这里不作进一步讨论，但感兴趣的读者可参考 S. M. Berry、Carlin、Lee 和 Müller（2011）撰写的书，J. O. Berger（1985）和 DeGroot（2004）有关决策论的书，以及一些文章，例如 D. A. Berry（2006、2011），Cavagnaro、Myung、Pitt 和 Kujala（2010），及 Roy、Ghosal 和 Rosenberger（2009，第 427 页）引用的一些文章。

13.5 练习

你可以在本书配套网站上找到更多练习。

练习 13.1 目的：放松一下。 阅读弗里德里希·尼采的作品全集，特别是他的遗作《权力意志》（Nietzsche，1967）。利用贝叶斯概率理论，将尼采的意志和权力（统计权力即功效）的概念表达为数学形式。说明统计功效的概念是尼采权力的形式化特例，反之亦然。把你的答案发布在你的个人博客上。如果本练习没有毁灭你，它会使你更强大。

练习 13.2 目的：了解表 13-1 和表 13-2 中抛一枚硬币时的功效。 本练习中，考虑抛一枚硬币并推断其偏差。

(A) 表 13-2 表明，当数据生成分布较为模糊时，也就是 $\kappa=10$ 且 $\omega=0.80$ 时，抛硬币 87 次，才能有 80% 的机会获得宽度小于 0.2 的 95% HDI。如果数据生成分布非常确定，也就是 $\kappa=1000$ 时，所需的 N 最小是多少？展示你使用的命令，并报告功效大于 0.8 的最小 N 的确切功效值。提示：在以下语句中适当地更改参数（不要忘记溯源函数列表）。

```
minNforHDIpower (genPriorMode=0.80, genPriorN=10, HDI-maxwid=0.2, nullVal=NULL,
ROPE=c(0.48,0.5 2), desiredPower=0.8, aud PriorMode=0.5, audPriorN=2,
HDImass=0.95, initSampSize=5, verbose=TRUE).
```

(B) 关于前一部分，如果数据生成假设已经非常精确，为什么研究人员还要追求精度目标？提示：受众先验可能与数据生成假设不同。对结果进行简单讨论（也许可以通过例子讨论）。

(C) 表 13-1 表明，当数据生成分布高度确定时，也就是 $\kappa=1000$ 且 $\omega=0.80$ 时，则抛 19 次硬币，就能有 80% 的机会获得满足条件的 95% HDI：它排除了 $\theta=0.5$ 附近的小 ROPE。当数据生成分布是模糊的，也就是 $\kappa=2$ 时，所需的 N 最小是多少？展示你使用的命令，并报告功效大于 0.8 的最小 N 的确切功效值。

(D) 在前一部分中，目标是 HDI 排除零假设值（0.5）。注意，当 HDI 高于零假设值或者 HDI 低于零假设值时，都将满足目标。（i）如前一部分所述，当生成数据的先验为 Beta 分布，且 $\mu=0.8$ 和 $\kappa=2$ 时，有多大比例的生成数据偏差会大于零假设值？（ii）如果目标是使 HDI 完全高于零假设值，则需要多大的样本量才能达到 0.8 的功效？提示：使用参数为 ROPE=c(0,0.5) 的 minNforHDIpower.R。观察随着样本量无限增加，功效逐渐向渐近线移动的过程。为什么功效永远不会超过你在（i）中算出的比例？

练习 13.3 目的：获得 13.2.5 节所介绍的蒙特卡罗功效模拟的实践经验。使用 13.2.5 节中的脚本 JAGS-Ydich-XnomSsubj-MbinomBetaOmegaKappa-Power.R，估计图 9-9 中触摸疗法实验的功效。

(A) 将 nSimulatedDataSets 设置为 50，运行脚本。展示你为完成此任务而更改的代码行。报告功效估算的最终结果。你的结果与 13.2.5 节中的结果相比如何？提示：功效的估计值应该大致相同，但由于使用的模拟数据集较少，因此功效估计的界限应该更宽（更不确定）。

(B) 现在你将从模拟实际数据的理想化数据开始，运行功效模拟。参考图 9-10 中实际数据分析的后验分布。注意群组层次的集中趋势和 HDI。我们将使用这些特征作为理想化数据的生成假设。具体来说，在脚本的开头，设置 idealGroupMean=0.44、idealGroupSD=0.04、idealNsubj=28 和 idealNtrlPerSubj=10。解释这些设置的作用并解释为什么选择这些值。

(C) 由于理想化数据的集中趋势非常接近随机水平，我们不会对拒绝零假设值抱有很大希望，因此我们的目标可能是高精度。在函数 goalAchievedForSample 中，将 HDImaxwid 设置为 0.1。此外，为了获得更高的精度，我们需要的数据比原始实验中获得的数据更多。因此，请尝试将 NSubj 设置为 40，将 NtrlPerSubj 设置为 100。因为这是一个练习，而不是真正的研究，所以将模拟数据集的数量更改为只有 20 个。报告你更改的代码行（以及你删除或注释掉的任何代码行）。现在运行模拟并报告每个目标的功效的最终估计值。为什么 omegaNarrowHDI 目标的功效较高，而 thetaNarrowHDI 目标的功效较低？

(D) 对于那些希望在 R 中进行简单编程练习的人，尝试这样做：不再使用理想化的数据来创建生成参数值的假设数据，而是使用原始实验中的实际数据。在脚本的第一部分，只需注释或删除创建理想化数据的代码行。取而代之，使用 genMCMC 函数中的实际数据。然后，重复上一部分的练习。功效估计值是差不多的吗？

练习 13.4 目的：探索重复抛硬币时的序列检验。在本练习中，你的工作是创建类似于图 13-4 的图。提示如下。

❑ 有关如何创建和绘制 z/N 的提示，请参见图 4-1 及文本中附带的说明。

❑ 假设计划是在 N 处终止，要计算某个比例的 p 值，可以使用 R 函数 binom.test。例如：

```
z=9; N=10; theta=0.5;
binom.test(x=z, N=N, p=theta, alternative="two.sided")$p.value
```

以上代码将返回 p 值。或者，你可以用二项分布的定义"从头开始"计算。

❑ 可以根据式 12.3 计算贝叶斯因子。小心使用 Beta 函数而不是 Beta 分布。

❑ 可以使用函数 HDIofICDF 计算 HDI，我们已经在一些功效脚本和函数中使用过该函数。它是在本书附带的工具函数中定义的，因此在使用该函数之前，必须进行溯源。在当前应用中，它的基本格式是 HDIofICDF(qbeta, shape1=1+z, shape2=1+N-z)。

13

第 14 章

Stan

傻瓜沿着随机轨迹给出提议，

满足一次需求要等一个世纪。

真爱在围绕心的轨道上安家，

在哈密顿梯度星的指引之下。[①]

与 JAGS 类似，Stan 是一个软件包的名字，它为复杂层次模型的后验分布创建具有代表性的参数值样本。回顾图 8-1，它显示了 R 与 JAGS 和 Stan 的关系。我们可以在 R 中使用 rjags 工具包与 JAGS 通信并指定模型；类似地，我们也可以在 R 中使用 RStan 工具包与 Stan 通信并指定模型。

根据 Stan 参考手册，Stan 是以 Stanislaw Ulam（1909—1984）的名字命名的，他是 MC 方法的先驱。[Stan 的名字并不是源自由单词 "跟踪者"（stalker）和 "粉丝"（fan）组合而成的俚语，指的是过度热情或神经质的狂热者。]软件包的这个名称也可以看作一个缩写词，完整的名称是自适应邻域抽样（Sampling Through Adaptive Neighborhoods；Gelman 等人，2013，第 307 页），但它通常被写成 Stan 而不是 STAN。

Stan 生成 MC 步骤的方法与 JAGS 不同。这种方法称为哈密顿蒙特卡罗（Hamiltonian Monte Carlo，HMC）。HMC 比 JAGS 和 BUGS 的各种抽样器更有效，特别是对于大型复杂模型而言。此外，Stan 用编译的 C++操作，编程更灵活。这对于不常见的或复杂的模型尤其有用。对于大型数据集或复杂模型，当 JAGS（或 BUGS）的计算时间太长或运行失败时，Stan 可以提供解决方案。然而，Stan 不一定总是更快或更好的（在它发展的现阶段）。对于本书中的一些应用场景，JAGS 的计算速度与 Stan 一样快或比 Stan 更快，而且有些模型（目前）不能直接用 Stan 表示。

比起 JAGS，Stan 涉及一些额外的编程工作，所以从头学习的话，Stan 会更困难。但是，一旦你

[①] *Fools lob proposals on random trajectories,*

Finding requital just once in a century.

True love homes in on a heart that is radiant,

Guided by stars from Sir Hamilton's gradient.

本章是关于 MCMC 抽样方案的，该方案创建的提议分布被拉向后验分布的众数，而不是对称地围绕在当前位置附近。这些提议使用了基于后验梯度的轨迹，其中的数学方案是以物理学家 William Hamilton（威廉·哈密顿）爵士的姓氏命名的。

了解了 JAGS，就很容易了解 Stan 的其他细节。Stan 还有大量的文档及 JAGS 中没有的一些编程函数。在我撰写本书时，Stan 正在快速地发展，所以本书的目标不是提供一个完整的 Stan 程序库。相反，本章介绍用 Stan 编写程序的思想、完整的示例和指南。后面的章节涉及各种各样的 Stan 程序。在你学习 Stan 的时候，它的一些细节可能已经发生了改变。

14.1　HMC 抽样

Stan 随机生成后验分布的代表性样本的方法是 Metropolis 算法的一个变体，名为 HMC。为了理解 HMC，我们将简要回顾 7.3 节中解释的 Metropolis 算法。在 Metropolis 算法中，我们在参数空间中进行随机游走，偏爱后验概率相对较高的游走方向参数值。在游走中，为了决定下一步的位置，会在当前位置生成一个转移提议，这个提议是从提议分布中随机抽样得到的。根据提议位置和当前位置的相对后验概率密度，该转移提议会被概率性地接受或拒绝。如果提议位置的后验密度高于当前位置，则转移提议一定会被接受。如果提议位置的后验密度低于当前位置，则提议会被概率性地接受，这时的转移概率等于后验密度的比例。

这里我要强调的关键特性是提议分布的形状：在普通的 Metropolis 算法中，提议分布以当前位置为中心，而且是对称的。在多维参数空间中，提议分布可以是多元高斯分布，在具体应用中会调整其方差和协方差。但无论当前游走漫步的地方处于参数空间的什么位置，多变量高斯函数都是以当前位置为中心的，且保持相同的形状。这种固定性会导致效率低下。比如，在后验分布的尾部，偏离后验众数的提议仍然与走向后验众数的提议一样多，因此提议往往会被拒绝。另一个例子是，如果后验分布沿某种曲线穿过参数空间，那么，在一部分后验中调整得很好的固定形状的提议分布，可能并不能适用于后验的另一部分。

与之不同，HMC 使用的提议分布会根据当前位置发生变化。HMC 计算出后验分布增加的方向——称为梯度（gradient），并将提议分布向梯度扭曲。考虑图 14-1。第一行显示了单个参数 θ 的简单后验分布。横轴上的大点表示 MC 链中的当前位置。图 14-1 的两列显示了不同的当前位置。在任意一个当前位置，提出一个转移提议。在普通的 Metropolis 算法中，提议分布是以当前位置为中心的高斯分布。因此，相比于当前位置，提议移动到更高处或提议移动到更低处的可能性相等。但 HMC 生成提议的方式大不相同。

HMC 生成提议的方式类似于将后验分布上下颠倒并在它上面滚石子。图 14-1 的第二行展示了颠倒后的后验分布。从数学上讲，颠倒的后验分布是后验密度函数的负对数，它被称为“势”（potential）函数，我们很快将揭示这个名称背后的原因。后验高的位置，势总是更低；后验低的位置，势总是更高。代表当前位置的大圆点位于势函数上，就像石子将要从山上滚下。生成下一个提议位置的方法是，向随机方向弹石子并让它滚动一定时间。在这个简单的单参数示例中，弹石子的初始方向是随机向右或向左，弹的幅度是从均值为零的高斯分布中随机抽取的。弹的过程赋予石子一个随机的初始动量（momentum），如图 14-1 第二行的注释所示。到时间后，石子的新位置就是 Metropolis 转移的提议位置。可以想象，在势函数中，石子更倾向于落在初始位置坡下的位置。换句话说，提议位置将更倾向于位于后验概率较高的区域。

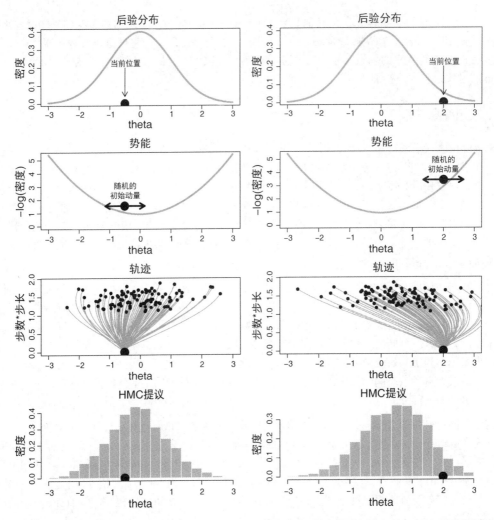

图 14-1   HMC 提议分布的示例。两列显示了不同的当前参数值，标记为大圆点。第一行显示后验分布。
第二行显示势能，以及施加给该点的一个随机的初始动量。第三行显示轨迹，即 θ 值（横轴）
关于时间的函数（纵轴标记的步数*步长）。第四行显示提议位置的直方图

　　"势能"这个术语类比自物理学。在理论物理中，运动物体的势能（potential energy）与动能（kinetic energy）可以相互转换：山顶上的静止石子有很多势能，但没有动能；但当它滚动到山脚时，石子的部分势能转换成了动能。在理想化的无摩擦系统中，势能和动能的和是常数，这个动态系统的总能量始终保持不变。真实的弹石子过程不是理想化的，因为会产生摩擦（在滚动中，它们的角动量也会发生变化，使得动态变化的过程更加复杂）。这个理想化过程的一个更好的类比是：一个冰球在一个几乎没有摩擦力的表面（如光滑的冰面或压缩空气垫）上滑动（而不是滚动）。但冰层让人感觉很冷，而空气垫需要用到轰隆作响的机器。因此，让我们想象光滑的山坡上有着一颗完美的石子，不存在摩擦，也不发生旋转。

图 14-1 的第三行展示了在当前位置上，随机弹出多个球产生的许多轨迹。纵轴被神秘地标示为"步数*步长"，它的确切含义将在下面揭示，但你可以把它简单地看作持续时间。时间随着步数*步长的增大而增加。图 14-1 中轨迹的持续时间是随机的，其可能的范围相当狭窄。轨迹显示了这些球在接收到随机初始动量并滚动时，θ 值关于时间的函数。每条轨迹的终点用一个小点标记，这就是提议位置。

图 14-1 的最后一行显示了所有提议位置的直方图。具体来说，你可以看到提议分布不是以当前位置为中心的。相反，提议分布向后验分布众数的方向倾斜。请注意，对于不同的当前位置，提议分布是完全不同的。然而，在这两种情况下，提议分布都向后验分布的众数倾斜。你可以将其想象为，对于一个高维度的后验分布来说，如果分布的山谷很狭窄并且是沿着对角线的甚至是弯曲的，那么动态 HMC 找到的提议位置更容易被接受，无论是相比于普通的对称提议分布，还是相比于在沿对角线的墙壁上不断碰壁的 Gibbs 抽样（如 7.4.4 节的末尾所述）。

确定了转移提议之后，根据式 7.1 的 Metropolis 决策规则，提议将被接受或拒绝。除了一点：该式不仅涉及相对后验密度，还涉及当前位置和提议位置的动量。当前位置施加的初始动量是从简单的概率分布（如正态分布，即高斯分布）中随机抽取的。将动量记为 ϕ。然后，HMC 的 Metropolis 接受概率变为：

$$p_{接受} = \min\left(\frac{p(\theta_{提议} \mid D)\, p(\phi_{提议})}{p(\theta_{实际} \mid D)\, p(\phi_{实际})},\ 1 \right) \tag{14.1}$$

在理想化的连续系统中，势能和动能［分别对应着 $-\log(p(\theta \mid D))$ 和 $-\log(p(\phi))$］之和是恒定的，因此式 14.1 中的比值将为 1，并且提议永远不会被拒绝。但在实际的模拟过程中，连续的动态过程被离散成短暂的时间间隔，而且计算也只是近似的。由于离散化的过程存在噪声，因此这些提议不一定会被接受。

如果轨迹的离散步很小，那么可以更好地模拟真实的连续轨迹。但它将需要很多步才能远离原始位置。相反，更大的步不能很好地模拟连续数值，但只需较少的步数就可以离开原来的位置。因此，可以通过改变步长（称为 epsilon，或简称为"Eps"）和步数来"调整"（tune）提议分布。我们把步长看作行进整步的时间，因此轨迹的总持续时间等于步数乘以步长，也就是图 14-1 中轨迹的纵轴上显示的"步数*步长"。HMC 的实践者通常会争取让接受率接近 65%（Neal，2011，第 142 页）。如果模拟中的接受率太低，则减小步长；如果模拟中的接受率太高，则增大步长。为保持轨迹持续的时间相同，我们会同时对步数进行补偿性的更改。

步长控制着轨迹的平滑度或粗糙度。总的持续时间，即步数*步长，控制着提议位置与当前位置的距离。调整持续时间很重要，因为我们希望提议位置接近众数，不会越过，更不会一路滚回起点。图 14-2 显示了很多轨迹，它们的初始位置与图 14-1 所示的相同。请注意，长的轨迹将越过众数并返回当前位置。为了防止轨迹掉头进而导致效率低下，Stan 采用了一种算法，将"掉头"的概念推广到高维参数空间，并估计终止时间以防止轨迹向初始位置方向掉头。该算法被称为"无掉头抽样器"（no U-turn sampler，NUTS。M. Hoffman 和 Gelman，2014）。通过比较图 14-1 和图 14-2 中的提议分布，你可以直观地看出图 14-1 中的提议分布将更高效地探索后验分布。

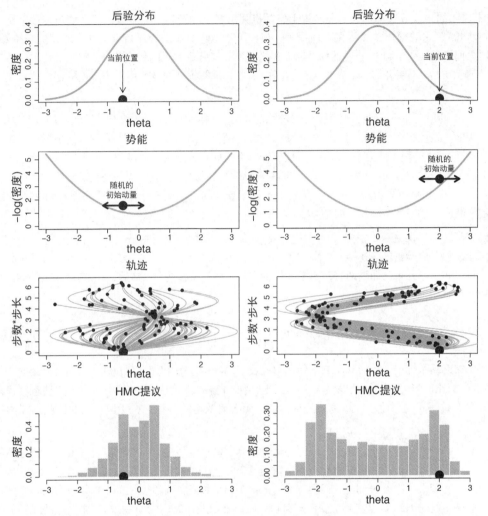

图 14-2　HMC 提议分布的示例。两列显示了不同的当前参数值，标记为大圆点。在这张图中，随机轨迹的长度（步数*步长）是在很大的范围内抽样得到的。与图 14-1 进行比较

除了步长和步数，提议分布上还有第三个"调整旋钮"，用来选择初始动量分布的标准差。图 14-3 中的两列提议分布开始于相同的当前位置、有着相同的轨迹持续时间，但随机的初始动量具有不同的标准差。可以看出，动量分布的标准差越大，提议分布越宽。通过比较图 14-1 和图 14-3 可以看出，最高效的标准差既不太宽也不太窄。动量分布的标准差通常由 Stan 中的自适应算法设定，以匹配后验的标准差。

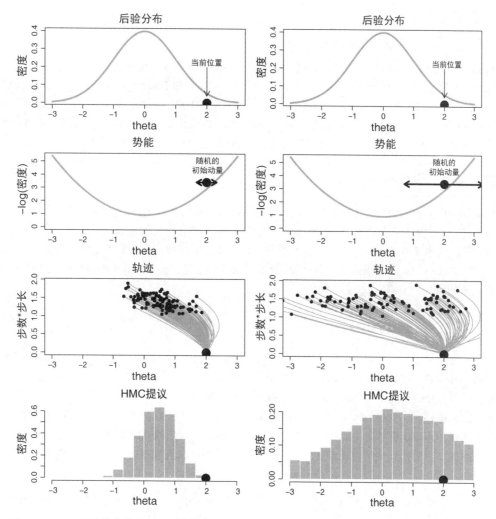

图 14-3 HMC 提议分布的示例。两列的随机初始动量的标准差不同。与图 14-1 比较，图 14-1 显示的随机初始动量有着中等程度的标准差

计算一个提议的轨迹需要模拟石子沿着势能山坡滚动的过程。换句话说，无论参数取何值，我们都必须能够计算其后验密度的梯度（导数）。在高维参数空间中，只有在梯度有着明确的方程时（而不是使用有限差分得到的数值近似），才能高效地做到这一点。梯度方程可以由人推导出，但对于具有数百个参数的复杂模型，这个方程是由符号数学语法引擎根据算法推导得出的。在用离散步模拟一条提议轨迹时，通常的方法是先沿梯度走半步来更新动量，然后沿着势能和动量的梯度走整步，最后以另半步动量结束。因为有两个半步，所以这种方法被称为"跳跃式"程序（leapfrog procedure）。

计算梯度的算法及调整提议轨迹的算法是巧妙且复杂的。这里存在许多技术障碍，包括数学分析法求导的通用系统，不同类型的有限范围参数的处理，以及在高维参数空间中调整离散化的哈密顿动

力学的各种方法。正如 Gelman 等人（2013，第 307 页）轻描淡写地提出："HMC 需要一点点编程和调试方面的努力。"所幸，对用户来说，Stan 系统将它变得相对容易。

精确描述机械系统动力学的数学理论，是由物理学家提出的。这里用到的关于动能和势能的方程，是以威廉·哈密顿的姓氏命名的。Duane、Kennedy、Pendleton 和 Roweth（1987）在物理学文献中描述了 HMC（他们称之为"混合"蒙特卡罗），Neal（1994）将 HMC 应用于统计问题。MacKay（2003，第 30 章）提供了简要的 HMC 数学综述。Neal（2011）提供了更详细的 HMC 数学综述。在 Stan 参考手册和 Gelman 等人（2013）的书中可以找到关于 Stan 如何实现 HMC 的详细信息。

14.2　安装 Stan

Stan 的主页上有一个指向 RStan 的链接。单击该链接，你将看到大量的安装说明。执行每一步都要注意细节。请确保你的 R 和 RStudio 的版本是最新的。我不会在这里详细地描述细节，因为随着 Stan 的不断发展，这些细节也在迅速改变。请务必下载 Stan 语言的用户指南和参考手册。当 RStan 库被加载到 R 中后，其中的大多数函数有帮助页面。比如，要想详细地了解 RStan 中的抽样函数 sampling，你可以在 R 的命令行中输入?sampling。

14.3　一个完整的示例

解释如何在 Stan 中用 RStan 编程时，最好的方式是展示例子。我们从一个名为 Stan-BernBeta-Script.R 的简单脚本开始，这个脚本实现了图 8-2 中的模型。该模型估计一枚硬币的偏差。数据是一枚硬币的多次抛掷结果，$y_i \in \{0, 1\}$；用伯努利分布描述数据，$y_i \sim \mathrm{dbern}(\theta)$；先验为 Beta 分布，$\theta \sim \mathrm{beta}(A, B)$。类似于 JAGS 和 rjags，Stan 和 RStan 的模型在 R 中是字符串的形式。但是，与 JAGS 不同的是，模型定义首先明确地声明了哪些变量是数据、哪些变量是参数，它们是独立的模块，有各自的标记，位于模型语句前面。声明每个变量时还描述了该变量的计量类型及取值范围。比如，以下声明：

```
int<lower=0> N ;
```

表示 N 是一个整数（integer），最小值为零。以下是完整的模型定义，它们被包裹在引号中，因为对 R 来说它们是字符串：

```
modelString = "
  data {
    int<lower=0> N ;
    int y[N] ;          // y 是长度为 N 的整数向量
  }
  parameters {
    { real<lower=0,upper=1> theta ;
  }
  model {
    theta ~ beta(1,1) ;
    y ~ bernoulli(theta) ;
  }
"                  # 模型字符串的结束引号
```

你会注意到模块中的每一行都有一个明确的命令结束符，也就是一个分号。这是 C++中的语法，它是 Stan 使用的底层语言。R 也会将分号解释为命令结束符，在一行中输入多个短命令时，结束符非常有用。无论结束时使用的是回车还是分号，R 都是可以识别的，但 Stan 和 C++只会将分号识别为命令结束符。

与 JAGS 的另一个区别是，Stan 中的注释由双斜杠 "//" 表示，而不是由符号 "#" 表示。这种差异同样是因为，Stan 定义将被编译成 C++代码，而且 C++中的注释是由双斜杠表示的。

在上面的模型定义中，模型模块中的语句看起来类似于 JAGS 和 BUGS 中的形式，因为对 Stan 来说，这是一个公认的设计原则。但是 Stan 的模型定义与 JAGS 并不完全相同。比如，概率密度 dbeta 被表示为 beta，dbern 被表示为 bernoulli。

另一个重要的区别是，Stan 允许向量化操作。事实上，Stan 推荐采用向量化操作。因此，在 Stan 中，我们可以仅用一行语句来表示每个 y_i 值都来自伯努利分布：

```
y ~ bernoulli(theta) ;
```

但在 JAGS 中，我们必须编写一个明确的 for 循环：

```
for ( i in 1:N ) {
  y[i] ~ dbern(theta)
}
```

Stan 确实有 for 循环，但是向量化操作的处理速度更快。

有了上面讨论的模型定义，下一步是将模型翻译成 C++代码，并将 C++代码编译成可执行的动态共享对象（dynamic shared object，DSO）。RStan 中执行此操作的命令是 stan_model。但是，在调用它之前，必须将 RStan 库加载到 R 中：

```
library(rstan)
stanDso = stan_model( model_code=modelString )
```

如果模型中有错误，Stan 会在这里告诉你。取决于模型的复杂程度，此翻译和编译步骤可能需要一段时间。此时，Stan 所做的关键工作之一就是，求解哈密顿动力学的梯度函数。生成的 DSO 被赋值给上面的 stanDso 变量。

创建好 DSO 后，就可以用它生成后验分布的 MC 样本。首先需要定义数据，与我们在 JAGS 中的做法类似，然后使用抽样函数 sampling 生成 MC 样本：

```
# 创建一些虚拟数据
N = 50 ; z = 10 ; y = c(rep(1,z),rep(0,N-z))
dataList = list( y = y , N = N )

stanFit = sampling( object=stanDso , data=dataList ,
                    chains=3 , iter=1000 , warmup=200 , thin=1 )
```

sampling 的第一个参数告诉 Stan 要使用什么 DSO。其他参数看起来类似于 rjags 或 runjags 中的参数，只不过 Stan 使用 warmup 而不是 burnin。在 Stan 中，iter 是每条链的总步数，包括每条链的磨合步数 warmup。精简链只会将某些步骤标记为不使用；精简不会增加运行的总步数。因此，Stan 所运行的总步数是 chains·iter。在这些步数中，实际用作代表性样本的总步数为 chains·(iterwarmup)/thin。因此,如果你知道你最终想得到的总步数,并且知道磨合数 warmup、链数 chains 和精简数 thin,那么你就可以计算出每条链需要的步数 iter,也就是你的期望总步数乘以 thin/ chains+warmup。

在上面的示例中,我们没有指定链的初始值,而是让 Stan 根据默认设置随机地初始化链。用户可以使用参数 init 初始化链,类似于 JAGS 中的做法。要了解更多信息,请在 R 的命令行中输入 ?sampling(使用 library(rstan)载入 RStan 之后)。

sampling 返回的信息不仅限于代表性参数值的 MC 样本,还包括 DSO(再一次),以及运行时的详细信息。有多种方法可以检查 MC 样本本身。RStan 有标准的 R 命令 plot 和 summary,同时还有自己的 traceplot 命令(JAGS 使用的 coda 包中有不同的版本)。你可以很容易地在 R 的命令行中尝试使用它们。RStan 版本的 traceplot 和 plot 有一个参数 pars,它接受由字符串组成的一个向量,该向量指定你要绘制的参数。现在,我们将把 Stan 的输出结果转换为 coda 对象,这样我们就可以使用与 JAGS 相同的图形格式查看结果:

```
# 加载 rjags、coda 和 DBDA2E 函数
source("DBDA2E-utilities.R")
# 将 Stan 格式转换为 coda 格式
mcmcCoda = mcmc.list( lapply( 1:ncol(stanFit) ,
                              function(x) { mcmc(as.array(stanFit)[,x,]) } ) )
# 使用 DBDA2E 函数对链进行图形诊断
diagMCMC( mcmcCoda , parName=c("theta") )
```

结果图(此处未显示)的格式与图 8-3 相同。

14.3.1   重复使用编译后的模型

由于在 Stan 中进行模型编译可能需要一段时间,因此将成功编译的模型的 DSO 存储起来会更加方便,这样我们就可以重复地将它应用于不同的数据集。这样做很简单,我们只需对任何合适的数据集再次使用 sampling 函数即可。这个函数在功效分析中尤其有用,因为功效分析需要分析许多的模拟数据集。练习 14.2 将告诉你如何实现。

14.3.2   Stan 模型定义的总体结构

上面的例子旨在简单介绍 Stan,因而非常简单。对于更复杂的模型,Stan 的模型定义将需要更多的成分。Stan 模型定义的总体结构由 6 个模块组成,如下所示:

```
data {
... declarations ...
}
transformed data {
... declarations ... statements ...
}
parameters {
... declarations ...
}
transformed parameters {
... declarations ... statements ...
}
```

14

```
model {
... declarations ... statements ...
}
generated quantities {
... declarations ... statements ...
}
```

比如，在数据模块 data 之后可以有一个转换数据模块 transformed data，其中可以放置语句，将数据模块 data 中的数据，转换为可在随后的特定模型中使用的新值。同理，通过转换参数模块 transformed parameters 中的语句，可以将参数模块 parameters 中声明的参数转换为其他参数。最后，如果要在每一步中追踪模型中生成的一些数值（比如被预测变量），你可以在生成数量模块 generated quantities 中创建它们。

这些模块是可选的（除了模型模块本身），但必须按照上面显示的顺序排列。如 14.4 节将详细说明的，Stan 将按顺序处理模型定义中的各行。因此，在语句中使用某变量之前，必须先声明该变量。具体来说，这解释了为什么转换参数模块 transformed parameters 必须放在参数模块 parameters 之后。具体示例，见练习 14.1。

14.3.3 像 Stan 那样思考对数概率

如果稍微考虑一下 Stan 使用的算法，你就会发现 Stan 的大部分精力花在了计算哈密顿动力学的轨迹上。从当前参数位置出发，该算法将随机产生初始动量并改变步数和步长。然后，根据势函数的梯度，即后验密度（负）对数的梯度，精确地计算哈密顿动力学。这将重复很多步。在轨迹的末端，利用当前位置和提议位置的后验密度之比（以及动量）来决定接受概率。如果接受概率小于 1，则在均匀分布中抽取随机数。注意，式 14.1 中的接受概率可以在等式两边同时取对数并改写，因此接受概率还涉及计算后验密度的对数。也就是说，Stan 的计算本质是处理后验概率密度及其梯度的对数，不涉及从参数分布中直接进行随机抽样。

如果没有参数分布中的随机抽样，那么，类似于 y ~ normal(mu,sigma) 的模型定义，对 Stan 来说到底意味着什么？它是指在数据值 y 处，将当前位置的后验概率乘以正态分布密度。也就是说，它是指，增大当前位置的对数概率，增幅是数据值处的正态分布对数密度。实际上，在 Stan 中，可以将以下"抽样语句"：

```
y ~ normal(mu,sigma)
```

替换为增大对数概率的对应命令：

```
increment_log_prob( normal_log( y, mu, sigma ))
```

并得到相同的结果。在上面的命令中，normal_log 是正态密度的对数，increment_log_prob 函数将该结果添加到对数概率总数中。

虽然上面的两个 Stan 语句能够产生相同的后验 MCMC 样本，但它们并不是完全等价的。抽样语句假设你所需要的只是来自后验分布的代表性样本，因此需要的仅仅是相对后验密度而不是绝对后验密度。Stan 巧妙地从正态密度方程中删除了所有常数，以提高计算效率。明确的对数概率形式将保留确切的后验密度。

Stan 的这种计算方法的一个优势是，你可以为模型灵活地指定任何你想要的分布。你需要做的仅仅是在 `increment_log_prob` 中表达对数概率，至少原则上是这样。Stan 还必须能够计算出哈密顿动力学的梯度。我在这里提到这一点是为了让你更好地理解为什么对数概率和梯度对 Stan 的体系结构如此重要。有关进阶编程的详细信息，请参阅 Stan 参考手册。

14.3.4　在 Stan 中对先验抽样

正如 8.5 节中讨论的，出于一些原因，我们可能希望检查模型先验分布的样本。查看层次模型里的中层参数的隐含先验时，或者查看导出参数（如均值差异）的隐含先验时，这种检查是非常有用的。

在当前版本的 Stan 中，数据不能为空。（这一点与 JAGS 不同，JAGS 将缺失值看作有待估计的参数值。）因此，我们不能将数据注释掉，从而对 Stan 中的先验分布进行抽样，像我们在 8.5 节中对 JAGS 所做的那样。取而代之，我们从模型定义中注释掉了似然函数。下面是一个例子：

```
modelString = "
  data {
  int<lower=0> N ;
  int y[N] ;
  }
  parameters {
    real<lower=0,upper=1> theta ;
  }
  model {
    theta ~ beta(1,1) ;
//    y ~ bernoulli(theta) ;              // 注释掉似然函数
  }
"        # 模型字符串的结束引号
```

你必须使用 `stan_model` 命令重新编译模型。然后使用与之前完全相同的数据和方法，以从模型中抽样。

你可以通过思考抽样语句（现在已经注释掉了）的真正含义来理解为什么这样做。如前一节所述，抽样语句只是根据数据改变对数概率。如果我们不考虑这一行，那么对数概率只会受到模型中其他语句的影响，即指定先验的语句。

当从非常分散的"平坦"分布抽样时，由于它的梯度非常小，因此 Stan 可能会遇到收敛问题。如果 Stan 无法对模型的先验进行抽样，那么你可以尝试使用分散程度小的先验，看看是否能够解决收敛问题，这时你仍然可以了解导出参数的隐含先验的定性性质。JAGS 不存在这个问题。

14.3.5　常用分析的简化脚本

在 8.3 节中，我已经将常用分析的 JAGS 脚本包装在函数中，你可以在不同的分析中使用一致的命令序列来调用这些函数。比如，单个命令 `plotMCMC` 将为不同的应用场景展示不同的图形。我对类似的 Stan 脚本也做了同样的包装。这些文件的文件名以 "Stan-" 开始，而不再是 "JAGS-"。

举例来说，上面描述的简单伯努利-Beta 模型是用名为 Stan-Ydich-Xnom1subj-MbernBeta-Example.R 的脚本调用的。8.3 节解释了这些文件的命名规则。这个脚本实际上与 JAGS 版本基本相同，只是

"JAGS" 被替换为 "Stan"，并且在最后加入了几行代码以说明 RStan 的绘图函数的用法。

```
# 加载数据
myData = read.csv("z15N50.csv")
# 加载 genMCMC、smryMCMC 和 plotMCMC
source("Stan-Ydich-Xnom1subj-MbernBeta.R")
# 定义根文件名，定义存储输出时的图形格式
fileNameRoot = "Stan-Ydich-Xnom1subj-MbernBeta-"
graphFileType = "eps"                   # 也可以是"png"或"pdf"等
# 生成 MCMC 链
mcmcCoda = genMCMC( data=myData , numSavedSteps=10000 , saveName=fileNameRoot )
# 对于特定参数，显示链的诊断信息
parameterNames = varnames(mcmcCoda)     # 获得所有参数的名称
for ( parName in parameterNames ) {
  diagMCMC( mcmcCoda , parName=parName ,
            saveName=fileNameRoot , saveType=graphFileType )
}
# 获得链的摘要统计值
summaryInfo = smryMCMC( mcmcCoda , compVal=0.5 , rope=c(0.45,0.55) ,
                        saveName=fileNameRoot )
# 显示后验信息
plotMCMC( mcmcCoda , data=myData , # compVal=0.5 , rope=c(0.45,0.55) ,
          saveName=fileNameRoot , saveType=graphFileType )
# 使用 Stan 显示函数，而不是 DBDA2E 函数
# 加载由 genMCMC 生成的 stanFit 对象
load("Stan-Ydich-Xnom1subj-MbernBeta-StanFit.Rdata")
# 显示信息
show(stanFit)
openGraph()
traceplot(stanFit,pars=c("theta"))
openGraph()
plot(stanFit,pars=c("theta"))
```

14.4 在 Stan 中自上而下地定义模型

对于人类来说，从概念上讲，描述模型是从想描述的数据开始的。我们首先知道数据的测量尺度及其结构。然后，我们设想数据的似然函数。似然函数的参数是有意义的，我们可能希望用其他数据（称为协变量、预测变量或回归变量）重新表达这些参数。接着，我们建立参数的有意义的层次先验。最后，在顶层，我们指定能够表达先验知识的常数，这些常数可能是不明确的。

JAGS 的一个很好的特性是，可以按照概念顺序指定模型：从数据开始，先到似然，再到更高层的先验。在 8.2.2 节中，我们讨论了这种格式，其中还解释了 JAGS 并不关心其模型语句中指定相互依赖关系时的具体顺序。JAGS 不会像一个过程一样按顺序执行这些行，而是考察依赖关系的定义，检查它们的一致性，并为相应的模型结构组装 MCMC 抽样器。

然而，这种自下而上的顺序对于 Stan 中的模型定义来说是不合适的。Stan 将模型定义直接转换成相应的 C++命令，并按顺序处理这些命令。比如，我们不能以 y ~ bernoulli(theta)开始模型定义，因为 Stan 还不知道 theta 是什么。Stan 会尝试填充这个 theta 值，使用变量声明中的默认值或上一个 MCMC 步骤中的值，而它们显然并不是我们想要的。因此，在 Stan 中，模型定义通常从顶层的先验开始，然后填充较低层的依赖关系，最后以数据的似然结束。

对于复杂模型中的流程控制而言，Stan 按顺序执行模型定义这一事实非常有用。比如，与 JAGS

不同，Stan 有 `while` 循环，它在满足条件之前会一直循环。Stan 还有 `if-else` 结构，这在 JAGS 中是不可用的。

我发现，当我开始在 Stan 中输入一个新模型时（"输入"是指按下计算机键盘上的按键，而不是指声明变量类型），我会以自下而上的概念顺序来输入模型，并随着行进过程，将光标移动到模型定义的不同模块上。在输入任何内容之前，我都会（手动）绘制一张类似于图 8-2 的模型图。我首先会输入似然函数，比如模型模块中的 `y ~ bernoulli(theta)`。然后，我将光标移到数据模块上并声明变量 y 和 N，再将光标移到参数模块上并声明变量 theta。接着，从概念上来看，我将模型结构向上移动到下一个层次，从视觉上来看，是在层次关系图（如图 8-2 中）向上移动。我将光标放在模型模块的开始部分，在前面指定的似然函数的上面，输入相应的定义 `theta ~ beta(1,1)`。如果这个语句引入了新的高层参数或数据，那么我将在适当的模块中声明它们。我将重复此过程，直到到达层次结构的顶部。在使用自下而上的概念顺序输入完模型之后，我会从上到下地阅读这些语句，按照流程顺序检查模型定义的准确性和效率。我问自己，处理变量的过程是否符合逻辑顺序？循环和 `if-else` 语句的顺序是否正确？采用不同的流程结构或向量化方法是否可以提高处理效率？

14.5　局限性

在我撰写本书时，Stan 的一个主要局限在于它不容许使用离散（分类）参数。这种局限性的原因在于 Stan 的基础抽样方法是 HMC，而 HMC 需要计算参数的后验分布的梯度（导数）。当然，离散参数的梯度是没有定义的。Stan 2.1.0 的参考手册声明，"计划在 Stan 2.0 中添加完整的离散抽样"（第 4 页，脚注 2）。也许在你读本书的时候，Stan 会容许使用离散参数。

在 Stan 中不能使用离散参数意味着，我们不能像在 10.3.2 节中所做的那样，将索引参数作为层次模型的顶层参数并进行模型比较。也许可以通过使用聪明的编程设计来突破这个局限性，但是目前没有比 JAGS 中的模型定义更直接的方法了。

Stan 的一个特色是，它有在联合参数空间中直接找到后验分布众数的能力，也就是直接根据模型方程找到，而不必从 MCMC 样本中寻找。JAGS 是做不到这一点的。如果后验分布是弯曲的，则多维众数不一定与边际众数相同。但是本书中的应用场景不会用到这个特色。

14.6　练习

你可以在本书配套网站上找到更多练习。

练习 14.1　目的：在 Stan 中进行参数转换，并与 JAGS 进行比较。对于本练习，我们在 Stan 中分析了 9.2.4 节中的触摸疗法数据。模型结构如图 9-7 所示。相关的 Stan 脚本包含在本书附带的在线程序套件中，详见 Stan-Ydich-XnomSsubj-MbernBetaOmegaKappa-Example.R。将它与 JAGS 版本进行比较。JAGS 版本的文件名相似，但以 JAGS-开始。

(A) 考虑脚本调用的 Stan 代码的模型模块。转换参数模块的作用是什么？

(B) 考虑脚本调用的 Stan 代码的模型模块。为什么 theta 是向量化的，而 y 不是？

(C) 运行 Stan 程序, 并注意需要多长时间。运行 JAGS 版本并注意需要多长时间。在使用相同 ESS 的情况下, 它们产生的后验分布是否相同? 哪个更快? 你可能会发现 Stan 并不快, 甚至慢得多。因此, Stan 不一定工作得更好。请注意, 要对比 Stan 和 JAGS, 必须匹配结果链的 ESS, 而不是步数。无论是 Stan 还是 JAGS 的输出, 使用相同算法来计算 ESS 并展示 ESS 结果时, 都可以方便地使用基于 coda 的函数来生成摘要和图形。为了公平地比较 Stan 和 JAGS, 还要匹配它们所需的磨合阶段, 因为它们可能需要不同的磨合步数以收敛这些链。

练习 14.2　目的: 熟悉 Stan 中的功效分析。 14.3.1 节简要提到过, 我们可以在 Stan 的抽样函数 sampling 的多次调用中, 重复使用由 Stan 命令 stan_model 创建的 DSO。在本练习中, 你的目标是在 Stan 中实现 13.2.4 节中描述的 MC 功效模拟。在 Stan 中实现它的一种直接的做法是使用类似的函数定义, 这种方法虽然逻辑上正确, 但是效率低下, 因为每次分析新的模拟数据集时, 它都会重新编译 Stan 模型。本练习的真正目标是修改执行 Stan 分析的函数, 以便它可以编译 Stan 模型或重复使用已有的 DSO。在你修改的版本中, 将编译 Stan 模型的部分放在分析模拟数据集的循环的外部, 并将编译后的 DSO 作为一个参数, 传递到分析模拟数据集的函数中。展示你的代码及解释性的注释。

广义线性模型

在第三部分中，我们将在广义线性模型（GLM）的场景中，应用前两部分所解释的方法和概念。GLM 包括多重线性回归、逻辑斯谛回归，以及类似于方差分析和频率表分析（frequency-table analysis）的贝叶斯方法等。本部分将详细地讨论许多现实示例。本书附带的计算机程序是高级脚本，你可以很容易地修改它们并应用于自己的真实数据，因为脚本中只使用了用于加载数据和指定结果摘要的少量命令。

第 15 章

广义线性模型概述

> 笔直而均匀，在你的灵魂深处，
> 一切都正交，从天花板到地板。
> 但是在那外面，藤蔓葡匐扭曲，
> 环绕在围栏上，隐藏在薄雾中。[①]

本书的前一部分探讨了贝叶斯数据分析的所有基本概念，我们将贝叶斯数据分析应用于一个简单的似然函数，即伯努利分布。我们之前只关注了简单的似然函数，以便更清晰地阐述贝叶斯数据分析的复杂概念，如 MCMC 方法和层次先验，这使得我们不会受到多参数复杂似然函数的干扰。

在本部分中，我们将所有的概念应用于更复杂但通用的一族模型，也就是广义线性模型（generalized linear model，GLM。McCullagh 和 Nelder，1989；Nelder 和 Wedderburn，1972）。这一族模型包括常规的"现成"分析，如 t 检验、方差分析（analysis of variance，ANOVA）、多重线性回归（multiple linear regression）、逻辑斯谛回归（logistic regression）、对数线性模型（log-linear model）等。由于我们已经在前面的章节中熟悉了贝叶斯数据分析的概念和机制，因此现在可以集中精力研究这族通用模型的应用。本章对于理解后续章节很重要，因为它为本书其余部分中的所有模型构建了框架。

15.1 变量类型

为了理解 GLM 及其许多具体用例，我们必须首先建立关于变量间关系及如何衡量变量的一系列基本概念。

---

① *Straight and proportionate, deep in your core*
All is orthogonal, ceiling to floor.
But on the outside the vines creep and twist
'round all the parapets shrouded in mist.
这首诗用隐喻法描述了广义线性模型（GLM）。GLM 的核心是预测变量的线性组合；结果值与预测变量值的大小成正比，如诗中所述。GLM 可以有一个非线性的反连接函数，也就是诗中扭曲的藤蔓。GLM 有着随机的噪声分布，噪声掩盖了潜在的趋势，这就是诗中所说的薄雾。

15.1.1 预测变量和被预测变量

假设我们想根据某人的身高预测他的体重。在这种情况下，体重是被预测变量（predicted variable），身高是预测变量（predictor variable）。或者，假设我们想根据学业能力倾向测验（Scholastic Aptitude Test，SAT）分数和家庭收入预测高中平均绩点（grade point average，GPA）。在这种情况下，GPA 是被预测变量，而 SAT 分数和家庭收入是预测变量。又或者，假设我们想预测患者的血压，而患者的治疗类别有：服用 A 药、服用 B 药、服用安慰剂和仅仅是等待。在这种情况下，被预测变量是血压，预测变量是治疗类别。

被预测变量和预测变量之间的关键数学区别在于，似然函数将被预测变量值的概率表示为预测变量值的函数。似然函数不会描述预测变量值的概率。预测变量的值来自被建模系统的外部，而被预测变量的值依赖于预测变量的值。

因为被预测变量依赖于预测变量，所以即使它们在现实世界中没有因果关系，至少在似然函数中是有数学依赖关系的，因此被预测变量也可以称为"因变量"（dependent variable）。预测变量有时被称为"自变量"（independent variable）。自变量和因变量之间的关键概念区别在于，因变量的值依赖于自变量的值。"因变量"这个词可能会让人混淆，因为我们既可以严格地使用它，也可以宽泛地使用它。在实验环境中，实验者实际操纵并设定的变量是自变量。在这种实验操作的背景下，自变量的值确实（至少在原则上）与其他变量的值无关，因为实验者进行了干预并人为地设置了自变量的值。但有时非操纵变量也被称为"自变量"，仅仅是为了表明它被用作预测变量。

对非操纵变量来说，被预测变量和预测变量的角色是人为规定的，仅仅取决于如何解释这个分析。考虑人们的体重和身高。我们感兴趣的可能是根据一个人的身高来预测他的体重，也可能是根据他的体重来预测身高。预测只是一种数学上的依赖关系，不一定是对潜在因果关系的描述。虽然人们的身高和体重倾向于共同发生变化，但这两个变量并没有直接的因果关系。当一个人垂头丧气时，他变矮了，但不会变轻。当一个人喝了一杯水之后，他的体重增加了，但他不会长高。

正如"预测"并不意味着因果关系，"预测"也不意味着变量之间具有任何时间上的关系。比如，我们可能想根据身高来预测一个人的性别。由于男性往往比女性高，因此这一预测的准确率要高于随机水平。但一个人的性别不是由其身高决定的，也不是测量了身高之后这个人才有性别。因此，我们可以根据一个人的身高来"预测"其性别，但这并不意味着其性别的确定时间比其身高晚。

总之，所有被操纵的自变量都是预测变量，而不是被预测变量。如果需要，一些因变量也可以扮演预测变量的角色。所有的被预测变量都是因变量。似然函数是预测变量值的函数，指定被预测变量值的概率。

我们为什么要关心：我们之所以关心预测变量和被预测变量之间的区别，是因为似然函数是被预测变量对预测变量的依赖关系的数学描述。在统计推断中，我们要做的第一件事就是识别变量：我们想预测哪些被预测变量，根据哪些预测变量进行预测。你应当还记得 2.3 节的内容，贝叶斯数据分析的第一步是确定与分析相关的数据：哪些变量是预测变量，哪些变量是被预测变量。

15.1.2 尺度类型：计量、顺序、名义和计数

我们可以用不同的尺度来衡量同一项内容。比如，描述一场赛跑中的参与者的表现时，既可以用

他们完成比赛的时间来衡量，也可以用他们在比赛中的名次（第一名、第二名、第三名等）来衡量，还可以用他们所代表队伍的名称来衡量。这三种衡量方式分别是计量尺度、顺序尺度和名义尺度的示例（Stevens，1946）。

计量尺度（metric scale）的例子包括响应时间（延迟或持续时间）、温度、身高和体重。这些实际上是一种特定类型的计量尺度，称为比例尺度（ratio scale，也称定比尺度），因为它们的尺度上有一个自然零点。尺度上的零点代表着被测量物完全不存在。比如，当持续时间为零时，完全没有消耗任何时间；当重力为零时，完全没有向下的力。因为这些尺度有一个自然零点，所以讨论被测量值的比例是有意义的，这就是它们被称为比例尺度的原因。比如，这样说是有意义的：解决问题花费的 2 分钟时间的长度是解决问题花费的 1 分钟时间的两倍。而历史时间的尺度没有绝对零点。我们不能说 1 月 2 日的时间是 1 月 1 日的时间的两倍。我们可以任意指定一个参考点并计算持续时间，但我们不能讨论任何给定时刻的绝对时间量。没有自然零点的尺度称为区间尺度（interval scale，也称定距尺度或间距尺度），因为我们所知道的只是尺度上一个区间内的物质数量，而不是尺度上某一点的物质数量。尽管比例尺度和区间尺度的概念有所不同，但我还是将它们归类为计量尺度。

计量尺度数据的一种特殊情况是计数数据（count data），也称为频率数据（frequency data）。比如，一小时内通过某岔路口的汽车数量是一个计数，被调查者中声称自己归属于某个政党的人数是一个计数。计数数据只能取非负的整数值。计数之间的距离是有意义的，因此这类数据是计量数据，但由于这些数据不能为负且不是连续的，因此处理它们的数学方式与处理连续计量数据的数学方式有所不同。

顺序尺度（ordinal scale，也称定序尺度）的例子包括比赛中的排名和认同程度的等级。我们得知，在一场比赛中，简得了第一名，吉尔得了第二名，茉莉得了第三名。这时我们知道的内容只有顺序。我们不知道简比吉尔究竟是快一米还是快一千米。顺序尺度中没有距离或计量信息。另一个例子是，许多调查中有顺序响应尺度：请表明你对"贝叶斯统计推断优于零假设显著性检验"这一说法的认同程度，5 = 强烈同意，4 = 同意，3 = 既不同意也不反对，2 = 反对，1 = 强烈反对。请注意，响应尺度中没有计量信息，因为我们不能说 5 和 4 之间的差异与 4 和 3 之间的差异是相同的。

名义尺度（nominal scale，也称定类尺度），也就是类别尺度，其例子包括政党名称、骰子的面和抛硬币的结果。对于名义尺度，不同的类别之间既没有距离，也没有顺序。假设我们估量一个美国人所属的政党。该尺度上的各种类别可能是绿党、民主党、共和党、自由党或其他党派（在美国，不同州有不同的政党）。虽然一些政治理论可能认为，可以用从自由主义到保守主义的潜在尺度描述这些政党，但是实际的类别值本身并没有这样的尺度。实际的类别标签之间既没有距离也没有顺序。作为另一个名义尺度的例子，考虑眼睛颜色和头发颜色，如表 4-1 所示。眼睛颜色和头发颜色都是名义变量，因为它们的各个水平之间既没有距离也没有顺序。表 4-1 中的单元格显示，我们可以将名义变量颜色作为预测变量，预测计数数据。我们将在第 24 章中探索这个过程。

总之，如果两项有不同的名义值，则我们只知道这两项是不同的（以及它们属于什么类别）。如果两项有不同的顺序值，则我们知道这两项是不同的，而且知道哪一个比另一个"更大"，但不知道大多少。如果两项有不同的计量值，则我们不仅知道它们是不同的，还知道哪一个更大，以及大多少。

我们为什么要关心：我们之所以关心尺度类型，是因为似然函数必须在适当的尺度上指定概率分布。如果尺度有两个名义值，那么伯努利似然函数可能是合适的。如果是计量尺度，那么可以选择正态分布作为描述数据的概率分布。每当为数据选择模型时，我们都必须回答一个问题：我们要处理什么样的尺度？你应当还记得 2.3 节的内容，贝叶斯数据分析的第一步包括确定被预测变量和预测变量的测量尺度。

在下面的几节中，我们首先考虑的情况是，有着计量预测变量的计量被预测变量。在所有变量都是计量变量的背景下，我们将阐述线性函数和交互作用的概念。使用计量预测变量建立这些概念之后，这些概念将推广到名义预测变量上。

15.2 多个预测变量的线性组合

GLM 的核心是将预测变量的组合影响表示为它们的加权和。以下各节将基于最简单的直观例子构建这个想法。

15.2.1 单个计量预测变量的线性函数

假设我们已经确定了一个被预测变量，记为 y，以及一个预测变量，记为 x。假设我们确定这两个变量都是计量型的。下一个需要解决的问题是，如何为 x 和 y 之间的关系建立模型。这是 2.3 节所述的贝叶斯数据分析的第 2 步。y 对 x 的依赖有多种可能性，具体的依赖形式由变量的具体含义和性质决定。但一般来说，在所有可能的领域中，我们能想到的 y 对 x 的依赖的最基本或最简单的形式是什么？这个问题通常的答案是：线性关系。线性关系是统计模型中使用的一种通用、"普通"、现成的依赖关系。

线性函数有恒定的等比关系（proportionality，相对于适当的基线而言）。如果输入加倍，则得到的输出加倍。如果糖果的总价是其重量的线性函数，那么当重量减少 10% 时，总价应该降低 10%。如果汽车的行驶速度是发动机燃油喷射量的线性函数，那么当你将油门深踩 20% 时，汽车的速度应该快20%。非线性函数没有等比关系。在现实世界中，车速不是燃油消耗量的线性函数。车速越来越快时，要想让汽车的速度更快，所需增加的燃油会越来越多。尽管事实上现实世界中的许多依赖关系是非线性的，但在变量的适度范围内，大多数依赖关系至少是近似线性的。如果你的墙壁面积变为原来的两倍，则大约需要两倍的油漆。线性关系在直觉上也是显著的（Brehmer，1974；P. J. Hoffman、Earle 和 Slovic，1981；Kalish、Griffiths 和 Lewandowsky，2007）。线性关系是最容易想到的：把方向盘转两倍远，我们认为汽车的转角应该是原来的两倍。把音量旋钮调高 50%，我们认为音量应该增加 50%。

单变量线性函数的一般数学形式是：

$$y = \beta_0 + \beta_1 x \tag{15.1}$$

绘制满足式 15.1 的 x 值和 y 值时，这些值会形成一条线，如图 15-1 所示。参数 β_0 的值称为 y 截距（ y-intercept ），因为当 $x = 0$ 时，线在这里与 y 轴相交。图 15-1 的左图显示了具有不同 y 截距的两条线。参数 β_1 的值称为斜率（slope），因为它表示当 x 增大 1 时，y 增大多少。图 15-1 的右图显示了截距相同但斜率不同的两条线。

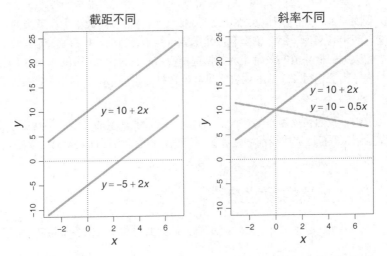

图 15-1　单个 x 变量的线性函数的示例。左图显示了斜率相同但截距不同的两条线，右图显示了截距相同但斜率不同的两条线

在数学术语中，式 15.1 中的转换类型称为仿射（affine）。当 $\beta_0 \neq 0$ 时，转换不保持等比性。考虑 $y = 10 + 2x$。当 x 从 $x = 1$ 加倍为 $x = 2$ 时，y 从 $y = 12$ 增大到 $y = 14$，y 没有加倍。然而，对于所有 x 值，y 的增量是相同的：每当 x 增大 1 时，y 增大 β_1。此外，可以移动式 15.1 中的 y 或 x，以实现等比性。如果简单地将 y 移动 β_0，并且将移位值记为 y^*，就能实现等比性：$y^* = y - \beta_0 = \beta_1 x$。或者，如果将 x 移动 $-\beta_0 / \beta_1$，并且将移位值记为 x^*，也能实现等比性：$y = \beta_1(x - \beta_0 / \beta_1) = \beta_1 x^*$。这种形式的方程称为 x 截距形式（x-intercept form）或 x 阈值形式（x-threshold form），因为 $-\beta_0 / \beta_1$ 是线穿过 x 轴的地方，也是 y 取正值或负值时的阈值。

我们为什么要关心：似然函数包含 y 对 x 的依赖形式。当 y 和 x 是计量变量时，无论在数学上还是直观上，最简单的依赖形式都是保持等比关系的依赖形式。这种关系的数学表达式就是线性函数（linear function）。一条直线的数学表达式通常是 y 截距形式，但有时更直观的表达式是 x 阈值形式。线性函数是 GLM 的核心。

15.2.2　计量预测变量的加法组合

如果有多个预测变量，我们应该使用什么样的函数来组合所有预测变量的影响？如果我们希望组合后的值对于每个预测变量来说都是线性的，那么只有一个答案：加法。换句话说，如果我们希望无论其他预测变量的值是什么，根据预测变量的增量预测出的被预测值的增量都是相同的，那么来自单个预测变量的预测值必须是加在一起的。

一般来说，K 个预测变量的线性组合的形式如下。

$$y = \beta_0 + \beta_1 x_1 + \cdots + \beta_K x_K$$
$$= \beta_0 + \sum_{k=1}^{K} \beta_k x_k$$

$$(15.2)$$

图 15-2 给出了 x_1 和 x_2 两个变量的线性函数的示例。这四个图形仅显示了 $0 \leqslant x_1 \leqslant 10$ 且 $0 \leqslant x_2 \leqslant 10$ 范围内的 y 值。重要的是要认识到，这个平面可以从负无穷延伸到正无穷，而这些图形只显示了一个很小的区域。注意，在左上角的图中，$y = 0 + 1x_1 + 0x_2$，平面在 x_1 方向上是向上倾斜的，但在 x_2 方向上是水平的。比如，当 $x_1 = 10$ 时，不管 x_2 的值是多少，都有 $y = 10$。右上角的图则相反，$y = 0 + 0x_1 + 2x_2$。在这种情况下，平面在 x_2 方向上是向上倾斜的，但在 x_1 方向上是水平的。左下角的图中显示了相加的两个影响：$y = 0 + 1x_1 + 2x_2$。注意，x_2 方向上的斜率比 x_1 方向上的斜率大。最重要的是要注意，在 x_1 的任何特定值处，x_2 方向上的斜率都是相同的。比如，x_1 固定为 0，当 x_2 从 $x_2 = 0$ 变为 $x_2 = 10$ 时，y 从 $y = 0$ 上升到 $y = 20$。x_1 固定为 10，y 将再次上升 20 个单位，从 $y = 10$ 到 $y = 30$。

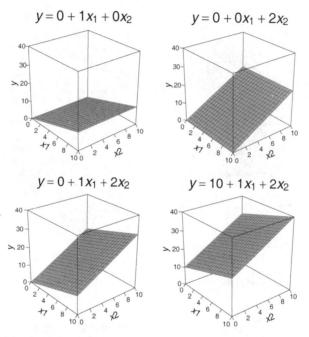

图 15-2　x_1 和 x_2 两个变量的线性函数的示例。左上：只有 x_1 对 y 有影响。右上：只有 x_2 对 y 有影响。左下：x_1 和 x_2 对 y 有加法影响。右下：添加了不为零的截距

本节摘要：当改变其他预测变量的取值时，如果每个预测变量的影响不变，那么这些影响是相加的。即使单个预测变量的影响是非线性的，两个或多个预测变量的组合影响也可以是相加的。但是，如果单个影响是线性的，并且组合影响是相加的，那么整体的组合影响也是线性的。式 15.2 是线性模型的一个表达式，它构成了 GLM 的核心。

15.2.3　计量预测变量的非加法交互作用

两个预测变量的组合影响不一定是相加的。考虑一个人的幸福感，并根据他的整体健康状况和年收入进行预测。如果一个人的健康状况很差，那么不管他的收入如何，他很可能都不幸福。同样，如果一个人的收入为零，那么不管他的健康状况如何，他都可能不幸福。但是，如果一个人既健康又富

有，那么他幸福的概率就会比较高（尽管在大众媒体上有著名的反例）。

图 15-3 的左上角显示了预测变量之间的这种非加法交互作用。标有 y 的纵轴对应幸福感。横轴 x_1 和 x_2 分别对应健康状况和收入。注意，如果 $x_1 = 0$ 或 $x_2 = 0$，则 $y = 0$。但如果 $x_1 > 0$ 且 $x_2 > 0$，则 $y > 0$。这里绘制的交互作用是乘法交互作用：$y = 0 + 0x_1 + 0x_2 + 0.2x_1x_2$。作为对比，图 15-3 的右上角显示了 x_1 和 x_2 的非交互（加法）组合。注意，交互作用的图形中有扭曲或曲面，而加法组合的图形是平面的。

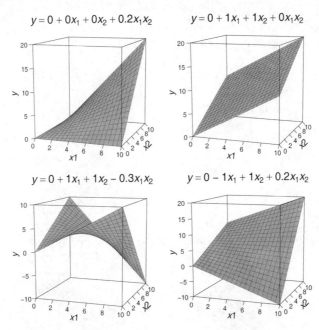

图 15-3　x_1 和 x_2 两个变量之间的乘法交互作用。右上角显示了零交互，以供比较。图 18-8 提供了更多的视角和见解

图 15-3 的左下角显示了一个乘法交互作用，其中单个预测变量使结果增大，但组合变量会使结果减小。一个现实世界中的例子是，有些药物会出现这种情况：单独使用两种药物中的一种，每一种都可能减轻症状；但如果同时服用这两种药物，它们可能会相互影响并导致健康水平下降。另一个例子是，考虑乘坐热气球进行空中旅行。火可以增大气球的浮力，如热气球。氢气也可以增大气球的浮力，就像 20 世纪早期的许多飞艇一样。但是，火和氢气的组合将使气球的浮力大大减小。

图 15-3 的右下角显示了一个乘法交互作用，其中一个变量的影响方向取决于另一个变量的大小。注意，当 $x_2 = 0$ 时，x_1 变量的增大会导致 y 减小。但当 $x_2 = 10$ 时，x_1 变量的增大会导致 y 增大。同样，交互作用的图形显示出扭曲或曲面，其表面不是平坦的。

"线性"一词的使用有一个微妙之处，有时会引起混淆。图 15-3 所示的交互作用在两个预测变量 x_1 和 x_2 上不是线性的。但是，如果将这两个预测变量的乘积 x_1x_2 看作第三个预测变量，那么该模型在这三个预测变量上是线性的，因为被预测值 y 是三个预测变量的加法加权组合。这个重构后的概念对于在线性模型软件中实现非线性交互作用是有用的，但我们不会使用第三个预测变量的语义，而是考虑

两个预测变量的非加法组合。

预测变量之间的非加法交互作用不必是乘法形式的。可能有其他类型的交互作用。交互作用的具体类型是由不同应用领域中不同变量的特殊理论决定的。考虑预测两个物体之间的引力大小，这里有三个预测变量：物体 1 的质量、物体 2 的质量和两个物体之间的距离。与引力成正比的是：两个质量的乘积除以它们之间距离的平方。

15.2.4　名义预测变量

1. 单个名义预测变量的线性模型

前几节假设预测变量是计量类型的。但是，如果预测变量是名义类型怎么办，比如政党归属或性别？一个方便的方式是让名义预测变量的每个值产生一个偏移量，偏移量代表着 y 与基线水平的差异。考虑根据性别（男性或女性）预测身高。我们可以把两个性别的总体平均身高作为基线身高。当某个体的值为"男性"时，会在被预测身高的基础上添加一个向上的偏移量。当某个体的值为"女性"时，会在被预测身高的基础上添加一个向下的偏移量。

用数学符号表达这个想法可能会有些别扭。首先考虑名义预测变量，我们将其标记为单个标量值是不合适的，例如 1 到 5，因为这暗示着与水平 5 相比，水平 1 更接近于水平 2，但对名义值来说这并不是事实。因此，我们不再用单个标量值 x 来表示名义预测变量的值，而是用向量来表示名义预测变量：$\vec{x} = \langle x_{[1]}, \cdots, x_{[J]} \rangle$，其中 J 是预测变量具有的类别数。正如你刚才可能注意到的，我将使用方括号中的下标来表示向量中的某个特定元素，类似于 R 中的索引。因此，$\vec{x}$ 的第 1 个分量被表示为 $x_{[1]}$，第 j 个分量被表示为 $x_{[j]}$。当某一个体的名义预测变量为第 j 个水平时，可以这样表示：$x_{[j]} = 1$ 且 $x_{[i \neq j]} = 0$。假设 x 是性别，水平 1 是男性，水平 2 是女性。那么，男性被表示为 $\vec{x} = \langle 1, 0 \rangle$，女性被表示为 $\vec{x} = \langle 0, 1 \rangle$。另一个例子是，假设预测变量是政党归属，其中绿党为水平 1，民主党为水平 2，共和党为水平 3，自由党为水平 4，其他党派为水平 5。那么，民主党被表示为 $\vec{x} = \langle 0, 1, 0, 0, 0 \rangle$，自由党被表示为 $\vec{x} = \langle 0, 0, 0, 1, 0 \rangle$。

现在我们有了名义预测变量的形式表达式，我们可以为预测变量影响被预测变量的一般模型创建形式表达式。如上所述，这里的思想是存在预测变量的基线水平，并且预测变量的每个类别都有一个偏移量（deflection），用来表示它高于或低于基线水平的程度。我们将被预测值的基线值记为 β_0。第 j 个水平的预测变量的偏移量表示为 $\beta_{[j]}$。那么被预测值是：

$$\begin{aligned}y &= \beta_0 + \beta_{[1]} x_{[1]} + \cdots + \beta_{[J]} x_{[J]} \\ &= \beta_0 + \vec{\beta} \cdot \vec{x}\end{aligned} \tag{15.3}$$

其中符号 $\vec{\beta} \cdot \vec{x}$ 有时称为向量的"点积"（dot product）。

注意，式 15.3 的形式类似于式 15.1 的基本线性形式。概念上的类比是这样的：在式 15.1 中，对于计量预测变量，系数 β_1 表示当 x 从 0 变为 1 时，y 改变了多少。在式 15.3 中，对于名义预测变量，系数 $\beta_{[j]}$ 表示当 x 从中立变为类别 j 时，y 的变化量。

用式 15.3 表达名义预测变量的影响时, 还要考虑一个因素: 如何设置基线值? 考虑根据性别预测身高。我们可以把基线身高设置为零。男性的基线偏移量可能为 1.76 米, 女性的基线偏移量可能为 1.62 米。我们也可以将基线身高设置为 1.69 米。这时男性的基线偏移量为 + 0.07 米, 女性的基线偏移量为 -0.07 米。第二种设置基线的方法是一般统计建模中的典型形式。也就是说, 基线受到约束, 以使得各个类别的总偏移量为零:

$$\sum_{j=1}^{J}\beta_{[j]}=0 \tag{15.4}$$

如果没有式 15.4 中的约束, 那么式 15.3 中的模型表达式是不完整的。图 15-4 显示了一个名义预测变量的示例, 它是用式 15.3 和式 15.4 的形式表达的。根据式 15.4 中的约束要求, 相对于基线的偏移量的总和为零。

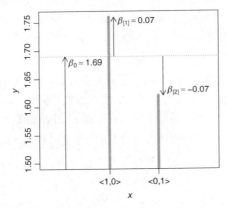

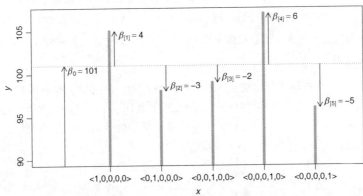

图 15-4 一个名义预测变量的示例 (式 15.3 和式 15.4)。上图显示的是 $J=2$ 的情况, 下图显示的是 $J=5$ 的情况。在每幅图中, y 的基线值都显示在最左侧。请注意, 相对于基线的偏移量的总和为零

2. 名义预测变量的加法组合

假设一个计量值有两个 (或更多的) 名义预测变量。比如, 我们可能想预测收入, 将其看作政党

归属和性别的函数。图 15-4 给出了每个预测变量的例子（针对不同的被预测变量）。现在我们考虑这些预测变量的组合影响。如果这两个影响是相加的，那么式 15.3 中的模型将变成：

$$y = \beta_0 + \vec{\beta}_1 \cdot \vec{x}_1 + \vec{\beta}_2 \cdot \vec{x}_2$$
$$= \beta_0 + \sum_j \beta_{1[j]} x_{1[j]} + \sum_k \beta_{2[k]} x_{2[k]} \tag{15.5}$$

其约束条件是：

$$\sum_j \beta_{1[j]} = 0 \qquad 且 \qquad \sum_k \beta_{2[k]} = 0 \tag{15.6}$$

图 15-5 左侧的例子显示了对被预测变量具有加法影响的两个名义预测变量。在这种情况下，总体基线是 $y = 5$。当 $x_1 = \langle 1, 0 \rangle$ 时，y 的偏移量为 −1；当 $x_1 = \langle 0, 1 \rangle$ 时，y 的偏移量为 +1。在 x_2 的所有水平上，x_1 的这些偏移量都是相同的。x_2 的三个水平偏移为 + 3、−2 和 −1。在 x_1 的所有水平上，x_2 的这些偏移量都是相同的。图 15-5 的左图可以在数学上表示为加法组合：

$$y = 5 + \langle -1, 1 \rangle \cdot \vec{x}_1 + \langle 3, -2, -1 \rangle \cdot \vec{x}_2 \tag{15.7}$$

考虑 $\vec{x}_1 = \langle 0, 1 \rangle$ 且 $\vec{x}_2 = \langle 0, 0, 1 \rangle$。根据式 15.7，被预测变量的值为 $y = 5 + \langle -1, 1 \rangle \cdot \langle 0, 1 \rangle + \langle 3, -2, -1 \rangle \cdot \langle 0, 0, 1 \rangle = 5 + 1 - 1 = 5$，这确实与图 15-5 左图中的对应条形匹配。

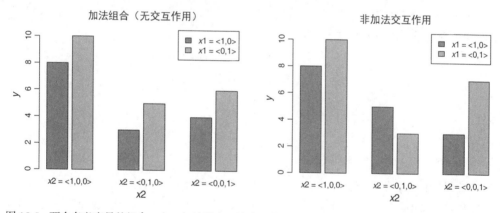

图 15-5　两个名义变量的组合。左：加法组合。注意，在 x_2 的所有水平上，x_1 的不同水平之间的差异都是相同的。右：非加法交互作用。注意，在 x_2 的所有水平上，x_1 的不同水平之间的差异都不相同。为提高可读性，x_1 被显示为 $x1$，x_2 被显示为 $x2$。图 20-1 提供了更多的视角和见解

3. 名义预测变量的非加法交互作用

　　在许多应用中，用加法模型描述两个预测变量的组合影响是不合适的。考虑根据政党归属和性别预测年收入（在当代美国）。平均而言，男性的收入高于女性，共和党人的收入高于民主党人。但是，性别和政党归属的影响可能是非加法的：如果我们简单地叠加共和党人的收入增幅和男性的收入增幅，将其作为被预测值，那么共和党男性的实际平均收入也许会高于这个被预测值。（这里不是在声明这个非加法交互的真实性，它只是被用作一个假想的例子。）

我们需要新的符号来形式化地表达名义值组合的非加法影响。正如 $\bar{x}_1$ 表示预测变量 1 的取值且 $\bar{x}_2$ 表示预测变量 2 的取值，符号 $\bar{x}_{1\times2}$ 表示预测变量 1 和预测变量 2 的取值的特定组合。如果预测变量 1 有 J 个水平，且预测变量 2 有 K 个水平，则两个预测变量存在 $J \times K$ 种组合。为了表达来自预测变量 1 和预测变量 2 的不同水平的特定组合，将 $\bar{x}_{1\times2}$ 的对应分量设置为 1，而所有其他分量设置为 0。预测变量的非加法组合影响的形式化表达如下：$y = \beta_0 + \vec{\beta}_1 \cdot \vec{x}_1 + \vec{\beta}_2 \cdot \vec{x}_2 + \vec{\beta}_{1\times2} \cdot \vec{x}_{1\times2}$。我们可以将预测变量的组合影响作为一项，并在加法影响的表达式中加入这一项。

图 15-5 的右图展示了一个示例：对被预测变量具有交互（非加法）影响的两个名义预测变量。注意，左边的一对条形中（$x_2 = \langle 1, 0, 0 \rangle$），从 $x_1 = \langle 1, 0 \rangle$ 变为 $x_1 = \langle 0, 1 \rangle$ 时，y 变化了 +4，即从 $y = 6$ 变为 $y = 10$。但是对于中间的一对条形（$x_2 = \langle 0, 1, 0 \rangle$），从 $x_1 = \langle 1, 0 \rangle$ 变为 $x_1 = \langle 0, 1 \rangle$ 时，y 变化了 -2，即从 $y = 4$ 变为 $y = 2$。因此，x_1 的影响在 x_2 的所有水平上不相同。图 15-5 的右图可以在数学上形式化地表达为以下组合：

$$
\begin{aligned}
y = 5 &+ \langle -1, 1 \rangle \cdot \vec{x}_1 + \langle 3, -2, -1 \rangle \cdot \vec{x}_2 \\
&+ \left\langle \begin{matrix} -1, & +2, & -1, \\ +1, & -2, & +1, \end{matrix} \right\rangle \cdot \vec{x}_{1\times2}
\end{aligned}
\tag{15.8}
$$

交互作用系数 $\vec{\beta}_{1\times2}$ 被显示在两行中，就像一个矩阵一样，以方便理解哪个分量对应于哪些水平的组合。式 15.8 中的两行对应 $\bar{x}_1$ 的两个水平，而三列对应 $\bar{x}_2$ 的三个水平。考虑 $\bar{x}_1 = \langle 0, 1 \rangle$ 和 $\bar{x}_2 = \langle 0, 0, 1 \rangle$。根据式 15.8，被预测变量的值等于：

$$
\begin{aligned}
y = 5 &+ \langle -1, 1 \rangle \cdot \langle 0, 1 \rangle + \langle 3, -2, -1 \rangle \cdot \langle 0, 0, 1 \rangle \\
&+ \left\langle \begin{matrix} -1, & +2, & -1, \\ +1, & -2, & +1, \end{matrix} \right\rangle \cdot \left\langle \begin{matrix} 0, & 0, & 0, \\ 0, & 0, & 1, \end{matrix} \right\rangle \\
= 5 &+ 1 - 1 + 1 \\
= 6 &
\end{aligned}
$$

这确实与图 15-5 右图中对应条形的值匹配。

图 15-5 右图中有趣的一点是，x_1 和 x_2 的平均影响与左图相同。从总体上平均来说，从 $x_1 = \langle 1, 0 \rangle$ 变为 $x_1 = \langle 0, 1 \rangle$ 时，y 变化了 +2，左图和右图是一样的。从总体上平均来说，对于这两幅图，$x_2 = \langle 1, 0, 0 \rangle$ 是基线以上的 +3，$x_2 = \langle 0, 1, 0 \rangle$ 是基线以下的 -2，$x_2 = \langle 0, 0, 1 \rangle$ 是基线以下的 -1。这两幅图之间的唯一区别是：左图中，两个预测变量的组合影响等于单个影响之和；而在右图中，两个预测变量的组合影响不等于单个影响之和。这一点在式 15.7 和式 15.8 中有明确的体现：它们之间的唯一区别是交互作用的系数，它在式 15.7 中（默认）为零。

一般来说，包含交互作用项的总体表达式可以写成：

$$
\begin{aligned}
y &= \beta_0 + \vec{\beta}_1 \cdot \vec{x}_1 + \vec{\beta}_2 \cdot \vec{x}_2 + \vec{\beta}_{1\times2} \cdot \vec{x}_{1\times2} \\
&= \beta_0 + \sum_j \beta_{1[j]} x_{1[j]} + \sum_k \beta_{2[k]} x_{2[k]} + \sum_{j,k} \beta_{1\times2[j,k]} x_{1\times2[j,k]}
\end{aligned}
\tag{15.9}
$$

其约束条件是，对于所有 j 值：

$$\sum_j \beta_{1[j]} = 0 \qquad \text{且} \qquad \sum_k \beta_{2[k]} = 0 \qquad \text{且}$$
$$\sum_j \beta_{1\times2[j,k]} = 0 \qquad \text{且} \qquad \sum_k \beta_{1\times2[j,k]} = 0 \tag{15.10}$$

注意，式 15.8 的例子是满足这些约束条件的。具体来说，在 $\vec{\beta}_{1\times2}$ 的矩阵表达式中，每一行和每一列中的系数总和均为零。

这里使用的符号略显笨拙，所以如果你弄不懂这些符号，不要担心。这是我的错，不是你的，因为我在这里只做了概述。当我们在第 20 章中实现这些思想时，会提供更多的例子，以及适用于计算机程序的不同符号。现在要理解的重点是，"交互作用"这一术语，指的是预测变量对被预测变量的非加法影响，无论预测变量是在名义尺度上测量的还是在计量尺度上测量的。

总结：我们现在已经看到不同尺度类型的预测变量是如何被加权相加，以构成被预测变量的潜在趋势的。表 15-1 总结了我们解释过的示例，其中的每一列对应一种预测变量，表中的单元格显示线性组合的数学表达式。我将使用一个通用符号来表示预测变量的这些线性函数，即表达式 $\text{lin}(x)$。比如，仅有单个计量变量作为预测变量时，$\text{lin}(x) = \beta_0 + \beta_1 x$。表 15-1 中的这些单元格显示了 $\text{lin}(x)$ 的不同形式。即使有多个预测变量，符号 $\text{lin}(x)$ 也将表示所有预测变量的线性组合。

表 15-1   GLM 中，不同尺度类型的预测变量 x 的典型线性函数 $\text{lin}(x)$

		x 的尺度类型			
		计量型		名义型	
单组	两组	单个预测变量	多个预测变量	单因素	多因素
β_0	$\beta_{x=1}$ $\beta_{x=2}$	β_0 $+\beta_1 x$	β_0 $+\sum_k \beta_k x_k$ $+\sum_{j,k} \beta_{j\times k} x_j x_k$ $+[\text{高阶交互作用}]$	β_0 $+\vec{\beta}\cdot\vec{x}$	β_0 $+\sum_k \vec{\beta}_k \cdot \vec{x}_k$ $+\sum_{j,k} \vec{\beta}_{j\times k} \cdot \vec{x}_{j\times k}$ $+[\text{高阶交互作用}]$

被预测变量与 $\text{lin}(x)$ 的映射函数显示在表 15-2 中。

表 15-1 还列出了我们之前没有提过的一些特殊情况和推广。表的左边两列分别显示了单组和两组的特殊情况。如果只有一个组，那么预测变量 x 仅仅是单个值，也就是表示是否在该组中的一个标识符。这个单个值是什么类型的并不重要，无论我们认为它是名义的、顺序的还是计量的，因为我们用线性核心所描述的只是该组的集中趋势，也就是 β_0。如果有两组，则预测变量 x 是组成员身份的名义标识符。我们也可以换个角度考虑两组的情况，也就是将其归入另一列：单因素的名义预测变量（如图 15-4 中的上图所示）。我们会频繁地遇到两组的情况，因此我们将它作为单独的一列。最后，在表 15-1 中关于多个预测变量的列中，$\text{lin}(x)$ 的方程中加入了可选的高阶交互作用项。正如任何两个预测变量都可能具有组合影响，而我们不能仅仅通过将它们的单独影响相加来获得，多个预测变量可能也存在一些影响，而我们不能通过双向组合来获得。换句话说，双向交互作用的程度可能取决于其他预测变量的水平。名义预测变量的模型中经常会加入高阶交互作用，但计量预测变量模型中使用得相对较少。

15.3 从预测变量的组合到充满噪声的被预测变量的连接

15.3.1 从预测变量到被预测变量的集中趋势

得到预测变量的组合之后，我们需要把它们与被预测变量对应起来。这种数学映射称为（反）连接函数，并在下式中用 $f(\ )$ 表示：

$$y = f(\text{lin}(x)) \tag{15.11}$$

到目前为止，我们一直假设连接函数是恒等函数 $f(\text{lin}(x)) = \text{lin}(x)$。比如，在式 15.9 中，$y$ 等于预测变量的线性组合；线性组合没有进行转换，其结果直接被映射到 y。

在描述不同的连接函数之前，需要澄清一些术语和概念。首先，式 15.11 中的函数 $f(\ )$ 称为反连接函数，因为一般认为连接函数的作用是将 y 值转换成其他形式，以便将其连接到线性模型。也就是说，连接函数是从 y 到预测变量，而不是从预测变量到 y。我有时可能会混用，将 $f(\ )$ 和 $f^{-1}(\ )$ 均称为"连接函数"，并依赖上下文来消除其连接方向的歧义。这种术语混用的原因在于，贝叶斯模型层次图中的箭头是从线性组合指向数据，因此，从函数映射到被预测变量是很自然的，如式 15.11 所示。但反复把这个函数称为"反"连接函数会让我失去耐心，而且这违背了我的审美观。其次，由连接函数 $f(\text{lin}(x))$ 产生的 y 值本身并不是数据值。相反，$f(\text{lin}(x))$ 是表示数据集中趋势的参数值，通常是数据的均值。因此，式 15.11 中的函数 $f(\ )$ 有时被称为均值函数（而不是反连接函数），并被写作 $\mu = f(\ )$ 而不是 $y = f(\ )$。对于下面的一些摘要表，我将暂时使用这些符号，但由于 $f(\ )$ 并不总是指被预测数据的均值，因此随后我将放弃使用它。

在某些情况下，更适合使用非恒等的连接函数。考虑将响应时间作为咖啡因摄入量的函数并进行预测。响应时间随着咖啡因摄入量的增加而减少（例如，Smit 和 Rogers，2000，图 1；尽管减少的一大部分是由小摄入量造成的）。因此，根据摄入量 dosage(x) 对响应时间 RT(y) 的线性预测的斜率将是负值。线性函数的负斜率意味着，咖啡因的摄入量变得非常大时，响应时间将变为负值。但这是不可能发生的，除非咖啡因可以使人产生预知能力（在事件发生之前预知事件）。因此，推广到大摄入量时不能再使用线性函数，这时我们可能需要使用渐近线大于零的连接函数，例如指数函数 $y = \exp(\beta_0 + \beta_1 x)$。下面我们将讨论一些常用的连接函数。

1. 逻辑斯谛函数

一个常用的连接函数是逻辑斯谛（logistic）函数：

$$y = \text{logistic}(x) = 1/(1 + \exp(-x)) \tag{15.12}$$

注意 x 前面的负号。逻辑斯谛函数中 y 值的取值范围是 0 到 1。当 x 为很小的负值时，逻辑斯谛函数近似为 0；当 x 为很大的正值时，逻辑斯谛函数近似为 1。在我们的应用中，x 是多个预测变量的线性组合。对于单个计量预测变量来说，逻辑斯谛函数可以写为：

$$y = \text{logistic}(x; \beta_0, \beta_1) = 1/(1 + \exp(-(\beta_0 + \beta_1 x))) \tag{15.13}$$

逻辑斯谛函数的常用参数化形式会使用增益 γ（希腊字母 gamma）和阈值 θ（希腊字母 theta）：

$$y = \text{logistic}(x; \gamma, \theta) = 1/(1 + \exp(-\gamma(x - \theta))) \tag{15.14}$$

式 15.14 的例子如图 15-6 所示。注意，阈值是 x 轴上 $y=0.5$ 的点。增益表明逻辑斯谛函数在通过这一点时，上升得有多快。

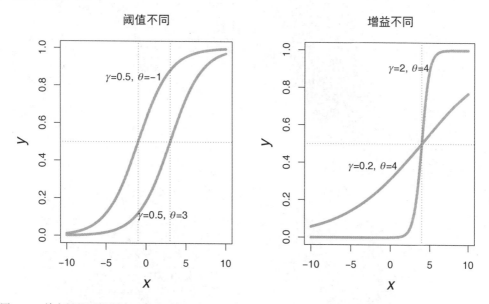

图 15-6 单变量的逻辑斯谛函数的示例。左图显示的逻辑斯谛函数有相同的增益但有不同的阈值。右图
显示的逻辑斯谛函数具有相同的阈值但有不同的增益

图 15-7 给出了两个预测变量的逻辑斯谛函数的示例。每张图上方显示了其对应的方程。在这些方程的参数化中，阈值是标准化的形式：$y=\mathrm{logistic}\left(\gamma\left(\sum_k w_k x_k-\theta\right)\right)$，其中 $\left(\sum_k w_k^2\right)^{1/2}=1$。特别要注意，绘制的方程中，$x_1$ 和 x_2 的系数 w_1 和 w_2 的欧氏距离确实为 1.0。比如，在右上角的图中，$(0.71^2+0.71^2)^{1/2}\approx1$。如果你从线性关系部分开始，它的参数化表达式为 $\beta_0+\sum_{k=1}^{K}\beta_k x_k$，你可以用以下方式将其转换为等价的标准化阈值形式：令 $\gamma=\left(\sum_{k=1}^{K}\beta_k^2\right)^{1/2}$，$\theta=-\beta_0/\gamma$，且 $w_k=\beta_k/\gamma$（$k\neq0$）。那么，$\beta_0+\sum_{k=1}^{K}\beta_k x_k=\gamma(w_k x_k-\theta)$，并且 $\left(\sum_k w_k^2\right)^{1/2}=1$。

x 变量的系数决定了逻辑斯谛函数中"悬崖"的方向。比较图 15-7 上方的两张图，它们的唯一差异是系数不同，而增益和阈值是相同的。在左上角的图中，系数为 $w_1=0$ 且 $w_2=1$，这时悬崖沿 x_2 的方向上升。在右上角的图中，系数为 $w_1=0.71$ 且 $w_2=0.71$，这时悬崖沿正对角线方向上升。

阈值决定了逻辑斯谛函数的悬崖位置。换句话说，阈值决定 $y=0.5$ 时，x 的取值。比较图 15-7 左侧的两张图。它们的系数相同，但阈值（和增益）不同。在左上角的图中，阈值为零，因此悬崖的中心在 $x_2=0$ 的上方。在左下角的图中，阈值为-3，因此悬崖的中心在 $x_2=-3$ 的上方。

增益决定了逻辑斯谛函数的悬崖的陡峭程度。再次比较图 15-7 左侧的两张图。左上角的增益是 1，而左下角的增益是 2。

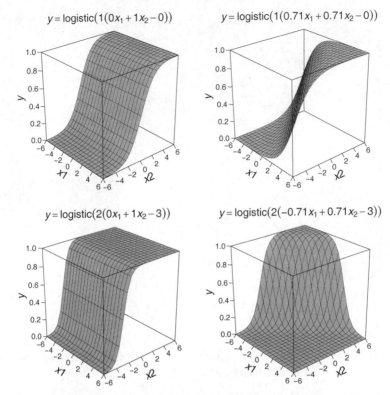

图 15-7　两个变量的逻辑斯谛函数的示例。上方两张图中的逻辑斯谛函数具有相同的增益和阈值，但预测变量的系数不同。左侧两张图中的逻辑斯谛函数具有相同的预测变量系数，但增益和阈值不同。右下角的图中显示了第一个预测变量的系数取负值的情况

逻辑斯谛函数的反函数称为 logit 函数。对于 $0 < p < 1$，$\text{logit}(p) = \log(p / (1 - p))$。很容易证明 $\text{logit}(\text{logistic}(x)) = x$（试一试），也就是说 logit 确实是逻辑斯谛函数的反函数。一些作者和程序员更喜欢以相反的方向表达预测变量与被预测变量之间的关系，于是他们首先会把被预测变量变形，使其与线性模型匹配。换句话说，你可能会看到用以下任一方式表达的连接：

$$y = \text{logistic}(\text{lin}(x))$$
$$\text{logit}(y) = \text{lin}(x)$$

(15.15)

在数学上，这两个表达式的结果是相同的，它们之间的区别只在于强调的重点不同。在第一个表达式中，转换预测变量的组合，并将其映射到 y；在第二个表达式中，将 y 转换到新的尺度，使用预测变量的线性组合进行建模，并预测转换后的值。我发现逻辑斯谛函数的公式通常比 logit 函数的公式更直观，但我们将在第 21 章中看到，logit 函数的公式将有助于解释 β 系数。

2. 累积正态函数

另一个常用的连接函数是累积正态函数。它在性质上非常类似于逻辑斯谛函数。建模者具体使用逻辑斯谛函数还是累积正态函数，取决于数学上的便利性或解释的容易程度。比如，当我们考虑顺序

预测变量时（在第 23 章中），根据具有正态分布变异性的连续潜在变量对响应进行建模是很自然的，这会导致我们使用累积正态分布作为响应概率模型。

累积正态分布被记为 $\Phi(x; \mu, \sigma)$，其中 x 是实数，μ 和 σ 是参数值，分别称为正态分布的均值和标准差。参数 μ 控制累积正态分布 $\Phi(x)$ 等于 0.5 的点。换句话说，μ 的作用与逻辑斯谛函数中阈值的作用相同。参数 σ 控制 $x = \mu$ 处累积正态函数的陡峭程度，较小的 σ 值对应于更陡峭的累积正态函数。图 15-8 显示了累积正态函数的图形。

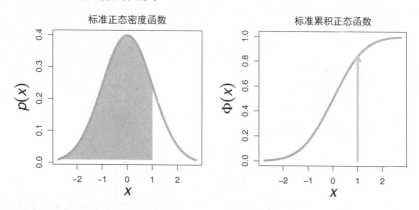

图 15-8   左图是标准正态密度函数（均值为 0，标准差为 1）。右图是对应的标准累积正态函数。（左图中）正态分布下 x 左侧的面积，等于（右图中）累积正态函数在 x 处的高度

累积正态函数的反函数称为 probit 函数（"probit"代表"probability unit"；Bliss，1934）。probit 函数将范围为 $0.0 \leqslant p \leqslant 1.0$ 的 p 值映射到无穷的实数轴上，其图形看起来非常像 logit 函数。你看到的连接函数的表达式可能是以下其中一种：

$$y = \Phi(\lim(x))$$
$$\mathrm{probit}(y) = \lim(x)$$

传统上，y 的转换（在本例中为 probit 函数）被称为连接函数，x 的线性组合的转换（在本例中为 Φ 函数）被称为反连接函数。如前所述，我将混用这两个术语，把它们都称为连接函数，并依赖上下文来消除歧义。在以后的应用中，我们将使用 Φ 函数，而不是 probit 函数。

15.3.2   从被预测变量的集中趋势到充满噪声的数据

在现实世界中，y 总是会发生变化，而我们无法从 x 预测这些变化。y 中的这种不可被预测的"噪声"可能是由我们既没有测量也没有控制的因素引起的，也可能是由 y 固有的不确定性引起的。在实践中，这两种情况都无关紧要，因为我们所能做的最好的事情就是根据 x 预测 y 取某个特定值的概率。因此，我们将式 15.11 预测的确定值作为 y 的被预测趋势，而被预测趋势是预测变量的函数。我们不会预测 y 精确地等于 $f(\lim(x))$，因为那样的话我们肯定是错的。取而代之，我们预测 y 倾向于在 $f(\lim(x))$ 附近。

为了使这个概率趋势的概念更精确，我们需要为 y 指定一个概率分布，这个概率分布依赖于

$f(\text{lin}(x))$。为了使符号易于理解，首先定义 $\mu = f(\text{lin}(x))$。μ 值表示被预测 y 值的集中趋势，可能是均值，也可能不是均值。有了这个符号，我们接着把 y 的概率分布表示为某种"有待确定"的概率密度函数（probability density function），缩写为 pdf：

$$y \sim \text{pdf}(\mu, [\text{范围、形状等}])$$

如 μ 后面方括号内的词语所示，pdf 可能具有各种附加参数，以控制分布的范围（标准差）、形状等。

　　pdf 的形式取决于被预测变量的测量尺度。如果被预测变量是计量变量，并且可以在正负方向上无限延伸，那么描述数据中噪声的一种典型 pdf 正是正态分布。正态分布有一个均值参数 μ 和一个标准差参数 σ，所以我们将写：$y \sim \text{normal}(\mu, \sigma)$ 且 $\mu = f(\text{lin}(x))$。具体来说，如果连接函数是恒等式，我们就得到了一个常规的线性回归的例子。图 15-9 展示了线性回归的例子，其中左图显示了单个计量预测变量的情况，右图显示了两个计量预测变量的情况。对于这两种情况，黑点表示数据，数据以正态分布的形式分散在线性函数附近。

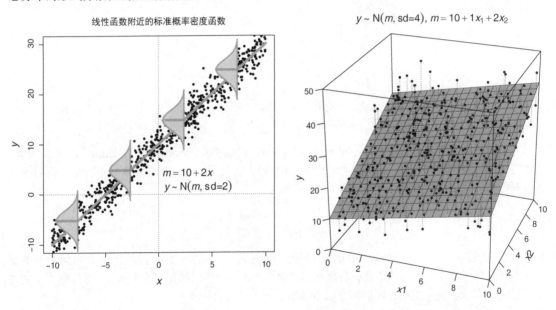

图 15-9　数据点以正态分布的形式分散在线性函数附近。左图中，线性函数上叠加显示了几个正态分布，以强调随机变异是以线为中心的，且方向是垂直的，也就是平行于 y 轴。右图中，虚线将每个点连接到平面，以再次强调以平面为中心的垂直位移

　　如果被预测变量是二分变量，也就是 $y \in \{0, 1\}$，那么典型的 pdf 是伯努利分布 $y \sim \text{Bernoulli}(\mu)$，其中 $\mu = f(\text{lin}(x))$ 是 $y = 1$ 的概率。换句话说，μ 扮演的参数角色相当于式 5.10 中的 θ。因为 μ 必须介于 0 和 1 之间，所以连接函数必须将 $\text{lin}(x)$ 转换为介于 0 和 1 之间的值。实现这个目标的一个典型的连接函数是逻辑斯谛函数，而且，当预测变量是计量变量时，我们已经有了一个常规的逻辑斯谛回归（logistic regression）的例子。图 15-10 展示了逻辑斯谛回归的一个例子。黑点表示数据，数据服从伯努利分布，取值为 0 或 1，其概率由逻辑斯谛曲面表示。

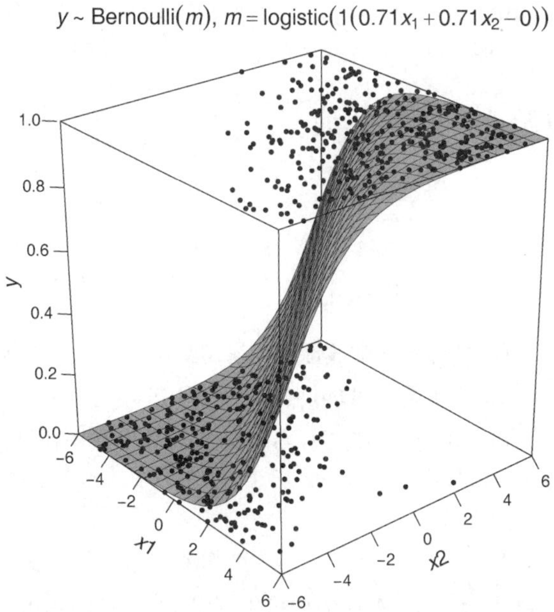

$$y \sim \text{Bernoulli}(m),\ m = \text{logistic}(1(0.71x_1 + 0.71x_2 - 0))$$

图 15-10　两个预测变量的逻辑斯谛函数周围服从伯努利分布的点。所有点均为 $y = 1$ 或 $y = 0$，不会出现中间值（如 $y = 0.6$）

表 15-2 总结了各种类型的预测变量的典型连接函数和 pdf。前面几段展示了表 15-2 前两行的例子，这两行的被预测变量对应计量数据或二分数据。表 15-2 的其余行展示了其他类型的被预测变量的情况，分别是名义变量、顺序变量和计数变量。后面的章节将一一详细解释这些情况。现在你要注意的是，在每种情况下，预测变量的线性组合将由右边列中的反连接函数转换为被预测数据的集中趋势 μ，中间列的 pdf 将使用这个 μ 值。

表 15-2　GLM 中，各种尺度类型的被预测变量 y，及其典型的噪声分布和反连接函数

被预测变量 y 的尺度类型	典型的噪声分布 $y \sim \text{pdf}(\mu, [参数])$	典型的反连接函数 $\mu = f(\text{lin}(x), [参数])$
计量	$y \sim \text{normal}(\mu, \sigma)$	$\mu = \text{lin}(x)$
二分	$y \sim \text{Bernoulli}(\mu)$	$\mu = \text{logistic}(\text{lin}(x))$
名义	$y \sim \text{categorical}(\cdots, \mu_k, \cdots)$	$\mu_k = \dfrac{\exp(\text{lin}_k(x))}{\sum_c \exp(\text{lin}_c(x))}$
顺序	$y \sim \text{categorical}(\cdots, \mu_k, \cdots)$	$\mu_k = \begin{aligned}&\Phi((\theta_k - \text{lin}(x))/\sigma) \\ &-\Phi((\theta_{k-1} - \text{lin}(x))/\sigma)\end{aligned}$
计数	$y \sim \text{Poisson}(\mu)$	$\mu = \exp(\text{lin}(x))$

μ 值是被预测数据的集中趋势（不一定是均值）。预测变量是 x，$\text{lin}(x)$ 是 x 的线性函数，如表 15-1 所示。

表 15-2 所示的形式只是典型用法，而不是必需用法。如果计量数据是倾斜的或重尾的（尾部的比重很大），那么可以使用能够更好地描述数据噪声的非正态分布作为 pdf。此外，你可能已经意识到，

二分尺度的情况可以包含在单个名义尺度的情况中。但我们会经常遇到二分尺度的情况，其模型也被推广到名义尺度上，所以我们将单独处理二分数据的情况。

15.4 广义线性模型的形式化表达

广义线性模型（GLM）可以写成如下形式：

$$\mu = f\big(\mathrm{lin}(x),\ [参数]\big) \tag{15.16}$$

$$y \sim \mathrm{pdf}\big(\mu,\ [参数]\big) \tag{15.17}$$

如前所述，式 15.16 中，预测变量为 x，x 的线性组合是线性函数 $\mathrm{lin}(x)$，函数 f 被称为反连接函数。数据是 y，分布在集中趋势 μ 附近，服从记为 pdf 的概率密度函数。

GLM 涵盖了许多有用的应用场景。事实上，GLM 比表 15-2 所示的情况更广泛，因为可以有多个被预测变量。这些情况也可以直接用贝叶斯方法来处理，但本书不涉及这些情况。

GLM 的各种实例

表 15-3 显示了本书中所考虑的 GLM 的各种实例，以及讨论这些实例的具体章号。表 15-3 的每个单元格对应一个组合，也就是表 15-1 中的 $\mathrm{lin}(x)$ 和表 15-2 中的 pdf 的组合。每个组合对应的一章都提供了描述性数学模型的概念性解释，以及如何对模型中的参数进行贝叶斯估计。

表 15-3　讨论变量组合的各章章号，这些组合是表 15-1 和表 15-2 中不同尺度类型的预测变量和被预测变量的组合

被预测变量 y 的尺度类型	预测变量 x 的尺度类型					
	计量型				名义型	
	单组	两组	单个预测变量	多个预测变量	单因素	多因素
计量	第 16 章		第 17 章	第 18 章	第 19 章	第 20 章
二分	第 6 ~ 9 章		第 21 章			
名义			第 22 章			
顺序			第 23 章			
计数			第 24 章			

表 15-3 的第一行列出了被预测变量为计量变量的情况。这一行中的前两列是有单组数据和两组数据的情况。经典 NHST 将对这些情况进行单组 t 检验或两组 t 检验。第 16 章描述了贝叶斯数据分析情境中的这种情况。第三列是单个计量预测变量的情况，对应所谓"简单线性回归"，将在第 17 章中探讨。第四列是涉及两个或更多计量预测变量的场景，对应"多重线性回归"，将在第 18 章中探讨。

接下来的第五列和第六列涉及的是名义预测变量，而不再是计量预测变量。第五列用于单个预测变量，第六列用于两个或更多预测变量。这两列分别对应 NHST 的所谓"单因素方差分析"和"多因素方差分析"。第 19 章和第 20 章解释了这些分析的贝叶斯方法。在线性回归和方差分析的贝叶斯方

法中，我们将使用经典方法中没有用到的层次模型。

表 15-3 第二行中的被预测变量是二分变量。在第 6 ~ 9 章中，这种最简单的数据尺度已被我们用来阐述贝叶斯数据分析的所有基本概念。当预测变量更为复杂时，特别是当预测变量为计量变量时，这种情况称为"逻辑斯谛回归"，因为其中使用了逻辑斯谛（反）连接函数。我们将在第 21 章中讨论。

表 15-3 的第三行和第四行分别是名义尺度和顺序尺度的被预测变量。它们都将使用分类的噪声分布，但会使用不同的连接函数来计算它们的概率。对于名义被预测变量，第 22 章将解释如何将逻辑斯谛回归推广到多个类别。对于顺序被预测变量，第 23 章将解释如何使用累积正态分布的阈值将潜在的计量尺度映射到顺序尺度。

表 15-3 最后一行中的被预测变量测量的是计数。我们之前在表 4-1 中看到过眼睛颜色和头发颜色的计数数据。对于这种情况，我们将考虑一个新的 pdf，称为泊松分布（Poisson distribution），该分布需要一个取正值的均值参数。毕竟，计数是非负的。因为均值必须为正，所以反连接函数必须提供正值。满足该要求的一个很自然的函数是指数函数，如表 15-2 所示。因为反连接函数是指数函数，所以连接函数是对数函数。因此，这类模型被称为"对数线性模型"。第 24 章将进行介绍。

如何成为自己的统计顾问：需要理解的关键点是，表 15-3 中的每个单元格都对应一个组合，即表 15-1 中的 lin(x) 和表 15-2 中的 pdf 的组合。每一位统计顾问都熟知这种组织方式。客户将应用场景提供给顾问后，顾问首先要做的一件事情就是从客户那里找出：哪些数据应该是预测变量，哪些数据应该是被预测变量，以及测量这些数据的尺度。通常情况下，该情况符合表 15-3 中的某个单元格，那么我们就可以应用这些标准模型。贝叶斯数据分析的一个优势是，我们可以很容易地根据具体情况创建非标准模型。如果数据中有许多离群值，我们可以轻松地使用重尾 pdf 作为噪声分布。如果每个个体都有大量的数据，并且有许多个体，而且这些个体可能是有分组的，一种直接的做法是为 GLM 的这些参数创建层次结构。当你考虑如何分析数据时，你的第一个任务是做你自己的顾问，找出哪些数据是预测变量，哪些是被预测变量，以及它们的测量尺度。然后，你就可以确定你的场景能够应用 GLM 中的某个实例。如 2.3 节所述，这也是贝叶斯数据分析的第一步。

15.5 练习

你可以在本书配套网站上找到更多练习。

练习 15.1 目的：对于科学研究中的现实案例，确定相关的统计模型。对于下面的每个案例，确定被预测变量及其尺度类型，以及预测变量及其尺度类型，并确定该案例符合表 15-3 中的哪个单元格。

(A) Guber（1999）研究了美国公立高中学生在 SAT 考试中的平均成绩，将其作为该州为每个学生支出的钱数以及实际参加考试的适龄学生百分比的函数。

(B) Hahn、Chater 和 Richardson（2003）对简单几何图案的相似性感兴趣。他们邀请人类观察者评价两个图案的相似程度，具体方式是圈出印在纸上的 1 到 7 中的一个数字。1 表示"非常不同"，7 表示"非常相似"。作者们提出了有关感知相似性的一个理论：将一个图案变为另一个图案时所需的几何变换次数，决定了它们的感知相似性。该理论说明了将一个图案转换为另一个图案时所需的确切转换次数。

(C) R. L. Berger、Boos 和 Guess（1988）对老鼠的寿命感兴趣。他们以天为单位测量老鼠的寿命，作为老鼠饮食的函数。一组老鼠自由进食，另一组老鼠饮食中的热量非常低。

(D) McIntyre（1994）感兴趣的是根据香烟的重量来预测香烟的焦油含量（以毫克计）。

(E) 你对根据一个人的身高和体重来预测其性别感兴趣。

(F) 你想根据被调查者的政党归属预测他是否同意以下说法："美国需要一个有公共选择权的联邦医疗计划。"

　　练习 15.2　目的：对表 15-3 中的每种情况，找出与学生相关的真实例子。 对于表 15-3 中的每个单元格，提供涉及该单元格模型结构的研究示例。为此，你可以在已发表的文章中，寻找使用相应结构来描述研究的文章。这些文章不需要用到贝叶斯数据分析；这些文章确实需要报告该研究涉及了哪些类型的预测变量和被预测变量。为所有单元格查找已经发表的示例可能过于耗时，所以请查找跨越至少三行、六个单元格的文章。对于每个示例，请说明以下内容。

- ❑ 这些文章的完整引用。
- ❑ 预测变量和被预测变量。描述它们的意义和尺度类型。简要描述这些变量的有意义的研究背景，即研究的目的。

第 16 章

单组或两组的计量被预测变量

> 想和朋友打成一片，这实在很正常，
> 按他们的方式行事，相信他们的目的。
> 但我会密切跟踪，快速并且曲折，
> 准确地说其原因，我无法容忍你的行为。[1]

在本章中，我们考虑这样一种情况，即我们有一个计量型的被预测变量，数据来自对单组或两组项目的观察。比如，我们可以测量从大一学生（单组）中随机抽样的人的血压（一个计量变量）。在这种情况下，我们感兴趣的可能是，该群体的典型血压与美国联邦机构公布的该年龄段人群的推荐值有多大差异。另一个例子是，我们可以从自称素食者的人中（单组）进行随机抽样并测量智商（一个计量变量）。在这种情况下，我们感兴趣的可能是，该群体的智商与普通人群的平均智商 100 有多大差异。

在第 15 章介绍的 GLM 的背景下，本章涉及的是 GLM 线性核心的最简单的情况，如表 15-1 的前两列所示。连接函数是恒等函数，描述数据噪声的是正态分布，如表 15-2 第一行所示。我们将探讨正态分布参数的先验分布的选择，以及参数的贝叶斯估计法。我们还将考虑用于描述具有离群值的数据的可选噪声分布。

16.1 估计正态分布的均值和标准差

4.3.2 节介绍了正态概率密度函数。在给定均值 μ 和标准差 σ 这两个参数值的情况下，正态分布指定 y 值的概率密度：

---

[1] *It's normal to want to fit in with your friends,*
Behave by their means and believe all their ends.
But I'll be high tailing it, fast and askew,
Precisely 'cause I can't abide what you do.
本章描述了呈正态分布的数据，正态分布是用均值和精度参数化的。但数据可能有离群值，这就要求具有高尾或斜尾的描述性分布。这首诗使用了统计学词汇的口语含义："normal：正态/正常""fit：拟合/合得来""means：均值/方式""end：尾部/目的""high tail：高尾/密切跟踪""skew/askew：偏度/曲折""precise：精度/精确"和"believe：相信"。

$$p(y \mid \mu, \sigma) = \frac{1}{Z} \exp\left(-\frac{1}{2} \frac{(y - \mu)^2}{\sigma^2}\right) \tag{16.1}$$

其中 Z 是标准化因子，它是使概率密度积分等于 1 的一个常数。结果是 $Z = \sigma\sqrt{2\pi}$，但我们不需要在下面的推导过程中使用这一点。

为了直观地想象作为似然函数的正态分布，考虑三个数据值：$y_1 = 85$、$y_2 = 100$ 和 $y_3 = 115$，它们在图 16-1 中被绘制为三个大点。给定特定参数值时，任意单个数据值的概率密度为 $p(y \mid \mu, \sigma)$，如式 16.1 所示。这些相互独立的数据组成的整个数据集的概率是乘法积 $\prod_i p(y_i \mid \mu, \sigma) = p(D \mid \mu, \sigma)$，其中 $D = \{y_1, y_2, y_3\}$。图 16-1 显示了 μ 和 σ 取不同值时的 $p(D \mid \mu, \sigma)$。如你所见，μ 和 σ 的有些取值会使数据最有可能出现，但附近的其他取值也能很好地容纳数据。（另一个例子见图 2-4。）问题是，给定数据的情况下，我们应该如何为 μ 和 σ 的组合分配可信度？

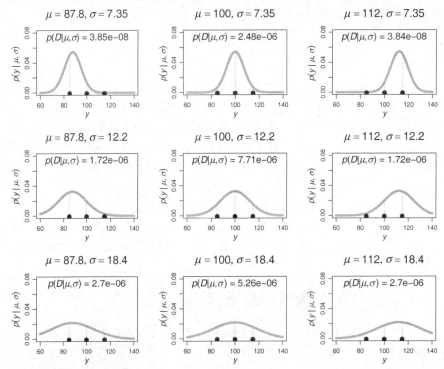

图 16-1　三个数据点 $D = \{85, 100, 115\}$ 的似然 $p(D \mid \mu, \sigma)$，其中似然函数是正态分布，并且有不同的 μ 值和 σ 值。不同列显示了不同的 μ 值，不同行显示了不同的 σ 值。单个数据点的概率密度是点上虚线的高度。数据集的概率是单个数据概率的乘积。中心的图显示了使数据概率最大化的 μ 和 σ（另一个例子见图 2-4）

贝叶斯法则给出了答案。给定一组数据 D，我们用贝叶斯法则估计参数：

$$p(\mu, \sigma \mid D) = \frac{p(D \mid \mu, \sigma) p(\mu, \sigma)}{\iint d\mu \, d\sigma \, p(D \mid \mu, \sigma) p(\mu, \sigma)} \tag{16.2}$$

图 16-1 显示了在不同的 μ 值和 σ 值下，一个特定数据集的 $p(D \mid \mu, \sigma)$。先验 $p(\mu, \sigma)$ 指定了在没有数据的情况下，二维联合参数空间中 μ、σ 的每个组合的可信度。贝叶斯法则表明，μ、σ 的每个组合的后验可信度是先验可信度乘以似然，并用边际似然进行标准化。我们现在的目标是评估式 16.2，以选出合理的先验分布。

16.1.1 数学分析的解法

因为我们已经熟悉了 JAGS 和 Stan，所以可以直接使用 MCMC 求解。但这种情况很简单，可以用数学分析的方法求解，结果公式启发了正态分布的一些传统参数化法和先验。因此，在讨论 MCMC 实现之前，让我们先来体验一下这个代数过程。

首先考虑一种简单的情况，即似然函数的标准差取固定的某个值。换句话说，σ 的先验分布是该特定值上的尖峰。我们将这个固定值表示为 $\sigma = S_y$。在这个简化的假设下，我们只估计 μ，因为我们假设关于 σ 的先验知识是完全确定的。

当 σ 固定时，我们可以很容易地选择式 16.2 中 μ 的先验分布，使其与正态似然共轭。（6.2 节介绍过术语"共轭先验"）结果表明，正态分布的乘积仍然是正态分布；换句话说，如果 μ 的先验是正态分布，则 μ 的后验也是正态分布。可以很容易地推导出这一点，如下所示。

设 μ 的先验分布为正态分布，均值为 M_μ，标准差为 S_μ。那么似然乘以先验（贝叶斯法则的分子）是：

$$p(y \mid \mu, \sigma)p(\mu, \sigma) = p(y \mid \mu, S_y)p(\mu)$$

$$\propto \exp\left(-\frac{1}{2}\frac{(y-\mu)^2}{S_y^2}\right)\exp\left(-\frac{1}{2}\frac{(\mu-M_\mu)^2}{S_\mu^2}\right)$$

$$= \exp\left(-\frac{1}{2}\left[\frac{(y-\mu)^2}{S_y^2}+\frac{(\mu-M_\mu)^2}{S_\mu^2}\right]\right)$$

$$= \exp\left(-\frac{1}{2}\left[\frac{S_\mu^2(y-\mu)^2+S_y^2(\mu-M_\mu)^2}{S_y^2 S_\mu^2}\right]\right)$$

$$= \exp\left(-\frac{1}{2}\left[\frac{S_y^2+S_\mu^2}{S_y^2 S_\mu^2}\left(\mu^2-2\frac{S_y^2 M_u+S_\mu^2 y}{S_y^2+S_\mu^2}\mu+\frac{S_y^2 M_u^2+S_\mu^2 y^2}{S_y^2+S_\mu^2}\right)\right]\right)$$

$$= \exp\left(-\frac{1}{2}\left[\frac{S_y^2+S_\mu^2}{S_y^2 S_\mu^2}\left(\mu^2-2\frac{S_y^2 M_u+S_\mu^2 y}{S_y^2+S_\mu^2}\mu\right)\right]\right)$$

$$\times\exp\left(-\frac{1}{2}\left[\frac{S_y^2+S_\mu^2}{S_y^2 S_\mu^2}\left(+\frac{S_y^2 M_u^2+S_\mu^2 y^2}{S_y^2+S_\mu^2}\right)\right]\right)$$

$$\propto \exp\left(-\frac{1}{2}\left[\frac{S_y^2+S_\mu^2}{S_y^2 S_\mu^2}\left(\mu^2-2\frac{S_y^2 M_u+S_\mu^2 y}{S_y^2+S_\mu^2}\mu\right)\right]\right)$$

$$(16.3)$$

其中转换至最后一行的这个做法是有效的，因为去掉的项只是一个常数。不管你信不信，这个结果是一种进步。这是因为在我们结束推导时，在最内层的括号里，有一个 μ 的二次表达式。注意，正态先验也是 μ 的二次表达式。我们所要做的唯一一件事，就是在括号内"补全这个平方"，然后再次使用帮助我们得出式 16.3 的最后一行的技巧：

$$p(y\,|\,\mu,\,S_y)p(\mu) \propto \exp\left(-\frac{1}{2}\left[\frac{S_y^2+S_\mu^2}{S_y^2 S_\mu^2}\left(\mu^2 - 2\frac{S_y^2 M_u + S_\mu^2 y}{S_y^2+S_\mu^2}\mu + \left(\frac{S_y^2 M_u + S_\mu^2 y}{S_y^2+S_\mu^2}\right)^2\right)\right]\right)$$

$$= \exp\left(-\frac{1}{2}\left[\frac{S_y^2+S_\mu^2}{S_y^2 S_\mu^2}\left(\mu - \frac{S_y^2 M_u + S_\mu^2 y}{S_y^2+S_\mu^2}\right)^2\right]\right) \tag{16.4}$$

式 16.4 是贝叶斯法则的分子。标准化后，它就成了概率密度函数。这个函数是什么形状的？你可以看到式 16.4 的形式与 μ 上的正态分布相同，均值为 $(S_y^2 M_u + S_\mu^2 y)/(S_y^2+S_\mu^2)$，标准差为 $\sqrt{S_y^2 S_\mu^2/(S_y^2+S_\mu^2)}$。

这个公式太复杂了！如果不再使用 σ 表示正态密度，而是用 $1/\sigma^2$ 重新表示，它会变得更紧凑。标准差平方的倒数称为精度（precision）。要直观地感受精度，请注意非常窄的分布是非常精确的。标准差越小，精度越高。现在，因为后验标准差是 $\sqrt{S_y^2 S_\mu^2/(S_y^2+S_\mu^2)}$，所以后验精度是：

$$\frac{S_y^2+S_\mu^2}{S_y^2 S_\mu^2} = \frac{1}{S_\mu^2} + \frac{1}{S_y^2} \tag{16.5}$$

因此，后验精度是先验精度和似然精度之和。

后验均值也可以用精度来紧凑地表示。后验均值为 $(S_y^2 M_u + S_\mu^2 y)/(S_y^2+S_\mu^2)$，可重新排列为：

$$\frac{1/S_\mu^2}{1/S_y^2 + 1/S_\mu^2}M_u + \frac{1/S_y^2}{1/S_y^2 + 1/S_\mu^2}y \tag{16.6}$$

换句话说，后验均值是先验均值和数据的加权平均，其权重对应先验和似然的相对精度。当先验的精度比似然更高，即当 $1/S_\mu^2$ 大于 $1/S_y^2$ 时，先验的权重更高，后验均值将接近于先验均值。但当先验信息不精确且不确定时，先验信息得不到太大的权重，后验均值将接近于数据。我们之前已经看到过后验中先验和数据的这种相对权重。它出现在更新 Beta 先验信息的示例中，见式 6.9。

当样本中有 N 个 y 值而不是只有一个 y 值时，可以自然地推广后验正态分布的均值和精度公式。如前所述，我们可以从定义方程中导出这些方程，但我们将采取一条捷径。从数理统计可知，从正态似然函数中生成一组 y_i 时，这些值的均值 $\bar{y}$ 也服从正态分布，其均值与正态似然函数的均值相同，标准差为 $\sigma/\sqrt{N}$。因此，我们不再把这种情况想象成从似然 $\mathrm{normal}(y_i\,|\,\mu,\,\sigma)$ 中抽取 N 个 y_i 值，而是把它想象成从似然 $\mathrm{normal}(\bar{y}\,|\,\mu,\,\sigma/\sqrt{N})$ 中抽取一个 $\bar{y}$ 值。然后，我们只需要应用我们之前推导出的更新公式。因此，似然为 $\mathrm{normal}(y_i\,|\,\mu,\,S_y)$ 且先验为 $\mathrm{normal}(\mu\,|\,M_\mu,\,S_\mu)$ 时，对于从中生成的 N 个 y_i 值来说，μ 的后验分布也为正态分布，均值为：

$$\frac{1/S_\mu^2}{N/S_y^2+1/S_\mu^2}M_\mu+\frac{N/S_y^2}{N/S_y^2+1/S_\mu^2}\overline{y}$$

且精度为：

$$\frac{1}{S_\mu^2}+\frac{N}{S_y^2}$$

注意，随着样本量 N 的增大，后验均值逐渐支配了数据均值。

在上述推导中，我们估计了 σ 取固定值时的参数 μ。我们也可以估计 μ 取固定值时的参数 σ。同样，用精度表达这些式子会更方便。结果表明，当 μ 固定时，精度的共轭先验是 Gamma 分布（例如，Gelman 等人，2013，第 43 页）。图 9-8 展示了 Gamma 分布。就我们的目标而言，说明这种场景中的 Gamma 分布的更新公式并不重要。重要的是要了解精度的 Gamma 先验的含义。考虑一个 Gamma 分布，它的大部分分布在很小的值上，但在很大的值上有一个长而低的尾部。这种精度的 Gamma 分布表明，小的精度是非常可信的，但大的精度也是有可能的。如果这是一个关于正态似然函数精度的信念，那么这种 Gamma 分布表达的信念是数据会非常分散，因为小的精度意味着大的标准差。如果 Gamma 分布的大部分分布在更大的精度值上，那么它表达的信念是数据会紧密地聚在一起。

由于 Gamma 分布是正态似然函数的共轭先验，因此它通常被用作精度的先验。但是，从逻辑上来讲，我们没有必要这样做，因为现代 MCMC 方法允许更灵活的先验定义。事实上，由于精度不如标准差直观，因此更实用的方法是赋予标准差一个范围宽广的均匀先验。

总结：我们假设数据是由正态似然函数生成的，参数为均值 μ 和标准差 σ，并记为 $y \sim \text{normal}(y\,|\,\mu,\,\sigma)$。为了进行数学推导，我们做出了不切实际的假设，即先验分布要么是 σ 上的尖峰，要么是 μ 上的尖峰。以此，我们提出了三个要点。

(1) 表达 μ 的先验的一种自然方法是正态分布，因为它的标准差取固定值时，它与正态似然是共轭的。

(2) 表达精度 $1/\sigma^2$ 的先验的一种方法是使用 Gamma 分布，因为当均值固定时，它与正态似然是共轭的。然而，在实践中，标准差的先验可能被规定为均匀分布（当然，也可以是反映先验信念的任何分布）。

(3) 用精度表示的参数分布的贝叶斯更新公式，比用标准差表示的参数分布的贝叶斯更新公式更方便。正态分布有时是用标准差描述的，有时是用精度描述的。因此，重要的一点是根据场景确认所使用的正态分布到底是哪一种。在 R 和 Stan 中，正态分布是用均值和标准差参数化的。在 JAGS 和 BUGS 中，正态分布是用均值和精度参数化的。

还可以指定 μ 和 σ 参数值组合的联合先验，以使后验具有与先验相同的形式。在这里，我们不会继续解释这些数学分析方法，因为我们的目的仅仅是证明并得出参数先验分布的典型表达式，以便将它们用于 MCMC 抽样。各种其他资源描述了联合参数空间的共轭先验（例如，Gelman 等人，2013）。

16.1.2 JAGS 中的 MCMC 近似法

在 JAGS 中可以很容易地对均值和标准差进行估计。图 16-2 展示了可选的两个模型。假设数据 y_i

由均值 μ 和标准差 σ 的正态似然函数生成。在这两个模型中，μ 的先验是一个正态分布，其均值为 M，标准差为 S。在我们的应用中，我们将假设一个不确定的先验，它将 M 置于典型数据的中间，并将 S 设置为一个非常大的值，以使得先验对后验的影响最小化。对于标准差的先验，图 16-2 的左半部分将 σ 重新表示为精度：$\tau = 1/\sigma^2$，因此，$\sigma = 1/\sqrt{\tau}$。然后将精度的先验设置为一个不确定的 Gamma 分布。常规的不确定 Gamma 先验的形状参数和速率参数都接近于零，如 $Sh = 0.01$ 且 $R = 0.01$。图 16-2 的右半部分直接将 σ 的先验设置为宽泛的均匀分布。均匀分布的低值和高值被设置为远离任何实际数据的值，因此先验对后验的影响很小。σ 的均匀先验比精度的 Gamma 先验更直观，但这两个先验不等价。

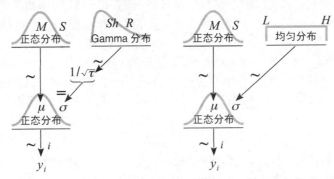

图 16-2　正态分布描述的计量数据的变量间的依赖关系。左半部分为精度 $\tau = 1/\sigma^2$ 分配了 Gamma 先验，右半部分为 σ 分配了均匀先验

先验中的常数是如何确定的？在这个应用中，我们寻找相对于典型数据来说更为宽泛的先验，使得先验对后验的影响最小化。设置常数的一种方法是询问所研究领域的专家。但是我们不会使用这种方法，我们将让数据自己告诉我们，数据的典型尺度是什么。我们将 M 设为数据的均值，将 S 设为数据标准差的很多倍（例如 100）。这样一来，无论数据的尺度如何，先验都是高度模糊的。类似地，我们把 σ 的均匀先验的高值 H 设置为数据标准差的很多倍，把低值 L 设置为数据标准差的一小部分。同样，这意味着，无论数据的尺度是什么，先验都是模糊的。

在检查 JAGS 的模型定义之前，请考虑以下的数据定义。数据本身在名为 y 的向量中。然后，我们定义：

```
dataList = list(
  y = y ,
  Ntotal = length(y) ,
  meanY = mean(y) ,
  sdY = sd(y)
)
```

请注意，数据的均值和标准差被打包到列表中，以便发送给 JAGS，使得 JAGS 可以在模型定义中使用这些常数。图 16-2 右侧的模型在 JAGS 中表示如下。

```
model {
  for ( i in 1:Ntotal ) {
    y[i] ~ dnorm( mu , 1/sigma^2 )          # JAGS 使用精度
  }
  mu ~ dnorm( meanY , 1/(100*sdY)^2 )       # JAGS 使用精度
  sigma ~ dunif( sdY/1000 , sdY*1000 )
}
```

注意，图 16-2 中的每个箭头在 JAGS 中都有相应的代码行。JAGS 参数化 dnorm 的方法是使用均值和精度，而不是均值和标准差。还要注意，我们可以将表达式 1/sigma^2 放入 dnorm 的参数中，而不必明确地将精度定义为单独的变量。

我已经将模型和支持函数打包到一个程序中，调用该程序的高级脚本是 JAGS-Ymet-Xnom1grp-Mnormal-Example.R。如果文件名看起来很神秘，请查看 8.3 节中解释的文件名系统。这里使用的文件名表示被预测变量是 metric（Ymet），预测变量是单组的名义值（Xnom1grp），模型是正态似然（Mnormal）。该程序产生的图形输出是专门用于此模型的。

为了用于说明，我们使用了虚构的数据。这些数据是一组服用了"聪明药"的人的智商得分，我们知道智商测试是经过标准化的，普通人的平均分是 100，标准差是 15。我们想知道"聪明药"组的表现与普通群体有多大差异。

用前面提到的脚本加载数据文件，运行 JAGS，得到 MCMC 诊断结果，并绘制后验图形。在考虑后验之前，重要的一点是检查链的表现是否良好。诊断结果（此处未显示，但你可以运行脚本并亲自查看）显示这些链已经聚合，两个参数上的 ESS 至少为 10 000。图 16-3 显示了后验分布的各个方面，同时右上角显示了数据的直方图。

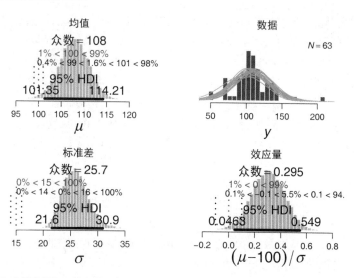

图 16-3　对单个"聪明药"组的虚构的智商数据应用脚本 JAGS-Ymet-Xnom1grp-Mnormal-Example.R 得到的后验分布

图 16-3 的左上角显示了均值参数的后验。95% HDI 的估计范围是 101.35 到 114.21。这个 HDI 勉强能够排除我们随意设置的 99 到 101 的 ROPE，尤其是我们还需要考虑到 HDI 的 MCMC 变异性（回想图 7-13）。因此，"聪明药"似乎在一定程度上提高了智商，但相对于估计值的不确定性而言，提高的程度并不大。从这些数据来看，我们可能不想做出任何强有力的决定，认为"聪明药"确实能提高智商。考虑图 16-3 右下角的效应量，它巩固了这个保守的结论。效应量仅仅是实验处理引起的相对于标准差的变化量：$(\mu-100)/\sigma$。换句话说，效应量是"标准化"的变化量。效应量后验的 95% HDI

勉强排除了零，但显然不能排除从 -0.1 到 0.1 的 ROPE。心理学研究中的一个常规的"小"效应量是 0.2（Cohen，1988）。为了便于说明，ROPE 的设置参考了这个值。

然而，图 16-3 的左下角表明，"聪明药"确实对该组的标准差有影响。普通群体的标准差为 15，标准差的后验远离了该值附近任何合理的 ROPE。对这一结果的一种解释是，这种"聪明药"使一些人提高了智商测试成绩，但使其他人降低了智商测试成绩。这种对标准差的影响在现实世界中是有先例的，比如，压力会增大人与人之间的差异（Lazarus 和 Eriksen，1952）。在下一节中，我们将使用能够容纳离群值的分布对数据进行建模，并将改变这种对标准差增大的解释。

最后，图 16-3 的右上角显示了数据的直方图，其中叠加了少量的正态曲线，这些曲线具有来自 MCMC 样本的可信 μ 值和 σ 值。这是一种后验预测检验的形式，通过后验预测检验，我们可以检验模型是否能够合理地描述数据。对于如此小的数据量，很难从视觉上评估其是否严重违反了正态性，但有迹象表明，正态模型正在努力容纳一些离群值：数据的峰值在正态曲线的上方有明显的凸起，而且正态曲线两肩的下方有空隙。

16.2　离群值与稳健估计：t 分布

如果数据存在离群值，且这些值超出正态分布所能容纳的范围，那么描述数据时更有用的分布应当具有比正态分布更高或更重的尾部。一个著名的重尾分布是 t 分布。t 分布最初是 Gosset（1908）发明的，他使用化名"学生"（Student），因为他的雇主（Guinness 啤酒厂）禁止他发表任何专有的或可能暗示其产品有问题的研究（比如质量的变化）。因此，这种分布通常被称为**学生 t 分布**。

图 16-4 显示了 t 分布的示例。和正态分布一样，它有两个参数控制其均值和宽度。t 分布的"尺度"（scale）参数间接地控制标准差。在图 16-4 中，均值被设置为 0，尺度被设置为 1。t 分布有第三个参数来控制尾部的厚重程度，我将其称为"正态性"（normality）参数，记为 ν（希腊字母 nu）。许多人可能熟悉这个参数的另一个名称，即"自由度"（degrees of freedom），因为 NHST 中经常使用它。但由于我们不会将 t 分布用作抽样分布，而只用其描述分布的形状，因此我更愿意根据这个参数对分布形状的影响来命名它。正态性参数的范围可以取 1 到 ∞。如图 16-4 所示，当 $\nu = 1$ 时，t 分布有厚重的尾部；当 ν 接近 ∞ 时，t 分布变为正态分布。

尽管 t 分布通常被认为是 NHST 中 t 检验的一个抽样分布，但我们将把它用作一个方便的描述性模型，以描述带有离群值的数据（正如经常做的那样。Damgaard，2007；M.C.Jones 和 Faddy，2003；Lange、Little 和 Taylor，1989；Meyer 和 Yu，2000；Tsionas，2002；Zhang、Lai、Lu 和 Tong，2013）。离群值也是数据值，只是它离模型的预期值异常地远。相对于正态分布而言，实际数据通常会包含离群值。有时候，产生离群值的原因是可以明确识别的外部影响。在这种情况下，我们可以校正或移除受影响的数据值。但通常情况下，我们无法知道一个可疑值是由外部影响引起的，还是确实是被测量目标的真实表现。我们不会根据某种人为准则从数据中删除可疑的离群值，而是保留所有的数据，但是会使用相较正态分布而言受离群值影响更小的噪声分布。

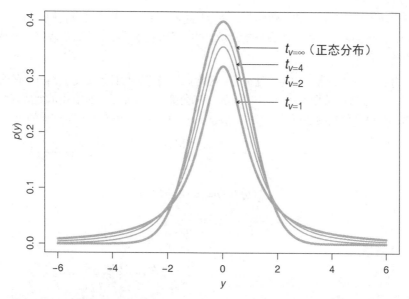

图 16-4　t 分布示例。在所有情况下，$\mu = 0$ 且 $\sigma = 1$。正态性参数 ν 控制尾部的厚重程度。这些曲线的 ν 值不同，图中将它们叠加起来以便于比较。横轴的标签为 y（而不是 x），因为该分布是用来描述被预测数据的

图 16-5 显示了 t 分布受到离群值影响时的稳健性。曲线显示了 t 分布和正态分布的参数的最大似然估计（maximum likelihood estimate，MLE）。更正式地说，对于给定的数据 $D = \{y_i\}$，找到使 $p(D \mid \mu, \sigma)$ 最大化的正态分布的参数值，并找到使 $p(D \mid \mu, \sigma, \nu)$ 最大化的 t 分布的参数值。这些 MLE 曲线与数据同时绘制在一起。图 16-5 的上图显示了一组虚构的数据，以说明正态分布受到离群值的强烈影响，而 t 分布仍然集中在大多数的数据上。对于 t 分布，均值 μ 为 0.12，非常接近于聚在一起的五个数据点的中心。通过将正态性参数设置为一个非常小的值，分布容纳了离群值。正态分布容纳离群值的唯一方法是，将均值移向离群值，并加大标准差以覆盖离群值。t 分布似乎可以更好地描述数据。

很重要的一点是要知道，t 分布中的尺度参数 σ 不是分布的标准差。（回想一下，标准差是方差的平方根，方差是式 4.8 中定义的 $(x - E[x])^2$ 的均值。）t 分布的标准差实际上大于 σ，因为其尾部较厚重。事实上，当 ν 降到 2 以下（但仍然大于或等于 1）时，数学 t 分布的标准差将变为无穷大。比如，在图 16-5 的上图中，ν 仅为 1.14。这意味着数学 t 分布的标准差是无穷大的，即使数据样本的标准差是有限的。同时，t 分布的尺度参数为 $\sigma = 1.47$。虽然尺度参数的这个值不是分布的标准差，但它确实与数据的分布相关。正如范围 $\pm \sigma$ 覆盖正态分布的中间 68%，当 $\nu = 2$ 时，范围 $\pm \sigma$ 覆盖 t 分布的中间 58%；当 $\nu = 1$ 时，该范围覆盖中间 50%。这些区域如图 16-6 的左半部分所示。图 16-6 的右半部分显示了 t 分布下的中间区域，其宽度使得该区域跨越分布的 68.27%，也就是 $\sigma = \pm 1$ 时正态分布曲线下的面积。

图 16-5 的下图使用了真实的数据，显示了 177 名 65 岁或 65 岁以上的被试体内无机磷的含量，单位为毫克每分升。数据的作者（Holcomb 和 Spalsbury，2005）故意改变了一些数据点，以反映典型的

转录错误，并说明了检测和纠正这些错误的方法。与之不同的是，我们假设我们不再有权访问原始的个体测量记录，而且必须对未修正的数据集建模。相比于正态分布，t 分布能较好地容纳离群值，并更好地拟合数据分布。

使用重尾分布的方法通常被称为稳健估计，因为集中趋势的估计值在受到离群值的影响时是稳定的，即"稳健的"。在观测数据水平上对离群值进行建模时，t 分布是一种有用的似然函数。在层次先验中对离群值进行更高层次的建模时，t 分布同样是有用的。我们将遇到几个这样的应用场景。

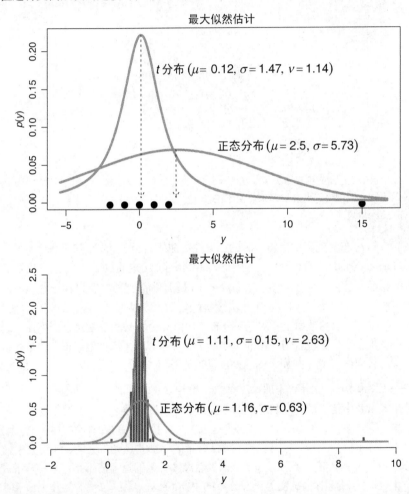

图 16-5 符合所示数据的正态分布和 t 分布的最大似然估计。上图显示了虚构数据，以说明正态分布容纳离群值的方式：仅仅是增大标准差并（在本例中）移动均值。下图显示了实际数据（Holcomb 和 Spalsbury，2005），以说明离群值对正态分布估计的实际影响

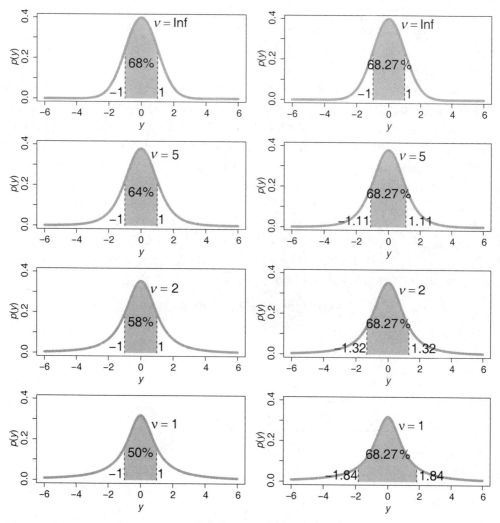

图 16-6 具有不同面积的曲线下区域的 t 分布示例。在所有情况下，$\mu=0$ 且 $\sigma=1$。不同行显示了不同的正态性参数值。左半部分显示了在 t 分布下，从 $y=-1$ 到 $y=1$ 的区域。右半部分显示了覆盖 68.27%区域所需的 $\pm y$ 值，68.27%是标准正态曲线下从 $y=-1$ 到 $y=1$ 的区域。横轴的标签是 y（而不是 x），因为该分布是用来描述被预测数据的

16.2.1 在 JAGS 中使用 t 分布

很容易将 t 分布合并到 JAGS 的模型定义中。似然从 dnorm 变为 dt，且需要加入它的正态性参数，如下所示：

```
model {
  for ( i in 1:Ntotal ) {
    y[i] ~ dt( mu , 1/sigma^2 , nu ) # JAGS 中：dt 函数使用精度
  }
```

```
mu ~ dnorm( meanY , 1/(100*sdY)^2 )
sigma ~ dunif( sdY/1000 , sdY*1000 )
nu <- nuMinusOne+1                    # 必须大于或等于 1
nuMinusOne ~ dexp(1/29)               # nu-1 的先验
}
```

注意，上面的 `dt` 有三个参数，其中前两个和 `dnorm` 中的参数一样。第三个参数是 ν。模型定义的最后几行实现了 ν 的先验。定义这个先验的原因如下。看看图 16-4 中的 t 分布，注意，几乎所有的变化都发生在 ν 相当小的时候。实际上，当 ν 增大到 30 左右时，t 分布基本上是正态的。因此，我们想要这样的一个先验：对于小的 ν 值（小于 30）和大的 ν 值（大于 30），先验给予它们等同的机会。描述这种分配的一个方便的分布是指数分布。它的定义域是正值。它的一个参数指定了其均值的倒数。因此，JAGS 表达式 `nuMinusOne ~ dexp(1/29)` 的意思是，名为 `nuMinusOne` 的变量服从均值为 29 的指数分布。因为 `nuMinusOne` 的值是从零到无穷大，所以我们必须加上 1，以使得它的范围变成从 1 到无穷大，且均值为 30。这是由模型定义中倒数第二行完成的。图 16-7 的上图显示了 ν 的先验分布。请注意，它确实在小的 ν 值上具有相当大的概率质量，但是分布的均值是 30，所以也考虑到了大的 ν 值。图 16-7 的下图中，完全相同的先验分布被显示在对数尺度上。展示这个分布时，对数尺度非常有用，因为该分布在原始尺度上非常倾斜。

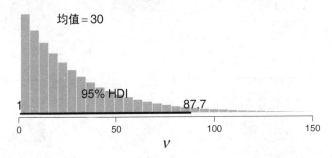

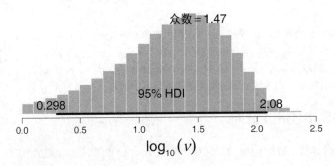

图 16-7　正态性参数的先验。上图显示了 ν 的原始尺度上倾斜的指数分布，下图显示了对数尺度上的相同分布

应该强调的是，这种为 ν 选择先验的方法并不是唯一的"正确"方法，尽管它在许多应用中具有合理的可操作性，但在某些情况下，你可能希望在 ν 的小值上放置更多或更少的先验质量。即使对于相当大的数据集，ν 的先验也会对后验产生持续影响，因为 ν 的估计值受到分布尾部数据的强烈影响，但是根据定义，分布尾部的数据是相对较少的。为了使后验的小 ν 值更加可信，数据必须包含一些极端离群值或许多中等离群值。即使样本来自真正的重尾分布，离群值依然是罕见的，所以在 ν 的先验中，小值也必须具有相当大的可信度。

运行此模型的脚本名为 JAGS-Ymet-Xnom1grp-Mrobust-Example.R。图 16-8 显示了三个参数的成对图。注意，σ 的可信值与 $\log_{10}(\nu)$ 的可信值正相关。这意味着，如果分布更接近正态且 ν 较大，则分布也必须更宽且 σ 较大。这种相关性是包含离群值的数据的一个特征。为了容纳离群值，要么 ν 必须很小以提供重尾，要么 σ 必须很大以提供宽分布。我们在图 16-5 的 MLE 示例中看到了同样的权衡。

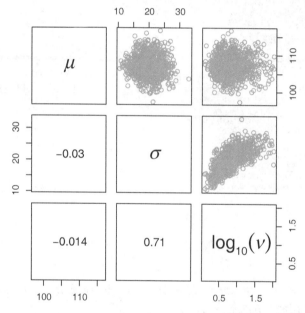

图 16-8　脚本 JAGS-Ymet-Xnom1grp-Mrobust-Example.R 应用于"聪明药"组的虚构智商数据的后验分布。非对角线上的单元显示了成对参数的散点图和相关性，其中成对参数的具体类型显示在相应的对角线单元中。注意，σ 和 $\log_{10}(\nu)$ 强正相关

图 16-9 显示了后验分布的其他方面。请注意左下角正态性参数的边际后验，其众数（在 $\log_{10}$ 的尺度上）仅为 0.623，显著低于图 16-7 下图中的先验众数 1.47。这表明，由于存在离群值，小的 ν 值可以更好地拟合数据。

通常，我们对 ν 的精确估计值不感兴趣。我们只想在数据需要重尾分布的时候，让模型灵活地使用它们。如果数据服从正态分布，则 ν 的后验将强调大值。任何大于约 30 的 ν 值（$\log_{10}$ 的尺度上约为 1.47）都近似于正态分布，因此，进行解释时，它的精确值没有显著的影响。要想准确地估计出小的 ν 值，则需要位于分布的极端尾部中的数据，而根据其自身的性质，这些数据是罕见的。因此，我们

无法预期 v 的估计值有多大的确定性，并且只能接受宽泛的叙述：后验强调 $\log_{10}(v)$ 的小值（例如，低于 1.47），还是强调 $\log_{10}(v)$ 的大值（例如，高于 1.47）。

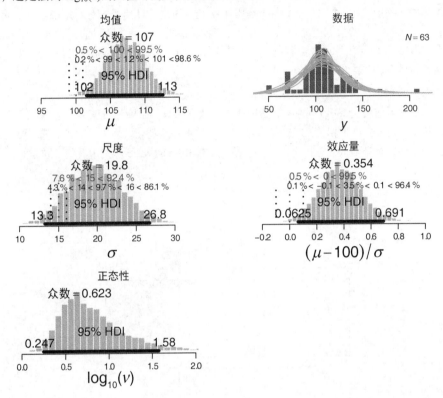

图 16-9　脚本 JAGS-Ymet-Xnom1grp-Mrobust-Example.R 应用于 "聪明药" 组的虚构智商数据的后验分布。与图 16-3 进行比较

图 16-9 的右上角显示，后验预测 t 分布似乎比图 16-3 中的正态分布更好地描述了数据：数据直方图没有在众数处凸起，两肩下方的空隙更小。

图 16-9 与图 16-3 的详细比较还表明，μ 和效应量的边际后验更紧凑了，更多的分布落在了 ROPE 的上方。更突出的是，稳健估计中的 σ 远小于正常估计中的 σ。我们之前的解释是 "聪明药" 使标准差增大了，更好的解释应当是离群值增加了。这两种差异，即 μ 的估计值更密、σ 值更小，都是数据中的离群值造成的。正态分布容纳离群值的唯一方法是使用更大的 σ 值。这又进一步导致了 μ 的估计值 "溢出"，因为当标准差较大时，能够合理地拟合数据的 μ 值的范围更大。通过比较图 16-1 的第一行和第三行，我们可以看到这一点。

16.2.2　在 Stan 中使用 t 分布

当你自己运行 JAGS 程序时，会看到为了生成 ESS 超过 10 000 的 σ 后验样本，它使用了很多步。你还会看到，尽管链很长，但是 v 的 ESS 小于 10 000。换句话说，JAGS 中的链高度地自相关。

我们不在乎ν的链是否具有相对较小的 ESS，因为如上文所述，我们在解释后验时不在乎ν的精确值，并且ν的精确值对其他参数的估计值的影响相对较小。有一点是肯定的，那就是ν的后验样本必须达到收敛状态并能够代表后验样本，但它不需要像其他参数那样精确。然而，如果ν有一个更大的 ESS，就不那么令人担心了。

JAGS 中 MCMC 抽样的自相关性使得它需要很长的链，这就要求我们在计算机运行时要有耐心。我们讨论了提高抽样效率的两种选择。一种选择是使用 runjags 在多个核心上并行地运行链（8.7 节）。另一种选择是在 Stan 中实现该模型，它使用的是 HMC 抽样，将更有效地探索参数空间（第 14 章）。本节演示如何在 Stan 中运行模型。结果确实显示，其ν的后验样本的 ESS 比 JAGS 大。

在 Stan 中，t分布的抽样语句的形式是 y ~ student_t(nu,mu,sigma)。注意，正态性参数是第一个参数，而不是像 JAGS（和 BUGS）中那样是最后一个参数。还要注意，尺度参数是直接输入的，而不是像 JAGS（和 BUGS）中那样是间接输入的，也就是精度为$1/\sigma^2$。以下是 Stan 中完整的模型定义，它首先声明数据和参数的所有变量，最后才是模型本身。

```
data {
  int<lower=1> Ntotal ;
  real y[Ntotal] ;
  real meanY ;
  real sdY ;
}
transformed data {                   // 为先验计算常数
  real unifLo ;
  real unifHi ;
  real normalSigma ;
  real expLambda ;
  unifLo <- sdY/1000 ;
  unifHi <- sdY*1000 ;
  normalSigma <- sdY*100 ;
  expLambda <- 1/29.0 ;
}
parameters {
  real<lower=0> nuMinusOne ;
  real mu ;
  real<lower=0> sigma ;
}
transformed parameters {
  real<lower=0> nu ;
  nu <- nuMinusOne + 1 ;
}
model {
  sigma ~ uniform( unifLo , unifHi ) ;
  mu ~ normal( meanY , normalSigma ) ;
  nuMinusOne ~ exponential( expLambda ) ;
  y ~ student_t( nu , mu , sigma ) ;        // 向量化
}
```

运行此模型的脚本是 Stan-Ymet-Xnom1grp-Mrobust-Example.R。出于比较的目的，它使用的链长度和精简数，与相应 JAGS 脚本的定义相匹配。但事实证明，为了生成相同的 ESS，Stan 不需要 JAGS 那么长的链。图 16-10 显示了 JAGS 和 Stan 中的参数ν的链诊断图。在两次运行中，链都是 20 000 步，精简数为 5。对 JAGS 来说，精简仅仅是为了将保存的文件保持在一个适中的大小；如果计算机内存不是问题，则不建议精简。如你所见，对正态性参数ν进行抽样时，Stan 做得非常好。这大概是因为

哈密顿动力学生成的转移提议能够更高效地在参数空间中跳跃。在对 σ 和 μ 抽样时，Stan 也比 JAGS 做得好。

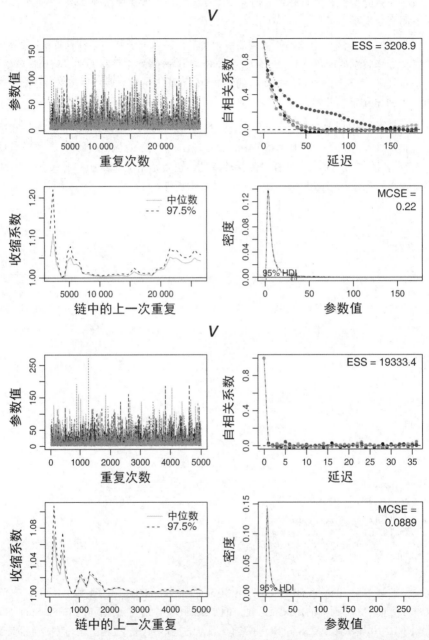

图 16-10 JAGS（上图）和 Stan（下图）的链诊断图。注意自相关系数的差异，以及由此产生的 ESS

16.3　两组

一种常用的研究设计是对两组进行比较。比如，在分析"聪明药"对智商的影响时，我们不再对比实验组的均值与假定的特征值（如 100，见图 16-3），而是更有意义地对比实验组与安慰剂组，其中安慰剂组的处理过程与实验组完全相同。当有两组时，我们估计每组的均值和尺度。在使用 t 分布进行稳健估计时，我们还可以分别估计每个组的正态性。但由于通常情况下离群值比较少，因此我们会使用单个正态性参数来描述这两个组，从而使正态性的估计更为稳定。

图 16-11 说明了模型结构。在图的底部，第 j 组的第 i 个数据值被记为 $y_{i|j}$。j 组内的数据来自均值为 μ_j 且尺度为 σ_j 的 t 分布。正态性参数 ν 没有下标，因为它同时是两组的参数。这些参数的先验正是前一节中用于单组的稳健估计的先验。

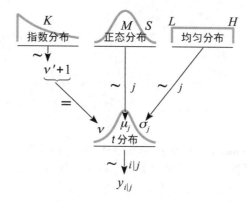

图 16-11　两组数据的稳健估计的依赖关系图。在图的底部，$y_{i|j}$ 是第 j 组的第 i 个数据值

相比于单组，分析两组数据的 Stan 模型定义只有少量更改。数据现在包括一个组标识符。在数据文件的第 i 行中，将 IQ 分数记为 y[i]，将组标识符记为 x[i]。在模型定义的数据模块中，必须声明组成员变量 x。转换数据模块保持不变。参数模块仅仅是将 mu 和 sigma 变量规定为各有 2 个元素的向量（用于 2 个组）。最后，在模型模块中，似然函数被放入一个循环中，以便使用组标识符的嵌套索引。以下是完整的模型定义，有更改的行用注释标记了出来：

```
data {
  int<lower=1> Ntotal ;
  int x[Ntotal] ;                    // 组标识符
  real y[Ntotal] ;
  real meanY ;
  real sdY ;
}
transformed data {
  real unifLo ;
  real unifHi ;
  real normalSigma ;
  real expLambda ;
  unifLo <- sdY/1000 ;
  unifHi <- sdY*1000 ;
```

```
    normalSigma <- sdY*100 ;
    expLambda <- 1/29.0 ;
}
parameters {
    real<lower=0> nuMinusOne ;
    real mu[2] ;                          // 两组
    real<lower=0> sigma[2] ;              // 两组
}
transformed parameters {
    real<lower=0> nu ;
    nu <- nuMinusOne + 1 ;
}
model {
    sigma ~ uniform( unifLo , unifHi ) ;          // 变为向量的两组
    mu ~ normal( meanY , normalSigma ) ;          // 变为向量的两组
    nuMinusOne ~ exponential( expLambda ) ;
    for ( i in 1:Ntotal ) {
        y[i] ~ student_t( nu , mu[x[i]] , sigma[x[i]] ) ;   // 组的嵌套索引
    }
}
```

请注意，在模型模块中，图 16-11 中的每个箭头实际上都有一行代码。唯一不在模型模块中的箭头是 $\nu + 1$ 的移位，它出现在 Stan 的转换参数模块中。当在 JAGS 中实现该模型图时，所有箭头都出现在模型模块中。

运行该程序的脚本是 Stan-Ymet-Xnom2grp-MrobustHet-Example.R，它的格式与本书中包含的其他高级脚本的格式略有不同。实质性的变化是 Stan-Ymet-Xnom2grp-MrobustHet.R 中的函数定义，其中包括 Stan 模型定义（如前文所示）和此应用场景的专用图形输出。

图 16-12 显示了后验分布。你可以看到五个参数（μ_1、μ_2、σ_1、σ_2 和 ν）的边际后验分布、均值差异 $\mu_2 - \mu_1$ 和尺度差异 $\sigma_2 - \sigma_1$ 的后验分布，以及效应量。效应量的定义为均值差异与平均尺度的比值：$(\mu_2 - \mu_1) / \sqrt{(\sigma_1^2 + \sigma_2^2)/2}$。后验分布显示，均值的差异约为 7.7 个智商点，但差异的 95% HDI 仅仅勉强排除了零附近的小 ROPE。效应量的后验分布也显示差异不为零，但 95% HDI 与 ± 0.1 的 ROPE 略有重叠。尺度差异（$\sigma_2 - \sigma_1$）显示，差异显然不为零，这表明"聪明药"比安慰剂引起的个体差异更大。

回想 12.1.2 节，参数值的差异是根据 MCMC 链每步中的联合可信值计算的。这一点值得记住，因为在后验分布中，σ_2 和 σ_1 的可信值是正相关的。因此，仅考虑它们各自的边际分布，无法让我们准确感受它们之间的差异。这两个尺度参数正相关的原因是，它们在与同一个正态性参数相权衡。当正态性参数较大时，两个尺度参数都必须较大，以容纳两组中的离群值。当正态性参数很小时，两个尺度参数都最好小一些，以便为集中在一起的数据分配更高的概率。

图 16-12 右上角的后验预测检验表明，t 分布可以相当好地描述这两组。两组的数据都没有明显偏离 t 分布的可信值。

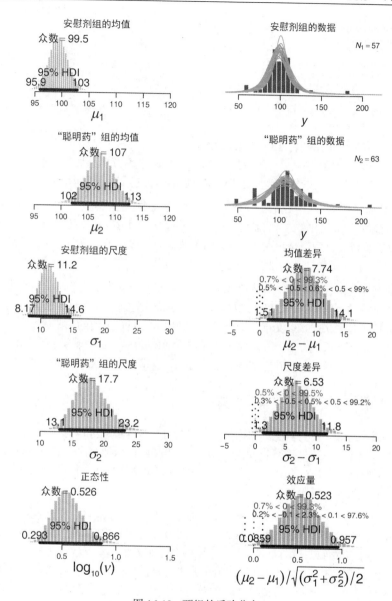

图 16-12 两组的后验分布

NHST 分析方法

在常规的 NHST 中，将对来自两组的计量数据进行 t 检验。t 检验是标准 R 工具的一部分，你可以在 R 的命令行中输入?t.test 以进一步了解。当将 t 检验应用于 IQ 数据时，结果如下：

```
> myDataFrame = read.csv( file="TwoGroupIQ.csv" )
> t.test( Score ~ Group , data=myDataFrame )
```

```
       Welch Two Sample t test
data:  Score by Group
t = -1.958, df = 111.441, p-value = 0.05273
alternative hypothesis: true difference in means is not equal to 0
95 percent confidence interval:                    # 95%置信区间
 -15.70602585    0.09366161
                                                   # 样本估计值
sample estimates:
mean in group Placebo mean in group Smart Drug
          100.0351                   107.8413
```

请注意，p 值大于 0.05，这意味着常规的决策是不拒绝零假设。这个结论与图 16-12 中的贝叶斯数据分析结论相冲突，除非我们使用一个保守的宽 ROPE。在本例中，t 检验比贝叶斯估计的灵敏度更低，原因是 t 检验假设数据服从正态分布，因此当存在离群值时，它高估了组内的方差。

t 检验还有其他问题。与贝叶斯数据分析不同，t 检验只能检验均值是否相等，而不能检验方差是否相等。为了检验方差是否相等，我们需要进行额外的检测，即方差比例的 F 检验，这将同时增大这两个检测的 p 值。此外，这两个检测在计算 p 值时都假设数据服从正态分布，而 F 检验对违反该假设的情况特别敏感。因此，最好使用重抽样的方法来计算 p 值（并对其进行多重比较校正）。

我之前写过一篇文章，并在其中大量地讨论了对两组的估计。这篇文章提供了更多对比 NHST 和贝叶斯数据分析结论的例子（Kruschke，2013a）。这篇文章中还包含了 JAGS 程序，友好的爱好者们将这些程序翻译成了其他格式。该文章还解释了贝叶斯功效分析和 p 值的一些风险，并在附录中说明了评估零假设值的贝叶斯因子方法。如果你正在寻找关于贝叶斯数据分析的简要介绍，也许是作为一份礼物送给心爱的人或者送给你正在参加的聚会的主人，这篇文章可能正是你需要的。[①]

16.4　其他噪声分布和数据转换

如果假设的噪声分布不符合真正的数据分布，那么对参数的解释可能会有问题。如果数据中有许多离群值，并且假设噪声分布是正态分布，那么这些离群值将虚假地增大标准差参数的估计值。如果数据是倾斜的，但假设分布是对称分布，那么倾斜的数据将虚假地拉住均值参数的估计值。一般来说，我们希望噪声分布能准确地模拟数据，这样参数才有意义。

如果最初假设的噪声分布与数据分布不匹配，那么有两种方法寻求更好的描述。首选方法是使用更好的噪声分布。另一种方法是将数据转换至一个新的尺度，使得它们较好地符合假设的噪声分布的形状。换句话说，我们既可以换一双合适的鞋，也可以把脚挤到鞋里。换鞋比挤脚好。在传统的统计软件中，预先包装好的噪声分布束缚了用户，用户无法改变它，于是他们只能转换数据并把数据“挤”进软件中。解释参数时，这种做法可能导致产生混淆，因为参数描述的是转换后的数据，而不是原始尺度的数据。然而在另一些软件中，如 Stan 和 JAGS，我们可以灵活地指定各种噪声分布（以及更高层次的结构）。我们在本章中看到了一个例子，在这个例子中，最初假设的正态分布被更改为 t 分布。在 JAGS 和 Stan 中还可以使用许多其他分布，我们也可以使用伯努利壹技巧来指定噪声分布，如 8.6 节所述。

作为非正态噪声分布的另一个例子，考虑响应时间的模型。响应时间数据通常是正偏态的，因为

---

① 当然，这篇文章也可以用来铺垫鸟笼底，或者在市场里包裹鱼。

响应时间再快也是有极限的，但通常可以非常缓慢。科学文献中存在一个争论：什么样的分布能够最好地描述响应时间，以及为什么。一个例子是，Rouder、Lu、Speckman、Sun 和 Jiang（2005）在层次贝叶斯模型中使用了韦布尔分布来描述响应时间。无论首选的描述性分布是什么，很可能 JAGS 和 Stan 都能够实现它。比如，JAGS 和 Stan 都内置了韦布尔分布。

16.5　练习

你可以在本书配套网站上找到更多练习。

练习 16.1　目的：使用一个有趣的真实例子，练习在高级脚本中使用不同的数据文件。 该研究考察了无法交配的雄性果蝇的酒精偏好。Shohat-Ophir 等人对无法交配的雄性果蝇的酒精偏好感兴趣（2012）。实验过程如图 16-13 所示，描述如下："拒绝–隔离组接受了求偶条件反射作用：它们经历了已交配雌蝇的拒绝，每次持续 1 小时，每天 3 次，持续 4 天……交配–成群组中的果蝇与多只可交配且从未有过交配行为的雌蝇（比例 1:5）交配 6 小时，持续 4 天。随后对每组中的果蝇进行测试。在两项偏好选择测试中，它们自愿选择食用添加或不添加 15% 乙醇的食物。"（Shohat-Ophir 等人，2012，第 1351 页，已删除引文和参考图。）对于每只果蝇，每种食物的消耗量被转换成偏好比例：添加乙醇的食物量减去常规食物量除以两者的总和。我为每只果蝇构建了 3 天偏好分数的摘要值，即第 6 ~ 8 天的添加乙醇或无乙醇的食物消耗量的总和。食物消耗量和偏好比例在名为 ShohatOphir-KAMH2012dataReduced.csv 的数据文件中。感谢 Galit Shohat-Ophir 博士提供的数据。

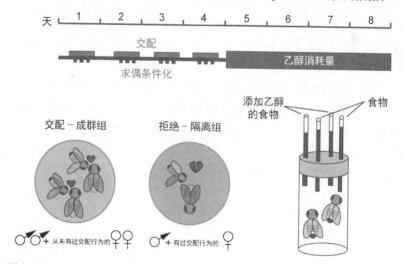

图 16-13　调查无法交配的雄性果蝇（黑腹果蝇，Drosophila melanogaster）的酒精偏好的实验流程。来自 Shohat-Ophir、Kaun、Azanchi、Mohammed 和 Heberlein（2012）的图 1A。经 AAAS 许可转载

（A）对偏好分数，运行 JAGS-Ymet-Xnom2grp-MrobustHet-Example.R。确保均值和标准差的 ROPE 对数据而言是合适的。相对于估计的不确定性而言，两组之间的差异有多大？你的结论是什么？（如果你对这个结果感兴趣，那么你也会对 19.3.2 节的结果感兴趣。）

(B) 我们可能不关注乙醇或普通食物的相对消耗量，而是关注食物的绝对消耗量。对总消耗量运行分析，它是数据文件中名为 GrandTotal 的那一列。你的结论是什么？具体来说，你是否想得出接受零假设的结论，即二者之间没有差异？（回顾 12.1.1 节。）

练习 16.2 目的：在一个有倾斜数据的真实例子中，使用不同的数据文件，利用高级脚本进行更多的实践。无饮食限制的实验室中的老鼠的典型寿命是大约 700 天。当老鼠被限制饮食时，它们的寿命会延长，但老鼠的寿命有很大的个体差异。限制饮食不仅可能影响典型寿命，而且还可能影响老鼠寿命的方差。我们考虑来自 R. L. Berger 等人（1988）的数据，以及 Hand、Daly、Lunn、McConway 和 Ostrowski（1994，数据集#242）的报告。你可以在名为 RatLives.csv 的文件中找到这些数据。

(A) 对老鼠寿命数据运行两组数据的分析。根据你的喜好，使用 JAGS 或 Stan（报告你使用了哪一种）。报告你用于读取数据文件的代码，指定数据的列名，以及适合数据尺度的 ROPE。这两组的集中趋势和变异程度有什么不同吗？正态性参数的值是否显示数据含有相对于正态分布的离群值？

(B) 每组内的数据似乎向左倾斜。也就是说，在每一组中，死亡时相对年轻的老鼠有很多，但高尾处的离群值较少。我们可以尝试实现一个倾斜的噪声分布，或者我们可以尝试转换数据，使得它们在每组内近似对称。我们将在这里尝试后一种方法。为了消除向左倾斜的趋势，我们需要一个能够扩展右边的值的转换。我们将试着把数据平方。读取数据并加入一列转换后的数据，如下所示：

```
myDataFrame = read.csv( file="RatLives.csv" )
myDataFrame = cbind( myDataFrame , DaysLiveSq = myDataFrame$ DaysLive^2 )
yName="DaysLiveSq"
```

更改 ROPE 的定义以适用于转换后的数据。在天数平方的尺度上，各组的集中趋势和变异程度是否存在差异？相对于天数平方尺度上的正态分布，正态性参数的值是否表明数据有离群值？天数平方尺度的后验效应量，与前一部分的天数尺度的后验效应量有很大差异吗？

练习 16.3 目的：对于两组，检查效应量、均值和尺度差异的隐含先验。

(A) 修改脚本 Stan-Ymet-Xnom2grp-MrobustHet-Example.R 和 Stan-Ymet-Xnom2grp-MrobustHet.R 中的函数，以显示先验分布。详见 14.3.4 节。解释你所做的更改，并在你的报告中加入图形输出。Stan 存在收敛问题吗？

(B) 修改程序的 JAGS 版本，以从先验中抽样。参考 8.5 节，以了解如何用 JAGS 从先验分布中抽样。

(C) 从前两部分来看，效应量和差异的先验是否"不提供信息"？简要讨论。

第 17 章

具有单个计量预测变量的计量被预测变量

> 农村银行威胁说要撤销我的租约，
> 如果我的田地产量不能迅速增加。
> 哦，上帝，我多么希望我能窥测一些趋势，
> 我的沟壑会不会更深？血脉线会不会终止？ [1]

在本章中，我们考虑的场景包括：根据一个人的身高预测他的体重，或者根据他的体重预测他的血压，又或者根据受教育年限预测他的收入。在这些情况下，被预测变量是计量型，单个预测变量也是计量型。

我们将首先使用一个简单线性模型和 y 的正态分布的残差随机性来描述被预测变量 y 和预测变量 x 之间的关系。这个模型通常被称为"简单线性回归模型"。我们从三个方面来扩展这个模型。首先，我们将给它一个噪声分布，使得它能容纳离群值。也就是说，我们将用 t 分布代替正态分布，就像我们在第 16 章中所做的那样。我们在 JAGS 和 Stan 中都将实现该模型。接下来，我们将考虑预测变量和被预测变量的不同形式的关系，如二次趋势。最后，我们将考虑一些场景的层次模型。在这些场景中，每个个体的数据都可以由其个体趋势来描述，并且我们还希望估计跨个体的群组层次的典型趋势。

在第 15 章介绍的 GLM 的背景下，本章的场景涉及单个计量预测变量的线性函数，如表 15-1 的第三列所示；其连接函数是恒等函数，且描述数据中噪声的分布是正态分布，如表 15-2 第一行所示。关于本章中预测变量和被预测变量的组合与其他组合的关系，见表 15-3。

17.1 简单线性回归

图 17-1 展示了从简单线性回归模型生成的模拟数据的示例。首先，任意生成 x 值。在该 x 值处，

---

[1] *The agri-bank's threatnin' to revoke my lease,*
If my field's production doesn't rapid increase.
Oh Lord how I wish I could divine the trend,
Will my furrows deepen? And will my line end?
本章讨论线性回归（以及其他话题）。使用线性回归的分析人员有时想将趋势线外推到未来。在这首诗中，田地里较深的沟壑可能意味着新的耕作，而额头上较深的沟壑则意味着担忧加剧。"线"对于简单线性回归来说意味着一件事情，但它也可以指家族血统。

y 的平均被预测值为 $\beta_0 + \beta_1 x$。然后，从中心为 μ 且标准差为 σ 的正态分布中，生成数据 y 的随机值。参见图 15-1 以回顾斜率 β_1 和截距 β_0 的定义。

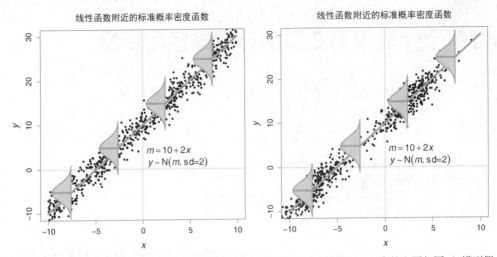

图 17-1　以正态分布的形式分布在线性函数周围的点的示例。（左图与图 15-9 中的左图相同。）模型假设数据 y 以正态分布的形式，垂直地分布在线的周围，如图所示。此外，y 的方差在 x 的所有取值上都是相同的。该模型没有限制 x 的分布形式。右图显示 x 是双峰分布的情况，而左图中 x 是均匀分布的。两幅图都满足方差齐性

　　注意，该模型仅指定了 y 对 x 的依赖关系，而没有说明什么生成了 x，也没有假设 x 的概率分布。图 17-1 左图中的 x 值是从均匀分布中随机抽取的，仅用于说明目的；图 17-1 右图中的 x 值是从双峰分布中随机抽取的。两部分显示的数据来自同一模型，该模型的 y 依赖于 x。

　　必须强调的是，该模型假设方差齐性（homogeneity of variance）：对于 x 的每个值，y 的方差是相同的。在图 17-1 的左图中很容易看出这种方差齐性：无论 x 的取值是什么，在垂直方向上，少量数据点 y 看起来都是相同的。但这仅仅是因为 x 值是均匀分布的。当 x 值不是均匀分布的时，则比较难看出方差是否齐性。比如，图 17-1 右图中的数据看起来好像违反了方差齐性，因为相比于 $x = 7.5$ 处，$x = 2.5$ 处数据的垂直分布似乎明显更大。尽管表面上看起来是这样，但数据确实满足方差齐性。表面上不满足的原因是，在 x 较为稀疏的区域中，抽样 y 值来自噪声分布尾部的机会较小；在 x 较为稠密的区域中，y 来自尾部的机会更大。

　　在应用中，x 值和 y 值是由某个现实过程提供的。在现实过程中，x 和 y 之间可能存在也可能不存在直接的因果关系。可能是 x 导致 y，也可能是 y 导致 x，还可能是某个其他因素同时导致了 x 和 y，或者 x 和 y 没有因果关系，又或者是多种原因导致了某种组合。简单线性模型没有描述 x 和 y 之间的因果关系，而仅仅描述了 y 值的潜在趋势与 x 值线性相关，因此，根据 x 值"可以预测" y 值。在用这个模型描述数据时，我们从由现实世界中未知过程生成的点的散点图开始，然后估计参数值，这些参数值能够生成可能模拟真实数据的点。即使描述性模型能够很好地模拟数据，模型中的数学"过程"也可能与创建数据的现实过程没有任何关系。然而，描述模型中的参数是有意义的，因为它们描述了数据中的趋势。

17.2 稳健线性回归

噪声分布不一定是正态分布。传统上使用正态分布，是因为它的数学推导过程相对简单。但实际数据可能有离群值，在现代贝叶斯软件中可以直接（选择）使用重尾噪声分布。16.2 节解释了 t 分布，以及它在描述可能存在离群值的数据时的实用性。

图 17-2 说明了模型中的层次依赖关系。在模型图的底部，数据 y_i 是围绕在集中趋势 $\mu_i = \beta_0 + \beta_1 x_i$ 附近且服从 t 分布的随机值。模型图的其余部分说明了四个参数的先验分布。尺度参数 σ 被分配了一个没有信息量的均匀先验，而正态性参数 ν 被分配了一个宽泛的指数先验，如第 16 章所述。截距和斜率被分配了宽泛的正态先验，这些先验在数据尺度上是模糊的。图 17-2 类似于图 16-11 所示的群组集中趋势的稳健估计图，只是这里用两个单独的正态先验来表示两个参数 β_0 和 β_1，而在图 16-11 中，μ_1 和 μ_2 两个参数的正态先验是叠加在一起的。

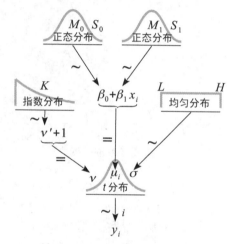

图 17-2　稳健线性回归的依赖关系模型。在图的底部，y_i 分布在集中趋势 μ_i 附近，集中趋势 μ_i 是关于 x_i 的线性函数。与图 16-11 进行比较

举个例子，假设我们对一些随机选择的人进行测量，获得了身高（单位为英寸）和体重（单位为磅）的数据。图 17-3 和图 17-4 显示了两个示例，数据集的样本量分别为 $N = 30$ 和 $N = 300$。此时，请将注意力集中在每张图顶部的数据散点图上。叠加在一起的直线和曲线将在后面解释。你可以看到顶部散点图的坐标轴上的标签分别为"身高"和"体重"，因此每个点代表一个人，他具有特定的身高和体重值组合。这些数据是由我创建的一个程序（HtWtDataGenerator.R）生成的，该程序使用了真实的人口参数（Brainard 和 Burmaster，1992）。模拟数据实际上是基于三个二元高斯簇的，而不是基于单一的线性依赖关系。但是我们仍然可以尝试用线性回归来描述数据。图 17-3 和图 17-4 中的散点图确实表明，随着身高的增长，体重也倾向于增加。

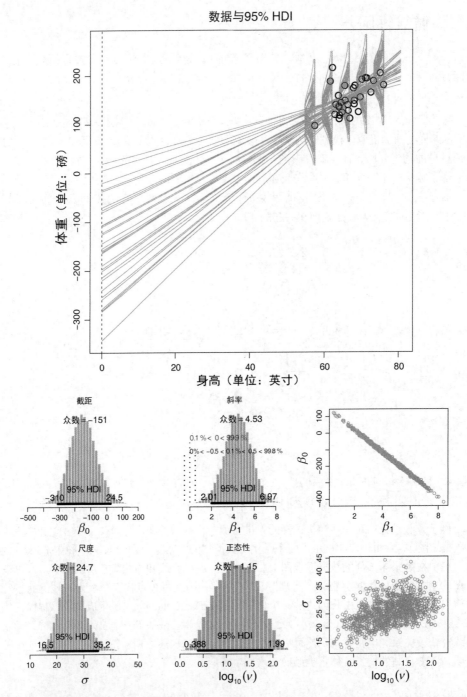

图 17-3　上半部分：叠加绘制了数据（$N = 30$）、少量的可信回归线和 t 噪声分布。下半部分：参数的边际后验分布。与图 17-4 进行比较

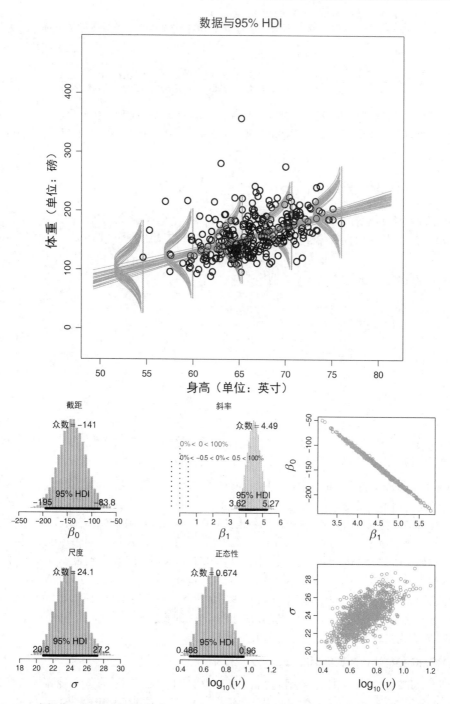

图 17-4　上半部分：叠加绘制了数据（$N = 300$）、少量的可信回归线和 t 噪声分布。下半部分：参数的
　　　　边际后验分布。与图 17-3 进行比较

我们的目标是确定，在给定数据的情况下，β_0、β_1、σ 和 v 的哪些组合是可信的。答案来自贝叶斯法则：

$$p(\beta_0, \beta_1, \sigma, v \mid D) = \frac{p(D \mid \beta_0, \beta_1, \sigma, v)p(\beta_0, \beta_1, \sigma, v)}{\iiint d\beta_0 \, d\beta_1 \, d\sigma \, dv \, p(D \mid \beta_0, \beta_1, \sigma, v)p(\beta_0, \beta_1, \sigma, v)}$$

所幸，我们不必担心数学分析的推导过程，因为我们可以让 JAGS 或 Stan 生成后验分布的高分辨率图像。因此，我们的工作是指定有合理灵敏度的先验，并确保 MCMC 过程生成一个可靠的后验样本，也就是收敛并充分混合的样本。

17.2.1　JAGS 的稳健线性回归

正如前面已经强调的（例如，在 8.2 节的末尾），类似于图 17-2 的层次依赖关系图不仅在为模型构建概念结构时有用，而且在编程实现它时也很有用。图 17-2 中的每个箭头在 JAGS 或 Stan 中都有相应的代码行。下面描述模型的实现。JAGS 模型定义的核心实际上是将层次图的每一个箭头翻译为代码。图 17-2 中的 7 个箭头有 7 行对应的代码。

```
model {
  for ( i in 1:Ntotal ) {
    zy[i] ~ dt( mu[i] , 1/zsigma^2 , nu )
    mu[i] <- zbeta0 + zbeta1 * zx[i]
  }
  zbeta0 ~ dnorm( 0 , 1/(10)^2 )
  zbeta1 ~ dnorm( 0 , 1/(10)^2 )
  zsigma ~ dunif( 1.0E-3 , 1.0E+3 )
  nu <- nuMinusOne+1
  nuMinusOne ~ dexp(1/29.0)
}
```

以上代码中，一些参数的名称前面有字母 "z"，因为这些数据在发送到模型之前将被标准化，而标准化数据通常是由字母 "z" 表示的。我们稍后将描述标准化。

JAGS（和 Stan）的一个很好的特性是，分布中的参数可以取函数，因此我们可以将参数赋值成一个运算语句，而不只是变量名。比如，在之前的 dt 分布中，精度参数是表达式 1/zsigma^2，而不仅仅是变量名。我们可以对 dt 的其他参数也做同样的事情。具体来说，我们可以不在单独的一行中为 mu[i] 赋值，而是在 dt 的均值参数 mu[i] 的位置，简单地插入 zbeta0 + zbeta1 * zx[i]。因此，在类似于图 17-2 的模型图中，JAGS 代码中的赋值箭头不一定需要单独的一行。但是，当在参数中直接放入表达式时，JAGS 将不能记录表达式在链过程中的值。因此，在前面所示的形式中，每个步骤都会同时记录 mu[i] 和参数值。我们对每一步中的 mu[i] 不感兴趣，因此，修改后的代码（稍后展示）将把它的表达式直接放入 dt 的均值参数中。nu 的表达式仍被保留为单独的一行（如上述代码所示），因为我们确实想明确地记录它的值。

为 MCMC 抽样进行的数据标准化

原则上，我们可以在 "原始" 数据上运行 JAGS 代码，正如之前显示的那样。然而，在实践中，这种尝试往往会失败。这些尝试在数学上和逻辑上都是没有错的，问题在于斜率和截距的可信值往往是强相关的，其后验分布是狭长的对角分布。一些抽样算法很难探索这样的分布，进而导致链的效率极低。

通过考虑图 17-3 上半部分中的数据，你可以直观地了解为什么会发生这种情况。叠加在一起的线是来自后验 MCMC 链的少量可信回归线。所有的回归线都必须穿过数据中间，但斜率和截距存在不确定性。如你所见，如果斜率很大，则 y 截距（当 x = 0 时回归线的 y 值）为一个很小的负值。但是如果斜率不是那么大，那么 y 截距就不是那么小。可信的斜率和截距是此消彼长的。图 17-3 中间行的右图显示了斜率 β_1 和截距 β_0 的联合可信值的后验分布。你可以看到，斜率和截距的可信值的相关性非常强。

从这样一个紧密相关的分布中进行 MCMC 抽样是很困难的。Gibbs 抽样之所以陷入困境，是因为它不断地"撞到分布的墙上"。回想一下 Gibbs 抽样的工作原理：一次只更改一个参数。假设我们想改变 β_0，而 β_1 是常数。当 β_1 为常数时，β_0 的可信区间很小，因此 β_0 变化不大。然后我们尝试在 β_0 不变的情况下改变 β_1。我们遇到了同样的问题。因此，这两个参数值的变化非常缓慢，于是 MCMC 链是高度自相关的。其他抽样算法也会遇到同样的问题，只要它们不能沿对角分布的长轴快速移动。在原则上，这种行为没有错；但在实践中，要想从后验分布中获得具有适当代表性的样本，我们需要等待的时间太长了。

有至少两种方法可以提高抽样效率。一种方法是改变抽样算法本身。比如，我们可以尝试 Stan 的 HMC 方法，而不是使用 Gibbs 抽样（这是 JAGS 中的主要方法之一）。我们将在后面的部分中探讨这种选择。第二种方法是转换数据，使可信回归线的斜率和截距之间不会有如此强的相关性。这是我们目前正在探索的选择。

再次查看图 17-3 中的数据及叠加在一起的回归线。问题在于 x 轴上的零点位置离数据很远。如果我们简单地移动该轴，使零点落在数据的均值上，那么在回归线向上倾斜或向下倾斜时，y 截距的变化就不会那么大。移动 x 轴，使得零落在均值上，等价于在每个 x 值上减去所有 x 值的均值。因此，我们可以"居中"（mean centering）这些 x 值，以转换它们。这一做法足以解决参数相关性问题。

但是，如果我们想让 x 值居中，那么不妨将数据彻底标准化。这将允许我们为标准化后的数据设置模糊先验，而且无论原始数据的尺度如何，这些先验都是有效的。标准化仅仅意味着根据数据的均值和标准差对其进行缩放：

$$z_x = \frac{(x - M_x)}{\mathrm{SD}_x} \qquad \text{且} \qquad z_y = \frac{(y - M_y)}{\mathrm{SD}_y} \tag{17.1}$$

其中，M_x 是 x 值的均值，SD_x 是 x 值的标准差。使用简单代数运算可以很容易地证明，对于任何初始数据集，得到的 z_x 值的均值为 0 且标准差为 1。因此，标准化值不仅是以均值为中心，而且被拉伸或收缩至标准差为 1。

我们将标准化数据发送给 JAGS 模型，JAGS 返回的可信参数值同样是相对于标准化数据的。然后，我们需要将参数值转换回原始尺度。将标准化数据的截距和斜率分别表示为 ζ_0 和 ζ_1（希腊字母 zeta），并将 y 的被预测值表示为 $\hat{y}$。然后有：

$$z_{\hat{y}} = \zeta_0 + \zeta_1 z_x \qquad\qquad\text{根据模型定义}$$

$$\frac{(\hat{y} - M_y)}{\mathrm{SD}_y} = \zeta_0 + \zeta_1 \frac{(x - M_x)}{\mathrm{SD}_x} \qquad\qquad\text{根据式 17.1}$$

$$\hat{y} = \underbrace{\zeta_0 SD_y + M_y - \zeta_1 M_x SD_y / SD_x}_{\beta_0} + \underbrace{\zeta_1 SD_y / SD_x}_{\beta_1} x \tag{17.2}$$

因此，对于 ζ_0 和 ζ_1 的每一个组合，式17.2指出了其对应的 β_0 和 β_1 组合。为了将标准化尺度的 σ 值转换为原始尺度的 σ 值，我们简单地乘以 SD_y。正态性参数保持不变，因为它是指分布的相对形状，不受尺度参数的影响。[①]

在着手实现这个方法之前，我们还需要做出一个选择：我们是否应该使用 R 来标准化数据，然后对标准化数据运行 JAGS，接着继续在 R 中把参数转换回原始尺度？或者，我们是否应该把原始数据发送给 JAGS，并在 JAGS 中完成标准化及转换回原始尺度的全过程？两种方法都可以。我们将在 JAGS 中进行转换。原因在于，该方法会保留标准化和原始尺度参数的完整记录，而这些参数是 JAGS 的 coda 格式的，因此可以更容易地运行收敛诊断。这种方法还让我们有机会展示 JAGS 编程的另一个方面，也就是我们以前没有遇到过的数据模块 data。

原始尺度的数据被表示为向量 x 和 y。没有其他信息发送给 JAGS。在 JAGS 模型定义中，我们首先使用 data 模块对数据进行标准化，如下所示：

```
data {
  Ntotal <- length(y)
  xm <- mean(x)
  ym <- mean(y)
  xsd <- sd(x)
  ysd <- sd(y)
  for ( i in 1:length(y) ) {
    zx[i] <- ( x[i] - xm ) / xsd
    zy[i] <- ( y[i] - ym ) / ysd
  }
}
```

data 模块中计算的所有值都可以在 model 模块中使用。具体来说，模型是以标准化数据的形式指定的，这些参数的名称前面有一个字母 "z"，表示它们是标准化数据。由于数据是标准化的，我们知道可信斜率值的范围不能远超过范围 ±1，因此，相对于斜率可能的可信值而言，其标准差 10 是非常平坦的。对于截距和噪声也有着类似的考虑，因此无论数据的原始尺度如何，以下的 model 模块都具有非常模糊的先验值：

```
model {
  for ( i in 1:Ntotal ) {
    zy[i] ~ dt( zbeta0 + zbeta1 * zx[i] , 1/zsigma^2 , nu )
  }
  # 标准化的尺度上，模糊的先验
  zbeta0 ~ dnorm( 0 , 1/10^2 )
  zbeta1 ~ dnorm( 0 , 1/10^2 )
  zsigma ~ dunif( 1.0E-3 , 1.0E+3 )
  nu <- numMinusOne+1
```

---

① 标准化后的 ν 不变的事实来自 t 分布的公式，它表明分布的核心中已经孤立了 x 的标准化分数，同时没有其他角色。

$$p(x \mid \nu, \mu, \sigma) = \frac{\Gamma\left(\dfrac{\nu+1}{2}\right)}{\Gamma\left(\dfrac{\nu}{2}\right)\sqrt{\pi\nu}\sigma}\left(1 + \frac{1}{\nu}\left(\frac{x-\mu}{\sigma}\right)^2\right)^{-\frac{\nu+1}{2}}$$

```
   nuMinusOne ~ dexp(1/29.0)
   # 转换至原始尺度
   beta1 <- zbeta1 * ysd / xsd
   beta0 <- zbeta0 * ysd + ym - zbeta1 * xm * ysd / xsd
   sigma <- zsigma * ysd
}
```

注意，在上述模型模块的末尾，标准化的参数被转换为原始尺度，使用的是式 17.2 中对应关系的直接实现。

用于使用上述 JAGS 模型的高级脚本名为 JAGS-Ymet-Xmet-Mrobust-Example.R，函数本身的定义在 JAGS-Ymet-Xmet-Mrobust.R 中。运行该脚本将生成图 17-3 和图 17-4 所示的图。在讨论结果之前，让我们探讨如何在 Stan 中实现该模型。

17.2.2 Stan 的稳健线性回归

回想一下 14.1 节的内容，Stan 使用哈密顿动力学来寻找参数空间中的提议位置。轨迹将利用后验分布的梯度，即使在狭窄的分布中也能移动很长的距离。因此，在数据没有标准化的情况下，HMC 本身就应该能够高效地从后验分布中生成具有代表性的样本。

模糊先验中的常数

Stan 实现的唯一一个新的方面是先验的设置。因为数据不会被标准化，所以我们不能使用 JAGS 模型中先验的常数。相反，无论数据的尺度是什么，我们都需要先验中的常数是模糊的。我们可以让用户提供先验信息，但在这里我们不会这样做。我们让数据自己展示其典型内容，并且我们会设置相对于数据来说非常宽泛的先验（就像我们在第 16 章中所做的那样）。

对于完全相关的数据，回归斜率可以取 SD_y / SD_x 的最大值。因此，斜率先验的标准差被设置为比这个最大值更大。对于完全相关的数据，截距可以取的最大值是 $M_x SD_y / SD_x$。因此，截距先验的标准差将比这个最大值更大。以下的 Stan 模型定义实现了这些思想。

```
data {
   int<lower=1> Ntotal ;
   real x[Ntotal] ;
   real y[Ntotal] ;
   real meanY ;
   real sdY ;
   real meanX ;
   real sdX ;
}
transformed data {                          // 对于先验中的常数
   real unifLo ;
   real unifHi ;
   real expLambda ;
   real beta0sigma ;
   real beta1sigma ;
   unifLo <- sdY/1000 ;
   unifHi <- sdY*1000 ;
   expLambda <- 1/29.0 ;
   beta1sigma <- 10*fabs(sdY/sdX) ;         // fabs 是取绝对值
   beta0sigma <- 10*fabs(meanX*sdY/sdX) ;
}
```

```
parameters {
  real beta0 ;
  real beta1 ;
  real<lower=0> nuMinusOne ;
  real<lower=0> sigma ;
}
transformed parameters {
  real<lower=0> nu ;                      // 事实上 lower=1
  nu <- nuMinusOne + 1 ;
}
model {
  sigma ~ uniform( unifLo , unifHi ) ;
  nuMinusOne ~ exponential( expLambda ) ;
  beta0 ~ normal( 0 , beta0sigma ) ;
  beta1 ~ normal( 0 , beta1sigma ) ;
  for ( i in 1:Ntotal ) {
    y[i] ~ student_t( nu , beta0 + beta1 * x[i] , sigma ) ;
  }
}
```

以上 Stan 模型的脚本名为 Stan-Ymet-Xmet-Mrobust-Example.R，使用的是 Stan-Ymet-Xmet-Mrobust.R 中定义的函数。运行它会生成与图 17-3 和图 17-4 类似的图。在讨论结果之前，让我们简单地比较一下 Stan 和 JAGS 的性能。

17.2.3　Stan 还是 JAGS

Stan 和 JAGS 都运行了图 17-4 中的数据，它们在后验分布的细节方面产生了非常相似的结果。为了进行比较，两个实现都使用了 500 个适应步骤、1000 个磨合步骤和 20 000 个保存步骤，以及未经精简的四条链。在我的普通台式计算机上，JAGS 大约运行了 180 秒，而 Stan（包括编译）大约运行了 485 秒（约 2.7 倍的时间）。对于不同的参数，JAGS 的 ESS 有很大的差异：ν 和 σ 约为 5000，而 β_0 和 β_1 约为 16 000。Stan 中，各个参数之间的 ESS 更为一致，但某些参数的 ESS 不如 JAGS 多，其中 ν 和 σ 约为 8000，而 β_0 和 β_1 仅为 7000。

因此，Stan 确实在很大程度上解决了相关参数的问题，而 JAGS 需要人为干预，也就是将数据标准化。Stan 抽样得到的正态性参数和尺度参数，其自相关性同样比 JAGS 小，如我们之前在图 16-10 中看到的。探索后验分布时，在其他抽样器可能遇到问题的地方，HMC 能够巧妙地应对并通过。但是 Stan 需要的实时时间更长，我们感兴趣的主要参数（斜率和截距）的 ESS 更小。如果我们在 Stan 中使用标准化的数据，也就是与 JAGS 一样，那么 Stan 在这个模型中的效率是可以进一步提高的。但是这个例子的一个要点是显示 HMC 能够应对困难的后验分布。如 Stan 参考手册所述，如果重新参数化 t 分布，那么 Stan 的效率也可能得到提高。尽管接下来的程序更侧重于 JAGS，但请记住，我们可以很直接地将这些程序翻译给 Stan。

17.2.4　解释后验分布

现在我们已经了解了实现中的所有细节，我们将讨论图 17-3 和图 17-4 所示的分析结果。回想一下，两张图显示的结果来自同一个数据生成器，但是图 17-3 只有 30 个数据点，而图 17-4 有 300 个数据点。通过比较两张图中的边际后验分布，可以看出，斜率、截距和尺度的众数估计值大致相同。但是，相比于 30 个数据点的情况，300 个数据点的估计值的确定性要小得多。比如，当 $N = 30$ 时，斜率的众数估计值约为 4.5（磅/英寸），95% HDI 约为 2.0 到 7.0。当 $N = 300$ 时，同样，斜率的众数估计值约为 4.5，但这时 95% HDI 较窄，约为 3.6 到 5.3。

有趣的一点是，我们注意到这两个数据集的正态性参数的估计值不同。随着数据集增大，正态性参数的估计值逐渐变小并压倒了先验，该先验在 $N = 30$ 时仍占据主导地位。（回想 16.2.1 节中关于 v 的指数先验的讨论。）对于较大的数据集，出现离群值的机会也较大，这与较大的 v 值不一致。（当然，如果数据真的服从正态分布，那么更大的数据集只会加强正态性参数的大值。）

在某些应用中，当前数据中展示的 x 值较为稀疏，而人们想外推或内插其趋势。比如，我们可能想预测一个 50 英寸高的人的体重。贝叶斯数据分析的一个特点是能得到可信被预测值的整体分布，而不仅仅是得到一个点估计。为了得到被预测值的分布，我们在 MCMC 链的每一步中，使用该步的参数值从模型中随机生成模拟数据。你可以通过查看图 17-4 中垂直绘制的噪声分布来考虑这一点。对于任何给定的身高值，噪声分布都显示出可信的体重预测值。通过链中所有步骤的模拟数据，我们整合了所有可信的噪声分布。被预测分布的一个有趣的方面是，距离实际数据越远，它们会自然地变得越宽，也就是说，确定程度越低。在图 17-3 中很容易看到这一点。当离数据越远的时候，可信回归线之间的差异变得越大，因此被预测值就越不确定。

图 17-3 和图 17-4 的上半部分显示了数据，并叠加显示了少量可信回归线和 t 分布。这提供了一种视觉上的后验预测检验，使得我们可以定性地判断数据与模型形式是否存在系统偏差。比如，我们可以寻找数据中的非线性趋势，或体重分布的不对称性。数据表明，相对于回归线而言，体重分布可能存在一定的正偏斜。如果这种可能性在理论上具有重要意义，或者大到使我们怀疑参数的解释，那么我们会希望建立一个新的模型，以在噪声分布中包含这种偏斜。有关后验预测检验的更多信息，参见 Kruschke（2013b）。有趣的是，在目前的应用中，稳健线性回归模型在模拟数据方面做得相当好，即使数据实际上是由三个二元正态分布生成的。不过，请记住，该模型仅模拟 y 对 x 的依赖关系，它没有描述 x 的分布。

17.3 群组中个体的层次回归

在之前的应用中，第 j 个个体提供了一对 x_i 和 y_i。但是假设每个个体 j 提供了很多次观测值，也就是很多对 $x_{i|j}$ 和 $y_{i|j}$。（下标符号 $i|j$ 表示第 j 个个体的第 i 个观测值。）利用这些数据，我们可以估计每个个体的回归曲线。如果我们还假设，这些个体可以同等地代表一个共同群组，那么我们也可以估计群组层次的参数。

Walker、Gustafson 和 Frimer（2007）提供了这种场景的一个例子：他们测量了几年内孩子们的阅读能力分数。因此，每个孩子都提供了好几对观测值，也就是年龄和阅读成绩。单条回归线可以描述每个孩子的阅读能力随时间的变化，更高层次的分布可以描述整个群组的可信截距和斜率。每个人的估计值都将受到所有其他人的数据信息的影响，因为更高层次的分布间接地将这些数据联系在一起。在这种情况下，我们可能想评估每个孩子的阅读能力和提高率，但我们可能还想评估群组层次的能力和提高率。

另一个例子是，假设我们想知道在不同的地理区域家庭收入如何随家庭人口数变化。美国人口普查局（U.S. Census Bureau）公布的数据显示，在美国全部 50 个州、哥伦比亚特区和波多黎各，家庭收入中位数是家庭人口数的函数。在这种情况下，每个地区都是一个"个体"，并提供了几对数据：家庭人口数 2 的收入中位数、家庭人口数 3 的收入中位数，等等，直到家庭人口数 6 或家庭人口数 7。如果有每个家庭的实际收入，我们就可以在分析中使用这些数据，而不是中位数。在这个应用中，我们可能对每个区域的估计值感兴趣，或者对总体估计值感兴趣。每个区域的估计趋势受到所有其他区域的数据信息的影响，这种影响间接地来自所有区域的高层分布，因为高层分布受到所有区域信息的影响。

图 17-5 显示了一些虚构数据。x 和 y 的尺度与上一节中身高和体重的示例大致相当，在这种情况下，我们并没有打算使用真实数据。在这些数据中，每个个体提供几对 x 和 y。你可以将它们想象成这个人的成长曲线，但仍要注意，它们并不是真实的数据。图 17-5 的顶部叠加显示了所有个体的数据，其中每个个体的子集数据由线段连接在一起。图 17-5 中的小图单独显示了所有个体的数据。注意，不同的个体提供的数据点的具体数量不同，其 x 值可能也完全不同。

我们的目标是用线性回归描述每个个体，同时估计整个群组的典型斜率和截距。我们在分析中的一个关键假设是，每个个体都能够代表该群组。因此，每个个体的信息都会影响群组斜率和截距的估计值，而群组斜率和截距的信息又会进一步影响所有个体的斜率和截距的估计值。也就是说，我们能够获得个体之间共享的信息，并且使个体估计值向总体众数收缩。在模型定义上绞尽脑汁之后，我们将扩展关于收缩的讨论。

17.3.1 JAGS 中的模型与实现

图 17-6 显示了稳健层次线性回归的依赖关系模型。它看起来内容比较多，但是如果将它与图 17-2 比较，你会发现它仅仅是给我们已经非常熟悉的基本模型增加了一个层次。该图对于理解模型中的所有依赖关系以及在 JAGS（和 Stan）中编程都很有用，因为图中的每个箭头在 JAGS 模型定义中都有相应的代码行。

从图 17-6 的底部开始，我们看到第 j 个个体的第 i 个数据值来自一个 t 分布，其均值为 $\mu_{i|j} = \beta_{0,j} + \beta_{1,j} x_{i|j}$。注意，截距和斜率有下标 j，这意味着每个个体都有自己的斜率和截距。在层次图中向上移动，我们看到所有个体的斜率都来自一个更高层次的正态分布，其均值为 μ_1 且标准差为 σ_1，我们将估计这两个值。换句话说，模型假设 $\beta_{1,j} \sim \text{normal}(\mu_1, \sigma_1)$，其中 μ_1 描述个体的典型斜率，σ_1 描述个体斜率的变异性。如果每个个体的斜率非常相似，则 σ_1 的估计值会比较小，但如果不同个体的斜率差异非常大，则 σ_1 的估计值会比较大。对截距也有类似的考虑。在层次结构的顶层，群组层次的参数被赋予通用的模糊先验。

该模型假设，在所有个体中，单个个体内部的噪声标准差是相同的。换句话说，存在一个单独的 σ 参数，如图 17-6 底部所示。我们可以不做这样的假设，也就是为每个个体提供不同的噪声参数，并将所有这些参数放在较高层次的分布之下。随后，我们将在图 19-6 中看到这种方法的第一个示例。

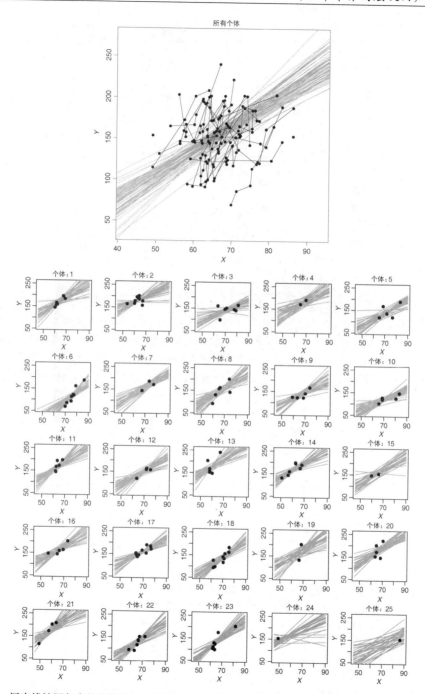

图 17-5 层次线性回归中的虚构数据，以及叠加显示的后验预测线。大图：所有数据放在一起，连接在一起的点表示同一个体的多个数据值。小图：个体数据的图。请注意，最后两个个体都只有一个数据点，但是层次模型对个体的斜率和截距有相当严格的估计

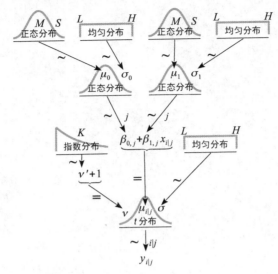

图 17-6　稳健层次线性回归的依赖关系模型。与图 17-2 进行比较

为了理解该模型的 JAGS 实现，我们必须了解数据文件的格式。数据文件由三列组成。每一行对应一个数据点，并指定了该点的 x 值、y 值以及提供该数据点的个体。对于数据文件的第 i 行，x 值是 x[i]，y 值是 y[i]，个体索引 j 是 s[i]。注意，JAGS 模型定义中的索引 i 是整个数据文件的行，而不是个体 j 中的第 i 个值。模型定义假设个体索引是连续的整数，但是数据文件可以使用任何类型的唯一个体标识符，因为该标识符在程序中将被转换为连续的整数。个体索引将用于记录个体的斜率和截距。

这个模型的 JAGS 实现是从标准化数据开始的，与上一节的非层次模型完全相同：

```
data {
  Ntotal <- length(y)
  xm <- mean(x)
  ym <- mean(y)
  xsd <- sd(x)
  ysd <- sd(y)
  for ( i in 1:length(y) ) {
    zx[i] <- ( x[i] - xm ) / xsd
    zy[i] <- ( y[i] - ym ) / ysd
  }
}
```

然后我们到了一个新的部分，其中指定了层次模型本身。注意，截距和斜率使用了嵌套索引。因此，为了描述标准化的 y 值 zy[i]，模型将使用提供该 y 值的个体的斜率 zbeta1[s[i]]。在阅读下面的模型模块时，将每一行与图 17-6 中的箭头进行比较。

```
model {
  for ( i in 1:Ntotal ) {
    zy[i] ~ dt( zbeta0[s[i]] + zbeta1[s[i]] * zx[i], 1/zsigma^2, nu)
  }
  for ( j in 1:Nsubj ) {
    zbeta0[j] ~ dnorm( zbeta0mu , 1/(zbeta0sigma)^2 )
    zbeta1[j] ~ dnorm( zbeta1mu , 1/(zbeta1sigma)^2 )
  }
```

```
# 先验在标准化的尺度上是模糊的
zbeta0mu ~ dnorm( 0 , 1/(10)^2 )
zbeta1mu ~ dnorm( 0 , 1/(10)^2 )
zsigma ~ dunif( 1.0E-3 , 1.0E+3 )
zbeta0sigma ~ dunif( 1.0E-3 , 1.0E+3 )
zbeta1sigma ~ dunif( 1.0E-3 , 1.0E+3 )
nu <- nuMinusOne+1
nuMinusOne ~ dexp(1/29.0)
# 转换至原始尺度
for ( j in 1:Nsubj ) {
  beta1[j] <- zbeta1[j] * ysd / xsd
  beta0[j] <- zbeta0[j] * ysd + ym - zbeta1[j] * xm * ysd / xsd
}
beta1mu <- zbeta1mu * ysd / xsd
beta0mu <- zbeta0mu * ysd + ym - zbeta1mu * xm * ysd / xsd
sigma <- zsigma * ysd
}
```

17.3.2　后验分布：收缩与预测

运行分析的完整高级脚本是 JAGS-Ymet-XmetSsubj-MrobustHier-Example.R，对应的函数定义在 JAGS-Ymet-XmetSsubj-MrobustHier.R 中。你将注意到这里用的精简数不为零，这仅仅是为了将保存的文件控制得相对较小，以保证相关参数的 ESS 至少为 10 000。MCMC 文件可能会很大，因为它要存储很多参数。比如，对于这 25 名被试，为了追踪其标准化的参数和原始尺度的参数，JAGS 需要记录 107 个变量的变化。该模型在 runjags 中使用了三条并行链以节省时间，但可能仍然需要好几分钟。一次运行后会生成这样的链：在所有参数上都表现良好，除了正态性参数 ν。尽管如此，这条链仍然探索了 ν 的合理值，并且在其他参数上表现良好。如果这样的情况使你烦恼，你只需再次运行 JAGS，直到所有的链都表现良好（或改用 Stan）。

图 17-5 显示了数据，并叠加显示了少量的可信回归线。在图 17-5 的顶部，总体数据上的线绘制的是群组层次的斜率和截距。请注意，这些斜率明显是正的，即使脱离个体来源的数据点的集合没有明显的上升趋势。

图 17-5 中的小图显示了个体数据，并叠加显示了少量的可信回归线。这些回归线显示了个体层次的斜率和截距。由于个体之间通过更高层次的分布共享信息，因此个体的估计值有明显的收缩。也就是说，个体斜率的估计值被拉近了。这种收缩对于最后两个个体来说尤其明显，它们都只有一个数据点。尽管数据不足，但这些个体的斜率和截距的估计值受到了惊人的严格限制，具体表现为，这些少量的可信线相当紧密，看起来像是其他个体的后验预测线的模糊版本。注意，最后两个个体的截距估计值被拉向数据值，因此，对于不同的个体，做出的预测是不同的。这是 9.3 节介绍的层次模型中估计值收缩的另一个例子。

17.4　二次趋势和加权数据

美国人口普查局公布了社区调查的信息，包括家庭收入和家庭人口数的数据。[①]对于这 50 个州、波多黎各和哥伦比亚特区中的各个地区，假设我们对该地区的拥有不同人口数的家庭的收入中位数感

---

① 数据来自美国人口普查局网站，检索于 2013 年 12 月 11 日。

兴趣。数据如图 17-7 所示。你可以看到，随着家庭人口数的增加，收入呈现出一种非线性的倒 U 型趋势。事实上，如果使用前一节的线性回归模型运行数据，你将注意到数据与后验预测线之间存在明显的系统偏差。

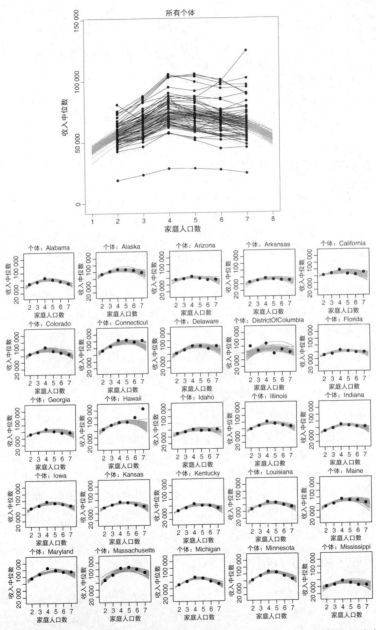

图 17-7　大图显示了拥有不同人口数的家庭的收入中位数，50 个州、哥伦比亚特区和波多黎各等所有地区各有一条线。小图显示了一些州的子集数据，其中叠加了可信的二次趋势

由于线性趋势似乎不能够很好地描述数据，因此我们将扩展该模型以加入二次趋势。用数学方法表达一条曲线时，这并不是唯一的方法，但它是简单又常规的方法。二次曲线的形式是 $y = b_0 + b_1 x + b_2 x^2$。当 b_2 为零时，二次曲线的形式会降阶为一条直线。因此，线性模型能产生的任何拟合，这种扩展的模型同样能够产生。当 b_2 为正时，曲线图是开口向上的抛物线。当 b_2 为负时，曲线是开口向下的抛物线。我们没有理由认为，家庭收入数据的曲线确实是一条抛物线，但是二次趋势可能比一条线能更好地描述数据。如果参数的后验分布表明 b_2 的可信值远小于零，则我们有证据表明线性模型是不合适的（因为线性模型中 $b_2 = 0$）。

我们将扩展模型，使每个个体（也就是州）和群组层次均包含二次项。为了使 MCMC 更有效，我们先将数据标准化，之后再将参数转换回原始尺度，就像我们对线性模型所做的那样（见式 17.2）。由于含有二次项，标准化的转换过程涉及更多的代数运算：

$$z_{\hat{y}} = \zeta_0 + \zeta_1 z_x + \zeta_2 z_x^2 \qquad \text{根据模型定义}$$

$$\frac{(\hat{y} - M_y)}{\text{SD}_y} = \zeta_0 + \zeta_1 \frac{(x - M_x)}{\text{SD}_x} + \zeta_2 \frac{(x - M_x)^2}{\text{SD}_x^2} \qquad \text{根据式 17.1}$$

$$\hat{y} = \underbrace{\zeta_0 \text{SD}_y + M_y - \zeta_1 M_x \text{SD}_y / \text{SD}_x + \zeta_2 M_x^2 \text{SD}_y / \text{SD}_x^2}_{\beta_0}$$

$$+ \underbrace{\left(\zeta_1 \text{SD}_y / \text{SD}_x - 2\zeta_2 M_x \text{SD}_y / \text{SD}_x^2 \right)}_{\beta_1} x + \underbrace{\zeta_2 \text{SD}_y / \text{SD}_x^2}_{\beta_2} x^2 \qquad (17.3)$$

式 17.3 的对应关系是在 JAGS 中实现的，因此 JAGS 将同时记录标准化系数和原始尺度系数。

对于家庭收入数据，我们还需要进行一项修改。数据报告了每个家庭人口数对应的收入中位数，但中位数的基础是不同家庭人口数对应的不同家庭的数量，而不同家庭人口数对应的家庭总数量有很大差异。因此，每个中位数包含的抽样噪声量有所不同。通常情况下，大家庭的数量比小家庭少，因此，大家庭的中位数比小家庭的中位数具有更多的噪声。这个模型应该考虑到这一点，对于噪声更少的数据点来说，参数的估计值应当受到更严格的约束。

所幸，美国人口普查局在报告每一个中位数的同时，还报告了它的"误差幅度"（margin of error），反映了计算出该点的所收集数据的标准误差。我们将根据误差幅度来调整模型中的噪声参数。如果误差幅度较大，则应按比例增大噪声参数。如果误差幅度很小，则噪声参数应按比例减小。更正式地说，我们不再对每个数据值使用相同的 σ，即 $y_i \sim \text{normal}(\mu_i, \sigma)$，而是使用 $y_i \sim \text{normal}(\mu_i, w_i \sigma)$，其中 w_i 反映了第 i 个数据值的相对标准误差。[①]当 w_i 很小时，μ_i 在其最佳拟合值周围摆动的空间相对较小。当 w_i 较大时，μ_i 可以远离其最佳拟合值，而无须显著地改变数据的似然。于是，总体来说，与误差较大的数据点相比，这个公式找到的参数值与误差较小的数据点更为匹配。在下面的 JAGS 定义中，原始尺度标准误差除以其均值，因此 1.0 的权重表示平均标准误差。

JAGS 模型实现了二次项和加权噪声，具体如下。

---

① 在此公式中，权重 w_i 表示噪声或误差。在加权回归的其他公式中，权重表示精度或逆误差方差（inverse error variance）。因此，σ 应当除以权重而不是乘以权重。

```
# 将数据标准化
data {
  Ntotal <- length(y)
  xm <- mean(x)
  ym <- mean(y)
  wm <- mean(w)                    # y 的标准误差
  xsd <- sd(x)
  ysd <- sd(y)
  for ( i in 1:length(y) ) {
    zx[i] <- ( x[i] - xm ) / xsd
    zy[i] <- ( y[i] - ym ) / ysd
    zw[i] <- w[i] / wm             # 根据平均噪声设置噪声权重
  }
}
# 为标准化的数据定义模型
model {
  for ( i in 1:Ntotal ) {
    zy[i]~dt( zbeta0[s[i]]+zbeta1[s[i]]*zx[i]+zbeta2[s[i]]*zx[i]^2 ,
              1/(zw[i]*zsigma)^2 , nu )
  }
  for ( j in 1:Nsubj ) {
    zbeta0[j] ~ dnorm( zbeta0mu , 1/(zbeta0sigma)^2 )
    zbeta1[j] ~ dnorm( zbeta1mu , 1/(zbeta1sigma)^2 )
    zbeta2[j] ~ dnorm( zbeta2mu , 1/(zbeta2sigma)^2 )
  }
  # 在标准化的尺度上，先验是模糊的
  zbeta0mu ~ dnorm( 0 , 1/(10)^2 )
  zbeta1mu ~ dnorm( 0 , 1/(10)^2 )
  zbeta2mu ~ dnorm( 0 , 1/(10)^2 )
  zsigma ~ dunif( 1.0E-3 , 1.0E+3 )
  zbeta0sigma ~ dunif( 1.0E-3 , 1.0E+3 )
  zbeta1sigma ~ dunif( 1.0E-3 , 1.0E+3 )
  zbeta2sigma ~ dunif( 1.0E-3 , 1.0E+3 )
  nu <- nuMinusOne+1
  nuMinusOne ~ dexp(1/29.0)
  # 转换至原始尺度
  for ( j in 1:Nsubj ) {
    beta2[j] <- zbeta2[j]*ysd/xsd^2
    beta1[j] <- zbeta1[j]*ysd/xsd - 2*zbeta2[j]*xm*ysd/xsd^2
    beta0[j] <- zbeta0[j]*ysd + ym - zbeta1[j]*xm*ysd/xsd + zbeta2[j]*xm^2*ysd/xsd^2
  }
  beta2mu <- zbeta2mu*ysd/xsd^2
  beta1mu <- zbeta1mu*ysd/xsd - 2*zbeta2mu*xm*ysd/xsd^2
  beta0mu <- zbeta0mu*ysd + ym - zbeta1mu*xm*ysd/xsd + zbeta2mu*xm^2*ysd/xsd^2
  sigma <- zsigma * ysd
}
```

在上面的 JAGS 定义中，学生 t 分布的均值参数包含了新的二次项。注意，学生 t 分布的精度参数为 $zsigma$ 乘以该数据特定的噪声权重 $zw[i]$。在似然函数之后，模型定义的剩余部分仅仅是在为二次项指定先验，并实现到原始尺度的新转换（式 17.3）。模型的完整脚本和函数分别位于文件 JAGS-Ymet-XmetSsubj-MrobustHierQuadWt-Example.R 和 JAGS-Ymet-XmetSsubj-MrobustHierQuadWt.R 中。该脚本的设置方式是，如果在你的数据文件中，每个数据点没有自己的标准误差，则你只需去掉权重名称（或明确地设置 wName=NULL）。

上述定义的 Stan 版本见练习 17.3。

17.4.1　结果与解释

查看图 17-7 中叠加的可信回归线，你可以看到这些线明显弯曲。事实上，二次系数的 95% HDI（这里没有显示，但脚本会显示）是−2200 到−1700，这与零相差很大。因此，毫无疑问，这些数据存在非线性趋势。

有趣的是，层次结构的收缩会影响每个州的估计值。检查图 17-7 中夏威夷（Hawaii）的部分，其可信回归线向下弯曲，但独立地看，其数据是向上弯曲的。因为绝大多数州的数据表现为向下弯曲的曲线，而且夏威夷被认为和其他州一样，所以夏威夷最可信的估计值也是向下弯曲的曲线。如果夏威夷碰巧有大量的数据，进而它的噪声权重非常小，那么它的个体可信回归线将更接近它的个体趋势。换句话说，群组层次的收缩是个体数据的一种让步。

在解释线性成分（也就是斜率）时必须小心。该斜率仅在加入了二次项的情况下才有意义。在目前的应用中，斜率的 95% HDI 是 16 600 到 21 800。但这个斜率本身远远地超出了数据，因为二次项减去了一个很大的值。

大家庭的不确定性大于小家庭的不确定性，这一事实揭示了用标准误差衡量数据权重的必要性。考虑图 17-7 中加利福尼亚（California）的部分。可信回归线在家庭人口数为 2 时的分布很窄，但在家庭人口数为 7 时的分布很宽。一部分原因在于，大家庭的大多数数据具有更大的标准误差，因此，大家庭的参数更灵活。（可信回归线分散的另一个原因在于，个体内部和个体之间的变异性。）

最后，后验分布揭示，单个州内部的数据有离群值，因为正态性参数的估计值很小。几乎所有后验分布的正态性都在 $\nu = 4$ 以下。这表明，单个州内部的大多数数据点相当接近二次趋势线，而其余的数据点则被容纳在 t 分布的重尾中。

17.4.2　进一步扩展

为清晰起见，甚至这个模型也有许多简化形式。一种简化形式是只使用线性趋势和二次趋势。在贝叶斯软件中，可以很容易地加入任何类型的非线性趋势，如高阶多项式项、正弦趋势、指数趋势或任何其他用数学方法定义的趋势。

这个模型假设所有个体都有一个潜在的噪声。我们可以通过每个数据点的相对标准误差调节这个噪声，但所有个体的参考量 σ 都是相同的。我们不需要这种假设。不同的个体数据中可能有大小不同的固有噪声。假设我们在一天的不同时间点测量一个人的血压。有些人的血压可能相对稳定，而另一些人的血压可能有很大的变化。当每个个体都有足够的数据时，可能有用的一种扩展模型的方法是，加入特定个体的标准差或"噪声"参数。这使得不同个体对群组层次估计值的影响不同，噪声较小的个体的影响要大于噪声较大的个体。个体的噪声参数可以建模为来自群组层次的 Gamma 分布：$\sigma_i \sim \mathrm{gamma}(r, s)$，并估计 r 和 s，这样就使得 Gamma 分布描述了噪声参数在个体之间的变化。我们将在图 19-6 中看到这种方法的第一个示例。

另一种简化形式是，假设截距、斜率和曲率在个体之间呈正态分布。但也有可能存在离群值：一些个体可能有非常不寻常的截距、斜率或曲率。因此，我们可以在群组层次使用 t 分布。在贝叶斯软件中，可以很直接地将正态分布变为学生 t 分布。于是，在多个层次中都含有离群值时，这个模型变得更稳健。但请记住，对正态性参数的估计依赖于尾部的数据，因此，如果数据集只有少数个体且没有极端个体，那么在群组层次使用 t 分布将不会有什么优势。

还有一种简化形式是，不使用明确的参数来描述个体间截距、斜率和曲率的共同变化。比如，相比于出生时较大的幼鼠，出生时较小的幼鼠往往生长速度慢：截距（出生体重）和斜率（生长速度）很自然是共变的。当然，在其他应用中，这种相关性可能正好相反。关键在于，这时的模型没有明确的用来描述这种相关性的参数。在贝叶斯软件中，可以很直接地对截距、斜率和曲率参数使用多元正态先验。多元正态函数具有明确的协方差参数，协方差参数与其他参数一起估计。（比如，请参见 WinBUGS 示例第 2 卷的 "birats" 例子。）

17.5 模型扩展的过程与风险

17.5.1 后验预测检验

将数据与模型的后验预测值进行比较的过程称为后验预测检验（posterior predictive check）。当出现有意义的系统差异时，你应该考虑扩展或更改模型，以便更好地描述数据。

但你应该尝试什么样的扩展模型或替代模型呢？没有唯一正确的答案。该模型应当是既有意义又可计算的。它的意义可能仅仅在于，你在传统数学课程的学习中已经熟悉了这些函数。这种熟悉和简单正是促使我们对家庭收入数据使用二次趋势的原因。或者，意义也可以来自应用领域的理论。比如，对于家庭收入，我们可以想象，总收入随着家庭中成年人数量平方根的增大而上升（因为每个成年人都可以给家庭带来收入），并且随着家庭中孩子数量的增加而呈指数下降（因为成年人需要为每个孩子花费更多的时间，进而降低了收入）。这个模型完全是虚构的，只是为了举例说明。

扩展模型是为了更好地描述数据。扩展模型的一种方法是将原始模型"嵌套"在扩展模型中，这种情况下，我们只需将扩展参数设置为特定常数，例如零，就能够从扩展模型中恢复出所有的原始参数和数学形式。一个例子是将线性模型扩展到二次趋势模型；当曲率设置为零时，就恢复了所嵌套的线性模型。在嵌套模型的情况下，可以很容易地检查扩展模型是否更适合数据，我们只需检查新参数的后验分布。如果新的参数值远离生成原始模型的设置值，那么我们知道新的参数在描述数据时是有用的。

我们可以不在已有的嵌套模型中添加新的参数，而是尝试一种完全不同的模型形式。为了评估新模型是否能够比原始模型更好地描述数据，原则上可以使用贝叶斯模型比较。正如 10.6 节所讨论的那样，我们需要同等地更新两个模型中参数的先验信息。

有些人警告说，查看数据以启发模型形式是对数据的"二次探底"（double dipping），因为数据正被用于更改模型空间的先验分布。当然，我们可以考虑我们所关心的任何模型空间，我们探索该模型空间的原因可以随着时间的推移而演变，并且可以有许多不同的来源，例如不同的理论和不同的背景文献。如果一组数据显示出一种新的趋势或函数形式，那么这个新趋势的先验概率是很小的，除非分析人员意识到先前的结果中出现过同样的趋势，只是没有被提到。无论如何，分析人员都应该记住，它的先验概率很低。此外，新趋势是对特定数据集的回顾性描述，这些趋势是有待确认的，也许是通过随后独立收集的数据来确认。

后验预测检验的另一种方法是建立后验预测抽样分布，该分布衡量了被预测值与数据之间的差异。在这种方法中，"贝叶斯 p 值"表示从模型中获得数据差异的概率，或者获得更极端差异的概率。如果贝叶斯 p 值太小，则模型被拒绝。根据第 11 章中有关 p 值的讨论，你可能会认为，这种方法是有问题的。你是对的。我在一篇文章中更详细地讨论了这个问题（Kruschke，2013b）。

17.5.2　扩展 JAGS 或 Stan 模型的步骤

贝叶斯软件的一大优点是，它在指定理论上有意义且适用于数据的模型时，具有极大的灵活性。为了利用这种灵活性，你需要能够修改现有的程序。本章给出了这种修改的一个实例，将线性趋势模型扩展为二次趋势模型。这类修改步骤是例行的，如下所述。

- 仔细地使用新参数指定模型。绘制图 17-6 所示的图是很有用的，这样做可以确保你真正地理解了所有参数及其先验。该图还有助于你对该模型进行编程，因为箭头和代码行通常是对应的。比如，将一个线性模型扩展为二次趋势模型时，该图只需要再加入一个分支，也就是关于二次项系数的分支，该分支的结构与线性系数分支相同。我们必须扩展均值的表达式，以加入二次项：$\mu_{i|j} = \cdots + \beta_{2,j} x_{i,j}^2$，代码中使用的符号与已经建立的代码一致。同时还要加入群组层次的分布，以描述个体层次的二次系数。同样，这很容易，因为二次系数的模型结构与线性系数的模型结构很相似。
- 确保所有新参数都具有合理的先验。确保旧参数的先验在新模型中仍然有意义。
- 如果自己为链定义初始值，请为所有新参数定义初始值，并确保旧参数的初始值在扩展后的模型中仍然有意义。对于任何没有明确初始值的变量，JAGS 将使用随机数作为初始值。通常，最简单的做法是让 JAGS 自动初始化参数。
- 让 JAGS 记录新的参数。JAGS 只记录你明确地让它记录的那些参数。默认情况下，Stan 会记录所有非局部变量（如参数和转换参数）。
- 修改摘要和图形输出以正确显示扩展模型。我发现这一步最为耗时，也最容易出错。因为图形是由 R 而不是 JAGS 显示的，所以你必须修改所有的 R 图形代码，使其与 JAGS 中修改后的模型一致。根据参数在模型中的作用及其解释数据时的意义，你可能想绘制参数的边际后验分布图；也可能想绘制参数与其他参数交叉的成对图，以查看参数是否在后验分布中相关；你可能想为后验预测绘制特殊的图，在数据上叠加显示出被预测值的趋势和分布；你也可能想展示参数之间可能存在的差异，或其他对比结果。

17.5.3　添加参数的风险

加入新的参数后，扩展模型在数据拟合时有了更大的灵活性。以前参数的可信值的范围可能变得更大。再次考虑我们在介绍层次线性模型时引入的数据，如图 17-5 所示。我们可以很容易地对这些数据使用二次趋势的层次模型，它产生的后验可信回归线如图 17-8 所示[①]。注意，有许多正曲率或

[①] 在 JAGS 中，许多运行都需要经过长时间的磨合才能收敛。而且，即使是磨合之后，大多数运行产生的正态性参数链也是高度自相关的。但是对于正态性参数，所有链都表现出相似的光滑边际分布，并且在其他参数上都表现良好。在 Stan 中，磨合过程很快，而且正态性参数的抽样很平滑，但是大多数运行中产生的链会被暂时卡住，并在群组层次的均值中显示出不具代表性的波动。练习 17.3 将让你自己尝试这一点。

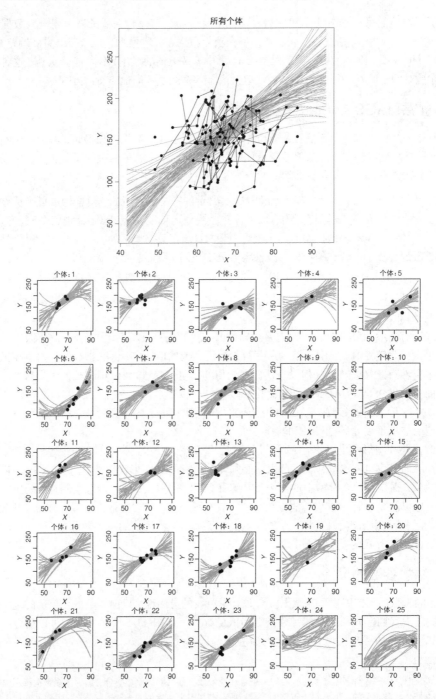

图 17-8 使用二次趋势模型拟合图 17-5 的数据。二次趋势具有更大的灵活性，这使得线性趋势中的不确定性增大，尽管二次趋势的众数估计值几乎为零

负曲率是与数据一致的。在与原始尺度的数据拟合时，曲率和斜率之间会显著地此消彼长，小斜率与正曲率可以很好地拟合数据，而大斜率与负曲率也可以很好地拟合数据。因此，引入曲率参数后，斜率参数变得不那么确定，即使在后验分布中，曲率参数的中心几乎为零。具体来说，线性趋势拟合中隐藏了一个条件，也就是曲率被强制地设置为精确地等于零，这时斜率的 95% HDI 是 + 2.2 到 + 4.1（此处未显示，但在脚本输出中会生成）。在二次趋势拟合中，曲率的众数非常接近于零，其 95% HDI 是 -0.10 到 $+ 0.07$，但此时斜率的 95% HDI 变成了 -7.0 到 $+ 16.5$。换句话说，尽管二次趋势模型表明，数据中几乎不存在二次趋势，但得到的斜率估计值被模糊了。然而，斜率的这种模糊的具体程度往往取决于数据尺度。如果使用标准化的数据，那么斜率参数的 95% HDI 的变化幅度会很小。

参数估计值的不确定性的增大，是对复杂度的一种惩罚：对于嵌套模型，其中简单模型是固定某参数（例如，设置为零）后的复杂模型，那么在复杂模型中，嵌套参数的估计往往不那么精确。在扩展模型时，参数估计值的扩展程度取决于模型结构、数据和参数化的方式。如果参数值之间能够通过此消彼长的方式同样好地拟合数据，则"模糊"可能特别明显。

对复杂度的另一种惩罚来自贝叶斯模型比较。较大的参数空间稀释了先验概率，使得任何特定参数值组合的先验概率变得更低，因此结果会更支持简单的模型，除非某个参数组合可以非常好地拟合数据，而简单模型中没有这种组合。值得一提的是，在贝叶斯模型比较中，如 10.6 节所述，这两个模型的先验将需要经过同等的信息更新。

17.6　练习

你可以在本书配套网站上找到更多练习。

练习 17.1　目的：对于二次数据，应用线性模型，并进行后验预测检验。

(A) 更改脚本 JAGS-Ymet-XmetSsubj-MrobustHier-Example.R，以使用家庭收入数据。（注意这样做是多么简单。）线性模型能否很好地描述数据？模型和数据之间的"系统差异"究竟是什么？不要简单地说"数据是弯曲的"。从数据偏离模型的方式和位置来看，这到底意味着什么？

(B) 有没有办法在不参考任何其他模型的情况下拒绝线性模型？换句话说，在这种情况下，你如何计算"贝叶斯 p 值"？你应该这样做吗？查阅 Kruschke（2013b）以获得更多信息及参考资料。

练习 17.2　目的：在不对数据进行标准化的情况下，观察 JAGS 中的自相关性。 更改（简单的非层次）JAGS 程序 JAGS-Ymet-Xmet-Mrobust.R，令其使用原始数据而不是标准化数据。请务必重命名该文件，以避免破坏原始程序。你必须在数据模块中删除标准化的内容，并删除转换到原始尺度的内容。确保你的先验适用于原始尺度（可能使用 Stan 版本中的先验）。展示链的诊断图并进行讨论。最后，长时间地运行这些链，如果需要节省计算机内存则进行精简，并展示这些链最终收敛到的后验与使用标准化数据时相同。

练习 17.3　目的：在 JAGS 和 Stan 中检验链的收敛性。 如 17.5.3 节中的脚注所述，当二次趋势模型应用于图 17-5 的虚构数据时，JAGS 和 Stan 都显示出一定的收敛困难。JAGS 程序在文件 JAGS-Ymet-XmetSsubj-MrobustHierQuadWt-Example.R 和 JAGS-Ymet-XmetSsubj-MrobustHierQuadWt.R 中。相应的 Stan 程序在文件 Stan-Ymet-XmetSsubj-MrobustHierQuadWt-Example.R 和 Stan-Ymet-XmetSsubj-

MrobustHierQuadWt.R 中。Stan 的模型定义展示如下，以便你研究它并与 17.4 节中的 JAGS 版本进行比较，而不必在你的计算机上进行比较：

```
data {
  int<lower=1> Nsubj ;
  int<lower=1> Ntotal ;
  real y[Ntotal] ;
  real x[Ntotal] ;
  real<lower=0> w[Ntotal] ;
  int<lower=1> s[Ntotal] ;
}
transformed data {
// 对数据进行标准化
  real zx[Ntotal] ;
  real zy[Ntotal] ;
  real zw[Ntotal] ;
  real wm ;
  real xm ;
  real ym ;
  real xsd ;
  real ysd ;
  xm <- mean(x) ;
  ym <- mean(y) ;
  wm <- mean(w) ;
  xsd <- sd(x) ;
  ysd <- sd(y) ;
  for ( i in 1:Ntotal ) {      // 是否可以向量化?
    zx[i] <- ( x[i] - xm ) / xsd ;
    zy[i] <- ( y[i] - ym ) / ysd ;
    zw[i] <- w[i] / wm ;
  }
}
parameters {
  real zbeta0[Nsubj] ;
  real zbeta1[Nsubj] ;
  real zbeta2[Nsubj] ;
  real<lower=0> zsigma ;
  real zbeta0mu ;
  real zbeta1mu ;
  real zbeta2mu ;
  real<lower=0> zbeta0sigma ;
  real<lower=0> zbeta1sigma ;
  real<lower=0> zbeta2sigma ;
  real<lower=0> nuMinusOne ;
}
transformed parameters {
  real<lower=0> nu ;
  real beta0[Nsubj] ;
  real beta1[Nsubj] ;
  real beta2[Nsubj] ;
  real<lower=0> sigma ;
  real beta0mu ;
  real beta1mu ;
  real beta2mu ;
  nu <- nuMinusOne+1 ;
  // 转换至原始尺度
  for ( j in 1:Nsubj ) {        // 是否可以向量化?
    beta2[j] <- zbeta2[j]*ysd/square(xsd) ;
    beta1[j] <- zbeta1[j]*ysd/xsd - 2*zbeta2[j]*xm*ysd/square(xsd) ;
```

```
        beta0[j] <- zbeta0[j]*ysd + ym - zbeta1[j]*xm*ysd/xsd
                              + zbeta2[j]*square(xm)*ysd/square(xsd) ;
      }
      beta2mu <- zbeta2mu*ysd/square(xsd) ;
      beta1mu <- zbeta1mu*ysd/xsd - 2*zbeta2mu*xm*ysd/square(xsd) ;
      beta0mu <- zbeta0mu*ysd  + ym - zbeta1mu*xm*ysd/xsd
                              + zbeta2mu*square(xm)*ysd/square(xsd) ;
      sigma <- zsigma * ysd ;
      }
model {
    zbeta0mu ~ normal( 0 , 10 ) ;
    zbeta1mu ~ normal( 0 , 10 ) ;
    zbeta2mu ~ normal( 0 , 10 ) ;
    zsigma ~ uniform( 1.0E-3 , 1.0E+3 ) ;
    zbeta0sigma ~ uniform( 1.0E-3 , 1.0E+3 ) ;
    zbeta1sigma ~ uniform( 1.0E-3 , 1.0E+3 ) ;
    zbeta2sigma ~ uniform( 1.0E-3 , 1.0E+3 ) ;
    nuMinusOne ~ exponential(1/29.0) ;
    zbeta0 ~ normal( zbeta0mu , zbeta0sigma ) ;   // 向量化
    zbeta1 ~ normal( zbeta1mu , zbeta1sigma ) ;   // 向量化
    zbeta2 ~ normal( zbeta2mu , zbeta2sigma ) ;   // 向量化
    for ( i in 1:Ntotal ) {
      zy[i] ~ student_t(
              nu ,
              zbeta0[s[i]] + zbeta1[s[i]] * zx[i] + zbeta2[s[i]] * square(zx[i]) ,
              zw[i]*zsigma ) ;
    }
}
```

查看 14.4 节以获得有关 Stan 编程的提示。

(A) 对家庭收入数据运行 Stan，对群组层次的趋势系数，获得与 JAGS 相同的 ESS。Stan 和 JAGS 的运行要花多长时间？相比于 JAGS，Stan 是否会更一致地收敛？对于正态性参数和噪声参数，Stan 生成的链是否更好？

(B) 使用图 17-8 中的虚构数据并重复运行，如 17.5.3 节中的脚注所述，这会给 JAGS 和 Stan 带来不同类型的问题。试着复现这些问题并加以讨论。以下的哪类问题是我们可以容忍的：正态性参数的自相关（在 JAGS 中），还是回归系数的"波动"（在 Stan 中）？

第18章

具有多个计量预测变量的计量被预测变量

> 我年轻的时候，2 加 2 总等于 4，
> 自从我遇见你，相加不再有意义。
> 我被亲吻之前，脊梁还是对称的，
> 现在它是海洋，充满了扭曲膨胀。[①]

本章关注的情况是，被预测变量是计量尺度的，并且存在几个预测变量，每个预测变量也是计量尺度的。比如，我们可以根据一个人的高中 GPA 和 SAT 分数，预测他的大学 GPA。另一个例子是，根据一个人的身高和体重来预测他的血压。

我们将考虑一些模型，其中被预测变量是预测变量的加法组合，这些预测变量对被预测变量的影响是成比例的。这种模型称为多重线性回归（multiple linear regression）模型。我们还将考虑预测变量的非加法组合，称为交互作用（interaction）。

在第 15 章介绍的 GLM 的背景下，本章的情景涉及多个计量预测变量的线性函数，如表 15-1 第四列所示。连接函数是恒等函数，描述数据中噪声的是正态分布（或类似分布），如表 15-2 第一行所示。关于本章中被预测变量和预测变量的组合，及其与其他组合的关系，见表 15-3。

如果你在寻求对贝叶斯方法的简洁介绍，其中使用了多重线性回归作为指导示例，请参阅 Kruschke 等人（2012）的文章。

18.1　多重线性回归

图 18-1 和图 18-2 的示例数据是由多重线性回归模型生成的。模型指定了 y 对 x_1 和 x_2 的依赖关系，但没有指定 x_1 和 x_2 的分布。在任意位置 $\langle x_1, x_2 \rangle$，y 的值在垂直方向上服从正态分布，其中心是该位置点

[①] *When I was young two plus two equaled four, but*
Since I met you things don't add up no more.
My keel was even before I was kissed, but
Now it's an ocean with swells and a twist.
本章讨论多重计量预测变量。基本线性回归考虑了预测变量的加法组合，也就是"2 加 2 等于 4"。本章还讨论了预测变量的乘法交互作用，它使回归面产生扭曲，如图 18-8 所示。

上平面的高度。平面的高度是 x_1 和 x_2 的线性组合。我们将这些内容正式地记为：$y \sim \text{normal}(\mu, \sigma)$ 且 $\mu = \beta_0 + \beta_1 x_1 + \beta_2 x_2$。回顾如何将系数解释为截距和斜率，参见图 15-2。该模型假设方差齐性，这意味着在 x_1 和 x_2 的所有取值下，y 的方差 σ^2 是相同的。

18.1.1 相关预测变量的风险

图 18-1 和图 18-2 显示了由同一个模型生成的数据。在这两张图中，$\sigma = 2$，$\beta_0 = 10$，$\beta_1 = 1$，$\beta_2 = 2$。这两张图之间的唯一区别在于 $\langle x_1, x_2 \rangle$ 的分布，这不是由模型指定的。在图 18-1 中，$\langle x_1, x_2 \rangle$ 的值是相互独立的。在图 18-2 中，$\langle x_1, x_2 \rangle$ 的值是负相关的：当 x_1 很小时，x_2 倾向于更大；当 x_1 很大时，x_2 倾向于更小。在图 18-1 和图 18-2 中，左上角显示了数据 $y \sim \text{normal}(\mu, \sigma = 2)$ 的三维透视图，并叠加显示了平面 $\mu = 10 + 1x_1 + 2x_2$ 的网格图。图中，垂直虚线将数据点连接到平面上，表示噪声是垂直地偏离平面的。图 18-1 和图 18-2 中的其他图显示了同一数据的不同透视图。右上角的图中将 x_2 折叠，仅绘制了 y 值随着 x_1 变化的情况。左下角的图将 x_1 折叠，仅绘制了 y 值随着 x_2 变化的情况。最后，右下角的图将 y 折叠，显示了 $\langle x_1, x_2 \rangle$ 的值。通过观察这些透视图，我们将看到，当预测变量之间存在相关性且并非所有预测变量都被包含在分析中时，数据中的潜在趋势可能会被曲解。

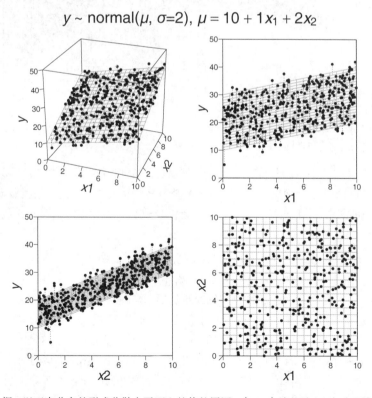

图 18-1　数据 y 以正态分布的形式分散在平面上的值的周围。$\langle x_1, x_2 \rangle$ 彼此独立，如右下角的图所示。不同的图显示了同一平面和数据的不同透视图。与图 18-2 进行比较

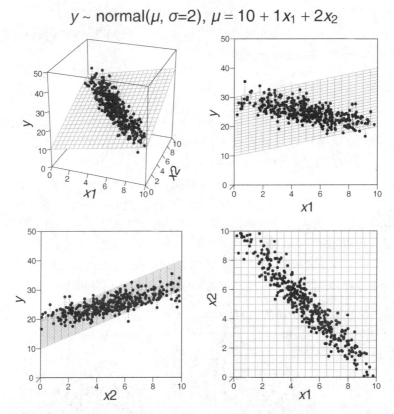

图 18-2   数据 y 以正态分布的形式分散在平面上的值的周围。$\langle x_1, x_2 \rangle$ 是（负）相关的，如右下角的
图所示。不同的图显示了同一平面和数据的不同透视图。与图 18-1 进行比较

　　在图 18-1 中，$\langle x_1, x_2 \rangle$ 不相关，如右下角的图所示。在这种预测变量不相关的情况下，y 相对于 x_1 的散点图（右上角的图）准确地反映了真实的潜在斜率 β_1，也就是平面的网格图显示的斜率。同样，在图 18-1 左下角的图中，y 相对于 x_2 的散点图准确地反映了真实的潜在斜率 β_2，也就是平面网格图显示的斜率。

　　如果预测变量之间存在相关性，解释结果时就会有风险。在图 18-2 中，$\langle x_1, x_2 \rangle$ 是负相关的，如右下角的图所示。在这种预测变量（负）相关的情况下，y 相对于 x_1 的散点图（右上角的图）并不能反映真实的潜在斜率 β_1，也就是平面的网格图显示的斜率。y 相对于 x_1 的散点图中的趋势是向下的，即使真实的斜率是向上的（$\beta_1 = +1$）。图中没有错误，这种明显的矛盾只是一种错觉（视觉和数学上的），原因在于去掉了关于 x_2 的信息。表面上看，y 值随着 x_1 的增大而减小。这是因为，x_2 也随着 x_1 的增大而减小，并且 x_2 对 y 的影响大于 x_1 对 y 的影响。将 x_1 折叠时也会出现类似的问题，但不是很明显。图 18-2 左下角的图显示，y 相对于 x_2 的散点图并没有反映真实的潜在斜率 β_2，也就是平面的网格图显示的斜率。y 关于 x_2 的散点图确实是上升的，但不如真实斜率 β_2 陡峭。同样，图中没有错误，明显的矛盾仅仅是由于遗漏了关于 x_1 的信息而造成的错觉。

　　真实数据的预测变量经常是相关的。考虑尝试根据美国州政府为每个学生支出的经费来预测一个州的平均高中 SAT 分数。如果只将平均 SAT 分数与经费支出进行比较，你会发现确实存在下降的趋势，如图 18-3 右上角的散点图所示（数据来自 Guber，1999）。换句话说，SAT 分数往往会随着支出的增加而下降！Guber（1999）解释了一些政治评论员是如何利用这种相关性来反对资助公共教育的。

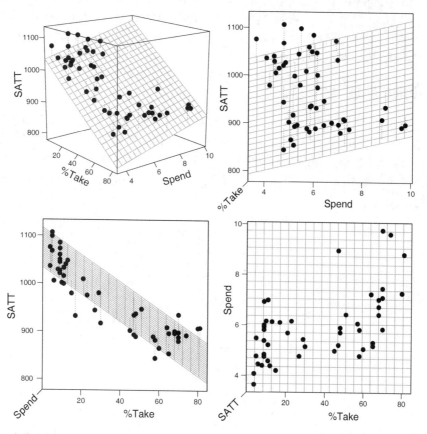

SATT ~ N(m, sd=31.5), m = 993.8 – 2.9 %Take + 12.3 Spend

图 18-3　点代表数据（Guber，1999），网格显示了最佳拟合平面。"SATT"是一个州的平均 SAT 分数。"%Take"是该州参加 SAT 考试的学生的百分比。"Spend"是每个学生的支出，以千美元为单位

　　经费支出对 SAT 分数的负面影响似乎相当违背直觉。事实证明，这种趋势是一种错觉，它是由另一个影响因素造成的，而这个影响因素恰巧与支出相关。另一个因素是参加 SAT 考试的学生的百分比。并非所有高中生都参加 SAT 考试，因为该考试主要用于大学入学申请。因此，参加 SAT 考试的学生大多是打算申请大学的学生。高中里的大多数优等生会参加 SAT 考试，因为优等生将申请上大学。但学业较差的学生不太可能参加 SAT 考试，因为他们不太可能申请上大学。因此，一所高中越鼓励平庸的学生参加 SAT 考试，其平均 SAT 分数就越低。结果发现，为每个学生支出更多经费的高中，也会有更高比例的学生参加 SAT 考试。这种相关性可以在图 18-3 的右下角看到。

如果将这两个预测变量都考虑在内，那么经费支出对 SAT 分数的影响可以看成是正面的，而不是负面的。支出的这种正面影响可以看作平面沿"支出"方向的正斜率，如图 18-3 所示。我们还能明显地看到，参加 SAT 考试的学生百分比的负面影响。重申这个例子的要点：随着经费支出的增多，SAT 分数看起来明显下降了，但这实际上只是一种假象，因为支出与参加 SAT 考试的学生百分比相关，而后者对 SAT 分数有着非常负面的影响。

在这个例子中，我们可以评估两个预测变量各自的影响，因为预测变量之间只有微弱的相关性。根据两个预测变量的独立变异足以检测出它们与结果变量之间明显相关。然而，在某些情况下，预测变量之间密切相关，以至于很难拆分它们各自的影响。在检查后验分布时，我们将看到，预测变量之间的相关性会导致它们的回归系数估计值之间此消彼长。

18.1.2 模型与实现

多重线性回归的模型图如图 18-4 所示。这仅仅是图 17-2 中简单线性回归图的直接扩展。不同于单个预测变量只有一个斜率系数，现在的多个预测变量有不同的斜率系数。对于每一个系数，先验值都是正态的，如图 17-2 所示。该模型同样使用 t 分布来描述线性被预测值周围的噪声。这种重尾 t 分布能够容纳离群值，如 16.2 节和后续章节中的详细叙述。因此，该模型有时被称为稳健（robust）多重线性回归模型。

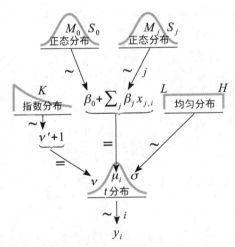

图 18-4　多重线性回归的模型图。与图 17-2 进行比较

与简单线性回归模型一样，如果数据是以均值为中心的或标准化的，则 MCMC 抽样会更加高效。然而，现在需要对多个预测变量进行标准化。为了理解对数据进行标准化的代码（如下所示），请注意，将预测变量发送给 JAGS 时，预测变量是一个名为 x 的矩阵，其中每个预测变量各有一列，每个数据点各有一行。然后，JAGS 代码的数据模块将预测变量标准化，方式是循环 x 矩阵的各列，如下所示。

```
data {
  ym <- mean(y)
```

```
ysd <- sd(y)
for ( i in 1:Ntotal ) {                  # Ntotal 是数据的总行数
  zy[i] <- ( y[i] - ym ) / ysd
}
for ( j in 1:Nx ) {                      # Nx 是 x 预测变量的数目
  xm[j] <- mean(x[,j])                   # x 是一个矩阵，每一列是一个预测变量
  xsd[j] <- sd(x[,j])
  for ( i in 1:Ntotal ) {
    zx[i,j] <- ( x[i,j] - xm[j] ) / xsd[j]
  }
}
```

该模型使用标准化数据 zx 和 zy 来生成标准化参数的可信值。然后，将标准化参数转换为原始尺度，方式是将式 17.2 推广到多个预测变量的情况：

$$z_{\hat{y}} = \zeta_0 + \sum_j \zeta_j z_{x_j}$$

$$\frac{(\hat{y} - M_y)}{SD_y} = \zeta_0 + \sum_j \zeta_j \frac{(x_j - M_{x_j})}{SD_{x_j}} \tag{18.1}$$

$$\hat{y} = \underbrace{SD_y \zeta_0 + M_y - SD_y \sum_j \zeta_j M_{x_j} / SD_{x_j}}_{\beta_0} + \underbrace{\sum_j SD_y \zeta_j / SD_{x_j}}_{\beta_j} x_j$$

σ_y 的估计值仅为 $\sigma_{z_y} SD_y$，正如单个预测变量线性回归的情况一样。

和往常一样，模型定义中的每行代码都对应着图 18-4 所示的模型图中的一个箭头。JAGS 模型定义的形式如下：

```
model {
  for ( i in 1:Ntotal ) {
    zy[i] ~ dt( zbeta0 + sum( zbeta[1:Nx] * zx[i,1:Nx] ) , 1/zsigma^2 , nu )
  }
  # 在标准化尺度上的模糊先验
  zbeta0 ~ dnorm( 0 , 1/2^2 )
  for ( j in 1:Nx ) {
    zbeta[j] ~ dnorm( 0 , 1/2^2 )
  }
  zsigma ~ dunif( 1.0E-5 , 1.0E+1 )
  nu <- nuMinusOne+1
  nuMinusOne ~ dexp(1/29.0)
  # 转换至原始尺度
  beta[1:Nx] <- ( zbeta[1:Nx] / xsd[1:Nx] )*ysd
  beta0 <- zbeta0*ysd + ym - sum( zbeta[1:Nx] * xm[1:Nx] / xsd[1:Nx] )*ysd
  sigma <- zsigma*ysd
}
```

标准化回归系数 zbeta[j] 的先验使用的标准差 2.0 是任意选取的。之所以选择这个值，是因为在最小二乘回归中，标准化回归系数在代数上被限制在 -1 和 +1 之间，因此，回归系数不会远超这个范围。标准差为 2.0 的正态分布在 -1 到 +1 的范围内是相当平坦的。在多重线性回归中，标准化回归系数倾向于落在 -2 和 +2 之间，除非预测变量之间存在很强的相关性。如果你的数据中的预测变量之间存在很强的相关性，请考虑加宽这个先验。完整的程序在文件 JAGS-Ymet-XmetMulti-Mrobust.R 中，调用它的高级脚本是 JAGS-Ymet-XmetMulti-Mrobust-Example.R 文件。

18.1.3　后验分布

图 18-5 显示了图 18-3 中 SAT 数据和图 18-4 中模型的后验分布。你可以看到，即使考虑到适中的 ROPE 和 MCMC 不稳定性，支出（Spend）的斜率也确实大于零。支出的斜率的众数约为 13，这意味着为每个学生多花 1000 美元，SAT 分数就会提高约 13 分。参加考试的学生百分比（PrcntTake）的斜率也大多不为零，众数约为-2.9，这意味着参加考试的学生每增加 1%，SAT 分数就会下降约 2.9 分。

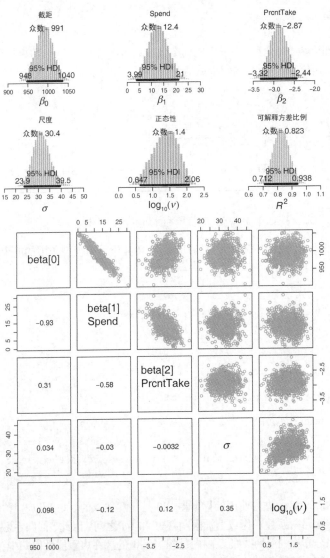

图 18-5　图 18-3 中数据和图 18-4 中模型的后验分布。散点图揭示了可信参数值之间的相关性；特别是，支出（Spend）的系数与考试学生百分比（PrcntTake）的系数此消彼长，因为这些预测变量在数据中是相关的

图 18-5 下方的散点图显示了后验分布中可信参数值之间的相关性。（这些是 MCMC 链中可信参数值的成对散点图，而不是数据的散点图。）具体来说，支出（Spend）的系数与考试学生百分比（PrcntTake）的系数此消彼长。这种相关性意味着，如果我们认为支出的影响较小，那么我们就必须相信，参加考试学生百分比的影响较大。这是有意义的，因为这两个预测变量在数据中是相关的。

图 18-5 显示，这些数据的正态性参数相当大。这表明，对于选取的这些预测变量，不存在太多的离群值。值得注意的是，y 值本身并不是离群值或非离群值，它们只是相对于特定模型的被预测值的分布而言是离群值。根据一组预测变量来看，某个 y 值似乎是虚假的，但其他的预测变量可能很好地预测该 y 值。

最后，图 18-5 还显示了标记为 R^2 的统计数据的后验分布。在常规的最小二乘多重回归中，R^2 被称为可解释方差比例（proportion of variance accounted for）。在最小二乘回归中，y 中的总方差被代数分解为线性被预测值的方差和残余方差：$\sum_i (y_i - \bar{y})^2 = \sum_i (y_i - \hat{y}_i)^2 + \sum_i (\hat{y}_i - \bar{y})^2$，其中 $\hat{y}_i$ 是 y_i 的线性被预测值。当 $\hat{y}_i$ 是使 $\sum_i (y_i - \hat{y}_i)^2$ 最小化的系数的被预测值时，为 $R^2 = \sum_i (\hat{y}_i - \bar{y})^2 / \sum_i (y_i - \bar{y})^2$。如果由于你没有最小二乘回归的经验，这对你来说毫无意义，请不要担心，因为在贝叶斯数据分析中，不会进行这样的方差分解。但是对于那些熟悉最小二乘概念的人来说，他们渴望得到一个类似于 R^2 的统计量，我们可以计算一个替代品。在 MCMC 链的每一步中，R^2 的可信值的计算方法为 $R^2 = \sum_j \zeta_j r_{y,x_j}$；在 MCMC 链的每一步中，$\zeta_j$ 是第 j 个预测变量的标准化回归系数，r_{y,x_j} 是被预测值 y 与第 j 个预测变量 x_j 的相关性。这些相关性是常数，这是由数据决定的。在这里用回归系数表示 R^2 的方程，仅仅是为了类比最小二乘回归；该方程是完全正确的（例如，Hays，1994，方程 15.14.2，第 697 页）。当使用模糊先验与正态似然函数时，R^2 分布的均值本质上是最小二乘估计值和最大似然估计值。后验分布揭示了可信 R^2 值的整体分布。这样定义的 R^2 的后验分布可以超过 1.0 或低于 0.0，因为这里的 R^2 是可信回归系数的线性组合，而不是使被预测值和数据之间的偏差平方和最小化的单个值。

有时我们想基于感兴趣的 x 值，使用线性模型来预测 y 值。可以为指定的 x 值直接生成大样本的可信 y 值。在 MCMC 链的每一步中，将可信参数值的组合代入模型中，生成随机 y 值。根据 y 值的分布，我们可以计算出均值和 HDI，以总结被预测变量 y 值的集中趋势和预测的不确定性。与图 17-3 所示的简单线性回归一样，对于远离大块数据的 x 值，被预测 y 值的不确定性更大。换句话说，外推比内插更不确定。

18.1.4 冗余的预测变量

作为相关预测变量的一个简单例子，只考虑两个数据点：假设对于 $\langle x_1, x_2 \rangle = \langle 1, 1 \rangle$ 有 $y = 1$，且对于 $\langle x_1, x_2 \rangle = \langle 2, 2 \rangle$ 有 $y = 2$。线性模型 $y = \beta_1 x_1 + \beta_2 x_2$ 应该满足这两个数据点，在这种情况下，只要 $1 = \beta_1 + \beta_2$ 就能够满足它们。因此，许多不同的 β_1 和 β_2 组合都满足数据的要求。比如，可以是 $\beta_1 = 2$ 且 $\beta_2 = -1$，或 $\beta_1 = 0.5$ 且 $\beta_2 = 0.5$，或 $\beta_1 = 0$ 且 $\beta_2 = 1$。换句话说，β_1 和 β_2 的可信值是负相关的，二者能够以此消彼长的方式拟合数据。

贝叶斯数据分析的一个优点是，可信参数值的相关性在后验分布中很明显。另一个优点是，当预测变量强相关时，估计值不会"爆炸"。如果预测变量是相关的，那么回归系数中的联合不确定性在后验中是很明显的，但是无论预测变量的相关性如何，分析都会很好地生成后验分布。在极端情况下，当预测变量具有很强的相关性时，边际后验反映的将仅仅是回归系数的先验分布，并且它们的联合后验分布中有很强的此消彼长关系。

为了说明这一点，我们将使用一个完全冗余的预测变量，即不参加考试的学生的比例。因此，如果 PrcntTake 是参加考试的学生的百分比，那么 PropNotTake = (100 − PrcntTake)/100 是不参加考试的学生的比例。如果 PrcntTake = 37，则 PropNotTake = 0.63。真实的分析中可能会出现这种冗余的预测变量。有时候，存在冗余预测变量是因为分析人员（最初）没有意识到它们是冗余的，也许是因为预测变量的标签不同、来自不同的来源，而且似乎在不同的尺度上。其他时候，预测变量本身并不是冗余的，而是恰好在数据中具有极强的相关性。假设我们使用温度作为预测变量，我们并排放置了两个温度计来测量温度。它们的读数应该是几乎完全相关的，即使一个是摄氏度尺度，而另一个是华氏度尺度。

图 18-6 显示了后验分布。存在冗余预测变量的一个迹象是，在成对散点图中，预测变量斜率的可信值之间（非常接近）完全相关。由于预测变量是冗余的，因此虽然可信回归系数之间会此消彼长，但是仍然能很好地拟合数据。结果是，任何一个预测变量的边际后验分布都非常宽泛，如图 18-6 的上半部分所示。因此，一个非常宽泛的边际后验分布是预测变量可能存在冗余的另一个提示。

预测变量冗余的另一个重要线索是 MCMC 链中预测变量回归系数的自相关。运行脚本时，你会看到生成的链的诊断图（此处未显示）。冗余预测变量回归系数的链是高度自相关的，且它们彼此之间是高度相关的。

遗憾的是，当存在三个或三个以上强相关的预测变量时，后验分布中预测变量冗余的迹象会扩散。具体地说，成对的散点图不足以显示三个回归系数之间的此消彼长关系。然而，自相关系数仍然很高。

当然，在预测变量中，最明显的冗余指标不是回归系数的后验分布，而是预测变量本身。在程序开始时，R 的控制台上将显示预测变量的相关性，如下所示：

```
CORRELATION MATRIX OF PREDICTORS (预测变量的相关矩阵):
             Spend  PrcntTake  PropNotTake
Spend        1.000    0.593      -0.593
PrcntTake    0.593    1.000      -1.000
PropNotTake  0.593   -1.000       1.000
```

如果任何一个非对角线上的相关系数很大（接近 + 1 或接近-1），那么在解释后验分布时要小心。在这里，我们可以看到 PrcntTake 和 PropNotTake 的相关性是-1.0，这是预测变量冗余的直接标志。

常规的多重线性回归方法在预测变量完全（或非常强）相关的情况下可能会崩溃，因为最佳拟合参数值没有唯一的解。在这种情况下，贝叶斯估计本身是没有问题的。后验分布仅仅揭示了参数之间的此消彼长关系，以及由此产生的个体参数值的巨大不确定性。在这种情况下，先验分布对参数的不确定程度有很大影响，因为在同样好的拟合参数值之间可能存在无限多种此消彼长关系，并且只有先验分布能够缩小可能性的无限范围。图 18-7 显示了转换回数据原始尺度的本例的先验分布。[①]注意，

[①] 这个先验分布是在 JAGS 中创建的，但方式与 8.5 节解释的方式不同。一般来说，为了让 JAGS 从先验中抽取样本，我们给它空的数据。在以前的模型中，我们实现这一点的方法是，注释掉 dataList 中的数据 y。但是在这里，我们不能这样做，因为模型需要 y 值来计算 sd(y)，而转换参数时需要用到 sd(y)。取而代之之，我们在 JAGS 的数据模块中注释掉了标准化数据 zy 的定义。整个循环都被注释掉了：for (i in 1:Ntotal){ zy[i]<-(y[i]-ym)/ysd }。

图 18-6 中冗余参数的后验分布的范围仅比它们的先验小一点儿。先验分布越宽，冗余参数的后验分布也会越宽。

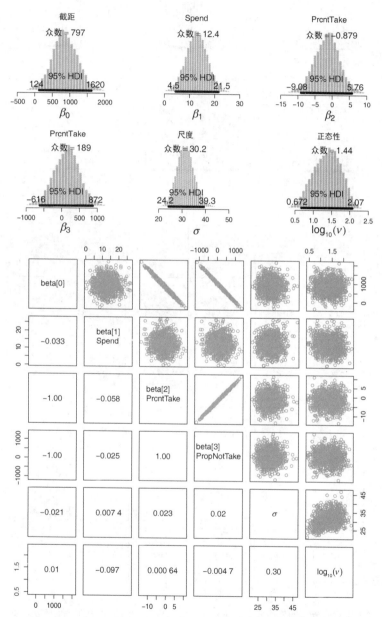

图 18-6　具有冗余预测变量的数据的后验分布，冗余预测变量是未参加考试的学生的比例。与图 18-5中没有冗余预测变量的结果进行比较。注意参加考试的学生的百分比（PrcntTake）与未参加考试的学生的比例（PropNotTake）的回归系数可信值是完全相关的。冗余预测变量的后验函数强烈地反映了先验分布，如图 18-7 所示

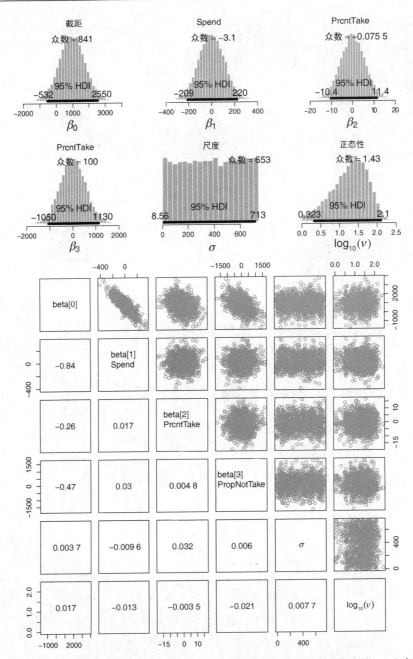

图 18-7 图 18-6 中后验分布的先验分布。注意，冗余预测变量的边际后验分布（图 18-6）仅比这里所示的先验分布窄一点儿

如果你发现了冗余的预测变量，该怎么办？如果预测变量是完全相关的，那么你只需留下一个预测变量并删除其他的，因为它们提供的信息是完全相同的。在这种情况下，保留与解释结果最相关的

那一个预测变量。如果预测变量不是完全相关的，而是非常强地相关，那么我们可以提取这些相关预测变量的潜在公共因子，这时我们有多种选择。一种选择是人为地创建单一的预测变量，取自相关预测变量的均值。基本上，将每一个预测变量标准化，适当地取相反数以使得标准化值之间为正相关，然后取这些标准化值的均值，并用这个单一预测变量来代表所有的相关预测变量。这种方法的一个复杂的变体会使用主成分分析（principal component analysis）。最后，我们不再建立预测变量的一种确定性的转换，而是使用因子分析（factor analysis）或结构方程模型（structural equation model，SEM）来估计潜在公共因子。当然，在贝叶斯软件中可以实现这些方法，但这超出了本书的范围。有关 BUGS 中 SEM 的介绍（因此很容易转换至 JAGS 和 Stan），请参见 Song 和 Lee（2012）的文章。Zyphur 和 Oswald（2013）给出了贝叶斯 SEM 的另一个介绍性示例，但使用了专有软件 Mplus。

18.1.5　有信息的先验、稀疏数据和相关的预测变量

本书中的例子倾向于使用信息不多的先验（比如，使用的信息是粗略的数据尺度和范围）。但是，贝叶斯数据分析的一个优点是，通过使用先前研究的信息作为先验，我们可以累积科学进展。

当数据量较参数空间而言较小时，有信息的先验尤其有用。一个强信息的先验极大地缩小了可信参数空间的范围，使得利用少量的新数据就能够获得可信参数值的狭窄区域。假设我们掷硬币一次并观察到硬币正面向上。如果正面潜在概率的先验分布是模糊的，那么单一数据提供给我们的后验分布是宽泛且不确定的。但假设先验知识告诉我们，该硬币是由一家玩具公司制造的，这家公司生产的魔术硬币在抛掷时要么总是出现正面，要么总是出现反面。这一知识构成了一个关于正面潜在概率的强有力的先验分布，即在 0 处（总是反面）有一个 50% 概率质量的尖峰，在 1 处（总是正面）有一个 50% 概率质量的尖峰。有了这个很强的先验，单一数据也会产生一个完全确定的后验分布：100% 的概率质量在 1 处（总是正面）。

作为对稀疏数据使用强信息先验的另一个例子，回顾图 17-3 中 30 人身高和体重的线性回归。斜率的边际后验分布的众数约为 4.5，95% HDI 为 2.0 到 7.0。此外，斜率和截距的联合后验分布显示出了很强的此消彼长关系，如图 17-3 中 MCMC 链的散点图所示。如果斜率约为 1.0，则可信截距必须约为 +100；但如果斜率约为 8.0，则可信截距必须约为 -400。现在，假设我们有很强的关于截距的先验知识，也就是说，身高为零的人体重为零。这种"知识"似乎是合乎逻辑的真理，但实际上它并没有多大意义，因为这个例子中我们讨论的是成年人，他们的身高都不是零。但是出于举例的目的，我们将忽略现实，假设我们知道截距必须为零。从可信截距和斜率之间的此消彼长关系来看，截距为零意味着斜率必须非常接近 2.0。因此，斜率的后验分布不再是 4.5 附近的宽泛后验分布，截距的强先验信息意味着斜率的后验分布是 2.0 附近的非常窄的后验分布。

在多重线性回归的背景下，如果某些回归系数的先验具有一些信息，并且预测变量之间强相关，则稀疏数据可以导致回归系数的后验变得实用且精确。为了理解这一思想，重要的是要记住，当预测变量相关时，它们的回归系数也是（负）相关的。回想图 18-3 中的 SAT 数据，其中每个学生的支出和参加考试的学生的百分比是相关的。因此，其回归系数的后验估计值之间负相关，如图 18-5 所示。可信回归系数之间的相关性表明，关于某个回归系数取值的强烈信念，会约束另一个回归系数的值。仔细查看图 18-5 所示的两个斜率的散点图。可以看出，如果我们认为参加考试的学生的百分比的斜率

是-3.2,那么每个学生支出的斜率的可信值必须在 15 左右,HDI 为 10 到 20。注意,这个 HDI 比每个学生的支出的边际 HDI 要小,后者为 4 到 21。因此,约束一个斜率的可能性,会同时约束另一个斜率的可信值,因为两个斜率的估计值是相关的。

如果拥有其中某个斜率的先验知识,我们在推断时就可以利用这一优势,即一个斜率的估计值会影响另一个斜率的估计值。如果从某个先前研究或辅助研究中获得了某个回归系数的一些信息,则可以利用该信息更新先验,进而约束其他预测变量的回归系数的估计,只要这些预测变量与第一个预测变量相关。在样本量很小,而且使用一个仅有少量信息的先验无法获得非常精确的后验时,这一点尤其有用。当然,第一个系数的有信息的先验必须得到一致的认可。这可能并不容易,特别是在多重线性回归的情况下。如果预测变量相关,此时加入额外的预测变量可能会极大地改变回归系数的估计值。稳健性检查也可能是有用的,可以显示多强的先验才能得出强有力的结论。如果先验中使用的信息是令人信服的,那么该技术在利用小样本得出新含义时非常有用。Western 和 Jackman(1994)提供了一个示例,Learner(1978,第 175 页)提供了数学上的讨论。

18.2   计量预测变量的乘法交互作用

在某些情况下,被预测变量可能不是预测变量的加法组合。比如,药物的作用通常是非加性的。考虑 A、B 两种药物的作用。当 A 药物的剂量较小时,增加 B 药物剂量的效果可能为正;而当 A 药物的剂量较大时,增加 B 药物剂量的效果可能为负。因此,两种药物的效果不是累加的,一种药物的效果取决于另一种药物的水平。作为另一个例子,考虑尝试根据收入和健康状况来预测主观幸福感。如果健康水平低,那么收入的增加可能只会产生很小的影响。但如果健康水平高,那么从低收入到高收入的增长可能会产生很大的影响。因此,这两个因素的影响不是累加的,一个因素的影响取决于另一个因素的水平。

交互作用可以有许多函数形式。我们将考虑乘法交互作用(multiplicative interaction)。这意味着非加法交互作用是通过预测变量相乘来表示的。被预测变量是单个预测变量的加权组合,再加上预测变量的乘积。对于两个计量预测变量,带乘法交互作用的回归具有以下在代数上相互等价的表达式:

$$\mu = \beta_0 + \beta_1 x_1 + \beta_2 x_2 + \beta_{1\times 2} x_1 x_2 \tag{18.2}$$

$$= \beta_0 + \underbrace{(\beta_1 + \beta_{1\times 2} x_2)}_{x_1\text{的斜率}} x_1 + \beta_2 x_2 \tag{18.3}$$

$$= \beta_0 + \beta_1 x_1 + \underbrace{(\beta_2 + \beta_{1\times 2} x_1)}_{x_2\text{的斜率}} x_2 \tag{18.4}$$

这三个表达式强调了对交互作用的不同解释,如图 18-8 所示。式 18.2 的形式如图 18-8 的左图所示。垂直箭头显示,创建曲面交互作用的方式是,将乘积 $\beta_{1\times 2} x_1 x_2$ 加到平面的线性组合中。

式 18.3 的形式如图 18-8 的中图所示。它的黑线显示,x_1 方向的斜率取决于 x_2 的值。具体地说,当 $x_2 = 0$ 时,x_1 方向的斜率为 $\beta_1 + \beta_{1\times 2} x_2 = -1 + 0.2 \times 0 = -1$。但当 $x_2 = 10$ 时,x_1 方向的斜率为 $\beta_1 + \beta_{1\times 2} x_2 = -1 + 0.2 \times 10 = 1$。同样,当 x_2 改变时,x_1 方向的斜率也会改变,而 β_1 仅仅表示当 $x_2 = 0$ 时 x_1 方向的斜率。

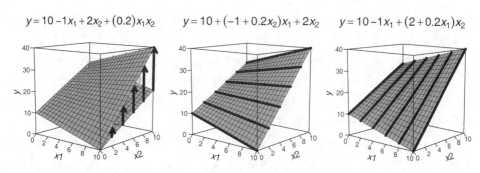

图 18-8　x_1 和 x_2 的乘法交互作用的三种理解方式。左图强调交互作用涉及一个乘法分量，该乘法分量向平面加法模型添加一个垂直量。中图显示了相同的函数，但是对这些项进行了代数重组，以强调 x_1 方向的斜率取决于 x_2 的值。右图再次显示了相同的函数，但是对这些项进行了代数重组，以强调 x_2 方向的斜率取决于 x_1 的值。与图 15-3 进行比较

式 18.4 的形式如图 18-8 的右图所示。结果表明，交互作用可以表示为当 x_1 改变时 x_2 方向上斜率的变化。（练习 18.1 会让你自己计算数值斜率。）图 18-8 的右图与中图相似，但交换了 x_1 和 x_2 的角色。重要的是要认识到并且看到，交互作用可以表示为任何一个预测变量的斜率。

在解释包含交互作用项的模型的系数时，必须非常小心（Braumoeller，2004）。具体地说，当存在高阶交互作用时，低阶项是很难解释的。在有两个预测变量的简单情况下，系数 β_1 仅仅描述了在 $x_2 = 0$ 时预测变量 x_1 的影响，因为 x_1 的斜率是 $\beta_1 + \beta_{1\times2}x_2$，如式 18.3 和图 18-8 的中图所示。换句话说，不应该说 β_1 表示 x_1 对 y 的总体影响。事实上，在许多应用中，x_2 的值从未接近于 0，因此，β_1 根本没有实际的解释。假设我们根据父母收入（x_1）和高中 GPA（x_2）预测大学 GPA（y）。如果存在交互作用，那么父母收入的回归系数 β_1 仅表示当 x_2（高中 GPA）为 0 时 x_1 的斜率。当然，GPA 不会等于 0，因此 β_1 本身并没有什么信息量。

一个例子

为了估计具有乘法交互作用的模型中的参数，我们可以在 JAGS 或 Stan 中创建一个新的程序，将这些特殊的预测变量输入该程序，然后在程序内部将它们相乘，以获得想要的交互作用。这种方法在概念上是可靠的，因为它保留了其中的思想，也就是存在两个预测变量，并且模型将它们以非加法的形式组合在一起。但是，我们将使用先前应用的加法（非交互作用）模型，而不是创建一个新的程序。具体方法是再创造一个预测变量，用它来表示各个预测变量的乘积。为此，我们将式 18.2 的交互作用项概念化为一个额外的加法预测变量，如下所示：

$$\mu = \beta_0 + \beta_1 x_1 + \beta_2 x_2 + \underbrace{\beta_{1\times2}}_{\beta_3} \underbrace{x_1 x_2}_{x_3} \tag{18.5}$$

我们在模型外创建新变量 $x_3 = x_1 x_2$，然后提交新变量，就好像它是另一个加法预测变量一样。这种方法的一个优势是，我们不必创建一个新的模型，而且在预测变量有多个的情况下，很容易为许多不同的变量组合设置交互变量。另一个关键优势是，我们可以检查单个预测变量与交互变量的相关性。通

常情况下，单个预测变量会与交互变量相关，因此我们可以预估到，估计参数值之间会此消彼长，从而使单个参数的边际后验分布变宽。

在解释包含交互作用的模型的参数时，为了说明其中涉及的一些问题，请再次考虑图 18-3 中的 SAT 数据。回想一下，一个州的平均 SAT 分数是根据每个学生的支出（Spend）和参加考试的学生的百分比（PrcntTake）来预测的。当模型中不包含交互作用项时，后验分布如图 18-5 所示，它表明 Spend 具有正面影响且 PrcntTake 具有负面影响。

我们将加入 Spend 和 PrcntTake 的乘法交互作用。经费支出的影响可能取决于参加考试的学生的百分比，这合理吗？也许合理，因为如果参加考试的学生很少，那么他们可能已经在班上名列前茅了，所以，即使在他们身上花更多的钱，他们的分数可能也没有多少提高空间了。换句话说，当参加考试的学生的百分比较大时，经费支出的影响可能更大。这是合理的，所以如果这些预测变量之间存在正的交互作用，我们也不会感到惊讶。因此，在模型中引入一个交互作用项具有重要的理论意义。

此示例的计算机代码位于文件 JAGS-Ymet-XmetMulti-Mrobust-Example.R 中。这些命令会读取数据，然后创建一个新变量，并将其作为新的一列数据附加在数据框上，然后为分析指定相关的列名：

```
# 读取数据
myData = read.csv( file="Guber1999data.csv" )
# 添加新的交互作用变量
myData = cbind( myData , SpendXPrcnt = myData[,"Spend"] * myData[,"PrcntTake"] )
# 指定用于分析的数据列的名称
yName = "SATT" ; xName = c("Spend","PrcntTake","SpendXPrcnt")
```

运行分析时，它做的第一件事情是，显示出预测变量之间的相关性：

```
CORRELATION MATRIX OF PREDICTORS (预测变量的相关矩阵) :
            Spend PrcntTake SpendXPrcnt
Spend       1.000    0.593      0.775
PrcntTake   0.593    1.000      0.951
SpendXPrcnt 0.775    0.951      1.000
```

我们可以看到交互变量与两个预测变量都有很强的相关性。因此，我们知道回归系数之间会有很强的此消彼长关系，并且单个回归系数的边际分布可能比不包含交互作用时要宽得多。

当我们在模型中加入乘法交互作用项时，后验分布看起来如图 18-9 所示。β_3 的边际分布，其标记是 SpendXPrcnt，表明交互作用系数的众数值确实是正的，正如我们预期的那样。然而，95% HDI 仍然包含 0，这表明我们在估计交互作用的大小时，精度不是很高。

注意，加入交互作用项之后，我们改变了 Spend 和 PrcntTake 回归系数的边际分布显示。具体来说，Spend 的回归系数现在显然包括 0。这可能导致一些人得出不恰当的结论，认为 Spend 对 SAT 分数没有可信的影响，因为 0 是 β_1 的可信值之一。这个结论是不合适的，因为 β_1 仅仅表示，当参加考试的学生的百分比为 0 时，经费支出的斜率。由于存在交互作用，因此 Spend 的斜率取决于 PrcntTake 的值。

为了正确理解这两个预测变量的可信斜率，我们必须以另一个预测变量取值的函数的形式，来考虑每个预测变量的可信斜率。回忆一下，根据式 18.3，x_1 的斜率是 $\beta_1 + \beta_{1 \times 2} x_2$。在本应用中，Spend 的斜率是 $\beta_1 + \beta_3 \cdot \text{PrcntTake}$，因为 $\beta_{1 \times 2}$ 是 β_3，x_2 是 PrcntTake。因此，对于 PrcntTake 的任何特定值，通过追踪 MCMC 链并计算每一步中的 $\beta_1 + \beta_3 \cdot \text{PrcntTake}$，就能够得到 Spend 的可信斜率的分布。我们可以用它的中位数和 95% HDI 来总结斜率的分布。我们对许多 PrcntTake 备选值进行以上操作，结果绘制在图 18-9 的中间部分。可以看到，当 PrcntTake 很大时，Spend 的可信斜率明显超过 0。你也可以在脑海中外推 PrcntTake 为 0 的情况，中位数和 HDI 将符合图 18-9 顶部所示的 β_1 的边际分布。

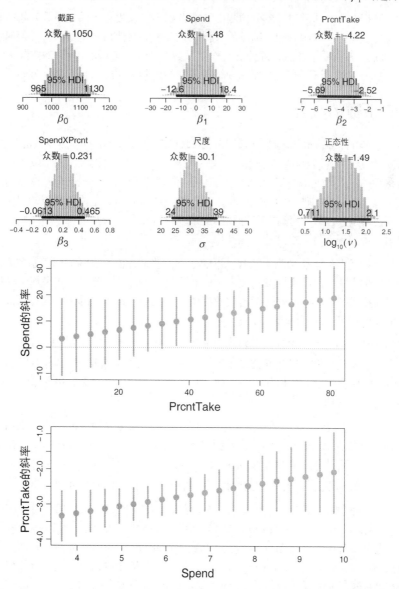

图 18-9　加入 Spend 和 PrcntTake 的乘法交互作用项之后的后验分布。β_1 的边际分布是当 PrcntTake = 0 时 Spend 的斜率。β_2 的边际分布是当 Spend = 0 时 PrcntTake 的斜率。图中下半部分显示了当另一个预测变量取其他值时，该预测变量斜率的 95% HDI 和中位数。Spend 的斜率为 $\beta_1 + \beta_3 \cdot$ PrcntTake，PrcntTake 的斜率为 $\beta_2 + \beta_3 \cdot$ Spend

图 18-9 的最后一行显示了在特定的 Spend 取值下，PrcntTake 的可信斜率。在 MCMC 链的每一步中，其可信斜率的计算方法为 $\beta_2 + \beta_3 \cdot$Spend。你可以看到，PrcntTake 的斜率中位数不是恒定的，而是取决于 Spend 的取值。一个预测变量的影响依赖于另一个预测变量的水平，这就是交互作用的意义。

综上所述，当存在交互作用时，单个预测变量的影响不能仅用它的回归系数来概括，因为这些系数只描述了其他变量均为零时的影响。细心的分析人员会考虑其他预测变量取各种值时，某预测变量的可信斜率，如图 18-9 所示。注意，即使交互作用系数的 95% HDI 没有显著地排除零，这也是正确的。换句话说，只要你加入了一个交互作用项，即使它的边际后验分布包含零，你也不能忽略它。

18.3　回归系数的收缩

在一些研究中，有许多备选的预测变量，我们猜测它们可能提供了被预测变量的相关信息。比如，在预测大学 GPA 时，我们可能加入高中 GPA、高中 SAT 分数、学生收入、父母收入、父母受教育年限、该学生所在高中的人均支出、学生智商、学生身高、学生体重、学生鞋码、学生每晚睡眠时长、从家到学校的距离、学生的咖啡因消耗量、学生用于学习的时间、学生用于赚钱的时间、学生血压，等等。我们可以在模型中包含所有这些备选预测变量，并给每个预测变量一个回归系数。这甚至还没有考虑交互作用，我们现在将忽略这些交互作用。

当噪声数据有如此多的备选预测变量时，可能会有一些估计值不为零的回归系数看起来很可疑。我们希望有一些保护方式，以防止回归系数出于偶然原因而不为零。此外，如果想解释被预测变量的变化，我们希望在描述数据时，能够强调与被预测变量变化最明显相关的预测变量。换句话说，我们希望该描述能够弱化可疑的或弱的预测变量。

实现这种描述的一种方法是对回归系数的先验使用 t 分布。通过将其均值设置为零、将其正态性参数设置为一个小值，并且将其尺度参数设置为一个中等值，t 分布先验表明回归系数应当接近于零，也就是 t 分布的窄峰所在的地方。但如果一个回归系数明显不为零，那么它可能很大，而 t 分布先验的重尾也能够容许这样的情况。

图 18-10 显示了多重线性回归模型的层次图，其回归系数的先验均为 t 分布。将该图与图 18-4 进行比较，你将看到与之前相比，唯一的差异是回归系数的先验。图 18-10 顶部的空大括号表示模型的可选方面。如前所述，可以将正态性参数 ν_β 和尺度参数 σ_β 设置为常数；在这种情况下，图顶部的大括号中是常数，箭头将标记为等号。当先验有常数时，有时称之为估计的正则化。

t 分布先验只是表达以下观念的一种方法：支持接近于零的回归系数，但同时容许更大的系数。另一种方法是，使用双指数（double exponential）分布。双指数分布就是 $+\beta$ 和 $-\beta$ 上的指数分布，它是对称的。双指数分布有一个尺度参数（没有形状参数）。JAGS 和 Stan 中内置了双指数分布。一个著名的正则化方法称为 Lasso 回归（lasso regression），它使用双指数对回归系数进行加权。有关贝叶斯环境中的 Lasso 回归的详细解释，请参见 Lykou 和 Ntzoufras（2011）。

尺度参数（图 18-10 中的 σ_β）应该固定取一个常数，还是应该根据数据进行估计？如果它是固定的，那么每个回归系数就会经历相同的固定正则化，与所有其他回归系数独立。如果估计尺度参数，则各个预测变量之间的回归系数估计值的变异性会影响尺度参数的估计，进而影响所有回归系数。具体地说，如果大多数回归系数的估计值接近零，则尺度参数的估计值较小，会进一步使这些回归系数的估计值收缩。

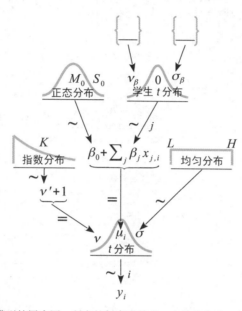

图 18-10　多重线性回归模型的层次图，所有的斜率系数有一个收缩先验。与图 18-4 进行比较。图顶部的空大括号表示可选的方面。通常，正态性参数 ν_β 被固定为一个小值，但也可以对其进行估计。尺度参数 σ_β 可以被固定为一个很小的值，也可以对其进行估计。在这种情况下，回归系数的标准差受到所有预测变量的共同影响

这些方法中的任何一种（使用固定的 σ_β 或估计 σ_β）都不是天生"正确"的。这些方法表达了不同的先验假设。如果模型估计 σ_β（而不是固定它），则模型假设所有的回归系数都能够代表回归系数之间的变异性。在有许多具有可比状态的预测变量的应用中，这种假设可能非常实际。将所有回归系数置于共享的总体分布下并估计其尺度时，一个最低要求是，这些预测变量来自一个隐含、有着合理相似度的预测变量集合。因此，我们可以认为总体分布反映了这个集合。在一些应用中，仅有少量不同类型的预测变量，这时这种假设可能不合适。当心那些以常规方式使用的便利先验。

为了用一个具体的例子来说明这些想法，再次考虑图 18-3 中的 SAT 数据，但是现在又补充了 12个随机生成的预测变量。这些 x 值是随机独立地从以零为中心的正态分布中抽取的，因此，任何预测变量之间的相关、任何不为零的回归系数，都是随机抽样产生的偶然事件。我们将首先应用图 18-4 的简单模型，其中所有回归系数都具有固定、独立、模糊的正态先验。生成的后验分布如图 18-11 所示。为节省空间，这里没有展示随机预测变量 4 到 9（xRand4 ~ xRand9）的结果。特别注意支出（Spend）和随机预测变量 10（xRand10）的回归系数分布。Spend 系数的估计值仍然为正，其 95% HDI 落在零以上，但仅仅是勉强如此。加入更多的预测变量及其参数，降低了估计值的确定性。xRand10 的系数为负，其 95% HDI 落在零以下，程度与 Spend 落在零以上的程度大致相同。xRand10 与 SAT 分数的这种明显相关是虚假的，是随机抽样得到的偶然事件。我们知道 xRand10 与 SAT 分数之间明显的非零相关

性是虚假的，只是因为数据是我们生成的。对于通过常规途径收集的数据，如 Spend 和 SAT 分数，我们无法知道这些估计值中哪些是虚假的，哪些是真实的。给定数据和我们选择的描述性模型时，贝叶斯数据分析只能告诉我们，我们可以做出的最佳推断是什么。

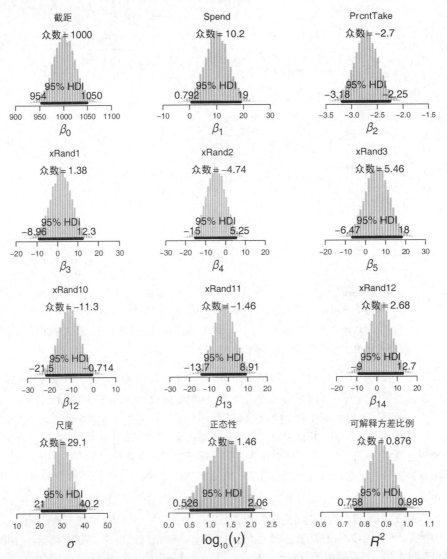

图 18-11   使用图 18-4 所示的先验时，无层次收缩的后验。与图 18-12 中使用了收缩先验的结果进行比较，特别是 Spend 和 xRand10 的系数

现在，我们使用图 18-10 所示的层次模型，再次进行分析，其中 ν_β 固定为 1（重尾），σ_β 的先验是众数为 1.0 且标准差为 1.0 的 Gamma 分布（对标准化数据来说是宽泛的）。此分析的程序位于以下文件中：JAGS-Ymet-XmetMulti-MrobustShrink.R 和 JAGS-Ymet-XmetMulti-MrobustShrink-Example.R。

得到的后验分布如图 18-12 所示。请注意，xRand10 回归系数的边际分布现在发生了偏移，因此其 95% HDI 包含零。估计值向零收缩了，因为许多预测变量为高层次 t 分布提供信息，表示它们的回归系数接近零。实际上，σ_β 估计值（未显示）的后验众数约为 0.05，即使其先验众数为 1.0。这种收缩同样导致 Spend 的回归系数估计值向零偏移。因此，收缩抑制了 xRand10 的虚假回归系数，也抑制了 Spend 的可能真实但很小的回归系数。然而，请注意，PrcntTake 系数的边际分布并没有受到收缩太大的影响，这可能是因为它足够大，以至于它落在 t 分布的尾部，而这里的先验是相对平坦的。

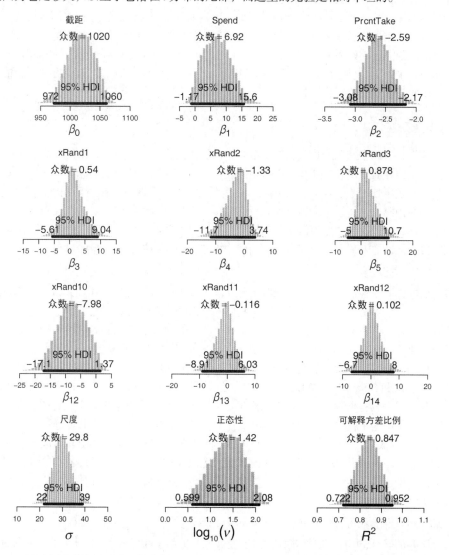

图 18-12　具有层次收缩的后验，其中使用了图 18-10 所示的层次先验，即标准化的 σ_β 和 $\nu_\beta = 1$，使用的先验是 Gamma 分布（众数 = 1.0，标准差 = 1.0）。与图 18-11 中未使用收缩先验的结果进行比较，特别是 Spend 和 xRand10 的系数

　　收缩是可取的，不仅因为它在预测变量之间共享信息（由层次先验表示），还因为在我们声明预测变量具有不为零的回归系数时，它帮助我们合理地控制虚假警报。如图 18-11 中的示例所示，当有许多备选预测变量时，其中一些变量可能具有可信的非零回归系数，即使其真实系数为零。这种虚假警报是不可避免的，因为数据是随机抽样的，不具代表性的数据会偶然出现并造成巧合。我们让各个回归系数受到其他预测变量信息的影响，使得它们被异常样本扭曲的可能性降低了。

　　最后，注意图 18-12，许多回归系数的边际后验分布呈漏斗状（倒置的），每一个都有一个零附近的尖峰和长的凹尾，如下所示：⋀。你可以想象一下，非收缩模型的后验分布的顶峰是轻微的拱形。而这时，它的顶边被捏住了一个点，并拉向零的方向，就像母猫叼着小猫的颈背把它放回床上一样。漏斗形状是经过强烈收缩的后验分布的特征。（我们之前已经看到过这样的例子，比如图 9-10。练习19.1 将展示另一个例子。）如果边际后验分布仅仅显示了集中趋势的点和其 HDI 的区段，而没展示其轮廓形状，则收缩的这个特征将被忽略。

18.4　变量选择

　　前一节假设存在许多预测变量，相对于数据中的噪声而言，这些预测变量的预测性可能较弱，因此，收缩能够使估计值稳定。在某些应用中，假设某个预测变量的预测性实际上是零，在理论上可能是有意义的。在这种情况下，问题不在于估计一个假设的微弱预测性（相对于噪声而言），而在于确定到底是否存在预测性。如果一开始就加入所有的预测变量，会与我们的目的背道而驰，因为加入某个预测变量，就意味着我们的先验信念认为该预测变量是相关的。然而，我们可能想结合其他预测变量的不同子集，估计加入某个预测变量的可信度。决定要加入哪些预测变量的过程，通常被称为变量选择（variable selection）。

　　一些著名的作者在他们所在领域的典型应用中避开了变量选择方法。比如，Gelman 等人（2013，第 369 页）说："对于我们通常看到的回归，我们不相信哪个系数会真正地等于零，而且，我们一般不认为得到零的点估计在概念上是一个优势（相对于计算上的），但是 Lasso 回归得到的正则化估计比简单的最小二乘和平坦先验分布得到的估计要好得多……我们不喜欢系数可以精确地等于零的基础模型。"但是，其他研究人员理所当然地认为，必须使用某种形式的变量选择，以使他们的数据有意义。比如，O'Hara 和 Sillanpää（2009，第 86 页）说："一个明显的例子是，这在基因图谱中是一个明智的方法，其中假设只有少数基因会对性状产生很大影响，而大多数基因几乎没有或根本没有影响。因此，生物学的基础是稀疏的：在预期中，只有少数因素（基因）会影响性状。"然而，他们后来说："在任何真实的数据集中，'真实'的回归系数不太可能是零或很大，其大小更有可能逐渐变小，直至为零。因此，问题不在于找到零系数，而在于找到那些小到无关紧要的系数，并将其收缩为零。"因此，我们正在讨论这样一种情况：有许多备选预测变量可能实际上与被预测值零相关，或者其相关性小到可以被忽略不计。在这种情况下，一个合理的问题是：描述性模型可以包含哪些预测变量？

　　本节将介绍贝叶斯变量选择的一些基本思想和方法，并用一些简单的例子加以说明。文献中有大量关于这一课题的研究，并且该研究正在快速地发展。这里给出的例子旨在揭示一些基本概念和方法，而不是作为最新和最优方法的全面参考。在学习本节之后，请参阅各种引用文献和其他文献以了解更多详细信息。

贝叶斯变量选择有多种方法（见 O'Hara 和 Sillanpää，2009；Ntzoufras，2009）。变量选择模型（而不是收缩）的关键在于，每个预测变量都有一个回归系数和一个包含符（inclusion indicator）。我们可以将包含符简单地看作另一个系数，取值为 0 或 1。当包含符为 1 时，回归系数的作用是它通常的作用。当包含符为 0 时，预测变量在模型中不起作用，回归系数是冗余的。

为了将这一思想形式化，我们修改基本的线性回归方程，使用一个新的参数 $\delta_j \in \{0, 1\}$，它是第 j 个预测变量的包含符。y 的预测均值由下式给出：

$$\mu_i = \beta_0 + \sum_j \delta_j \beta_j x_{j,i} \tag{18.6}$$

这些预测变量的 δ_j 值的每一种组合，将构成一个不同的数据模型。如果有四个预测变量，那么 $\langle \delta_1, \delta_2, \delta_3, \delta_4 \rangle = \langle 1, 1, 1, 1 \rangle$ 是包含所有四个预测变量的模型，而 $\langle \delta_1, \delta_2, \delta_3, \delta_4 \rangle = \langle 0, 1, 0, 1 \rangle$ 是仅包含第二个和第四个预测变量的模型，以此类推。这里有四个预测变量，共有 $2^4 = 16$ 种可能的模型。

设置包含符的先验的一种简单方法是，每个包含符都来自一个独立的伯努利先验，比如 $\delta_j \sim \text{dbern}(0.5)$。先验中的常数影响包含更多或更少预测变量的模型的先验概率。在包含符的先验偏差为 0.5 的情况下，所有模型都是同样可信的，这是一个先验信念。当包含符的先验偏差小于 0.5 时，相比于包含多半预测变量的模型，包含少半预测变量的模型的先验信念更为可信。

将包含符参数合并到 JAGS 模型定义中是很简单的，如下所示。[1]数据的标准化是在 JAGS 代码的初始数据模块 data 中进行的，与我们使用的所有回归模型一样，这里不再重复。回想一下，标准化的数据被记为 zx[i,1:Nx]，其中索引 i 表示第 i 个个体，Nx 表示预测变量的数目。标准化回归系数被记为 zbeta[1:Nx]，新的包含符被记为 delta[1:Nx]。模型定义（可与 18.1.2 节中的模型定义进行比较）如下。

```
model {
  for ( i in 1:Ntotal ) {
    zy[i] ~ dt( zbeta0 + sum( delta[1:Nx] * zbeta[1:Nx] * zx[i,1:Nx] ) ,
                1/zsigma^2 , nu )
  # 先验在标准化尺度上是模糊的
  zbeta0 ~ dnorm( 0 , 1/2^2 )
  for ( j in 1:Nx ) {
    zbeta[j] ~ dnorm( 0 , 1/2^2 )
    delta[j] ~ dbern( 0.5 )
  }
  zsigma ~ dunif( 1.0E-5 , 1.0E+1 )
  nu <- nuMinusOne+1
  nuMinusOne ~ dexp(1/29.0)
  # 转换至原始尺度
  beta[1:Nx] <- ( delta[1:Nx] * zbeta[1:Nx] / xsd[1:Nx] )*ysd
  beta0 <- zbeta0*ysd + ym - sum( delta[1:Nx] * zbeta[1:Nx] * xm[1:Nx]
                                  / xsd[1:Nx] )*ysd
  sigma <- zsigma*ysd
}
```

[1] 本节演示的变量选择方法使用了离散的包含符，Stan 中不能直接实现它，因为 Stan 不允许使用离散参数（在当前版本中）。但是 Stan 可以用于层次收缩模型，其中涉及的是连续参数。

上面的代码中只有三行使用了新的包含符参数。第一次使用是在 `zy[i]` 的似然定义中。它使用了 `sum(delta[1:Nx] * zbeta[1:Nx] * zx[i,1:Nx])`，而不是预测均值 `sum(zbeta[1:Nx] * zx[i,1:Nx])`。包含符参数的第二次使用是在伯努利先验的定义中。最后，在上述定义的末尾，从标准化尺度到原始尺度的转换中，结合了包含符。这是必要的，因为如果 `zbeta[j]` 没有被用于数据模型，它就是无关的。

作为变量选择方法应用的第一个例子，回顾图 18-3 中的 SAT 数据和图 18-5 显示的后验分布。对于美国 50 个州中的每一个州，平均 SAT 分数都是根据两个预测变量进行回归的：每个学生的平均支出（Spend）和参加考试的学生的百分比（PrcntTake）。在有两个预测变量的情况下，存在四个可能的模型，每个模型涉及预测变量的不同子集。由于包含符的先验概率被设置为 0.5，因此每个模型的先验概率为 $0.5^2 = 0.25$。

图 18-13 显示了结果。在四个可能的模型中，只有两个具有不可忽略的后验概率，也就是同时包含两个预测变量的模型，与仅包含 PrcntTake 的模型。同时包含两个预测变量的模型的后验概率约为 70%，如图 18-13 的上半部分所示。这个值只是 MCMC 链中 $\langle \delta_1, \delta_2 \rangle = \langle 1, 1 \rangle$ 的步数除以链的总步数。与任何 MCMC 估计一样，它是基于随机样本的，在不同的运行中会有所不同。仅包含 PrcntTake 的模型具有约 30% 的后验概率，如图 18-13 的下半部分所示。这个值只是 MCMC 链中 $\langle \delta_1, \delta_2 \rangle = \langle 0, 1 \rangle$ 的步数除以链的总步数。因此，包含两个预测变量的模型，其可信度为仅包含一个预测变量的模型的两倍以上。

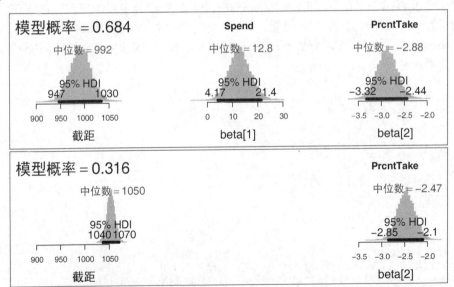

图 18-13　不同预测变量子集的后验概率，以及所包含的回归系数的边际后验分布。另外两个可能的模型只涉及 Spend 或截距，基本上是零概率的。每个模型的先验概率为 $0.5^2 = 0.25$

图 18-13 还显示了所包含的回归系数的边际后验分布。这些是从链的对应步中获得的可信值。因此，上半部分中的直方图仅涉及链的约 70%，其中 $\langle \delta_1, \delta_2 \rangle = \langle 1, 1 \rangle$；下半部分中的直方图仅涉及链的

约 30%，其中 $\langle \delta_1, \delta_2 \rangle = \langle 0, 1 \rangle$。注意，对于不同的模型，参数的估计值是不同的。比如，加入不同的预测变量时，截距的估计值是完全不同的。

18.4.1　先验的模糊程度对包含概率有巨大影响

我们很快将看到，回归系数先验的模糊程度对包含概率有着巨大的影响，尽管模糊程度对回归系数本身的估计几乎没有影响。

回想一下，模型中回归系数的先验被指定为通用的宽泛分布，如下所示：

```
model {
   ...
   # 先验在标准化尺度上是模糊的
   zbeta0 ~ dnorm( 0 , 1/2^2 )          # SD=2
   for ( j in 1:Nx ) {
     zbeta[j] ~ dnorm( 0 , 1/2^2 )      # SD=2
     delta[j] ~ dbern( 0.5 )
   }
   ...
}
```

SD=2 的选择是任意的，但也是合理的，因为在最小二乘回归中，标准化回归系数不能超过 ± 1。当使用两个备选预测变量对 SAT 数据运行模型时，结果如图 18-13 所示。

我们现在重新进行分析，对于标准化的回归系数，我们将使用不同模糊程度的先验。我们将用 SD=1 来说明，如下所示：

```
model {
   ...
   # 先验在标准化尺度上是模糊的
   zbeta0 ~ dnorm( 0 , 1/1^2 )          # SD=1
   for ( j in 1:Nx ) {
     zbeta[j] ~ dnorm( 0 , 1/1^2 )      # SD=1
     delta[j] ~ dbern( 0.5 )
   }
   ...
}
```

并使用 SD=10，如下所示：

```
model {
   ...
   # 先验在标准化尺度上是模糊的
   zbeta0 ~ dnorm( 0 , 1/10^2 )         # SD=10
   for ( j in 1:Nx ) {
     zbeta[j] ~ dnorm( 0 , 1/10^2 )     # SD=10
     delta[j] ~ dbern( 0.5 )
   }
   ...
}
```

注意，包含符参数的先验概率没有改变。在这些例子中，包含符的先验概率一直是 0.5。

图 18-14 显示了结果。上半部分显示了后验概率，其标准化回归系数的先验使用的是 SD=1。你可以看到有两个预测变量的模型显示出极大的优势，Spend 的后验包含概率约为 0.82。图 18-14 中的下

半部分也显示了后验概率，其标准化回归系数的先验使用的是 SD=10。你可以看到，现在单预测变量模型更有优势，Spend 的后验包含概率只有约 0.36。怎么会这样？毕竟，一个包含所有预测变量的模型对数据的拟合程度，至少不会比仅包含一个预测变量子集的模型更差。

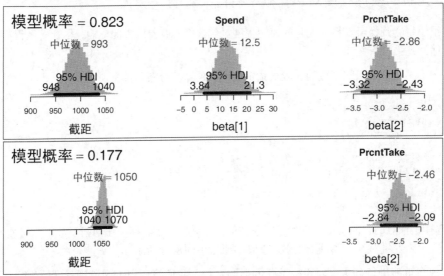

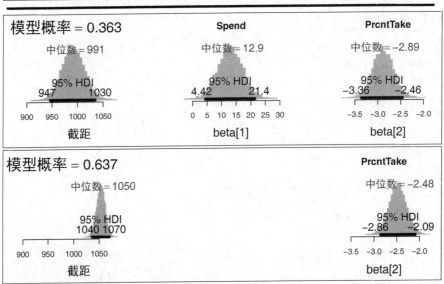

图 18-14　不同预测变量子集的后验概率，以及所包含的回归系数的边际后验分布。上半部分显示标准化回归系数的先验使用 SD = 1 时的结果，下半部分显示 SD = 10 时的结果。在这两种情况下，每个模型的先验概率为 $0.5^2 = 0.25$

较复杂模型的概率较低的原因在于，每个额外的参数都会稀释已经存在的参数的先验密度。10.5 节讨论了这一想法。考虑仅包含 PrcntTake 的模型。在这个模型中，PrcntTake 回归系数的最可信值之一是 $\beta_2 = -2.5$。该点的似然涉及 $p(D | \beta_2 = -2.5)$，该点的先验密度涉及 $p(\beta_2 = -2.5)$，后验概率与二者的乘积成正比。对于包含 Spend 的模型，可以计算出同样的似然，只需将 Spend 的回归系数设置为 0：$p(D | \beta_2 = -2.5) = p(D | \beta_2 = -2.5, \beta_1 = 0)$。但此时的先验密度为 $p(\beta_2 = -2.5, \beta_1 = 0) = p(\beta_2 = -2.5)$ $p(\beta_1 = 0)$，这通常小于 $p(\beta_2 = -2.5)$，因为先验密度是 $p(\beta_2 = -2.5)$ 乘以几乎肯定小于 1 的概率密度。因此，包含更多预测变量的模型将付出更低先验概率的代价。只有在更大似然下的收益大于更低先验概率下的成本时，具有更多预测变量的模型才会具有优势。当回归系数的先验较宽时，任何特定值的先验密度都倾向于较小。

先验分布模糊程度的变化对回归系数的估计值几乎没有影响。图 18-14 显示，无论 Spend 包含符的概率是低还是高，对于这两个先验分布，Spend 的回归系数估计值的 95% HDI 都大约在 4 和 21 之间。根据这些结果，我们能不能就是否应该在模型中加入 Spend 得出结论？要我说的话，回归系数的明确参数估计法（表明它不为零）的稳健性优于模型比较法。正如 10.6 节和 12.4 节所强调的，贝叶斯模型比较可能受到先验模糊程度的很大影响，即使参数的明确估计可能很少受到影响。因此，在解释贝叶斯变量选择的结果时要非常谨慎。下一节将讨论另一种方法，它使用非现存的数据来更新先验信息，而不是使用先前数据。

18.4.2 层次收缩的变量选择

前一节强调了在进行变量选择时对回归系数使用适当的先验的重要性，因为先验的模糊程度对后验的包含概率有着惊人的影响。如果你有可靠的前期研究可以用来更新先验信息，那么你应该使用它。但如果先验知识较弱，那么你应该在先验知识中表达这种不确定性。这是贝叶斯方法的一个潜在准则：任何不确定性都应该在先验中表达。因此，如果你不确定 σ_β 的值应该是什么，那么你可以估计它，并加入一个更高层次的分布来表达先验的不确定性。换句话说，在图 18-10 中，我们估计 σ_β，并在大括号的位置给出了它的先验分布。这种方法的另一个优势是，所有的预测变量同时影响 σ_β 的估计值，由此，所有预测变量的全部数据为单个预测变量提供了先验。

在目前的应用中，我们有些不太确定，因此，我们为 σ_β 设置了一个宽泛的先验。下面的代码在注释的行中显示了几个选项。在代码中，σ_β 被记为 sigmaBeta。一个选项将 sigmaBeta 设置为常数，这将生成上一节中报告的结果。另一个选项是为 sigmaBeta 设置一个宽泛的均匀先验。均匀先验在直觉上是很简单的，但它必须含有人为设置的边界。因此，下一个选项（在下面的代码中未被注释掉）是 Gamma 分布，其众数为 1.0，但非常宽泛，标准差为 10.0。

```
model {
  ...
  # 先验在标准化尺度上是模糊的
  zbeta0 ~ dnorm( 0 , 1/2^2 )
  for ( j in 1:Nx ) {
    zbeta[j] ~ dt( 0 , 1/sigmaBeta^2 , 1 )        # 注意 sigmaBeta
    delta[j] ~ dbern( 0.5 )
  }
  zsigma ~ dunif( 1.0E-5 , 1.0E+1 )
```

```
## 以下都是 sigmaBeta 的定义，取消其中一个的注释
# sigmaBeta <- 2.0
# sigmaBeta ~ dunif( 1.0E-5 , 1.0E+2 )
sigmaBeta ~ dgamma(1.1051,0.1051)              # 众数=1.0，标准差=10.0
# sigmaBeta <- 1/sqrt(tauBeta) ; tauBeta ~ dgamma(0.001,0.001)
...
}
```

代码在名为 JAGS-Ymet-XmetMulti-MrobustVarSelect.R 和 JAGS-Ymet-XmetMulti-MrobustVarSelect-Example.R 的文件中。运行它们时，生成的结果与图 18-13 中的结果非常相似。这种相似性表明，之前为 sigmaBeta 选择的 2.0 是一个幸运的选项，可以明确地表示高级层次的不确定性。

这部分中使用的示例只涉及两个备选预测变量，只是为了便于解释。在变量选择的大多数应用中，有许多备选预测变量。作为示例的一个小扩展，我们发现，Guber（1999）的 SAT 数据还有另外两个预测变量，即每个州的平均师生比（StuTeaRat）和教师的平均薪酬（Salary）。这些变量也是 SAT 分数的合理预测变量。它们应该被包含在内吗？

首先，我们考虑这些备选预测变量之间的相关性。

```
CORRELATION MATRIX OF PREDICTORS（预测变量的相关矩阵）:
            Spend PrcntTake StuTeaRat Salary
Spend       1.000    0.593    -0.371  0.870
PrcntTake   0.593    1.000    -0.213  0.617
StuTeaRat  -0.371   -0.213     1.000 -0.001
Salary      0.870    0.617    -0.001  1.000
```

请注意，Salary 与 Spend 密切相关，因此，同时包含 Salary 和 Spend 的模型将在这两个预测变量之间显示出很强的此消彼长关系，并且，任何一个预测变量的回归系数都会因此而表现得更加不确定。我们应当只包含其中一个，还是两者都包含，抑或两者都不包含？

每个预测变量的先验包含偏差为 0.5，因此，在 $2^4 = 16$ 个模型中，每个模型的先验概率为 $0.5^4 = 0.062\,5$。如前几段所述，回归系数的先验是层次的，σ_β 的 Gamma 先验的众数为 1.0 且标准差为 10.0。

图 18-15 显示了结果。图 18-15 的第一行显示，最有可能的模型仅包含两个预测变量，即 Spend 和 PrcntTake，其后验概率约为 50%。第二可能的模型（图 18-15 的第二行）的后验概率约为前者的一半，且仅包含预测变量 PrcntTake。Salary 预测变量仅被包含在第三可能的模型中，后验概率只有 8% 左右。

请注意，相比于仅包含 Spend 或 Salary 的模型，任何同时包含 Spend 和 Salary 的模型中，这两个回归系数的边际后验分布都要宽得多。原因是这两个预测变量之间具有相关性，这会使它们的回归系数之间此消彼长：一个预测变量的相对较小的回归系数，可以通过另一个预测变量的相对较大的回归系数来补偿。

请注意，最有可能被包含在模型中的预测变量，它的标准化回归系数往往最大。比如，每一个可信的模型都包含 PrcntTake，其回归系数的估计值远离零。下一个最有可能被包含在内的预测变量是 Spend，其回归系数也显然不是零，但差距比较小。再下一个最有可能被包含在内的预测变量是 Salary，其回归系数刚好将零排除在外。

图 18-15 不同预测变量子集的后验概率，以及所包含的回归系数的边际后验分布。其余 8 个可能的模型的概率基本上为零。各模型的先验概率为 $0.5^4 = 0.062\ 5$。对于不可能的模型，其直方图是锯齿状的，因为 MCMC 链很少访问这些模型

18.4.3　报告什么结果，得出什么结论

从变量选择分析的结果来看，比如图 18-15，我们应该报告什么，应该得出什么结论？在解释性模型中，应该包括哪些备选预测变量？如何预测未来的数据？遗憾的是，没有唯一"正确"的答案。分析结果告诉我们，对于我们选定的特定先验，这些模型的相对后验可信度如何。使用单个最可信的模型可能是有意义的，特别是在它明显比第二名更可信，并且目标是对数据进行简洁的解释性描述的情况下。但重要的是要认识到，如果我们使用的是单个最佳模型，而且它排除了一些预测变量，那么我们实际上得出了结论：被排除的预测变量的回归系数精确地等于零。在图 18-15 中，如果只使用最佳模型，那么我们就得出了结论：师生比和教师薪酬与 SAT 分数的相关性等于零。在排除变量时，你实际上是在做出决定：它的回归系数为零。出于精简解释的目的，这可能是可行的，但是报告结果时，应该将竞争模型一并告知受众。

一份直截了当的报告应该说明多个较佳模型的后验概率。此外，对于每个模型，报告其后验概率与最佳模型的后验概率之比也是有用的。比如，我们从图 18-15 中可以计算出，第二佳模型的后验概率仅为最佳模型的 0.21/0.48 ≈ 0.44，第三佳模型的后验概率仅为最佳模型的 0.08/0.48 ≈ 0.17。一个人为的约定是，如果一个后验概率至少为最佳模型后验概率的 1/3，则需要报告该模型。在本例中，这个约定会要求我们仅报告前两个模型。但是事实上，任何在理论上有趣的模型都应该被报告。

关于后验分布的另一个有用的视角是，每个预测变量的总体后验包含概率。一个预测变量的后验包含概率，只是包含它的模型的后验概率之和：$p(\delta_j = 1 \mid D) = \sum_{m:\delta_j=1} p(m \mid D)$。更简单地说，它是整条 MCMC 链中，包含该预测变量的步数的所占比例。在本例中，各个预测变量的边际包含概率约为：PrcntTake，1；Spend，0.61；Salary，0.22；StuTeaRat，0.17。审视这些预测变量时，相比于单个模型而言，总体包含概率提供了不同的视角。但请注意，不要认为模型概率可以通过边际包含概率相乘得出。比如，同时包含 Spend 和 PrcntTake 的模型的概率（约 0.48）不等于以下一系列概率的乘积：包含 Spend 的模型的概率（0.61）、包含 PrcntTake 的模型的概率（1.0）、不包含 StuTeaRat 的模型的概率（1−0.17）和不包含 Salary 的模型的概率（1−0.22）。

还应当在报告中说明改变先验值时，模型概率和包含概率的稳健性。正如 18.4.1 节所强调的，模型概率和包含概率会受到回归系数先验的模糊程度的强烈影响。如果 σ_β 的先验从 Gamma 分布变为均匀分布，模型概率会发生什么变化？当然，模型概率和包含概率会受到包含符自身先验的直接影响。

对于每个已报告的模型，报告每个回归系数和其他参数的边际后验分布是有用的。这可以用图形方式完成，如图 18-15 所示；但通常情况下，研究报告需要一份更精简的摘要——报告每个参数的集中趋势和 95% HDI 可能就足够了。

当目标是根据感兴趣的预测变量值来预测 y，而不是简洁地解释 y 时，仅使用单一的最佳模型通常是不合适的。相反，预测过程应该以尽可能多的信息为基础，使用尽可能多的可信模型。这种方法被称为贝叶斯模型平均（Bayesian model averaging，BMA），10.4 节讨论过。为了生成被预测值，我们只需跟踪 MCMC 链的每一步，并且在每一步中使用这些参数以随机模拟来自模型的数据。这正是我们在为任何应用生成后验被预测值时所做的。与之前的唯一差别是，我们在此将包含系数的不同值称为不同的模型。实际上只有一个总体模型，它的一些参数是包含系数。因此，BMA 实际上与任何其

他应用的后验预测没有什么差别。[①]

18.4.4 注意：计算方法

创建本节示例的计算机代码位于以下文件中：JAGS-Ymet-XmetMulti-MrobustVarSelect-Example.R 和 JAGS-Ymet-XmetMulti-MrobustVarSelect.R。该代码主要用于教学目的，在较大应用场景中的推广性不好，原因如下。

贝叶斯变量选择有多种方法，而 MCMC 只是其中之一。MCMC 只有在预测变量的数量不多时才有用。考虑一下，当有 p 个预测变量时，就有 2^p 个模型。比如，当有 10 个预测变量时，就有 1024 个模型；当有 20 个预测变量时，就有 1 048 576 个模型。一条有用的 MCMC 链需要有足够多的机会以使得它能够从所有的模型中抽样，这将需要一个不切实际的长链，即使在具有中等数目的预测变量时也是如此。

即使对于数目不多的预测变量，MCMC 链的模型索引或包含符也可能严重自相关。为了提高 MCMC 变量选择的效率，人们提出了各种抽样算法和模型（有关综述文章，见 Ntzoufras，2009；O'Hara 和 Sillanpää，2009）。早先提出的方法（一些来自 Kuo 和 Mallick，1998）很直接，但可能效率低下，因为在 MCMC 游走过程中，将包含符参数设置为零时，包含符的回归系数是从宽泛的先验中抽取的（不受数据约束），因此可能得到远离任何模拟数据的值。在随后的时间步中，该链将包含符参数设置回 1 的可能性很小。换句话说，包含符变量的链可能严重自相关。一个结果是，模型概率和包含概率的估计值可能是不稳定的，因此需要非常长的链。一种可能的解决方法是使用伪先验（Carlin 和 Chib，1995），如 10.3.2 节所述。Dellaportas、Forster 和 Ntzoufras（2002）讨论了伪先验在变量选择中的应用，他们称之为 Gibbs 变量选择。我不会在这里进一步讨论它，因为它虽然在概念上是直截了当的，但涉及许多实现细节（参见 Ntzoufras，2009）。关于在 BUGS 中（因此很容易进行修改以适应于 JAGS）使用各种方法估计多重回归的包含系数的其他示例，见 Lykou 和 Ntzoufras（2011）、Ntzoufras（2002）、Ntzoufras（2009，11.7 节），以及 O'Hara 和 Sillanpää（2009）。

为总结有关变量选择的内容，应当重述一下本节开始时的思想要点。只有当备选预测变量与被预测变量之间的相关性为零是真实可信的且有意义时，变量选择才是一种合理的方法。回归系数先验的看似无害的选择，以及包含概率先验的选择，会显著影响变量选择的结果。出于这些限制，层次收缩先验可能是一种更有意义的方法。

18.4.5 注意：交互变量

前面几节讨论了回归系数和变量选择的收缩，并没有提到交互作用。在考虑是否加入交互作用项时，首先需要考虑是否加入任何预测变量，然后需要进一步考虑特定的交互变量。

在考虑加入交互作用项，并且分析的目标是解释数据时，主要的标准是，一个预测变量的影响取

[①] 或者，在有些应用中，使用所有（或许多）的子模型进行计算会有些困难。Barbieri 和 Berger（2004）建议使用单个模型，也就是加入了所有边际包含概率大于 0.5（$p(\delta_j = 1 | D) > 0.5$）的预测变量的模型，这被称为中位数概率模型（median probability model）。

决于另一个预测变量的水平，这在理论上是否有意义。加入交互作用项会导致低阶项的估计值的精度变差，特别是当交互变量与其子变量相关时。此外，如图 18-9 所示，对交互作用及其低阶项的解释可能变得很微妙。

当一个模型中包含交互作用项，且该模型的回归系数含有层次收缩时，交互作用系数不应被置于与单个子变量的系数相同的高层次先验分布下，因为交互作用系数在概念上是与单个子变量属于不同类别的变量。比如，当这些变量的影响真的是加法关系时，交互作用系数将是非常小的，即使单个回归系数的幅度很大。因此，使用式 18.5 的方法和 18.3 节的层次收缩程序可能会产生误导，因为该程序将所有变量的系数置于相同的高层次分布下。相反，应修改程序，使双向交互作用系数的高层次先验，不同于单个子变量系数的高层次先验。并且，不同的双向交互作用系数应当同时受到一个更高层次分布的影响。当然，这必须是有意义的。

只要模型中包含一个交互作用项，它就必须包含所有低阶项。如果包含交互作用 $x_i \cdot x_j$，那么模型中也应该包含 x_i 和 x_j。如果理论上有意义，也可以包含三向的交互作用，如 $x_i \cdot x_j \cdot x_k$。三向交互作用意味着双向交互作用的大小取决于第三个变量的水平。当包含三向交互作用时，重要的一点是，要包含所有低阶交互作用和单个预测变量，包括 $x_i \cdot x_j$、$x_i \cdot x_k$、$x_j \cdot x_k$、x_i、x_j 和 x_k。如果忽略了低阶项，就是人为地将它们的回归系数设置成了零，这会扭曲其他项的后验估计。有关此问题的明确讨论和示例，请参见 Braumoeller（2004）以及 Brambor、Clark 和 Golder（2006）。因此，使用式 18.5 的方法和 18.4 节的变量选择程序会产生误导，因为该程序将探索包含交互作用但不包括单个子变量的模型。相反，应该修改程序，以便只对有意义的模型进行比较。一种实现方法是，将每个交互作用项乘以它自己的包含符参数和所有子变量的包含符参数。比如，与交互作用项 $x_j x_k$ 相乘的是包含符参数的乘积 $\delta_{j \times k} \delta_j \delta_k$。只有当三个包含符参数均为 1 时，这些包含符参数的乘积才能为 1。但是，请记住，这同时降低了包含交互作用的先验概率。

18.5   练习

你可以在本书配套网站上找到更多练习。

练习 18.1   目的：理解乘法交互作用。考虑图 18-8 的右图。使用式 18.4，计算 $x_1 = 0$ 和 $x_1 = 10$ 时黑线的斜率。展示你的工作（代数上的）。通过计算图中的斜率来确认你的答案：目测 x_2 从 0 变为 10 时每条线的上升量，并计算每条线的上升率。

练习 18.2   目的：了解加入/排除预测变量的效果，即使它们不相关。这也是协方差分析的序幕。图 18-1 中的虚构数据涉及两个不相关的预测变量。数据在文件 MultLinRegrPlotUnif.csv 中。

(A) 对两个预测变量进行多重回归。两个预测变量的相关性如何？截距、斜率和标准差的估计值是否接近图 18-1 所示的值？

(B) 对单个预测变量 x_1 进行 y 的回归。哪些参数的估计值发生了明显的变化？特别是，为什么 σ 的估计值要大得多？讨论图 18-1 的右上部分。

(C) 重复前两部分，但这次只使用数据文件的第 101~150 行（更少的数据点）。当加入 x_2 时，有关

x_1 回归系数的解释发生了什么样的变化?

练习 18.3 目的:查看先验分布。图 18-7 显示了一个多重线性回归的先验分布。你在本练习中的目标是生成这张图。为此,请阅读 18.1.4 节中关于在 JAGS 数据模块中注释掉 zy[i] 的定义的脚注。

练习 18.4 目的:亲身体验变量选择及其对先验的敏感性。你在本练习中的目标是生成图 18-15 并探索一些变化。相关程序是 JAGS-Ymet-XmetMulti-MrobustVarSelect.R 和 JAGS-Ymet-XmetMulti-MrobustVarSelect-Example.R。在本练习的所有部分中,请载入包含所有四个备选预测变量的 SAT 数据文件。在 JAGS-Ymet-XmetMulti-MrobustVarSelect-Example.R 的顶部,取消注释或注释掉行,使得它成为以下形式。

```
myData = read.csv( file="Guber1999data.csv" )
yName = "SATT"
xName = c("Spend","PrcntTake","StuTeaRat","Salary")
fileNameRoot = "Guber1999data-Jags-4X-VarSelect-"    # 更改以用于不同的存储文件
numSavedSteps=15000 ; thinSteps=20
```

(A) 在程序 JAGS-Ymet-XmetMulti-MrobustVarSelect.R 中,确保使用了以下代码(该部分中唯一未被注释掉的行):

```
sigmaBeta ~ dgamma(1.1051,0.1051) # 众数=1.0, 标准差=10.0
```

运行这个高级脚本。它的输出是否与图 18-15 相似?(应该是相似的。)

(B) 在程序 JAGS-Ymet-XmetMulti-MrobustVarSelect.R 中,注释掉为 sigmaBeta 设置 Gamma 先验的一行,并用 sigmaBeta <- 10.0 取代之。运行高级脚本。与本练习的前一部分相比,这时的后验有什么差异?讨论模型概率、包含概率和回归系数的 HDI。

(C) 将 sigmaBeta 的先验设置回第一部分中的 Gamma 分布。现在更改包含符索引的先验,使得 delta[j]-dbern(0.2)。与本练习的第一部分相比,这时的后验有什么差异?讨论模型概率、包含概率和回归系数的 HDI。

第19章

具有单个名义预测变量的计量被预测变量

> 把无数人随机分成两组，
> 社会动力将改变这两组：
> 组内成员很快变得同步，
> 组间差异迅速变得清楚。[①]

本章考虑的数据结构由一个计量被预测变量和一个名义预测变量组成。我们在实际的研究中经常遇到这种结构。比如，我们可能希望根据政党归属预测经济收入，或者根据视觉刺激类别预测皮肤的电反应，又或者，正如本章后面的研究中描述的，我们可能希望根据交配行为的类别预测寿命。这种数据结构可能来自实验或观察研究。在实验中，研究者将实验被试（随机地）分配为不同的类别。在观察研究中，数据是由研究者不能直接控制的过程产生的，无论是名义预测变量还是计量被预测变量。无论是哪一种情况，都可以对数据应用相同的数学描述（尽管实验干预可以更好地推断因果关系）。

这种数据结构的传统处理方法称为单因素方差分析（single-factor ANOVA 或 one-way ANOVA）。我们的贝叶斯方法将是传统方差分析（analysis of variance，ANOVA）模型的层次化推广形式。本章还将考虑一种情况，在这种情况下，伴随着主要的名义预测变量的，还有一个计量预测变量。计量预测变量有时被称为协变量（covariate），而这种数据结构的传统处理方法被称为协方差分析（analysis of covariance，ANCOVA）。本章还考虑了传统模型的推广形式，因为在贝叶斯软件中可以直接实现重尾分布以容纳离群值，并且可以实现层次结构以容纳组间的非齐性方差。

在第 15 章介绍的 GLM 的背景下，本章的情况涉及单个名义预测变量的线性函数，如表 15-1 中第五列所示。连接函数为恒等函数，并且用正态分布来描述数据中的噪声，如表 15-2 第一行所示。有关本章中被预测变量和预测变量的组合，及其与其他组合的关系，请参见表 15-3。

[①] *Put umpteen people in two groups at random.*
Social dynamics make changes in tandem:
Members within groups will quickly conform;
Difference between groups will soon be the norm.
本章的模型类似于传统的方差分析模型，方差分析将方差分为组内方差和组间方差。这首诗认为，对于人类的不同群体来说，群体内差异趋于减小而群体间差异趋于增大。

19.1 描述多组计量数据

如 2.3 节所强调的，在确认相关数据之后，贝叶斯数据分析的下一步是对数据进行有意义的数学描述。在我们目前的应用中，每组数据被描述为围绕集中趋势的随机变化。这些组的集中趋势被概念化为相对于总体基线的偏移量。15.2.4 节介绍了该模型的详细信息，并在图 15-4 中进行了说明。这些思想简要地概括如下。

图 19-1 展示了分组计量数据的常规描述。x 轴上的不同位置表示不同的组。y 轴以组成员的形式显示了被预测变量。假设组内数据服从正态分布，所有组的标准差相等。组均值是相对于总体基线的偏移量，因此所有偏移量的总和为零。图 19-1 提供了一个具体的示例，其中的数据都是从模型中随机生成的。对于真实的数据，我们不知道是什么过程生成了它们，但我们会推断有意义的数学描述的可信参数值。

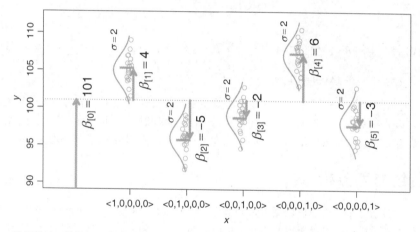

图 19-1　数据描述。数据以正态分布的形式分布在组均值附近，组均值被概念化为相对于总体基线的偏移量。圆圈表示数据。假设所有组的组内数据标准差相等，并记为 σ。基线和偏移量分别由箭头和 β 值表示。请注意，相对于基线的偏移量的总和为零

回忆 15.2.4 节的内容，我们将名义预测变量表示为向量：$\vec{x} = \langle x_{[1]}, \ldots, x_{[J]} \rangle$，其中 J 是预测变量具有的类别总数。当某一个体属于名义预测变量的第 j 组时，它会被表示为：$x_{[j]} = 1$ 且 $x_{[i \neq j]} = 0$。图 19-1 的 x 轴使用了这些记号来标记 $\vec{x}$ 的各个水平。被预测值被记为 μ，它是总基线加上组的偏移量：

$$\begin{aligned} \mu &= \beta_0 + \sum_j \beta_{[j]} x_{[j]} \\ &= \beta_0 + \vec{\beta} \cdot \vec{x} \end{aligned} \tag{19.1}$$

其中，符号 $\vec{\beta} \cdot \vec{x}$ 被称为向量的"点积"（dot product）。在式 19.1 中，系数 $\beta_{[j]}$ 表示当 x 从中性变为第 j 类时，被预测变量 y 的变化程度。总基线是受约束的，以保证所有类别的总偏移量为零：

$$\sum_j \beta_{[j]} = 0 \tag{19.2}$$

如果没有式 19.2 中的约束条件，那么式 19.1 中的模型表达式是不完整的。

JAGS（或 Stan）程序将分两步来实现这种和为零约束。首先，在 MCMC 链的任意一点上，JAGS 在不直接考虑和为零约束的情况下，找到基线和偏移量的联合可信值。然后，施加和为零约束，方式很简单：在每个偏移量中减去这些偏移量的均值，并将均值添加到基线值中。下面将正式地描述这个代数过程。我们将无约束的参数表示为 α，将和为零参数记为 β。在 MCMC 链的任意一点上，被预测变量为：

$$\mu = \alpha_0 + \sum_j \alpha_{[j]} x_{[j]} \tag{19.3}$$

$$= \underbrace{(\alpha_0 + \bar{\alpha})}_{\beta_0} + \sum_j \underbrace{(\alpha_{[j]} - \bar{\alpha})}_{\beta_{[j]}} x_{[j]} \tag{19.4}$$

$$\text{其中 } \bar{\alpha} = \frac{1}{J} \sum_{j=1}^{J} \alpha_{[j]}$$

很容易证明式 19.4 中的 $\beta_{[j]}$ 值确实总和为零：$\sum_{j=1}^{J} \beta_{[j]} = \sum_{j=1}^{J} (\alpha_{[j]} - \bar{\alpha}) = \sum_{j=1}^{J} \alpha_{[j]} - \sum_{j=1}^{J} \bar{\alpha} = J\bar{\alpha} - J\bar{\alpha} = 0$。本书后面的部分将展示如何在 JAGS 中实现式 19.3 和式 19.4。

图 19-1 展示的描述性模型是经典方差分析所使用的传统模型（下一节将对其进行更多描述）。贝叶斯软件可以直接实现更一般的模型。比如，可以使用重尾噪声分布（如 t 分布）代替正态分布以容纳离群值，并且可以给不同的组指定不同的标准差。本章后面的一节将探讨这些扩展。

19.2 传统方差分析

术语"方差分析"来自将总体数据方差分解为组内方差和组间方差（Fisher，1925）。代数上，得分与总体均值的偏差平方和，等于得分与其组均值的偏差平方和，加上组均值与总体均值的偏差平方和。换句话说，总体方差可以分为组内方差和组间方差。因为"分析"这个词的其中一个意义是分成几个部分，所以方差分析这个词准确地描述了传统方法中的基本代数过程。本节提出的层次贝叶斯方法中没有使用这种代数关系。然而，贝叶斯方法可以估计成分方差。因此，贝叶斯方法不是方差分析，而是类似于方差分析。

传统方差分析在 p 值的基础上判断各组间的一致性（零假设）。正如在第 11 章中详细讨论并在图 11-1 中显示的，p 值的计算方法是，对零假设虚拟地抽样。在传统方差分析中，零假设认为：（i）组内的数据服从正态分布；（ii）所有组的组内数据标准差是相等的。第二个假设有时被称为"方差齐性"（homogeneity of variance），这两个假设对于抽样分布的数学推导很重要。样本统计量是组间方差与组内方差之比，用 Ronald Fisher 的姓氏首字母命名为 F 比例，因此该抽样分布称为 F 分布。为了使 p 值准确，数据应满足正态性和方差齐性假设。（当然，p 值还假设，终止计划是得到固定的样本量，但这是另一个问题。）在传统方法中，具有齐性方差的正态分布数据的假设根深蒂固。这就是分组数据的基本模型做出这些假设的原因，也是本章中介绍的基本模型做出这些假设的原因。在本章的后面，这些约束条件将被放宽。所幸，在贝叶斯软件中可以很直接地放宽这些假设，我们可以对每个组使用不同的方差参数，并使用非正态分布来描述组内的数据，这将在本章后面的内容中展示。

19.3 层次贝叶斯方法

我们从图 19-1 所示的基本描述性模型开始，目标是在贝叶斯框架下估计其参数。因此，我们需要给所有参数分配一个有意义的结构化先验分布，如图 19-2 所示。和往常一样，层次图是从下往上看的。在图 19-2 的底部，我们看到数据 y_i 以正态分布的形式，分布在被预测值 μ_i 周围。式 19.1 指定了被预测值，它显示在层次图的中心。所有的参数都具有通用且非特定的先验分布。因此，组内标准差 σ_y 的先验被设置为宽泛的均匀分布，如 Gelman（2006）的推荐。基线参数 β_0 的先验被设置为正态分布，并且它在数据的尺度上很宽泛。组偏移量参数 β_j 的先验被设置为正态分布，且均值为零，因为根据假设，偏移量参数的总和为零。（之后再加入和为零约束，如下所述。）

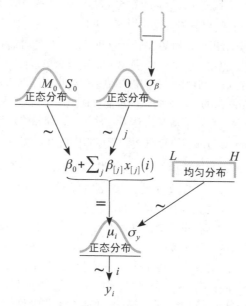

图 19-2　描述单因素的多组数据的层次图。在图的顶部，空括号表示组间标准差 σ_β 的先验分布是可选的。它可以是 Gelman（2006）推荐的折叠 t 分布，也可以是众数不等于零的 Gamma 分布，或者如果不需要组之间相互影响，还可以设置为常数

贝叶斯方法的一个关键创新点是对 σ_β 的处理，σ_β 是偏移量参数分布的标准差。图 19-2 中将 σ_β 的先验表示为空的大括号，以表明先验有多种选择。一种选择是，我们可以简单地将 σ_β 设置为常数。该设置将导致每组的偏移量的估计值与其他组相互独立，因为没有组对 σ_β 的值有任何影响。将 σ_β 设置为一个较大的常数，可以得到与传统方差分析最相似的估计值。

我们可以根据数据估计 σ_β，而不是将其设置为一个常数（Gelman，2005）。如果数据表明，很多组的基线偏移量很小，则 σ_β 的估计值会很小。注意，很小的 σ_β 值会导致组偏移量的估计值收缩较大。（9.3 节解释了收缩，本书已经给出了许多例子。）当对 σ_β 进行估计时，偏移量参数估计值的收缩量是由数据决定的。若很多组与基线接近，则 σ_β 的估计值较小，且组偏移量收缩较大；但若很多组远离

基线，则 σ_β 的估计值较大，且组偏移量收缩较小。

σ_β 的先验分布形式应当反映真实的先验信念，并且，产生的后验分布在实际应用中应当是合理的。Gelman（2006）建议使用既不强调零附近的值也不强调远离零的值的分布，因为过多强调零附近的值会导致收缩程度过大，过多强调远离零的值会导致收缩程度不足。他建议采用半柯西（half-Cauchy）分布或折叠 t（folded-t）分布，也就是 t 分布中取值为正的部分。（有关 t 分布的示意图，参见图 16-4。）该分布在零附近的概率密度有限（不同于精度的通用 Gamma 分布 gamma(0.001, 0.001)），并且，取值很大处的概率密度较小，但其重尾也允许大偏移量的存在。

在实践中，当数据集很小时，即使 σ_β 使用了折叠 t 分布，也会产生强烈的内部收缩。出现这种情况的原因在于，对于组之间的零偏移量，σ_β 的先验值为其分配了中等大小的先验可信度，而且模型可以通过以下设置来容纳数据：将组偏移量设置为零，并使用较大的组内噪声值 σ_y。（通常来说，当数据集很小时，先验会对后验有很大的影响。）针对这种情况，我们可能有很多种做法。如果我们坚定地认为该先验分布能够表达我们的先验信念，那么我们可以简单地接受强收缩，将其看作逻辑上正确的关于先验假设的暗示。在这种情况下，我们需要更多的数据来压倒坚定的先验信念。但是，如果选择该先验的原因仅在于它是默认的，那么强收缩可能反而是一个信号，表明我们应该重新考虑我们的先验假设。比如，σ_β 的先验分布可能应当表达另一种信念，即偏移量为零是不可信的。一种实现方法是使用众数不为零的 Gamma 分布。下面描述的程序将实现这种选择。[①]

根据所有的组来估计 σ_β 时，一个关键的前提是，假设所有的组都能够代表估计值，且能够为估计值提供信息。一个组的估计值会受到其他组的数据信息的影响，这种影响只有在满足以下条件时才是有意义的：这些组都能够有意义地代表其共享的高层次分布。这种层次结构的另一种概念化方法是：σ_β 值构成的先验能够为每个组的偏移量提供信息，于是，每个组的偏移量的先验会受到所有其他组的影响。同样，要使这种做法有意义，必须满足以下条件：这些组能够彼此提供先验信息。通常情况下，这种假设是可信的。比如，在一项研究降压药的实验中，所有组都涉及对同一物种测量血压，因此，所有组都能影响一个总体分布，这是合理的。但是，如果这些组有一个特定的子类型，那么将它们全部放在一个更高层次的分布下可能是不合适的。如果实验涉及许多不同的对照组（比如，不同的安慰剂、假治疗和不治疗），并且只有一个治疗组，那么控制组之间的假想的小方差将使 σ_β 的估计值变小，进而导致治疗组的偏移量估计值过度地收缩。解决这种问题的一种方法是使用重尾分布来描述组偏移量。厚重的尾部能够容纳一些较大的偏移量。然而，高层次分布的形状并没有改变基本假设，也就是所有组都能够为彼此提供信息。如果不满足这一假设，则最好将 σ_β 设置为常数。

19.3.1 在 JAGS 中实现

在 JAGS 中实现图 19-2 所示的模型很简单。图中的每个箭头在 JAGS 中都有相应的代码行。唯一真正新颖的部分是实现系数的和为零约束。我们将使用式 19.3 和式 19.4 中给出的代数形式。

---

① 在本书的第 1 版中，解决强收缩问题的方法是，将折叠 t 分布从零移开，移动一个任意小量（Kruschke，2011b，第 496 页）。虽然这种方法本质上并没有错，但它表达了一种信念，即零附近的 σ_β 值的先验可信度为零。这种方法被这里使用的光滑 Gamma 分布所取代。

在下面的 JAGS 模型定义中，噪声标准差 σ_y 被记为 ySigma，式 19.3 中的无约束基线值 α_0 被记为 a0，无约束偏移量 α_j 被记为 a[j]。基线值和偏移量随后被转换为和为零的值，分别记为 b0 和 b[j]。第 i 个个体的 $\bar{x}$ 值在 JAGS 中不是用向量来编码的。取而代之，第 i 个个体的组成员由一个简单的标量索引 x[i] 来编码，这样当某个值来自第 j 组时，x[i] 等于 j。模型定义首先声明，单个 y_i 值来自正态分布，其中心为基线值 a0 加上组偏移量 a[x[i]]，且标准差为 ySigma：

```
model {
   for ( i in 1:Ntotal ) { y[i] ~ dnorm( a0 + a[x[i]], 1/ySigma^2 ) }
```

上面的代码不需要在单独的一行中指定 mu[i]，尽管你可以这样编写并得到相同的结果。

接下来，指定 ySigma 和基线值 a0 的先验。从图 19-2 中可以看出，假设 ySigma 的先验是均匀分布，范围相对于数据尺度而言是宽的。一种简单的方法是，我们问用户"对于你要预测的测量类型，其典型的方差是怎样的"，然后将先验设置得比其答案更宽泛。另一种方法是，我们让数据作为代理，并将先验设置得比数据方差（也就是 ySD）更宽泛。类似地，基线值 a0 的正态先验分布以数据的均值为中心，并且比数据方差宽得多得多。目标仅仅是实现尺度不变性，因此无论数据的测量尺度是什么，先验在该尺度上都将是宽泛且不明确的。

```
ySigma ~ dunif( ySD/100 , ySD*10 )
a0 ~ dnorm( yMean , 1/(ySD*5)^2 )
```

模型定义接下来的内容是偏移量的先验：a[j]。偏移量的标准差 σ_β 被记为 aSigma。aSigma 的先验分布是一个在数据尺度上很宽的 Gamma 分布，且它的众数不等于零，这样能够使得当 aSigma 接近零时，它的概率密度降为零。具体来说，Gamma 分布的形状参数和速率参数的设置使得其众数为 sd(y)/2 且标准差为 2*sd(y)，使用的是 9.2.2 节解释过的函数 gammaShRaFromModeSD。生成的形状值和速率值存储在有两个分量的向量 agammaShRa 中。

```
for ( j in 1:NxLvl ) { a[j] ~ dnorm( 0.0 , 1/aSigma^2 ) }
aSigma ~ dgamma( agammaShRa[1] , agammaShRa[2] )
```

最后，根据式 19.4，重新设置基线值和偏移量，以满足和为零约束。在 MCMC 链的每一步中，组均值的被预测值的计算方式为：m[j] <- a0 + a[j]。基线值的计算方式为这些组的均值：b0 <- mean (m[1:NxLvl])，其中 NxLvl 是组数（预测变量 x 的水平数）。然后，和为零偏移量的计算方式为该组均值减去新基线值：b[j] <- m[j] - b0。结果是，a0 中加上了均值（a[1:NxLvl]），并且所有 a[j] 中减去了均值（a[1:NxLvl]），这与式 19.4 的过程类似，但使用了更精细的方法，可以被推广到多个因素的情况（第 20 章将这样做）。因此，模型定义的最后一部分如下。

```
# 将 a0,a[]转换为和为零的 b0,b[]
for ( j in 1:NxLvl ) { m[j] <- a0 + a[j] }
b0 <- mean( m[1:NxLvl] )
for ( j in 1:NxLvl ) { b[j] <- m[j] - b0 }
}
```

完整模型的定义在文件 JAGS-Ymet-Xnom1fac-MnormalHom.R 中。如 8.3 节所述，文件名以 JAGS- 开始，因为它使用 JAGS；接着是 Ymet-，因为被预测变量是计量型；然后是 Xnom1fac-，因为预测变量是名义型，且仅涉及单个因素；最后以 MnormalHom 结束，因为模型假设数据服从正态分布且满足方差齐性。该模型是从脚本 JAGS-Ymet-Xnom1fac-MnormalHom-Example.R 调用的。

19.3.2　示例：交配与死亡

　　为了说明模型的使用方法，我们将雄性果蝇的寿命视为其交配行为的函数。这些数据（来自 Hanley 和 Shapiro，1994）来自这样一个实验："交配行为的操纵方式是，以每天一个或每天八个的频率，为单个雄性提供可交配的、从未有过交配行为的雌性。这些雄性的寿命被记录下来，并与两类对照组的寿命进行了比较。第一类对照组包含两组雄性个体，它们与新受精的雌性在一起，雌性数量与提供给实验组的从未有过交配行为的雌性的数量相等。第二类对照组是一组雄性个体，没有为它们提供雌性（Partridge 和 Farquhar，1981，第 580 页）。"研究人员感兴趣的是，雄性的交配行为是否会缩短其寿命，因为已经在雌性中确定了这一点。如果在雄性身上发现交配行为的有害影响，则会更加令人惊讶，因为雄性交配行为的生理成本可能比雌性低得多。哦，我差点儿忘了提到，这个物种是黑腹果蝇。众所周知，对于果蝇这个物种，新受精的雌性不会再次交配（至少在两天内），雄性也不会主动追求怀孕的雌性。这五组各有 25 只雄性果蝇。

　　数据被绘制为图 19-3 中的点。纵轴表示寿命，以天为单位。横轴的标签是"雌性同伴数量"，表示分组。组 None0 表示没有雌性陪伴的雄性组。组 Pregnant1 表示有 1 只怀孕雌性陪伴的雄性组，Pregnant8 表示有 8 只怀孕雌性陪伴的雄性组。Virgin1 表示有 1 只从未有过交配行为的雌性陪伴的雄性组，而 Virgin8 表示有 8 只从未有过交配行为的雌性陪伴的雄性组。数据的散点图显示，有可交配雌性的组有更多的交配行为，寿命也会较短。我们的目标是估计寿命长短及组间差异的大小。（你可能还记得在练习 16.1 中，无法交配的雄性果蝇更倾向于食用添加乙醇的食物。）

　　这个实验中的五组被试均为同一类型（雄性果蝇），它们被安置在相似的设备中，除特殊的实验处理外，其他处理均类似。此外，任何一种处理都没有压倒性的优势。因此，我们的分析法是合理的：使用图 19-2 所示的层次模型，让这五组在该模型中相互影响，并且所有组都影响 σ_β（偏移量的标准差）的估计值。

　　使用高级脚本 JAGS-Ymet-Xnom1fac-MnormalHom-Example.R 很容易运行该模型。第一步是加载数据文件，并指定被预测变量和预测变量的列名：

```
myDataFrame = read.csv( file="FruitflyDataReduced.csv" )
# 指定数据文件中与分析相关的列的名称
yName="Longevity"
xName="CompanionNumber"
```

之后，以通常的方式调用函数，并使用 JAGS：

```
# 将相关模型加载到 R 的工作内存中
source("JAGS-Ymet-Xnom1fac-MnormalHom.R")
# 生成 MCMC 链
mcmcCoda = genMCMC( datFrm=myDataFrame , yName=yName , xName=xName ,
numSavedSteps=11000 , thinSteps=10 , saveName=fileNameRoot )
```

上面的函数调用中，参数 thinSteps=10 指定了精简链。与往常一样，这仅仅是为了使保存的文件较小，但代价是后验估计值的稳定性稍差。如果你不介意文件较大（在这种情况下，应当增加保存的步骤数，以便 ESS 至少为 10 000），则不需要精简。

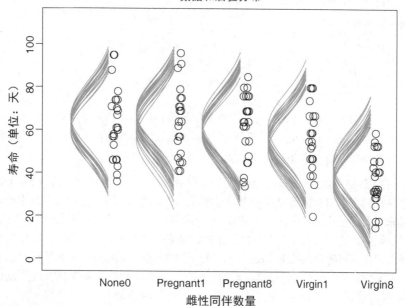

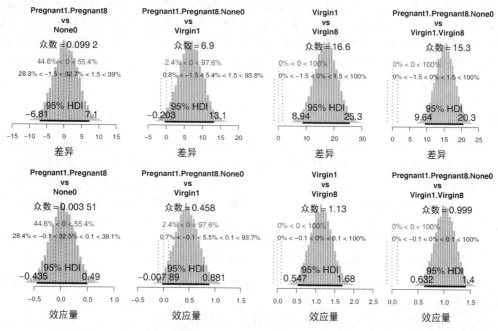

图 19-3 果蝇寿命的数据和后验分布。模型假设具有齐性方差的正态分布

脚本的下一部分是常规的 MCMC 链诊断结果：

```
# 显示指定参数的链的诊断结果
parameterNames = varnames(mcmcCoda)
show( parameterNames )                    # 显示所有参数的名称，以供参考
for ( parName in parameterNames ) {
  diagMCMC( codaObject=mcmcCoda , parName=parName ,
            saveName=fileNameRoot , saveType=graphFileType )
}
```

诊断结果（此处未显示）表明，链的表现非常好，但组偏移量的标准差中含有一定的自相关性（代码中的 aSigma 和依赖关系图中的 σ_β）。尽管高层次方差参数中存在自相关性，但这些链很好地混合在一起，而且所有其他参数的 ESS 至少为 10 000。

图 19-3 显示了叠加在数据上的后验预测分布。绘制这些曲线的方法是：检查 MCMC 链中的某一步，根据链中该点的组均值和标准差绘制出正态曲线，并在链的间隔很宽的很多步中重复以上过程。这些曲线看起来像每组数据的两撇胡须。重要的是要理解一点："胡须"的浓密程度代表估计值的不确定性，而"胡须"的宽度代表标准差的值。比如，铅笔一样细的宽"胡须"表示标准差很大，但估计时的确定程度很高（不确定性低）。浓密的窄"胡须"表明标准差很小，但是估计时的确定性低（不确定性高）。均值和标准差的不确定性都会影响"胡须"的浓密程度。要想直观地单独查看均值的不确定性，只需关注曲线峰值的分布，而不是尾部。

图 19-3 表明，具有齐性方差的正态分布似乎能够合理地描述数据。与后验预测曲线相比，没有显著的离群值，并且每组数据的分布似乎能够合理地匹配后验正态曲线的宽度。（在对方差齐性进行视觉评估时要小心，因为数据的视觉分布取决于样本量；参见图 15-9 中的右图。）由正态曲线峰值表示的可信组均值的范围表明，Virgin8 组明显低于其他组，并且 Virgin1 组可能低于对照组。为了确认这一点，我们需要检查组均值的差异，这将在下一节中进行。

19.3.3　对比

实际上，对于由多组构成的数据，研究人员总是有兴趣进行组间比较或子集组间的比较。在目前的应用中，我们可能想进行大量的成对比较。比如，我们可能对四个实验组和 None0 对照组之间的差异感兴趣，也可能对 Virgin1 组和 Virgin8 组之间的差异，以及 Pregnant1 组和 Pregnant8 组之间的差异感兴趣。我们可能还对各种复杂的比较感兴趣，其中涉及子集组均值的差异。比如，我们感兴趣的可能是三个对照组（None0、Pregnant1 和 Pregnant8）均值和两个交配活跃组（Virgin1 和 Virgin8）均值之间的差异。或者，我们感兴趣的可能是两个不可交配雌性组（Pregnant1 和 Pregnant8）均值和两个交配活跃组均值之间的差异。除此之外，我们还可以做很多其他的比较。

检验可信差异的后验分布很简单。对于给定的数据，MCMC 链中的每一步都提供了联合可信的组均值组合。因此，无论我们考虑什么样的差异，MCMC 链中的每一步都提供了可信的组间差异。这与本书中大量使用的逻辑相同，比如 9.5 节中关于棒球击球能力的逻辑。不要忘记，可信差异的后验分布不能直接由单个参数的边际分布得出，因为这些参数可能是相关的，如 12.1.2 节所述。

为了计算组 1 和组 2 的可信差异值，我们在 MCMC 链的每一步中计算：

$$\mu_1 - \mu_2 = (\beta_0 + \beta_1) - (\beta_0 + \beta_2)$$
$$= (+1) \cdot \beta_1 + (-1) \cdot \beta_2$$

换句话说，计算过程中，基线值相互抵消了，而差异值是组偏移量的加权和。注意，权重的总和为零。为了计算组 1~3 和组 4~5 的均值的可信差异值，我们计算了 MCMC 链中每一步的均值：

$$(\mu_1 + \mu_2 + \mu_3)/3 - (\mu_4 + \mu_5)/2$$
$$= ((\beta_0 + \beta_1) + (\beta_0 + \beta_2) + (\beta_0 + \beta_3))/3 - ((\beta_0 + \beta_4) + (\beta_0 + \beta_5))/2$$
$$= (\beta_1 + \beta_2 + \beta_3)/3 - (\beta_4 + \beta_5)/2$$
$$= (+1/3) \cdot \beta_1 + (+1/3) \cdot \beta_2 + (+1/3) \cdot \beta_3 + (-1/2) \cdot \beta_4 + (-1/2) \cdot \beta_5$$

同样，差异值是组偏移量的加权和。组偏移量系数的性质是，它们的总和为零，正系数的总和为+1，负系数的总和为-1。这样的一种组合被称为对比。[1]这种差异也可以用效应量来表示：在链的每一步中，用差异值除以 σ_y。

在高级脚本中可以使用有意义的组名来指定对比，而不是使用人为的数字索引。比如，果蝇数据文件 Drosophila 使用有意义的术语来编码每个被试的组成员身份。以下是 Drosophila 数据文件中的几行：

```
Longevity,CompanionNumber,Thorax
35,Pregnant8,0.64
40,None0,0.64
46,Pregnant1,0.64
```

以上数据文件的第一行指定了各列的名称。[我们尚未使用"Thorax"（胸腔）这一列，但本章的后面部分将用到它。]这里的重点是，每个被试的同伴数 CompanionNumber 的标签是有意义的，如 Pregnant8、None0 和 Pregnant1。在指定对比时，我们将利用这些有意义的标签。

在我编写的程序中，一个列表将指定一种对比，该列表中有四个分量。第一个分量是组名称向量，其均值构成比较中的第一个元素。列表的第二个分量也是组名称向量，其均值构成比较中的第二个元素。列表的第三个分量是比较值，通常为零，但也可以取不为零的值。列表的第四个分量是一个向量，它指定 ROPE，该范围可以为 NULL。以下是 Drosophila 数据的一个例子：

```
contrasts = list(
  list( c("Virgin1") , c("Virgin8") , compVal=0.0 , ROPE=c(-1.5,1.5) ) ,
  list( c("Pregnant1","Pregnant8","None0") , c("Virgin1","Virgin8") ,
compVal=0.0 , ROPE=c(-1.5,1.5) )
)
```

上面的代码将变量 contrasts 定义为一个列表，其中包含多个分量列表。每个分量列表都是我们希望进行的一种特定对比。在上面的 contrasts 列表中，有两个特定的对比。第一个是 Virgin1 和 Virgin8 的简单配对比较。第二个是三个对照组均值和两个交配活跃组均值之间的复杂对比。在这两种情况下，比较值被指定为零（compVal=0.0），ROPE 被指定为正负 1.5 天（ROPE=c(-1.5,1.5)）。可以扩展这个对比列表，以包含想进行的所有对比。

将 contrasts 列表作为参数，提供给计算后验分布的摘要统计和绘图的函数（plotMCMC 和

---

[1] 传统上，对比系数的定义只要求和为零，并不要求正系数总和为+1，负系数总和为-1。

smryMCMC)。plotMCMC 输出的一些示例如图 19-3 所示。图中下半部分显示了这些对比的后验分布。每个对比有两种显示：原始尺度（天）和效应量尺度。注意，对照组和交配活跃组的均值之间有 15 天左右的巨大差异（效应量约为 1.0），差异的 95% HDI 远远低于任何合理的 ROPE。虽然对照组和 Virgin1 组的均值之间差异的众数约为 7 天（效应量略低于 0.5），但其后验分布显著地与零附近的 ROPE 重叠。

在传统方差分析中，分析人员经常进行一种综合检验（omnibus test，也称多类题检验），询问所有的组同时完全相等是否合理。然而，我发现综合检验很少有意义。当所有组相等的这个零假设被拒绝时，分析人员实际上总是对特定的对比感兴趣。重要的是，当所有组相等的零假设没有被否定时，仍然可能存在有明显差异的特定对比（如 12.2.2 节），因此分析人员应当再次检查感兴趣的特定对比。在这里使用的层次贝叶斯估计中，没有与方差分析直接等价的综合检验，重点是检查所有有意义的对比。综合检验可以通过贝叶斯模型比较来完成，20.6 节简要地描述了这一方法。

19.3.4　多重比较与收缩

上一节建议，分析人员应当调查所有感兴趣的对比。与零假设显著性检验的传统建议相比，这个检验可以被认为是与之冲突的，因为传统检验建议尽量减少进行的比较，以使得每个检验的功效最大化，同时保持总虚警率不高于 5%（或者任何想设置的其他最大值）。11.4 节和 11.1.5 节中的具体例子大量地讨论了多重比较的问题。这两节的一个主题是，没有分析能够对虚假警报"免疫"，但是贝叶斯数据分析避免使用 p 值来控制虚假警报，因为 p 值是基于终止计划和检验意图的。取而代之，贝叶斯数据分析可以通过在模型中加入先验知识来减少虚假警报。具体来说，层次结构（它表达了先验知识）会导致估计值收缩，而收缩有助于控制可疑离群值的估计。在果蝇数据的后验分布中，组均值后验众数的范围为 23.2，组均值样本的范围为 26.1。因此，均值的估计值中存在一些收缩。收缩量仅由数据和先验的结构决定，而不由终止计划决定。

注意，当每组中的数据点较少，且估计 σ_β（而不是将其设置为常数）时，模型会使偏移量强烈地收缩。之所以会出现这种强收缩，是因为可以通过这样的方式来容纳数据：将所有偏移量设置为接近于零的值（同时 σ_β 较小），并且将噪声标准差 σ_y 设置为较大的值。换句话说，该模型倾向于将总体方差归因于组内差异，而不是组间差异。这种倾向并没有错，它是假设中的模型结构的正确含义。如果在你的数据中，每组都是小样本，并且组均值的估计值的收缩量过大，使估计值看起来不能够合理地描述数据，那么这可能表明对于你的数据来说，该层次先验的假设太强了。取而代之的方法是，可以将 σ_β 的先验设置为一个（大的）常数。你可以在练习 19.1 中自己尝试一下。

19.3.5　两组的情况

当前场景的一个特殊情况是只有两组。原则上，本节的模型可以应用于有两组的情况，但是使用层次结构没有什么优势，因为组数太少了，几乎不会产生收缩（这里假设 σ_β 的顶层先验很宽）。这就是为什么 16.3 节中两组数据的模型没有使用层次结构，如图 16-11 所示。该模型还使用 t 分布来容纳数据中的离群值，并且允许组间具有非齐性方差。因此，对于两组来说，更合适的做法是使用 16.3 节的模型。在 19.5 节中，我们对多组的层次模型进行了推广，以容纳离群值和非齐性方差。

19.4 加入一个计量预测变量

在图 19-3 中，每组数据的标准差较大。比如，Virgin8 组寿命的范围是 20~60 天。让人印象深刻的是，在组内寿命变异性这么大的情况下，竟然能够发现实验处理的差异。又比如，Virgin1 组和对照组之间差异的效应量约为 0.45（见图 19-3），但其估计值的不确定性很大。为了提高组间差异的检测率，如果可以将组内的某些差异归因于另一个可测量的影响，就能够突显出实验处理的效果。

假设有一些单独的指标来衡量一个被试的健壮程度，这样更健壮的被试往往比不健壮的被试寿命更长。我们可以尝试通过实验的方式来控制健壮程度，只让健壮的被试参与实验。这样一来，组内的寿命变异可能要小得多。当然，我们也希望对中等健壮和不健壮的被试进行实验。我们可以简单地测量随机选取的被试的健壮程度，并将健壮程度作为寿命的独立计量预测变量，而不是人为地将健壮程度划分为名义预测变量。这将使我们能够对健壮程度和实验处理的不同影响进行建模。

练习 18.2 在多重回归的背景下探索了类似的想法。主要计量预测变量对被预测变量的影响可能很小，原因是残余方差很大。但是，即使与第一个预测变量不相关，第二个计量预测变量也可能能够解释被预测变量中的一些方差，从而使第一个预测变量的斜率估计值更加确定。

额外加入的计量预测变量有时被称为协变量（covariate）。在实验环境中，关注的焦点通常是名义预测变量（实验处理）；协变量通常被认为是辅助预测变量，有助于分离名义预测变量的影响。但在数学上，名义预测变量和计量预测变量在模型中的地位是等同的。我们把第 i 个被试的计量协变量的值记为 $x_{\mathrm{cov}}(i)$。那么，被试 i 的被预测变量的期望值是：

$$\mu(i) = \beta_0 + \sum_j \beta_{[j]} x_{[j]}(i) + \beta_{\mathrm{cov}} x_{\mathrm{cov}}(i) \tag{19.5}$$

其中，名义预测变量的偏移量，通常满足式 19.2 中的和为零约束。换句话说，式 19.5 表示，被试 i 的被预测值是，基线值加上组 i 引起的偏移量，再加上 i 的协变量值引起的变化。

可以很容易地将这个模型表达为层次图，如图 19-4 所示。该模型与图 19-2 中的层次图相比只有一点不同，即在 μ_i 的中心公式中加入了协变量，并加入了参数 β_{cov} 的先验分布。协变量的模型子结构与图 17-2 和图 18-4 中线性回归的子结构相似。

请注意，式 19.5 中的基线值有两重任务。一方面，基线值应使名义偏移量的总和为零，从而能够代表被预测数据的总体均值。另一方面，基线值同时作为 x_{cov} 的线性回归的截距。如果将协变量居中，中心为它们的均值 $\overline{x}_{\mathrm{cov}}$，那么，将截距设置为被预测值的均值就是有意义的。因此，我们对式 19.5 进行代数重组，以使得基线值符合这些约束条件。重写式 19.5 时，我们首先使用 α 来表示无约束的系数，而不是 β，因为我们将把 α 表达式转换为相应的 β 值。下面的第一行方程是式 19.5，只不过 x_{cov} 的中心被设置为它的均值 $\overline{x}_{\mathrm{cov}}$。下面的第二行方程用代数方法重新排列了这些项，使得名义偏移量总和为零，且常数被合并到总体基线值中：

$$\mu = \alpha_0 + \sum_j \alpha_{[j]} x_{[j]} + \alpha_{\mathrm{cov}}(x_{\mathrm{cov}} - \overline{x}_{\mathrm{cov}}) \tag{19.6}$$

$$= \underbrace{(\alpha_0 + \overline{\alpha} - \alpha_{\mathrm{cov}}\overline{x}_{\mathrm{cov}})}_{\beta_0} + \sum_j \underbrace{(\alpha_{[j]} - \overline{\alpha})}_{\beta_{[j]}} x_{[j]} + \underbrace{\alpha_{\mathrm{cov}}}_{\beta_{\mathrm{cov}}} x_{\mathrm{cov}} \tag{19.7}$$

$$其中 \; \bar{\alpha} = \frac{1}{J} \sum_{j=1}^{J} \alpha_{[j]}$$

在该模型的 JAGS（或 Stan）程序中，MCMC 链的每一步都会生成式 19.6 中的 α 参数的联合可信值，然后利用式 19.7 所示的方法，将 α 参数转换为满足和为零约束的 β 值。JAGS 的实现在 JAGS-Ymet-Xnom1met1-MnormalHom.R 程序中。

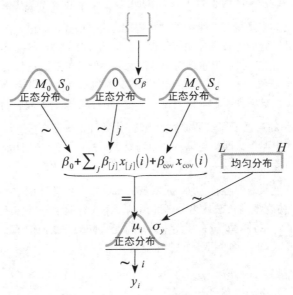

图 19-4 模型的层次图，该模型描述的数据来自单因素中的多组，并且有单个计量协变量。
与图 19-2 进行比较

19.4.1 示例：交配、死亡和大小

我们继续研究交配行为对雄性果蝇寿命的影响。图 19-3 显示了数据和后验预测分布。噪声的标准差 σ_y 对应图 19-3 中沿着纵轴散开的正态分布，其后验众数值约为 14.8 天。组内差异很大，这使得我们很难估计较小的组间差异。比如，图 19-3 的第二张直方图中无法交配的雄性和 Virgin1 组之间的对比表明，它们的寿命相差大约 7 天，但估计的不确定性很大，因此该差异的 95% HDI 大约是 0 到 14 天。

结果表明，果蝇的寿命与其大小（成熟时逐渐稳定）高度相关。较大的果蝇寿命更长。由于果蝇被随机分配到这五组中，于是每组中都有一系列不同大小的果蝇，因此组内寿命的差异可能仅源于果蝇的大小。研究人员测量了每只果蝇胸腔的大小，并在分析中使用胸腔作为协变量（Hanley 和 Shapiro，1994；Partridge 和 Farquhar，1981）。

高级脚本 JAGS-Ymet-Xnom1met1-MnormalHom-Example.R 演示了如何加载数据并运行分析。与之前分析的唯一差异是，我们必须指定协变量的名称，在本例中为 "Thorax"。分析结果如图 19-5 所示。图 19-5 顶部显示了每组中的数据，绘制为横轴上胸腔尺寸的函数。数据上叠加显示了可信的后验描述。在第 j 组中，叠加的线显示了 $\beta_0 + \beta_{[j]} + \beta_{cov} x_{cov}$，它们是 MCMC 链的一些步中联合可信的参数

值。斜向绘制的正态分布说明了每条线对应的 σ_y 值。

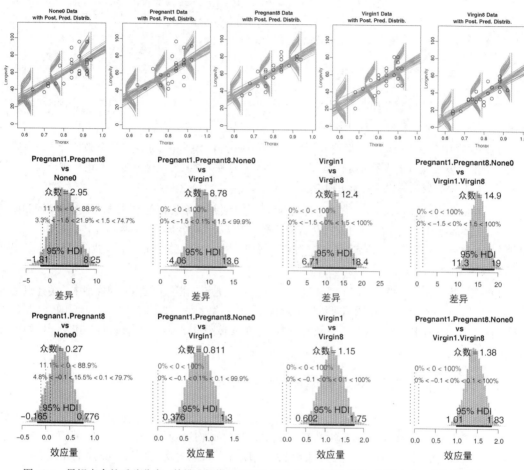

图 19-5 果蝇寿命的后验分布，其描述性模型是具有齐性方差的正态分布，以及含有一个协变量的线性函数。顶部显示组内方差小于图 19-3。下面两行显示对比结果比图 19-3 中更精确。具体地说，在这里，Pregnant1、Pregnant8 和 None0 与 Virgin1 的对比明显不为零

需要注意的一个关键特征是，相比于之前没有加入协变量的分析，现在的组内噪声标准差更小。具体来说，σ_y 的众数约为 10.5 天。图 19-5 的第二张直方图展示了无法交配的雄性和 Virgin1 组之间的对比，现在 95% HDI 约为 4 到 14 天，这显然排除了差异为零的可能性，估计值的确定性比没有协变量时更大。由于分析中加入了协变量，因此所有对比中的 HDI 宽度都变小了。

19.4.2　类似于常规的 ANCOVA

在传统的频率主义分析方法中，使用上述模型的分析（没有层次结构）被称为 ANCOVA。最佳拟合参数值是通过最小二乘估计算出的，p 值是根据零假设和固定 N 的检验计划算出的。正如前面在方差

分析（19.2 节）中提到的，贝叶斯方法不是分解最小二乘方差并进行估计，因此贝叶斯方法类似于 ANCOVA，但不是 ANCOVA。频率主义的实践者想（利用 p 值）检验能否拒绝以下假设：（a）所有组的斜率相等；（b）所有组的标准差相等；（c）噪声服从正态分布。在贝叶斯方法中，我们扩展了描述性模型以解决这些问题，这将在 19.5 节中讨论。

19.4.3　与层次线性回归的关系

本节中的模型与 17.3 节中的层次线性回归模型有相似之处。具体地说，图 17-5 与图 19-5 的相似之处在于，对不同的子集数据进行线性拟合，并且子集数据之间存在层次结构。

在图 17-5 中，每个个体的数据被拟合为一条线，而在图 19-5 中，每组的数据被拟合为一条线。因此，图 17-5 中的名义预测变量是个体，而图 19-5 中的名义预测变量是分组。无论哪种情况，名义预测变量都会影响被预测变量的截距项。

这两种模型之间的主要结构差异在于计量预测变量上的斜率系数。在 17.3 节的层次线性回归模型中，每个个体都有自己的斜率，但不同个体的斜率通过更高层次的分布相互影响。图 19-5 的模型使用了相同的计量预测变量的斜率来描述所有组。有关这两种模型结构的详细对比，请比较图 17-6 和图 19-4 中的层次图。

从概念上讲，这两种模型之间的主要区别仅仅在于关注点。在层次线性回归模型中，关注点是斜率系数。在这种情况下，我们试图同时估计个体和整体的斜率大小。截距描述了名义预测变量的水平，但那是次要的。本节中的关注点相反。我们最感兴趣的是截距及它们在组间的差异，协变量的斜率是次要的。

19.5　非齐性方差与离群值稳健性

正如本章前面提到的，我们假设组内的数据服从正态分布、组间的方差是相等的，这仅仅是为了简便，并与传统方差分析保持一致。我们可以在贝叶斯软件中放宽这些假设。在本节中，我们不再使用正态分布描述噪声，而是使用 t 分布，并为每组设置它自己的标准差参数。此外，我们为标准差参数设置了层次先验，使得每组能够通过更高层次的分布影响其他组的标准差。

图 19-6 显示了新模型的层次图。它仅仅是图 19-2 中模型的一个扩展。在图的底部，数据 y_i 的描述性模型是 t 分布而不是正态分布。t 分布的左侧标注有正态性参数 ν，其先验是我们之前看到过的常用先验（比如，图 16-11 中两组的稳健估计和图 17-2 中的稳健回归）。图 19-6 的主要新颖之处在于右侧，它显示了 t 分布的尺度参数的层次先验。每组都有自己的尺度参数 σ_j，而不是将单个 σ_y 参数应用于所有的组。这些组的尺度参数都来自众数为 ω 且标准差为 σ_σ 的 Gamma 分布。可以将 Gamma 分布的众数和标准差设置为常数，这样就可以分别估计每组的尺度。但我们将估计尺度值的众数和标准差。层次图显示，ω 和 σ_σ 的先验也被设置为 Gamma 先验，并设置了能够使分布在数据尺度上变得模糊的众数和标准差。

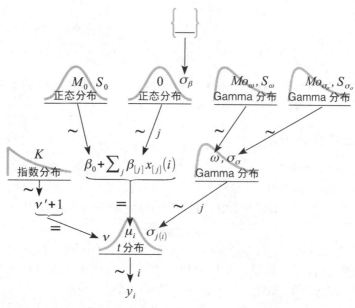

图 19-6 描述单因素的多组数据的层次图，模型中使用了重尾噪声分布，并为每组设置了不同的标准差。
与图 19-2 进行比较（Gamma 分布由众数和标准差参数化）

该模型的 JAGS 实现是之前模型的一种直接的扩展。唯一新颖的部分是，确定顶层 Gamma 分布的常数。我发现，对所有的顶层 Gamma 分布都可以方便地使用相同的模糊先验。当然，你可以根据你的应用对其进行适当的调整。回想一下，形状参数和速率参数的选择方法是：使众数为 sd(y)/2，标准差为 2*sd(y)：

```
aGammaShRa = unlist( gammaShRaFromModeSD( mode=sd(y)/2 , sd=2*sd(y) ) )
```

这个选择使得该先验在数据尺度上很宽泛，无论数据的尺度是什么。

在下面的 JAGS 模型语句中，你应该能够找到图 19-6 中每个箭头对应的代码行。层次图中没有显示的唯一一行代码是，根据式 9.8，将 Gamma 分布的众数和标准差转换为形状和速率。我希望你能在下面的 JAGS 模型定义中找到这个转换。

```
model {
  for ( i in 1:Ntotal ) {
    y[i] ~ dt( a0 + a[x[i]] , 1/ySigma[x[i]]^2 , nu )
  }
  nu <- nuMinusOne+1
  nuMinusOne ~ dexp(1/29)
  for ( j in 1:NxLvl ) { ySigma[j] ~ dgamma( ySigmaSh , ySigmaRa ) }
  ySigmaSh <- 1 + ySigmaMode * ySigmaRa
  ySigmaRa <- ( ( ySigmaMode + sqrt( ySigmaMode^2 + 4*ySigmaSD^2 ) )
                / ( 2*ySigmaSD^2 ) )
  ySigmaMode ~ dgamma( aGammaShRa[1] , aGammaShRa[2] )
  ySigmaSD ~ dgamma( aGammaShRa[1] , aGammaShRa[2] )
  a0 ~ dnorm(yMean,1/(ySD*10)^2)
  for ( j in 1:NxLvl ) { a[j] ~ dnorm( 0.0 , 1/aSigma^2 ) }
  aSigma ~ dgamma( aGammaShRa[1] , aGammaShRa[2] )
```

```
# 将 a0,a[]转换为和为零的 b0,b[]
for ( j in 1:NxLvl ) { m[j] <- a0 + a[j] }
b0 <- mean( m[1:NxLvl] )
for ( j in 1:NxLvl ) { b[j] <- m[j] - b0 }
}
```

完整的程序位于名为 JAGS-Ymet-Xnom1fac-MrobustHet.R 的文件中，调用它的高级脚本的文件名为 JAGS-Ymet-Xnom1fac-MrobustHet-Example.R。

示例：不同方差均值的对比

为了说明组间方差不等的模型的潜在实用性，我构想了一个虚拟数据集，如图 19-7 和图 19-8 中的圆圈所示。在这个数据集中有四组，标记为 A、B、C 和 D，均值分别为 97、99、102 和 104。这些组的标准差有很大差异，相对于 B 组和 C 组来说，A 组和 D 组的标准差很大。数据是从正态分布中随机抽取的。

我们首先应用假设方差齐性的模型（如图 19-2 所示），并检查其结果，如图 19-7 所示。你可以看到，组内标准差的估计值对于 B 组和 C 组来说似乎太大了，但是对于 A 组和 D 组来说又太小了。换句话说，组内标准差的估计值，最终是小方差组和大方差组之间的折中。

组内方差的估计值产生了一个重要影响，体现在均值的对比中，如图 19-7 的下半部分所示。$\mu_D - \mu_A$ 的后验分布表明，其差异明显大于零。$\mu_C - \mu_B$ 的差异虽然是正的，但后验分布表明，其不确定性足以使 0 落在 95% HDI 的内部。但这些结论似乎与我们的直觉相冲突，而我们的直觉是根据数据本身产生的。B 组和 C 组的数据分布几乎没有重叠，因此，差异似乎应该是可信地不等于零。但 A 组和 D 组的数据分布有相当大的重叠，因此，似乎需要更多的数据才能说服我们相信，这两组的集中趋势确实不同。

问题在于，比较 μ_C 和 μ_B 时使用的标准差太大。较大的 σ 值拓宽了描述数据的正态分布，使得 μ 值在很大范围内上下滑动，同时使数据仍保持在正态分布的较高部分。因此，μ_C 和 μ_B 的估计值是"草率"的，其差异的后验分布的宽度是虚假的。比较 μ_D 和 μ_A 时使用的标准差太小。太小的 σ 值使 μ 的估计值接近数据的中心。因此，$\mu_D - \mu_A$ 的估计值受到了虚假的限制。

使用允许每组有不同方差的模型分析数据时，我们得到的结果如图 19-8 所示。注意，B 组和 C 组标准差的估计值现在比 A 组和 D 组标准差的估计值要小得多。相比于对所有组使用相同方差的描述，这种描述似乎合适得多。

重要的是，图 19-8 下半部分中的均值对比与图 19-7 中的均值对比有很大的差异，并且更合理。在图 19-8 中，差异 $\mu_C - \mu_B$ 的后验估计值明显大于零。这是更合理的，因为这些组的数据几乎没有重叠。$\mu_D - \mu_A$ 的后验估计值虽然为正值，但其 95% HDI 与零附近的适度 ROPE 有重叠。这也是合理的，因为这两组的数据有很大重叠，而且样本量也不大。

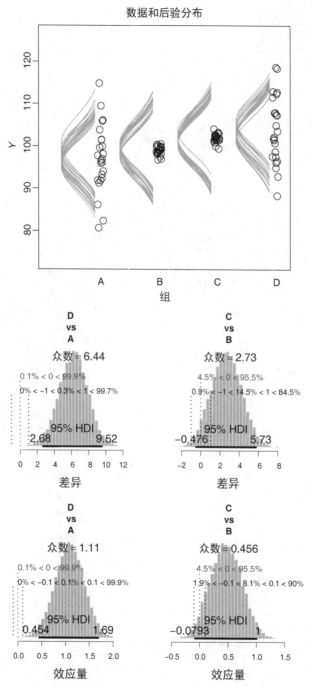

图 19-7 虚构数据，用以说明具有不同方差的组。在这里，模型假设各组之间的方差相等。与图 19-8 进行比较

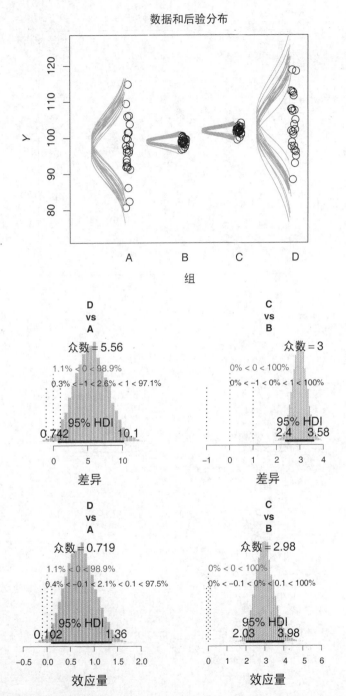

图 19-8 虚构数据，用以说明具有不同方差的组。在这里，模型假设不同组有不同的方差。与图 19-7 进行比较

最后，由于每组都有自己的尺度估计值（ σ_j ），因此我们可以研究不同组之间的尺度差异。组间的尺度差异默认是为两组的情况实现的，也就是之前的图 16-12。多组的程序没有内置的尺度对比，但是你可以轻松地创建它们。比如，运行完脚本的 mcmcCoda=genMCMC(...) 行之后，任何时候你都可以通过运行以下命令来显示 $\sigma_1 - \sigma_2$ 的后验分布：

```
mcmcMat = as.matrix( mcmcCoda )        # 将 coda 对象转换为矩阵
openGraph()                            # 打开一个新的图形窗口
plotPost( mcmcMat[,"ySigma[1]"] - mcmcMat[,"ySigma[2]"] ,
          main=expression(sigma[1]-sigma[2]) , xlab="Difference" ,
          cex.main=2 )
```

事实上，这是一个很好的练习，让我们在练习 19.3 中调用它。

19.6 练习

你可以在本书配套网站上找到更多练习。

练习 19.1 **目的：当样本量较小时，注意均值的强收缩；当 σ_β 被设置为较大的常数时，注意缺少收缩。**

(A) 考虑名为 AnovaShrinkageData.csv 的数据文件，该文件的列名为 Group 和 Y，其中有多少组？各组的标签都是什么？每组各有多少个数据点？这些组的均值是什么？（提示：考虑使用 myDataFrame=read.csv(file="AnovaShrinkageData.csv")，然后使用 aggregate。）

(B) 调整高级脚本 JAGS-Ymet-Xnom1fac-MnormalHom-Example.R，以读取数据 AnovaShrinkageData.csv。建立三个组间的对比：U 和 A，M 和 A，G 和 A。是否存在一个对比，显示组间存在可信的非零差异？对于每一个对比，组间差异的估计值是什么，组间样本均值的实际差异是什么？在你的报告中加入结果图，请参见图 19-9 中的示例。这些图中是否有一张看起来像倒漏斗，就像 18.3 节提到的那样？

(C) 在程序文件 JAGS-Ymet-Xnom1fac-MnormalHom.R 中，更改模型定义，不再估计 σ_β，而是将其固定为一个较大的值。具体来说，找到 aSigma 并进行以下更改：

```
# aSigma ~ dgamma( agammaShRa[1] , agammaShRa[2] )
aSigma <- ySD*10
```

保存程序，然后重新运行高级脚本，也就是本练习前一部分中三个对比的脚本。回答前一部分中的问题。示例见图 19-9。完成此部分后，请确保将程序更改回原来的形式。

(D) 为什么前两部分的结果有如此大的差异？提示：当 aSigma 不是固定的而是有待估计时，它的估计值是什么？讨论在估计 σ_β 时，对于这个特定的数据集，为什么组均值有如此强烈的收缩。

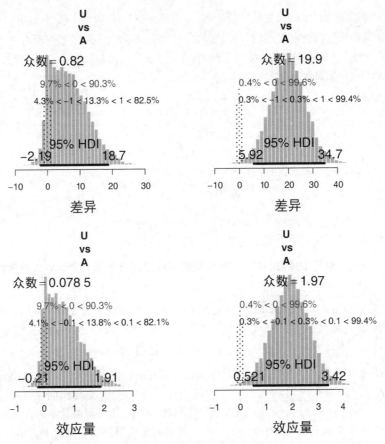

图 19-9 用于练习 19.1。左：估计 σ_β 时的强收缩。右：固定 σ_β 的结果

练习 19.2 目的：明确了解 ANOVA 式模型的先验分布。

(A) 使用果蝇寿命数据，运行脚本 JAGS-Ymet-Xnom1fac-MnormalHom-Example.R，以便生成先验分布。有关如何在 JAGS 中生成先验的提示，请参见 8.5 节。提示：你只需要注释掉 dataList 中的一行。更改脚本中的 fileNameRoot，这样就不会覆盖后验分布的输出。

(B) 继续前一部分：在 σ_β（aSigma）的先验图的下半部分中，绘制精细格的直方图。使用先验定义中的形状值和速率值，叠加绘制一条精确的 Gamma 分布曲线。在精确 Gamma 分布的众数处，叠加绘制一条垂直线。提示：使用 hist(as.matrix(mcmcCoda)[,"aSigma"] ...)绘制直方图，使用 breaks 和 xlim 设置以显示分布的低尾。在模型定义中使用 gammaShRaFromModeSD 以获取 Gamma 分布的形状值和速率值，然后使用 lines 命令绘制 Gamma 分布曲线。使用 abline(v=...) 命令叠加垂直线。如果一切都做对了，那么 Gamma 分布曲线将紧紧包住直方图，垂直线将与曲线的众数相交。

(C) 对于每一个参数，说明先验是否在后验结果位置的附近具有合理的宽度。

练习 19.3 目的：使用非齐性方差模型，检验各组之间的尺度差异。使用 19.5 节末尾所述的 R 代码，并使用图 19-8 中的数据（NonhomogVarData.csv），创建 $\sigma_1 - \sigma_2$、$\sigma_2 - \sigma_3$ 和 $(\sigma_1 + \sigma_4)/2 - (\sigma_2 + \sigma_3)/2$ 的后验分布图。

练习 19.4 目的：使用 Stan。本练习有些像一个程序设计项目，因此可能需要一些时间。

(A) 将 JAGS-Ymet-Xnom1fac-MnormalHom.R 文件中的 JAGS 模型转换至 Stan（见第 14 章）。对果蝇寿命数据运行它，并确认它产生了相同的后验分布（除了 MCMC 样本中的随机性）。

(B) JAGS 版本程序的自相关性都相当低，对除 σ_β（aSigma）以外的所有参数都是这样。对于这个参数，Stan 是否表现出较低的自相关性？为了使参数具有相同的 ESS，Stan 和 JAGS 中哪个需要更长的实际时间？（在回答这些问题时，请将精简数设置为 1，以获得清晰的比较。）

19

第 20 章

具有多个名义预测变量的计量被预测变量

> 我时常想象那是什么样，
> 什么因素能让你我偕老。
> 先前经验让每个人思考，
> 我们的交往注定会缩小。①

本章考虑的数据结构由一个计量被预测变量和两个（或更多）名义预测变量组成。本章扩展了第 19 章介绍的思想，因此如果你没有阅读第 19 章，请先阅读。在实际的研究中，我们经常会遇到本章所考虑的数据结构类型。比如，我们可能希望根据政党归属和宗教信仰预测经济收入，或者根据视觉刺激类别和听觉刺激类别的不同组合预测皮肤的电反应。如第 19 章所述，这种数据结构可能来自实验或观察研究。在实验中，研究人员将类别（随机）分配给实验被试。在观察研究中，名义预测变量和计量被预测变量都是由研究人员无法直接控制的过程产生的。无论是哪种情况，都可以对数据应用相同的数学描述（尽管实验干预可以更好地推断因果关系）。

这种数据结构的传统处理方法称为多因素方差分析（multi-factor ANOVA）。我们的贝叶斯方法将是传统方差分析模型的层次化推广。本章还考虑了传统模型的推广形式，因为在贝叶斯软件中可以直接地实现重尾分布以容纳离群值，并且可以直接地实现层次结构以容纳组间的非齐性方差。

在第 15 章介绍的 GLM 的背景下，本章的情况涉及多个名义预测变量的线性函数，如表 15-1 的最后一列所示。连接函数为恒等函数，并且用正态分布来描述数据中的噪声，如表 15-2 第一行所示。有关本章中被预测变量和预测变量的组合，及其与其他组合的关系，请参见表 15-3。

20.1 用多个名义预测变量描述多组计量数据

15.2.4 节和 19.1 节解释了将计量数据描述为名义预测变量的函数的思想。现在请复习这两节。这

---

① *Sometimes I wonder just how it could be, that*
Factors aligned so you'd end up with me.
All of the priors made everyone think, that
Our interaction was destined to shrink.
本章的一个话题是名义预测变量的交互作用。在层次模型中，交互作用的偏移量会有大量的收缩。

里将简要重复这两节的核心内容。

假设我们有两个名义预测变量，分别表示为 $\vec{x}_1$ 和 $\vec{x}_2$。来自第一个因素 $\vec{x}_1$ 的第 j 个水平的单个数据值表示为 $x_{1[j]}$，对第二个因素也有类似的表示。被预测变量是基线值加上因素 1 的水平产生的偏移量，加上因素 2 的水平产生的偏移量，再加上因素的交互作用产生的残余偏移量：

$$\mu = \beta_0 + \vec{\beta}_1 \cdot \vec{x}_1 + \vec{\beta}_2 \cdot \vec{x}_2 + \vec{\beta}_{1\times2} \cdot \vec{x}_{1\times2}$$
$$= \beta_0 + \sum_j \beta_{1[j]}x_{1[j]} + \sum_k \beta_{2[k]}x_{2[k]} + \sum_{j,k} \beta_{1\times2[j,k]}x_{1\times2[j,k]} \tag{20.1}$$

因素内部的偏移量和交互作用内部的偏移量是受到约束的，总和为零：

$$\sum_j \beta_{1[j]} = 0 \quad 且 \qquad \sum_k \beta_{2[k]} = 0 \ 且$$
$$\sum_j \beta_{1\times2[j,k]} = 0 \,(对于所有k值) \quad 且 \qquad \sum_k \beta_{1\times2[j,k]} = 0 \,(对于所有j值) \tag{20.2}$$

（式 20.1 和式 20.2 分别重复了式 15.9 和式 15.10。）假设实际数据随机分布在被预测值的周围。

20.1.1 交互作用

多预测变量模型的一个重要概念是交互作用。交互作用意味着一个预测变量的影响取决于另一个预测变量的水平。从技术上讲，加入因素的主效应后，剩余的就是交互作用：交互作用是因素的非加法影响。

图 20-1 显示了交互作用的一个简单示例。这两个因素都只有两个水平，所以一共有四组。这四组的均值被绘制为垂直的条形；你能够想象到，实际的数据点垂直分布在条形顶部的附近。在图 20-1 中，同样的均值被重复绘制了三次，其中叠加了不同的线以强调不同的内容。在每张图中，左边的一对条形表示因素 x_1 的水平 1，右边的一对条形表示因素 x_1 的水平 2。在每一对条形中是因素 x_2 的两个水平。

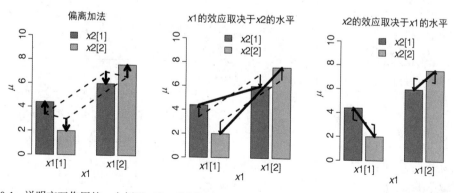

图 20-1 说明交互作用的一个例子。这三张图绘制了相同的四个均值，但叠加绘制了不同的线，每张图的说明文字中表达了它们的重点。虚线表示因素的平均影响，即主效应。为提升可读性，下标被加大为常规大小，例如 $x_{2[1]}$ 被显示为 x2[1]。与图 15-5 进行比较

图 20-1 中没有标记出基线值 β_0，但是很容易看出基线值必须等于 5，因为这四个条形的均值是 5。x_1 水平 1 的偏移量为 -1.8，x_1 水平 2 的偏移量为 +1.8。换句话说，要从两个左边条形的均值变为两个右边条形的均值，我们必须上升 3.6（1.8 的两倍）。因素 x_1 的平均影响被表示为左图中的一对虚线，这对虚线从左边一对条形向右上倾斜到右边一对条形。对于另一个因素 x_2，水平 1 的偏移量为 +0.2，水平 2 的偏移量为 -0.2。换句话说，在每对条形中，从 x_2 的水平 1 变为 x_2 的水平 2，我们平均要下降 0.4（0.2 的两倍）。因素 x_2 的平均影响同样被表示为左图中的一对虚线，这对虚线在每对条形内向右下倾斜。这些因素的平均影响常被称为主效应（main effect）。

如果这两个因素的影响是纯粹相加的，那么条形的高度将位于虚线的末端。比如，最右边条形的高度应当是：基线值加上由 x_1 的水平 2 引起的偏移量，再加上由 x_2 的水平 2 引起的偏移量，即 $5 + 1.8 - 0.2 = 6.6$。但是你可以看到最右边条形的实际高度是 7.6。剩余的非加法成分被标记为垂直的箭头。在所有四张条形图中，非加法交互作用成分都被标记为垂直的箭头。请注意，在单个因素的每个水平中，交互作用成分的总和为零。因此，在左边一对条形（x_1 的水平 1）中，两个垂直箭头的总和为零。并且，对于两对中的两个左边条形（x_2 的水平 1），两个垂直箭头的总和为零。式 20.2 用代数形式表示了这些和为零性质。

表 20-1 显示了根据单元均值计算和为零偏移量的一般代数方法。我们从单元均值 $m_{1\times2[j,k]}$ 开始，其中 j 表示行，k 表示列。（单元均值对应图 20-1 中条形的高度。）然后，计算边际均值 $m_{1[j]}$ 和 $m_{2[k]}$，以及总体均值 m（在右下角）。最后，根据边际均值，"向后"计算偏移量。首先，我们将基线值 β_0 设置为总体均值 m。然后，确定主效应的偏移量，比如，$\beta_{1[j]} = m_{1[j]} - \beta_0$。最后，将交互作用的偏移量设置为单元均值减去主效应之和，比如，$\beta_{1\times2[1,1]} = m_{1\times2[1,1]} - (\beta_{1[1]} + \beta_{2[1]} + \beta_0)$。此方法可以推广至任意多个因素及任意多个水平的情况。

表 20-1　如何计算和为零偏移量

$m_{1\times2[1,1]}$ $\beta_{1\times2[1,1]}$ $= m_{1\times2[1,1]}$ 　$-(\beta_{1[1]} + \beta_{2[1]} + \beta_0)$	$m_{1\times2[1,2]}$ $\beta_{1\times2[1,2]}$ $= m_{1\times2[2,2]}$ 　$-(\beta_{1[1]} + \beta_{2[2]} + \beta_0)$	$m_{1[1]} = \dfrac{1}{K}\sum_k^K m_{1\times2[1,k]}$ $\beta_{1[1]} = m_{1[1]} - \beta_0$
$m_{1\times2[2,1]}$ $\beta_{1\times2[2,1]}$ $= m_{1\times2[2,1]}$ 　$-(\beta_{1[2]} + \beta_{2[1]} + \beta_0)$	$m_{1\times2[2,2]}$ $\beta_{1\times2[2,2]}$ $= m_{1\times2[2,2]}$ 　$-(\beta_{1[2]} + \beta_{2[2]} + \beta_0)$	$m_{1[2]} = \dfrac{1}{K}\sum_k^K m_{1\times2[2,k]}$ $\beta_{1[2]} = m_{1[2]} - \beta_0$
$m_{2[1]} = \dfrac{1}{J}\sum_j^J m_{1\times2[j,1]}$ $\beta_{2[1]} = m_{2[1]} - \beta_0$	$m_{2[2]} = \dfrac{1}{J}\sum_j^J m_{1\times2[j,2]}$ $\beta_{2[2]} = m_{2[2]} - \beta_0$	$m = \dfrac{1}{J \cdot K}\sum_{j,k}^{J,K} m_{1\times2[j,k]}$ $\beta_0 = m$

从单元均值 $m_{1\times2[j,k]}$ 开始，其中 j 表示行，k 表示列。然后计算边际均值 $m_{1[j]}$、$m_{2[k]}$ 以及 m。最后计算基线值 β_0、主效应偏移量 $\beta_{1[j]}$ 和 $\beta_{2[k]}$，以及交互作用偏移量 $\beta_{1\times2[j,k]}$。

很容易验证表 20-1 中计算的偏移量是否满足和为零约束。比如，从 $\beta_{1[1]} + \beta_{2[1]}$ 开始，减去适当的均值，你会发现所有的项会相互抵消，从而总和为零。一个不那么单调的方法是重复地应用著名的引理：相对于均值的偏移量的总和为零。换句话说（也就是数学家的说法）：考虑 y_1 到 y_N。根据定义，它们的均值是 $M = \frac{1}{N}\sum_n^N y_n$。而相对于均值的偏移量的总和为：$\sum_n^N(y_n - M) = \sum_n^N y_n - \sum_n^N M = NM - NM = 0$。首先对主效应的偏移量应用引理，然后再对交互作用的偏移量应用引理。

表 20-1 中预测变量引起的相对于基线的平均偏移量，被称为该预测变量的主效应。预测变量的主效应对应图 20-1 左图中的虚线。当预测变量之间存在非加法交互作用时，一个预测变量的效应取决于另一个预测变量的水平。在另一个预测变量的固定水平上，预测变量相对于基线的偏移量，被称为预测变量在另一个预测变量的该水平上的简单效应（simple effect）。当存在交互作用时，简单效应不等于主效应。

现在，终于说到了图 20-1 的重点。图 20-1 的左图中，交互作用被突出显示为非加法的成分，偏离加法的加粗垂直箭头强调了这一点。图 20-1 的中图以另一种形式突显交互作用：强调 x_1 的效应取决于 x_2 的水平。粗线表示 x_1 的效应，即从 x_1 水平 1 到 x_1 水平 2 的变化。注意，粗线的斜率不同：x_2 水平 1 粗线的斜率比 x_2 水平 2 粗线的斜率更小。图 20-1 的右图以又一种形式突显交互作用：强调 x_2 的效应取决于 x_1 的水平。粗线表示 x_2 的效应，即从 x_2 水平 1 到 x_2 水平 2 的变化。请注意，在 x_1 的各个水平上，粗线的斜率不同，这表明 x_2 的效应取决于 x_1 的水平。

比较图 20-1 与图 18-8 可能会有所启发。图 20-1 显示了名义预测变量的交互作用，图 18-8 显示了计量预测变量的交互作用。在这两种情况下，交互作用的基本概念是相同的：交互作用是预测中的非加法部分，它意味着一个预测变量的效应取决于另一个预测变量的水平。

20.1.2　传统方差分析

正如 19.2 节所解释的，术语"方差分析"来自将总体数据方差分解为组内方差和组间方差。本章提出的层次贝叶斯方法没有使用这种代数关系。然而，贝叶斯方法可以估计成分方差。因此，贝叶斯方法不是方差分析，而是类似于方差分析。传统方差分析基于 p 值做出有关组间一致性（零假设）的决策，其中零假设假定：（i）数据在组内呈正态分布；（ii）所有组的组内数据标准差都是相等的。第二个假设有时被称为"方差齐性"。方差分析中的这些假设根深蒂固，正是由于这一惯例，分组数据的基本模型将做出这些假设，本章介绍的基本模型也将做出这些假设。在本章的后面，这些约束将被放宽。

20.2　层次贝叶斯方法

我们的目标是根据观测到的数据，估计主偏移量、交互作用偏移量以及其他参数。模型的层次图如图 20-2 所示。尽管这张图看起来有些笨拙，但它只是图 19-2 中单因素方差分析图的推广。在图 20-2 的底部，假设数据 y_i 以正态分布的形式分散在被预测值 μ_i 的周围。在图中向上移动，我们看到被预测值等于基线值加上各个偏移量，即式 20.1 中的表达式。每个参数的先验分布类似于图 19-2 中的单因素模型。特别是，在层次图的右下角，所有组仅使用了一个组内标准差，也就是说，模型假设方差齐性。

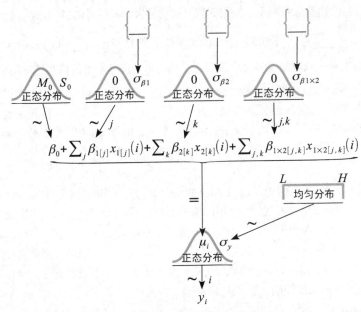

图 20-2　模型层次图，它描述的数据有两个名义预测变量。在层次图的顶部，空的大括号表示偏移量标准差的先验分布。先验分布可以是如 Gelman（2006）所建议的折叠 t 分布，也可以是众数不等于零的 Gamma 分布，或者如果不需要层次间相互影响，还可以取常数。与图 19-2 进行比较

模型结构的一个关键概念点在于，预测变量和交互作用分别独立地拥有自己的高层次分布。换句话说，所有预测变量和交互作用的所有偏移量，并不是用同一个高层次分布描述的。相反，这种独立性反映了一个先验假设：一个预测变量的效应大小，不能提供太多关于另一个预测变量的效应大小的信息。但是，在同一个预测变量中，一个水平产生的偏移量大小，可能会提供关于其他水平产生的偏移量大小的信息。[①]如图所示，交互作用的偏移量有它自己的先验分布。这种差异的独立性不仅是概念上的，而且尊重这样一个事实：主效应和交互作用的效应大小往往有很大的差异。图 20-2 中的层次图没有显示式 20.2 的和为零约束。我们在程序实现中应用了这些约束。

20.2.1　在 JAGS 中实现

在 JAGS 中实现该模型的方式与往常一样，图 20-2 中的每个箭头在 JAGS 模型定义中都有相应的代码行。该模型的定义在文件 JAGS-Ymet-Xnom2fac-MnormalHom.R 中，并由高级脚本 JAGS-Ymet-

---

① 与图 18-10 中具有收缩先验的多重回归类似，如果模型中包含许多预测变量，那么原则上更合理的做法是，为这些预测变量添加更高层次的分布，使得一个预测变量的方差估计值受到其他预测变量的方差估计值信息的影响。如果应用中包含许多名义预测变量，且每一个都有许多水平，那么这将特别有用。但前提是，我们可以认为，这些预测变量能够彼此提供信息。这样的应用很少。

Xnom2fac-MnormalHom-Example.R 调用。与第 19 章中的单因素模型一样，基线值和偏移量最初被表示为 a0、a1[]、a2[] 和 a1a2[,]，然后被转换为和为零的版本，重新表示为 b0、b1[]、b2[] 和 b1b2[,]。

在模型定义本身之前，程序会确定一些常数，用于缩放先验分布。具体地说，程序计算数据的均值、数据的标准差（sd(y)），以及 Gamma 分布的形状参数和速率参数，其中 Gamma 分布的众数将取 sd(y) 的一半，标准差取 sd(y) 的两倍：

```
yMean = mean(y)
ySD = sd(y)
agammaShRa = unlist( gammaShRaFromModeSD( mode=sd(y)/2 , sd=2*sd(y) ) )
```

具有这些形状参数和速率参数的 Gamma 分布在数据的尺度上很宽，将被用作标准差参数的先验值。这些常数仅仅是一个代理，代替研究人员来询问研究中此类数据的典型大小和范围。

然后，继续进行模型定义。注意，Nx1Lvl 是因素 1 中的水平数，Nx2Lvl 是因素 2 中的水平数。在阅读定义并将其与图 20-2 中的模型层次图进行比较时，从下往上地查看图中的箭头是很有用的。

```
model {
  for ( i in 1:Ntotal ) {
    y[i] ~ dnorm( mu[i] , 1/ySigma^2 )
    mu[i] <- a0 + a1[x1[i]] + a2[x2[i]] + a1a2[x1[i],x2[i]]
  }
  ySigma ~ dunif( ySD/100 , ySD*10 )
  a0 ~ dnorm( yMean , 1/(ySD*5)^2 )
  for ( j1 in 1:Nx1Lvl ) { a1[j1] ~ dnorm( 0.0 , 1/a1SD^2 ) }
  a1SD ~ dgamma(agammaShRa[1],agammaShRa[2])
  for ( j2 in 1:Nx2Lvl ) { a2[j2] ~ dnorm( 0.0 , 1/a2SD^2 ) }
  a2SD ~ dgamma(agammaShRa[1],agammaShRa[2])
  for ( j1 in 1:Nx1Lvl ) { for ( j2 in 1:Nx2Lvl ) {
    a1a2[j1,j2] ~ dnorm( 0.0 , 1/a1a2SD^2 )
  } }
  a1a2SD ~ dgamma(agammaShRa[1],agammaShRa[2])
```

接下来，模型定义对偏移量进行转换，以满足和为零约束。首先计算被预测单元均值，然后使用表 20-1 所述的方法，将其转换为和为零的偏移量。

```
# 将 a0、a1[]、a2[]、a1a2[,]转换为和为零的 b0、b1[]、b2[]、b1b2[,]
for ( j1 in 1:Nx1Lvl ) { for ( j2 in 1:Nx2Lvl ) {
  m[j1,j2] <- a0 + a1[j1] + a2[j2] + a1a2[j1,j2]      # 单元均值
} }
b0 <- mean( m[1:Nx1Lvl,1:Nx2Lvl] )
for ( j1 in 1:Nx1Lvl ) { b1[j1] <- mean( m[j1,1:Nx2Lvl] ) - b0 }
for ( j2 in 1:Nx2Lvl ) { b2[j2] <- mean( m[1:Nx1Lvl,j2] ) - b0 }
for ( j1 in 1:Nx1Lvl ) { for ( j2 in 1:Nx2Lvl ) {
  b1b2[j1,j2] <- m[j1,j2] - ( b0 + b1[j1] + b2[j2] )
} }
}
```

20.2.2 示例：仅仅是钱

虽然我们都知道一句箴言，即"金钱买不到幸福"，但同时还存在另一句箴言，即"幸福是昂贵的"。让你不高兴的最有效的一种方法就是，把你的个人收入与别人的收入相比较，特别是与那些比你收入高的人比较。在本节中，我们将讨论一些现实生活中的薪资，因此请做好准备，本节中描述的

数据可能会让你不高兴。如果你发现自己变得闷闷不乐，可以看看本书封面上的小狗。[1]

　　人们努力工作以维持生计。各行各业的人们工作时间之长给我留下了深刻的印象。无论是每周工作 50 小时还是 60 小时（甚至更长时间），无论是在农场、工厂、服务场所还是在办公室，许多人会非常努力地工作很长时间。尽管工作时间相同，但人们的金钱收益有很大差异，这取决于他们从事的是哪一行。一名外勤人员每周工作 60 小时，他的收入只相当于每周工作 60 小时的公司高管的一小部分。不仅仅是工作的类型会影响薪酬，薪酬支付者的类型也会影响薪酬。比如，在学术界，一个研究消费者决策的人，他在商学院得到的薪酬会比在心理学系得到的薪酬高得多。另一个影响薪酬的因素是经验或资历。经验丰富的人往往会得到更多的薪酬。在本节中，我们从学术界的微观角度来考虑这些因素。

　　数据是 1080 名终身教授的年薪，这些教授来自美国中西部一个小城市中以研究为导向的一所州立大学。（大城市和私立大学的薪酬往往更高，而文科院校和教学型州立大学的薪酬往往更低。）这些数据涵盖了 60 个学术系，每个系至少有 7 名成员。数据还包括教授的资历。在美国学术界，一名教员通常在研究生院和博士后岗位上工作 10 年后才会被聘为助理教授。助理教授有试用期，一般为 6 年或 7 年，如果他们有足够的科研和教学成果，将被提升为副教授（否则将被"放飞"）。从助理教授晋升为正教授通常需要 10～15 年的时间，然后将一直保持正职。只有一小部分教授能够成为特聘教授或杰出教授。然而，应该指出的一点是，这种典型的晋升过程存在例外。比如，一个人以前可能是杰出的政客或商人，然后直接被聘为正教授或更高级别。而且，这些数据没有具体说明处于某一级别的实际年限，因此有可能一个系的所有正教授都刚好获得正职仅几年时间，而另一个系的所有正教授都获得正职很多年了。

　　综上所述，一共有五个级别（rank）：助理教授（Assistant Professor，Assis）、副教授（Associate Professor，Assoc）、正教授（Full Professor，Full）、特聘教授（Endowed Professor，Endow）、杰出教授（Distinguished Professor，Disting）。教授也可以有行政级别，但这些不在分析之列；在其他条件相同的情况下，行政人员的薪酬往往更高。

　　60 个学术系中的 4 个系的数据如图 20-3 所示。从这四张图中都可以看出，级别越高，薪酬往往越高；而且对比这些图可以看出，不同系的薪酬不同。也可能存在交互作用，即在不同的系中，级别的效应大小可能不同，或者在不同的级别中，系的效应大小可能不同。我们的分析目的是将薪酬描述为两个名义预测变量的函数：学术系和教授级别。[2]我们的分析将估计由级别和系及其交互作用产生的薪酬偏移量。参数估计将提供关于数据趋势及其不确定性的有意义的信息。

　　加载数据并调用模型的高级脚本的文件名为 JAGS-Ymet-Xnom2fac-MnormalHom-Example.R。脚本完成的第一个任务是读取数据文件。

```
myDataFrame = read.csv( file="Salary.csv" )
```

---

[1] 或者，你可以在 Max Ehrmann 1927 年的散文诗 *Desiderata* 中得到安慰，其中说道："……如果你拿自己和别人比较，你可能会变得虚荣和痛苦，因为总会存在比你更伟大或更渺小的人。享受你的成就，以及你的计划。专注于你自己的事业，无论它多么卑微，它是时代变迁过程中真正的财富……你是宇宙的孩子，就像树木和星辰是宇宙的孩子；你有权利存在于这个世界中……尽管存在许多的欺骗、苦闷和破碎的梦想，它仍然是一个美丽的世界。保持开朗。努力快乐。"

[2] 虽然级别（资历）可以被看作一个顺序变量，但我们将把它看作一个名义预测变量。

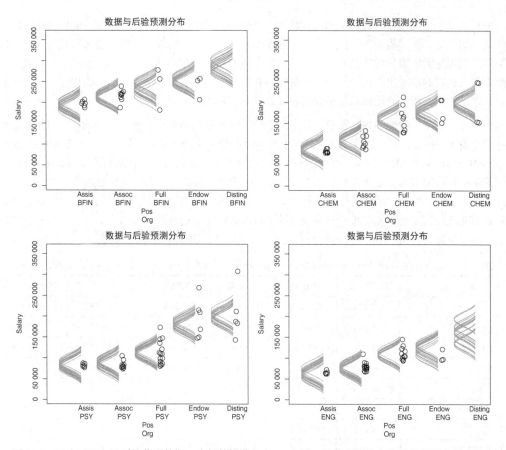

图 20-3　四个系五个级别的薪酬数据。全部数据共包含 60 个系。后验预测分布的模型假设方差齐性且单元内数据呈正态分布（BFIN，商业金融系；PSY，心理学系；CHEM，化学系；ENG，英语系；Pos，职位或级别；Org，组织或系；Salary，薪酬）

指定每个教授级别的列的名称为 Pos，即职位（position）。与许多实际数据文件的情况一样，它的级别编码是模糊的，因此下一个任务是重命名这些级别并对其进行排序。这是使用 factor 函数完成的，我们之前在 3.4.2 节中解释过。

```
myDataFrame$Pos = factor( myDataFrame$Pos ,
                          levels=c("FT3","FT2","FT1","NDW","DST") ,
                          ordered=TRUE ,
                          labels=c("Assis","Assoc","Full","Endow","Disting") )
```

接下来，脚本指定数据框中的哪些列保存了预测变量和被预测变量。第一个预测变量 x_1 将被绘制在图的横轴上，因此它的总水平数不宜过多，以免超出图形窗口的最大宽度。我们将职位（级别）设为 x_1 因素，如下所示。

```
yName = "Salary"
x1Name = "Pos"      # 级别（职位）的列名
x2Name = "Org"      # 系（组织）的列名
```

分析的基本结果显示在图 20-3 中，数据上叠加显示了后验预测分布。"胡须"的浓密程度代表估计值的不确定性，而"胡须"的宽度代表标准差的值。这些分布还表明，该模型假设方差齐性：无论一组内的数据是紧密聚集的还是宽泛分布的，所有组的预测分布的宽度都相同。预测分布还表明，该模型为没有数据的单元也做出了预测。不确定性在视觉上的表现是"胡须"的浓密程度。相比于拥有大量数据的单元，没有数据或数据很少的单元往往具有更大的不确定性。

在这个应用中，我们预先就知道，两个因素的不同水平几乎肯定会有非零的效应，因此零假设检验并不是重点。相反，重点是估计效应的大小及不确定性。表 20-2 显示了脚本 JAGS-Ymet-Xnom2fac-MnormalHom-Example.R 中 smryMCMC 函数生成的摘要表中的几行。在你运行脚本时，由于 MCMC 过程的随机性，你得到的结果会有所不同。摘要表中每个参数都有一行，而完整的表中也有单元均值的行和均值对比的行，稍后将讨论这些行。对于每个参数，该表显示了估计的均值、中位数、众数和 95% HDI 的上下限。标有 ESS 的列报告了有效的 MCMC 样本量，其定义见式 7.11。虽然表中的数值显示了许多位数，但由于 MCMC 过程具有随机性，因此只有前几位数是稳定的。

表 20-2 JAGS-Ymet-Xnom2fac-MnormalHom-Example.R 脚本中，smryMCMC 函数生成的摘要表的一部分

参 数	均 值	中位数	众 数	ESS	95% HDI 下限	95% HDI 上限
b0	127 124	127 131	127 108	12 299	124 785	129 396
b1[1] Assis	−46 394	−46 415	−46 483	13 341	−49 467	−43 310
b1[2] Assoc	−33 108	−33 096	−33 052	12 987	−35 987	−30 378
b1[3] Full	−3156	−3159	−3031	12 097	−6106	−229
b1[4] Endow	26 966	26 980	27 285	13 405	22 424	31 583
b1[5] Disting	55 692	55 738	56 531	12 229	48 404	62 670
b2[21] ENG	−19 412	−19 380	−19 041	12 280	−27 416	−11 812
b2[49] PSY	6636	6653	6686	12 604	353	12 494
b2[13] CHEM	19 159	19 152	19 221	14 597	12 698	25 582
b2[8] BFIN	109 184	109 200	109 156	14 287	100 185	118 579
b1b2[1,49] Assis PSY	−3249	−3136	−2060	15 000	−13 588	6682
b1b2[3,49] Full PSY	−14 993	−14 997	−15 474	11 963	−23 360	−6463
b1b2[1,13] Assis CHEM	−12 741	−12 692	−13 110	13 224	−22 151	−3457
b1b2[3,13] Full CHEM	12 931	12 971	13 087	12 772	3471	22 240
ySigma	17 997	17 985	17 953	11 968	17 144	18 852

ESS 是有效样本量，定义见式 7.11。在所有情况下，HDI 质量为 95%。除 ESS 外，所有值均以美元为单位。尽管这些数值显示了许多位数，但由于 MCMC 过程具有随机性，因此只有前几位数是稳定的。

表 20-2 显示，所有系和所有级别的基线薪酬约为 127 000 美元（如参数 b0 所示），但各个系和级别之间的差异很大。比如，平均来讲，助理教授的收入比基线大约低 46 000 美元（如参数 b1[1] 所示），即使是普通正教授的收入也比基线大约低 3000 美元（如参数 b1[3] 所示）。在因级别而产生的基线偏移量的基础上，我们还需要添加因系而产生的基线偏移量。比如，平均来讲，英语系教授的收入比基

线低大约 19 000 美元（如参数 b2[21]所示），而商业金融系教授的收入比基线高大约 109 000 美元（如参数 b2[8]所示）。

仅根据主效应得到的预测薪酬就是它们的偏移量之和。比如，一位普通的心理学正教授的薪酬的加法预测值，等于基线值加上正教授级别的主效应偏移量，再加上心理学的主效应偏移量，也就是 b0+b1[3]+b2[49]。但该单元中的实际薪酬可能不等于该加法预测值，交互作用偏移量的估计值也显示在表 20-2 中，即参数 b1b2[3,49]（其值约为-15 000 美元）。因此，心理学正教授的预测薪酬是 b0+b1[3]+b2[49]+b1b2[3,49]。在完整的摘要表中，参数 m[3,49]报告了这个总和（表 20-2 的没有显示）。

在被预测变量的单元均值附近，个体的薪酬差别很大。表 20-2 的最后一行显示了单元内标准差的估计值，也就是参数 ySigma，其均值约为 18 000 美元。重要的是要记住，这个估计中，假设所有单元中的标准差都相等，如图 20-3 中绘制的后验预测分布所示。对图的目测检查表明，齐性方差的假设并不能很好地描述数据，因为有些单元的数据紧密地聚集在一起（比预测分布窄得多），而其他单元的数据分布得很宽泛（比预测分布宽得多）。在本章的后面，我们将使用另一个模型，为每个单元设置不同的标准差参数。

20.2.3 主效应对比

在具有多个因素及水平的应用中，我们实际上总是想比较特定的几个水平。比如，我们可能想比较两个科学系，如化学系和心理学系，或者想比较管理系和其他系。当然，我们也可以比较级别，比如副教授和助理教授。这类比较涉及在将其他因素折叠的情况下，对比单个因素的多个水平，这称为主效应比较或主效应对比。

本书附带的脚本定义了主效应对比，其中使用了 19.3.3 节中解释的数学和句法。每个主效应对比都是一个列表，其中包含两个向量，用于指定要比较的水平的名称。我们可以将任意多个对比组合起来，形成一个对比列表。比如，要比较正教授与副教授，同时比较副教授与助理教授，我们可以创建以下对比列表：

```
x1contrasts = list(
  list( c("Full") , c("Assoc") , compVal=0.0 , ROPE=c(-1000,1000) ) ,
  list( c("Assoc") , c("Assis") , compVal=0.0 , ROPE=c(-1000,1000) )
)
```

对比列表被称为 x1contrasts，因为它指定因素 x_1 的主效应对比，在本例中为级别。[1]这两个对比还指定了比较值 0，以及任意选取的从-\$1000 到 + \$1000 的 ROPE。比较值和 ROPE 可以省略或指定为 NULL。与之类似，可以指定另一个因素的主效应对比：

```
x2contrasts = list(
  list( c("CHEM") , c("ENG") , compVal=0.0 , ROPE=c(-1000,1000) ) ,
  list( c("CHEM") , c("PSY") , compVal=0.0 , ROPE=c(-1000,1000) ) ,
  list( c("BFIN") , c("PSY","CHEM","ENG") , compVal=0.0 , ROPE=c(-1000,1000) )
)
```

---

① 这些程序的后续版本可能会优化这个定义：在每个对比的开始部分加入因素名，而不是依赖于任意选取且难以记住的符号 x1 和 x2。

上面的最后一个对比比较了商业金融系（BFIN）与心理学系、化学系和英语系的平均水平。

上面指定的对比中的一部分结果如图 20-4 所示。直方图显示了给定数据的可信差异值。比如，左图显示，平均来说，副教授的收入比助理教授高出约 13 400 美元。对于给定的这些数据，分布还显示出估计的不确定性。95% HDI 大约为 10 000 美元到 17 000 美元。中图和右图显示了系之间的差异。比如，右图显示，商业金融系的教员比心理学系、化学系和英语系的教员平均多挣 108 000 美元（95% HDI 大约为 97 000 美元到 117 000 美元）。

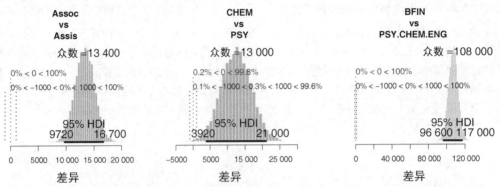

图 20-4　三种主效应对比。左图显示了两个级别的对比。右图显示了"复杂"的对比：商业金融系对比其他三个系的均值

20.2.4　交互作用对比和简单效应

正如我们可以问一个预测变量的特定水平之间差异的大小一样，我们还可以问这个差异在多大程度上取决于另一个预测变量的水平。考虑图 20-3 中的数据和表 20-2 中的后验摘要信息。相比于心理学系，化学系的正教授和助理教授之间的差异似乎更大。相比于心理学系，化学系的教员晋升为正教授后薪酬的增幅是否更大？这些差异之间的差异有多大？这些差异之间的差异的不确定性有多大？答案如图 20-5 所示。左图显示了"简单"比较，即在一个因素的单个水平内，另一个因素的几个水平

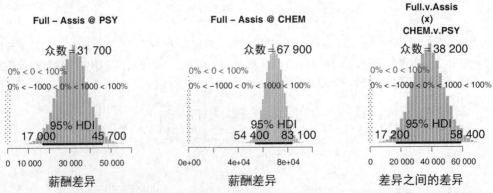

图 20-5　左图和中图显示了两个"简单"比较：在一个系的一个水平内，两个级别的对比。右图显示了一个交互作用对比，即简单比较中的多个差异之间的差异

之间的差异。右图显示了这些差异之间的差异。可以看出，化学系的正教授和助理教授的薪酬差异，比心理学系的差异高出约 38 000 美元。（除了系本身，这种交互作用还有多种可能的原因，比如两个系的正教授级别年限存在差异，或者正教授转为特聘教授或杰出教授的比例存在差异。）

脚本中，指定交互作用对比的方法与指定主效应对比的方法类似。每个交互作用对比是一个列表，它由两个子列表组成，其中每个子列表指定由水平名称组成的向量。比如，要指定化学系和心理学系正教授与助理教授之间差异的交互作用对比，语句是：

```
list( list( c("Full") , c("Assis") ) ,
      list( c("CHEM") , c("PSY") ) ,
      compVal=0.0 , ROPE=c(-1000,1000) )
```

我们可以根据自己的喜好指定任意多个交互作用对比，把它们全部组合进一个列表。交互作用对比也可能涉及一个因素中多个水平的均值。比如，下面的第二个交互作用对比考虑了商业金融系正教授和助理教授的薪酬差异与其他三个系的平均薪酬差异之间的差异。

```
x1x2contrasts = list(
  list( list( c("Full") , c("Assis") ) ,
        list( c("CHEM") , c("PSY") ) ,
        compVal=0.0 , ROPE=c(-1000,1000) ) ,
  list( list( c("Full") , c("Assis") ) ,
        list( c("BFIN") , c("PSY","CHEM","ENG") ) ,
        compVal=0.0 , ROPE=c(-1000,1000) ) ,
)
```

交互作用效应：高不确定性和收缩

必须认识到，交互作用对比的估计通常比简单效应或主效应的估计更不确定。比如，在图 20-5 中，两个简单效应的 95% HDI 宽度刚刚超过 28 000，但是交互作用对比的 95% HDI 宽度超过 40 000。交互作用对比之所以具有这种较大的不确定性，原因在于它至少涉及四个不确定性来源（至少四组数据），而作为它的组成部分的简单效应，其不确定性来源的数量仅为一半。一般来说，交互作用对比需要大量数据才能获得准确的估计值。

交互作用对比也会在层次模型中发生显著的收缩。比如，在本应用中共有 300 个交互作用偏移量（5 个水平的资历乘以 60 个系），假设它们来自更高层次的分布，该分布的标准差估计值在图 20-2 中表示为 $\sigma_{\beta 1\times 2}$。300 个交互作用偏移量中的大多数可能很小，因此交互作用偏移量的标准差估计值会很小，因而偏移量的估计值本身将向零收缩。本质上来说，这种收缩既不好也不坏，它只是模型假设的正确结果。收缩可以是好的，因为它可以减少关于交互作用的虚假警报；但如果它不恰当地掩盖了有意义的交互作用，那么收缩可能是不好的。当许多组的组内数据相对较少时（如练习 19.1 和图 19-9 所示），收缩可能特别严重。如果收缩看起来太严重，在特定的应用中变得没有意义，这可能表明层次模型结构不能很好地描述数据。如果是这种情况，则可以改变模型，将 $\sigma_{\beta 1\times 2}$ 设置为常数，这意味着交互作用偏移量不能为彼此提供信息。

20.3 转换尺度可以改变交互作用、同质性和正态性

在解释交互作用时，考虑测量数据的尺度是很重要的。这是因为，交互作用意味着当前测量尺度上的非加法效应。如果使用非线性转换将数据转换到不同的尺度，那么非加法效应可能会改变。

考虑以下的例子。出于说明的目的，我们将使用完全虚构的数据。假设民主党女性的平均薪酬是 10 个单位，民主党男性是 12 个单位，共和党女性是 15 个单位，共和党男性是 18 个单位。这些数据表明，政党和性别之间存在非加法交互作用，因为对民主党来说，从女性到男性的薪酬变化是 2 个单位，而对共和党来说是 3 个单位。另一种描述这种交互作用的方式是，对女性来说，从民主党到共和党的薪酬变化是 5 个单位，对男性来说是 6 个单位。研究人员可能会倾向于将这种交互作用解释为共和党男性或民主党女性具有额外优势。但是这样的解释可能是不合适的，因为仅仅对数据进行重新缩放就可以使交互作用消失，下面将对此进行解释。

薪酬的增长通常是按百分比和比例来衡量的，而不是加或减的差额。我们将以百分比的方式考虑上面一段中的薪酬数据。在民主党人中，男性的收入比女性多 20%（12 比 10）。在共和党人中，同样，男性的收入比女性多 20%（18 比 15）。在女性中，共和党人的收入比民主党人多 50%（15 比 10）。在男性中，同样，共和党人的收入比民主党人多 50%（18 比 12）。从这些比例来看，性别和政党之间没有交互作用：无论政党如何，从女性变为男性，预测薪酬都将增加 20%；无论性别如何，从民主党变为共和党，预测薪酬都将增加 50%。

对数转换可以将等比尺度转换为等距尺度。如果用货币单位的对数来衡量薪酬，那么民主党女性的薪酬是 $\log_{10}(10) = 1.000$，民主党男性的薪酬是 $\log_{10}(12) \approx 1.079$，共和党女性的薪酬是 $\log_{10}(15) \approx 1.176$，共和党男性的薪酬是 $\log_{10}(18) \approx 1.255$。按照这个对数比例，无论是哪个党派，从女性到男性的薪酬增长率都约为 0.079；无论是什么性别，从民主党到共和党的薪酬增长率都约为 0.176。换句话说，在对数尺度上衡量薪酬时，性别与政党之间不存在交互作用。

使用对数尺度来衡量薪酬似乎有些奇怪，但在许多情况下，尺度是人为选取的。音高可以用频率（每秒的周期数）来衡量，也可以用感知音高来衡量，感知音高本质上是频率的对数。地震的震级可以用它的能量来衡量，也可以用它在里氏震级上的数值来衡量，里氏震级是能量的对数。赛车道上的速度可以用行进过程中的平均速度来衡量，也可以用从开始到结束的持续时间（平均速度的倒数）来衡量。因此，测量尺度不是唯一的，而是由惯例决定的。

一般问题如图 20-6 所示。假设预测变量 x_1 和预测变量 x_2 各有 2 个水平。假设我们在这些水平的每个组合中各有 3 个数据点，则总共有 12 个数据点。图 20-6 左上角的图中显示了这些水平的各个组合的均值，你可以看到其中有交互作用。相比于 $x_2 = 1$ 时，$x_2 = 2$ 时 x_1 的影响更大。但对数据进行对数转换后，这种交互作用就会消失，如左下角的图所示。每个数据点都经过了转换，然后重新计算每个单元的均值。当然，这种转换也可以产生相反的变化：没有交互作用的数据（如左下角的图所示）可以进行指数转换，重新缩放为具有交互作用的数据，如左上角的图所示。

从交互到非交互的转换只可能发生在非交叉的交互作用中。术语"非交叉"（non-crossover）仅仅是对图形的一种描述：线之间没有交叉，而且它们斜率的符号相同。在这种情况下，y 轴可以有不同比例的拉伸或收缩，从而使两条线变得平行。然而，如果两条线交叉，如图 20-6 的中间列所示，则没有办法仅通过 y 轴的拉伸或收缩使线变得不再交叉。图 20-6 的右列显示了与中间列相同的数据，但绘制时交换了 x_1 和 x_2 的角色。以这种方式绘制时，直线不会交叉，但它们斜率的符号相反（一个斜率为正，另一个斜率为负）。拉伸或收缩 y 轴不会改变斜率的符号，因此不能仅仅通过转换数据来消除交互作用。由于这些数据在绘制为中间列的形式时具有交叉线，因此即使它们被绘制为右列的形式，也可以说它们具有交叉交互作用。（测试你的理解：图 20-1 中的交互作用是交叉交互作用吗？）

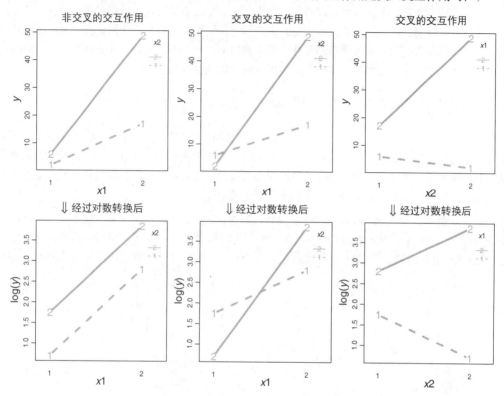

图 20-6 第一行显示原始数据的均值，第二行显示经过对数转换后的数据的均值。左列显示非交叉的交
互作用。中间列和右列显示交叉的交互作用，两列的数据相同，只是横轴上绘制的是 x_1 或 x_2

需要注意的是，转换是针对于单个原始数据值的，而不是各个条件的均值。因此，转换数据的其中一个结果是，改变了每个条件下数据的方差。假设一个条件的数据值为 100、110 和 120，第二个条件的数据值为 1100、1110 和 1120。在这两种情况下，方差均为 66.7，满足方差齐性。对数据进行对数转换后，第一组的方差变为 1.05e-3，而第二组的方差变小了两个数量级，即 1.02e-5。转换后的数据不满足方差齐性。

因此，在应用图 20-2 所示的层次模型时，我们必须注意，它假设方差齐性。如果我们转换数据，就改变了预测变量各个水平的方差。转换后的方差可能是齐性的，也可能不是齐性的。如果不是，那么，要么应当以满足方差齐性的方式进行数据转换，要么应当更改模型以容纳非齐性方差。

我们使用的模型还假设似然函数是正态分布，这意味着每个单元中的数据应该服从正态分布。当数据被转换至不同的尺度时，其分布的形状也会发生变化。如果分布变得完全非正态，那么使用具有正态似然函数的模型可能会产生误导。

总结来说，本节主要有两个要点。首先，如果你有一个非交叉的交互作用，那么请谨慎得出结论。非交叉的交互作用仅仅意味着，它在你所使用的尺度上是非加法的。如果这个尺度是唯一有意义的尺度，或者这个尺度是研究领域中占绝对优势的尺度，那么你可以谨慎地解释与这个尺度相关的非加法交互作用。但是，如果尺度转换是合理的，那么请记住，非加法是特定于所用尺度的，在一个不同的尺度中可能不存在交互作用。但是，对于交叉交互作用，缩放无法使交互作用消失。其次，非线性转换改变了单元内的方差和单元内分布的形状。无论数据的方差是齐性的还是非齐性的，无论分布的形状如何，也无论你使用的是何种尺度，务必确保你使用的模型是合适的。

20.4　非齐性方差与离群值稳健性

如前所述，传统的方差分析模型假设所有单元内的标准差相等。这一假设在图 20-3 所示的后验预测分布中很明显。遗憾的是，这种假设在描述数据时的表现似乎很差。比如，对于助理教授的数据，后验预测分布似乎太宽，但是对于特聘教授或杰出教授的一些数据，后验预测分布又似乎太窄。数据似乎还包含离群值，不像是正态分布数据一般会产生的值。

好在，我们可以在诸如 JAGS 和 Stan 等贝叶斯软件中直接放宽这些约束。这样的方法已经应用在第 19 章的单因素 ANOVA 式的模型中，在这里，我们将对双因素模型采用相同的方法。我们可以改进图 20-2 的层次模型，为每个单元设置其自己的标准差参数。每个单元都将有自己的 $\sigma_{[j,k]}$ 参数，

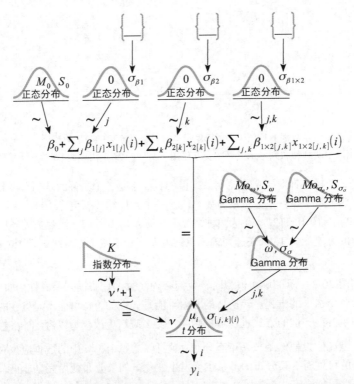

图 20-7　描述来自两个名义预测变量的数据模型的层次图，其中噪声分布（在图的底部）对离群值是稳健的，并且每个单元均有不同的标准差参数 $\sigma_{[j,k]}$。与图 20-2 进行比较，图 20-2 假设各单元的噪声服从正态分布且方差齐性

而不是将单个 σ_y 参数用于所有单元。各个单元中的这些参数被描述为 Gamma 分布，与图 19-6 所示的类似。结果是图 20-7 中的层次模型。它可能看起来让人望而生畏，但我们在前面的应用中已经熟悉了它的各个成分。

该模型在 JAGS-Ymet-Xnom2fac-MrobustHet.R（其中 MrobustHet 表示该模型对离群值是稳健的，并且具有非齐性方差）程序中实现，并从高级脚本 JAGS-Ymet-Xnom2fac-MrobustHet-Example.R 调用。高级脚本与以前基本相同，只是它使用了源 Jags-Ymet-Xnom2fac-MrobustHet.R，而不是 JAGS-Ymet-Xnom2fac-MnormalHom.R。JAGS 模型定义实现了 $\sigma_{[j,k]}$ 的如图 20-7 所示的先验，其中使用了重新参数化，将形状参数和速率参数转换为众数和标准差，如式 9.8 所示。

应用模型的结果如图 20-8 所示。从图中可以很清楚地看出，不同单元的后验预测分布具有不同的标准差。助理教授的"胡须"比高资历教授的"胡须"窄得多。图 20-8 的最后一行显示了正态性参数 ν 的边际后验分布，该参数的大部分概率质量集中在小值上。ν 的小值表示尾部较重，表明数据中存在离群值（相对于正态分布）。图 20-8 的最后一行还显示了单元标准差的众数（图 20-7 中的 ω），以及单元标准差估计值的标准差（图 20-7 中的 σ_σ）。单元标准差的标准差很大，这意味着数据中 300 个单元的标准差强烈地非齐性。

目测图 20-8 中的后验预测分布，我们发现在模型中，单元内的方差与交互作用存在此消彼长的关系。考虑特聘教授的数据。对于所有 4 个系，后验预测分布的均值与这些单元中数据的均值不一致。但后验预测分布容纳了这些远离中心的数据，容纳方式是设置较大的标准差。因此，该模型倾向于收缩交互作用的偏移量，并通过扩大受影响单元中的方差来容纳数据。

为了进一步证明具有非齐性方差的模型倾向于收缩这些数据的交互偏移量的大小，请考虑图 20-9，它显示了与图 20-5 相同的交互作用对比。对于非齐性方差模型，交互作用对比的大小约为 20 800 美元，而对于齐性方差模型，交互作用对比的大小约为 38 200 美元。一般来说，在非齐性方差模型中，交互作用偏移量估计值的标准差会更小。我们所说的这个参数，在图 20-2 和图 20-7 中被标记为 $\sigma_{\beta1\times2}$，在 JAGS 模型定义中被称为 a1a2SD。对于齐性方差模型，$\sigma_{\beta1\times2}$ 的众数为 9700 美元；而对于非齐性方差模型，$\sigma_{\beta1\times2}$ 的众数为 5300 美元。

哪种模型能够更好地描述数据？齐性方差模型体现不出数据的不同单元中明显有差异的方差，因此，模型可能高估了高方差组之间的差异，而且低估了低方差组之间的差异（如图 19-7 和图 19-8 所示）。非齐性方差模型似乎更倾向于增加单元内方差，进而过早地放弃了交互作用。原则上，一个勇敢的程序员可以做贝叶斯模型比较，把两个模型放在一个更高层次的索引参数下。但模型索引的后验概率可能对每个模型中参数先验的虚假模糊程度过于敏感（如 10.6 节所讨论的）。此外，无论使用的是正态分布还是 t 分布，两个模型都假设单元内的数据在其集中趋势上下呈对称分布。然而，这些数据似乎有些向更大取值的方向倾斜，尤其是对高资历者而言。因此，我们可能希望创建一个模型，使用倾斜分布来描述每个单元中的数据，例如韦布尔函数（这里将不再进一步讨论，因为它将使我们远离话题）。而且，我们可以不再容许每个单元有自己的方差，而是在模型中，容许各种资历有各自不同的方差，而各个系不能有自己的方差。在 JAGS 或 Stan 中可以很方便地创建和分析这样一个模型。贝叶斯方法的一个优点就在于，我们能够更灵活地探索和分析更合适的描述性模型。

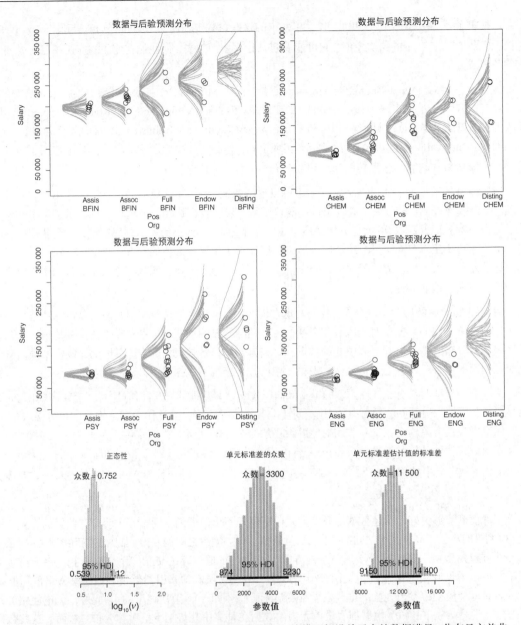

图 20-8 （60个系中的）4个系和5种资历的薪酬数据。该模型假设单元内的数据满足 t 分布且方差非齐性。最后一行显示正态性参数、单元标准差的众数（图 20-7 中的 ω）和单元标准差估计值的标准差（图 20-7 中的 σ_σ）的边际后验分布。与假设方差齐性且单元内数据呈正态分布的模型结果（如图 20-3 所示）进行比较（BFIN，商业金融系；PSY，心理学系；CHEM，化学系；ENG，英语系；Pos，职位或级别；Org，组织或系；Salary，薪酬）

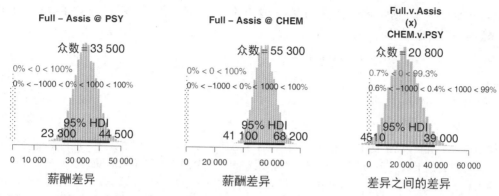

图 20-9 左图和中图显示了两个"简单"比较：每个对比都是系的一个水平内多个级别的对比。右图显示了一个交互作用对比，即简单比较中的差异之间的差异。该模型假设单元内的数据服从 t 分布，且方差非齐性。与图 20-5 进行比较

20.5 被试内设计

在许多情况下，单个被试（比如，人、动物、植物和设备）同时为预测变量的多个水平提供数据。假设我们正在研究人们在开车和打电话时对刺激的响应有多快。我们想建立响应时间的参考值，所以我们感兴趣的是，当受到刺激时，人们按键响应的速度有多快。刺激的呈现方式有两种：一种是以光的形式呈现在视觉通道上，另一种是以声音的形式呈现在听觉通道上。被试可以用他的优势手做出响应，也可以用他的非优势手做出响应。因此，共有两个名义预测变量，即感觉通道和响应手。新颖的方面是，同一个被试将为预测变量的所有组合提供数据。在许多连续的试次中，被试要么听到声音，要么看到光，并且要用优势手或非优势手做出响应。由于预测变量的各个水平在被试内部发生变化，因此这种情况被称为被试内设计（within-subject design）。如果设计的每个单元中都是不同的人（比如，在教授的薪酬数据中），那么预测变量的各个水平在不同的被试之间发生变化，这种设计被称为被试间设计（between-subject design）。

在刚才描述的场景中，关于不同的手对不同感觉通道的刺激的响应时间，这些水平的每个组合（如非优势手及视觉刺激）都会重复多个试次，于是每个被试均提供了多个响应时间。因此，该设计也被称为具有重复测量（repeated measure）的设计。有时，"重复测量"这个术语是指同一被试接受了多个条件下的测量，而不仅仅是在单一条件下进行了重复测量。因此，术语"重复测量"和"被试内"有时是同义的。我更喜欢使用"被试内"这个词，因为它明确地指出了一个事实，即同一个被试接受了多个实验条件。在被试内设计中，也可能是每个被试仅为一个条件提供一个测量值。在这种情况下，单元内不存在重复测量，单元之间才有重复测量。

当每个被试为每个单元提供许多测量值时，该情境的模型就是我们已经考虑过的模型的直接推广。我们只是将"被试"作为另一个名义预测变量添加到模型中，每个单独的被试都是该预测变量的一个水平。如果除了被试，还有另外一个预测变量，则模型变成：

$$y = \beta_0 + \vec{\beta}_1 \vec{x}_1 + \vec{\beta}_S \vec{x}_S + \vec{\beta}_{1 \times S} \vec{x}_{1 \times S}$$

这正是我们已经考虑过的两个预测变量的模型，这里的第二个预测变量是被试。当除了被试之外还有两个预测变量时，模型变成：

$$y = \beta_0 \qquad\qquad\qquad\qquad\qquad\qquad\qquad\qquad 基线$$
$$+ \vec{\beta}_1 \vec{x}_1 + \vec{\beta}_2 \vec{x}_2 + \vec{\beta}_S \vec{x}_S \qquad\qquad\qquad 主效应$$
$$+ \vec{\beta}_{1\times 2} \vec{x}_{1\times 2} + \vec{\beta}_{1\times S} \vec{x}_{1\times S} + \vec{\beta}_{2\times S} \vec{x}_{2\times S} \qquad 双向交互作用$$
$$+ \vec{\beta}_{1\times 2\times S} \vec{x}_{1\times 2\times S} \qquad\qquad\qquad\qquad 三向交互作用$$

这个模型包含了所有因素的双向交互作用，还包含了三向交互作用。我们不会深入地讨论三向交互作用，但其思想类似于双向交互作用。双向交互作用意味着一个因素的简单效应取决于另一个（第二）因素的水平，类似地，三向交互作用意味着双向交互作用取决于另一个（第三）因素的水平。回想一下图 20-5 中的双向交互作用对比，它表明，化学系中正教授和助理教授的差异大于心理学系中的差异。假设我们有第三个名义预测变量，比如不同的大学。很可能的情况是，在不同的大学中，双向交互作用的大小不同。然而，这里的重点是，当每个被试在每个条件下有多个测量值时，在标准的 ANOVA 式模型中，被试仅仅扮演着第三个名义预测变量的角色。

然而，也有其他情况，在这些情况下，每个被试向每个单元仅提供一个数据值。假设被预测变量是通过长时间的考试测得的 IQ 值，其中一个预测变量是考试期间的噪声类型（比如，语音噪声、海洋噪声和安静），另一个预测变量是考试形式（比如，在纸上、仅在计算机上、带草稿纸的计算机上）。尽管我们也能想象被试重复地接受所有情况下的测试，但是，能够让人们坐下来并接受一遍所有组合的测试已经是一个挑战了。因此，每一个被试将为每一种条件提供一个数据值。

当每一个被试只为每一种条件提供一个数据值时，上面描述的包含所有交互项的模型就会崩溃。思考这个问题的另一种方法是参考表 20-1。在该表中，单元均值有完美的描述方法，也就是基线值加上主效应偏移量再加上交互作用偏移量。单元内的数据随机分布在单元均值周围，标准差参数 σ_y 描述了其变异性。但如果每个单元只有一个数据值，那么单元的均值就是这一个数据值，参数可以完美地拟合数据，而且噪声方差为零。换句话说，参数的数量比数据要多，我们无法通过这种分析获得任何信息。因此，与其试图估计被试与其他预测变量之间的全部交互作用，不如假设一个更简单的模型，其中被试的唯一影响是其主效应：

$$y = \beta_0 + \vec{\beta}_1 \vec{x}_1 + \vec{\beta}_2 \vec{x}_2 + \vec{\beta}_{1\times 2} \vec{x}_{1\times 2}$$
$$+ \vec{\beta}_S \vec{x}_S$$

换句话说，我们假设被试具有主效应，但被试与其他预测变量没有交互作用。在这个模型中，被试效应（偏移量）在多种实验处理之间是恒定的，而且实验处理效应（偏移量）在所有被试之间是恒定的。请注意，模型没有要求每个被试必须为每个条件提供一个数据值。事实上，该模型允许每个被试在每个条件下有零个或多个数据值。贝叶斯估计没有这样的假设或要求，即设计是平衡的（每个单元中的测量值的数量相等）。如果在每个单元中每个被试都有许多测量值，则可以考虑前面描述过的模型。

20.5.1　为什么使用被试内设计，以及为什么不使用

使用被试内设计的主要原因是，与被试间设计相比，其效应的估计值将具有更高的精度。假设你想测量使用优势手和非优势手对响应时间的影响。假设有一个群体，这个群体一共有四个被试，我们可以测量他们的数据。假设我们可以在每一种条件下对每一个被试进行测量。这时我们将得知，对于第一个被试，他的优势手和非优势手的响应时间分别是 300 毫秒和 320 毫秒。第二个被试的响应时间是 350 毫秒和 370 毫秒。第三被试的响应时间是 400 毫秒和 420 毫秒。第四个被试的响应时间是 450毫秒和 470 毫秒。因此，对于每一个被试，优势手和非优势手之间的差异精确地等于 20 毫秒，但被试之间的总体响应时间有很大的差异。假设我们的资源有限，在每个条件下只能测得两个数据点。假设我们测量了其中两个被试的优势手响应时间。现在再来测量被试的非优势手的响应时间，我们应该测量与之前相同的两个被试，还是应该测量另外两个被试？如果我们测量相同的两个被试，那么每个被试的效应估计值是 20 毫秒，并且我们对效应的大小有很高的确定性。但是如果我们测量的是另外两个被试，那么优势手对比非优势手的效应估计值，是前两个被试的均值对比后两个被试的均值，而被试之间的巨大差异将严重地影响他们的均值差异。被试间设计中，效应估计值的精度比较差。

由于可以提高精度，因此被试内设计更符合我们的心意。但是，被试内设计有很多风险，在任何情况下使用被试内设计时都应当仔细地考虑。关键问题在于，在大多数情况下，在你测量被试时，你会先换一个被试，因此随后的测量并不是对同一个被试进行的。最简单的例子是练习和疲劳效应。在响应时间测量中，如果你反复地测量同一个被试，会发现被试的表现在前几个试次中会有进步，这是因为被试在任务中获得了练习；但是过一段时间之后被试的表现会变差，这是因为被试变得疲劳了。问题是，如果你在早期试次中测量优势手，而在后期试次中测量非优势手，那么练习和疲劳效应将污染优势手的效应。重复测量的过程影响并污染了测量结果，该测量结果本应当反映预测变量的特征。

如果练习和疲劳效应对所有条件的影响相等，那么练习和疲劳效应是可以被克服的，方法是在整个重复测量过程中随机分布并重复这些条件。因此，如果练习和疲劳效应将优势手和非优势手的响应时间都缩短了 50 毫秒，那么优势手和非优势手之间的差异就不会受到练习的影响。但练习对非优势手的影响可能远大于优势手。你可以想象，在具有多个预测变量的复杂设计中，如果每个预测变量有多个水平，将会很难证明这个假设：重复测量对所有条件的影响是类似的。

更糟糕的是，在某些情况下，当一种条件转变为另一种条件时，不同的转变可能会有不同的遗留效应。比如，一个被试刚刚练习了非优势手的视觉通道，如果接下来测试的是非优势手的听觉通道，则他的后续表现可能会有所改善；但如果接下来测试的是优势手的视觉通道，则他的后续表现可能不会改善。因此，对于不同的后续条件，遗留效应是不同的。

当怀疑遗留效应有很大的差别时，你可以明确地操纵不同条件的顺序并测量遗留效应。但取决于你的具体情况，这在数学上及实践上可能是无法实现的。在这种情况下，你必须使用被试间设计，并简单地加入更多的被试以平均掉被试间的噪声。

一般来说，我们使用的所有模型都假设观测值之间相互独立：数据集的概率是单个数据点概率的乘积。当我们使用重复测量的方法时，就不那么容易证明这个假设仍然成立。一方面，在反复抛硬币时，我们可以安全地假设，它的潜在偏差不会有太大的变化。但是，另一方面，在我们反复测试一个

人类被试的响应时间时，则不太容易证明一个假设，即潜在的响应时间不受先前试次的影响。研究人员往往会做出独立性假设，但这只是一种方便的近似。在多次重复测量中，研究人员希望能够通过随机安排实验条件的顺序，将有差异的遗留效应最小化。

20.5.2　裂区设计

B. Jones 和 Nachtsheim（2009，第 340 页）写道："著名的工业统计学家 Cuthbert Daniel 有这样一句激进的言论：'所有的工业实验都是裂区实验。'Box、Hunter 和 Hunter（2005）在其关于实验设计的著名文章中如此叙述道。裂区实验是 Fisher（1925）发明的，它在工业实验中的重要性早已为人们所认识（Yates，1935）。"裂区设计在心理学和农业中也很常见，它起源于心理学和农业并因此而得名。

考虑一项农业实验，这个实验调查不同耕作方法和不同肥料的生产效率。向所有农民提供几种肥料相对容易。但为所有农民提供不同耕作方法所需的所有机械设备可能比较困难。因此，任何一个农民将在他的整块田地上使用单一的（随机分配的）耕作方法，并且不同农民的整块田地将使用不同的耕作方法。每一个农民将他的田地分成若干子块，并在这些不同的（随机分配的）子块上施用所有的肥料，而且不同子块上施用的肥料不同。这类实验因此而得名：裂区设计（split-plot design）。在实验设计中，农民田地对应的术语是"组块"（block）。然后，同一田地内部变化的因素被称为组块内因素（within-block factor），不同田地之间变化的因素称为组块间因素（between-block factor）。还要注意，每个子块仅产生一个测量值（在本例中，生产效率的测量单位是每英亩的农产品重量：蒲式耳/英亩），而不是多个测量值。

裂区设计在心理学实验中也很常见。对于人类被试而言，有些因素是很难操纵的，甚至是不可能操纵的，例如政党归属或宗教信仰、优势手、年龄和性别。其他因素则相对容易操纵，例如是以视觉还是听觉的方式向被试呈现文本。每个人类被试都类似于一个组块或整块田地。每一个被试都会经历在组块之间（也就是被试之间）变化的因素的一个水平。但是每一个被试都会经历在组块内部（也就是被试内部）变化的因素的所有水平。因此，在心理学中，研究人员将裂区设计中的这些因素称为被试间（between-subject）因素和被试内（within-subject）因素（例如，Maxwell 和 Delaney，2004，第12 章）。与前一段描述的农业场景一样，基本的裂区设计假设每个单元仅有一个数据值。

1. 示例：作物产量

为了说明这一点，考虑一项农业实验，该实验将玉米产量（单位为蒲式耳/英亩）作为田地耕作方法和施肥方式的函数。耕作方法有三种，即铧式犁、凿式犁和垄作。铧式犁上下翻土，凿式犁搅拌土壤而不翻土，垄作则刮掉垄沟之间的垄顶。耕作方法之间的差异在于它们如何将有机物质混合到土壤中，以及如何抵御侵蚀并防止杂草丛生。每一块地都只采用同一种耕作方法，因此耕作是组块间因素或被试间因素。施肥方式有三种，即撒播、深带和表带。在撒播施肥方式中，肥料散布在所有的土壤上。在两种带状施肥方式中，肥料集中在靠近玉米的条带里。在表带法中，肥料施于土壤表面；而在深带法中，肥料施于种子下面的几英寸处。施肥的位置对于不可转移、不会在土壤中分散的肥料尤其重要，比如磷肥。每一块田地都在其内部的不同子块中使用全部三种施肥方式，因此肥料是组块内因素或被试内因素。

图 20-10 显示了实验数据。三幅图显示的是三种耕作方法。在每幅图中，每个圆圈表示一个子块

的玉米产量，该子块的施肥方式标记在横轴上。同一田地的几个子块被线连接起来。凿式犁共有 12 块田，铧式犁共有 10 块田，垄作共有 11 块田。从这些线的相对高度可以看出，即使处理方式相同，某些田地通常也比其他田地的产量更高。采用同一处理方式的田地之间的这种差异可能是由许多其他因素引起的，比如天气、土壤、昆虫或植物疾病的差异。我们的目标是描述数据的趋势，并估计不同耕作方法和施肥方式之间的差异。

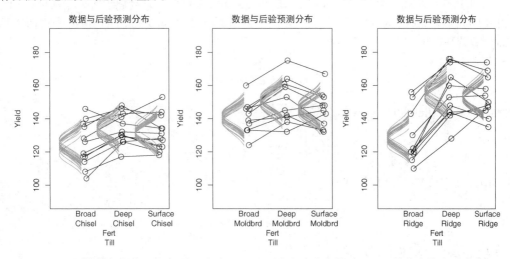

图 20-10　不同耕作方法（Till）和施肥方式（Fert）对应的玉米产量（Yield，单位为蒲式耳/英亩）。三幅图显示了不同的耕作方法（Chisel，凿式犁；Moldbrd，铧式犁；Ridge，垄作），这在不同的田地里有所不同。在每幅图内，横轴显示不同的施肥方式（Broad，撒播；Deep，深带；Surface，表带），这在每块田地的内部是不同的。被线连接起来的圆圈表示它们源于同一块田地（请注意，这些数据完全是虚构的！一天下午，我在网上浏览了一些信息，然后编造了它们）

2. 描述性模型

在裂区设计的经典 ANOVA 式模型中，在概念上，总体方差会被分解为五个成分：被试间因素的主效应、被试内因素的主效应、两个因素的交互作用、被试间因素的所有水平的被试主效应，以及被试内因素与被试的交互作用。遗憾的是，由于每个单元只有一个数据点，因此这五个成分与数据完全匹配，也就是说，参数的数量和数据点的数量一样多。（如果每个被试为每个单元提供了多个数据点，则可以使用五个成分的模型。）由于单元内没有剩余的噪声，经典方法会将最后一个成分作为噪声进行处理，即将被试内因素与被试的交互作用作为噪声进行处理。模型不再加入该成分（至少不再与噪声作区分）。在我们的贝叶斯数据分析中，我们将对描述性模型做同样的处理。为了证明和解释这个观点，接下来的几段将提供一些数学细节。为此，我们需要为五种效应定义一些符号，并将这些效应转换为和为零的偏移量。该模型的 JAGS 实现也将用到这个和为零的计算。

在实验中，因为可以将每块田地拟人化为一个被试，所以我将使用的术语是被试内因素和被试间因素（而不是田地内/田地间因素，或区块内/区块间因素）。然后，我们需要为这些因素和水平定义一些数学符号。我们将 $B[i]$ 定义为被试间因素的第 i 个水平，它共有 I 个水平。$W[j]$ 是被试内因素的

第 j 个水平，它共有 J 个水平。$S|B[k|i]$ 是被试间因素的第 i 个水平中的第 k 个被试，它共有 $K|i$ 个被试。不同水平 i 可能有不同的被试数 $K|i$，如图 20-10 中的数据所示。（$S|B[k|i]$ 这个符号一开始可能会让人迷惑，但它是正确的：被试 $S|B[k|i]$ 处于因素 W 的所有水平上，同时处于因素 B 的一个水平 i 上。）单元中的单个数据点表示为 $y_{B \times W \times S|B[i,j,k|i]}$。

接下来几段的目标是构思模型：使用主效应和交互作用的术语，考虑数据的常规描述法。我们考虑各种边际均值，然后考虑如何将它们表示为和为零的偏移量。被试 $S|B[k|i]$ 的均值（在 W 的所有水平之间，B 的某个水平内）为：

$$m_{S|B[k|i]} = \frac{1}{J} \sum_{j}^{J} y_{B \times W \times S|B[i,j,k|i]}$$

处理组合 $B \times W[i,j]$ 的均值（在所有被试之间）为：

$$m_{B \times W[i,j]} = \frac{1}{K|i} \sum_{k|i}^{K|i} y_{B \times W \times S|B[i,j,k|i]}$$

水平 $B[i]$（在 W 和 S 之间）的均值为：

$$m_{B[i]} = \frac{1}{J} \sum_{j}^{J} m_{B \times W[i,j]}$$

水平 $W[j]$（在 B 和 S 之间）的均值为：

$$m_{W[j]} = \frac{1}{I} \sum_{i}^{I} m_{B \times W[i,j]}$$

总体均值为：

$$m = \frac{1}{I \cdot J} \sum_{i,j}^{I,J} m_{B \times W[i,j]}$$

现在将均值转换为和为零的偏移量（类似于表 20-1）。我们将基线值设置为总体均值，然后将主效应偏移量定义为与基线值的差异：

$$\beta_0 = m \tag{20.3}$$

$$\beta_{B[i]} = m_{B[i]} - \beta_0$$
$$= m_{B[i]} - m \tag{20.4}$$

$$\beta_{W[j]} = m_{W[j]} - \beta_0$$
$$= m_{W[j]} - m \tag{20.5}$$

对于这些因素的交互作用，偏移量为：

$$\beta_{B \times W[i,j]} = m_{B \times W[i,j]} - (\beta_0 + \beta_{B[i]} + \beta_{W[j]})$$
$$= m_{B \times W[i,j]} - m_{B[i]} - m_{W[j]} + m \tag{20.6}$$

被试 $k|i$ 的偏移量为：

$$\begin{aligned}
\beta_{S|B[k|i]} &= m_{S|B[k|i]} - (\beta_0 + \beta_{B[i]}) \\
&= m_{S|B[k|i]} - m_{B[i]}
\end{aligned} \tag{20.7}$$

最后，被试与被试内因素的交互作用的偏移量为：

$$\begin{aligned}
\beta_{W \times S|B[j,k|i]} &= y_{B \times W \times S|B[i,j,k|i]} - (\beta_0 + \beta_{B[i]} + \beta_{W[j]} + \beta_{B \times W[i,j]} + \beta_{S|B[k,i]}) \\
&= y_{B \times W \times S|B[i,j,k|i]} - m_{B \times W[i,j]} - m_{S|B[k,i]} + m_{B[i]}
\end{aligned} \tag{20.8}$$

可以直接验证，这些和为零效应（式 20.3 到式 20.8）的总和正好等于数据：$y_{B \times W \times S|B[i,j,k|i]} = \beta_0 + \beta_{B[i]} +$ $\beta_{W[j]} + \beta_{B \times W[i,j]} + \beta_{S|B[k|i]} + \beta_{W \times S|B[j,k|i]}$。没有能够作为噪声的残余方差。因此，我们将把 $\beta_{W \times S|B[j,k|i]}$ 看作噪声，也就是说，看作我们无法将其与噪声进行区分的随机变异。因此，把单个数据值建模为随机分布在其他效应总和的周围，如下所示：

$$y_{B \times W \times S|B[i,j,k|i]} \sim \text{normal}(\mu_{[i,j,k|i]}, \sigma) \tag{20.9}$$

$$\mu_{[i,j,k|i]} = \beta_0 + \beta_{B[i]} + \beta_{W[j]} + \beta_{B \times W[i,j]} + \beta_{S|B[k,i]} \tag{20.10}$$

其中所有偏移量都应当满足和为零约束，而式 20.3 至式 20.7 不满足该约束。

3. 在 JAGS 中实现

名为 JAGS-Ymet-XnomSplitPlot-MnormalHom.R 的文件实现了该模型，该模型是从名为 JAGS-Ymet-XnomSplitPlot-MnormalHom-Example.R 的高级脚本调用的。该模型定义仅仅是式 20.9 和式 20.10，以及为偏移量参数加上通常的先验。注意，根据式 20.9，单个噪声参数 σ 被用于所有因素的所有水平，也就是说，该模型假设方差齐性。

与以前的模型相比，JAGS 定义中唯一新颖的部分是计算和为零偏移量。逻辑过程与之前相同：在不受和为零约束的情况下，先让 MCMC 进程找到可信的基线值和偏移量，然后将它们居中以满足和为零约束。但是实现的过程中需要一些创造性的数组用法，因为 JAGS 的数组索引运算能力比 R 差。我不会占用太多篇幅来解释它的细节，而是希望对此有兴趣的无畏读者自己检查该程序。

4. 结果

图 20-10 显示了基本结果：在数据上叠加显示后验预测分布。预测正态分布的均值为 $\beta_0 + \beta_B + \beta_W +$ $\beta_{B \times W}$（折叠穿过 β_S）且标准差为 σ，而 σ 来自式 20.9。因此，正态分布的宽度表示单个被试的曲线内部的被预测值的变化，而不是被试之间的变化。

结果表明，总体而言，铧式犁和垄作的产量相当。图 20-11 中的第一幅图显示了产量的比较（在名为 JAGS-Ymet-XnomSplitPlot-MnormalHom-Example.R 的高级脚本中指定的），其差异不仅接近于零，同时差异的估计值也非常精确。出于实际目的，我们甚至可能想说，其差异实质上等价于零，这取决于我们如何指定 ROPE。凿式犁比铧式犁和垄作的平均产量要低，如图 20-11 中的第二幅图所示。这两种对比都是被试间因素的对比。

与传统的 NHST 方法相比，贝叶斯方法能够更有效地估计被试间效应。这是因为，相比于被试内效应的计算，传统的 NHST 在计算被试间效应的 F 比例时，使用了更大的分母误差项。贝叶斯估计只是在给定数据的情况下，找到联合可信的参数值。

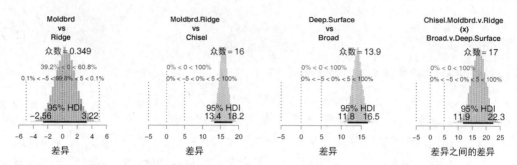

图 20-11　图 20-10 中玉米产量数据的主效应对比和交互作用对比（值得重申的是，这些数据是虚构的，
可能无法反映现实。除了当年的产量，耕作方法和施肥方式还可能有其他效果上的差异，比
如成本或未来一年的土壤质量）

结果还表明，撒播施肥方式比带状施肥方式的生产效率低。图 20-11 中的第三幅图显示了两种带状施肥方式的均值与撒播施肥方式的对比。差异很大，且不确定性小。

最后，图 20-11 中的第四幅图显示了一个交互作用对比。对于垄作而言，带状施肥和撒播施肥这两种方式的差异似乎特别显著。因此，我们比较了两种差异之间的差异：垄作时施肥方式的差异，与其他两种耕作方法的施肥方式的差异均值，发现二者的差异较大。

为了更好地了解被试内设计（及其特殊情况，即裂区设计）的功效，在分析数据时可以不考虑一个事实：施肥方式的所有水平是施加在同一块田地（被试）上的。我们不想为真正的研究做这种分析；我在这里进行这种分析仅仅是为了培养你的直觉。

考虑使用凿式犁耕作方法和撒播施肥方式的数据，如图 20-10 所示。在处理方式完全相同的田地里，产量有很大的变化，因为有些田地的生产效率比其他田地更高，而原因是除耕作方法和施肥方式以外的其他影响因素。在裂区设计中，每一块地都是用多种施肥方式来衡量的，因此我们可以估计每一块地的基础生产效率水平，并将其与实验控制因素的效应分开。同一块田地的由线连起来的数据的整体水平表明了这块田地的基础水平，如图 20-10 所示。

假设有相同的 99 个数据点，但它们全部来自不同的田地，而不是来自 33 块田地并且每块田地有 3 种施肥方式。那么这时的设计将是两因素的被试间设计。图 20-12 重新显示了这些数据，其中田地/被试的代码被注释掉了，因此不再有语句将同一田地/被试的数据连接起来。由于被试间的差异只能归因于噪声，因此后验预测分布的标准差比图 20-10 中要大得多。对比的结果（显示在最下面一行）也远不如图 20-11 中确定。具体地说，交互作用对比有更大的收缩，其 95% HDI 包含零。因此，如果你可以设计使用被试内因素的研究，同时留意 20.5.1 节中的警告，那么你对效应的估计可能会有更高的精度。

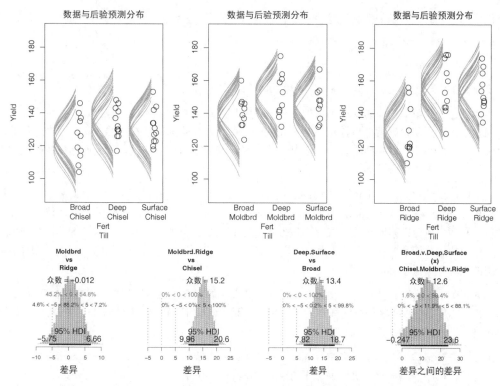

图 20-12 来自图 20-10 的数据，田地/被试的代码被注释掉了（因此不再有语句将同一田地/被试的数据连接起来）。由于被试之间的变异被模型作为噪声，因此后验预测分布的标准差更大，并且对比（显示在最后一行）中的确定性比图 20-11 小得多

20.6 模型比较方法

在 19.3.3 节的末尾，我简要讨论了方差分析中的综合检验，以及为什么我认为它的用处有限。一个因素或交互作用的综合检验提出的问题是，这个因素或交互作用的各个水平之间是否存在某种非零的差异。我认为，综合检验在大多数应用中不是很有用，因为我们总是想知道到底哪些组有差异以及差异有多大，而不仅仅想知道这些组之间是否存在某种非零差异。

然而，如果你真的想计算多组之间的某处存在非零偏移量的后验概率，一个简单的方法是使用因素包含符参数，类似于多重线性回归中变量选择的预测变量包含符参数（18.4 节）。在 JAGS 模型定义中（这种情况下的被试间设计，见 JAGS-Ymet-Xnom2fac-MnormalHom.R），因素偏移量参数将乘以因素包含符参数，包含符参数的取值可以为 0 或 1。因此，修改 JAGS 模型中的以下语句：

```
mu[i] <- a0 + a1[x1[i]] + a2[x2[i]] + a1a2[x1[i],x2[i]]
```

以加入因素包含符参数，如下所示：

```
mu[i] <- ( a0 + delta1 * a1[x1[i]] + delta2 * a2[x2[i]]
          + delta1x2 * delta1 * delta2 * a1a2[x1[i],x2[i]] )
```

因素包含符参数的先验是伯努利先验，表示包含这些因素的先验概率：

```
delta1 ~ dbern( 0.5 )
delta2 ~ dbern( 0.5 )
delta1x2 ~ dbern( 0.5 )
```

有关修改 JAGS 模型所涉及的更多细节，请参阅 17.5.2 节。

当因素包含符参数为 1 时，该因素的偏移量将被用于描述数据。当因素包含符参数为 0 时，不使用该因素描述数据，且因素的偏移量值是不相关的（由 JAGS 从偏移量参数的先验分布中随机抽取）。因素包含符参数为 1 的后验概率表示，相对于该因素影响为零的模型，包含因素偏移量的模型的可信度，这类似于因素的综合检验。

你可能已经注意到，在上述 mu[i] 的表达式中，与交互作用偏移量相乘的，是所有 3 个包含符参数的乘积 delta1x2 * delta1 * delta2，而不是 delta1x2。这样做的目的是，使得只有在模型同时包含其两个成分因素时，这个交互作用偏移量才有影响。正如 18.4.5 节所讨论的那样，如果不加入交互作用的成分因素，仅加入交互作用是没有意义的。使用 3 个包含符参数的乘积，意味着加入交互作用的先验概率低于其成分因素。

18.4.1 节讨论了关于包含符参数先验分布的模糊程度的重要注意事项；18.4.4 节对 MCMC 链中的自相关性做出了警告。那些警告同样适用于这里！特别是，为因素的偏移量设置非常宽泛的先验值时，会很容易（不恰当地）排除该因素。

Rouder、Morey、Speckman 和 Province（2012）以及 Wetzels、Grasman 和 Wagenmakers（2012）提出了方差分析中假设检验的贝叶斯因子方法。Morey 和 Rouder 的基于 R 的 BayesFactor 包可以在 BayesFactor 网站上找到。

20.7 练习

你可以在本书配套网站上找到更多练习。

练习 20.1 目的：使用一个新的数据文件并指定有意义的对比。数据文件 SeaweedData.csv（改编自 Qian 和 Shen，2007）记录了存在不同类型食草动物的情况下，海藻再生的速度。数据来自美国俄勒冈州海岸的 8 个潮汐区。我们希望通过两个预测变量来预测海藻的数量：食草动物类型和潮汐带。潮汐带简单地标记为 A~H。食草动物类型较为复杂，有 6 个水平：无食草动物（None），仅小鱼（fish，f），小鱼和大鱼（fF），仅帽贝（L），帽贝和小鱼（Lf），帽贝、小鱼和大鱼（LfF）。我们想知道不同类型食草动物的影响，还想知道不同潮汐区的影响。

(A) 修改脚本 JAGS-Ymet-Xnom2fac-MnormalHom-Example.R，以便从 SeaweedData.csv 中读取数据。海藻量的列名是 SeaweedAmt，预测变量的列名是 Grazer 和 Zone。在脚本中，将 Grazer 指定为显示在数据图横轴上的预测变量。现在，将所有对比设置为 NULL。运行脚本以检查它是否可以运行。

(B) 在所有区域之间，小鱼的平均影响是什么？通过设置以下 3 个对比来回答此问题：None 对比 f；L 对比 Lf；None 与 L 的均值对比 f 和 Lf 的均值。讨论结果。

(C) 帽贝的平均影响是什么？有几个对比可以解决这个问题，但一定要包括这个对比：None、f、fF 的均值对比 L、Lf、LfF 的均值。

(D) 各区域之间是否存在明显差异？具体地说，建立 A 区和 D 区的对比。简要讨论结果。

(E) 帽贝的影响是否取决于它是在 A 区还是 D 区？建立适当的交互作用对比。

(F) 对这些数据运行非齐性方差模型是否有意义？（答案是否定的；解释原因。提示：注意，每组中的数据点有点儿少。）

尝试在不查看以下 R 命令的情况下完成上面的练习。但是，为了减少挫败感，这里是一个提示（你可以尝试不同的对比）。

```
myDataFrame = read.csv( file="SeaweedData.csv" )
yName="SeaweedAmt"
x1Name="Grazer"
x2Name="Zone"
x1contrasts = list(
  # f 的主效应
  list( c("None") , c("f") , compVal=0.0 , ROPE=c(-5,5) ) ,
  list( c("L") , c("Lf") , compVal=0.0 , ROPE=c(-5,5) ) ,
  list( c("None","L") , c("f","Lf") , compVal=0.0 , ROPE=c(-5,5) ) ,
  # F 的主效应
  list( c("f","Lf") , c("fF","LfF") , compVal=0.0 , ROPE=c(-5,5) ) ,
  # L 的主效应
  list( c("None","f","fF") , c("L","Lf","LfF") , compVal=0.0 , ROPE=c(-5,5) )
)
x2contrasts=list(
  list( c("D") , c("A") , compVal=0.0 , ROPE=c(-5,5) )
)
x1x2contrasts = list(
  # 不同区域内 L 的交互作用
  list( list( c("None","f","fF") , c("L","Lf","LfF") ) ,
        list( c("D") , c("A") ) ,
        compVal=0.0 , ROPE=c(-5,5) )
)
fileNameRoot = "SeaweedData-"     # 或是任何你更喜欢的根文件名
graphFileType = "eps"             # 或是任何你更喜欢的文件格式
```

练习 20.2　目的：检查转换数据对交互作用、方差非齐性和偏度的影响。

(A) 同时使用脚本 JAGS-Ymet-Xnom2fac-MnormalHom-Example.R 与 Salary.csv 中的数据。保持原状运行一次，验证你得到的结果是否与图 20-3 到图 20-5 所示的结果类似。回答以下问题：图 20-5 中的交互作用对比是不是交叉交互作用？解释一下。

(B) 对薪酬数据进行对数（以 10 为底）转换。要回顾这样做的效果，请见 20.3 节。要完成转换，请尝试在读取数据文件的代码之后，向脚本添加以下内容：

```
myDataFrame = cbind( myDataFrame , LogSalary = log10(myDataFrame$ Salary) )
yName="LogSalary"
```

你还需要将所有对比的 ROPE 更改为 NULL，因为尺度已经改变了。对这些转换后的数据运行分析。报告类似于图 20-3 的图。转换后的数据是否存在方差非齐性（目测检查）？与图 20-5 类似的交互作用对比是否仍然可信地不为零？组内数据分布的偏度有没有明显的变化？

(C) 同时使用 JAGS-Ymet-Xnom2fac-MrobustHet-Example.R 与 Salary.csv 中的数据。保持原状运行一次，验证你得到的结果是否与图 20-8 和图 20-9 所示的结果相似。与图 20-5 类似的交互作用对比是否仍然可信地不为零？

(D) 正如你在本练习的前一部分中所做的那样，通过取以 10 为底的对数来转换数据（并更改 ROPE）。对转换后的数据运行分析。与图 20-5 类似的交互作用对比是否仍然可信地不为零？这时生成的描述是不是看起来比前一部分更好？后验预测分布的上下边界是否更合理？

第 21 章

二分被预测变量

本章考虑的数据结构包含一个二分被预测变量。本书的前几章主要关注的就是这类数据，但现在我们将用广义线性模型重新构建分析。在实际的研究中，我们经常会遇到本章所考虑的数据结构类型。比如，我们可能想根据身高和体重来预测一个人口统计学研究中的人是男性还是女性，或者想根据一个人的年收入来预测他是否会投票，又或者想根据棒球击球手的主要防守位置来预测他是否会击中球。

处理这类数据结构的传统方式被称为"逻辑斯谛回归"。在贝叶斯软件中，我们可以很容易地推广传统模型，使其在面对离群值时具有稳健性，允许名义预测变量的各个水平具有不同的方差，并且可以加入层次结构，以便适当地在多个水平或因素之间共享信息。

在第 15 章介绍的 GLM 的背景下，本章的情况涉及一个反连接函数，即逻辑斯谛函数，并且使用伯努利分布描述数据中的噪声，如表 15-2 第二行所示。有关本章中被预测变量和预测变量的组合，及其与其他组合的关系，请参见表 15-3。

21.1 多个计量预测变量

我们首先考虑有多个计量预测变量的情况，因为这种情况能够让我们直观地看到逻辑斯谛回归的概念。假设我们测量成年人的一个样本群体的身高、体重和性别（男性或女性）。从日常经验来看，相比于一个又矮又轻的人，一个又高又重的人更可能是男性，这似乎是合理的。但是，身高和体重究竟对性别有多大的预测能力？

---

[1] *Fortune and Favor make fickle decrees, it's*
Heads or it's tails with no middle degrees.
Flippant commandments decreed by law gods, have
Reasons so rare they have minus log odds.
本章是关于逻辑斯谛回归的，其中一个概念叫作"对数胜率"（log odds），将在 21.2.1 节中解释。我很幸运地将"对数胜率"与"戒律"押韵，然后回到它们的名字——命运与青睐。

一些有代表性的数据如图 21-1 所示。数据是虚构的，但也是实际的，由一个大型人口调查的精确模型生成（Brainard 和 Burmaster，1992）。数据被绘制为 1 或 0，性别被任意地编码为男性 = 1 和女性 = 0。所有的 0 都位于底面，所有的 1 都位于顶面。可以看到，1 的身高和体重值往往较大，而 0 的身高和体重值往往较小。（图 21-4 显示了一个"自上而下"的视图。）

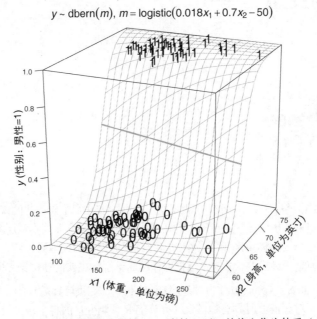

$$y \sim \text{dbern}(m),\ m = \text{logistic}(0.018x_1 + 0.7x_2 - 50)$$

图 21-1　数据显示了性别（任意地编码为男性 = 1，女性 = 0），并将它作为体重（单位为磅）和身高（单位为英寸）的函数。所有的 0 都位于立方体的底面，所有的 1 都位于立方体的顶面。逻辑曲面表示最大似然估计。粗线显示 50% 水平的等高线

21.1.1　JAGS 中的模型与实现

对于图 21-1，我们如何描述 1 的概率随着身高和体重的增加而增加？我们将使用预测变量的线性组合的逻辑斯谛函数。15.3.1 节和图 15-10 中介绍了这类模型，其思想是通过逻辑斯谛函数，将计量预测变量的线性组合映射为概率值，而被预测变量的 0 和 1 服从该概率值周围的伯努利分布。以上内容正式地记为：

$$\mu = \text{logistic}(\beta_0 + \beta_1 x_1 + \beta_2 x_2)$$
$$y \sim \text{Bernoulli}(\mu)$$

其中

$$\text{logistic}(x) = \frac{1}{1 + \exp(-x)}$$

截距和斜率参数（β_0、β_1 和 β_2）的先验分布与之前相同，尽管解释逻辑斯谛回归系数时需要仔细考虑，如 21.2.1 节所述。

这个模型的模型图如图 21-2 所示。在图的底部，每个二分值 y_i 都来自伯努利分布，该分布的"偏差"为 μ_i。（回想一下，我把伯努利分布中的参数称为偏差，不管它的值是多少。因此，偏差值为 0.5 的硬币是公平的。）μ 值被确定为预测变量线性组合的逻辑斯谛函数。最后，图的顶部给出了线性组合的截距和斜率参数的常规正态先验分布。

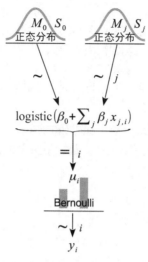

图 21-2　多重逻辑斯谛回归的依赖关系模型图。与图 18-4 中的稳健多重线性回归模型图进行比较

比较多重逻辑斯谛回归的模型图（图 21-2）与稳健多重线性回归的模型图（图 18-4）是有用的。两张图中，模型的线性核心是相同的。两张图之间的差异在于图底部描述 y 的部分，因为两个模型中的 y 有不同的尺度类型。在本应用中（图 21-2），y 是二分型的，因此被描述为来自伯努利分布。在之前的应用中（图 18-4），y 是计量型的，因此被描述为来自 t 分布（面对离群值时具有稳健性）。

我们可以直接为图 21-2 中的模型编写 JAGS（或 Stan）代码。在讨论 JAGS 代码本身之前，还要解释一些基础细节。正如我们对线性回归所做的那样，我们将对数据进行标准化以降低 MCMC 链中的自相关性。这样做仅仅是为了提高 MCMC 过程的效率，而不是出于逻辑上的必要性。y 值必须是 0 和 1，因此不是标准化的；但预测变量是计量型的，而且是标准化的。回想式 17.1，我们将 x 值的标准化值表示为 $z = (x - \bar{x}) / s_x$，其中 $\bar{x}$ 是 x 的均值，s_x 是 x 的标准差。回想式 15.15，逻辑斯谛函数的反函数称为 logit 函数。我们将数据标准化，让 JAGS 为标准化数据找到可信的参数值，记为 ζ_0 和 ζ_j。然后，我们将标准化参数值转换回原始尺度，如下所示：

$$
\begin{aligned}
\operatorname{logit}(\mu) &= \zeta_0 + \sum_j \zeta_j z_j \\
&= \zeta_0 + \sum_j \zeta_j \frac{x_j - \bar{x}_j}{s_{x_j}} \\
&= \underbrace{\zeta_0 + \sum_j \frac{\zeta_j}{s_{x_j}} \bar{x}_j}_{\beta_0} + \underbrace{\sum_j \frac{\zeta_j}{s_{x_j}} x_j}_{\beta_j}
\end{aligned}
\tag{21.1}
$$

式 21.1 中向上的大括号表示的转换将被应用于 MCMC 链中的每个步骤。

在讨论 JAGS 代码之前还要注意一个细节。在 JAGS 中，逻辑斯谛函数被称为 ilogit，意思是反 logit 函数。回忆 15.3.1 节中的内容，反连接函数的方向是从预测变量的线性组合到数据的预测趋势，而连接函数的方向是从数据的预测趋势到预测变量的线性组合。在这个应用中，连接函数是 logit 函数。因此，它的反连接函数是反 logit 函数，在 JAGS 中缩写为 ilogit。当然，这个反连接函数同时是逻辑斯谛函数。ilogit 符号有助于区分逻辑斯谛函数和逻辑斯谛分布。我们不会使用逻辑斯谛分布，但还是会提供一些信息：逻辑斯谛分布是概率密度函数，其累积概率分布是逻辑斯谛函数。换句话说，逻辑斯谛分布和逻辑斯谛函数的关系，与图 15-8 中正态分布与累积正态函数的关系一样。逻辑斯谛分布与正态分布相似，但尾部更重。重复一下，我们不会使用逻辑斯谛分布，本段的重点是解释 JAGS 使用术语 ilogit 来表示逻辑斯谛函数。

图 21-2 所示的逻辑斯谛回归模型的 JAGS 代码如下所示。它以 data 模块开始，将数据标准化。然后，model 模块表达了图 21-2 中的依赖箭头，最后使用式 21.1 将参数转换为原始尺度。

```
# 将数据标准化
data {
  for ( j in 1:Nx ) {
    xm[j] <- mean(x[,j])
    xsd[j] <- sd(x[,j])
    for ( i in 1:Ntotal ) {
      zx[i,j] <- ( x[i,j] - xm[j] ) / xsd[j]
    }
  }
}
# 对于标准化的数据，定义模型
model {
  for ( i in 1:Ntotal ) {
    # 在 JAGS 中，逻辑斯谛函数被称为 ilogit
    y[i] ~ dbern( ilogit( zbeta0 + sum( zbeta[1:Nx] * zx[i,1:Nx] ) ) )
  }
  # 先验在标准化尺度上是模糊的
  zbeta0 ~ dnorm( 0 , 1/2^2 )
  for ( j in 1:Nx ) {
    zbeta[j] ~ dnorm( 0 , 1/2^2 )
  }
  # 转换至原始尺度
  beta[1:Nx] <- zbeta[1:Nx] / xsd[1:Nx]
  beta0 <- zbeta0 - sum( zbeta[1:Nx] * xm[1:Nx] / xsd[1:Nx] )
}
```

指定 μ_i 值的伯努利分布时，上面的 JAGS 代码没有使用单独的一行，这是因为我们不想记录 μ_i。如果我们想记录它，那么可以用以下方法明确地创建 μ_i：

```
y[i] ~ dbern( mu[i] )
mu[i] <- ilogit( zbeta0 + sum( zbeta[1:Nx] * zx[i,1:Nx] ) )
```

完整的程序在以下文件中：JAGS-Ydich-XmetMulti-Mlogistic.R，其高级脚本的文件名是 JAGS-Ydich-XmetMulti-Mlogistic-Example.R。

21.1.2　示例：身高、体重和性别

再次考虑图 21-1 中的数据，其中显示了 110 名成人的性别（男性 = 1，女性 = 0）、身高（单位为

英寸）和体重（单位为磅）。我们想根据身高和体重来预测性别。我们将首先考虑使用单个预测变量（体重）的结果，然后考虑使用两个预测变量的结果。

图 21-3 显示了仅根据体重预测性别的结果。数据被绘制为圆圈，这些圆圈在纵轴上的位置只能是 0 或 1。叠加在数据上的是逻辑斯谛曲线，其参数值来自 MCMC 链中的很多步骤。逻辑斯谛曲线的分散程度表示估计的不确定性，逻辑斯谛曲线的陡度表示回归系数的大小。从逻辑斯谛曲线指向横轴的箭头，标记的是 50% 概率的阈值，在体重 160 磅的附近。阈值是当 $\mu = 0.5$ 时 x 的取值，即 $x = -\beta_0 / \beta_1$。你可以看到，随着体重的增加，逻辑斯谛曲线似乎有一个明显的正（非零）上升，这表明体重确实能够在预测性别时提供信息。但这个上升过程是温和的，而不是陡峭的：不存在一个明显的阈值体重，使得低于此阈值体重的人大多数是女性，高于此阈值体重的人大多数是男性。

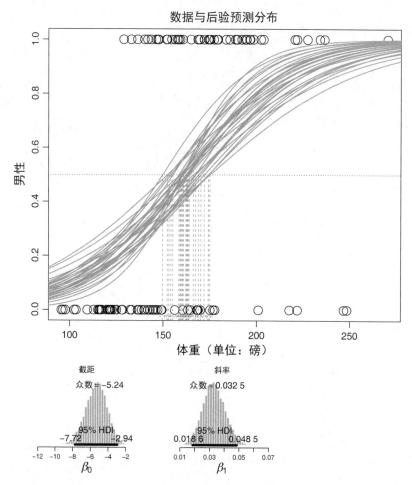

图 21-3　使用逻辑斯谛回归预测性别（编码是随意选取的：男性 = 1，女性 = 0），将其作为体重（单位为磅）的函数。上图：用圆圈表示数据。逻辑斯谛曲线是来自 MCMC 后验的随机样本。向下的箭头指向阈值体重，此时这个人是男性的概率为 50%。下图：截距和斜率的边际后验分布

　　图 21-3 的下图显示了这些参数的边际后验分布。具体地说，斜率系数 β_1 具有大于 0.03 的众数和远远高于零的 95% HDI（根据这个 HDI，已经足以排除一些非零的 ROPE）。21.2 节将讨论如何解释回归系数的数值。

　　现在我们考虑使用两个预测变量（身高和体重）时的结果，如图 21-4 所示。数据被绘制为 1 和 0，其对应的 x_1 是横轴上的体重值，对应的 x_2 是纵轴上的身高值。可以从散点图看出，体重和身高是正相关的。叠加在数据上的是可信的水平等高线，记为 p(男性) = 50%。查看图 21-1，回顾逻辑斯谛曲面上

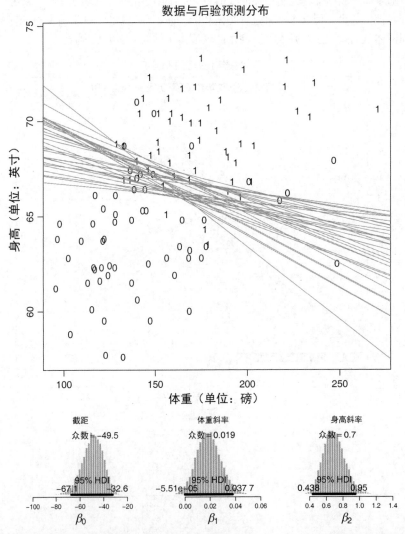

图 21-4　使用逻辑斯谛回归预测性别（编码是随意选取的：男性 = 1，女性 = 0），将其作为体重（单位为磅）和身高（单位为英寸）的函数。上图：用 0 和 1 表示数据。线表示阈值的 MCMC 后验的随机样本；在阈值处，这个人是男性的概率为 50%。下图：截距和斜率的边际后验分布

的 50%水平等高线是什么样的。50%的水平等高线是：当 $\mu = 0.5$ 时，x_1 值、x_2 值的集合，也就是满足 $x_2 = (-\beta_0 / \beta_2) + (-\beta_1 / \beta_2)x_1$ 的值。根据模型（现实中不一定是这样的），在水平等高线的一侧，这个人是男性的概率小于 50%；在水平等高线的另一侧，这个人是男性的概率大于 50%。可信水平等高线的分散程度表明了参数估计的不确定性。与水平等高线垂直的方向表示概率变化最快的方向。图 21-4 中水平等高线的角度表明，随着身高的增加，这个人是男性的概率迅速增加；随着体重的增加，这个人是男性的概率只是略微增加。图 21-4 的下图证实了这一解释，其中显示了这些回归系数的边际后验。具体来说，体重回归系数的众数值小于 0.02，其 95% HDI 基本上接近于零。

相比于不加入身高，在回归模型中加入身高时，体重的回归系数更小（比较图 21-4 和图 21-3）。为什么会这样？也许你已经预料到了答案：这是因为预测变量之间是相关的，在这种情况下，大部分的预测工作是由身高来完成的。当体重是唯一的预测变量时，它有一定的预测能力，因为体重与身高相关，而用身高可以预测性别。但当身高作为第二个预测变量被加入回归模型时，我们发现体重的独立预测能力相对较弱。在逻辑斯谛回归的背景下，同样存在相关预测变量解释的问题，这类似于线性回归的背景，我们在 18.1.1 节详细讨论过。

21.2 解释回归系数

在本节中，我将讨论如何解释逻辑斯谛回归中的参数。21.2.1 节将解释如何用"对数胜率"（log odds）来解释斜率系数的数值大小。21.2.2 节将说明 1 或 0 相对较少的数据如何导致参数估计的模糊性。21.2.3 节将用一个具有强相关预测变量的例子来说明斜率系数之间的此消彼长关系。最后，21.2.4 节将简要描述逻辑斯谛回归中乘法交互作用的意义。

21.2.1 对数胜率

当使用 logit 函数编写逻辑斯谛回归公式时，我们得到 $\text{logit}(\mu) = \beta_0 + \beta_1 x_1 + \beta_2 x_2$。这个公式意味着每当 x_1 上升 1 个单位（在 x_1 尺度上），$\text{logit}(\mu)$ 就会上升一个 β_1 的量。每当 x_2 上升 1 个单位（在 x_2 尺度上），$\text{logit}(\mu)$ 就会上升一个 β_2 的量。因此，回归系数告诉我们 $\text{logit}(\mu)$ 的增加量。为了理解回归系数，我们需要了解 $\text{logit}(\mu)$。

logit 函数是逻辑斯谛函数的反函数。正式地讲，对于 $0 < \mu < 1$，$\text{logit}(\mu) = \log(\mu / (1 - \mu))$，其中的对数函数 log 是自然对数，即指数函数的反函数。可以很容易地通过代数方法验证，logit 的这个表达式确实与逻辑斯谛函数互为反函数：如果 $x = \text{logit}(\mu) = \log(\mu / (1 - \mu))$，那么 $\mu = \text{logistic}(x) = 1 / (1 + \exp(-x))$，反之亦然。现在，在逻辑斯谛回归的应用中，$\mu$ 是 $y = 1$ 的概率，因此有：$\text{logit}(\mu) = \text{logit}(p(y = 1)) = \log(p(y = 1) / (1 - p(y = 1))) = \log(p(y = 1) / p(y = 0))$。比值 $p(y = 1) / p(y = 0)$ 被称为结果 1 与结果 0 的比值，因此 $\text{logit}(\mu)$ 是结果 1 比结果 0 的对数胜率。

结合前两段，我们可以说，回归系数告诉我们对数胜率的增加量。让我们考虑一个数值例子。将图 21-4 中的众数四舍五入，假设 $\beta_0 = -50.0$、$\beta_1 = 0.02$ 且 $\beta_2 = 0.70$。

❑ 假设有一个体重 160 磅的人，也就是 $x_1 = 160$。如果这个人有 63 英寸高，那么其是男性的预测概率是 $\text{logistic}(\beta_0 + \beta_1 x_1 + \beta_2 x_2) = \text{logistic}(-50.0 + 0.02 \times 160 + 0.70 \times 63) = 0.063$。这个概率的对数

胜率为：$\log(0.063/(1-0.063)) \approx -2.70$。注意，对数胜率是负值，它表示概率小于 50%。如果这个人增高 1 英寸，也就是 64 英寸，那么其是男性的预测概率是 0.119，它的对数胜率是 -2.00。因此，当 x_2 增加 1 个单位时，概率增加了 0.056（从 0.063 增加到 0.119），对数胜率增加了 0.70（从 -2.70 增加到 -2.00），正好是 β_2。

❑ 再一次假设有一个体重 160 磅的人，即 $x_1 = 160$。现在考虑将这个人的身高从 67 英寸增加到 68 英寸。如果此人身高 67 英寸，那么其是男性的预测概率为 $\text{logistic}(\beta_0 + \beta_1 x_1 + \beta_2 x_2) = \text{logistic}(-50.0 + 0.02 \times 160 + 0.70 \times 67) = 0.525$。这个概率的对数胜率为：$\log(0.525/(1-0.525)) \approx 0.10$。注意，对数胜率是正值，它表示概率大于 50%。如果这个人增高 1 英寸，也就是 68 英寸，那么其是男性的预测概率是 0.690，它的对数胜率是 0.80。因此，当 x_2 增加 1 个单位时，概率增加了 0.165（从 0.525 增加到 0.690），对数胜率增加了 0.70（从 0.10 增加到 0.80），正好是 β_2。

这两个例子表明，x_j 增加 1 个单位时，对数胜率增加 β_j；但对数胜率增加一个常数并不意味着概率会增加一个常数。在第一个例子中，概率增加了 0.056；但是在第二个例子中，概率增加了 0.165。

因此，逻辑斯谛回归中的回归系数表明，预测变量改变 1 个单位时，结果 1 的对数胜率的增加量。回归系数为 0.5 意味着，在 x 阈值处，x 每变化一个单位，概率的变化率约为 12.5%。回归系数为 1.0 意味着，在 x 阈值处，x 每变化一个单位，概率的变化率约为 24.4%。当 x 远大于或远小于 x 阈值时，概率的变化率较小，虽然在这种情况下，对数胜率的变化率依然是恒定的。

21.2.2　当取 1 或取 0 的数据很少时

在逻辑斯谛回归中，可以把参数看作对 0 和 1 之间边界的描述。如果有许多的 0 和 1，那么边界参数的估计是相当准确的。但是，如果只有很少的 0 或 1，则很难非常准确地识别边界，即使总体上有许多数据点。

在图 21-1 的数据中，我们将性别（男性，女性）作为体重和身高的函数，其中大约有 50%的 1（男性）和 50%的 0（女性）。因为有很多 0 和 1，所以可以相对准确地估计它们之间的边界。但是许多真实的数据集只有一小部分的数据是 0 或 1。假设我们正在研究如何根据血压预测心脏病的发作率。在年度体检中，我们随机抽取一部分人，测量他们的收缩压，然后记录他们在接下来的一年中是否有心脏病发作。我们将没有心脏病发作的编码设置为 0，将有心脏病发作的编码设置为 1。很可能的情况是，心脏病发作的次数很少，于是数据中的 1 很少。数据中的 1 很少，会使得我们很难精确地估计逻辑斯谛函数的截距和斜率。

图 21-5 显示了一个例子。对于左右两幅图，数据的 x 值是相同的，都是来自标准正态分布的随机值；y 值是从伯努利分布中随机产生的，该分布的偏差是由斜率同为 $\beta_1 = 1$ 的逻辑斯谛函数给出的。这两幅图之间的差别在于，相对于 x 值的均值而言，逻辑斯谛函数阈值的位置不同。对于左图，阈值为 -3（$\beta_0 = -3$）；对于右图，阈值为 0。你可以看到，左图中的数据只有相对较少的 1（实际上，只有大约 7%的 1），而右图中的数据有大约 50%的 1。右图类似于性别作为体重函数的情况，左图类似于心脏病发作作为血压函数的情况。

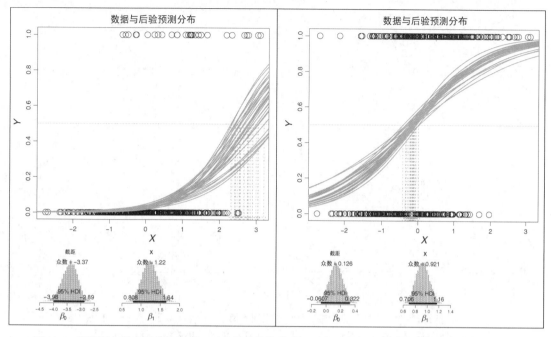

图 21-5 当数据中只有很少的 0 或 1 时，参数估计会更加不确定。两幅图中的数据具有相同的 x 值，y 值都是由逻辑斯谛函数随机生成的，两幅图中生成数据的逻辑斯谛函数的斜率是相同的（$\beta_1 = 1$），但截距是不同的（$\beta_0 = -3$ 和 $\beta_0 = 0$）

在图 21-5 中可以看到，相比于左图，右图的斜率（和截距）估计值的确定程度更高。相比于右图，左图的斜率 β_1 的 95% HDI 宽得多，逻辑斯谛曲线陡峭程度的变异性也更大。类似的结论同样适用于截距参数。

因此，如果你正在进行一项实验研究，并且你可以操纵 x 值，那么你将需要选择这样的 x 值：总体上来看，它产生的 y 值中，0 和 1 的数量大致相等。如果你正在做一项观察研究，这时你可能无法控制任何自变量，那么你应该意识到，如果你的数据中的 0 或 1 只占一小部分，那么参数估计可能会出人意料地模糊。反过来讲，在解释参数估计时，这会帮助我们找到阈值落在数据边缘的原因，其中一个可能的原因就是 0 或 1 相对较少。

21.2.3 相关的预测变量

参数不确定性的另一个重要原因是相关的预测变量。这个问题之前已经详细讨论过了，但是当前逻辑斯谛回归的背景提供了水平等高线形式的新示例。

图 21-6 显示的数据中，预测变量强相关。两个预测变量都是从标准正态分布中随机抽取的。y 值是从伯努利分布中随机产生的，其偏差的斜率参数为 $\beta_1 = 1$ 且 $\beta_2 = 1$。阈值在它们中间，为 $\beta_0 = 0$，所以大约有一半的 0 和一半的 1。

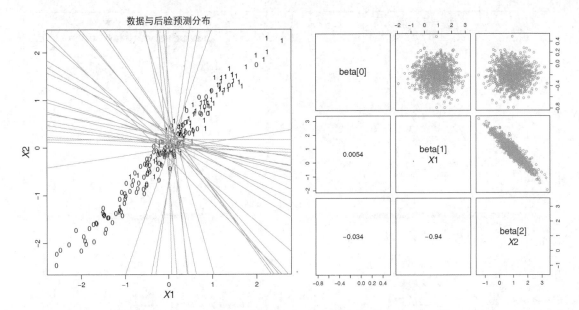

图 21-6   当预测变量相关时，不同斜率参数的估计值之间此消彼长。左图显示了数据，并叠加显示了可
信的 50% 水平等高线。右图显示，可信的 β_1 值和 β_2 值强负相关

参数值的后验估计如图 21-6 所示。特别要注意的是，50% 的水平等高线（阈值线）非常模糊，可能有很多角度。右图显示，可信的 β_1 值和 β_2 值强负相关。

在有多个预测变量的情况下，相关性也会导致结果模糊，但很难用图形描绘出高维的相关性。与线性回归一样，在解释逻辑斯谛回归的参数时，考虑预测变量之间的相关性是很重要的。高级脚本会在 R 的控制台上显示预测变量的相关性。

21.2.4   计量预测变量的交互作用

在某些应用中，考虑计量预测变量之间的乘法交互作用是有意义的。比如，在根据体重和身高预测性别（男性或女性）的情况下，预测变量的加法组合可能不够准确。可能只有又高又重的组合才能更好地预测男性，高而不重或重而不高都暗示着女性。可以用预测变量的乘法（或其他方式）来表示它们的这种组合。

图 21-7 显示了包含预测变量的乘法交互作用的逻辑斯谛曲面。在图 21-7 中，每幅图的标题显示了绘制它的方程。图 21-7 的左列显示了没有交互作用的示例，以供参考。右列中的例子与左列相同，但加入了乘法交互作用。在顶行中，你可以看到，加入交互作用项 $+4x_1 x_2$ 后，当 x_1 和 x_2 同为正或同为负时，逻辑斯谛曲面会上升。在底行中，你可以看到，加入乘法交互作用（同时调整了截距）会产生上一段中描述的那种连结组合。因此，当 x_1 为零或 x_2 为零时，逻辑斯谛曲面接近于零；当两个预测变量均为正时，逻辑斯谛曲面较高。重要的是，没有交互作用时，50% 水平等高线是直线；有交互作用时，它是弯曲的。

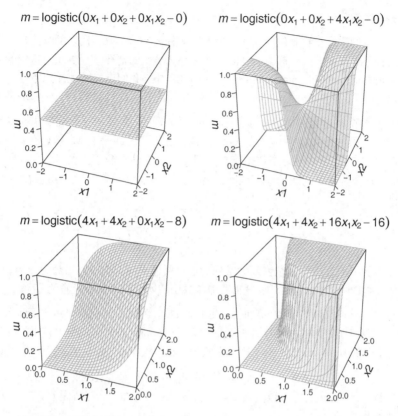

图 21-7　逻辑斯谛回归中计量预测变量的乘法交互作用。左列显示了不包含乘法交互作用项
的例子。右列显示了对应的包含乘法交互作用项的逻辑斯谛曲面。每幅图的标题中
显示了预测变量的系数

使用交互作用项时要记住一个关键点：单个预测变量的回归系数，仅仅说明了当所有其他预测变量为零时，斜率的大小。18.2 节在线性回归的背景下详细阐述了这一问题。类似的要点同样适用于逻辑斯谛回归。

21.3　稳健逻辑斯谛回归

再次查看图 21-3，它显示了性别的函数，其中预测变量只有体重。请注意，右下角有几个不寻常的数据点，它们表示体重较大的女性。为了使逻辑斯谛函数容纳这些数据点，逻辑斯谛函数的斜率不能太大。如果斜率比较极端，则对于较大的体重，逻辑斯谛函数会接近 $y = 1$ 处的渐近线，进而会导致 $y = 0$ 处数据点的概率本质上为零。换句话说，只有减小估计斜率的大小，才能容纳逻辑斯谛函数外部的离群值。

解决离群值问题的一种方法是考虑加入更多的预测变量，比如除了体重，再加入身高。体重较大的女性可能碰巧比较矮，因此，有较大身高斜率系数的逻辑斯谛函数同样能够解释数据，而不必虚假地降低体重的斜率系数。

通常情况下，我们手头没有其他的预测变量能够解释离群值。取而代之的方法是，我们使用一个结合了离群值的描述性模型。由于这类模型能够在存在离群值的情况下提供相对稳健的参数估计，因此被称为对离群值稳健（robust against outliers）。在前几章中，我们已经常规性地考虑计量变量的稳健模型（例如 16.2 节）。在当前有一个二分被预测变量的背景下，我们需要一个新的数学公式。

我们将把这些数据描述为一个混合体，这个混合体有两个来源。一个来源是（多个）预测变量的逻辑斯谛函数。另一个来源是纯粹的随机性或"猜测"，即来自抛一枚公平硬币的 y 值：$y \sim \mathrm{Bernoulli}(\mu = 1/2)$。我们假设每个数据点都有很小的可能性来源于猜测过程，概率为 α；但是通常情况下，y 值来自预测变量的逻辑斯谛函数，概率为 $1 - \alpha$。将这两个来源组合在一起，$y = 1$ 的预测概率为：

$$\mu = \alpha \cdot \frac{1}{2} + (1-\alpha) \cdot \mathrm{logistic}\left(\beta_0 + \sum_j B_j x_j\right) \tag{21.2}$$

注意，当猜测系数为 0 时，方程完全恢复为常规的逻辑斯谛模型。当猜测系数为 1 时，y 值是完全随机的。（这有另一种实现方法，也就是将逻辑斯谛函数中的所有斜率系数设置为零。）

我们的目标是估计逻辑斯谛参数，同时估计猜测系数。为此，我们需要建立猜测系数 α 的先验。在大多数应用中，我们期望数据中随机离群值的比例很小，因此先验应该突出较小的 α 值。对于下面的例子，我将先验设置为 $\alpha \sim \mathrm{dbeta}(1, 9)$。这个先验分布给出大于 0.5 的 α 值的概率非常低，但不为零。

稳健逻辑斯谛回归的 JAGS 模型定义，是普通逻辑斯谛回归模型定义的适度推广。与之前一样，开始先对数据进行标准化，最后将参数转换回原始尺度。式 21.2 的混合过程是直接在 JAGS 中表达的，其中的参数 α 被编码为 guess：

```
for ( i in 1:Ntotal ) {
  y[i] ~ dbern( mu[i] )
  mu[i] <- ( guess * (1/2)
            + (1.0-guess) * ilogit(zbeta0+sum(zbeta[1:Nx] * zx[i,1:Nx])) )
}
guess ~ dbeta(1,9)
```

模型定义位于名为 JAGS-Ydich-XmetMulti-MlogisticRobust.R 的文件中，调用该模型的高级脚本名为 JAGS-Ydich-XmetMulti-MlogisticRobust-Example.R。

图 21-8 显示了稳健逻辑斯谛回归模型的拟合结果，模型将性别仅作为体重的函数并进行预测。叠加的曲线显示了式 21.2 中的 μ。注意，与图 21-3 中的普通逻辑斯谛曲线不同，曲线的水平渐近线不在 0 和 1 处。猜测参数的众数估计值几乎为 0.2。这意味着渐近线约为 $y = 0.1$ 和 $y = 0.9$。特别是对于体重较大的情况，非 1 的渐近线使得模型能够容纳离群数据，同时在阈值处仍有很大的斜率。注意，逻辑斯谛曲线的斜率大于图 21-3 中的斜率。

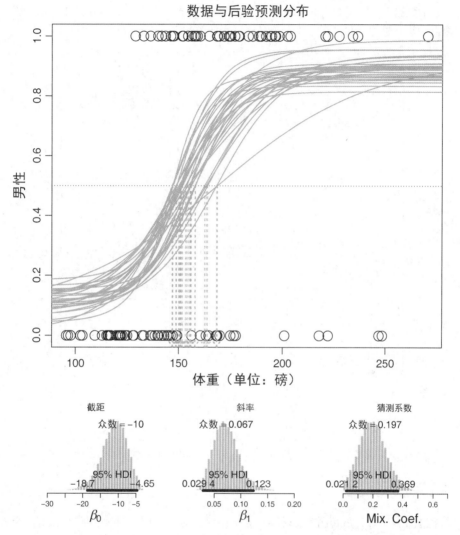

图 21-8 使用稳健逻辑斯谛回归预测性别（任意地编码为男性 = 1，女性 = 0），将其作为体重（单位为磅）的函数。上图：用圆圈表示数据，与图 21-3 相同。这些曲线是来自 MCMC 后验的随机样本；注意，渐近线远离了 0 和 1 这两个极限值。向下箭头指向的是阈值体重，此处为男性的概率为 50%。下图：截距、斜率和猜测系数的边际后验分布。图 21-9 显示了成对图

图 21-9 显示了成对的后验参数。具体来说，考虑图中将 β_1 的值（体重的斜率）与猜测参数的值绘制在一起的这部分。注意，这两个参数之间具有很强的正相关性。这意味着随着猜测参数的增大，斜率的可信值会增大。

对于一些具有极端离群值（相对于普通逻辑斯谛回归的被预测值而言）的数据集，加入猜测参数并使用稳健逻辑斯谛回归，可以使过小的斜率估计值与大且确定的斜率估计值之间的差异变得足够有

用。但是，如果数据没有极端的离群值，则可能很难检测出这些差异，如练习 21.1 所示。还有其他方法可以对离群值进行建模，我们将在关于顺序预测变量的第 23 章的练习 23.2 中看到。

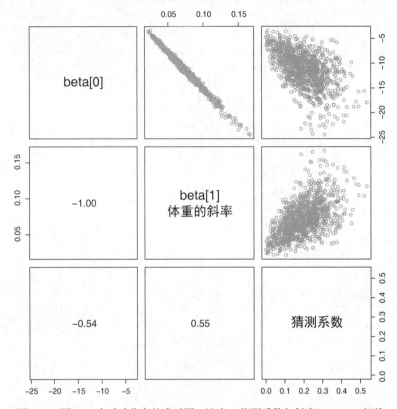

图 21-9　图 21-8 中后验分布的成对图。注意，猜测系数与斜率 beta[1] 相关

21.4　名义预测变量

我们现在把注意力从计量预测变量转移到名义预测变量上。比如，我们可能想根据一个人的政党归属和宗教信仰（名义预测变量），预测他会投票给候选人 A 还是候选人 B（二分被预测变量）。或者，我们可能希望根据棒球运动员的防守位置（名义预测变量），预测棒球运动员能否抓住击球机会并击中球（二分被预测变量）。

21.4.1　单组

我们从最简单的情况开始：只有单组。在这种情况下，我们观察到几个 0 和 1，我们的目标是估计 1 的潜在概率。这是抛硬币的情况：观察几次抛掷的结果并估计硬币的潜在偏差。这里的新颖之处在于，我们把它作为广义线性模型的例子，其中使用了基线的逻辑斯谛函数。

在第 6 章中，我们形式化这种情况的方式是：把硬币的偏差表示为 θ，并将 θ 的先验设置为 Beta

分布。因此，模型是 $y \sim \text{Bernoulli}(\theta)$ 且 $\theta \sim \text{dbeta}(a, b)$。现在，硬币的偏差被记为 μ（不再是 θ）。μ 的值由逻辑斯谛函数给出，基线值为 β_0。因此，在新模型中：

$$y \sim \text{Bernoulli}(\theta) \quad \text{且} \quad \mu \sim \text{logistic}(\beta_0)$$

该模型用 β_0 表示硬币的偏差。当 $\beta_0 = 0$ 时，硬币是公平的，因为 $\mu = 0.5$。当 $\beta_0 > 0$ 时，则 $\mu > 0.5$，硬币偏向正面。当 $\beta_0 < 0$ 时，则 $\mu < 0.5$，硬币偏向反面。注意，β_0 的范围是 $-\infty$ 到 $+\infty$，而 μ 的范围是 0 到 1。因此，β_0 的先验也必须支持 $-\infty$ 到 $+\infty$ 的值。常规的先验是正态分布：

$$\beta_0 \sim \text{normal}(M_0, S_0)$$

当 $M_0 = 0$ 时，先验分布以 $\mu = 0.5$ 为中心。图 21-10 给出了该模型的结构图，应将其与图 8-2 中的 Beta 先验进行比较。

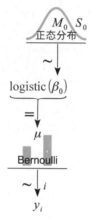

图 21-10　使用基线的逻辑斯谛函数估计硬币的潜在偏差。当 $\beta_0 = 0$ 时，则 $\mu = 0.5$，硬币是公平的。与图 8-2 中的 Beta 先验进行比较

　　因为 μ 是正态分布值 β_0 的逻辑斯谛函数，所以难以想象 μ 的先验分布实际上看起来是什么样子的。图 21-11 给出了一些例子。在每一个例子中，β_0 的随机值都是根据其正态先验产生的，然后使用逻辑斯谛函数将这些 β_0 值转换成 μ 值。最后将得到的 μ 值绘制成直方图。图 21-11 中的直方图上还绘制了轮廓线，该轮廓是 μ 的隐含先验的精确数学表达式，由 25.3 节中解释的重新参数化公式推导而来。[①]

　　选择一些均值和标准差作为 β_0 的先验时，会使 μ 的先验看起来有些类似于 Beta 分布。但是很多先验均值和标准差的选择，会使 μ 的分布看起来一点儿也不像 Beta 分布。具体来说，没有一种先验均值和标准差的选择能够使 μ 服从均匀分布。此外，Beta 先验中的常数是很直观的，可以自然地解释为先前观测到的数据（回顾 6.2 节）；但逻辑斯谛函数映射到 μ 时，其正态先验常数可没有那么直观。

---

① 25.3 节中的重新参数化公式，即式 25.1，需要用到逻辑斯谛函数的反函数和导数。我们已经知道逻辑斯谛函数 logistic 的反函数是 logit，也就是 $\text{logistic}^{-1}(\mu) = \log(\mu / (1 - \mu))$。结果表明，逻辑斯谛函数的导数可以方便地用逻辑斯谛函数自己来表示：$\text{logistic}'(\beta) = \text{logistic}(\beta) \cdot (1 - \text{logistic}(\beta))$。我们在导数中用 $\text{logistic}^{-1}(\mu)$ 替代 β。然后用式 25.1 绘制 μ 的概率密度图。

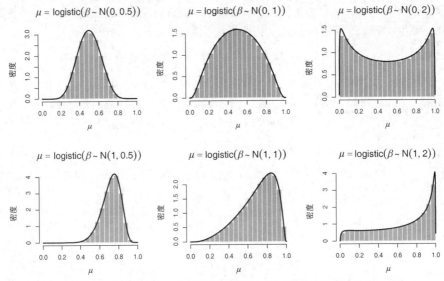

图 21-11　在图 21-10 中选择不同的 M_0 和 S_0 时，μ 的先验分布

可以将 Beta 先验版本的程序 JAGS-Ydich-Xnom1subj-MbernBeta.R 直接转换为使用基线逻辑斯谛函数的版本。（新程序可以命名为 JAGS-Ydich-Xnom1subj-Mlogistic.R。）JAGS-Ydich-Xnom1subj-MbernBeta.R 中的模型定义如下：

```
model {
  for ( i in 1:Ntotal ) {
    y[i] ~ dbern( theta )
  }
  theta ~ dbeta(1,1)
}
```

使用基线逻辑斯谛函数的版本可以改为使用以下内容：

```
model {
  for ( i in 1:Ntotal ) {
    y[i] ~ dbern( ilogit( b0 ) )
  }
  b0 ~ dnorm( 0 , 1/2^2 )
}
```

β_0 的先验值的均值为 $M_0 = 0$，且标准差为 $S_0 = 2$。注意，上面的模型定义中，没有使用单独的行来明确地命名 μ。如果你想记录 μ，可以在事后通过在链的每个步骤中创建 $\mu = \text{logistic}(\beta_0)$ 来完成，或者这样做：

```
model {
  for ( i in 1:Ntotal ) {
    y[i] ~ dbern( mu )
  }
  mu <- ilogit( b0 )
  b0 ~ dnorm( 0 , 1/2^2 )
}
```

回顾 17.5.2 节，以了解还需要更改程序的其他哪些方面。对于任何给定的数据集，由使用基线逻辑斯谛函数的版本的程序生成的后验分布，不会完全地匹配由 Beta 版本的程序生成的后验分布，因为先验分布不完全相同。在练习 21.2 中，你将有机会亲自尝试所有这些内容。

21.4.2 多组

上一节讨论了单组的简单情况，主要是为了介绍概念。在本节中，我们考虑一个更现实的情况，其中有多组。此外，组内的每个"被试"不再仅提供一个二分值，而是提供许多个二分值。

1. 示例：又是棒球

我们将关注 9.5 节中介绍的棒球数据，在这些数据中，每个棒球运动员都有一些击球机会，并且有些时候会击中球。因此，每一次击球机会都将产生一个二分结果。我们想根据球员的主要外野位置来估计其击球命中率。位置是一个名义预测变量。

在这种情况下，每一个球员都会有很多个二分结果。此外，我们认为每个位置上的球员都有与其他球员不同的独特能力，尽管我们同时认为所有球员都有能够代表他们所在位置的典型能力。因此，我们用一个潜在能力来描述各个位置，并且各个球员是该位置能力的随机变体，而且一个球员的数据是由他的能力生成的。

2. 模型

我们将使用的模型如图 21-12 所示。模型结构顶部的基础是图 19-2 中的 ANOVA 式模型。结果表明，位置 j 的能力众数 ω_j，是基线能力 β_0 加上位置偏移量 $\beta_{[j]}$ 的逻辑斯谛函数。基线参数和偏移量参数的先验是 ANOVA 式模型中常用的先验。

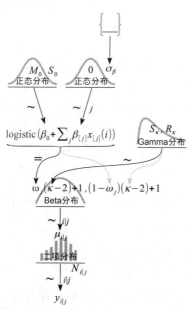

图 21-12　逻辑斯谛 ANOVA 式模型的层次图。模型结构顶部的基础是图 19-2 中的 ANOVA 式模型。模型结构底部的基础是图 9-7 和图 9-13 中的模型

图 21-12 模型结构底部的基础是图 9-7 和图 9-13 中的模型。位置 j 的能力记为 ω_j，它是一个 Beta 分布的众数，该 Beta 分布描述了该位置内个体能力的分布。Beta 分布的集中度记为 κ，是需要被估计的参数，基先验被设置为 Gamma 分布。我选择使用单个集中度参数同时描述所有的组，类似于方差分析中方差齐性的假设。（可以对每个组使用特定组的集中度参数，如图 9-13 所示。）位置 j 的球员 i 的能力被记为 $\mu_{i|j}$。球员 i 的击球机会数为 $N_{i|j}$，其中击中的次数为 $y_{i|j}$，假设 $y_{i|j}$ 是从均值为 $\mu_{i|j}$ 的二项分布中随机抽取的。我们使用二项分布，是因为它可以方便地计算多个相互独立的二分事件，而不是说我们所测量事件的条件是固定的 N，如 9.4 节（另见脚注）中所讨论的那样。

模型函数的文件名是 JAGS-Ybinom-Xnom1fac-Mlogistic.R，高级脚本是 JAGS-Ybinom-Xnom1fac-Mlogistic-Example.R。JAGS 模型定义实现了图 21-12 中的所有箭头。我希望你能够仔细查看下面的 JAGS 模型定义，并理解代码的每一行如何对应着图 21-12 中的每个箭头。

```
model {
  for ( i in 1:Ntotal ) {
    y[i] ~ dbin( mu[i] , N[i] )
    mu[i] ~ dbeta( omega[x[i]]*(kappa-2)+1, (1-omega[x[i]])*(kappa-2)+1 )
  }
  for ( j in 1:NxLvl ) {
    omega[j] <- ilogit( a0 + a[j] )          # 在 JAGS 中，ilogit 是逻辑斯谛函数
    a[j] ~ dnorm( 0.0 , 1/aSigma^2 )
  }
  a0 ~ dnorm( 0.0 , 1/2^2 )
  aSigma ~ dgamma( 1.64 , 0.32 )             # 众数=2，标准差=4
  kappa <- kappaMinusTwo + 2
  kappaMinusTwo ~ dgamma( 0.01 , 0.01 )      # 均值=1，标准差=10 (通用模糊程度)
  # 将 a0、a[]转化为和为零的 b0、b[]
  for ( j in 1:NxLvl ) { m[j] <- a0 + a[j] } # 单元均值
  b0 <- mean( m[1:NxLvl] )
  for ( j in 1:NxLvl ) { b[j] <- m[j] - b0 }
}
```

上述代码中唯一的新颖之处在于先验中为 aSigma 选择的常数。回想一下，aSigma 表示图 21-12 中的 σ_β，这是各组之间偏移量参数的标准差。aSigma 的 Gamma 先验相对于其尺度来说是宽泛的。σ_β 的合理值不是很直观，因为它们是指偏移量的标准差，而偏移量是概率的反逻辑数值。考虑 0.001 和 0.999 附近的两个极端概率。它们对应的反逻辑数值约为 -6.9 和 6.9，其标准差几乎为 10。这代表了 σ_β 的先验分布的高尾，更典型的值在 2 左右。因此 Gamma 先验被设置为众数等于 2 且标准差等于 4。这足够宽泛，使得它对合适数量的数据来说，影响都微乎其微。你应当更改先验常数，只要这样做对你的应用来说是合适的。

3. 结果

每个球员的击中数与击打数的比例，在图 21-13 中显示为一个点，点的大小表示击打球的总次数。较大的点对应着更多的数据，因此对参数估计的影响更大。后验预测分布被叠加在每个组数据的一侧。这些轮廓是图 21-12 模型中的 Beta 分布，参数为可信的 ω_j 值和 κ 值。Beta 分布的尾部被剪短，使得它们的跨度为 95%。每根"胡须"都很窄，这意味着群组众数的估计值是相当确定的。这种高度的确定性是符合直觉的，因为数据集相当大。该模型假设每个组的集中度相等，它对数据的描述情况可能很糟糕。具体地说，图 21-13 表明，投手内部的变异性可能比其他位置球员的变异性更大。

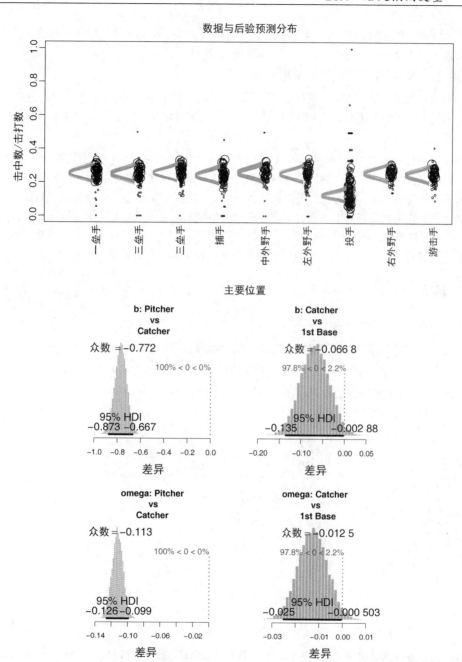

图 21-13 上图显示了棒球击球数据，其中点的大小与击球机会数成正比。后验预测分布是可靠的 Beta
分布，其中假设不同位置的集中度相等。下图显示了所选择的对比，可以与图 9-14 所示的对
比进行比较

位置之间的对比显示在图 21-13 的下图中，其中显示了两种对比：对数胜率偏移量参数（β_j 或 b）和群组众数（ω 或 omega）。比较两种对比：群组众数的对比，以及图 9-14 显示的之前报告的对比。可以看到它们非常相似，尽管模型结构不同。

目前的模型关注的是群组层次的描述，而不是个体层次的描述。因此，此程序没有内置个体球员的对比。但是 JAGS 模型确实记录了单个球员的估计值，也就是 mu[i]，因此同样可以进行单个球员的对比。

哪种模型更好：是图 21-12 中的 ANOVA 式模型，还是图 9-7 和图 9-13 中使用的 Beta 分布？答案是：看情况。这取决于意义、描述的充分性和概括性。与逻辑斯谛函数中的偏移量参数不同，Beta 分布可能在直觉上更有意义，因为我们可以在数据的尺度上，直接解释 Beta 分布的众数参数。如果要充分地描述数据，则可能要求每个组都有自己的集中度参数，无论模型的上层结构如何。对于具有多个预测变量（包括协变量）的应用，ANOVA 式模型可能更具扩展性。事实上，我们可以更改图 21-12 的顶部结构，将其变为我们感兴趣的任意计量预测变量和名义预测变量的组合。

21.5   练习

你可以在本书配套网站上找到更多练习。

练习 21.1   目的：理解稳健逻辑斯谛回归的用法和困难之处。 当存在极端离群值时，稳健逻辑斯谛回归做出的参数估计有很大的差异。但是，当离群值仅为中等极端或数量较少时，它们可能很难被发现。

(A) 创建一些带有离群值的数据。在 R 中输入以下内容：

```
N=500                    # 将生成的数据点的数量
x = runif(N)             # 从均匀分布中生成的随机值
x = (x-mean(x))/sd(x)    # 将 x 值标准化
b0 = 0                   # 真实的截距
b1 = 4                   # 真实的斜率
guess = 0.1              # 真实的"猜测"值
# y=1 的概率是逻辑斯谛回归与猜测的混合结果
mu = guess*(1/2) + (1-guess)*1/(1+exp(-(b0+b1*x)))
# 生成随机的 y 值
y = rep(NA,N)            # 为 y 值生成位置矩阵
for ( i in 1:length(x) ) {
  y[i] = sample( c(1,0) , size=1 , prob=c(mu[i],1-mu[i]) )
}
# 将数据写入文件
write.csv( cbind( Y=y , X=x ) ,
           file=paste0("RobustLogisticExercise-",b0,"-",b1,"-", guess,".csv") ,
           row.names=FALSE )
```

确保当前工作路径的设置正确，以便存储的文件位于你所需的位置。

(B) 对数据运行非稳健逻辑斯谛回归。在高级脚本 JAGS-Ydich-XmetMulti-Mlogistic-Example.R 的顶部，使用以下命令读取数据文件：

```
myData = read.csv("RobustLogisticExercise-0-4-0.1.csv")
yName = "Y" ; xName = "X"
fileNameRoot = "RobustLogisticExercise-0-4-0.1-REGULAR-"
numSavedSteps=15000 ; thinSteps=2
```

在你的报告中，加入叠加有逻辑斯谛曲线的数据图，以及 β_1 的边际后验分布。β_1 的估计值准确吗？

(C) 对数据运行稳健逻辑斯谛回归分析。在高级脚本 JAGS-Ydich-XmetMulti-MlogisticRobust-Example.R 的顶部，使用以下命令读取数据文件：

```
myData = read.csv("RobustLogisticExercise-0-4-0.1.csv")
yName = "Y" ; xName = "X"
fileNameRoot = "RobustLogisticExercise-0-4-0.1-ROBUST-"
numSavedSteps=15000 ; thinSteps=2
```

在你的报告中，加入叠加有逻辑斯谛曲线的数据图，以及 β_1 的边际后验分布。β_1 的估计值准确吗？β_1 的估计值是否与前一部分的非稳健模型有差异？

(D) 重复上述三部分，但这次从正态分布而不是均匀分布中随机产生 x 值。也就是说，仅更改一行，将 x=runif(N) 更改为 x=rnorm(N)。你应该发现，稳健的逻辑斯谛回归并不能很好地恢复真实的斜率（或猜测率），尽管比非稳健的逻辑斯谛回归要好一些。讨论原因。练习的开始部分已经陈述了这些例子的寓意。使用稳健逻辑斯谛回归有什么缺点吗？

练习 21.2 目的：练习修改 JAGS 程序，对硬币的偏差比较 Beta 先验和逻辑斯谛正态先验。

(A) 根据 21.4.1 节所述，使用逻辑斯谛正态先验，创建程序以估计单枚硬币的偏差。提示：复制 JAGS-Ydich-Xnom1subj-MbernBeta.R，并将其重命名为 JAGS-Ydich-Xnom1subj-Mlogistic.R。在副本程序中进行所需的更改。对高级脚本 JAGS-Ydich-Xnom1subj-MbernBeta-Example.R 执行同样的操作。

(B) 创建 mu 的先验图（查看 8.5 节以了解如何实现）。参考图 21-11。

(C) 考虑一个数据集，其中的数据为 1 正 1 反。显示新模型的后验分布，以及 Beta 先验模型的后验分布。两种后验分布是否有明显的差异？

(D) 考虑一个数据集，其中的数据为 30 正 40 反。显示新模型的后验分布，以及 Beta 先验模型的后验分布。两种后验分布是否有明显的差异？

练习 21.3 目的：为了一点儿收获而体验痛苦与挫折——扩展逻辑斯谛 ANOVA 模型，为不同的组设置不同的集中度参数。这有点儿像攀登珠穆朗玛峰，但是，事后向人们讲述的时候并不是那么有趣。图 21-13 中的棒球数据表明，某些位置（尤其是投手）的个体能力的范围，可能与其他位置不同。换句话说，模型假设所有组的集中度（κ）是相等的，而这个假设并不合适。在本练习中，你的任务是扩展图 21-12 中的模型，为每个组设置不同的集中度参数。使用图 9-13 作为指南，查看如何设置不同的 κ_j，而不估计其变异性。或者，对于超额完成任务者，使用图 19-6 作为指南，查看如何设置不同的 κ_j，并且估计其变异性。将 JAGS-Ybinom-Xnom1fac-Mlogistic.R 和 JAGS-Ybinom-Xnom1fac-Mlogistic-Example.R 文件复制为新的文件，并适当重命名，作为起点。

第 22 章

名义被预测变量

> 刚确定了二分与计量，
> 却又产生了多个名义。
> 你以为可以放松休息，
> 却来了连接 softmax 的逻辑。[1]

本章考虑的数据结构包含一个名义被预测变量。当名义被预测变量只有两个可能值时，就降阶为第 21 章考虑的二分被预测变量的情况。在本章中，我们将推广到被预测变量具有三个或更多分类值的情况。比如，我们可能希望根据一个人的年收入和受教育年限来预测其政党归属（一个名义变量）。或者我们可能希望根据海水的盐度和温度来预测我们可能观察到的鱼类（一个名义变量）。

这种数据结构的传统处理方法称为多分类逻辑斯谛回归或条件逻辑斯谛回归。我们将考虑这些方法的贝叶斯途径。与往常一样，在贝叶斯软件中，我们可以很容易地推广传统模型，使其在面对离群值时具有稳健性，允许名义预测变量的各个水平具有不同的方差，并且可以加入层次结构，以便适当地在多个水平或因素之间共享信息。

在第 15 章介绍的 GLM 的背景下，本章的情况涉及一个被称为 softmax 的连接函数，同时使用分类分布以描述数据中的噪声，如表 15-2 第三行所示。有关本章中被预测变量和预测变量的组合，及其与其他组合的关系，请参见表 15-3。

22.1 softmax 回归

逻辑斯谛回归的推广通常有两种类型：将在本章后面讨论的条件逻辑斯谛回归（conditional logistic regression）和本节讨论的多分类逻辑斯谛回归（multinomial logistic regression，或多项式逻辑斯谛回归）。然而，我不喜欢"多分类逻辑斯谛回归"这个传统名称，因为这个模型不使用逻辑斯谛函数本

---

[1] *Just when dichotomous, metric, were sure,*
Multiple nominal outcomes occur.
Just when you thought you might rest and relax,
Here come logistics of linking softmax.
这首打油诗是不言自明的，但请注意，"logistics"同时意味着复杂的操作。

身，所以"逻辑斯谛"这个名称是一个误称，而且本章中的所有模型都是描述多分类数据的，而"多分类"这个名称并不能提供额外的信息。描述这个模型的关键在于它的反连接函数，即 softmax 函数（将在下面定义）。因此，我将此方法称为 softmax 回归，而不是多分类逻辑斯谛回归。

在第 21 章中，我们使用逻辑斯谛函数，从预测变量的线性组合，得到结果 1 相对于结果 0 的概率。在本章中，我们要扩展到多个类别的结果。逻辑斯谛函数的推广需要一些数学过程，但它实际上只是在重复指数函数的代数运算，所以不要被吓到。为了保持符号简单，假设我们仅有一个计量预测变量 x。下面的所有推导都很容易推广到多个预测变量的情况。结果 k 的潜在线性倾向被记为：

$$\lambda_k = \beta_{0,k} + \beta_{1,k}x \tag{22.1}$$

下标 k 表明，对于每个结果类别，都有一个类似于式 22.1 的等式。我们将所有可能结果的集合称为 S。现在有一个新颖之处，即结果 k 的概率由 softmax 函数给出：

$$\phi_k = \text{softmax}_S(\{\lambda_k\}) = \frac{\exp(\lambda_k)}{\sum_{c \in S} \exp(\lambda_c)} \tag{22.2}$$

用语言来表达，式 22.2 的意思是，结果 k 的概率是一个比值，即，结果 k 的指数线性倾向，比集合 S 中所有结果的指数线性倾向之和。你可能想知道：为什么要指数化？直觉上来讲，我们必须改变可能有负值的倾向，将其转变为只能取非负值的概率，同时必须保持它们的顺序。而指数函数满足这些需求。

我们在许多应用中会使用 softmax 函数，用来将多个实值变量映射到多个保序结果概率（比如，Bishop，2006）。它被称为 softmax 函数，是因为给它加上另一个参数 γ 时，这个增益参数 γ 将放大所有输入，于是当增益较大时，softmax 为最大的输入赋予近 100% 的概率。

$$\text{当 } \gamma \to \infty \text{ 时，} \quad \frac{\exp(\gamma\lambda_k)}{\sum_{c \in S} \exp(\gamma\lambda_c)} \to \begin{cases} 1 & \text{如果 } \lambda_k = \max(\{\lambda_c\}) \\ 0 & \text{其他情况} \end{cases}$$

在使用导数（梯度）来寻找最佳输入值的应用中，softmax 公式相当有用，因为梯度上升需要光滑的可微函数（参见 Kruschke 和 Movellan，1991）。

结果表明，式 22.1 和式 22.2 存在不定点。我们可以在每个 $\beta_{0,k}$ 上加一个常数 C_0，在每个 $\beta_{1,k}$ 上加一个常数 C_1，所得的各个类别的响应概率与之前完全相同：

$$
\begin{aligned}
&\frac{\exp\big((\beta_{0,k} + C_0) + (\beta_{1,k} + C_1)x\big)}{\sum_{c \in S} \exp\big((\beta_{0,c} + C_0) + (\beta_{1,c} + C_1)x\big)} \\
&= \frac{\exp\big((C_0 + C_1 x) + \beta_{0,k} + \beta_{1,k}x\big)}{\sum_{c \in S} \exp\big((C_0 + C_1 x) + \beta_{0,c} + \beta_{1,c}x\big)} \\
&= \frac{\exp(C_0 + C_1 x)\exp(\beta_{0,k} + \beta_{1,k}x)}{\sum_{c \in S} \exp(C_0 + C_1 x)\exp(\beta_{0,c} + \beta_{1,c}x)} \\
&= \frac{\exp(\beta_{0,k} + \beta_{1,k}x)}{\sum_{c \in S} \exp(\beta_{0,c} + \beta_{1,c}x)} \\
&= \phi_k
\end{aligned}
\tag{22.3}
$$

22

因此，我们可以将一个响应类别的基线值和斜率设置为任意常数。我们将一个响应类别的常数设置为零：$\beta_{0,r} = 0$ 且 $\beta_{1,r} = 0$，称之为参考类别 r。

由于回归系数存在不定点，因此我们只能相对于参考类别来解释回归系数。回顾 21.2.1 节，可以将逻辑斯谛回归中的回归系数，想象为结果 1 相对于结果 0 的对数胜率。在本应用中，可以将回归系数想象为每个结果相对于参考结果的对数胜率：

$$
\begin{aligned}
\log\left(\frac{\phi_k}{\phi_r}\right) &= \log\left(\frac{\exp(\beta_{0,k} + \beta_{1,k}x)}{\exp(\beta_{0,r} + \beta_{1,r}x)}\right) \\
&= \log\left(\frac{\exp(\beta_{0,k} + \beta_{1,k}x)}{\exp(0 + 0x)}\right) \\
&= \beta_{0,k} + \beta_{1,k}x
\end{aligned}
\tag{22.4}
$$

换句话说，回归系数 $\beta_{1,k}$ 是 x 增加一个单位时，结果 k 相对于参考结果 r 的对数胜率的增加量。

图 22-1 显示了从多分类逻辑斯谛回归模型生成的两个数据示例。示例中使用了两个预测变量，即 x_1 和 x_2，以更好地说明模型可以产生的各种模式。回归系数显示在图 22-1 的两幅图的标题中。回归系数相对于 x 的尺度来说很大，因此，可以清晰地看到结果之间的转换。在实际数据中，回归系数通常小得多，而且所有类型的结果都有大量的重叠。

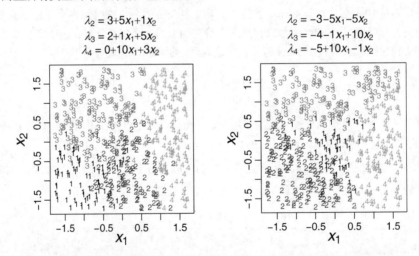

图 22-1　softmax 回归模型生成的数据示例。每张图上方显示了式 22.1 的具体实例（但具有两个预测变量，而不是只有一个预测变量），参考结果被设置为 1，因此 $\lambda_1 \equiv 0$。这些结果的抽样概率即式 22.2 的 softmax 函数计算出的概率

对于图 22-1 中的例子，参考结果被选择为 1，因此所有回归系数都描述了其他结果相对于结果 1 的对数胜率。考虑结果 2，λ_2 的回归系数指定了其对数胜率。对于 λ_2，如果 x_1 的回归系数为正，那么结果 2 相对于结果 1 的概率，随着 x_1 的增大而增大。同样对于 λ_2，如果 x_2 的回归系数为正，那么结果 2 相对于结果 1 的概率，随着 x_2 的增大而增大。基线 β_0 决定需要多大的 x_1 和 x_2，才能够使结果 2

的概率超过结果 1 的概率：基线越大，需要的 x_1 和 x_2 越小。

你可以在图 22-1 中看到这些趋势。在每幅图中，找到参考结果（结果 1）发生的区域。如果 x_1 的 λ_2 系数为正，则结果 2 的发生区域将倾向于在参考结果的发生区域的右侧；如果 x_1 的 λ_2 系数为负，则结果 2 的发生区域将倾向于在参考结果的发生区域的左侧。对 x_2 来说也是类似的：如果 x_2 的 λ_2 系数为正，则结果 2 的发生区域将倾向于在参考结果的发生区域的上面；如果 x_2 的 λ_2 系数为负，则结果 2 的发生区域将倾向于在参考结果的发生区域的下面。这些趋势也适用于其他结果。

从图 22-1 中得出的另一个一般结论是，不同结果的区域不一定具有分片的线性边界。在本章的后面，我们将考虑一种不同的模型，它产生的结果区域总是具有分片的线性边界。

22.1.1　仅有两种结果时，softmax 函数降阶为逻辑斯谛函数

当只有两种结果时，softmax 公式降阶为第 21 章的逻辑斯谛回归。结果 $y = 0$ 被声明为参考结果，回归系数描述了结果 $y = 1$ 相对于结果 $y = 0$ 的对数胜率。为了明确这一点，让我们看看只有两种结果类别时，指数线性倾向的 softmax 函数如何变成逻辑斯谛函数。我们从式 22.2 中的 softmax 函数的定义开始，并在有两种结果类别的情况下对其进行代数变换：

$$
\begin{aligned}
\phi_1 &= \frac{\exp(\lambda_1)}{\sum_{c \in \{1,0\}} \exp(\lambda_1)} \\
&= \frac{\exp(\lambda_1)}{\exp(\lambda_1) + \exp(\lambda_0)} \\
&= \frac{\exp(\lambda_1)}{\exp(\lambda_1) + 1} \qquad \text{因为 } \lambda_0 \equiv 0 + 0x \\
&= \frac{\exp(\lambda_1) / \exp(\lambda_1)}{\exp(\lambda_1) / \exp(\lambda_1) + 1 / \exp(\lambda_1)} \\
&= \frac{1}{1 + \exp(-\lambda_1)} \\
&= \text{logistic}(\lambda_1)
\end{aligned}
\tag{22.5}
$$

因此，softmax 回归是逻辑斯谛回归的一个自然推广。我们将在本章后面看到另一种不同的推广。

22.1.2　无关属性的独立性

式 22.2 的 softmax 函数的一个重要性质被称为无关属性的独立性（Luce，1959，2008）。该模型意味着，无论集合中包含哪些其他可能结果，两个给定结果的概率比例都是相同的。让我们将可能结果的集合记为 S。然后，根据 softmax 函数的定义，结果 j 和 k 的比例是：

$$
\frac{\phi_j}{\phi_k} = \frac{\exp(\lambda_j) / \sum_{c \in S} \exp(\lambda_c)}{\exp(\lambda_k) / \sum_{c \in S} \exp(\lambda_c)}
\tag{22.6}
$$

分母中的求和项将相互抵消，对概率比例没有影响。显然，如果我们将结果集 S 改为结果集 $S*$，结果

集 S^* 包含结果 j 和 k 及任何其他结果，那么求和项 $\Sigma_{c \in S^*}$ 仍将相互抵消，并且对概率比例没有影响。

遵循无关属性的独立性的一个直观示例如下。假设从家到公司共有三种方式，即步行、骑自行车和乘坐公共汽车。假设一个人最喜欢步行，其次是骑车，然后是乘车。再假设具体方式的选择是概率性的，比例为 3：2：1。也就是说，选择步行和选择骑车的概率比例是 3：2，选择骑车和选择乘车的概率比例是 2：1。换句话说，有 50% 的可能性步行，33.3% 的可能性骑车，16.7% 的可能性乘车。步行概率与乘车概率的比例为 3：1。现在，假设有一天自行车的轮胎漏气了，于是结果集变小了。符合直觉的结果是，剩下的选项应当具有相同的概率比例，也就是说，这个人还是更喜欢步行而不是乘车，选择这两种方式的概率比例为 3：1。

但无关属性的独立性并不能准确地描述所有的情况。Debreu（1960）指出了一个违背无关属性的独立性的例子。假设从家到公司共有三种方式，即步行、乘坐红色公共汽车和乘坐蓝色公共汽车。假设一个人更喜欢步行而不是乘车，选择这两种方式的概率比例为 3：1，但他不关心公共汽车到底是红色的还是蓝色的。当同时存在这三个选项时，步行的概率为 75%，乘坐公共汽车的概率为 25%。这意味着乘坐红色公共汽车的概率为 12.5%，乘坐蓝色公共汽车的概率也为 12.5%。因此，步行和乘坐红色公共汽车的概率比例是 6：1。现在，假设有一天蓝色公共汽车的公司倒闭了，结果集变小了。符合直觉的结果是，步行的概率仍然为 75%，乘坐公共汽车的概率为 25%，但现在步行和乘坐红色公共汽车的概率比例是 3：1，而不再是 6：1。

因此，当应用式 22.2 的描述性模型时，我们隐含地假设了无关属性的独立性。在任何给定的应用中，这既可能是合理的假设，也可能是不合理的假设。

22.2　条件逻辑斯谛回归

softmax 回归将每个结果视为相对于参考结果的对数胜率的独立变化，其特殊情况是二分逻辑斯谛回归。但我们可以用另一种方法来推广逻辑斯谛回归，这样可能可以更好地捕捉一些数据模式。这种推广的思想是将结果集划分为二分集的层次结构，并用逻辑斯谛回归描述二分集中每个分支的概率。结果子集 S^* 中的任何结果相对于更大集合 S 的潜在响应倾向表示为：

$$\lambda_{S^*|S} = \beta_{0,S^*|S} + \beta_{1,S^*|S} x \tag{22.7}$$

条件响应概率为：

$$\phi_{S^*|S} = \text{logistic}(\lambda_{S^*|S}) \tag{22.8}$$

式 22.7 和式 22.8 的主旨是，回归系数指的是指定子集的结果的条件概率，而不一定是整个结果集中的单个结果。

图 22-2 展示了四个结果的二分集的两个层次结构示例。在每个示例中，完整的（四个）结果集显示在层次结构的顶部，向下的过程是多个二元划分。每个分支都标记了它的条件概率。比如，左上角的分支表示，给定的完整集合中发生了结果 1，并将发生事件的条件概率标记为 $\phi_{\{1\}|\{1,2,3,4\}}$。该条件概率被建模为预测变量的逻辑斯谛函数。我们现在将探讨这两个层次结构的数字细节。

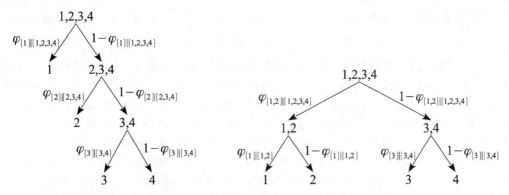

图 22-2 结果 1、2、3 和 4 的二元划分的两个层次结构。每个分支都标记有它的条件概率。条件逻辑斯谛回归使用逻辑斯谛函数来描述各个二元条件概率。图 22-3 的左图展示了根据图 22-2 左边层次结构生成的数据示例，图 22-3 的右图展示了根据图 22-2 右边层次结构生成的数据示例

在图 22-2 左侧的层次结构中，我们将结果分割成一系列二分集的层次结构，具体选择方案如下：

❑ 1 对 2、3 或 4

❑ 2 对 3 或 4

❑ 3 对 4

在层次结构的每一个层次上，使用预测变量线性组合的逻辑斯谛函数，描述各个选项的条件概率。在我们的例子中，假设有两个计量预测变量。预测变量的线性组合表示为：

$$
\begin{aligned}
\lambda_{\{1\}|\{1,2,3,4\}} &= \beta_{0,\{1\}|\{1,2,3,4\}} + \beta_{1,\{1\}|\{1,2,3,4\}} x_1 + \beta_{2,\{1\}|\{1,2,3,4\}} x_2 \\
\lambda_{\{2\}|\{2,3,4\}} &= \beta_{0,\{2\}|\{2,3,4\}} + \beta_{1,\{2\}|\{2,3,4\}} x_1 + \beta_{2,\{2\}|\{2,3,4\}} x_2 \\
\lambda_{\{3\}|\{3,4\}} &= \beta_{0,\{3\}|\{3,4\}} + \beta_{1,\{3\}|\{3,4\}} x_1 + \beta_{2,\{3\}|\{3,4\}} x_2
\end{aligned}
\tag{22.9}
$$

并且，结果集的条件概率仅仅是将逻辑斯谛函数应用于各个 λ 值：

$$
\begin{aligned}
\phi_{\{1\}|\{1,2,3,4\}} &= \text{logistic}(\lambda_{\{1\}|\{1,2,3,4\}}) \\
\phi_{\{2\}|\{2,3,4\}} &= \text{logistic}(\lambda_{\{2\}|\{2,3,4\}}) \\
\phi_{\{3\}|\{3,4\}} &= \text{logistic}(\lambda_{\{3\}|\{3,4\}})
\end{aligned}
\tag{22.10}
$$

上面的 ϕ 值应视为条件概率，正如图 22-2 中的箭头所示。比如，$\phi_{\{2\}|\{2,3,4\}}$ 是给定结果 2、3 或 4 发生时，结果 2 的发生概率。这个概率的余集 $1 - \phi_{\{2\}|\{2,3,4\}}$ 是给定结果 2、3 或 4 发生时，结果 3 或 4 的发生概率。

最后，真正决定上述表达式之间关系的最重要的方程是，使用条件概率的恰当组合来指定单个结果的概率。图 22-2 中个体结果的概率为，个体结果所在的层次结构分支上，所有条件概率简单地相乘。因此：

$$
\begin{aligned}
\phi_1 &= \phi_{\{1\}|\{1,2,3,4\}} \\
\phi_2 &= \phi_{\{2\}|\{2,3,4\}} \cdot (1 - \phi_{\{1\}|\{1,2,3,4\}}) \\
\phi_3 &= \phi_{\{3\}|\{3,4\}} \cdot (1 - \phi_{\{2\}|\{2,3,4\}}) \cdot (1 - \phi_{\{1\}|\{1,2,3,4\}}) \\
\phi_4 &= (1 - \phi_{\{3\}|\{3,4\}}) \cdot (1 - \phi_{\{2\}|\{2,3,4\}}) \cdot (1 - \phi_{\{1\}|\{1,2,3,4\}})
\end{aligned}
\tag{22.11}
$$

注意，所有结果概率的和应当等于 1，也确实等于 1；也就是说，$\phi_1 + \phi_2 + \phi_3 + \phi_4 = 1$。在当前的情况下，最容易验证这个结果的求和顺序是：$((\phi_4 + \phi_3) + \phi_2) + \phi_1 = 1$。

图 22-3 中的左图显示了根据式 22.9 到式 22.11 的条件逻辑斯谛模型生成的数据示例。x_1 和 x_2 的值是从均匀分布中随机生成的。回归系数显示在两幅图的标题中。与 x 的尺度相比，回归系数较大，因此可以清楚地看到结果之间的转换。在实际数据中，回归系数通常小得多，而且所有类型的结果之间都有大量的重叠。你可以在图 22-3 的左图中看到，结果 1 的区域和结果 2、3 或 4 的区域之间存在线性分割线。然后，在结果 2、3 或 4 的区域内，结果 2 的区域与结果 3 或 4 的区域之间存在线性分割线。最后，在结果 3 或 4 的范围内，结果 3 和结果 4 之间存在线性分割线。当然，线性分割线周围存在概率性的噪声；虚线绘制出了潜在的线性分割线，也就是逻辑斯谛概率等于 50% 的位置。

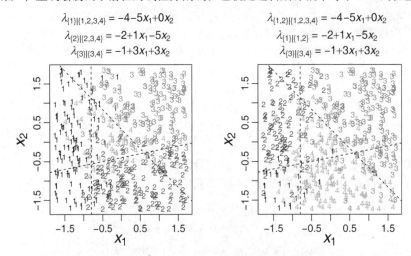

$$\lambda_{\{1\}|\{1,2,3,4\}} = -4-5x_1+0x_2 \qquad \lambda_{\{1,2\}|\{1,2,3,4\}} = -4-5x_1+0x_2$$
$$\lambda_{\{2\}|\{2,3,4\}} = -2+1x_1-5x_2 \qquad \lambda_{\{1\}|\{1,2\}} = -2+1x_1-5x_2$$
$$\lambda_{\{3\}|\{3,4\}} = -1+3x_1+3x_2 \qquad \lambda_{\{3\}|\{3,4\}} = -1+3x_1+3x_2$$

图 22-3　左图：根据式 22.9 到式 22.11 的条件逻辑斯谛模型生成的数据示例，这些式子表达了图 22-2 左侧的层次结构。右图：根据式 22.12 到式 22.14 的条件逻辑斯谛模型生成的数据示例，这些式子表达了图 22-2 右侧的层次结构。虚线表示条件逻辑斯谛函数的 50% 水平等高线

我们现在考虑条件逻辑斯谛回归的另一个例子，它同样涉及四个结果和两个预测变量，但是结果的划分方式不同。图 22-2 中的右图显示了二分式结果集的层次结构。在这种情况下，我们选择的二分集层次结构如下：

❑ 1 或 2 对 3 或 4

❑ 1 对 2

❑ 3 对 4

在层次结构的每一个层次上，使用预测变量线性组合的逻辑斯谛函数来描述各个选项的条件概率。对于上述选择，预测变量的线性组合表示为：

$$\lambda_{\{1,2\}|\{1,2,3,4\}} = \beta_{0,\{1,2\}|\{1,2,3,4\}} + \beta_{1,\{1,2\}|\{1,2,3,4\}}x_1 + \beta_{2,\{1,2\}|\{1,2,3,4\}}x_2$$
$$\lambda_{\{1\}|\{1,2\}} = \beta_{0,\{1\}|\{1,2\}} + \beta_{1,\{1\}|\{1,2\}}x_1 + \beta_{2,\{1\}|\{1,2\}}x_2 \qquad (22.12)$$
$$\lambda_{\{3\}|\{3,4\}} = \beta_{0,\{3\}|\{3,4\}} + \beta_{1,\{3\}|\{3,4\}}x_1 + \beta_{2,\{3\}|\{3,4\}}x_2$$

并且，结果集的条件概率仅仅是将逻辑斯谛函数应用于各个 λ 值：

$$\phi_{\{1,2\}|\{1,2,3,4\}} = \text{logistic}(\lambda_{\{1,2\}|\{1,2,3,4\}})$$
$$\phi_{\{1\}|\{1,2\}} = \text{logistic}(\lambda_{\{1\}|\{1,2\}}) \qquad (22.13)$$
$$\phi_{\{3\}|\{3,4\}} = \text{logistic}(\lambda_{\{3\}|\{3,4\}})$$

最后，真正决定上述表达式之间关系的最重要的方程是，使用条件概率的恰当组合来指定单个结果的概率，这可以从图 22-2 右侧层次结构分支上的条件概率中得到，因此：

$$\phi_1 = \phi_{\{1\}|\{1,2\}} \cdot \phi_{\{1,2\}|\{1,2,3,4\}}$$
$$\phi_2 = (1 - \phi_{\{1\}|\{1,2\}}) \cdot \phi_{\{1,2\}|\{1,2,3,4\}}$$
$$\phi_3 = \phi_{\{3\}|\{3,4\}} \cdot (1 - \phi_{\{1,2\}|\{1,2,3,4\}}) \qquad (22.14)$$
$$\phi_4 = (1 - \phi_{\{3\}|\{3,4\}}) \cdot (1 - \phi_{\{1,2\}|\{1,2,3,4\}})$$

注意，所有结果概率的和应当等于 1，也确实等于 1；也就是说，$\phi_1 + \phi_2 + \phi_3 + \phi_4 = 1$。在当前的情况下，最容易验证这个结果的求和顺序是 $(\phi_1 + \phi_2) + (\phi_3 + \phi_4)$。本例与上例之间的唯一结构差异在于，式 22.11 和式 22.14 的形式不同。除此之外，这两个例子都涉及预测变量的系数，其中系数的意义在于，它们在式 22.11 和式 22.14 中的组合方式。根据式 22.11 和式 22.14 的特定组合，为系数标记了助记下标。

图 22-3 中的右图显示了根据式 22.12 到式 22.14 的条件逻辑斯谛模型生成的数据示例。回归系数显示在两幅图的标题中。你可以在图 22-3 的右图中看到，结果 1 或 2 的区域和结果 3 或 4 的区域之间存在线性分割线。然后，在结果 1 或 2 的区域内，结果 1 的区域和结果 2 的区域之间存在线性分割线。最后，在结果 3 或 4 的范围内，结果 3 和结果 4 之间存在线性分割线。当然，线性分割线周围存在概率性的噪声；虚线绘制出了潜在的线性分割线，也就是逻辑斯谛概率等于 50% 的位置。

一般来说，条件逻辑斯谛回归要求结果的两个子集之间存在线性分割线，然后在每个子集中存在更小子集的线性分割线，以此类推。softmax 回归模型不需要这种线性分割，如图 22-1 所示。你可以看到，图 22-1 中 softmax 回归的结果区域似乎没有条件逻辑斯谛回归所需的层次线性分割线。真实的数据可能具有大量的噪声，而且可能有多个预测变量。因此，从视觉上确定哪种模型更合适，是非常具有挑战性的，甚至是不可能的。模型的选择主要由理论意义决定。

22

22.3 JAGS 中的实现

22.3.1 softmax 模型

图 22-4 显示了 softmax 回归的层次图。它与逻辑斯谛回归的层次图非常相似，为方便起见，这里再次呈现了图 21-2 中逻辑斯谛回归的层次图。并列呈现的两张图提出了另一个观点，即逻辑斯谛回归是 softmax 回归的一个特例。

图 22-4 的 softmax 回归图中只有几个新颖之处。最明显的是，图的底部是一个名为"类别"的分布，它类似于伯努利分布，但是它有好几个结果，而不是仅有两个。通常使用从 1 开始的连续整数来命名这些类别，但这种命名方案并不代表这些值之间具有顺序或距离。图底部的 y_i 表示第 i 个数据点的整数结果标签。结果 k 的概率被记为 $\mu_{[k]}$，结果概率被直观地表示为类别分布图标中条形的高度，

正如伯努利分布的结果概率被表示为其两个条形的高度。在图中向上移动，softmax 函数给出了每个结果的概率。softmax 函数中的下标[k]仅表示该函数被应用于每个结果 k。

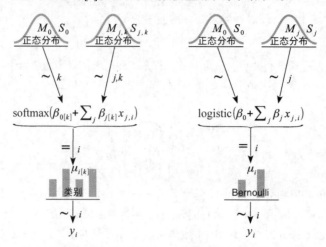

图 22-4 softmax 回归（左）和逻辑斯谛回归（右）的层次图，预测变量均为计量尺度。
右图重复了图 21-2

在 JAGS 中表达该模型的方法与计量预测变量的逻辑斯谛回归非常相似。与逻辑斯谛回归一样，为了使 MCMC 抽样更高效，首先将预测变量标准化，再将参数转换回原始尺度。计算 softmax 函数时有一个新颖之处，因为 JAGS 没有内置 softmax（但 Stan 有）。JAGS 代码使用 for 循环遍历结果，并根据式 22.1 计算指数化的 λ_k 值。变量 explambda[k,i]是第 i 个数据点的指数化 λ_k。之后，这些值被标准化，并用作类别分布中的概率，在 JAGS 中类别分布被记为 dcat。在下面的 JAGS 代码中，Nout 是结果类别的数目，Nx 是预测变量的数目，Ntotal 是数据点的数目。请阅读下面的代码，看看你能否理解每一行。与往常一样，JAGS 代码行从层次图的底部开始。

```
model {
  for ( i in 1:Ntotal ) {
    y[i] ~ dcat( mu[1:Nout,i] )
    mu[1:Nout,i] <- explambda[1:Nout,i] / sum(explambda[1:Nout,i])
    for ( k in 1:Nout ) {
    explambda[k,i] <- exp( zbeta0[k] + sum( zbeta[k,1:Nx] * zx[i,1:Nx] ) )
    }
  }
  # 参考结果 1 的系数被设置为零
  zbeta0[1] <- 0
  for ( j in 1:Nx ) { zbeta[1,j] <- 0 }
  # 先验在标准化尺度上是模糊的
  for ( k in 2:Nout ) { # 从结果 2 开始
    zbeta0[k] ~ dnorm( 0 , 1/20^2 )
    for ( j in 1:Nx ) {
      zbeta[k,j] ~ dnorm( 0 , 1/20^2 )
    }
  }
  # 转换至原始尺度……
}
```

JAGS 中的 `dcat` 分布会自动标准化它的参数向量，因此我们不需要预先标准化它的参数。我们在上面明确地做出的标准化：

```
y[i] ~ dcat( mu[1:Nout,i] )
mu[1:Nout,i] <- explambda[1:Nout,i] / sum(explambda[1:Nout,i])
```

可以简化为如下形式：

```
y[i] ~ dcat( explambda[1:Nout,i] )
```

程序 JAGS-Ynom-XmetMulti-Msoftmax.R 中使用了简化的形式，该程序是从高级脚本 JAGS-Ynom-XmetMulti-Msoftmax-Example.R 中调用的。

22.3.2 条件逻辑斯谛模型

条件逻辑斯谛模型的主要"动作"是图 22-2 的层次结果划分。你可以想象将图 22-2 的层次结果划分与图 22-4 右侧的逻辑斯谛回归图结合起来，创建一个条件逻辑斯谛模型图。在层次结果划分中，每个 $\phi_{s*|s}$ 都有自己的逻辑斯谛函数。注意，每种不同的层次结果划分方式都会产生不同的条件逻辑斯谛模型。

尽管绘制模型结果图可能很有挑战性，但是在 JAGS 中实现它是很容易的。考虑图 22-2 左侧的层次结果划分，其对应的表达式在式 22.9 到式 22.11 中。第 i 个数据点的结果概率 ϕ_k 在 JAGS 中的编码为 mu[k,i]。查看下面的 JAGS 代码，可以看到式 22.9 到式 22.11 的直接实现。记住，JAGS 中的逻辑斯谛函数是 `ilogit`。

```
model {
  for ( i in 1:Ntotal ) {
    y[i] ~ dcat( mu[1:Nout,i] )
    mu[1,i] <- phi[1,i]
    mu[2,i] <- phi[2,i] * (1-phi[1,i])
    mu[3,i] <- phi[3,i] * (1-phi[2,i]) * (1-phi[1,i])
    mu[4,i] <- (1-phi[3,i]) * (1-phi[2,i]) * (1-phi[1,i])
    for ( r in 1:(Nout-1) ) {
      phi[r,i] <- ilogit( zbeta0[r] + sum( zbeta[r,1:Nx] * zx[i,1:Nx] ) )
    }
  }
  # 先验在标准化尺度上是模糊的
  for ( r in 1:(Nout-1) ) {
    zbeta0[r] ~ dnorm( 0 , 1/20^2 )
    for ( j in 1:Nx ) {
      zbeta[r,j] ~ dnorm( 0 , 1/20^2 )
    }
  }
  # 转换至原始尺度……
}
```

图 22-2 右侧的层次结果划分结构，与式 22.12 到式 22.14 中对应的表达式几乎相同。唯一的区别在于结果概率的定义：

```
model {
  for ( i in 1:Ntotal ) {
    y[i] ~ dcat( mu[1:Nout,i] )
    mu[1,i] <- phi[2,i] * phi[1,i]
```

```
    mu[2,i] <- (1-phi[2,i]) * phi[1,i]
    mu[3,i] <- phi[3,i] * (1-phi[1,i])
    mu[4,i] <- (1-phi[3,i]) * (1-phi[1,i])
    for ( r in 1:(Nout-1) ) {
      phi[r,i] <- ilogit( zbeta0[r] + sum( zbeta[r,1:Nx] * zx[i,1:Nx] ) )
    }
  }
  # 先验与之前相同
  # 转换至原始尺度……
}
```

模型定义所在的文件为JAGS-Ynom-XmetMulti-McondLogistic1.R和JAGS-Ynom-XmetMulti-McondLogistic2.R，调用它们的高级脚本分别为JAGS-Ynom-XmetMulti-McondLogistic1-Example.R和JAGS-Ynom-XmetMulti-McondLogistic2-Example.R。

22.3.3 结果：解释回归系数

1. softmax 模型

我们首先将 softmax 模型应用于一些由 softmax 模型生成的数据。图 22-5 显示了结果。左图再次显示了生成的数据，右图显示了后验分布。数据图的标题中显示了生成数据的回归系数的真实值。估计的参数值应该接近生成值，但不完全相同，因为数据只是数量有限的随机样本。边际后验分布的每一行对应一个结果。第一行对应参考结果 1，其回归系数被设置为零，并且后验分布的峰值位于零处，证实了它被选为参考结果。第二行对应结果 2，其真实回归系数为数据图上方的 λ_2 的方程。可以看到，估计值与真实值非常接近。所有结果值的真实值和估计参数值都具有对应关系。

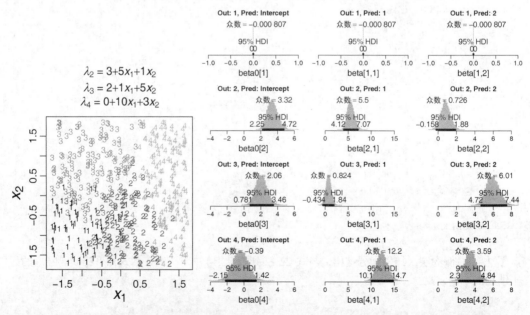

图 22-5　softmax 模型的后验参数估计，数据是由 softmax 模型生成的。数据显示在左边，其中显示了参数的真实值（再次显示了图 22-1）。四行边际后验分布对应四个结果，几列分别对应 β_0、β_1 和 β_2

对于真实的数据，我们通常不知道生成数据的真正过程是什么，更不用说它的真实参数值了。我们所拥有的只是一小部分有很大噪声的数据，以及我们选择的用来描述数据的模型参数值的后验分布。参数的解释总是相对于模型背景而言的。对于 softmax 模型，在假设 softmax 模型能够合理地描述数据的情况下，结果 k 的预测变量 x_j 的回归系数表明，当 x_j 增大一个单位时，相对于参考结果来说，该结果的对数胜率的增大率。

可以很容易地为估计的参数值转换参考类别。回想式 22.3，我们可以在所有的回归系数上添加任意常数，而不改变模型的预测。因此，为了将参数估计值的参考类别改为结果 R，我们只需从所有预测变量 j 和所有结果 k 的 $\beta_{j,k}$ 中减去 $\beta_{j,R}$。我们对 MCMC 链的每一步都这样做。比如，在图 22-5 中，考虑结果 2 在 x_1 上的回归系数。相对于参考结果 1，该系数为正。这意味着当 x_1 增大时，结果 2 的概率相对于结果 1 增大。在数据图中可以看到这一点，2 的区域落在 1 的区域的右侧（x_1 的正方向）。但是如果将参考结果更改为结果 4，则结果 2 的 x_1 上的系数将更改为负值。从代数上来说，这是因为结果 4 的 x_1 系数大于结果 2，所以当减去结果 4 的系数时，结果 2 的系数变为负值。你在数据图中可以看到这一点，因为 2 的区域落在 4 的区域的左侧（x_1 的负方向）。因此，softmax 模型中回归系数的解释，与线性回归中回归系数的解释是完全不同的。在线性回归中，正回归系数意味着 y 随着预测变量的增大而增大。但在 softmax 回归中，回归系数是针对于特定参考结果的。

2. 条件逻辑斯谛模型

我们现在将条件逻辑斯谛模型应用于由这些模型生成的数据。图 22-6 和图 22-7 的上半部分显示了数据和参数的后验分布。（后面将讨论图的下半部分。）数据上叠加了每个条件逻辑斯谛函数的可信的 50% 阈值线。可以看到，结果很好地恢复了真实的参数值。

在图 22-6 的上半部分，考虑 "Lambda：1" 的回归系数。它对应着 $\lambda_{\{1\}|\{1,2,3,4\}}$，表示结果 1 相对于所有其他结果的概率。$x_1$ 的估计系数为负，表明结果 1 的概率随着 x_1 的减小而增大。x_2 的估计系数基本上为零，表明结果 1 的概率不受 x_2 变化的影响。观察叠加在数据上的阈值线，也能看到这种现象：将 1 与其他结果分割的线基本上是垂直的。现在考虑 "Lambda：2" 的回归系数，它对应着 $\lambda_{\{2\}|\{2,3,4\}}$，表示在结果 1 不发生的区域内，结果 2 的概率。x_2 的估计系数为负，这意味着结果 2 的概率随着 x_2 的减小而增大，这同样是在结果 1 不发生的区域内。一般来说，条件逻辑斯谛回归中回归系数的解释，是针对于它们的应用区域的。

注意，在图 22-7 的上半部分，λ_2 的估计值比其他系数更不确定，HDI 更宽。这种不确定性也体现在数据的阈值线上：相比于其他边界线，1 和 2 之间的分割线分布得更宽。观察一下散点图就可以看出其原因：只有一小部分数据为 1 和 2 之间的分割线提供信息，因此估计值必定相对模糊。与相对较大的数据区域做比较：该区域为 3 和 4 之间的分割线提供信息（由 λ_3 描述），因此分割线是相对确定的。

图 22-6 和图 22-7 的下半部分显示了对数据应用错误描述性模型的结果。考虑图 22-6 的下半部分，它应用的条件逻辑斯谛模型首先将结果分割成 1 和 2 对 3 和 4，而生成数据的条件逻辑斯谛模型首先将结果分割成 1 对其他所有结果。可以看到 x_1 和 x_2 的 "Lambda：1" 系数估计（对应于 $\lambda_{\{1,2\}|\{1,2,3,4\}}$）都是负的。数据上显示的对应的对角边界线不能很好地将 1 和 2 与 3 和 4 分开。具体来说，很多 4 落在

边界错误的一侧。奇怪的是，在这个例子中，3 和 4 之间的估计边界，在它们的区域内，几乎与 1 和 2 与 3 和 4 之间的边界落在相同的位置。

在图 22-7 的下半部分，应用的条件逻辑斯谛模型首先将结果分割成 1 对其他所有结果，而生成数据的条件逻辑斯谛模型首先将结果分割成 1 和 2 对 3 和 4。结果表明，1 的左下角区域被对角边界线分割开了。然后，在补集的非 1 区内，3 区和 4 区之间几乎垂直的边界同样分割了 2 区。如果比较图 22-7 的上半部分和下半部分，你可以看到两个模型的拟合没有太大的差异，而且如果数据的噪声再大一些（实际数据通常是这样的），则会很难确定哪个模型做出了更好的描述。

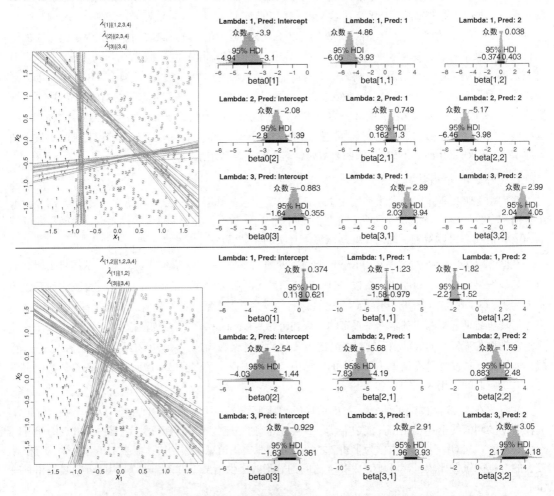

图 22-6 上半部分：对于图 22-3 左半部分的数据，式 22.11 的条件逻辑斯谛模型的后验参数估计（模型结构与数据生成器匹配）。三行分布对应三个 lambda 函数。分布的列对应 lambda 函数的 β_0、β_1 和 β_2。下半部分：式 22.14 的条件逻辑斯谛模型的后验参数估计（模型结构与数据生成器不匹配）

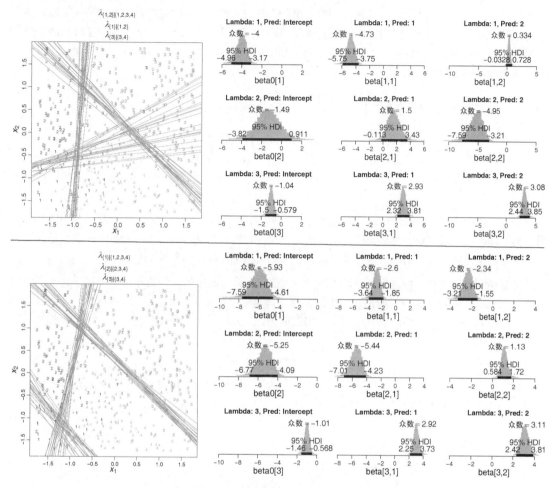

图 22-7 上半部分：对于图 22-3 右半部分的数据，式 22.14 的条件逻辑斯谛模型的后验参数估计（模型结构与数据生成器匹配）。三行分布对应三个 lambda 函数。分布的列对应 lambda 函数的 β_0、β_1 和 β_2。下半部分：式 22.11 的条件逻辑斯谛模型的后验参数估计（模型结构与数据结构不匹配）

　　原则上，可以在总体层次模型中比较不同的条件逻辑斯谛模型。如果你只有几个特定的备选模型可供比较，那么这可能是一种可行的方法。但是当存在许多结果时，在所有可能的结果划分中选择一种划分，并不是一件容易做到的事。比如，对于 4 种结果，共有两种类型的划分结构，如图 22-2 所示。将这些结果分配到其中一类结构的各个分支上将产生 12 种结构，总共产生 24 种可能的模型。有 5 种结果时，存在 180 种可能的模型。并且，对于任何数量的结果，还需要再添加一个模型，也就是 softmax 模型。对于实际的噪声数据，任何一种模型都不太可能比其他模型更胜一筹。因此，典型的做法是考虑在实际背景中有意义的单个模型或一小组模型，并在有意义的背景中解释参数估计。练习 22.1 提供了一个对参数估计进行有意义解释的例子。练习 22.4 考虑将 softmax 模型应用于条件逻辑斯谛模型生成的数据，以及相反的情况。

最后，当你在 JAGS 中运行这些模型时，可能会发现 MCMC 链中有很强的自相关性（即使使用的是标准化的数据），这需要很长的链才能获得足够的 ESS。这表明 Stan 可能是一种更有效的方法，见练习 22.5。Ntzoufras（2009，第 298 ~ 300 页）和 Lunn 等人（2013，第 130 ~ 131 页）给出了 BUGS 中的 softmax 回归编程示例。

22.4   模型的推广和变化

本章的目的是介绍 softmax 回归和条件逻辑斯谛回归的概念和方法，而不是为所有应用提供一套详尽的程序。所幸，无论你需要什么样的模型，原则上都可以直接使用 JAGS 或 Stan 编程。特别是，基于本章给出的示例，你应该能够很容易地实现计量预测变量的任何 softmax 模型或条件逻辑斯谛模型。

极端离群值会影响 softmax 回归和条件逻辑斯谛回归的参数估计。所幸，对于 21.3 节中的二分逻辑斯谛回归，我们可以很容易地推广并实现稳健模型。比如在式 21.2 中，将 softmax 模型或条件逻辑斯谛模型的预测概率与"猜测"概率混合，其中猜测概率为 1 除以结果的数量。

可以很容易地实现变量选择。正如线性回归或逻辑斯谛回归中的预测变量可以被赋予包含符参数一样，softmax 回归或条件逻辑斯谛回归中的预测变量也可以被赋予包含符参数。该方法的实现与 18.4 节所示的相同，并且其中的注意事项和警告仍然适用，正如该节所解释的那样，包括关于先验值对回归系数的影响的 18.4.1 节。

该模型可以有名义预测变量，用来替代计量预测变量或与计量预测变量相组合。请参考图 21-12 中的模型图以获得启发。这个应用的详细过程将涉及多分类和 Dirichlet 分布的讨论，它们是二项分布和 Beta 分布的推广。但这大大地超出了本章的讨论范围。

22.5   练习

你可以在本书配套网站上找到更多练习。

练习 22.1   目的：解释 softmax 回归中的回归系数。

(A) 考虑这样一种情况：一个名义被预测变量具有 3 个值，并且仅有一个计量预测变量。假设结果 1 大部分在预测变量的左端，结果 2 大部分在预测变量的中间，结果 3 大部分在预测变量的右端。我们使用 softmax 模型。如果结果 2 是参考结果，那么结果 1 的基线和斜率的符号（正或负）是什么，结果 3 的基线和斜率的符号是什么？如果结果 1 是参考结果，结果 2 的斜率大于还是小于结果 3 的斜率？解释一下。（为了检查你的直觉结果，你可以创建一个简单的数据集并运行模型。）

(B) 对图 22-1 右侧的数据运行 softmax 模型。（示例文件的顶部已经有相关的加载数据的代码。）估计的参数值应该接近生成值。讨论参数值的含义，注意着重强调参考结果。

练习 22.2   目的：思考无关属性的独立性假设的适用性，以及结果层次划分的适用性。 假设生态研究人员正在监测河口的鱼类。研究人员检查了河口周围的不同位置。在每一个地点，他们测量水温、水的盐度和各种鱼类的数量（使用的是声呐或渔网，研究人员可以迅速、安全地将鱼类从中解放出来）。每条鱼都是一个数据点：种类是被预测的名义变量，而水的盐度和温度是计量预测变量。

(A) 假设我们知道鱼类对水的盐度高度敏感，因此一些鱼类基本上是淡水鱼，另一些是咸水鱼。此外，假设我们还知道鱼类对水的温度也相当敏感。根据这些背景知识，讨论使用哪种模型更合适：softmax 模型，还是条件逻辑斯谛模型？

(B) 假设鱼类具有很强的适应性，能够在不同的盐度环境和温度环境下生存。根据这些背景知识，讨论使用哪种模型更合适：softmax 模型，还是条件逻辑斯谛模型？

(C) 讨论这种情况是否适用无关属性的独立性。

练习 22.3 **目的：进一步思考无关属性的独立性假设的适用性，以及结果层次划分的适用性。** 假设市场研究人员想预测人们拥有的汽车的品牌，将其作为年收入和受教育年限的函数。

(A) 讨论无关属性的独立性是否适用于这种情况。

(B) 讨论 softmax 模型或条件逻辑斯谛模型对这种情况是否有意义。

练习 22.4 **目的：对同样的数据，探索对比 softmax 模型与条件逻辑斯谛模型的估计。**

(A) 将 softmax 模型应用于条件逻辑斯谛模型生成的数据，条件逻辑斯谛模型的第一个划分是 1 对 2、3 或 4。（示例文件的顶部已经有相关的加载数据的代码。）解释估计的回归系数。特别是，为什么 x_2 的系数对于 λ_2 为负，对于 λ_3 为正，而对于 λ_4 为零？为什么 x_1 的系数对于 λ_4 比对于 λ_2 和 λ_3 的更小？

(B) 将条件逻辑斯谛模型应用于图 22-1 左侧的 softmax 数据，条件逻辑斯谛模型的第一个划分是 1 或 2 对 3 或 4。（示例文件的顶部已经有相关的加载数据的代码。）解释估计的回归系数。模型是否合理地描述了数据，尽管模型是错误的？（答案是"不，不完全合理"，因为虽然模型很好地划分了 1 和 2，也很好地划分了 3 和 4，但它在进行 1 或 2 与 3 或 4 的划分时，很多结果的划分是错误的。然而，如果数据切合实际地具有更大的噪声，我们可能不会注意到。）

练习 22.5 **目的：练习使用 Stan，并加快 softmax 模型。** 在 Stan 中编程 softmax 模型 JAGS-Ynom-XmetMulti-Msoftmax.R。（你有没有注意到，字数最少的练习往往需要花费最多的时间？）请注意，Stan 内置了 softmax 函数；请参阅 Stan 参考手册。对图 22-1 的数据运行它，并检查它是否得到与 JAGS 模型相同的结果。生成与 JAGS 具有相同 ESS 的结果时，比较二者所需的实际时间。

22

第 23 章

顺序被预测变量

第一就是胜利，这是他的一切，
无论差距多大，一里还是一鼻。
第二还在回忆，差距的每一尺，
细节历历在目，永远难以忘怀。[①]

本章考虑的数据是顺序被预测变量。举例来说，我们可能想用等级 1 到 7 来预测人们的幸福感，并作为他们的金融资产总额的函数。或者我们可能想预测电影评分，作为电影制作年份的函数。

这种数据结构的一种常规处理方法称为顺序 probit 回归或有序 probit 回归（ordinal probit regression 或 ordered probit regression）。我们将考虑用贝叶斯途径来处理这个模型。与往常一样，在贝叶斯软件中，我们可以很容易地推广常规模型，使其在面对离群值时具有稳健性，允许名义预测变量的各个水平具有不同的方差，并且可以加入层次结构，以便适当地在多个水平或因素之间共享信息。

在第 15 章介绍的 GLM 的背景下，本章的情况涉及的反连接函数是阈值累积正态（thresholded cumulative normal）函数，同时使用分类分布以描述数据中的噪声，如表 15-2 第四行所示。有关本章中被预测变量和预测变量的组合，及其与其他组合的关系，请参见表 15-3。

23.1 使用潜在的计量变量对顺序数据建模

假设我们询问一些人他们的幸福感，并让他们在离散的评分尺度上作答：在 1 到 7 中选择一个整数值，其中 1 代表"非常不幸福"，7 代表"非常幸福"。人们如何做出离散的顺序响应？从直觉上讲，人们具有某种内在的幸福感，这种幸福感是在连续的计量尺度上变化的，而且人们对每个响应类别都有种类似于阈值的感觉。人们给出的离散顺序值具有一些阈值，两个阈值之间的潜在连续幸福感被归为一类。这个想法的一个关键点在于，这个潜在的计量变量随机地分布在人与人之间（或者在一个人

---

① *The winner is first, and that's all that he knows, whether*

   Won by a mile or won by a nose. But

   Second recalls every inch of that distance, in

   Vivid detail and with haunting persistence.

本章介绍的是顺序数据的建模。这首诗强调了顺序测量和计量测量的情感差异。

的不同时刻之间）。我们假设这个潜在的计量值服从正态分布。

再举一个例子，假设我们让一位老师给一个班学生的作文打分，我们让她在离散的评分尺度上打分：整数 1 到 5，标签是 "E" "D" "C" "B" 和 "A"。老师如何产生离散的顺序分数？符合直觉的是，她仔细阅读每一篇作文，并在潜在的连续尺度上评价作文的质量。她对每个结果类别设置了一些阈值，根据这些阈值，她将潜在计量值归类并指定离散顺序值。我们假设这个潜在计量值在学生之间（或者在这位教师的不同时刻之间）服从正态分布。

你可以想象，即使潜在计量值是服从正态分布的，顺序值的分布也可能与正态分布不同。图 23-1 显示了由潜在正态分布产生的顺序结果概率的一些例子。横轴是潜在的连续计量值。阈值被绘制为垂直的虚线，标记为 θ。在所有的示例中，顺序尺度都有 7 个水平，因此有 6 个阈值。最低阈值被设置为 $\theta_1 = 1.5$（用于分割结果 1 和 2），最高阈值被设置为 $\theta_6 = 6.5$（用于分割结果 6 和 7）。图 23-1 中每幅图中的正态曲线显示了潜在连续值的分布。这些图之间的差异在于均值、标准差和剩余阈值的设置。

图 23-1 中的关键概念是，特定顺序结果的概率，等于该结果的阈值之间的正态曲线下的面积。比如，结果 2 的概率是阈值 θ_1 和 θ_2 之间的正态曲线下的面积。图 23-1 中，不同的条形表示不同的结果，条形的高度表示结果的概率。每个条形上都标注了它对应的结果值和概率（四舍五入至 1%）。

如何计算一个区间的面积？其思想是，考虑正态分布下高侧阈值左边的累积面积，减去正态分布下低侧阈值左边的累积面积。回想一下，标准正态分布下的累积面积被记为 $\Phi(z)$，如图 15-8 所示。因此，正态分布下 θ_k 左侧的面积为 $\Phi((\theta_k - \mu)/\sigma)$，且正态分布下 θ_{k-1} 左侧的面积为 $\Phi((\theta_{k-1} - \mu)/\sigma)$。因此，这两个阈值之间的正态曲线下的面积，即结果 k 的概率，为：

$$p(y = k \mid \mu, \sigma, \{\theta_j\}) = \Phi((\theta_k - \mu)/\sigma) - \Phi((\theta_{k-1} - \mu)/\sigma) \tag{23.1}$$

式 23.1 甚至适用于顺序值的最小值和最大值，只要我们在 $-\infty$ 和 $+\infty$ 处加上两个"虚拟"阈值。因此，对于最小的顺序值，即 $y = 1$，概率为：

$$\begin{aligned} p(y = 1 \mid \mu, \sigma, \{\theta_j\}) &= \Phi((\theta_1 - \mu)/\sigma) - \Phi((\theta_0 - \mu)/\sigma) \\ &= \Phi((\theta_1 - \mu)/\sigma) - \Phi((-\infty - \mu)/\sigma) \\ &= \Phi((\theta_1 - \mu)/\sigma) - 0 \end{aligned} \tag{23.2}$$

对于最大的顺序值，记为 $y = K$，概率为：

$$\begin{aligned} p(y = K \mid \mu, \sigma, \{\theta_j\}) &= \Phi((\theta_K - \mu)/\sigma) - \Phi((\theta_{K-1} - \mu)/\sigma) \\ &= \Phi((\infty - \mu)/\sigma) - \Phi((\theta_{K-1} - \mu)/\sigma) \\ &= 1 - \Phi((\theta_{K-1} - \mu)/\sigma) \end{aligned} \tag{23.3}$$

图 23-1 的第一幅图显示了这样一种情况：阈值是等距的，正态分布集中在尺度的中间，具有中等的标准差。在这种情况下，条形的高度很好地模拟了正态曲线的形状。练习 23.1 展示了如何在 R 中验证这一点。

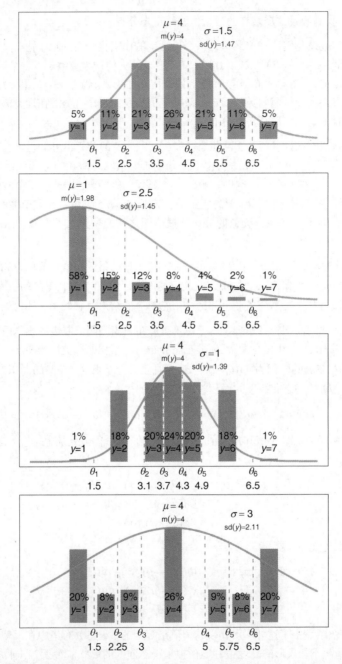

图 23-1   阈值累积正态模型生成的顺序数据示例。条形表示顺序结果值（y）。横轴是潜在的连续值，服从均值为 μ 且标准差为 σ 的正态分布。顺序数据值（视为计量变量）的均值和标准差分别是注释中的 m(y) 和 sd(y)

图 23-1 的第二幅图显示的情况是，正态分布的均值低于最低阈值，并且标准差相当大。在这种情况下，最低顺序响应具有很高的概率，因为大部分正态分布低于最低阈值。但由于标准差较大，也会出现较高的顺序响应。因此，在这种情况下，顺序值的分布看起来并不像正态分布，即使它是由潜在的正态分布生成的。稍后将讨论具有此类分布的实际数据。

图 23-1 的第三和第四幅图显示了阈值间距不相等的情况。在第三幅图中，与倒数第二个阈值相比，中间值的阈值间隔相对较窄。这种情况下的正态分布不是很宽，于是，顺序值的分布是"宽肩"分布。这种类型的分布是可能出现的，比如，结束类别的标签过于极端，使得它们出现的次数过少（比如，"你多久说一次真话？" 1＝我从来没有说过真话；7＝我一直都说真话，甚至从来没有说过"善意的谎言"）。第四幅图显示的情况是，中间区间较其他区间更宽，且正态分布很宽，这产生了顺序值的三峰分布。

因此，服从正态分布的潜在计量值可以产生明显非正态分布的离散顺序值。这一结果并不意味着我们可以将顺序值视为服从正态分布的计量值，并进行处理。事实上，它的含义正好相反：我们可以对顺序值的分布建模，将其视为潜在计量尺度上的、具有合适阈值位置的正态分布上的连续区间。

23.2 单组的情况

假设我们有一组顺序分数，它们来自单组。也许这些分数是一个班级的字母分数，我们想知道平均分数在多大程度上高于或低于"C"。或者这些分数是"同意"到"不同意"的评分，我们想知道平均分数在多大程度上高于或低于中立的中点。我们的目标是根据图 23-1 所示的模型来描述这组顺序分数。我们将使用贝叶斯推断来估计参数。

如果有 K 个顺序值，则模型有 $K+1$ 个参数：$\theta_1, \cdots, \theta_{K-1}$，以及 μ 和 σ。如果你考虑一下，会发现参数值之间会此消彼长且是不确定的。比如，我们可以在所有的阈值上加一个常数，并且仍然得到相同的概率，只要我们在均值上加上相同的常数。用图 23-1 中的这些图来说，这就像将横轴向左或向右滑动任意距离。此外，我们可以以均值为中心，对轴进行任意程度的扩展或收缩，但仍然保持相同的概率，只要我们对标准差（和阈值）进行补偿性的调整。因此，我们必须将这个轴"固定"：将两个参数设置为任意常数。要固定哪些参数，不存在唯一正确的选择，但是我们将把两个端点的阈值固定为结果尺度上有意义的值。具体来说，我们将设置：

$$\theta_1 \equiv 1 + 0.5 \quad 且 \quad \theta_{K-1} \equiv K - 0.5 \tag{23.4}$$

此设置意味着其他参数的估计都是相对于这些有意义的锚的。比如，图 23-1 中的阈值都是根据式 23.4 设置的，因此，所有其他参数值的意义都是相对于这些锚的。

23.2.1 在 JAGS 中实现

为了估计参数，我们需要在 JAGS（或 Stan）中表达出式 23.1 到式 23.4，并建立先验分布。JAGS 模型定义的第一部分内容指明，每个顺序数据点都来自一个分类分布，其概率的计算方法为式 23.1 到式 23.3。在下面的 JAGS 代码中，Ntotal 是数据点的总数，nYlevels 是结果水平的数目，矩阵 pr[i,k] 是概率，即数据 y[i] 的值为 k 的预测概率。换句话说，pr[i,k] 是 $p(y_i = k \mid \mu, \sigma, \{\theta_j\})$。回想一下，

23

JAGS（和 R）中的累积正态函数是 pnorm。现在，看看你是否可以在模型定义的第一部分中找到式 23.1 到式 23.3：

```
model {
  for ( i in 1:Ntotal ) {
    y[i] ~ dcat( pr[i,1:nYlevels] )
    pr[i,1] <- pnorm( thresh[1] , mu , 1/sigma^2 )
    for ( k in 2:(nYlevels-1) ) {
      pr[i,k] <- max( 0 , pnorm( thresh[ k ] , mu , 1/sigma^2 ) -
                          pnorm( thresh[k-1] , mu , 1/sigma^2 ) )
    }
    pr[i,nYlevels] <- 1 - pnorm( thresh[nYlevels-1] , mu , 1/sigma^2 )
  }
```

在上面的 JAGS 模型定义中，累积正态概率的代码为：

```
pnorm( thresh[k] , mu , 1/sigma^2 )
```

也可以更改为以下代码：

```
pnorm( (thresh[k]-mu)/sigma , 0 , 1 )
```

以上的这种替代形式更符合式 23.1 中的形式，如果它符合你的审美偏好，那么你可以使用它。我避免使用 0 和 1 的形式，因为从编程的角度来看，使用没有标记的常数可能很危险。

你可能想知道为什么上面的 pr[i,k] 表达式中，使用了零和累积正态概率之间的差异值中较大的那一个。原因是，阈值是由 MCMC 链随机生成的，所以 thresh[k] 的值几乎不可能小于 thresh[k-1] 的值，这将导致累积正态概率的差异值为负值，这是毫无意义的。通过将差异值设为零，$y = k$ 的似然将为零，备选阈值将被拒绝。

接下来，模型定义为参数设置先验分布。与往常一样，在缺乏特定先验知识的情况下，我们使用在数据尺度上较为宽泛的先验。均值和标准差应该在数据附近的某个地方，在顺序结果尺度上，范围只能为 1 到 nYlevels。因此，先验被声明为：

```
mu ~ dnorm( (1+nYlevels)/2 , 1/(nYlevels)^2 )
sigma ~ dunif( nYlevels/1000 , nYlevels*10 )
```

阈值 θ_k 的先验以 $k + 0.5$ 为中心，但允许有相当大的范围：

```
for ( k in 2:(nYlevels-2) ) { # 1 和 nYlevels-1 是固定的，而不是随机的
  thresh[k] ~ dnorm( k+0.5 , 1/2^2 )
}
}                # 模型结束
```

请注意，只有非两端的阈值才有先验，因为只需要对它们进行估计。按照式 23.4 的规定，两端的阈值是固定的。但是，如何在 JAGS 中实现式 23.4？在单独传递给 JAGS 的数据列表中，我们需要定义阈值向量的固定分量。阈值向量的其他分量将被估计（由 MCMC 过程随机设置）。有待估计的分量的值被设置为 NA，JAGS 将其解释为 JAGS 应该填补它们。可以将固定分量设置为你想设置的任何常数值。因此，在 R 中，我们声明：

```
thresh = rep(NA,nYlevels-1)              # 将所有的分量设置为 NA
thresh[1] = 1 + 0.5                       # 将第一个分量覆盖为 1+0.5
thresh[nYlevels-1] = nYlevels - 0.5       # 将最后一个分量覆盖为 nYlevels-0.5
dataList = list(                          # 将阈值打包进数据列表
```

```
thresh = thresh ,
# 其他数据与常数
)
```

完整的模型定义在以下程序中：JAGS-Yord-Xnom1grp-Mnormal.R。调用它的高级脚本是：JAGS-Yord-Xnom1grp-Mnormal-Example.R。

23.2.2　示例：贝叶斯估计恢复真实参数值

图 23-2 和图 23-3 显示了两个示例的结果。在这两种情况下，数据都是从已知参数值的模型中生成的。示例的目的是证明，即使在 μ 值较为极端且阈值不均匀分布的情况下，贝叶斯估计也能准确地恢复参数值。

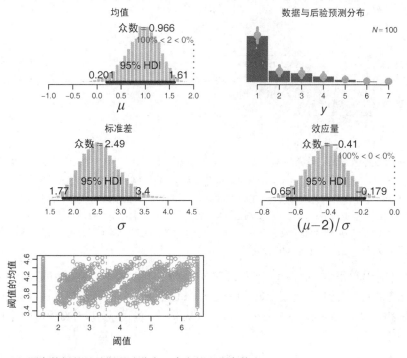

图 23-2　一组顺序数据的贝叶斯后验分布。真实的生成参数为 $\mu = 1.0$、$\sigma = 2.5$、$\theta_1 = 1.5$、$\theta_2 = 2.5$、$\theta_3 = 3.5$、$\theta_4 = 4.5$、$\theta_5 = 5.5$ 和 $\theta_6 = 6.5$。贝叶斯估计准确地恢复了生成参数。后验分布明显地排除了比较值 $\mu = 2.0$。后验预测分布准确地描述了数据分布。将数据作为计量类型进行 NHST 时，均值与 $\mu = 2.0$ 的比较值无显著差异：$M = 1.95$，$t = 0.36$，$p = 0.722$，95% CI 为 1.67 到 2.23，效应量为 $d = 0.036$。样本标准差为 $S = 1.40$。t 检验将数据描述为服从正态分布，显然不符合这里的情况

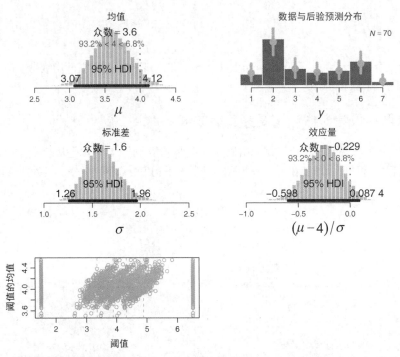

图 23-3　一组顺序数据的贝叶斯后验分布。真实的生成参数为 $\mu = 2.03.5$ 且 $\sigma = 1.5$，以及 $\theta_1 = 1.5$、
　　　　$\theta_2 = 3.3$、$\theta_3 = 3.8$、$\theta_4 = 4.2$、$\theta_5 = 4.7$ 和 $\theta_6 = 6.5$。贝叶斯估计准确地恢复了生成参数。后验分
　　　　布包含（不排除）比较值 $\mu = 4.0$。重要的是，后验预测分布很好地描述了数据分布。将数据作
　　　　为计量类型进行 NHST 时，均值与 $\mu = 4.0$ 的比较值有显著差异：$M = 3.47$, $t = 2.47$, $p = 0.016$,
　　　　95% CI 为 3.04 到 3.90，效应量为 $d = 0.295$。样本标准差为 $S = 1.79$。t 检验将数据描述为服从
　　　　正态分布，显然不符合这里的情况

在图 23-2 显示的例子中，顺序数据恰好堆积在尺度的一端。右上方的直方图显示了数据。（稍后
将提供此类分布的真实案例。）生成参数的值为 $\mu = 1.0$ 且 $\sigma = 2.5$，阈值等间距地分布在 $\theta_1 = 1.5$、
$\theta_2 = 2.5$、$\theta_3 = 3.5$、$\theta_4 = 4.5$、$\theta_5 = 5.5$ 和 $\theta_6 = 6.5$ 处。从 μ 和 σ 的边际后验分布中可以看出，贝叶斯估
计非常精确地恢复了生成参数。

图 23-2 的右上角叠加显示了结果的后验预测概率。在每个结果值处，点表示后验预测概率的中位
数，垂直线段表示后验预测概率的 95% HDI。这种阈值累积正态模型的一个关键特性是，它能准确地
描述顺序数据的分布。

图 23-2 第二行的右图显示了效应量的后验分布。单组的效应量的定义必定是相对于比较值 C 的；
为了便于说明，这里的比较值被设置为 $C = 2$。效应量的定义为：均值和比较值之间的差异值，与标
准差的比值：$(\mu - C)/\sigma$。（我们在单组计量变量的情况下引入了这种效应量，如图 16-3 所示。）后验
分布毫无疑问地显示效应量不为零。通过检查 μ 的后验分布与比较值 $C = 2$ 的关系，也可以得出类似
的结论：我们发现 μ 的可信值明显不是 2。稍后，我们将看到一个常规的 t 检验，它将顺序数据视为
计量数据，并得出了非常不同的结论。

图 23-2 的底部显示了阈值的后验分布。图中没有显示单个阈值的边际分布，因为阈值之间存在着很强的相关性，因此，边际分布可能具有误导性。记住，在 MCMC 链的每个步骤中，参数值都是联合可信的。考虑一下在链的某个特定步骤中发生了什么。如果随机选择的 θ_2 比通常稍高，阈值的向上移动不仅增加了结果 2 的可能性，而且降低了结果 3 的可能性。为了补偿并维持结果 3 的可能性，阈值 θ_3 的选择也会比通常稍高一些。这种多米诺骨牌效应影响到了所有的阈值。因此，如果一个阈值比通常稍高，所有的阈值都会比通常稍高；如果一个阈值比通常稍低，那么所有的阈值都会比通常稍低。换句话说，阈值在链的各个步骤之间是强相关的。为了显示这些阈值的这种联系，我选择根据阈值的均值来绘制这些阈值。在 MCMC 链的特定步骤 s 中，联合可信的阈值为 $\theta_1(s), \cdots, \theta_{K-1}(s)$ ，且链中该步骤的平均阈值为 $\overline{\theta}(s) = \sum_k^{K-1} \theta_k(s) / (K-1)$ 。然后，将各个阈值绘制为多个点：$\langle \theta_1(s), \overline{\theta}(s), \cdots, \theta_{K-1}(s), \overline{\theta}(s) \rangle$ 。注意，这些点都处于纵轴的同一高度。在链的不同步骤中，平均阈值可能会更高或更低。你可以在图 23-2 的底部看到，对于不同的阈值，这个绘图方法生成了不同的点集。可以看到，θ_1 和 θ_{K-1} 的点集取固定值 1.5 和 $K-0.5$，这是应当的。每个点集上都有一条垂直虚线，表示其均值。估计阈值的均值非常接近生成数据的值。你还可以看到，较高的阈值比较低的阈值具有更大的不确定性。这是合理的，因为高的数据点比低的数据点少。

图 23-3 显示了第二个例子。这个例子说明了这样一种情况：阈值不是等距分布的，其中强调了倒数第二个顺序值，并且总体数据分布是双峰的。图中的说明文字报告了参数的真实值。从后验分布可以看出，真实参数值被精确地估计出来，包括阈值。重要的是，右上方的后验预测分布准确地描述了结果的双峰分布。

1. 假装数据是计量值时，结果不一样

在处理顺序数据的一些常规方法中，数据被视为服从正态分布的计量值。用这种方法处理图 23-2 中的数据时，结果是它们被描述为服从均值为 1.95 且标准差为 1.40 的正态分布，顺序值的预测概率发生了严重的错误：结果 2 的预测概率最高，结果 1 和结果 3 有几乎相等的预测概率。对数据进行 NHST 的 t 检验时，均值与 $\mu = 2.0$ 的比较值无显著差异：$M = 1.95$，$t = 0.36$，$p = 0.722$，95% CI 为 1.67 到 2.23，效应量为 $d = 0.036$。样本标准差为 $S = 1.40$。t 检验将数据描述为服从正态分布，显然不符合这里的情况。

将图 23-3 的数据作为服从正态分布的计量数据并进行处理时，估计均值与贝叶斯估计值相差不远，但是对个体结果概率的预测是很糟糕的（因为真实的概率是双峰的，不是正态的），而且 t 检验得出的结论与贝叶斯分析不同。均值与 $\mu = 4.0$ 有显著差异：$M = 3.47$，$t = 2.47$，$p = 0.016$，95% CI 为 3.04 到 3.90，效应量为 $d = 0.295$。样本标准差为 $S = 1.79$。

在这两个例子中，两种方法的结论不同。对于图 23-2 的数据，累积正态的贝叶斯估计表明，潜在均值与比较值 2.0 有显著差异，但将顺序数据作为计量值的 t 检验得出的结论是，均值与 2.0 没有显著差异。对于图 23-3 的数据，累积正态的贝叶斯估计表明，潜在均值的 95% HDI 中包括比较值 4.0，但将顺序数据作为计量值的 t 检验得出的结论是，均值与 4.0 有显著差异。哪种分析得出的结论更可信？答案是能够更好地描述数据的那种。在这些情况下，毫无疑问，累积正态模型可以更好地描述数据。估计模型的参数并检验估计的不确定性时，贝叶斯估计是一种很好的方法。

2. 顺序结果与 Likert 量表

在社会科学中，最常见的顺序数据的来源是，具有顺序响应题目的问卷。比如，评价你对以下陈述的认同程度："贝叶斯估计比零假设显著性检验有更大的信息量。"评价方式是在以下选项中做出选择：1 = 强烈不同意；2 = 不同意；3 = 不确定；4 = 同意；5 = 强烈同意。这种顺序响应题目通常称为 Likert 类型响应（Likert-type response；Likert，1932，发音为利克特，而不是莱克特）。它有时也被称为 Likert "量表"（Likert scale），但在当前背景下，"量表"更适合用于指代潜在的计量变量，其计量值可以由几个相关的 Likert 类型响应的算术均值指出（比如，Carifio 和 Perla，2007、2008；Norman，2010）。

一个计量值的 Likert 量表包括几个顺序响应项目，其思想是，所有的顺序响应值都是从相同的潜在计量变量随机生成的。如果假设顺序响应与潜在计量尺度线性相关，则对多个顺序值进行平均，并将均值描述为在计量尺度上服从正态分布的数据。更复杂的方法可以将潜在的计量尺度视为潜在因素，并使用阈值累积正态模型生成顺序响应。

本章假设我们感兴趣的是描述顺序结果本身，而不一定是几个顺序响应的算术均值。如果一个多项目问卷中有许多相关的项目，那么在顺序数据模型中可以利用潜在因素来表达项目之间的关系。不过，我们不会在本书中探讨这种模型。

23.3　两组的情况

在许多情况下，我们希望比较两组的顺序结果。考虑一份问卷，其中让人们评价他们对社会问题的各种说法的认同程度。顺序响应问卷允许人们选择一个水平：1 = 强烈不同意；2 = 不同意；3 = 不确定；4 = 同意；5 = 强烈同意。调查问卷中的一项陈述是"法律应当为左利手者赋予平等的权利"。调查问卷中的另一项陈述是"法律应当为所有人赋予平等的权利"。如果担心被试内的对比效应，可以选择不同的被试群体来回答这两个问题。我们感兴趣的可能是：对这两个问题的两组响应，到底有多大差异？

另一个例子是，假设我们要求人们在 5 分的顺序尺度上评价他们的幸福感，从非常不幸福到非常幸福。一组人刚刚坐下来看了 10 分钟的珠宝和跑车等奢侈品的视频广告。另一组人刚刚坐下来看了 10 分钟的当地慈善机构的视频广告。我们感兴趣的可能是：这两组人的响应有多大差异？

在这两个例子中，两组结果在相同的顺序尺度上。在第一个例子中，对问卷的两项陈述的作答都是基于相同的"不同意–同意"尺度。在第二个例子中，两组人的作答都是基于相同的"非常不幸福–非常幸福"尺度。因此，我们假设两组具有相同的潜在计量变量和相同的阈值。两组之间的差异在于均值和标准差。因此，在调查问卷的情况下，所有陈述的评分具有相同的"不同意到同意"的潜在计量尺度，而且顺序响应的阈值相同，不同陈述之间的差异是同意程度的均值和方差。在幸福感评分的情况下，我们假设所有的被调查者都有一个类似的潜在计量尺度，该尺度同时具有幸福感评分的阈值，而不同组之间的差异在于幸福感的均值和方差。

23.3.1　在 JAGS 中实现

JAGS 中的模型定义是前几节中解释的单组模型定义的简单扩展。扩展仅使用两个均值和两个标准差（每组一个）。它对两组使用相同的阈值。与单组的情况一样，结果的水平数量表示为 nYlevels，两组的数据点总数表示为 Ntotal。正如 16.3 节探讨的两组计量数据的情况一样，被调查者 i 的组索引表示为 x[i]（取值为 1 或 2）。JAGS 模型定义实际上与单组的情况相同，除了 mu 现在是 mu[x[i]]，而 sigma 现在是 sigma[x[i]]：

```
model {
  for ( i in 1:Ntotal ) {
    y[i] ~ dcat( pr[i,1:nYlevels] )
    pr[i,1] <- pnorm( thresh[1] , mu[x[i]] , 1/sigma[x[i]]^2 )
    for ( k in 2:(nYlevels-1) ) {
      pr[i,k] <- max( 0 , pnorm( thresh[ k ] , mu[x[i]] , 1/sigma[x[i]]^2 )
                        - pnorm( thresh[k-1] , mu[x[i]] , 1/sigma[x[i]]^2 ) )
    }
    pr[i,nYlevels] <- 1 - pnorm( thresh[nYlevels-1] , mu[x[i]] , 1/sigma[x[i]]^2 )
  }
  for ( j in 1:2 ) {                      # 两组
    mu[j] ~ dnorm( (1+nYlevels)/2 , 1/(nYlevels)^2 )
    sigma[j] ~ dunif( nYlevels/1000 , nYlevels*10 )
  }
  for ( k in 2:(nYlevels-2) ) {     # 1 和 nYlevels-1 是固定的，而不是随机的
    thresh[k] ~ dnorm( k+0.5 , 1/2^2 )
  }
}
```

完整的模型定义及其他函数的定义在以下文件中：JAGS-Yord-Xnom2grp-MnormalHet.R。调用这些函数的高级脚本的文件名为：JAGS-Yord-Xnom2grp-MnormalHet-Example.R。

23.3.2　示例：不好笑

图 23-4 显示了一个使用虚构数据的例子，以证明能够精确地恢复已知参数。在这种情况下，顺序数据强调尺度的低尾。真正的参数有不同的均值及相等的方差，并且阈值是等距的。图中的说明文字提供了参数的精确值。后验分布表明，参数值被准确地恢复了，后验预测分布准确地描述了数据的分布。然而，不确定性很大，以至于效应量的 95% HDI 包括零。

将图 23-4 中的数据视为计量数据并进行 NHST 时，结论是不同的。具体地说，t 检验得出的结论是，均值有显著差异；F 检验得出的结论是，变异性也有明显的差异（详情参见图 23-4 中的说明文字）。这些结论是不可信的，因为它们的 p 值假设数据服从正态分布，显然这不符合这里的情况。

图 23-5 显示了真实顺序数据的一个例子，数据集中在响应尺度的一端。数据是对两个笑话的好笑程度的评分。[1]对于 25 个笑话中的每一个笑话，被试在 1 到 7 的评价尺度上评分。1 分代表"完全不好笑"，7 分代表"非常好笑"。图 23-5 显示了其中两个笑话的结果，这两个笑话被评价为"不如其他笑话好笑"。[2]我不会在这里报告这些笑话，因为毕竟人们并不认为这些笑话很好笑！从图 23-5 的后验分布中可以看出，贝叶斯估计显示了这两个笑话的潜在均值和方差存在明显差异，同时能够很好地描述数据分布。然而，如果数据被当作计量变量并进行 NHST，则不会发现显著差异，如图中的说明文

---

[1] 图 23-5 中的数据来自我与 Allison Vollmer 合作进行的一项尚未发表的研究。这项研究是她本科荣誉项目的一部分。

[2] 图 23-5 中两个笑话的评分来自相同的被试。因此，分析人员可能想计算出每个被试的评分差异，然后为评分差异创建一个模型。事实上，对于包含 25 个笑话的整个数据集来说，除了笑话的效应，我们还可以对被试的效应进行建模。这将超出当前的目标。

字所述。同样，来自 NHST 的结论是不可信的，因为 p 值假设数据服从正态分布，显然这不符合这里的情况。

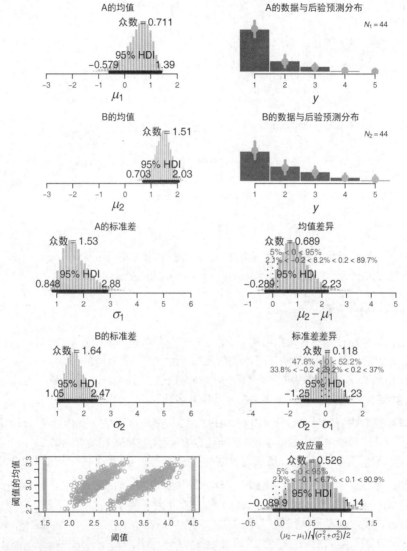

图 23-4　两组顺序数据的贝叶斯后验分布。真实生成参数为 $\mu_1 = 0.7$、$\mu_2 = 1.5$、$\sigma_1 = 1.6$、$\sigma_2 = 1.6$（注意，二者方差相等），其中 $\theta_1 = 1.5$、$\theta_2 = 2.5$、$\theta_3 = 3.5$ 且 $\theta_4 = 4.5$。贝叶斯估计准确地恢复了生成参数。95% HDI 包括效应量等于零，且标准差差异为零。将数据作为计量类型进行 NHST 时，均值有显著差异：$M_1 = 1.43$，$M_2 = 1.86$，$t = 2.18$，$p = 0.032$，效应量 $d = 0.466$，95% CI 为 0.036 到 0.895。变异性的 F 检验的结论是，标准差存在显著差异：$S_1 = 0.76$，$S_2 = 1.07$，$p = 0.027$。请注意，在这种情况下，将数据作为计量变量处理会大大低估其变异性，并错误地得出变异性不同的结论

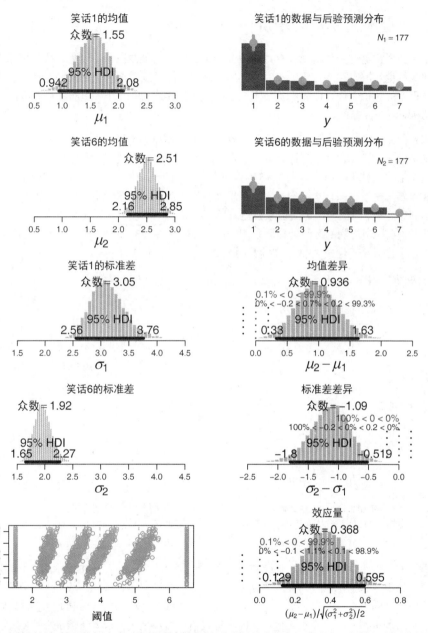

图 23-5 在笑话的好笑程度评定中，两组顺序数据的贝叶斯后验分布。请注意，好笑程度评分的均值和标准差有明显差异。将数据作为计量类型进行 NHST 时，均值无显著差异：$M_1 = 2.59$，$M_2 = 2.91$，$t = 1.67$，$p = 0.096$，效应量 $d = 0.178$，95% CI 为 -0.032 到 0.387。变异性的 F 检验的结论是，标准差没有显著差异：$S_1 = 1.96$，$S_2 = 1.73$，$p = 0.116$

23.4   计量预测变量的情况

我们现在考虑这样一种情况：有计量预测变量的顺序被预测变量。比如，我们可以根据人们的金钱收入和受教育年限来预测他们的主观幸福感。或者我们可以根据人们的饮酒量和年龄预测他们对笑话好笑程度的评价。你可以先浏览一下图 23-7 和图 23-8 中单个计量预测变量的示例，以及图 23-9 和图 23-10 中两个计量预测变量的示例。

我们将使用一个模型，该模型结合了线性回归的基本思想与顺序结果概率的阈值累积正态模型。模型如图 23-6 所示。图 23-6 的右侧显示了我们熟悉的线性回归模型，其中横轴显示的是计量预测变量，纵轴显示的是被预测值 μ。图 23-6 的这一部分类似于图 17-1 中的线性回归模型图。然而，线性回归的被预测值是潜在的计量变量，而不是现在我们观测到的顺序变量。为了将潜在的计量变量变为观测到的顺序变量，我们使用了阈值累积正态模型。图 23-6 的左侧显示了从潜在计量变量到观测顺序变量的映射，在阈值之间的区间处显示了相应的式 23.1 到式 23.3。如前所述，我们必须将潜在的计量变量固定下来，方法是像式 23.4 一样设置两个锚点：$\theta_1 \equiv 1.5$ 和 $\theta_{K-1} \equiv K - 0.5$。

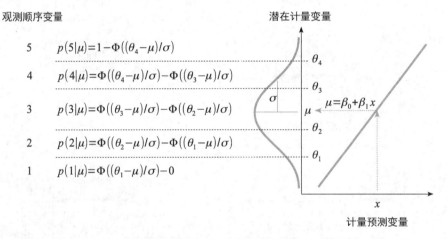

图 23-6   阈值累积正态回归。右侧显示了从计量预测变量到潜在计量变量的映射，类似于图 17-1 中的简单线性回归。左侧显示了从潜在计量变量到观测顺序变量的映射，在阈值之间的区间处显示了相应的式 23.1 到式 23.3

很重要的一点是要理解，预测变量取不同值时会发生什么。图 23-6 中显示的 x 取值是中等大小的值。注意，如果 x 被设置为更大的值，那么 μ 将更大（因为本例中斜率为正）。当 μ 更大时，正态分布会被推向纵轴的上方（因为 μ 是正态分布的均值）。因此，较高等级区间的正态曲线下面积将更大，较低等级区间的正态曲线下面积将更小，即高等级值的概率增大，低等级值的概率减小。以下的逻辑类似：预测变量取较小的值，则生成较小顺序值的概率会增加（当斜率为正时）。

这种类型的模型通常被称为顺序 probit 回归或有序 probit 回归，因为 probit 函数是累积正态连接函数对应的反连接函数（回忆一下 15.3.1 节的内容）。但是，正如你现在所知道的，我发现使用它们的反连接函数来命名模型会更有意义，这在本例中是阈值累积正态函数。

23.4.1 在 JAGS 中实现

在 JAGS（或 Stan）中实现图 23-6 的模型很容易。在程序中，我们推广到多个计量预测变量（而不是只有一个计量预测变量）。相比于之前应用中的模型定义，只有两处更改。首先，μ 被定义为预测变量的线性函数，就像以前的多重回归（线性回归、逻辑斯谛回归、softmax 回归或条件逻辑斯谛回归）的程序一样。其次，对预测变量标准化，以提高 MCMC 效率，这与多重回归的程序一样。以下是 JAGS 模型定义：

```
# 将数据标准化
data {
  for ( j in 1:Nx ) {
    xm[j] <- mean(x[,j])
    xsd[j] <- sd(x[,j])
    for ( i in 1:Ntotal ) {
      zx[i,j] <- ( x[i,j] - xm[j] ) / xsd[j]
    }
  }
}

# 为标准化的数据定义模型
model {
  for ( i in 1:Ntotal ) {
    y[i] ~ dcat( pr[i,1:nYlevels] )
    pr[i,1] <- pnorm( thresh[1] , mu[i] , 1/sigma^2 )
    for ( k in 2:(nYlevels-1) ) {
      pr[i,k] <- max( 0 , pnorm( thresh[ k ] , mu[i] , 1/sigma^2 )
                         -pnorm( thresh[k-1] , mu[i] , 1/sigma^2 ) )
    }
    pr[i,nYlevels] <- 1 - pnorm( thresh[nYlevels-1] , mu[i] , 1/sigma^2 )
    mu[i] <- zbeta0 + sum( zbeta[1:Nx] * zx[i,1:Nx] )
  }
  # 先验在具有锚点的顺序尺度上是模糊的
  zbeta0 ~ dnorm( (1+nYlevels)/2 , 1/(nYlevels)^2 )
  for ( j in 1:Nx ) {
    zbeta[j] ~ dnorm( 0 , 1/(nYlevels)^2 )
  }
  zsigma ~ dunif( nYlevels/1000 , nYlevels*10 )
  for ( k in 2:(nYlevels-2) ) { # 1 和 nYlevels-1 是固定的
    thresh[k] ~ dnorm( k+0.5 , 1/2^2 )
  }
  # 转换至原始尺度
  beta[1:Nx] <- ( zbeta[1:Nx] / xsd[1:Nx] )
  beta0 <- zbeta0 - sum( zbeta[1:Nx] * xm[1:Nx] / xsd[1:Nx] )
  sigma <- zsigma
}
```

在上面的代码中，你会注意到我们没有对被预测值进行标准化。这是因为被预测值是顺序值，它们之间没有有意义的计量值区间。顺序值仅仅是有序的类别，而 JAGS 中整数索引上的类别分布 dcat 描述了这些类别的概率。由于被预测值没有标准化，因此将标准化参数转换至原始尺度参数的过程与回归方程 21.1 中的逻辑斯谛回归完全相同。完整的细节位于以下文件中：JAGS-Yord-XmetMulti-Mnormal.R 和 JAGS-Yord-XmetMulti-Mnormal-Example.R。

23.4.2 示例：幸福感与金钱

我们从有单个计量预测变量的例子开始。首先，以由已知参数值生成的虚构数据为例，说明贝叶斯估计能够准确地恢复参数值。图 23-7 的上半部分显示了数据。顺序被预测值的范围是 1 到 7。可以看到，当预测变量（x）很小时，大多数 y 值较小；当预测变量很大时，大多数 y 值很大。图中的说明文字指明了生成数据的参数值。

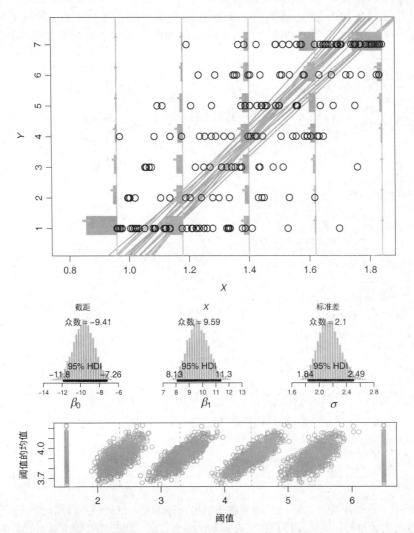

图 23-7 上半部分：圆圈表示数据。垂直线表示选定的预测变量；水平条表示选定预测变量值时，各个结果的平均后验预测概率。条顶部（左端）的灰色线段显示了后验预测概率的 95% HDI。图中叠加显示了少量的可信回归线。真实生成参数为：$\beta_0 = -10.0$、$\beta_1 = 10.0$、$\sigma = 2.0$、$\theta_1 = 1.5$、$\theta_2 = 2.5$、$\theta_3 = 3.5$、$\theta_4 = 4.5$、$\theta_5 = 5.5$、$\theta_6 = 6.5$。下半部分：贝叶斯估计准确地恢复了生成参数，如边际后验分布所示。将这些数据作为计量数据并进行最小二乘估计：$\beta_0 = -5.42$（SE = 0.61）、$\beta_1 = 6.71$（SE = 0.43）、$\sigma = 1.52$。注意，在这种情况下，最小二乘估计严重低估了斜率

图 23-7 在数据上叠加显示了后验预测分布的多个方面，同时显示了少量的可信回归线。但是，必须记住，回归线指的是潜在计量预测变量，而不是顺序被预测变量。因此，回归线仅仅是提示性的，应当用来查看斜率和截距的不确定性。更直接相关的是每个结果的后验预测概率，它们位于选定的 x 值上，并标记有垂直线。在选定的 x 值处，各个结果的后验预测概率被绘制为：相对于竖直方向的基线向左边"上升"的水平条。要查看这个概率分布，最容易的方法是将你的头向左倾斜，将这些条形图想象为，它们标记出了正态曲线下各个区间的概率。在本例中，当 x 较小时，小 y 值上的条高于大 y 值上的条。当 x 较大时，小 y 值上的条矮于大 y 值上的条。

除了使你熟悉图形之外，图 23-7 中示例的要点是，贝叶斯估计可以准确地恢复生成数据的真实参数值。对比将顺序数据视为计量数据而得出的估计值。图中的说明文字报告了斜率、截距和残留标准差的最小二乘估计值，它们在这种情况下太小了。

我们的第二个例子同样涉及单个计量变量，但使用了 2002 年中国家庭收入计划的真实数据，该项目调查了中国城乡居民的个人收入和其他方面（Shi，2009）。具体来说，有一个调查项目是一个人的家庭总资产，以人民币计算（2002 年的人民币汇率约为 1 美元兑 8.27 元人民币）。另一个调查项目问："一般来说，你觉得幸福吗？"答案的选项是：1 = 一点儿也不幸福，2 = 不太幸福，3 = 一般，4 = 幸福，5 = 非常幸福（还有"不知道"，只有 1% 的人选择了这一项，未包含在这里的分析中）。[①]共有 6835 个数据点，如图 23-8 所示。

从图 23-8 的数据中可以看到，大多数的幸福感评分是 4，其次是 3。参数估计中，处理评分"4"的这种优势的一种方法是，将类别 2 和类别 3 的阈值设置为相对较低的值，如图 23-8 底部的图形所示，这使得 4 的区间相对较宽。

图 23-8 中的后验分布表明，平均幸福感评分明显随着资产的增加而升高。但升高的幅度不是很大：如果资产增加 82 770 元（在 2002 年大约相当于 10 000 美元），那么平均幸福感将提高 0.34 点（在潜在的计量尺度上）。此外，无论在哪个资产水平上，幸福感评分都存在很大的变异性：σ 的边际后验分布众数约为 0.85（在 1 到 5 的响应尺度上）。请注意，σ 的估计值有很大的确定性：它的 95% HDI 范围仅为 0.835 到 0.874。为确保你清楚 σ 的含义，值得重申的一点是：σ 表示数据中的变异性，而且它很大，但变异性的后验估计同样很精确，因为样本量很大。

如果我们将顺序评分视为计量变量，则回归参数的最小二乘估计值略小于贝叶斯估计值，如图 23-8 中的说明文字所示，尽管在这种情况下，数据主要落在响应尺度的中间。关于将这些幸福感评分数据作为计量数据处理的一个例子，见 Jiang、Lu 和 Sato（2009）。他们支持这种做法，并引用了 Ferrer-i-Carbonell 和 Frijters（2004）报告中所做的比较。

这一分析显示出的总体趋势是典型的。但是这里的分析仅仅是出于教学目的，而不是为了得出关于幸福感与金钱关系的有力结论。具体来说，为简单起见，这个例子使用了线性趋势，而更复杂的分析（可能与其他数据一起）可能会检查非线性趋势。当然，除了金钱，还有很多其他因素会影响幸福感，而且金钱和幸福感之间的联系可以受到其他因素的调节（比如，Blanchflower 和 Oswald，2004；

---

① 在 Shi（2009）的报告中，真实的调查项目是反向尺度的：1 = 非常幸福，5 = 一点儿也不幸福。这里的分析改变了原始顺序，因此"非常幸福"位于尺度的高尾。

Johnson 和 Krueger，2006，以及其中引用的参考文献）。

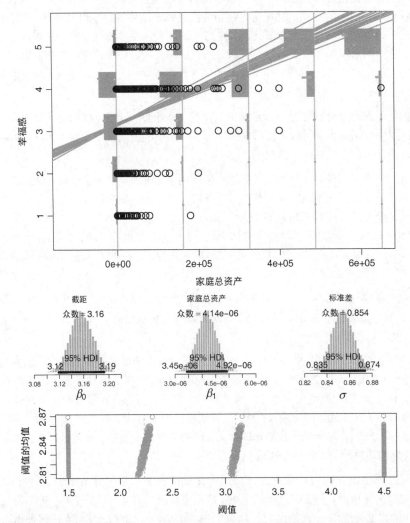

图 23-8 上半部分：幸福感作为家庭总资产的函数（$N = 6835$；数据来源于 Shi，2009）。资产为 2002 年的人民币（2002 年的 2e + 05 元人民币约折合 24 200 美元）。垂直线表示选定的预测变量；水平条表示选定预测变量值时，各个结果的平均后验预测概率。条顶部（左端）的灰色线段显示了后验预测概率的 95% HDI。图中叠加显示了少量的可信回归线。下半部分显示了这些参数的边际后验分布。将这些数据作为计量数据并进行最小二乘估计：$\beta_0 = 3.425$（SE = 0.012）、$\beta_1 = 3.82e-6$（SE = 3.39e-7）、$\sigma = 0.847$。注意，在这种情况下，最小二乘估计得到的斜率估计值较小，并且预测概率与贝叶斯估计有差异

23.4.3 示例：电影，它们跟以前不一样了

我们现在考虑有两个预测变量的情况。一位影评人对许多电影进行了 1 到 7 尺度的评分，[①]这些电影的数据中包括电影的长度（以分钟为单位的持续时间）和发行年份。这些数据来自 Maltin（1996）的评论，是 Moore（2006）收集的。发行时间或发行年份与影评人的评分之间不必有任何关系，无论是线性关系还是其他关系。然而，我们可以应用阈值累积正态线性回归来探索可能的趋势。

图 23-9 显示了数据和分析的结果。图 23-9 的上图是一张散点图，其中每个点代表一部电影，数据点被绘制为数字 1 到 7 中的一个，表示电影的评分。两个坐标轴分别表示电影的发行年份和长度。你可以看到，评分中有相当大的变异性是预测变量无法解释的，因为许多评分不同的电影是相互交织在一起的。

尽管数据中存在"噪声"，但分析仍然揭示，预测变量和影评人评分之间的关系可信地不为零。回归系数的边际后验分布表明，评分倾向于随着电影长度的增加而上升，但评分倾向于随着发行年份的增大而下降。换句话说，影评人倾向于喜欢旧的、长的电影，而不是新的、短的电影。

为了让你获得数据中线性趋势的直观印象，图 23-9 绘制了一些可信的阈值线。在 MCMC 链的一个步骤中，考虑联合可信的阈值和回归系数。我们可以求解恰好落在阈值 θ_k 处的 $\langle x_1, x_2 \rangle$ 的轨迹：从被预测值 μ 的定义开始，并将其设置为 θ_k：

$$\mu = \theta_k$$
$$= \beta_0 + \beta_1 x_1 + \beta_2 x_2$$

因此，

$$x_2 = \left(\frac{\theta_k - \beta_0}{\beta_2} \right) + \left(\frac{-\beta_1}{\beta_2} \right) x_1 \tag{23.5}$$

图 23-9 中绘制了式 23.5 确定的几条线，这些线来自于 MCMC 链中的几个步骤，其中同一步骤的阈值被绘制为相同类型的线（实线、虚线或点线）。链的同一步骤中的几条阈值线必须平行，因为回归系数在该步骤中是常数，但在另一步骤中取不同的值。在潜在的计量二维平面上，图 23-9 中的阈值线是水平等高线。这些线显示，评分向左上角方向升高，即随着 x_1 的减小和 x_2 的增大而升高。

然而，奇怪的是，极端阈值落在了数据不可能出现的范围内。比如，用于从 6 过渡到 7 的阈值线出现在绘图区域的左上角，6 到 7 阈值线之上是 7 的对应区域，而该区域中根本没有数据点。对右下角来说也是类似的：1 到 2 阈值线之下是 1 的对应区域，其中没有数据点。怎么会这样？下一节将进行解释。

23

[①] Moore（2006）和 Maltin（1996）报告的原始评分尺度为：1~4"星"，其中包括半颗星。为什么可以将其转换为 1~7 的顺序尺度？顺便说一下，Moore（2006）处理数据时将这些顺序数据看作计量数据。

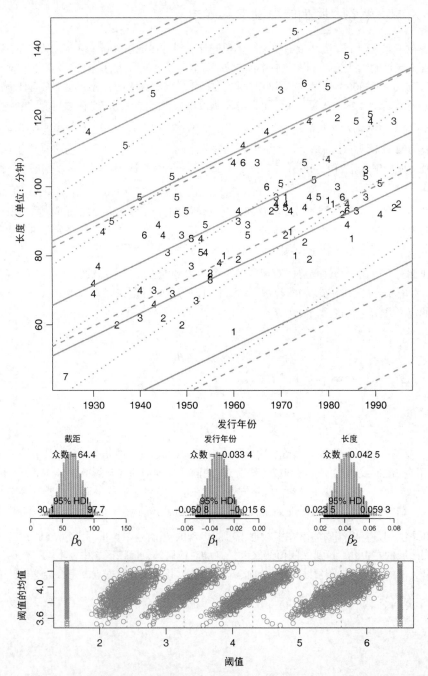

图 23-9 对来自 Moore（2006）的电影评分数据的分析，其中未显示 σ 的边际后验分布，其众数约为 1.25，95% HDI 约为 1.0 到 1.5

23.4.4 为什么有些阈值在数据之外

为了理解阈值，考虑图 23-10 中的虚构数据。这些数据模拟了电影的评分，但有两个关键的区别。首先，虚构数据的噪声要小得多，也就是 $\sigma = 0.20$，而实际数据中的噪声 σ 约为 1.25。其次，虚构数据中的点分散在两个预测变量的整个范围内，而实际数据中的点大多位于中心区域。

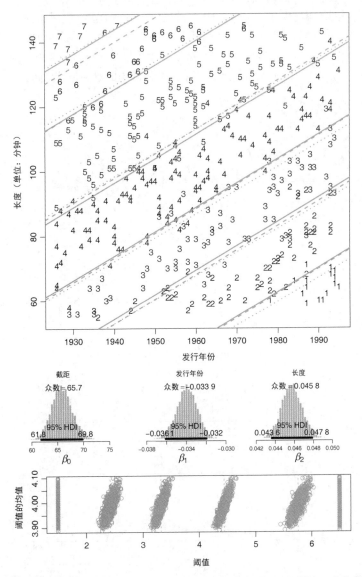

图 23-10　对虚构电影评分数据的分析。与图 23-9 的实际数据中的 $\sigma \approx 1.25$ 相比，这些虚构数据的噪声非常小，产生数据的 $\sigma = 0.20$（截距和斜率参数的设置与实际数据略有不同，因此所有结果值都在预测变量的范围内）

无论是虚构的电影评分，还是实际的电影评分，贝叶斯估计的应用方法都是相同的。注意，图23-10中绘制的后验预测阈值对不同顺序值的平行区域做出了非常清楚的分割。该示例表明，当噪声较小且数据范围较大时，阈值线确实具有直观的意义。

这使得我们需要一个直观的解释，说明为什么对于真实的数据，阈值看起来不那么清晰。我绘制了图23-11以给你一些启发。横轴显示了单个预测变量，纵轴显示了结果的概率。不同的结果被标记为不同样式的线（实线、虚线、点线等）。各图之间的差异在于噪声的大小。在第一幅图中，噪声很小，$\sigma = 0.1$。注意，在这种情况下，每个结果都明显地在其区间上占主导地位。比如，在 $\theta_1 = 1.5$ 和 $\theta_2 = 2.5$ 之间，结果2发生的概率接近100%，结果2很少发生在该区间之外的地方。第二幅图中的噪声稍大，$\sigma = 0.5$。你可以看到，每个结果在它对应的区间内的概率是最高的，但仍有相当多的结果

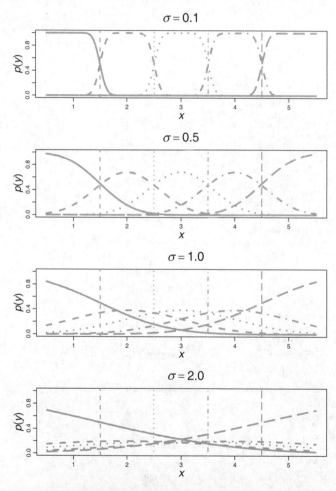

图23-11　顺序响应的概率作为预测变量 x 的函数。阈值被任意地设置为 $\theta_1 = 1.5$、$\theta_2 = 2.5$、$\theta_3 = 3.5$、$\theta_4 = 4.5$。前两幅图中的噪声较小，后两幅图中的噪声较大。请注意，数据中的 x 值可能只能覆盖 x 轴的一个小范围

被错放在了相邻的区间中。这种错放在下一幅图中更严重，其中 $\sigma = 1.0$。当噪声较大时，如第四幅图中的 $\sigma = 2.0$，结果被过多地"错放"在各个阈值间，以至于该区间内最可能的结果不一定是以该区间为中心的结果。比如，在 $\theta_1 = 1.5$ 和 $\theta_2 = 2.5$ 之间，最可能的结果是 1，而不是 2。为了理解为什么会发生这种情况，想象一下以 $\theta_1 = 1.5$ 为中心的正态分布（根据图 23-6）。50%的正态分布低于 $\theta_1 = 1.5$，因此结果 1 的概率为 50%；但结果 2 的概率要小得多，因为只有一小部分正态分布在 $\theta_1 = 1.5$ 到 $\theta_2 = 2.5$ 的区间内。

假设噪声较大，且相对于阈值来说，数据中的预测变量值范围较窄。比如，假设在图 23-11 的第四幅图中，数据中的被预测值仅为 2 到 4。由于结果概率被错放，数据中可能有许多结果 1 和结果 5，尽管预测变量从未小于 θ_1 或大于 θ_4。这正是真实的电影数据中发生的情况：最可信的参数值是有极端阈值的较大 σ 值，阈值被设置在数据中实际出现的被预测值之外。

前面的讨论中将 σ 称为"噪声"，仅仅是为了语言上的方便。将结果称为"噪声"并不意味着生成这些结果的潜在源的本质是随机的。使用我们选择的特定模型和特定预测变量时，"噪声"只是其不能解释的结果的变异性。不同的模型或不同的预测变量可能可以很好地解释结果，且几乎没有残余噪声。从这个意义上说，噪声存在于模型中，而不存在于数据中。

23.5 后验预测

本章的所有例子已经表明，阈值累积正态模型能够对每个结果的概率进行后验预测。比如，在处理一组数据时，图 23-3 右上角显示了每个结果的预测概率及 95% HDI。另一个例子是，在处理单个预测变量时，图 23-8 的顶部再次显示了在预测变量的特定值下，每个结果的预测概率及 95% HDI。这是如何实现的，又如何推广到多个预测变量的情况？

答案是：在 MCMC 链的每一步中，我们使用式 23.1 到式 23.4 计算被预测结果的概率 $p(y\,|\,\mu(x),\,\sigma,\,\{\theta_k\})$，其中 $\mu(x) = \beta_0 + \sum_j \beta_j x_j$。然后，根据完整链中的可信后验预测概率，计算集中趋势（如均值、中位数或众数）和 95% HDI。

为了使这一点具体化，考虑单个计量预测变量的情况。我们想知道的被预测结果概率所在的 x 值被记为 xProbe，并且我们假设程序的前面部分已经给出了它的一个值。以下代码是由 R（而不是 JAGS）处理的，并于 JAGS 返回 MCMC 链之后执行。返回的 MCMC 链是名为 codaSamples 的 coda 对象。请通读下面的代码，其中的注释对每一行代码做了解释。

```
# 将 JAGS coda 对象转换为矩阵。矩阵的列是有名称的
# 对于每个参数，MCMC 链中的每一步都有一行
mcmcMat = as.matrix( codaSamples )
# 获得链的长度
chainLength = nrow( mcmcMat )
# 仅用于之后简化参考，将 MCMC 参数值复制为新的变量
#   截距向量
beta0 = mcmcMat[ , "beta0"]
#   斜率向量
beta1 = mcmcMat[ , "beta"]
#   阈值矩阵，行 = 链的步数，列 = 阈值
# （grep 是模式匹配器。这里，grep 获得所有名称以"thresh"开始的列
#    在 R 中获取帮助：?grep)
```

```
thresh = mcmcMat[ , grep("^thresh",colnames(mcmcMat))]
#    标准差向量
sigma = mcmcMat[ , "sigma"]
# 在链的每一步中，计算被预测的结果概率
#  首先，声明一个用于保存这些值的矩阵
outProb = matrix( NA , nrow=chainLength , ncol=max(y) )
#  对于链的每一步……
for ( stepIdx in 1:chainLength ) {
  # 计算 xProbe 处的 mu
  mu = beta0[stepIdx] + beta1[stepIdx] * xProbe
  # 计算各个阈值左侧的累积正态概率
  # （记住，thresh 是一个矩阵，每一列是一个阈值，所以以下个语句的结果是一个向量）
  threshCumProb = pnorm( ( thresh[stepIdx , ] - mu ) / sigma[stepIdx] )
  # 计算累积正态概率之间的差异值
  outProb[stepIdx , ] = c(threshCumProb,1) - c(0,threshCumProb)
# 计算每个结果的预测概率的集中趋势
outMed = apply( outProb , 2 , median , na.rm=TRUE )
# 计算每个结果的预测概率的 HDI
outHdi = apply( outProb , 2 , HDIofMCMC )
```

上面最后几行使用了函数 apply，3.6 节解释过它。HDIofMCMC 函数的定义位于本书的工具程序中，详见 25.2 节。向量 outMed 是各个结果的预测概率的中位数，对应的 HDI 范围被存储在矩阵 outHdi 的列中。

23.6   推广和扩展

本章的目的是介绍阈值累积正态回归（也称顺序 probit 回归或有序 probit 回归）的概念和方法，而不是为所有的应用提供一套详尽的程序。所幸，无论你需要什么样的模型，原则上通常都可以直接使用 JAGS 或 Stan 进行编程。特别是，基于本章提供的程序，你很容易实现具有单组或两组的情况，或者具有计量预测变量的情况。

如果数据中存在极端离群值，那么修改程序是很简单的。对于离群值，至少有两种合理的描述方法。一种方法是用重尾分布取代正态分布来描述噪声。因此，在图 23-6 中，想象一个 t 分布，而不是正态分布。在式 23.1 到式 23.3 中，使用累积 t 函数，而不是使用累积正态函数。所幸，这在 JAGS（以及 R 和 Stan）中很容易实现，因为累积 t 函数已经被内置为函数 pt（类似于 pnorm）。在程序中任何使用了 pnorm 的地方，将其替换为 pt，确保你加入了正态性参数（可以进行估计或固定为一个小值）。描述离群值的另一种方法是，将它们视为与预测变量无关的噪声，而不是以均值为中心的噪声。具体来说，将阈值累积正态模型的结果概率与随机结果模型混合，其中，随机结果模型为所有结果分配相等的概率。这是 21.3 节中二分逻辑斯谛回归使用的方法。在阈值累积正态模型预测概率的基础上，混合类似于式 21.2 中的"猜测"概率，猜测概率是结果数量的倒数。练习 23.2 提供了细节。

实现变量选择很容易。正如线性回归或逻辑斯谛回归中的预测变量可以被赋予包含符参数一样，阈值累积正态回归中的预测变量也可以被赋予包含符参数。该方法的实现与 18.4 节所示的相同，并且同样的注意事项和警告仍然适用，正如该节所解释的那样，包括关于先验值对回归系数的影响的 18.4.1 节。

该模型可以用名义预测变量取代计量预测变量，或者在计量预测变量之外加入名义预测变量。请参考图 21-12 中的模型图以获得启发。唯一的变化是为正态噪声分布设置阈值，以创建顺序结果的概率。

23.7 练习

你可以在本书配套网站上找到更多练习。

练习 23.1 目的：获得计算累积正态分布的实践经验，建立对图中被预测概率的直觉，以及在 R 和 JAGS 中使用 pnorm 的直觉。

(A) 使用 R 中的函数 pnorm，确认图 23-1 中显示的区间概率。提示：对于其中的每幅图，执行类似的操作。

```
mu = 3.5                                    # 进行适当的更改
sigma = 2.0                                 # 进行适当的更改
thresh = c( 1.5, 2.5, 3.5, 4.5, 5.5, 6.5 )  # 进行适当的更改
pToThresh = pnorm( thresh , mu , sigma )    # 这计算的是什么？
pToThresh = pnorm( (thresh-mu)/sigma , 0 , 1 )  # 或者使用这个
c( pToThresh , 1 ) - c( 0 , pToThresh )     # 解释一下
```

(B) 近似地确认图 23-3 所示的后验预测概率：使用图中所示的 μ、α 和阈值的后验估计众数。只需"目测"垂直虚线以获得众数阈值。使用前一部分的 R 代码。

(C) 对于资产 1.6e5 元及 4.9e5 元，近似地确认图 23-8 所示的后验预测概率。使用图 23-8 中显示的参数后验估计众数，并"目测"阈值的估计众数。扩展第一部分的 R 代码；在探测值 x 处，你将需要根据截距和斜率计算 mu。

练习 23.2 目的：修改程序以处理离群值。假设我们怀疑，相对于一个潜在的正态分布而言，数据具有很多离群值。

(A) 在这一部分中，我们扩展阈值累积正态模型，使其包含随机猜测。查看 21.3 节以回顾这一想法。将 JAGS-Yord-XmetMulti-Mnormal.R 复制为新的文件，并重命名这个猜测模型。在新程序中，进行以下修改。在 JAGS 模型的 data 部分，添加以下代码：

```
for ( k in 1:nYlevels ) {
  guessVec[k] <- 1/nYlevels
}
```

在 model 部分，将 y[i] 的如下一行：

```
y[i] ~ dcat( pr[i,1:nYlevels] )
```

更改为：

```
y[i] ~ dcat( (1-alpha)*pr[i,1:nYlevels] + alpha*guessVec )
```

在模型的最后，为混合系数提供如下所示的先验：

```
alpha ~ dbeta(1,9)
```

在电影数据上运行该模型。确保你溯源了新的程序，而不是原始程序；更改保存输出文件的 fileNameRoot，

以便不会覆盖非稳健的文件。报告结果，并讨论它与图 23-9 中非猜测模型结果的差异。(ⅰ) 显示猜测参数（alpha）的后验分布。(ⅱ) 回归系数是否更为极端（是），为什么？(ⅲ) 阈值的后验分布是否有异常（见图 23-12），为什么？提示：即使在 MCMC 链中阈值被随机地颠倒了，并且该成分的结果概率为零，随机成分给出的结果概率也仍然不为零。

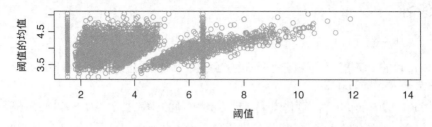

图 23-12   用于练习 23.2。混合了随机猜测的模型中，电影评分数据的阈值的后验分布

(B) 在这一部分中，将阈值累积正态模型改为阈值累积 *t* 分布模型（无随机猜测混合）。请查看 17.2.1 节以回顾如何在线性回归中使用 *t* 分布处理离群值。将 JAGS-Yord-XmetMulti-Mnormal.R 复制为具有新名称的新文件，并在新的副本上工作。在 JAGS 的模型定义中，你只需要在涉及 pr[i,...] 的行中，将 pnorm 更改为 pt（不是 dt，因为我们需要累积概率函数），确保你加入了正态性参数。在电影数据上运行该模型。回答与前一部分相同的问题。尤其是，阈值是否发生过颠倒？提示：在这个模型中，阈值不会颠倒，因为这将使受影响区间内的结果概率为零。

第24章

计数被预测变量

> 请你数给我，我们在一起的时间，
> 我将数给你，我轻如羽毛的时间。
> 在所有时间中，我的眼中只有你，
> 我们列在一起，彼此是不是相联。[①]

考虑这样一种情况：对于每一个测量项目，我们观察到它有两个名义值。假设有一场选举，我们针对随机选择的人，调查他们的政党归属（这是一个名义变量）和他们支持的候选人（这也是一个名义变量）。每个人都会使党派和候选人的特定组合的数量增加一。在整个样本中，得到的结果就是这些名义变量的各种组合的计数表。这些计数是我们试图预测的被预测变量，而这些名义变量是预测变量。这就是本章讨论的情况类型。

传统上，可以使用独立性的卡方检验（chi-square test）来处理这种数据结构。但我们将采用贝叶斯方法，因此无须计算卡方值或 p 值（与贝叶斯结论的比较除外，如练习 24.3）。贝叶斯方法提供了丰富的信息，包括联合比例的可信区间，以及任何想比较的条件的可信区间。

在第 15 章介绍的 GLM 的背景下，本章的情况涉及一个计数类型的被预测变量。对于该计数，我们将使用指数反连接函数，并使用泊松分布（Poisson distribution）来描述数据中的噪声，如表 15-2 的最后一行所示。有关本章中被预测变量和预测变量的组合，及其与其他组合的关系，请参见表 15-3。

24.1 泊松指数模型

我把本节将解释的模型称为泊松指数模型（Poisson exponential model），因为正如我们将看到的，噪声分布是泊松分布，而反连接函数是指数函数。因为我们的模型是用来描述数据的，正如 2.3 节中贝叶斯数据分析的前两个步骤解释的，所以启发模型的最佳方式是使用我们想描述的具体数据集。

24

[①] *Count me the hours that we've been together, I'll*
Count you the hours I'm light as a feather, but
'Cause every hour you're all that I see, there's
No telling if there's a contingency.
本章是关于在计数值测量尺度上的被预测数据的。这些数据通常被排列在名为列联表的表格中。这首诗使用了 count（计数）和 contingency（列联）这两个术语。

24.1.1 数据结构

表 24-1 显示了美国特拉华大学学生课堂调查得到的头发颜色和眼睛颜色的计数（Snee，1974）。这些数据与表 4-1 中的数据相同，但显示的是原始计数而不是比例，并按字母顺序对各个水平进行了重新排列。受访者根据表 24-1 所示的标签，自己报告他们的头发颜色和眼睛颜色。表格中的单元格表示样本中每个组合出现的频数。每个被调查者都落在表格的一个单元格中，而且仅落在一个单元格中。要预测的数据是单元格中的计数。这些预测变量都是名义变量。这种结构类似于同样具有两个名义预测变量的双因素方差分析（two-way analysis of variance，双因素 ANOVA），但其中的每个单元格会有几个计量值，而不是一个计数。

表 24-1　头发颜色与眼睛颜色组合的计数

眼睛颜色	头发颜色				边际概率（眼睛颜色）
	黑色	深褐色	红色	金色	
蓝色	20	94	84	17	215
棕色	68	7	119	26	220
绿色	5	16	29	14	64
淡褐色	15	10	54	14	93
边际概率（头发颜色）	108	127	286	71	592

数据改编自 Snee（1974）。

对于这样的数据，我们可以问很多问题。我们可以一次只考虑一个预测变量，然后问一些问题，比如："棕色眼睛的人比淡褐色眼睛的人的频数高多少？"或者"黑色头发的人比金色头发的人的频数高多少？"这些问题类似于方差分析中的主效应。但通常情况下，我们会显示联合计数，因为我们对变量之间的关系特别感兴趣。我们想知道一个预测变量的计数分布是否取决于另一个预测变量的水平。比如，头发颜色的分布是否取决于眼睛的颜色？具体来说，在棕色眼睛的人和蓝色眼睛的人中，金色头发的人所占的比例是否相同？这些问题类似于方差分析中的交互作用对比。

24.1.2 指数连接函数

可以通过两种方法启发该模型。一种方法是，首先简单地对名义预测变量应用双因素方差分析，然后找到一种将被预测变量映射到计数数据的方法。方差分析模型（回忆式 20.1 和式 20.2）的被预测值 μ 可以是从负无穷大到正无穷大的任何值，但频数是非负的值。因此，我们必须将方差分析中的被预测值转换为非负值，同时保持其顺序。从数学上讲，实现这一点的很自然的方法是使用指数转换。但这种转换只能得到潜在的连续被预测值，而不是离散计数的概率。我们所需的似然分布的另一个自然的备选分布是泊松分布（稍后描述），它取非负值 λ，并为从零到无穷大的每个整数分配一个概率。虽然原则上来说没有错，但是这种启发似乎有些武断。

另一种启发方法是，首先将单元计数作为潜在单元概率的代表，然后询问这两个名义变量对单元概率的影响是否独立。比如，在表 24-1 中，头发颜色为黑色的边际概率是特定值，眼睛颜色为棕色的边际概率是特定值。如果头发颜色和眼睛颜色是相互独立的，那么黑色头发和棕色眼睛的联合概率是二者边际概率的乘积。如果表中的每个单元格都具有这种关系，则头发颜色和眼睛颜色这两种属性是相互独立的。（回顾 4.4.2 节中"独立"的定义。）头发颜色和眼睛颜色相互独立意味着，无论是棕色眼睛的人还是蓝色眼睛的人，其中黑色头发的比例都相同，以此类推至所有头发和眼睛的颜色。

为了检验属性之间的独立性，我们需要估计这些属性的边际概率。将第 r 行的边际计数记为 y_r，将第 c 列的边际计数记为 y_c。那么边际比例为：y_r / N 和 y_c / N，其中 N 是整张表的总和。如果属性之间是独立的，那么联合概率 $\hat{p}(r, c)$ 的预测值应该等于边际概率的乘积，这意味着：$\hat{p}(r, c) = p(r) \cdot p(c)$，因此，$\hat{y}_{r,c} / N = y_r / N \cdot y_c / N$。因为我们处理的模型涉及加法组合，而不是乘法组合，所以我们使用 $\log(a \cdot b) = \log(a) + \log(b)$ 和 $\exp(\log(x)) = x$，将独立性的乘法表达式转换为加法表达式，如下所示：

$$
\begin{aligned}
\hat{y}_{r,c} / N &= y_r / N \cdot y_c / N \\
\hat{y}_{r,c} &= 1 / N \cdot y_r \cdot y_c \\
\underbrace{\hat{y}_{r,c}}_{\lambda_{r,c}} &= \exp(\underbrace{\log(1 / N)}_{\beta_0} + \underbrace{\log(y_r)}_{\beta_r} + \underbrace{\log(y_c)}_{\beta_c})
\end{aligned}
\tag{24.1}
$$

如果我们从特定的计数中抽象出式 24.1 的形式，会得到式 $\lambda_{r,c} = \exp(\beta_0 + \beta_r + \beta_c)$，其思想是无论 β 的值是多少，得到的 λ 都将服从乘法独立性。表 24-2 显示了一个例子。β 的选择显示在表头中，结果 λ 显示在表格的单元格中。注意，每一行都有相同的相对概率，即 10、100 和 1。换句话说，行属性和列属性是独立的。

之前在方差分析的背景下，我们讨论过行影响和列影响的加法组合。在方差分析中，基线 β_0 表示结果的总体集中趋势，β_r 是第 r 行导致的相对于基线的偏移量，β_c 是第 c 列导致的相对于基线的偏移量。这些偏移量需要满足和为零的约束条件，也就是式 20.2 的要求，表 24-2 中的示例满足该约束。

表 24-2　交互作用为零的指数线性模型的示例

$\beta_0 = 4.605\,17$	$\beta_{c=1} = 0$	$\beta_{c=2} = 2.302\,59$	$\beta_{c=3} = -2.302\,59$
$\beta_{r=1} = 0$	100	1000	10
$\beta_{r=2} = 2.302\,59$	1000	10 000	100
$\beta_{r=3} = -2.302\,59$	10	100	1

表头显示了 β 的值，各单元格显示的是式 24.1 所示的 $\lambda_{r,c} = \exp(\beta_0 + \beta_r + \beta_c)$。注意，每一行都有相同的相对概率，即 10、100 和 1。换句话说，行属性和列属性是相互独立的。还要注意，行和列的偏移量的总和为零，满足式 20.2 的要求。

在方差分析中，当行效应和列效应的加法组合不能描述单元均值时，我们加入交互作用项，这里表示为 $\beta_{r,c}$。交互作用项的约束条件是，每一行和每一列的交互作用项都满足和为零：对所有的 c 有 $\sum_c \beta_{r,c} = 0$，并且对所有的 r 有 $\sum_r \beta_{r,c} = 0$。关键思想是模型中的交互作用项：在标准 ANOVA 中，它们表示对可加性的违反程度；在指数 ANOVA 中，它们表示对乘法独立性的违反程度。总而言之，单元趋势的模型是含有交互作用项的式 24.1 的扩展形式：

$$
\lambda_{r,c} = \exp(\beta_0 + \beta_r + \beta_c + \beta_{r,c})
\tag{24.2}
$$

其中，满足约束条件：

24

$$\sum_r \beta_r = 0 , \quad \sum_c \beta_c = 0 , \quad 对所有的 r 有 \sum_r \beta_{r,c} = 0 且对所有的 c 有 \sum_c \beta_{r,c} = 0$$

如果研究者对独立性的违反程度感兴趣，那么关注的是 $\beta_{r,c}$ 交互作用项的大小，特别是有意义的交互作用对比。该模型在实现这一目标时特别方便，因为我们可以研究特定的交互作用对比，以便更详细地确定非独立性产生的位置。

24.1.3　泊松噪声分布

式 24.2 中的 $\lambda_{r,c}$ 值是一个单元的趋势，而不是预测计数本身。特别是，$\lambda_{r,c}$ 的值可以是任何非负实数，但计数只能是整数。我们需要一个似然函数，将参数值 $\lambda_{r,c}$ 映射到所有可能计数的概率。泊松分布（Poisson distribution）是一种自然的选择，它是以法国数学家 Siméon-Denis Poisson（1781—1840）的姓氏命名的，其定义为：

$$p(y \mid \lambda) = \lambda^y \exp(-\lambda) / y! \tag{24.3}$$

其中 y 是非负整数，λ 是非负实数。泊松分布的均值为 λ。重要的是，泊松分布的方差也是 λ（标准差为 $\sqrt{\lambda}$）。因此，在泊松分布中，均值彻底地束缚了方差。泊松分布的示例如图 24-1 所示。注意，分布是离散的，只有非负整数值处具有概率质量。注意，从视觉上看，分布的集中趋势确实与 λ 相对应。再次注意，随着 λ 的增大，分布的宽度也会增大。图 24-1 中的示例使用了非整数的 λ 值来强调 λ 不一定是整数，即使 y 是整数。

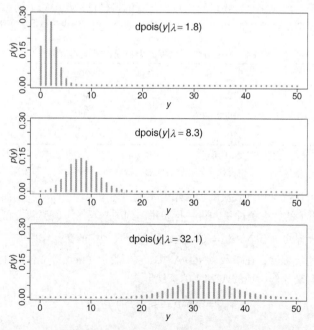

图 24-1　泊松分布的示例。y 是零到正无穷大的整数。λ 的值显示在每幅图中。符号 "dpois" 是指式 24.3 的泊松分布

连续时间内离散事件的发生概率通常被建模为泊松分布，前提是在连续时间（或空间）内的任何时刻，单个事件的发生概率相同（Sadiku 和 Tofighi, 1999）。假设一个便利店的顾客访问频率为平均每小时 35 人，那么 $\lambda = 35$ 的泊松分布，是未来一小时将有特定数量的顾客来访的概率模型。另一个例子是，假设在 20 世纪 70 年代初，美国特拉华大学有 11.2% 的学生有黑色头发和棕色眼睛；再假设，平均来说，每学期会有 600 名学生填写调查问卷。这意味着，平均来说，每学期会有 67.2（11.2%×600）名学生报告他们有黑色头发和棕色眼睛。泊松分布 $p(y\,|\,\lambda = 67.2)$ 给出了一个学期中报告该答案的人数为任取的特定数量的概率。

给定式 24.2 中的均值 $\lambda_{r,c}$ 时，我们将使用泊松分布作为似然函数，对观测计数 $y_{r,c}$ 的概率建模。我们的想法是，每个特定的 r 和 c 组合，都有其潜在的平均发生率 $\lambda_{r,c}$。我们在一定的持续时间内收集数据，碰巧观察到，此期间内各个组合具有特定频率 $y_{r,c}$。根据观察到的频率，我们将推断出潜在的平均发生率。

24.1.4　JAGS 中的完整模型与实现

综上所述，前面的讨论表明，单元计数的预测趋势由式 24.2 给出（包括和为零的约束），观察到的单元计数的概率由式 24.3 中的泊松分布给出。我们现在要做的是，提供这些参数的先验分布。所幸，我们已经（至少是结构上）在双因素方差分析中做过了这项工作，结果模型如图 24-2 所示。上半部分显示了双因素方差分析的先验，与图 20-2 中相同。图 24-2 中间的数学表达式与图 20-2 中的类似，唯一的差异在于使用了新的指数反连接函数。图 24-2 的下半部分只是说明使用了泊松噪声分布。

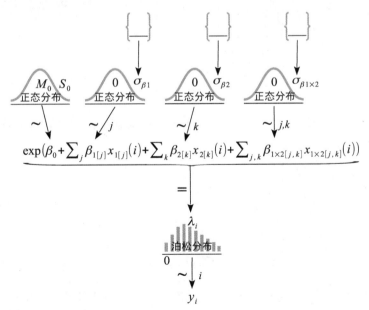

图 24-2　两个名义预测变量的泊松指数模型的层次图。与图 20-2 中双因素方差分析的模型层次图进行比较

　　该模型在 JAGS 中的实现，是双因素方差分析模型的一个变体。与该模型一样，实现和为零约束的方法是，先让 MCMC 在没有约束的情况下找到偏移量参数，再将找到的偏移量参数重新居中。MCMC 过程直接抽样得到的偏移量参数被记为 a1、a2 和 a1a2，和为零的版本被记为 b1、b2 和 b1b2。为了理解下面的 JAGS 代码，首先要理解在数据文件中每个单元是一行。这样，数据文件的第 i 行包含的是计数 y[i]，它来自表的 x1[i] 行和 x2[i] 列。JAGS 模型定义的第一部分直接实现了泊松噪声分布和指数反连接函数：

```
model {
  for ( i in 1:Ncell ) {
    y[i] ~ dpois( lambda[i] )
    lambda[i] <- exp( a0 + a1[x1[i]] + a2[x2[i]] + a1a2[x1[i],x2[i]] )
  }
```

JAGS 模型的下一部分指定基线和偏移量参数的先验分布。先验应当相对于数据尺度来说是宽泛的，但是我们必须注意基线和偏移量的模型尺度。计数由 λ 直接描述，但 $\log(\lambda)$ 是由基线和偏移量描述的。因此，基线和偏移量的先验值应在数据的对数尺度上是宽泛的。为了建立通用的基线，考虑如果数据点平均分布在所有单元中，则平均计数将是总计数除以单元数。单元之间的可能最大标准差出现在所有计数都在一个单元中，且所有其他单元都为零时。我们取这些值的对数来定义以下常数：

```
yLogMean = log( sum(y) / (Nx1Lvl*Nx2Lvl) )
yLogSD = log( sd( c( rep(0,Ncell-1) , sum(y) ) ) )
agammaShRa = unlist( gammaShRaFromModeSD( mode=yLogSD , sd=2*yLogSD ) )
```

我们将使用这些常数来设置宽泛的先验，如下所示：

```
a0 ~ dnorm( yLogMean , 1/(yLogSD*2)^2 )
for ( j1 in 1:Nx1Lvl ) { a1[j1] ~ dnorm( 0.0 , 1/a1SD^2 ) }
a1SD ~ dgamma(agammaShRa[1],agammaShRa[2])
for ( j2 in 1:Nx2Lvl ) { a2[j2] ~ dnorm( 0.0 , 1/a2SD^2 ) }
a2SD ~ dgamma(agammaShRa[1],agammaShRa[2])
for ( j1 in 1:Nx1Lvl ) { for ( j2 in 1:Nx2Lvl ) {
  a1a2[j1,j2] ~ dnorm( 0.0 , 1/a1a2SD^2 )
} }
a1a2SD ~ dgamma(agammaShRa[1],agammaShRa[2])
```

　　在 JAGS 模型定义的末尾，将基线和偏移量重新居中，以满足和为零的约束条件，这与双因素方差分析中所做的完全相同：

```
# 将 a0、a1[]、a2[]、a1a2[,]转换为和为零的 b0、b1[]、b2[]、b1b2[,]
for ( j1 in 1:Nx1Lvl ) { for ( j2 in 1:Nx2Lvl ) {
  m[j1,j2] <- a0 + a1[j1] + a2[j2] + a1a2[j1,j2]        # 单元均值
} }
b0 <- mean( m[1:Nx1Lvl,1:Nx2Lvl] )
for ( j1 in 1:Nx1Lvl ) { b1[j1] <- mean( m[j1,1:Nx2Lvl] ) - b0 }
for ( j2 in 1:Nx2Lvl ) { b2[j2] <- mean( m[1:Nx1Lvl,j2] ) - b0 }
for ( j1 in 1:Nx1Lvl ) { for ( j2 in 1:Nx2Lvl ) {
  b1b2[j1,j2] <- m[j1,j2] - ( b0 + b1[j1] + b2[j2] )
} }
```

　　最后，模型定义的一个新颖的部分是：计算后验预测单元概率。取每个单元均值的指数（在居中至和为零时计算的）以计算每个单元的预测计数，然后对这些计数进行标准化，以计算每个单元的预测比例，记为 ppx1x2p。我们同时计算了边际预测比例，如下所示：

```
# 计算预测比例
for ( j1 in 1:Nx1Lvl ) { for ( j2 in 1:Nx2Lvl ) {
  expm[j1,j2] <- exp(m[j1,j2])
  ppx1x2p[j1,j2] <- expm[j1,j2]/sum(expm[1:Nx1Lvl,1:Nx2Lvl])
} }
for ( j1 in 1:Nx1Lvl ) { ppx1p[j1] <- sum(ppx1x2p[j1,1:Nx2Lvl]) }
for ( j2 in 1:Nx2Lvl ) { ppx2p[j2] <- sum(ppx1x2p[1:Nx1Lvl,j2]) }
}
```

模型定义及其他函数的定义在以下文件中：JAGS-Ycount-Xnom2fac-MpoissonExp.R。调用这些函数的高级脚本在以下文件中：JAGS-Ycount-Xnom2fac-MpoissonExp-Example.R。

24.2 示例：头发颜色

对表 24-1 中眼睛颜色和头发颜色的计数进行分析。后验预测单元比例如图 24-3 所示。图 24-3 顶部的排列与表 24-1 的单元排列一致，每个图形的标题均显示了原始计数。数据比例（单元计数除以总计数）被显示为横轴上的小三角形。在这种情况下，对每个单元来说，数据比例都接近于 95% HDI 的中间位置。贝叶斯数据分析的一个很好的特征是，图 24-3 明确地显示出了后验预测的不确定性。

通常情况下，我们关心的是属性之间是否相互独立，也就是说一个属性的各个水平之间的相对比例，是否依赖于另一个属性的水平。正如前面在模型的形式启发中所解释的，模型的交互作用偏移量能够描述对这种独立性的违反程度。我们考虑任何可能感兴趣的交互作用对比。值得注意的是，独立性指的是比例之间的比率，对应的是潜在偏移量参数的差异。换句话说，考虑比例的交互作用对比并不是很有意义；取而代之，我们考虑偏移量参数的交互作用对比。假设我们感兴趣的是蓝色眼睛对棕色眼睛和黑色头发对金色头发的交互作用对比。图 24-3 的底部显示了对应的潜在交互作用偏移量参数的差异。左下方是黑色头发的情况下，蓝色眼睛和棕色眼睛的差异，你可以看到它是负值。这意味着对于黑色头发来说，棕色眼睛的交互作用偏移量大于蓝色眼睛的交互作用偏移量。这种情况是符合我们的直觉的：我们已经知道棕色眼睛和黑色头发是一个明显的组合。图 24-3 底部中间的图形显示的是，在金色头发的情况下，蓝色眼睛和棕色眼睛的差异，你可以看到它是正值。同样，这也是符合直觉的，因为蓝色眼睛总是伴随着金色头发。右下角的图形显示了交互作用对比（差异之间的差异），它显著地不等于零。交互作用对比不为零意味着属性之间不是独立的。

图 24-3 底部显示了差异的后验分布，同时还显示了 ROPE。当为交互作用偏移量参数指定 ROPE 时，重要的是记住这些参数的尺度是计数的对数尺度。因此，0.1 的差异对应计数的大约 10% 的变化。在当前情况下，ROPE 只是为了便于说明而任意选择的。

24

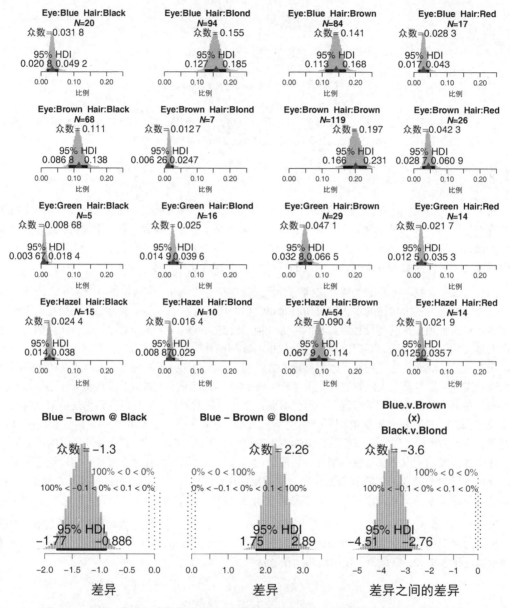

图 24-3　上部：表 24-1 中数据的单元比例估计的后验分布。三角形表示实际的数据比例。

最下面一行：交互作用对比

24.3　示例：交互作用对比、收缩和综合检验

在本节中，我们通过考虑一些虚构的数据来说明交互作用对比的各个方面。与眼睛和头发的数据一样，虚构数据有两个属性，每个属性有四个水平。图 24-4 中各个图形的标题显示了这些单元的标签

和计数。行是属性 A 的各个水平（A1~A4），列是属性 B 的各个水平（B1~B4）。可以看到，在左上象限和右下象限中，所有单元的计数都是 22。在右上象限和左下象限中，所有单元的计数都是 11。这种数据模式表明，属性之间可能存在交互作用，也就是说属性不是相互独立的。

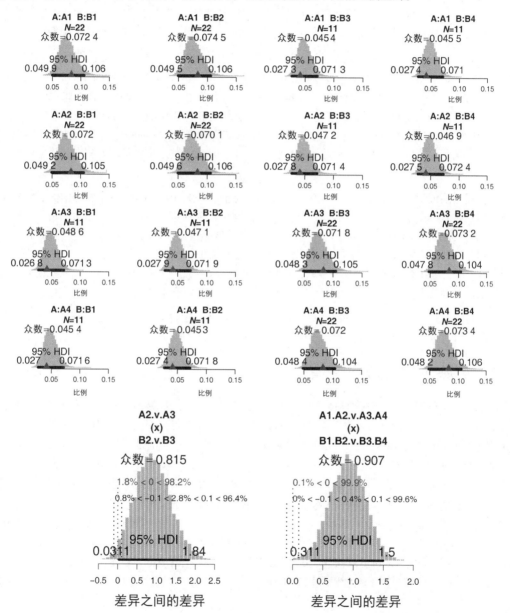

图 24-4　上部：单元比例估计的后验分布。三角形表示实际的数据比例。最下面一行：交互作用对比

对这些数据运行上一节的 JAGS 程序时，它产生的后验预测分布如图 24-4 所示。可以看到，计数相同的单元具有几乎相同的后验预测分布，它们之间的差异仅仅是由 MCMC 链的随机性引起的（更长的链将使计数相同的单元之间的差异更小）。你还可以看到预测单元比例的收缩：高计数单元的预测比例众数略小于数据比例，低计数单元的预测比例众数略大于数据比例。练习 24.2 将让你检查收缩及其原因。特别是，你会发现，如果你更改了先验的结构假设，那么收缩率会大大降低。

为了评估这种明显的非独立性，我们进行了交互作用对比。一个可能的交互作用对比涉及四个单元：⟨A2, B2⟩、⟨A2, B3⟩、⟨A3, B2⟩和⟨A3, B3⟩。交互作用对比提出的问题是：A2 和 A3 之间的差异是否与 B2 和 B3 之间的差异相同？图 24-4 的左下角显示了其结果，可以看到交互作用对比的大小不为零，但是 95% HDI 几乎包含了零。这是否意味着交互作用不够强，可以认为属性是独立的？不，因为还要考虑其他的交互作用对比。具体来说，我们可以考虑这样的交互作用对比：将各个象限中的四个单元平均，并比较这四个象限。图 24-4 的右下角显示了其结果，可以看到交互作用对比明显不为零。

这里提出的模型无法进行交互作用的综合检验。然而，与第 19 章和第 20 章中介绍的 ANOVA 式模型一样，我们可以很容易地扩展模型，加入交互作用偏移量的包含系数。包含系数的取值可以是 0 或 1，并将其先验设置为伯努利分布。在原则上，这个扩展模型是很好的，但实际上它的 MCMC 链高度地自相关，这时可能有用的一种方法是设置伪先验（如 10.3.2 节所述）。此外，必须仔细地对结果进行筛选，分离链中包含系数为 0 的步骤，仅检查链中包含系数为 1 的步骤。即使包含系数为 1 的后验概率很高时，我们仍然必须考虑特定的交互作用对比，以确定交互作用在数据的哪个位置。

对于这些数据类型，传统的 NHST 独立性综合检验是卡方检验，我不会在这里解释。熟悉卡方检验的读者可以将其结果与练习 24.3 中的贝叶斯交互作用对比的结果进行比较。

24.4　列联表的对数线性模型

对于名义预测变量的计数数据的分析方法，本章只介绍了一些浅显的内容。这种类型的数据通常被呈现为一个表格，我们认为，每个单元格中的计数与它所在的行列相关联。因此，这些数据被称为"列联表"（contingency table）。它可以有两个以上的预测变量，模型的推广方式与将方差分析推广到两个以上的预测变量的方式相同。这里的公式强调了式 24.2 中形式为 $\lambda = \exp(\beta_0 + \beta_r + \beta_c + \beta_{r,c})$ 的反连接函数，但该等式也可以写作 $\log(\lambda) = \beta_0 + \beta_r + \beta_c + \beta_{r,c}$。后一种形式启发了这些模型的常用名称：列联表的对数线性模型（log-linear model for contingency tables）。如果你想更深入地研究这些模型，可以使用这个术语。Agresti 和 Hitchcock（2005）简要回顾了列联表的贝叶斯对数线性模型，但其中没有包含本章所用的方法，因为在那之后才开始广泛地使用层次方差分析模型（Gelman，2005，2006）。对于本章所述模型的非 Gelman 层次先验的列联表的贝叶斯推断，见 Marin 和 Robert（2007，第 109~118 页）及 Congdon（2005，第 134 页和第 202 页）。

24.5　练习

你可以在本书配套网站上找到更多练习。

练习 24.1 目的：尝试分析另一个数据集。

(A) Snee（1974）提供的一组数据报告了罪犯的两种特征：犯罪类型和是否经常饮酒。图 24-5 各部分的标题中显示了这些数据。数据在文件 CrimeDrink.csv 中。使用脚本 JAGS-Ycount-Xnom2fac-MpoissonExp-Example.R 对数据运行分析。

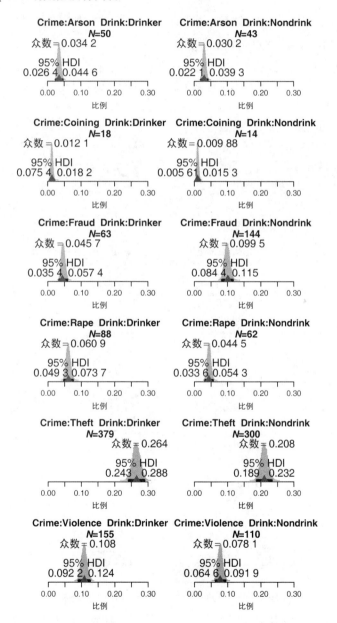

图 24-5 用于练习 24.1。犯罪类型和饮酒数据的单元比例估计的后验分布。三角形表示实际的数据比例

(B) 饮酒者的犯罪比例的后验估计是多少？它的精度是否足够高，能够说明饮酒者的犯罪率显著高于非饮酒者？（这个问题询问的是一个主效应对比。）

(C) 欺诈犯罪和暴力犯罪的比例的后验估计是多少？总体来说，它的精度是否足够高，能够说明这些比例确实有差异？

(D) 对欺诈和暴力与饮酒者和非饮酒者进行交互作用对比。这种交互作用对比意味着什么？

练习 24.2　目的：探索交互作用对比的收缩。

(A) 运行脚本 JAGS-Ycount-Xnom2fac-MpoissonExp-Example.R，使用 `countMult=3` 的 FourByFourCount.csv 数据。图 24-6 显示了结果，供你参考。注意单元比例估计值的收缩，以及交互作用对比的漏斗形后验（像这样：∧）。

图 24-6　用于有关收缩的练习 24.2。上部：单元比例估计值的后验分布。三角形表示实际的数据比例。
　　　　最下面一行：交互作用对比

(B) 修改 JAGS-Ycount-Xnom2fac-MpoissonExp.R 中的模型定义。将以下内容：

```
a1a2SD ~ dgamma(agammaShRa[1],agammaShRa[2])
```

更改为：

```
a1a2SD <- yLogSD
```

并再次进行分析。（请确认你保存了 JAGS-Ycount-Xnom2fac-MpoissonExp.R 的新版本，以便在你运行脚本时能够溯源更改后的内容。）请注意，交互作用对比中的收缩消失了。讨论为什么前一部分中的交互作用对比会强烈收缩，而这一部分的版本中没有。

(C) 继续前一部分的结果，注意单元比例的众数小于数据比例。尽管众数小于数据比例，验证链中每一步的单元比例后验的总和都确实为 1.0。为什么边际众数小于数据比例？要提取每一步的单元比例后验，请尝试以下操作：

```
mcmcMat = as.matrix(mcmcCoda)
round(rowSums( mcmcMat[ , grep("ppx1x2p",colnames(mcmcMat)) ] ) ,5)
```

解释以上 R 代码的作用。众数小于数据比例，是因为后验中边际化了倾斜分布。

练习 24.3　目的：比较 NHST 卡方检验的结果与贝叶斯方法的结果。对于本练习，你必须熟悉 NHST 的卡方检验。此外，你必须已经安装了 reshape2 包，如 3.6 节所述。在完成以下练习之前，首先加载 reshape2，方法是在 R 的命令行中输入以下命令。

```
library(reshape2)
```

(A) 让我们对表 24-1 中的头发颜色和眼睛颜色的数据进行传统的卡方检验。在 R 中输入以下命令：

```
myDF = read.csv( file="HairEyeColor.csv" )
myMat = acast( myDF , Eye ~ Hair , value.var="Count" )
Xsq = chisq.test(myMat)
Xsq$observed
round(Xsq$expected,2)
round(Xsq$residuals,2)
Xsq
```

解释每一行。我们从这个综合检验中到底得出了什么结论？我们是否知道，到底是哪些单元造成了"显著"的结果？我们怎么找出它们？综合检验真的能告诉我们很多内容吗？

(B) 让我们对图 24-4 和图 24-6 中的数据进行传统的卡方检验。分别使用 countMult=11、countMult=7 和 countMult=3，运行三次以下代码：

```
myDF = read.csv( file="FourByFourCount.csv" )
countMult = 11              # 尝试3、7和11
myDF$Count = round( myDF$Count * countMult )
myMat = acast( myDF , A ~ B , value.var="Count" )
Xsq = chisq.test(myMat)
Xsq$observed
round(Xsq$expected,2)
round(Xsq$residuals,2)
Xsq
```

卡方检验的结论与贝叶斯估计的结论一致吗？（你需要对 countMult=7 的情况进行贝叶斯估计。）你能将综合卡方检验和贝叶斯交互作用对比进行比较吗？超额完成以下内容者将获得额外的分数：将 a1a2SD 设置为常数，而不是需要估计的值，运行贝叶斯估计，如练习 24.2 所示。

24

第25章

后备箱里的工具

她换了她的发型，他变了他的风格，

她在脸上化了妆，他挂上虚假的笑，

她收缩她的额头，他舒展开了真相，

但浪费掉的青春，将永远束缚他们。[①]

本章包括一些重要的主题，适用于本书中不同的模型。你可以在任何时候独立地阅读本章各节。

25.1 报告贝叶斯数据分析的结果

在许多研究领域，贝叶斯数据分析还不是标准程序，还没有建立常规的报告格式。因此，报告贝叶斯数据分析结果的研究者必须敏锐地意识到其受众的知识背景，并以此构建描述框架。

有一次，我给学生布置了一个练习，让他们用研究期刊的方式报告贝叶斯数据分析的结果。因为我是一个心理学家，所以一个学生认真地问我："我们要把报告写成心理学期刊还是科学期刊的形式？"我强忍受伤的感觉——因为这个问题暗示心理学不是科学——礼貌地要求这个学生进一步说明他的疑问。这个学生说："对于一本心理学期刊，你必须解释你所做的；但是对于一本科学期刊，读者必须自己弄明白它。"我希望所有的科学期刊都允许你解释你所做的事情。

思考如何清楚地报告贝叶斯数据分析结果，可以使你清楚地思考分析过程本身。某统计教育期刊最近的一篇文章描述了一个课堂练习，学生必须生成报告中需要包括的各个主题（Pullenayegum、Guo和Hopkins，2012；我在博客上的讨论）。这项练习的重点是，鼓励学生澄清概念，而不是寻找结果列表。然而，有趣的是，学生们生成的列表中漏掉了我在本书第 1 版中指出的一些要点，我将在下面再次呈现这些关键点。我希望下面的这些内容能够帮助你生成清晰的报告，并且更好地理解贝叶斯数据分析。

[①] *She changes her hair, and he changes his style,*

She paints on her face, and he wears a fake smile,

She shrink wraps her head, and he stretches the truth,

But they'll always be stuck with their done wasted youth.

本章的主题之一是重新参数化，即将模型的参数转换为新的参数。比如，可以使用长和宽来描述矩形，也可以使用面积和纵横比来描述矩形，其中，面积 = 长 × 宽，纵横比 = 长／宽。不论采用哪种描述方法，这都是同一个矩形。这首诗用拟人的修辞手法描述了重新参数化的过程。

25.1.1 关键点

回顾 2.3 节中贝叶斯数据分析的基本步骤：识别数据、定义描述性模型、指定先验、计算后验分布、解释后验分布、检查模型是否合理地描述了数据。这些步骤是有逻辑顺序的，每一步都建立在前一步的基础上。分析报告中应当保留这一逻辑顺序。下面列出的关键点反映了贝叶斯数据分析的机械流程，在此之前有一个重要的初始阶段。随着贝叶斯方法成为标准程序，这一阶段的重要性可能会降低。

❏ 鼓励使用贝叶斯（非 NHST）分析：许多读者，包括期刊编辑和审稿人，很熟悉 NHST，但不熟悉贝叶斯方法。我发现大多数编辑和审稿人渴望发表使用最佳方法的研究，包括贝叶斯数据分析，但编辑和审稿人希望你解释一下为什么使用贝叶斯数据分析而不是 NHST。可能会有几个理由促使你使用贝叶斯数据分析，部分取决于你的特定应用场景和研究受众。比如，贝叶斯的模型设计可能更适用于你的数据结构，你不必像在典型的 NHST 中一样，做出近似的假设（比如，各组之间方差齐性，以及噪声服从正态分布）。相较于 NHST，贝叶斯数据分析得到的推论更丰富且信息量更大，这是因为后验分布揭示了参数值组合的联合概率。而且，当然，参数估计的解释也不依赖于抽样分布和 p 值。

❏ 清楚地描述数据结构、模型及其参数：最终，你希望报告有意义的参数值。但在解释清楚模型之前，你不能这样做；在解释清楚你所建模的数据之前，你同样不能这样做。因此，务必概括数据结构，提醒你的受众预测变量和被预测变量是什么。然后，描述模型，重点强调参数的意义。对于复杂的层次模型来说，描述模型的任务是很艰难的，但是如果你想让你的分析对受众来说有意义，那么这一步是必要且关键的。

❏ 清楚地描述先验，并证明它的合理性：重要的是让受众相信你的先验是适当的，而且它不会预先决定结果如何。对持怀疑态度的受众来说，你的先验应当是经得起检验的。你应当适当地更新先验的信息，以匹配所建模数据的尺度。如果之前有大量研究使用了类似的方法，那么你不应当忽视它们。一种有益的方法是，尝试不同的先验并报告后验的稳健性，下文还会再次提到这一点。当你合理地改变模糊先验时，如果你的目标是对连续参数进行估计，那么后验分布通常具有稳健性；但如果目标是模型比较（如包含系数），那么选择不同的先验将强烈地影响这些模型的后验概率。

❏ 报告 MCMC 的详细信息，特别是链已聚合且足够长的证据：7.5 节详细解释了如何检查链的收敛性，本书中的每一个程序都能够生成至少一部分参数的链的诊断图。所有的程序都会生成包含 ESS 的参数摘要。你的报告应当表明你已检查链的收敛性，并且报告相应参数的 ESS。通常情况下，报告的这一部分可以很简短。

❏ 解释后验：许多模型有几十甚至几百个参数，因此你不可能对所有参数进行总结。选择报告哪些参数或对比，取决于特定领域的理论和结果本身。你需要报告理论上有意义的参数和对比。你可以仅使用文字报告一个参数的后验集中趋势及 HDI；后验直方图很实用，能够帮助分析人员理解后验，以及在教科书中进行解释，但是在精简的报告中可能是不必要的。描述收缩的影响，如果这样做是合适的。如果你的模型包含了预测变量的交互作用，那么你要特别留意对低阶效应的解释。最后，如果使用 ROPE 做出决策，那么你需要证明其范围的合理性。

25

25.1.2　可选点

不是每一份报告都必须讨论以下这些要点，但你应当考虑它们。是否包含这些要点，取决于应用领域的详细信息、你想提出的重点以及报告所针对的受众。

❑ 选择不同先验时，后验的稳健性：对于有争议的先验，简单地用不同先验进行分析，并证明基于后验得出的关键结论没有改变，这是最有说服力的。在进行模型比较时，这一点可能尤其重要，比如使用包含系数时，或使用贝叶斯因子评估零假设值时。应该使用哪种先验？你需要考虑你的受众，比如投稿期刊的审稿人和编辑，使用对他们来说有意义且经得起检验的先验。

❑ 后验预测检验：使用模型的可信参数值生成模拟数据，并检查模拟数据的质量。如果模拟数据确实与实际数据相似，则可以进一步提高模型的准确性。如果模拟数据与实际数据存在差异，而且是系统的、可解释的差异，那么后验预测检验可以启发新的研究和新的模型。有关后验预测检验的观点，请参阅 Kruschke（2013b）的文章和本书 17.5.1 节（以及其他内容）。

❑ 功效分析：如果你的结果只有微弱的影响，那么需要多大的样本量才能使估计达到想要的精度？如果你发现了一个可信的非零差异，那么实验的回顾功效和重复功效有多大？这类信息不仅在研究人员自己进行规划时是有用的，而且对报告的受众来说也是有用的：预测可能的后续研究，以及评估当前报告结果的稳健性。第 13 章深入地阐述了功效分析。

25.1.3　实用点

最后，为了帮助科学不断进步，请在网上公布你的研究成果。

❑ 发布原始数据：发布原始数据至少有两个好处。第一个好处是，后续的研究人员可以使用不同的模型分析数据。使用不同的模型解释可以提供新的见解。这延长了原始研究的寿命。第二个好处是，如果精确地或接近精确地重复了实验，就可以将原始数据集与新数据集组合起来，以增强新数据的敏感性。无论是哪种情况，你的成果都被引用了！

❑ 发布后验的 MCMC 样本：这样做至少有两个好处。第一个好处是，其他研究人员可以对后验进行研究，探索没有在报告中呈现的效应和对比。复杂的模型可以有许多参数，一份报告不可能涵盖关于后验分布的所有可能的观点。因此，这延长了研究的寿命，提高了研究的影响力。第二个好处是，如果后续的研究人员使用类似的设计和模型进行后续研究，那么可以使用已发布的后验来更新后续分析的先验信息。由于完整的后验自动地包含了所有参数之间的所有共同变化，因此，完整的后验比报告中总结的边际分布更有用。无论是哪种情况，你的成果都被引用了！

25.2　计算 HDI 的函数

整本书中，我们经常使用 HDI 来描述分布的宽度。回忆图 4-5 中的例子，回顾图 12-2 中解释的 HDI 与等尾区间的区别。本节提供有关如何计算 HDI 的详细信息。网格近似中计算 HDI 的算法适用于任何维数及形状的分布。计算 MCMC 样本或数学函数的 HDI 的算法，仅适用于具有单个参数的单峰分布。R 函数的定义在文件 DBDA2E-utilities.R 中。

25.2.1 计算网格近似的 HDI 的 R 代码

我们可以将分布的网格近似想象为一块田地：参数网格的每个点上插着一根木桩，木桩的高度等于该离散点的概率质量。我们可以将 HDI 想象为涨潮的过程：我们让水面逐渐淹没田地，同时监测伸出水面的木桩的总质量。当伸出水面的木桩质量剩下（比如说）95%的时候，停止涨潮。此时的水线定义了 HDI（Hyndman，1996）。

下面列出的函数以类似的方式找到 HDI 的近似范围。不过，它开始时还使用了一个技巧。它首先把所有的木桩按高度排序，从最高到最低。这里的想法是，将排好序的木桩向下移动，直到累积概率刚刚超过 95%（或任何你想要的质量）。由此得到的高度，就是定义 HDI 内所有点的"水线"。有关如何使用这些函数的详细信息，请参见代码顶部的注释。

```
HDIofGrid = function( probMassVec , credMass=0.95 ) {
    # 参数:
    #   probMassVec 是每个网格点的概率质量组成的一个向量
    #   credMass 是想要的 HDI 的质量
    # 返回值:
    #   包含以下成分的一个列表
    #   indices 是包含在 HDI 内的索引组成的一个向量
    #   mass 是所包含的索引的总质量
    #   height 是 HDI 内的最小的成分概率
    # 应用实例: 用于确定 beta(30,12)分布的 HDI
    #   网格近似
    #   > probDensityVec = dbeta( seq(0,1,length=201) , 30 , 12 )
    #   > probMassVec = probDensityVec / sum( probDensityVec )
    #   > HDIinfo = HDIofGrid( probMassVec )
    #   > show( HDIinfo )
    sortedProbMass = sort( probMassVec , decreasing=TRUE )
    HDIheightIdx = min( which( cumsum( sortedProbMass ) >= credMass ) )
    HDIheight = sortedProbMass[ HDIheightIdx ]
    HDImass = sum( probMassVec[ probMassVec >= HDIheight ] )
    return( list( indices = which( probMassVec >= HDIheight ) ,
    mass = HDImass , height = HDIheight ) )
}
```

25.2.2 单峰分布的 HDI 是最短区间

计算 MCMC 样本或数学函数的 HDI 的算法依赖于一个关键的特性：对于单变量的单峰概率分布，质量 M 的 HDI 是可能具有该质量的区间中最窄的一个。图 25-1 说明了为什么是这样。考虑图 25-1 所示的 90% HDI。我们将 HDI 的边界向右移动，构造另一个质量为 90%的区间。移动完毕后，每个旧边界到对应新边界的范围覆盖 4%的面积，如图 25-1 中标记为灰色的区域所示。新的区间必须也覆盖 90%，因为右边增加的 4%代替了左边损失的 4%。

考虑图 25-1 中的两块灰色区域。它们的左边界高度相同，因为左边界是由 HDI 定义的。两块区域的面积是一样的，因为根据定义，它们的面积都是 4%。但是，请注意，左侧灰色区域比右侧灰色区域窄，因为左侧灰色区域落在分布渐增的点上，而右侧灰色区域落在分布渐减的点上。因此，两个灰色区域的右边界之间的距离必须大于 HDI 宽度。（确切的宽度如图 25-1 所示。）无论灰色区域具体取多大，无论是向 HDI 的左侧还是右侧移动，无论 HDI 的质量如何，此论点都是成立的。然而，这一论点依赖于分布的单峰性质。

25

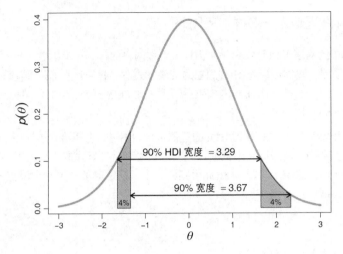

图 25-1　对于单峰分布来说，HDI 是具有该质量的最窄区间。此图显示了 90% HDI 和另一个质量为 90% 的区间

考虑到以上论点及图 25-1，我们不难相信它的逆命题：对于单变量的单峰分布来说，无论质量 M 取何值，在所有质量为 M 的区间中宽度最小的区间是该质量的 HDI。下面描述的算法都基于 HDI 的这一特性。这些算法在质量为 M 的所有备选区间中搜索，找到的最短区间就是 HDI。当然，它是一个近似值。更多细节参见 Chen 和 Shao（1999）；关于处理不常见的多峰分布情况，参见 Chen、He、Shao 和 Xu（2003）。

25.2.3　计算 MCMC 样本的 HDI 的 R 代码

重点是要记住，MCMC 样本只是潜在分布的充满噪声的随机代表性值，因此从 MCMC 样本中找到的 HDI 也是充满噪声的。有关细节请回顾图 7-13 和图 7-14 中的 HDI 近似误差的相关讨论。下面是在 MCMC 样本中查找 HDI 的代码。这段代码很简短，有了上一节的讨论，它应当是不言自明的。

```
HDIofMCMC = function( sampleVec , credMass=0.95 ) {
  # 根据代表性值的样本，以最短可信区间的方式计算 HDI
  # 参数:
  #   sampleVec 是概率分布的代表性值组成的一个向量
  #   credMass 是 0 和 1 之间的一个标量，表明要估计的可信区间内部的质量
  # 值:
  #   HDIlim 是包含 HDI 边界的一个向量
  sortedPts = sort( sampleVec )
  ciIdxInc = ceiling( credMass * length( sortedPts ) )
  nCIs = length( sortedPts ) - ciIdxInc ciWidth = rep( 0 , nCIs )
  for ( i in 1:nCIs ) {
    ciWidth[ i ] = sortedPts[ i + ciIdxInc ] - sortedPts[ i ]
  }
  HDImin = sortedPts[ which.min( ciWidth ) ]
  HDImax = sortedPts[ which.min( ciWidth ) + ciIdxInc ]
  HDIlim = c( HDImin , HDImax )
  return( HDIlim )
}
```

25.2.4 计算函数的 HDI 的 R 代码

本节描述的函数用于寻找在 R 中用数学方法指定的单峰概率密度函数的 HDI。该函数可以找到正态密度、Beta 密度或 Gamma 密度的 HDI，因为这些概率密度在 R 中被定义为函数。

该程序完成的工作仅仅是搜索 HDI 并找到最短的一个。但在实现过程中，它使用了一些命令和 R 函数，而本书中其他地方可能没有使用过。无论你的目标概率分布是什么，该程序都会用到反累积密度函数（inverse cumulative density function，ICDF）。我们之前见过 ICDF 的一个例子，即 probit 函数，它是正态分布的累积密度函数的反函数。在 R 中，正态分布的 ICDF 是 qnorm(x) 函数，其中的参数 x 是介于 0 和 1 之间的值。查找 HDI 的程序的其中一个参数是，函数的 ICDF 的 R 名称。如果我们想找到正态密度的一个 HDI，需要输入 ICDFname="qnorm"。

该程序调用的一个关键函数是 R 的 optimize 例程。optimize 例程在指定领域上搜索并查找指定函数的最小值。在下面的程序中，我们定义了一个名为 intervalWidth 的函数，它返回从 lowTailPr 开始、具有 95% 质量的区间的宽度。optimize 例程会重复调用这个 intervalWidth 函数，直至找到最小值。

```
HDIofICDF = function( ICDFname , credMass=0.95 , tol=1e-8 , ... ) {
  # 参数:
  #   ICDFname 是分布的反累积密度函数的 R 名称
  #   credMass 是想要的 HDI 的质量
  #   tol 将被传递给 R 的 optimize 函数
  # 返回值:
  #   包含 HDI 边界的一个向量
  # 应用实例: 用于确定 beta(30,12)分布的 HDI, 输入
  #   > HDIofICDF( qbeta , shape1 = 30 , shape2 = 12 )
  #   注意, 必须明确地命名 ICDFname 的这些参数
  #   比如, HDIofICDF( qbeta , 30 , 12 )是不可行的
  # 改变并更正自 Greg Snow 的 TeachingDemos 工具包
  incredMass = 1.0 - credMass
  intervalWidth = function( lowTailPr , ICDFname , credMass , ... ) {
    ICDFname( credMass + lowTailPr , ... ) - ICDFname( lowTailPr , ... )
  }
  optInfo = optimize( intervalWidth , c( 0 , incredMass ) , ICDFname=ICDFname ,
                      credMass=credMass , tol=tol ... )
  HDIlowTailPr = optInfo$minimum
  return( c( ICDFname( HDIlowTailPr , ... ) ,
             ICDFname( credMass + HDIlowTailPr , ... ) ) )
}
```

25.3 重新参数化

在一些情况下，分布的一种参数化表达式可能很直观，但分布的另一种参数化表达式在数学上更为便利。比如，我们可以直观地考虑正态分布的标准差，但必须将分布重新参数化为精度（方差的倒数）的形式。这里的问题是，如果我们在某个尺度上表达了一个概率分布，那么它在转换尺度上的等价分布是什么？答案并不难计算，特别是对于单个参数。

将"目的"参数记为 θ，并假设对于"源"参数 ϕ 有 $\theta = f(\phi)$，函数 f 单调且可微。将 ϕ 的概率分布表示为 $p(\phi)$。那么对应的 θ 的概率分布是：

25

$$p(\theta) = \frac{p(f^{-1}(\phi))}{\left| f'(f^{-1}(\phi)) \right|} \qquad (25.1)$$

其中 $f'(\phi)$ 是 f 关于 ϕ 的导数。

以下是原因。考虑 $p(\phi)$ 分布在 ϕ 的某个特定值处的一个小（实际上是无穷小）区间内。将这个区间的宽度记为 $\mathrm{d}\phi$。该区间的概率质量是密度和宽度的乘积：$p(\phi) \cdot \mathrm{d}\phi$。我们想构建 θ 的概率密度，并将其记为 $p(\theta) = p(f(\phi))$，它在 $\theta = f(\phi)$ 的对应区间内有相同的概率质量。θ 的对应区间的宽度是 $\mathrm{d}\theta = \mathrm{d}\phi \cdot \left| f'(\phi) \right|$，因为根据导数的定义，$f'(\phi) = \mathrm{d}\theta / \mathrm{d}\phi$。所以，该区间的概率质量为 $p(\theta) \cdot \mathrm{d}\theta = p(f(\phi)) \cdot \mathrm{d}\phi \cdot \left| f'(\phi) \right|$。因此，为了使对应区间内的概率质量相等，我们要求 $p(f(\phi)) \cdot \mathrm{d}\phi \cdot \left| f'(\phi) \right| = p(\phi) \cdot \mathrm{d}\phi$，将它重新排列可得 $p(f(\phi)) = p(\phi) / \left| f'(\phi) \right|$，也就是式 25.1。

25.3.1　例子

图 21-11 给出了一个例子，使用逻辑斯谛函数将参数 β_0 的正态分布转化为参数 μ 的分布。问题是，隐含的 μ 的分布是什么？21.4.1 节的脚注解释了式 25.1 的应用。

作为一个例子，我们可以将式 25.1 应用于以下情况：$\theta = f(\phi) = \mathrm{logistic}(\phi) = 1 / [1 + \exp(-\phi)]$，$\phi$ 的分布为 $p(\phi | a, b) = (f(\phi))^a (1 - f(\phi))^b / B(a, b)$。图 25-2 的左上角显示了这种分布的一个例子，其中 $a = 1$ 且 $b = 1$。注意，逻辑斯谛函数 f 的导数是 $f'(\phi) = \exp(-\phi) / [1 + \exp(-\phi)]^2 = f(\phi)(1 - f(\phi)) = \theta(1 - \theta)$。因此，

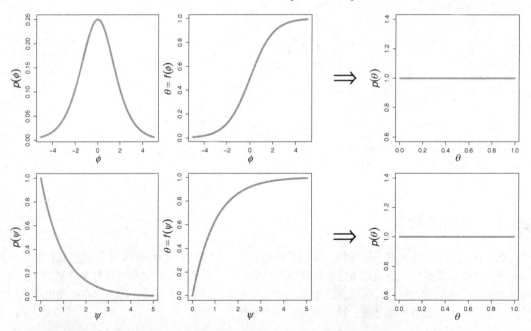

图 25-2　第一行：一个重新参数化示例，它将 $\phi \in [-\infty, +\infty]$ 上的峰值分布映射到 $\theta \in [0, 1]$ 上的均匀分布。
　　　　　第二行：一个重新参数化示例，它将 $\psi \in [0, +\infty]$ 上的递减指数分布映射到 $\theta \in [0, 1]$ 上的均匀分布

根据式 25.1，$\theta = f(\phi)$ 处的等效概率密度为 $p(\theta) = p(\phi) / f'(\phi) = \theta^a (1-\theta)^b / [\theta(1-\theta)B(\theta \mid a,b)] = \theta^{(a-1)}(1-\theta)^{(b-1)} / B(a, b) = \text{beta}(\theta \mid a, b)$。图 25-2 的第一行显示了 $a = b = 1$ 时的情况。一种直观地考虑这种情况的方法是，ϕ 的概率在 $\phi = 0$ 附近是密集的，但这正是逻辑斯谛转换拉伸分布的地方。ϕ 的概率在大的正值或小的负值处是稀疏的，但这正是逻辑斯谛转换压缩分布的地方。

作为另一个例子，考虑 $\theta = f(\psi) = 1 - \exp(-\psi)$ 的情况，其概率密度为 $p(\psi) = \exp(-\psi)$。注意，转换的导数是 $f'(\psi) = \exp(-\psi)$，因此 $\theta = f(\phi)$ 的等效密度是 $p(f(\psi)) = p(\psi) / f'(\psi) = 1$。换句话说，$\theta$ 的等效密度是均匀密度，如图 25-2 的第二行所示。

最后一个例子，图 25-3 显示：标准差的均匀分布被转换为精度的均匀分布。根据定义，精度是标准差的平方的倒数。

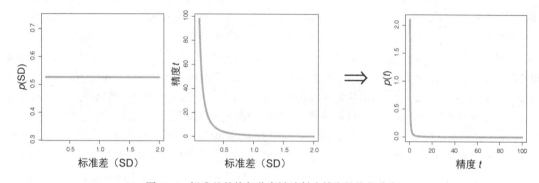

图 25-3　标准差的均匀分布被映射为精度的均匀分布

25.3.2　两个参数的重新参数化

当有多个参数被转换时，微积分变得更加复杂。假设我们在双参数空间上有一个概率密度 $p(\alpha_1, \alpha_2)$。记 $\beta_1 = f_1(\alpha_1, \alpha_2)$，$\beta_2 = f_2(\alpha_1, \alpha_2)$。我们的目标是找到概率密度 $p(\alpha_1, \alpha_2)$ 对应的 $p(\beta_1, \beta_2)$。我们通过考虑无穷小的对应区域来实现这一点。考虑一个点 $\langle \alpha_1, \alpha_2 \rangle$。该点附近小区域的概率质量是该点的密度乘以小区域的面积：$p(\alpha_1, \alpha_2)\mathrm{d}\alpha_1\mathrm{d}\alpha_2$。转换参数的对应区域应具有相同的质量。该质量等于转换点的密度乘以从原始区域映射到的区域的面积。在向量微积分的教科书中，可以找到一些讨论，能够证明所映射到区域的面积是 $|\det(\boldsymbol{J})|\mathrm{d}\alpha_1\mathrm{d}\alpha_2$，其中，$\boldsymbol{J}$ 是 Jacobian 矩阵：$J_{r,c} = \mathrm{d}f_r(\alpha_1, \alpha_2) / \mathrm{d}\alpha_c$，$\det(\boldsymbol{J})$ 是 Jacobian 矩阵的行列式。让两个质量相等并进行重新排列，得到 $p(\beta_1, \beta_2) = p(\alpha_1, \alpha_2) / |\det(\boldsymbol{J})|$。你可以看到，式 25.1 是一个特例。由于我们没有机会应用此转换，因此这里将不提供示例。但是，对于那些"无畏的灵魂"来说，我们已经提到了这种方法，而他们可能希望用纸和笔去探索多元概率分布的"荒野"。

25.4　JAGS 中的缺失数据

许多情况下会缺失一些数据，这意味着我们只知道它们的值是在一定范围内的。比如，在响应时间的实验中，实验者等待响应的持续时间通常是有限的，如 5 秒，超过该时间则终止测量当前的试次。如果响应者仍在"任务中",但没有在 5 秒的时间限制之内响应,则数据仍然是有信息量的,因为这意味着任务花费的时间超过 5 秒。我们不应丢弃缺失的数据,因为在这种情况下,剩余的数据是有偏差的,在这个例子中是低于缺失值。测量接受某疗法后的寿命时,也会出现类似的情况:通常情况下,研究人员不能等到所有的被试都去世,于是在有限的测量时间后仍然存活的被试将成为缺失的数据。有时可能会缺失低尾的数据,比如测量设备具有某个下限。也可能会缺失区间上的数据,这意味着存在一些区间,我们不知道其确切的值,只知道区间的边界。区间缺失的一个虚拟的例子是,我们在一张地毯上推动一个微型高尔夫球,并测量它的滚动距离,其路径中的一部分被隧道遮盖了。如果球停在隧道内,那么我们所知道的唯一信息是,它所在的位置为隧道的入口和出口中间的某处。

在本节的所有示例中,我们假设缺失过程独立于测量的变量。比如,我们假设实验者的 5 秒时间限制不会影响响应者的响应时间,响应者的响应时间也不会影响实验者的限制。同样,我们假设隧道不会影响球的移动距离,并假设球的移动距离也不会影响隧道的位置。

为了说明在分析中包含缺失数据的重要性,考虑一个例子:从 $\mu = 100$ 且 $\sigma = 15$ 的正态分布中随机生成 $N = 500$ 个值。假设 106 以上的值缺失,94 和 100 之间的值也缺失。对于缺失的这些值,我们只知道它们所在的区间,而不知道它们的确切值。图 25-4 显示了两次数据分析的结果。图 25-4 的上半部分显示的是删除缺失数据后的分析结果。去掉缺失值之后只留下了 $N = 255$ 个值,它们的均值远小于 100。μ 和 σ 的后验估计均小于潜在的真实值。图 25-4 的下半部分显示的是保留缺失数据时的分析结果。在这种情况下,μ 和 σ 的后验估计非常准确,尽管缺失数据值存在不确定性。

本节的其余部分将解释如何在 JAGS 中实现对缺失数据的分析。第一个关键特征是对数据编码。我们不仅需要指明哪些是缺失值,还需要指明它们来自哪个缺失区间以及该区间的范围。为了节省空间,这里将这些区间称为"箱"(bin)。图 25-4 所示例子中的数据文件的一些行如下:

```
      y    ybin   thresh1  thresh2  thresh3   #    yOrig
  79.36     0      94.0    100.0    106.0     #    79.36
  82.97     0      94.0    100.0    106.0     #    82.97
     NA     1      94.0    100.0    106.0     #    95.61
     NA     1      94.0    100.0    106.0     #    99.87
 103.28     2      94.0    100.0    106.0     #   103.28
 104.40     2      94.0    100.0    106.0     #   104.40
     NA     3      94.0    100.0    106.0     #   125.74
     NA     3      94.0    100.0    106.0     #   130.60
```

名为 y 的列包含主数据。注意,缺失值被编码为 NA。数据文件的每一行还指定了 y 值所在的箱,位于名为 ybin 的列中。注意,JAGS 中,箱的编号从 0 开始,而不是从 1 开始。接下来的几列定义了这些箱的阈值。在本例中,有三个阈值,分别为 94.0、100.0 和 106.0。对于小于第一个阈值的 y 值,ybin=0。对于大于第一个阈值但小于第二个阈值的 y 值,ybin=1,以此类推。原则上,每个数据点可以有不同的阈值(只要阈值独立于数据),因此数据文件的每一行都重复了这些阈值。为了澄清概念,来自正态分布的原始随机值被包含在名为 yOrig 的列中,但是真正的数据文件不会有这样的列。

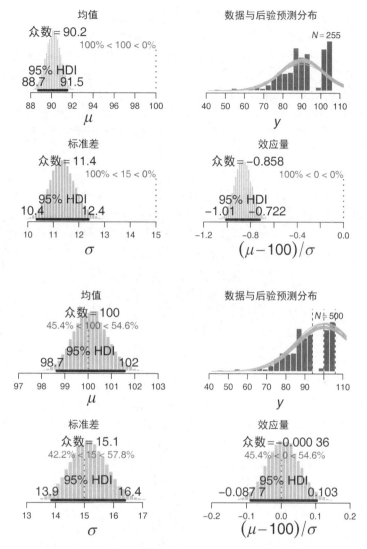

图 25-4 从 $\mu = 100$ 且 $\sigma = 15$ 的正态分布随机生成的数据，缺失了 94 和 100 之间的数据及 106 以上的
数据。上图：从分析中删除缺失数据；参数估计值太小。下图：将缺失数据放入已知的数据箱；
参数估计是准确的

要理解 JAGS 模型如何对缺失数据建模，需了解两个方面。首先，JAGS 同时描述 y 和 ybin。
在这个意义上，JAGS 使用一个多元模型，根据其潜在参数预测两个变量。模型定义中的关键行如下
所示：

```
y[i] ~ dnorm( mu , 1/sigma^2 )
ybin[i] ~ dinterval( y[i] , threshMat[i, ] )
```

25

上面的第一行表示，y[i]值来自均值为 mu 且标准差为 sigma 的正态分布。上面的第二行表示，ybin[i]值来自"区间"分布。对这个分布来说，第一个参数是 y[i]值，第二个参数是阈值向量，这里是 threshMat[i,]。如果你将区间分布看作 ybin 值的生成器，那么当 y 小于 threshMat[i,] 中的最低阈值时，它生成 ybin=0；当 y 介于 threshMat[i,]中的最低阈值和下一个最低阈值之间时，它生成 ybin=1，以此类推。如果你认为区间分布是概率分布，那么，相对于 threshMat[i,] 中的阈值而言：如果 ybin 值适合 y 值，则它的概率为 1.0；如果 ybin 值不适合 y 值，则它的概率为零。如果每个 y[i]值都存在（没有缺失），那么指定区间分布的行不会影响模型，因为其概率始终为 1.0。

其次，当 JAGS 遇到缺失的数据值时，它会自动插补一个随机值，这个随机值是使用 MCMC 链中该步的模型和可信参数值生成的。换句话说，JAGS 将缺失的数据值视为参数，在生成缺失数据时，整个模型（从其他数据获得信息）的作用与先验分布类似。如果 JAGS 只知道缺失的数据值 y[i]来自正态分布，那么 JAGS 将插补一个从正态分布抽取的随机值。但是 JAGS 同时知道缺失的数据值 y[i] 必须满足区间分布，因此插补的 y[i]值必须同时来自适当的箱。

从其他方面来看，完整的模型定义是我们熟悉的：

```
model {
  for ( i in 1:Ntotal ) {
    y[i] ~ dnorm( mu , 1/sigma^2 )
    ybin[i] ~ dinterval( y[i] , threshMat[i, ] )
  }
  mu ~ dnorm( meanY , 1/(100*sdY)^2 )
  sigma ~ dunif( sdY/1000 , sdY*1000 )
}
```

在 JAGS 中实现该模型的另一个必要条件是，对缺失值 y 的链进行初始化。虽然 JAGS 可以自动初始化许多参数，但这种模型结构中的插补数据需要明确的初始化。在数据向量 y 中，既有已知值，也有插补值，我们只需要初始化插补的分量，而数据文件中的已知值将保持不变。在数据向量 y 中，插补分量处为 NA，而链 y 的初始值中，已知分量处为 NA，这两者是互补的。在 23.2.1 节的阈值累积正态模型中，我们采用了类似的方法来初始化阈值。以下 R 命令为 y 链设置初值 yInit：

```
yInit = rep( NA , length(y) )                              # 定义占位符
for ( i in 1:length(y) ) {                                 # 对于每个数据值
  if ( is.na(y[i]) ) {                                     # 如果 y 是缺失值，则……
    if ( ybin[i]==0 ) {                                    # 如果它来自最低的箱
      yInit[i] = threshMat[i,1]-1                          # 初始化至低于低阈值
    } else if ( ybin[i]==ncol(threshMat) ) {              # 如果它来自最高的箱
      yInit[i] = threshMat[i,ncol(threshMat)]+1           # 初始化至高于高阈值
    } else {                                               # 否则，初始化至箱的中部
      yInit[i] = (threshMat[i,ybin[i]]+threshMat[i,ybin[i]+1])/2
    }
  }
}
initsList = list( y=yInit )                                # 组合进列表，列表之后会被传递给 JAGS
```

该模型及其辅助函数可以在以下文件中找到：JAGS-YmetBinned-Xnom1grp-MnormalInterval.R。调用这些函数的高级脚本是 JAGS-YmetBinned-Xnom1grp-MnormalInterval-Example.R。

25.5 接下来呢

如果你已经读到了这里，并且还在寻找更多的信息，那么可以阅读我发表在博客上的一些文章，并在那里搜索你感兴趣的主题。如果你准备好查看常用统计模型的更多应用，请考虑 Ntzoufras（2009）的书，它提供了 R 和 WinBUGS 的许多示例。你可以很容易地将 WinBUGS 的示例转换至 JAGS。Gelman 等人（2013）的书使用了 Stan，涵盖了许多高级的主题，包括非参数模型，如 Gaussian 过程模型和 Dirichlet 过程模型。最后，Lee 和 Wagenmakers（2014）的书研究了 WinBUGS 在认知过程模型中的应用，如记忆、分类和决策。

25